普 通 高 等 教 育“ 十 一 五 ”国 家 级 规 划 教 材
教育部高等学校高职高专测绘类专业教学指导委员会组织编写
第六届高等学校优秀测绘教材

# 控制测量学

（第2版）

主　编　杨国清
副主编　张建军　刘仁钊　邬　红
主　审　吕志平　靳祥升



黄河水利出版社
·郑州·

内 容 提 要

本书讲述常规控制测量的理论和方法。内容包括：常规平面控制网和高程控制网的设计、选点、造标、埋石，全站仪、水准仪结构及其观测操作方法，控制测量计算理论及控制网的外业计算和控制网平差。书中内容注重了与时代的同步。

本书适用于高等院校测绘专业或测绘有关专业学生作控制测量学教材使用，也可供测绘工程技术人员阅读参考。

**图书在版编目(CIP)数据**

控制测量学/杨国清主编. —2 版. —郑州：黄河水利出版社，2010.7 （2014.7 修订重印）
普通高等教育“十一五”国家级规划教材
ISBN 978 -7 -80734 -839 -9

Ⅰ.①控… Ⅱ.①杨… Ⅲ.①控制测量 - 高等学校 - 教材 Ⅳ.①P221

中国版本图书馆 CIP 数据核字(2010)第 110885 号

出 版 社：黄河水利出版社
地址：河南省郑州市顺河路黄委会综合楼 14 层　　邮政编码：450003
发行单位：黄河水利出版社
发行部电话：0371 -66026940、66020550、66028024、66022620(传真)
E-mail：hhslcbs@126.com
承印单位：河南地质彩色印刷厂
开本：787 mm×1 092 mm　1/16
印张：23.75
字数：578 千字　　印数：16 201—20 200
版次：2005 年 9 月第 1 版　　印次：2005 年 9 月第 1 次印刷
2010 年 7 月第 2 版　　2014 年 7 月第 6 次印刷

定价：39.00 元

# 序

我国的高职高专教育经历了十余年的蓬勃发展，获得了长足的进步，如今已成为我国高等教育的重要组成部分，在国家的经济、社会和科技发展中发挥着积极的服务作用，我们测绘类专业的高职高专教育也是如此。为了加深高职高专教育自身的改革，并使其高质量地向前发展，教育部决定组建高职高专教育的各学科专业指导委员会。国家测绘局受教育部委托，负责组建和管理高职高专教育测绘类专业指导委员会，并将其设置为高等学校测绘学科教学指导委员会下的一个分委员会。第一届分委员会成立后的第一件事就是根据教育部的要求，研讨和制定了我国高职高专教育的测绘类专业设置，新设置的专业目录已上报教育部和国家测绘局。随后组织委员和有关专家按照新的专业设置制订了“十五”期间相应的教材规划。在广泛征集有关高职高专院校意见的基础上，确定了规划中各本教材的主编和参编院校及其编写者，并规定了完成日期。为了保证教材的学术水平和编写质量，教学指导分委员会还针对高职高专教材的特点制定了严格的教材编写、审查及出版的流程和规定，并将其纳入高等学校测绘学科教学指导委员会统一管理。

经过各相关院校编写教师们的努力，现在第一批规划教材正式出版发行，其他教材也将会陆续出版。这些规划教材鲜明地突出了高职高专教育中专业设置的职业性和教学内容的应用性，适应高职高专人才的职业需求，必定有别于高等教育的本科教材，希望在高职高专教育的测绘类专业教学中发挥很好的作用。

这里要特别指出，黄河水利出版社在获悉我们将出版一批规划教材后，为了支持和促进测绘类专业高职高专教育的发展，经与教学指导委员会协商，今后高职高专测绘类专业的全部规划教材都将由该社统一出版发行。这里谨向黄河水利出版社表示感谢。

由教学指导委员会按照新的专业目录，组织、规划和编写高职高专测绘类专业教材还是初次尝试，希望有测绘类专业的各高职高专院校能在教学中使用这些规划教材，并从中发现问题，提出建议，以便修改和完善。

高等学校测绘学科教学指导委员会主任

中国工程院院士

宁津生

2005 年 7 月 10 日于武汉

# 再版前言

本书是普通高等教育“十一五”国家级规划教材，是根据《国务院关于大力发展职业教育的决定》、教育部《关于全面提高高等职业教育教学质量的若干意见》等文件精神，以及教育部对普通高等教育“十一五”国家级规划教材建设的具体要求组织编写的。

本书是在笔者主编的《控制测量学》（黄河水利出版社，2005）的基础上改编的。与同类教材相比，本书有自己的特色。本书完全抛弃了传统光学经纬仪的有关内容，只讲全站仪。本书的平面控制网部分，大体是以导线的布设、观测、计算为主轴展开叙述的。因为导线测量应先算三角高程，所以本书将三角高程部分并入导线测量中叙述，以使导线测量的观测和计算的叙述更加完整与系统，从而有利于读者系统掌握。本书还简略地介绍了三角网和测边网的计算。由于建立地方坐标系的需要越来越多，以及国家2000坐标系的启用和因此带来的坐标转换工作，本书增加了“地方坐标系和坐标转换”一章。除结构改动外，编写时还对内容作了较大修改、更新和补充，以使教材内容与时代同步。

卫星定位测量是现今控制测量的主要方法，本应收入本教材，但因各校都将卫星定位测量作为一门单独的课程安排，并另配教材，本书为适应此种情况，未将卫星定位测量的内容纳入书内。

本书适用于高等院校测绘专业和相关专业学生作教材，书中带＊号的内容为选学内容。本书也可作测绘工程技术人员参考之用。

本书由杨国清主编，参加编写的还有许卫华、张建军、刘仁钊、邬红、周建郑、王成余、许永朋、张予东。吕志平、靳祥升教授审阅了全书。本书在编写的过程中，参考了兄弟院校及有关测绘单位的教科书和资料。辛少华、王军德、李明海、许云燕、孙树芳、张国华等对本书的编写给予了帮助，在此一并表示感谢。

由于编者水平有限，书中难免有缺点、错误、疏漏之处，诚请读者批评指正。

**杨国清**

2010 年 5 月

# 前 言

本教材是在沈桂荣老师主编的《控制测量学》(测绘出版社,1995)的基础上改编的。书中增加的“电磁波测距仪和距离测量”一章则主要改编自李骏元老师所编《电磁波测距》(校内教材,1996)。此次改编幅度较大,将原书平面控制测量部分的以三角测量为主改成以导线测量为主。教材的平面控制网部分,大体是以导线的布设、观测、计算为主轴展开叙述的。因为导线测量应先算三角高程,因而,本教材将三角高程部分并入导线测量中叙述,以使导线测量的观测和计算的叙述更加完整和系统,从而有利于读者系统掌握。除此之外,本书还简略地介绍了三角网和测边网的计算;增加了“电磁波测距仪和距离测量”一章。除结构改动之外,编写时还对内容作了较大修改、更新和补充,以使教材内容与时代同步。

本书适用于职业学校(院)测绘专业学生作教材,书中带*号的内容为选学内容。本书也可作测绘工程技术人员参考之用。

本教材主要由杨国清主编,李明海参加了部分章节的编写。教材在编写的过程中,参考了兄弟院校及有关测绘单位的教科书和资料。李骏元审阅了全书,杨晓明、王军德、常万春等对本书的编写给予了帮助,在此一并表示感谢。由于编者水平有限,加之时间仓促,书中难免有缺点、错误、疏漏,诚请读者批评指正。

杨国清

2005 年 9 月

# 目 录

序
再版前言
前 言
第一章 绪 论 ……………………………………………………………… (1)
　第一节 控制测量的任务和作用 ……………………………………… (1)
　第二节 建立控制网的基本方法 ……………………………………… (3)
第二章 平面控制网的布设 ……………………………………………… (7)
　第一节 国家平面控制网的布设原则和布设方案 …………………… (7)
　第二节 工程平面控制网的布设原则和布设方案 …………………… (18)
　第三节 平面控制网的技术设计 ……………………………………… (19)
　第四节 平面控制网的精度估算 ……………………………………… (23)
　第五节 平面控制网的选点、造标和埋石 …………………………… (29)
第三章 电子全站仪 ……………………………………………………… (37)
　第一节 概 述 …………………………………………………………… (37)
　第二节 全站仪测角原理 ……………………………………………… (41)
　第三节 全站仪的几项常规性调校 …………………………………… (47)
　第四节 全站仪的三轴误差、指标差及补偿 ………………………… (52)
　第五节 电磁波测距原理 ……………………………………………… (60)
　第六节 电磁波测距的测站改正计算 ………………………………… (68)
　第七节 电磁波测距的误差分析和精度表达式 ……………………… (72)
　第八节 拓普康 GTS－332N 全站仪的使用 ………………………… (77)
　第九节 全站仪的检验校正 …………………………………………… (88)
第四章 平面控制网外业观测 …………………………………………… (103)
　第一节 水平角观测的主要误差和操作的基本规则 ………………… (103)
　第二节 方向观测法 …………………………………………………… (111)
　第三节 垂直角观测 …………………………………………………… (119)
　第四节 导线的边长观测和角度观测 ………………………………… (121)
　第五节 归心改正和归心元素的测定 ………………………………… (126)
第五章 控制测量计算理论和导线测量概算 …………………………… (134)
　第一节 地球的形体和大地测量坐标系 ……………………………… (134)
　第二节 椭球的一些计算用符号和曲率半径 ………………………… (142)
　第三节 三角高程测量计算公式 ……………………………………… (149)
　第四节 三角高程测量的计算 ………………………………………… (154)
　第五节 地面观测值归算至椭球面 …………………………………… (159)
　第六节 高斯投影概述 ………………………………………………… (165)

第七节　椭球面元素化算到高斯平面 …………………………………（169）
第八节　导线测量质量检验及上交资料 ………………………………（178）
第九节　导线测量外业计算步骤及算例 ………………………………（184）
*第六章　三角网三边网外业计算简介 ……………………………………（199）
第一节　三角网外业计算简介 ………………………………………（199）
第二节　三边网外业计算简介 ………………………………………（206）
第七章　地方坐标系和坐标转换 …………………………………………（211）
第一节　高斯投影换带计算 …………………………………………（211）
第二节　地方独立坐标系的建立 ……………………………………（212）
第三节　控制网坐标转换 ……………………………………………（223）
第四节　平面控制网四参数坐标转换的实用做法 …………………（227）
第八章　水准测量 …………………………………………………………（234）
第一节　高程基准面和高程系统 ……………………………………（234）
第二节　水准网的布设 ………………………………………………（238）
第三节　水准仪和水准标尺的结构及要求 …………………………（244）
第四节　精密水准仪 …………………………………………………（249）
第五节　电子数字水准仪 ……………………………………………（257）
第六节　精密水准仪的检验与校正 …………………………………（262）
第七节　精密水准标尺的检验与校正 ………………………………（268）
第八节　水准测量误差及减弱其影响的措施 ………………………（274）
第九节　水准观测 ……………………………………………………（280）
第十节　水准测量外业计算 …………………………………………（290）
*第十一节　跨河水准测量 ……………………………………………（301）
第十二节　电磁波测距高程导线测量 ………………………………（312）
*第九章　控制网平差计算 …………………………………………………（314）
第一节　测量平差基本数学模型和公式 ……………………………（314）
第二节　高程网条件平差及算例 ……………………………………（321）
第三节　导线网条件平差及算例 ……………………………………（326）
第四节　高程网参数平差及算例 ……………………………………（336）
第五节　平面控制网参数平差——坐标平差 ………………………（340）
第六节　边角网（导线网）按方向坐标平差算例 ……………………（349）
第七节　带有约束条件的参数平差及算例 …………………………（357）
参考文献 ……………………………………………………………………（367）

# 第一章 绪 论

## 第一节 控制测量的任务和作用

在一定的区域内,按测量任务所要求的精度,测定一系列地面标志点(控制点)的水平位置和高程,建立起控制网,这种测量工作称为控制测量。测定控制点水平位置的工作叫平面控制测量。测定控制点高程的工作叫高程控制测量。所以,控制测量是由平面控制测量和高程控制测量组成的。

广义的控制测量包括大地控制测量和工程控制测量。在全国广大的区域内,按照国家统一颁发的法式、规范进行的控制测量称为大地控制测量,这样建立起的控制网叫国家大地控制网。大地控制网中的点,叫大地控制点。为了某项工程建设或施测局部大比例尺地形图的需要,在较小的地区范围内,在大地控制网的基础上独立建立的控制网,叫工程控制网,这种控制测量称为工程控制测量。狭义的控制测量即指工程控制测量。

研究建立国家大地控制网的理论、方法的科学称为大地测量学。研究建立工程控制网的理论、方法的科学称为控制测量学。

### 一、大地测量的任务和作用

大地测量直接、基本的任务是在广大区域上精密测定一系列地面标志点的位置(点的水平坐标和高程),建立精密的大地控制网。精密的大地控制网可以为地形测图提供控制基础,为研究地球形状和大小提供资料。一般认为,前者是它的主要技术任务,后者是它的主要科学任务。

**(一)为地形测图和大型工程测量提供基本控制**

大地控制网从以下三个方面体现控制地形测图:

第一,控制测图误差,保证地形测图的精度。测图中每描绘一条方向线、量一段距离,都会产生误差。这种误差在大面积测图中将逐渐传递积累,使地形、地物在图上的位置产生大的误差,并使相邻图幅不能接合。如果以大地控制点控制测图,可以把误差限制在各大地控制点和图根点之间,这就保证了地形、地物在地图上的位置足够精确(即保证了地图的精度),并且相邻图幅自然可以接合。

第二,把地球表面(球面)上的地形、地物测绘成平面图,并控制由此产生的误差。地球接近于旋转椭球体,其表面是不可展曲面。若硬性展平就会出现变形和裂口等现象,即用一般方法不能把球面上的地形测绘在平面图上。但是,大地控制点在一定旋转椭球面上的位置(坐标)是可以精密确定的,并且可以按一定的数学方法把它换算为投影平面上的点位,而后就可以把地球表面地形测绘在平面图上并控制测图误差,使地图能够拼接而不产生明显的变形和裂口。

第三,使各地的测图工作可以同时开展,并保证所测各图幅可以互相拼接。由于大地控制点的坐标系统是全国统一的,这样,不管在任何地区同时或先后开展测图工作,都不会出现相互重叠或不能拼接的现象。

**(二)为研究地球形状、大小和其他科学问题提供资料**

地球形体接近于旋转椭球,因此研究地球的形状、大小,就是要确定旋转椭球的长半径 $a$ 和短半径 $b$,或长半径 $a$ 与扁率 $\alpha=\frac{a-b}{a}$。要确定 $a$、$\alpha$,必须综合利用大地测量、天文测量和重力测量的资料才能实现。所以,为研究地球形状、大小提供资料是大地测量的主要科学任务。应该指出的是,大地测量为确定地球的 $a$、$\alpha$ 提供资料,而 $a$、$\alpha$ 又反过来作为大地测量成果计算的必要数据,这是个相辅相成的问题。此外,地震预报、研究地壳变形、各个海水面的高差和地极周期性运动等科学问题,也要求大地测量提供资料。

**(三)为空间科学技术和军事需要提供保障**

大地测量可以提供精确的点位坐标、点间距离与方位、地球重力场资料或确定基本控制点相对于地球质量中心的空间坐标,以便为人造天体、远程武器的发射及其轨道的确定提供必要的资料。

## 二、工程控制测量的任务和作用

工程控制测量的服务对象是各种工程建设、城镇建设和土地规划与管理工作,另外还有各种变形监测工作。工程控制测量的任务和作用主要表现在以下三个方面。

**(一)建立用于测绘大比例尺地形图的测图控制网**

城镇建设、土地规划与管理等需要有大比例尺的地形图、地籍图。另外,在工程建设的设计阶段,工程人员也需要在大比例尺地形图上进行区域规划和建筑物的设计,并在地形图上获得设计所依据的各项数据。为此需要先建立工程所涉及区域的区域控制网,以保证大比例尺地形、地籍测图的需要。

**(二)建立服务于施工放样的施工控制网**

在工程建筑施工时,工程人员要将图纸上设计的建筑物,例如水库大坝、隧道桥梁、房屋建筑等放样到实地上去。放样过程中,仪器所安置的方向、距离都是依据控制网计算出来的,因而在施工放样之前,需要建立必要精度的施工控制网。

**(三)建立服务于变形监测的变形控制网**

大型水库、桥梁、高大建筑物在建成之后,由于各种应力的变化可能引发地层基础和建筑物本身的变形、倾斜等变化。若这种变形变化过大,会影响工程建筑物的正常运转使用,甚至危及建筑物和人民生命财产的安全。因此,一些重要工程建筑物竣工后需布设变形控制网,用以长期监测工程建筑物以及其地基地层的变形。另外,大城市的地面沉降、地质断层的位移都需布设变形控制网进行监测。变形监测网一般需具有较高的精度。

以上所述的施工控制网和变形监测网统称为专用控制网。

控制测量学的主要内容是研究建立控制网的理论和方法。它和大地测量学的主要区别是:控制测量学研究的对象是工程控制网,而大地测量学研究的对象为国家控制网。工程控制网与国家控制网又有相同和不可分割的地方,如国家控制网中的三、四等控制点,它本身就是为工程建设及测量地形图服务的;控制测量中的二、三、四等控制测量又基本上是按大地测量的理论、方法和精度施测的。因此,控制测量学和大地测量学所讨论的内容在很多方面是相同的。当然,二者又是有区别的,大地测量学重点研究一、二等控制问题,控制测量学着重研究专用控制网和工程控制网的建立问题。

## 第二节　建立控制网的基本方法

控制测量是由平面控制测量和高程控制测量组成的。平面控制测量是通过建立平面控制网,以确定地面点在地球椭球面上或某一投影平面上的位置;高程控制测量是通过建立高程控制网,以确定地面点的高程——地面点至某一基准面的距离。控制测量的方法可以归纳为两类:常规地面测量和卫星定位测量。

### 一、建立平面控制网的常规地面测量方法

**(一)三角测量**

在地面上,按一定的要求选定一系列的点(三角点),以三角形的图形把它们连接起来,构成地面上的三角网或锁。每一个点设置测量标志,精确地观测所有三角形的内角,并至少测定三角网或锁中一条边的长度和天文方位角,用一定的投影计算公式,将这些观测成果化算到某一投影面上,使地面上的三角锁或网转化为投影平面上的三角锁或网,如图 1-1 所示。以化算后的平面边长 $D$ 为起始边,用平面三角形的正弦定理,依次解算各个三角形,算出所有的边长 $D_{ij}$;以化算后的平面坐标方位角 $T_{AB}$ 为起始坐标方位角,用化算后的平面角,依次推算出各边的平面坐标方位角 $T_{ij}$。

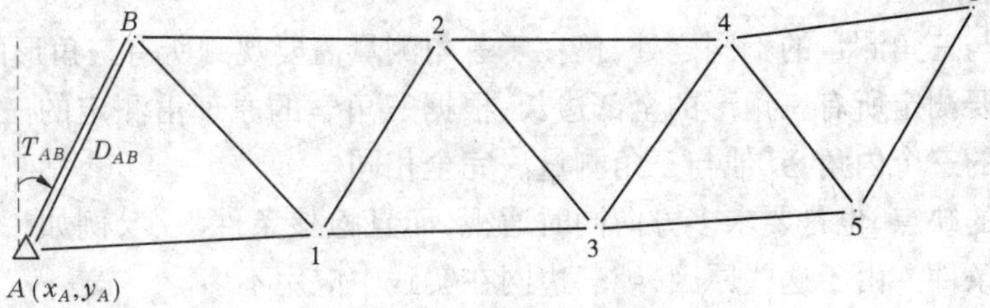


**图 1-1　三角测量示意图**

利用公式

$$\begin{cases}\Delta x_{ij} = D_{ij}\cos T_{ij} \\ \Delta y_{ij} = D_{ij}\sin T_{ij}\end{cases} \tag{1-1}$$

算出各相邻点间的坐标增量 $\Delta x_{ij}$、$\Delta y_{ij}$。以已知点 $A$ 的平面直角坐标 $x_A$、$y_A$ 和坐标增量 $\Delta x_{ij}$、$\Delta y_{ij}$,逐点算出各点的平面直角坐标 $x_i$、$y_i$。以上是三角测量的基本原理。

在电磁波测距仪和卫星定位测量方法被广泛使用以前,三角测量是主要的平面控制网建网方法。我国 1984 年完成平差的国家天文大地网的主体形式就是三角锁或网。但三角网由于需多方向通视,并常常需建立高标,且耗时、费力,成本高,现已基本不再采用三角测量法布设新网,代之的是卫星定位网和导线网。

**(二)导线测量**

在地面上,按一定的要求,选定一系列的点(导线点),以折线的形式将它们连接起来,构成导线。每个点都设置测量标志,用测距仪器测量各个导线边的长度,用经纬仪在各导线点上测量相邻导线边的水平夹角,并至少在导线一端测定出一条导线边的天文方位角(或

已知其平面直角坐标方位角)。然后按一定的投影公式,将地面观测结果化归到投影平面上,使地面上的导线转化成投影平面上的导线。如图 1-2 所示。

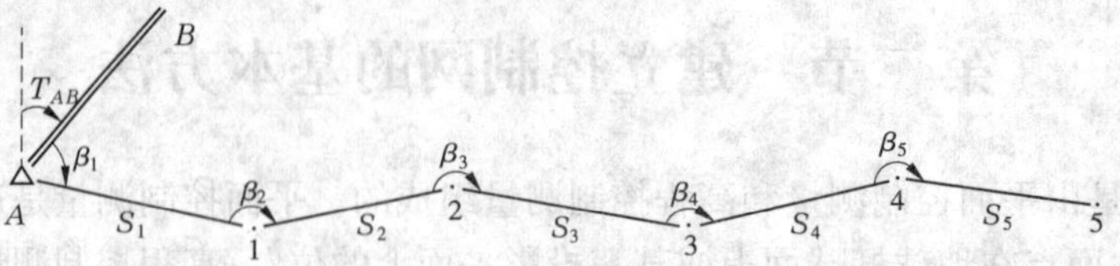


图 1-2　导线测量示意图

以已知的 $AB$ 边的平面坐标方位角 $T_{AB}$ 为起始方位角,用化归后的各转折角的平面角值依次推算出各导线边的平面坐标方位角 $T_{ij}$,用化归后的导线平面边长 $D_{ij}$ 和算得的平面坐标方位角 $T_{ij}$,依式(1-1)算出各相邻导线点间的坐标增量 $\Delta x_{ij}$、$\Delta y_{ij}$,然后根据起始点 $A$ 的已知平面坐标 $x_A$、$y_A$ 和坐标增量 $\Delta x_{ij}$、$\Delta y_{ij}$ 逐一推算出各个导线点的平面直角坐标 $x_i$、$y_i$。以上是导线测量的基本原理。

导线测量的优点是:呈单线布设,坐标传递迅速;只需前后两个相邻导线点通视,易于越过地形、地物障碍,布设灵活;各导线边均直接测定,精度均匀;导线纵向误差较小。缺点是:控制面积小,检核观测成果质量的几何条件少,横向误差较大。因此,在不易进行三角测量的地区和隐蔽地区,一般用导线测量方法建立平面控制网。我国的传统天文大地网就是以以三角测量为主、以导线测量为辅的方法建立的。

随着电磁波测距仪的普及应用,导线测量已成为常规地面测量建网的主要方法。

**(三)三边测量法**

三边测量与三角测量的不同之处,仅在于三角测量需要观测所有三角形的各个内角;而三边测量法需要测定所有三角形的全部边长,根据三角学的原理由测定的三角形边长计算出各个三角形的三个内角,其他与三角测量法完全相同。

三边测量的缺点,也是要求多方向同时通视,而且检核条件太少,例如一个中点多边形只有一个检核条件。由于这些原因,纯三边网在实践中应用不多。

**(四)边角同测法**

在三角网或锁中,除按三角测量的方法用经纬仪观测所有三角形的全部内角外,还用测距仪器测定网或锁中的全部三角形的边长,用以计算出各个三角点的坐标,这种布设控制网的方法称为边角同测法。

边角同测法一般应用于高精度专用控制网,例如高精度变形监测网。

## 二、建立高程控制网的常规地面测量方法

**(一)几何水准测量**

几何水准测量是建立国家高程控制网的主要方法。它的基本原理是:利用水准仪的水平视线读取竖直放置在水准仪前后两地面点上的水准标尺之分划线,求得两地面点间的高差,进而逐点推算出地面点的高程。

几何水准测量的优点是精度较高,如一等水准测量的每千米偶然中误差不超出 ±0.45 mm;测得的高程以大地水准面(严格地说是似大地水准面)为基准面,具有物理意义,能够较好地为生产建设服务。因此,几何水准测量被广泛采用。

### (二)三角高程测量

三角高程测量的基本原理是:测定地面上两点间的距离和垂直角,依三角公式计算出两点间的高差,进而求得地面点的高程。三角高程测量作业简单,布设灵活,不受地形条件的限制。其缺点是:由于大气垂直折光的影响,垂直角观测值含有较大的误差,使得测定的高差或高程精度较低。因此,三角高程测量虽然在高程控制中得到大量应用,但必须有足够数量的直接高程点(即用几何水准测量法测定其高程的点)作为其高程起算点,以满足测绘国家基本比例尺地形图对高程控制的精度要求。

近年来,随着电磁波测距仪的完善与普及,电磁波测距三角高程测量和电磁波测距高程导线已经引起测量界的重视,并得到了应用。电磁波测距三角高程导线的精度可以达到四等水准的精度。

国家水平大地控制网和高程控制网虽是各自单独建立的,建立方法也不相同,但它们之间存在密切的联系。首先,对于决定地面点的位置来说,两控制网缺一不可,在计划布设平面控制网的同时,就要考虑布设高程控制网问题。其次,水准网虽是单独建立的,但在平原地区,一些平面控制点则直接与水准点重合。三角高程网则直接与平面控制网重叠在一起,而且它需要平面控制网的边长数据。

## 三、卫星定位测量

卫星定位测量是利用卫星定位接收机接收定位卫星发射的无线电信号,并通过一定的数据处理而获得测站位置的测量方法。目前,正在运行的卫星定位系统有美国的 GPS 定位系统和俄罗斯的 GLONASS 定位系统。下面以应用广泛的 GPS 系统为例简介卫星定位方法。

全球定位系统(GPS)是美国军方开发的全球性、全天候、连续的无线电卫星导航定位系统,原为美国军方服务,后部分功能向民用用户开放。经过多年的研究开发,GPS 应用于民用定位测量的技术不断发展完善。在控制测量方面,GPS 定位测量因其具有精度高、速度快、成本低的显著优点,已经迅速成为控制测量,特别是平面控制测量的主要方法。而相应地,传统控制测量方法则主要在 GPS 无法施展的地方和领域,以及作为 GPS 网的进一步加密,发挥着不可替代的作用。

GPS 定位系统由空间卫星星座、地面监控系统和用户接收设备三部分构成。

根据原设计,GPS 定位系统的空间卫星星座由 24 颗卫星组成,其中包括 3 颗备用卫星。卫星高度约为 20 200 km。24 颗卫星分布在 6 个等间隔的轨道面上,轨道面相对赤道面的夹角为 55°,每个轨道面上有 4 颗卫星,相邻轨道面的邻近卫星的相位相差 30°。卫星轨道为近圆形,运行周期约 11 h 58 min。卫星分布如图 1-3 所示。这样的卫星分布,除个别地区的不长时间外,可以保证全球任何地区、任何时刻都有不少于 4 颗卫星可供观测。这就提供了在时间上连续的全球导航能力。

卫星发播两个频率的载波无线电信号,$L_1$ = 1 575.42 MHz,$L_2$ = 1 227.6 MHz。在 $L_1$ 载波上调制有 1.023 MHz 的伪随机噪声码(称粗捕获码,或称 C/A 码)和 10.23 MHz 的伪随机噪声码(称精码,或称 P 码),以及每秒 50 bit 的导航电文。在 $L_2$ 载波上只调制有精码和导航电文。粗捕获码可用于低精度测距过渡到捕获精码。精码用于精密测距。

实际上,现在在轨道运行的 GPS 卫星已超过 30 颗。近来发射的卫星已在 $L_2$ 载波上增加了 C 码,并增加了新的 $L_5$ 载波($f=1\ 176.45$ MHz)。地面监控部分包括 5 个监控站、3 个注入站和 1 个主控站。监控站的主要任务是取得卫星观测数据并将这些数据传送至主控站。主控站的主要任务是收集监控站对 GPS 卫星的全部观测数据,利用这些数据计算每颗 GPS 卫星的轨道和卫星钟改正值,依此外推 1 天以上的卫星星历及钟差,并按一定格式转化为导航电文,以便由注入站注入卫星的存储器。注入站的主要任务是,在每颗卫星运行至上空时把这类导航数据及主控站的指令注入卫星。

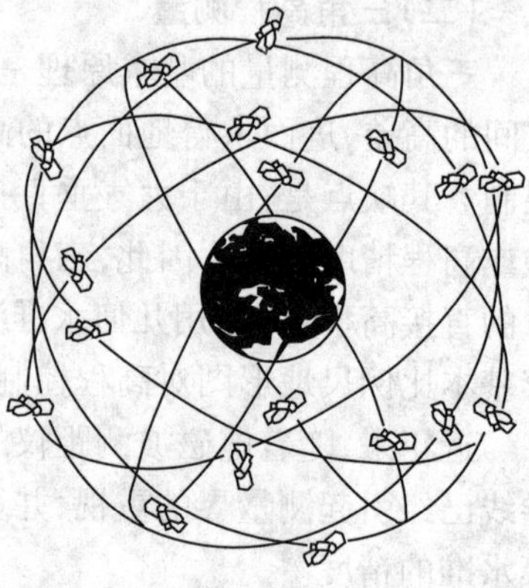

图 1-3　GPS 卫星分布示意图

用户接收机的主要功能是接收卫星发播的信号,并利用本机产生的伪随机噪声码取得距离观测量和导航电文;根据导航电文提供的卫星位置和钟差改正信息,就可计算接收机的位置,即测站点坐标。

GPS 卫星定位测量的几何原理是距离交会。观测时刻的卫星坐标可通过导航信息获得,即卫星相当于已知坐标点,因而接收机观测到至少 3 颗卫星的距离 $\rho_1$、$\rho_2$、$\rho_3$(见图 1-4),就可以用距离交会法获得测站点的坐标。当然,实际测量时考虑到接收机时钟有偏差,要同时观测 4 颗以上卫星,以便解出测站的三维直角坐标 $x$、$y$、$z$ 和接收机钟差 $\delta t$ 四个未知数。

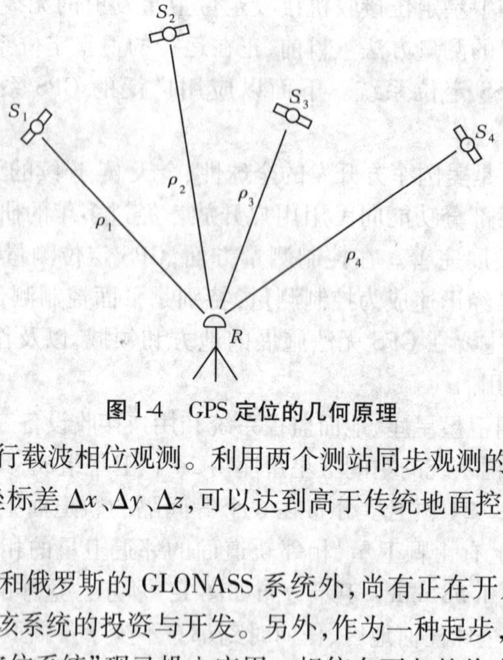


图 1-4　GPS 定位的几何原理

用户接收机还可进行载波相位观测。利用两个测站同步观测的相位观测值进行相对定位,即求测站间的空间坐标差 $\Delta x$、$\Delta y$、$\Delta z$,可以达到高于传统地面控制网一个以上数量级的定位精度。

除美国的 GPS 系统和俄罗斯的 GLONASS 系统外,尚有正在开发的欧洲空间局的伽利略系统。我国也参加了该系统的投资与开发。另外,作为一种起步,我国自己开发的局部卫星定位系统"北斗双星定位系统"现已投入应用。相信在不久的将来,我国的卫星定位事业将会达到更高的水平。

顺便指出,本书的目的旨在讲述传统控制测量的理论和方法,卫星定位测量的有关内容不在本书讲述的范围之内。

# 第二章　平面控制网的布设

本章讲述平面控制网的布设，至于高程控制网的布设则在第八章叙述。本章内容涉及平面控制网的布设原则、布设方案；平面控制网的技术设计、精度估算；平面控制网的选点、造标埋石。鉴于高等级的平面控制已被卫星定位测量代替，三角网已基本不再布设，本章的实用平面控制网布设部分，主要讲述导线网的布设。导线网的观测、计算则在以后的章节讲述。

## 第一节　国家平面控制网的布设原则和布设方案

如前所述，平面控制网分为国家平面控制网和工程平面控制网。本节先介绍国家平面控制网的布设原则和布设方案。

### 一、国家平面控制网布设原则

在一个国家范围内，按照国家统一颁布的国家标准、规范建立的统一坐标系统的平面控制网称为国家平面控制网。我国现有的国家平面控制网包括新型的国家卫星大地测量网和传统的用三角测量、导线测量及天文测量法建立的国家天文大地网，简称国家三角网。现时正是国家传统平面控制网向卫星大地测量网逐步过渡转换的时期。

建立我国的国家平面控制网必须全面考虑我国的实际情况，充分应用已有技术、装备、理论和实际经验，正确处理质量、数量、时间和经费之间的辩证关系，拟定具体的原则。根据建立国家平面控制网的目的任务，考虑上述因素，建立国家平面控制网应遵循下面一些主要指导原则。

**（一）分级布设，逐级控制**

我国领土广阔，建立国家大地控制网只能采用从高级到低级分级布设的方法，就是先在全国范围内布设精度高而密度较稀的首级控制网，作为统一的控制骨架；再根据各个地区建设的需要，分期分批逐次加密控制网，密度逐级增大，精度逐级降低。这种布设方法是在统一的坐标系和高程系中，按不同地区有先有后布设其余各级控制网的，这样既能满足精度需要，又能达到快速、节约的目的。

1. 新的国家大地控制网

我国 2008 年颁布的《国家大地测量基本技术规定》中规定，我国大地控制网按照精度和用途分为一、二、三、四等大地控制网。大地控制网以卫星大地测量的方法建立。

国家一等大地控制网由卫星定位 GNSS 连续运行基准站构成，它是国家大地基准的骨干和主要支撑，以实现和维持我国三维、动态地心坐标系统，保证大地控制网点位三维地心坐标的精度和现势性。国家一等大地控制网站间距按 150 ~ 200 km 布设。

国家二等大地控制网在国家一等大地控制网的基础上加密布设。平均站间距，中东部地区按约 50 km 布设，西部地区按约 80 km 布设。二等大地控制网为三、四等大地控制网和地方大地控制网的建立提供起始数据。

国家三等大地控制网在国家一、二等大地控制网的基础上加密布设，点间平均距离应不超过 20 km，满足国家基本比例尺测图的基本需求。

国家四等大地控制网是三等大地控制网的加密，其点间平均距离应不超过 5 km，直接为工程和大比例尺测图服务。

2. 原有国家三角网

我国传统的大地控制网以三角测量和导线测量的方法建立，也分为一、二、三、四等 4 个等级，但精度大大低于现行的大地控制网的相应指标，边长也互不可比。

传统的天文大地网首先以高精度的稀疏的一等三角锁或一等导线网，尽量沿经纬线方向纵横交叉地迅速布满全国，形成统一坐标系统的骨干网。然后，根据各个地区控制测图的实际需要，分区、分期地在一等三角锁和一等导线环内，布设精度稍低、密度较大的二等三角网或二等导线网，成为继续加密控制的全面基础。最后，在二等三角网或二等导线网的基础上，视测图需要，加密精度更低一些，密度更大的三等和四等三角网或导线网，直接控制 1∶2 000比例尺地形图测图。这样既可简化国家平面控制网的布设工作，又可以比较及时地提供大地控制测量成果，以满足各地区的测图需要。

**(二)具有足够的精度**

国家平面控制网是控制测图的基础，它的精度首先必须保证测图的实际需要。各种比例尺测图规范规定：以国家大地点为基础加密的解析图根点，相对于起算的大地点的点位中误差，表现在图上时，应不超过 ±0.1 mm；表现在实地上，应不超过 $\pm 0.1N$ mm（$N$ 为测图比例尺分母）。

由于图根点的这种误差不但取决于解析图根点测量本身的技术规格，而且和起算的大地点的点位中误差有关。因此，通常规定相邻大地点的点位中误差应小于图根点相对于起算大地点的点位中误差的 1/3，即应小于 $0.1N \times 1/3 = 0.03N$(mm)。这样大地点的点位中误差对测图来说可以忽略。因此，若图根点的精度按 $0.1N$(mm)，大地点的精度必须不大于 $0.03N$(mm)，不同比例尺测图对图根点和大地点的精度要求见表 2-1。

**表 2-1　不同比例尺测图对图根点和大地点的精度要求**

| 测图比例尺 | 1∶50 000 | 1∶25 000 | 1∶10 000 | 1∶5 000 | 1∶2 000 |
|---|---|---|---|---|---|
| 图根点相对于大地点的点位中误差(m) | ±5.0 | ±2.5 | ±1.0 | ±0.5 | ±0.2 |
| 相邻大地点的点位中误差(m) | ±1.7 | ±0.83 | ±0.33 | ±0.17 | ±0.07 |

我国传统的三角网采用插网法或插点法布设的三、四等三角点，其精度可以满足控制 1∶2 000比例尺测图的要求。现行的大地控制网精度指标已高于 1∶2 000 比例尺测图的要求。

其次，国家大地控制网应该适应现代科学技术发展的需要，如航天技术、精密工程、地震监测、地球动力学等，这些领域对大地控制网提出了更高的精度要求。卫星大地测量技术的进步，使得建立比传统三角网更高精度的大地控制网成为了可能。新的以卫星大地测量方法建立的国家大地控制网的精度指标已能适应这些科学和工程领域的需要。

**(三)保证必要的密度**

为了满足控制测图需要,国家大地点应该有足够的密度。国家大地点的密度,按不同的成图方法,依据测图比例尺确定。大地点的密度用平均每个大地点控制的面积或网中相邻点间的平均边长表示。

国家控制点的密度的首要任务是必须满足测图要求,而测图比例尺和成图方法的不同,对点的密度要求也不同。一般要求每个图幅平均有 3 ~4 个控制点,以满足加密控制点的需要。而对于不同的工程建设,可能对点的密度要求不同,应根据实际情况而定。

随着区域连续运行参考站网(COSS 系统)的发展,只用一台入网 COSS 系统的卫星定位接收机就可及时获得厘米级精度的点位坐标,控制点密度问题的重要性已有所降低。

**(四)应有统一的布网方案、精度指标和作业规格**

国家大地网规模巨大,施测队伍众多,技术复杂,要求高,如果没有统一的布网方案、精度指标和作业规格,就很难建成合乎要求的国家大地网。为此,国家测绘主管部门在不同时期,根据当时建立国家大地网的需要,及时制定了相应的规范等强制性技术文件,作为布设国家平面控制网的技术依据。

在建立原三角网型的国家大地网的不同时期,执行的技术法规情况如下:

1958 年 10 月以前,执行的是编译苏联的《一、二、三、四等三角测量细则》;

1958 年 10 月至 1974 年 6 月,执行的是国家测绘总局和总参测绘局颁布的《一、二、三、四等三角测量细则》;

1974 年 7 月至 2000 年 7 月,执行的是国家测绘总局颁布的《国家三角测量和精密导线测量规范》;

2000 年 8 月以后则有国家测绘局制定的《国家三角测量规范》。但这时已进入主要用卫星大地测量的方法建立国家大地控制网的时期。

现时的主要建网技术法规文件有:

《全球导航卫星系统连续运行参考站网建设规范》(CH/T 2008—2005);

《国家大地测量基本技术规定》(GB 22021—2008);

《全球定位系统(GPS)测量规范》(GB/T 18314—2009)。

## 二、新的国家大地控制网的布设方案

新的国家大地控制网采用卫星大地测量的方法建成。根据《国家大地测量基本技术规定》(GB 22021—2008),国家大地控制网按精度和用途分为一、二、三、四等大地控制网。

**(一)国家一等大地控制网**

国家一等大地控制网由卫星定位连续运行基准站组成,可称为国家卫星定位连续运行基准站网。它是国家大地基准的骨干和主要支撑,以实现和维持我国三维、动态地心坐标系统,保证大地控制网点位三维地心坐标的精度和现势性;提供实时定位和导航信息,并提供高精度连续时频信号和定时守时信息。

国家一等大地控制网的卫星定位连续运行基准站地心坐标各分量年平均中误差应不超出 ±0.5 mm,相邻点间边长相对精度应不低于 $1\times10^{-8}$,坐标年变化率中误差水平分量应不超出 ±2 mm,垂直分量应不超出 ±3 mm。

国家一等大地控制网应均匀分布,覆盖我国国土,站间距离按 150 ~200 km 布设。站址应处于稳定的地质环境中，在满足条件的情况下，宜布设在国家一等水准路线附近和国家一等水准网的结点处。

**（二）国家二等大地控制网**

国家二等大地控制网在国家一等大地控制网的基础上加密布设，也称为国家卫星大地控制网，是我国大地基准参考框架的建立和地心坐标系统维持的重要基础设施。国家卫星大地控制网为三、四等大地控制网和地方大地控制网的建立提供起始数据，并实现对国家一、二等水准网的大尺度稳定性监测，结合精密水准测量、重力测量等技术，精化我国似大地水准面。

国家二等大地控制网相邻点平均距离应不超过 50 km，点间基线水平分量的中误差应不超出 ±5 mm，垂直分量中误差应不超出 ±10 mm，相邻点间边长相对精度应不低于 $1 \times 10^{-7}$。

国家二等大地控制网复测周期为 5 年，每次复测执行时间应不超过 2 年。

**（三）三等大地控制网**

三等大地控制网布测的目的是建立和维持省级（或区域）大地控制网，也称为省级卫星大地控制网，满足国家基本比例尺（最大至 1:5 000）测图的基本需求。结合水准测量、重力测量技术，精化省级（或区域）似大地水准面。

三等大地控制网相邻点间平均距离应不超过 20 km，相邻点间基线水平分量的中误差应不超出 ±10 mm，垂直分量的中误差应不超出 ±20 mm，相邻点间边长相对中误差不低于 $1 \times 10^{-6}$。三等大地控制网应根据需要进行复测或更新。

**（四）四等大地控制网**

四等大地控制网是三等大地控制网的加密，其相邻点间平均距离应不超过 5 km。相邻点间基线水平分量中误差应不超出 ±20 mm，垂直分量应不超出 ±40 mm，相邻点间的边长相对精度应不低于 $1 \times 10^{-5}$。

## 三、原有国家三角网的布设方案

我国国家水平控制网在 20 世纪 50 年代建立时主要是以三角测量方法布设的，在困难地区兼用导线测量的方法，下面主要介绍各等级三角锁网的布设情况。

**（一）一等三角锁系**

一等三角锁系是国家首级三角网，其作用是在全国领土上迅速建立一个统一坐标系的精密骨干网，以控制二等以下三角网的布设，并为研究地球形状大小和地球动力学等提供资料。控制测图不是直接目的，因此着重考虑的是精度而不是密度。

一等三角锁一般沿经纬线方向交叉布设，见图 2-1。两交叉处间的三角锁称为锁段，纵横锁段围成一周称为锁环，许多锁环构成锁系。锁段长约 200 km，通常由单三角形组成，也可包括一部分大地四边形或中点多边形。锁中三角形平均边长为 20 ~ 25 km，三角形的任一角不小于 40°，大地四边形或中点多边形的传距角要大于 30°。按三角形闭合差计算的测角中误差不超出 ±0.7″。

在锁段交叉处要测定起始边长，其相对精度不低于 1/350 000。在起始边两端点测定天文经纬度和天文方位角，并在锁中央一个点上测定天文经纬度。天文经度、纬度和天文方位角的测定中误差分别不超出 ±0.3″、±0.3″和 ±0.5″。凡测定天文经纬度的点都为计算垂线

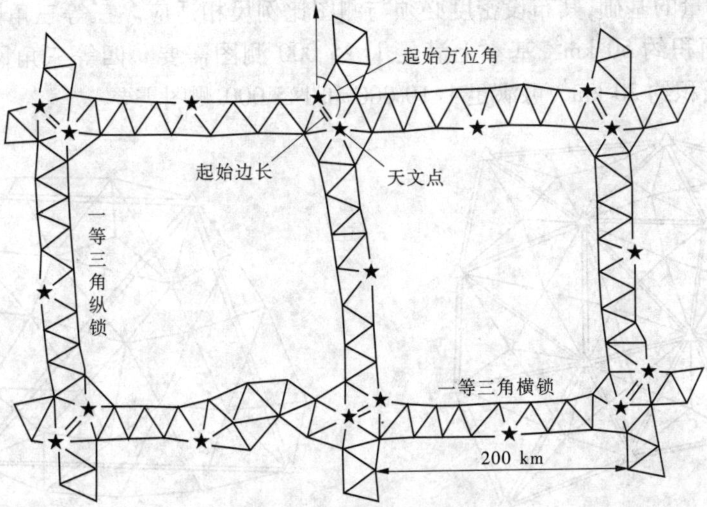


图 2-1　一等三角锁系

偏差提供资料。由于布设方案中要进行天文测量,所以国家水平控制网又称为天文大地网。

**(二)二等三角网**

二等三角网布设在一等锁环所围成的范围内,它是加密三、四等网的全面基础,如图 2-2所示。二等网平均边长为 13 km,就其密度而言,基本上满足 1∶50 000 比例尺测图要求。它与一等锁同属国家高级网,所以主要应考虑精度问题,而密度只作适当照顾,其按三角形闭合差计算的测角中误差应不超出 ±1″。在网中央布测一条起始边长和起始方位角,对于较大的锁环要加测起始方位角。网中三角形的角度不小于 30°,一等三角锁两侧的二等网应与一等锁边联结成连续三角网。

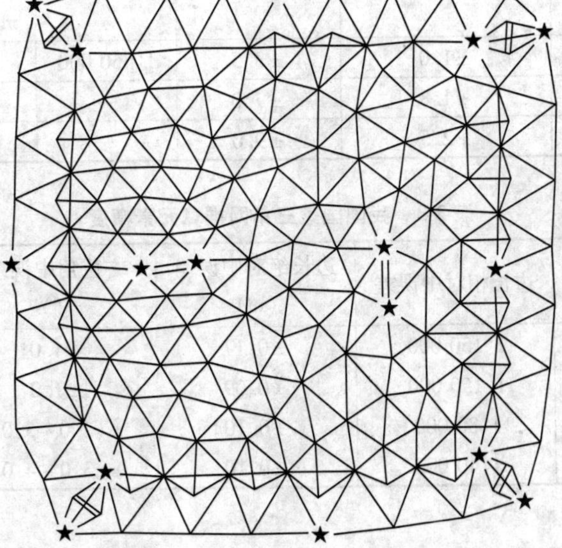

图 2-2　二等全面网

**(三)三、四等三角网(点)**

国家三、四等三角网(点)是在二等三角网基础上进一步加密形成的,如图 2-3、图 2-4 所示，它是图根测量的基础，其布设密度必须与测图比例尺相适应。三等三角网平均边长为 8 km，每点控制面积约 50 km²，基本上满足 1∶25 000 测图需要。四等三角网平均边长为 4 km，每点控制面积约 20 km²，可满足 1∶10 000 和 1∶5 000 测图需要。

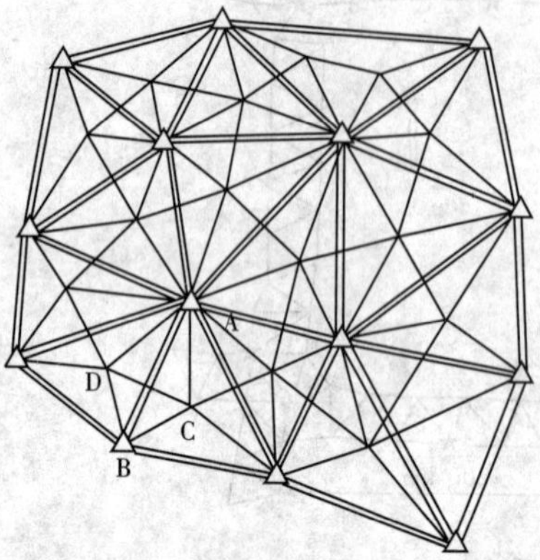


图 2-3　插点式三、四等网

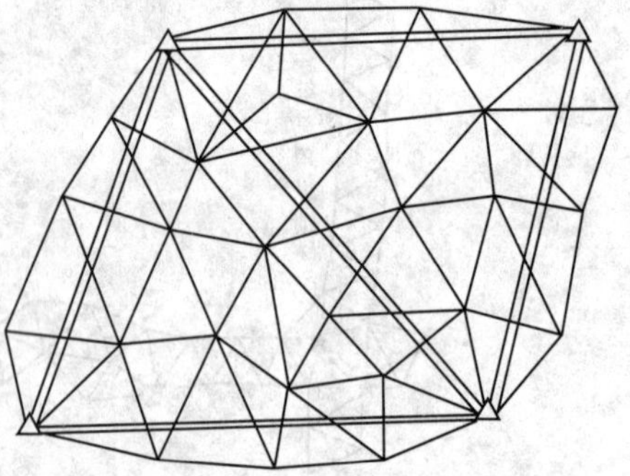

图 2-4　连续式三、四等网

三等、四等点每点都要设站观测，由三角形闭合差计算测角中误差：三等应不超出 ±1.8″，四等应不超出 ±2.5″。

表 2-2、表 2-3 列出了我国各级三角网的布设规格和精度情况。

表 2-2　我国国家三角网的布设规格

| 等级 | 平均边长（km） | 测角中误差（按三角形闭合差计算）（″） | 三角形最大闭合差（″） | 起始元素精度 | | 最弱边边长相对中误差 |
|---|---|---|---|---|---|---|
| | | | | 起始边长 | 天文观测 | |
| 一等锁 | 20～25 | ±0.7 | ±2.5 | 1∶350 000 | $m_\alpha$：±0.5″<br>$m_\lambda$：±0.3″<br>$m_\varphi$：±0.3″ | 1∶150 000 |
| 二等网 | 13 | ±1.0 | ±3.5 | 1∶350 000 | 同一等 | 1∶150 000 |
| 三等网 | 8 | ±1.8 | ±7.0 | — | — | 1∶80 000 |
| 四等网 | 2～6 | ±2.5 | ±9.0 | — | — | 1∶40 000 |

表 2-3　我国国家三角网推算元素精度

| 等级 | 平均边长（km） | 边长相对中误差 | 边长绝对中误差（m） | 方位角中误差（″） | 相对点位中误差（m） |
|---|---|---|---|---|---|
| 一等锁 | 25 | 1∶150 000 | ±0.17 | ±1.0 | ±0.21 |
| 二等网 | 13 | 1∶150 000 | ±0.09 | ±1.0 | ±0.11 |
| 三等网 | 8 | 1∶80 000 | ±0.10 | ±（2.0～3.0） | ±（0.13～0.16） |
| 四等网 | 4 | 1∶40 000 | ±0.10 | ±（3.0～4.0） | ±（0.12～0.13） |

## 四、我国大地控制网现状简介

### （一）原国家天文大地网

我国原国家水平控制网中一等三角锁系和二等网合称天文大地网，它从 1951 年开始布设,于1971年完成。一等锁全长约8万km,包括400多个锁段,构成100多个锁环,共有5 000多个一等三角点,具体布设形状见图2-5。1982年完成了天文大地网整体平差工作,建立了国家1980西安坐标系。网中包括一等三角锁系、二等三角网、部分三等网和导线,有近5万个控制点、467条起始边和916个起始方位角。共组成约30万个误差方程式和15万多个法方程式。平差结果表明,网中离大地原点最远点的点位中误差为±0.8 m,相邻点的相对精度大部分小于1/200 000。

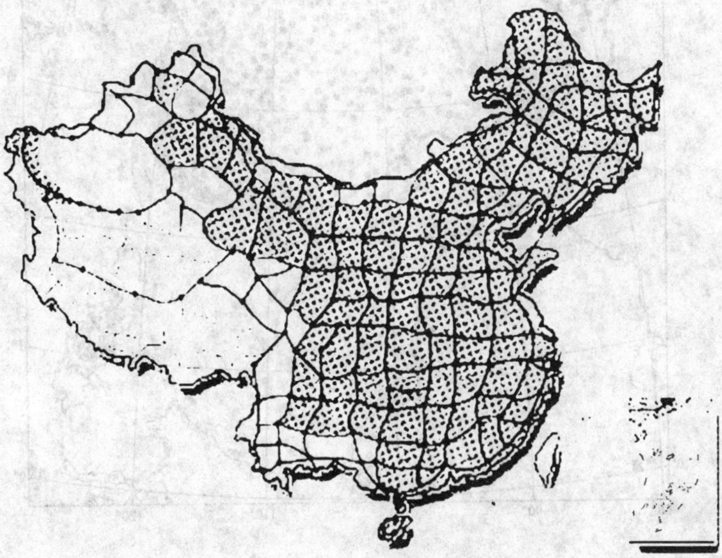

图2-5　我国天文大地网示意图

**(二)国家GPS A、B级网**

国家GPS A级网于1992年由国家测绘局、中国地震局等单位开始布测,全网27个点,平均边长约800 km。1996年国家测绘局进行了A级网复测,经全网整体平差后,地心坐标精度优于0.1 m,点间水平方向的相对精度优于$2\times10^{-8}$,垂直方向优于$7\times10^{-8}$。

B级网由国家测绘局于1991~1995年布测,包括A级点 … 个点。B级网的结构在东部地区为连续网,点位较密集;中部地区为连续网与闭合环 … ;西部地区为闭合环与导线结合,点位密度较稀疏。B级网60%的点 … 进行了水准联测。B级网点间精度水平方向优于$4\times10$ … GPS A、B级网点分布见图2-6。

**(三)全国GPS一、二级网**

全国GPS一、二级网于1991~1997年由总参测绘局 … 约800 km,见图2-7,于1991年5月至1992年4月观测 … 区、华北测区、西北测区、华东测区、东南测区、青藏云 … 测。二级网在一级网基础上布测,平均边长约200 km … 准联测,并在全国陆地(除台湾省)、海域均匀分布, … 经平差计算后,一级网的精度约为$3\times10^{-8}$,二级网 …

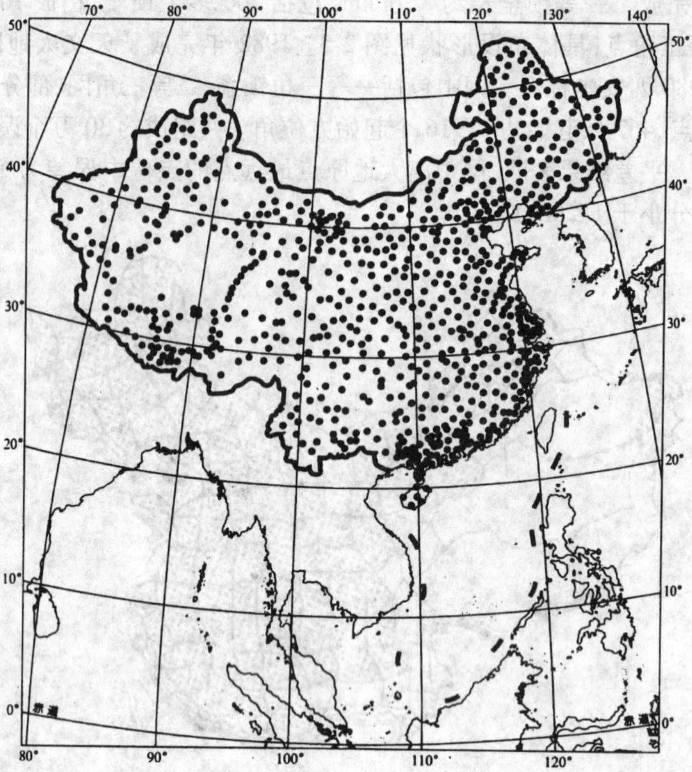


图 2-6　国家 GPS A、B 级网点

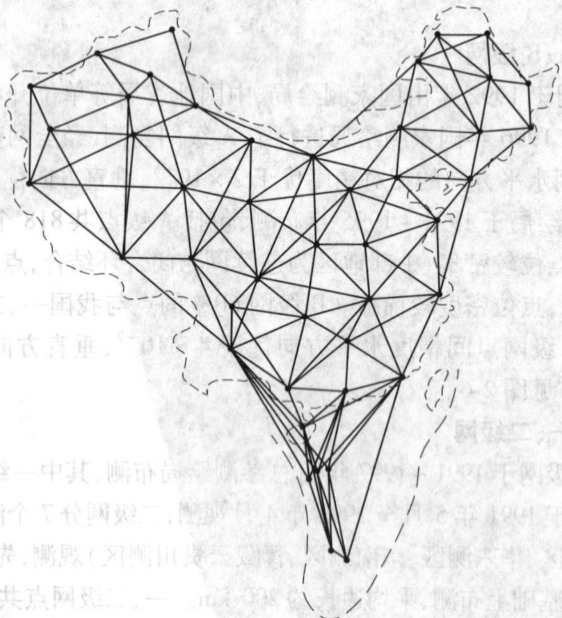

图 2-7　全国 GPS 一级网

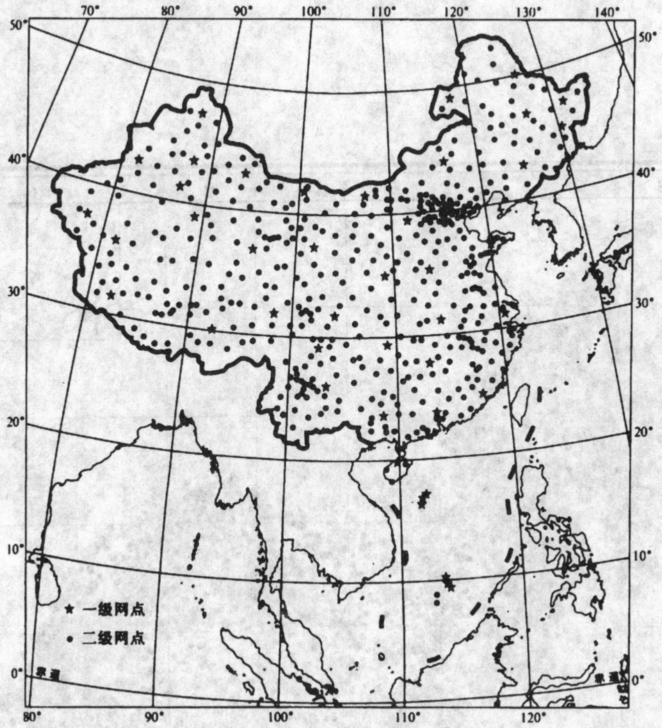


图 2-8　全国 GPS 一、二级网点

### (四)中国地壳运动监测网

中国地壳运动监测网是中国地震局、总参测绘局、中国科学院和国家测绘局联合建立的,主要是服务于中长期地震预报,兼顾大地测量的目的。该网络是以 GPS 为主,辅以 SLR 和 VLBI 以及重力测量的观测网络。它由三个层次的网络组成,即 25 站连续运行的基准网、56 站定期复测的基本网和 1 000 站复测频率低的区域网。基准网与基本网的试验联测于 1998 年 8 月至 9 月完成,每天连续观测 23.5 h 以上。基准站从 1999 年 1 月开始运行。区域网(与基准站和区域站一起)的首次观测于 1999 年 3 月至 10 月进行,每站观测 4 ~ 5 天。网络工程运行以来已取得一批有意义的成果,其中包括一个高精度的地心坐标系和一个有一定精度的速度场,初步结果已显示其监测地壳运动

### (五)空间网联合平差和 2000 国家 GPS 大地控制网的

上述三个 GPS 网由于布设的需求不同,因此它们的
量仪器都有所不同;这三个 GPS 网在数据处理方面,如所
全球导航卫星系统服务)站、历元、坐标框架和平差方法
的成果及其精度,包括同名点的坐标值之间,也必然存在
框架,我国对上述三个网进行了统一平差,于 2003 年完
(其中国外点 124 个,国内点 2 542 个)。平差后,200
ITRF97 坐标框架内,历元为 2000.0 时的点位中误差为

2000 国家 GPS 大地控制网分布情况见图 2-9。

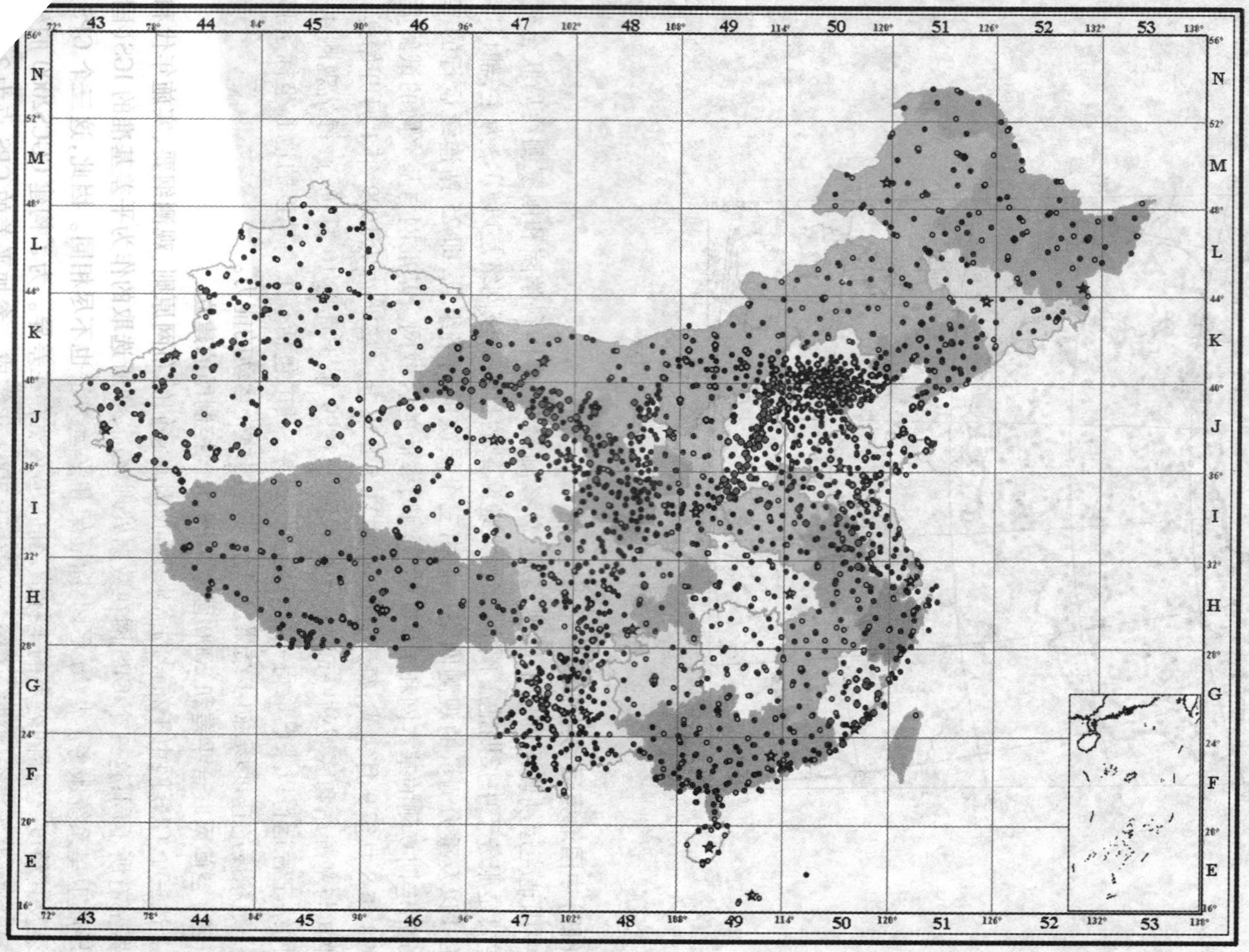


图 2-9　2000 国家 GPS 大地控制网

**（六）2000 国家大地坐标系的建立**

2000 国家 GPS 大地网的启用使我国大地坐标框架在现代化方面上了一个新的台阶。但 2000 国家 GPS 大地网的密度远不如曾作为 1980 西安坐标系或 1954 北京坐标系的坐标框架——全国天文大地网，即使在当今卫星定位技术背景下，用户使用平面控制点的密度可以不必达到过去使用全国天文大地网平均 1 000 $km^2$ 一个点，但 2000 国家 GPS 大地网点的平均密度仅为 1:（70 km×70 km），也就是平均 5 000 $km^2$ 才能找到一个 2000 国家 GPS 网点，仅为天文大地网密度的 1/20 左右。由此可见，2000 国家 GPS 网要服务于全国广大用户特别是静态定位用户（不论是二维的还是三维的），将用户的定位成果统一于国家坐标系统，则面临的主要问题是 2000 国家 GPS 网的点数过少，分布密度太低，它所提供的三维地心坐标精度虽高，由于点位稀疏，用户使用不便，不能完整实现中国的 CGCS2000，因此加密 GPS2000 网点（例如至 5 000 个点）是我国建立现代化大地坐标框架所要解决的一个问题。但加密 GPS2000 网不是短期可以完成的任务，为了及时提供密度较高的三维地心坐标，也为了继承和衔接原来以全国天文大地网为基础的测量成果，因此决定利用 2000 国家 GPS 大地网的三维地心坐标精度高和现势性好的特点，通过它和具有近 5 万大地点的全国天文大地网的公共点进行二网联合平差，将后者纳入三维地心坐标系，以加密 CGCS2000 的坐标框架，并提高全国天文大地网点的精度和现势性。

2005 年，我国完成了 2000 国家 GPS 大地控制网与我国天文大地网的联合平差，平差采用 GRS1980 椭球，正式建立了国家 2000 大地坐标系。这次平差使我国原天文大地网的近 5 万个点有了新的 2000 国家大地坐标系的三维地心坐标，从而使我国 CGCS2000 的坐标框架在密度和分布方面前进了一大步。

2000 国家大地坐标系的控制点按精度分类有三个层次：

（1）2000 国家 GPS 大地控制网中的连续运行基准站，其坐标精度为毫米级。

（2）2000 国家 GPS 大地控制网除 CORS 站外的所有站，地心坐标的精度平均优于 ±3 cm。

（3）2000 国家大地坐标系下天文大地网成果，地心坐标的精度平均优于 ±10 cm。

**（七）国家大地控制网新的建设任务**

原用三角测量方法建立的国家大地控制网点，长期以来在我国科学技术和国家建设中发挥了重要的不可替代的作用。通过参与第二次联合平差，近 5 万个控制点获得了在 2000 坐标系的地心坐标，精度有所提高，这些控制网点今后仍然可发挥重要的作用。但由于年久失修，工程建设破坏，人为破坏，原国家三角网地面标架甚至地下标石损坏严重，大量标石难以找到或根本不复存在。一些地区，由于地壳形变的影响，实际位置可能也发生了变化。再加上是采用传统手段布设，本身相邻点间相对精度有限，即使重新参加了二网联合平差，点位中误差也只有 ±10 cm。这些因素都使得原国家三角控制网点有些不适应现代科学技术和工程建设的需要。建设新的高精度的密度合适的国家卫星大地控制网势在必行。

2008 年 6 月发布的《国家大地测量基本技术规定》（GB 22021—2008）为新的国家大地控制网的建立奠定了技术法规基础。我国决定在 2000 国家 GPS 网的基础上建立国家卫星大地控制网。其布设方案在本节中标题“二、新的国家大地控制网的布设方案”下已作介绍。国家一级大地控制网（即国家卫星定位连续运行基准站网）和国家二级大地控制网（即国家卫星大地控制网）正在着手建立。预计建立 300 ~ 400 站规模的国家卫星定位连续运行基准站网，4 000 ~ 5 000 点规模的国家卫星大地控制网。而三等大地控制网则由各省已建成或将要建成的 GPS C 级网改建组成。

## 第二节　工程平面控制网的布设原则和布设方案

### 一、工程平面控制网的布设原则

如第一节所述，工程控制网可分为两种：一种是在各项工程建设的规划设计阶段，为测绘大比例尺地形图和房地产管理测量而建立的控制网，叫做测图控制网；另一种是为工程建筑物的施工放样或变形观测等专门用途而建立的控制网，我们称其为专用控制网。建立这两种控制网时亦应遵守下列布网原则。

**（一）分级布网、逐级控制**

对于工程控制网，通常先布设精度要求最高的首级控制网，随后根据测图需要，测区面积的大小再加密若干级较低精度的控制网。用于工程建筑物放样的专用控制网，往往分二级布设。第一级作总体控制，第二级直接为建筑物放样而布设；用于变形观测或其他专门用途的控制网，通常无须分级。

**（二）要有足够的精度**

以工程控制网为例，一般要求最低一级控制网（四等网）的点位中误差能满足大比例尺 1∶500 的测图要求。按图上 0.1 mm 的绘制精度计算，这相当于地面上的点位精度为 0.1 mm × 500 = 5 cm。对于传统国家控制网而言，尽管观测精度很高，但由于边长比工程控制网长得多，待定点与起始点相距较远，因而点位中误差远大于工程控制网。

**（三）要有足够的密度**

不论是工程控制网还是专用控制网，都要求在测区内有足够多的控制点。如前所述，控制点的密度通常是用边长来表示的。《城市测量规范》（CJJ 8—99）中对于城市三角网平均边长的规定列于表 2-4 中。

**表 2-4　三角网的主要技术要求（城市测量规范）**

| 等级 | 平均边长（km） | 测角中误差（″） | 起算边相对中误差 | 最弱边相对中误差 |
|---|---|---|---|---|
| 二等 | 9 | ±1.0 | 1/300 000 | 1/120 000 |
| 三等 | 5 | ±1.8 | 1/200 000（首级）<br>1/120 000（加密） | 1/80 000 |
| 四等 | 2 | ±2.5 | 1/120 000（首级）<br>1/80 000（加密） | 1/45 000 |
| 一级小三角 | 1 | ±5 | 1/40 000 | 1/20 000 |
| 二级小三角 | 0.5 | ±10 | 1/20 000 | 1/10 000 |

**（四）要有统一的规格**

为了使不同的工测部门施测的控制网能够互相利用、互相协调，也应制定统一的规范，如现行的《城市测量规范》（CJJ 8—99）和《工程测量规范》（GB 50026—2007）（以下简称《规范》）。

## 二、工程平面控制网的布设方案

现以《城市测量规范》(CJJ 8—99)为例,将其中三角网的主要技术要求列于表2-4,电磁波测距导线的主要技术要求列于表2-5。从这些表中可以看出,工程三角网具有如下特点:①各等级三角网平均边长较相应等级的国家网边长显著地缩短;②三角网的等级较多;③各等级控制网均可作为测区的首级控制。这是因为工程测量服务对象非常广泛,测区面积大的可达几千平方千米(例如大城市的控制网),小的只有几百平方米(例如工厂的建厂测量),根据测区面积的大小,各个等级控制网均可作为测区的首级控制;④三、四等三角网起算边相对中误差,按首级网和加密网分别对待。对独立的首级三角网而言,起算边由电磁波测距求得,因此起算边的精度以电磁波测距所能达到的精度来考虑。对加密网而言,则要求上一级网最弱边的精度应能作为下一级网的起算边,这样有利于分级布网、逐级控制,而且也有利于采用测区内已有的国家网或其他单位已建成的控制网作为起算数据。以上这些特点主要是考虑到工程控制网应满足最大比例尺1∶500测图的要求而提出的。

**表2-5　电磁波测距导线的主要技术要求(城市测量规范)**

| 等级 | 附合导线长度(km) | 平均边长(m) | 每边测距中误差(mm) | 测角中误差(″) | 导线全长相对闭合差 |
|---|---|---|---|---|---|
| 三等 | 15 | 3 000 | ±18 | ±1.5 | 1/60 000 |
| 四等 | 10 | 1 600 | ±18 | ±2.5 | 1/40 000 |
| 一级 | 3.6 | 300 | ±15 | ±5 | 1/14 000 |
| 二级 | 2.4 | 200 | ±15 | ±8 | 1/10 000 |
| 三级 | 1.5 | 120 | ±15 | ±12 | 1/6 000 |

此外,在我国目前测距仪使用较普遍的情况下,电磁波测距导线已上升到比较重要的地位。表2-5中电磁波测距导线共分5个等级,其中的三、四等导线与三、四等三角网属于同一个等级。这5个等级的导线均可作为某个测区的首级控制。

## 三、专用控制网的布设特点

专用控制网是为了工程建筑物的施工放样或变形观测等专门用途而建立的。由于专用控制网的用途非常明确,因此建网时应根据特定的要求进行控制网的技术设计。例如:桥梁三角网对于桥轴线方向的精度要求应高于其他方向的精度,以利于提高桥墩放样的精度;隧道三角网则对垂直于直线隧道轴线方向的横向精度的要求高于其他方向的精度,以利于提高隧道贯通的精度;用于建设环形粒子加速器的专用控制网,其径向精度应高于其他方向的精度,以利于精确安装位于环形轨道上的磁块。以上这些问题在工程测量书中会有更多的介绍,读者可参阅。

# 第三节　平面控制网的技术设计

现今的控制网主要以卫星定位测量的方法建设。在卫星定位测量受限的地方,则采用传统地面测量方法。本书只讲述传统地面控制网的建设方法。本节也只介绍传统工程平面控制网的技术设计,但其基本内容也适合于卫星定位法建网。

## 一、技术设计的意义及其主要内容

工程控制测量的服务对象非常广泛,各种工程建设对控制网提出的要求各不相同。工程测量工作者应根据工程建设对控制网的精度要求,结合测区的具体情况进行技术设计——选择最佳方案、适当的仪器、编制作业计划、解决作业生产的组织和测量成果验收等一系列生产管理和技术管理问题。

技术设计是控制测量的第一道工序,是一个决定性的环节,技术设计的优劣,将对测量工作的全过程造成重大影响。

技术设计就是要编制出技术设计书。它是制定作业计划、指导生产的重要技术文件之一。技术设计书一般包括下列主要内容:

(1)作业的目的和任务范围;

(2)测区的自然地理条件;

(3)测区已有的测量成果及其精度分析;

(4)测区实地调查和踏勘的结果——一般应写出测区调查报告;

(5)最佳布网方案的论证;

(6)图上设计结果及其有关图表;

(7)技术补充规定;

(8)业务技术领导部门的批示及审核意见。

## 二、技术设计的程序和方法

**(一)对点位的要求**

在技术设计和选点时,平面控制点的位置应满足以下要求:

(1)不论三角点还是导线点,其位置都应尽量选在展望良好、易于扩展的制高点上。

(2)点与点之间构成的边长、角度、图形结构等都应完全满足《规范》的要求。

(3)点的位置要保证所埋中心标石能长期保存,以及造标、观测工作时的安全。

(4)确定点位时,应使观测视线避开产生水平折光的地形或地物,并使视线超越及旁离障碍物一定距离。

**(二)收集、分析研究资料**

为了全面了解测区情况,掌握测区特点,使技术设计切实可行,在技术设计前,应全面收集测区的各种有关资料,进行认真的分析研究。

应收集的资料包括:

(1)测区的各种比例尺(尤其是大、中比例尺)地形图、交通图和行政区划图。

(2)已有的大地测量成果资料,如平面控制网图、水准路线图、点之记、成果表和技术总结等。

(3)测区自然地理情况资料,如主要的集镇、居民区、行政中心、民族、治安、交通运输、物资供应、地貌、植被、水系、土质、冻土层和气象等资料。如果在少数民族地区,还应了解、收集民俗和有关的少数民族政策等,如有必要,还应收集有关的地质资料。

对收集来的资料要进行充分的综合分析研究，把可靠、有用的资料进行整理，供实地调查和设计时参考利用。

分析大地测量成果时，应特别注重其实际使用价值，利用的可能性和利用方案。为此，对大地测量成果的分析应注意以下几点：

(1)施测时间、等级、执行的规范或技术规定、使用的仪器、标石和觇标类型、施测单位以及计算和平差方法、成果的实际精度。

(2)成果的坐标系统和高程系统。如果成果的坐标系统或高程系统不统一，应计算改正为国家统一的坐标系统或高程系统。

(3)成果中采用的投影面和投影带。如果成果的投影面、投影带不统一或不合用，亦应改算为统一、合用的投影面、投影带。

(4)应分清哪些成果可以作为起算数据，哪些成果可以直接利用作为控制，哪些成果不能采用等。

**(三)测区调查与踏勘**

此项工作可以在图上设计之前进行，也可放在图上设计工作完成后进行，这要根据对测区情况了解的程度决定。如果对测区情况缺乏必要的了解，此项工作就要在图上设计之前进行。反之则在图上设计之后进行，这样便于到实地检查图上设计的合理性和可行性，然后对图上设计进行必要的修正。

此项工作的主要任务是：

(1)查找并查看已收集到的平面控制点、水准点保存情况和完好程度，决定这些大地点是否可以利用，尤其对这些大地点的稳定性作出正确判断。

(2)全面掌握和了解自然地理方面的情况，如果事前已收集到这方面的若干资料，则应对这些资料进行实地校对和补充，以便为图上设计和编制作业计划提供可靠、全面、系统的资料。

(3)如果此项工作在图上设计之后进行，则应对图上设计的合理性和可行性进行实地调查与踏勘，以便对图上设计提出切实可行的修改意见。

(4)为开展野外作业作必要的准备，如作业人员工作时的驻地、物资供应和交通运输应与当地进行联系与落实。

调查和踏勘结束后，应根据任务写出测区调查报告，供技术设计和编制作业计划使用与参考。

**(四)图上设计和最佳布网方案的论证与评估**

图上设计的任务是：根据工程设计意图及其对控制网的精度要求，结合测区地形、地物特征和已有大地测量成果的情况，在地形图上设计出图形结构较强、觇标高度较低的合理布网方案。

图上设计在适当比例尺地形图上进行，一般在 1∶50 000 地形图上进行；如果测区范围较小，可在 1∶25 000 或更大比例尺的地形图上进行。

图上设计的主要程序和方法是：

(1)在选定的地形图上标绘出已有的平面控制网、点、起算边、水准点和水准路线，以及河流、交通线、图幅线或测区范围、重要的居民点或行政中心。标绘时最好使用不同的颜色，尤其是不同等级的大地点一定要用不同的颜色标绘。

(2)根据技术规定和对点位的要求,由起算点(或起算边)开始,先高等后低等,逐级逐点进行扩展和加密,直到设计出合理的控制网为止。如果需要布测新的起算边,则应首先设计出起算边的位置。

(3)判断和检查点间的通视,并拟定最有利的觇标高度。

上述工作完成后,应判断和检查每一条边是否通视。如果地貌不复杂,设计者又有一定的读图能力,对较容易通视的边,可直接对其通视情况作出判断。有些不能直接判定其通视情况,就需借助一定的方法检查其是否通视。检查的方法是图解法。

如图 2-10 所示,设 $A$、$B$ 为预选的三角点,$C$ 为 $AB$ 方向上的障碍物,$A$、$B$、$C$ 三点的高程 $H_A$,$H_B$、$H_C$ 可在地形图上直接读出。

$A$、$B$ 点到 $C$ 点的距离 $D_{AC}$、$D_{BC}$ 在图上量取。取一张纸,绘出一条直线。在直线上依比例尺截取 $D_{AC}$、$D_{BC}$,即在直线上标出 $A$、$B$、$C$ 点。分别过 $A$、$B$、$C$ 点作直线的垂线,并分别由 $A$、$C$ 点起沿垂线依比例尺量取($H_A - H_B$)、($H_C - H_B$),得出 $A'$点和 $C'$点,用直线连接 $A'$和 $B$。如果 $C'$在 $A'B$ 的下方,说明 $A$、$B$ 两点间通视。$C'$点到 $A'B$ 的距离为超障高度;当 $C'$点在 $A'B$ 上方时,则不通视;若 $C'$点逼近 $A'B$,应考虑球气差影响。

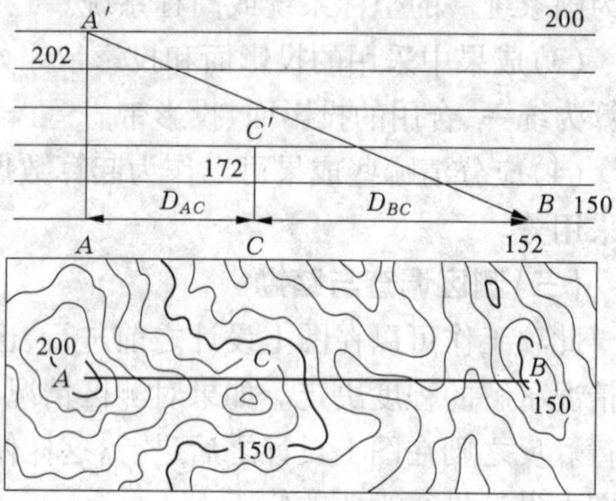


图 2-10　图解法检查通视

有关球气差的知识和最有利觇标高度计算问题在本章第五节中介绍。

(4)按照三角高程网对高程起算点密度的要求,设计各等级三角点(导线点)的水准联测路线。

(5)估算设计出的平面控制网的最弱边精度或点位精度等将在本章第四节中介绍。

(6)对图上设计进行全面的检查修正。检查的内容有:各项设计是否正确、合理;设计项目是否齐全;数量、质量(主要是精度)是否合乎要求。

为了保证设计的质量,最好设计出几个方案,进行综合性的评估,从中选出最适宜的设计方案。

**(五)编写技术设计书(或文字材料)**

技术设计书的主要内容有:设计的技术依据;任务目的、性质和技术要求;测区所处的行政辖区及范围;与测量作业有关的自然地理状况;已有的大地测量成果的情况;各个设计项目的数量、质量统计,如起算点、起算边个数、各级控制点、水准点个数、水准路线或水准联测路线总长,各类觇标、标石数量,精度估算结果等;所需的仪器、器材、装备和材料的数量;对野外测量作业的特殊技术要求等。

**(六)上交资料**

技术设计完成后上交下列资料:

(1)在地形图上设计的控制网图;

(2)适当比例尺的计划控制网图;

(3)技术设计书(或其文字说明材料)。

# 第四节　平面控制网的精度估算

为各项工程建设而布设的控制网,应具有必要的精度,以满足工程建设对于测量的要求,因此在控制网的技术设计阶段,应对所设计的控制网的精度进行估算,以确定是否能达到规定的要求。控制网中,各点上观测的水平角(或方向)、边长称为观测元素,经平差计算所求得的点位坐标以及边长、方位角都是根据观测元素的平差值等数据推算出来的,因而统称其为推算元素。因此,推算元素都是观测元素平差值的函数。精度估算主要是估算网中推算元素的精度。在控制网设计中,精度估算是一项重要内容,设计网所能达到的精度则是控制网设计的一项重要指标。本节讲述平面控制网精度估算方法。鉴于工程实用上主要为导线网,因而主要讲导线网的精度估算。

## 一、精度估算的理论方法

控制网精度估算的方法就是测量平差中控制网平差后的精度计算方法。精度估算与平差后的精度计算的不同点在于:平差采用实际观测值,并用平差算得的验后单位权中误差计算精度;而设计网的精度估算则是采用模拟观测值和观测值的先验中误差来估算网中推算元素的精度。现以电算中广泛使用的以坐标为未知数的参数(间接)平差为例来叙述。

设有参数平差法方程

$$\underset{t,t}{N}\,\underset{t,1}{\delta X} + \underset{t,1}{U} = O \tag{2-1}$$

$$X = \begin{pmatrix} x_1 \\ x_2 \\ \vdots \\ x_t \end{pmatrix}$$

为网中未知点坐标向量(实际上是 $x_1$、$y_1$,$x_2$、$y_2$,…)。$N$ 为法方程系数阵。可求出 $N$ 的逆,记为

$$\underset{t,t}{Q_{xx}} = \underset{t,t}{N^{-1}} = \begin{pmatrix} q_{11} & q_{12} & \cdots & q_{1t} \\ q_{21} & q_{22} & \cdots & q_{2t} \\ \vdots & \vdots & & \vdots \\ q_{t1} & q_{t2} & \cdots & q_{tt} \end{pmatrix} \tag{2-2}$$

此即平差未知数的误差协因数阵。

设有网中的推算元素 $z$,如边长、方位角、未知点坐标$(x,y)$等,它们都可以表达成平差未知数的函数,记做

$$z = F(x) \tag{2-3}$$

经微分后有

$$\delta z = f_1\delta x_1 + f_2\delta x_2 + \cdots + f_t\delta x_t \tag{2-4}$$

式中:$f_i = \dfrac{\partial F}{\partial x_i}$为偏导数值。上式可用矩阵式写为

$$\delta z = f^{\mathrm{T}}\delta X \tag{2-5}$$

式中

$$f=\begin{pmatrix}f_1\\f_2\\\vdots\\f_t\end{pmatrix}\qquad \delta X=\begin{pmatrix}\delta x_1\\\delta x_2\\\vdots\\\delta x_t\end{pmatrix}$$

则有

$$q_z = f^{\mathrm{T}} Q_{xx} f \tag{2-6}$$

而推算元素 $z$ 的中误差为

$$m_z = \sigma\sqrt{q_z} \tag{2-7}$$

式中：$\sigma$ 为单位权中误差。

当然，也可用条件平差的相应模型来估算精度，数学模型见第九章，这里不叙述。一般用计算机估算控制网精度采用参数平差模型；而理论上分析单一附合导线的精度采用条件平差模型。

## 二、导线点纵横向中误差和点位中误差的概念

为了讨论导线测量的精度，需要先介绍导线点纵横向中误差和平面控制网点位中误差的概念。如图 2-11，实线表示一导线的真位置，$O$ 为导线起点，$P$ 为导线终点。为了说明问题和推导公式的方便，图中加绘有 $x'Oy'$坐标系，纵轴 $Ox'$为导线闭合边（导线起点 $O$ 和终点 $P$ 的连线）$L$ 的方向，横轴为闭合边的垂直方向 $Oy'$。由于导线的转折角和边长的观测都有误差，由 $O$ 起始，根据观测值算得的导线位置为图中的虚折线所示。终点 $P$ 的计算位置出现在 $P'$，其位移量为 $f$。

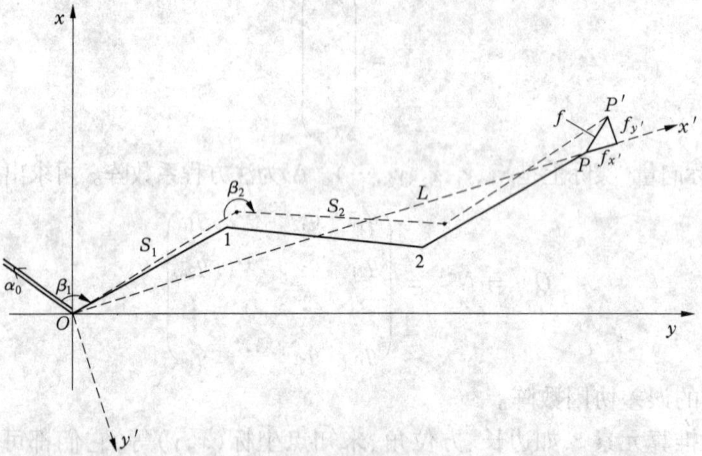


图 2-11　导线点纵横向中误差和平面控制网点位中误差示意图

设位移 $f$ 在导线闭合边方向上的投影为 $f_{x'}$，称为导线的纵向误差；在垂直于闭合边上的投影为 $f_{y'}$，称为导线的横向误差。在导线大体直伸的情况下，可以证明（由图也可大体判断出），纵向误差主要由测边误差引起，横向误差主要由测角误差引起。$f$、$f_{x'}$、$f_{y'}$三者的关系为

$$f^2 = f_{x'}^2 + f_{y'}^2$$

如果改用中误差的符号，则有

$$M_P^2 = m_{x'}^2 + m_{y'}^2$$

这里 $M_P$ 称做 $P$ 点的点位中误差，$m_{x'}$和 $m_{y'}$分别为 $P$ 点在 $x'$和 $y'$方向的中误差。由于这里

$x'$和$y'$分别为导线推进方向的纵向和横向，为标志明显，习惯上常用$t$代替这里的$m_{x'}$，称导线点的纵向中误差；用$u$代替这里的$m_{y'}$，称导线点的横向中误差。这样，上式便写成

$$M_P^2 = t^2 + u^2 \tag{2-8}$$

在平面控制网中，点位中误差的更一般定义是

$$M_P^2 = m_x^2 + m_y^2 \tag{2-9}$$

这里，$m_x$、$m_y$分别为$P$点在任意平面直角坐标系$x$方向和$y$方向的中误差。很显然，对于图2-9中的两个方向不同的平面直角坐标系，有

$$M_P^2 = m_x^2 + m_y^2 = m_{x'}^2 + m_{y'}^2$$

导线点的纵横向中误差$t$和$u$既能表达出点位中误差的大小，又给人一种比较直观的方向形象，因而在讨论导线精度时，常以纵横向中误差$t$和$u$来作指标。

## 三、等边直伸支导线的精度分析

对导线的精度分析应从最简单的支导线做起。图2-12为一等边直伸支导线。对于这种导线，很明显，最前端的边方位角精度最低，前方端点的点位精度最低。另外，由于是直伸导线，可知边的方位角误差由测角引起，点的纵向误差由测边误差引起，点的横向误差由测角误差引起。下面不加推导的给出支导线前端边的方位角中误差和前端点的纵横向中误差，式中的下标$D$表示端点或端边。

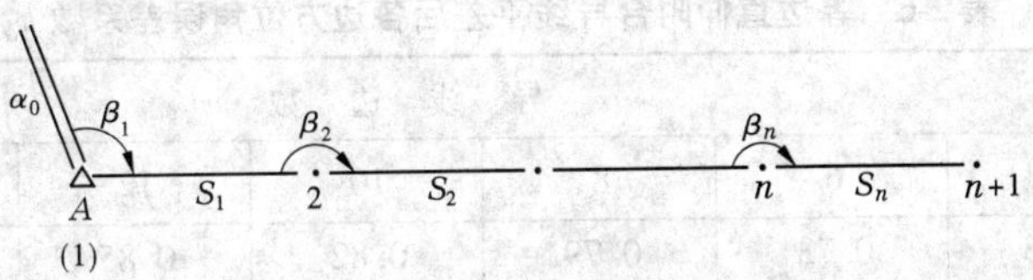


**图2-12　等边直伸支导线示意图**

(1)支导线前端边方位角中误差

$$m_{\alpha_D} = \sqrt{n m_\beta^2 + m_{\alpha_0}^2} \tag{2-10}$$

式中：$m_\beta$为测角中误差；$m_{\alpha_0}$为起算方位角中误差。

(2)支导线前端点纵向中误差

$$t_D = \sqrt{n m_S^2 + \lambda^2 L^2} \tag{2-11}$$

式中：$m_S$为测边偶然误差；$\lambda$为测边系统误差；$L$为导线闭合边长度，有$L=nS$，$S$为每边边长。

(3)支导线前端点横向中误差

$$u_D = \sqrt{\frac{(n+1)(2n+1)}{6n} \cdot L^2 \frac{m_\beta^2}{\rho^2} + L^2 \frac{m_{\alpha_0}^2}{\rho^2}}$$

$$\approx \sqrt{\frac{n+1.5}{3} L^2 \frac{m_\beta^2}{\rho^2} + L^2 \frac{m_{\alpha_0}^2}{\rho^2}} \tag{2-12}$$

若不考虑起算数据误差和测边系统误差，则分别有

$$\begin{cases} m_{\alpha_D} = \sqrt{n}\, m_\beta \\ t_D = \sqrt{n}\, m_S \\ u_D = L\sqrt{\dfrac{n+1.5}{3}} \cdot \dfrac{m_\beta}{\rho} \end{cases} \tag{2-13}$$

## 四、等边直伸附合导线的精度分析

图 2-13 为一等边直伸附合导线。假定已知坐标和方位角无误差，下面不加推导的给出各边方位角中误差和中点纵横向中误差的估算公式，并作简单讨论。

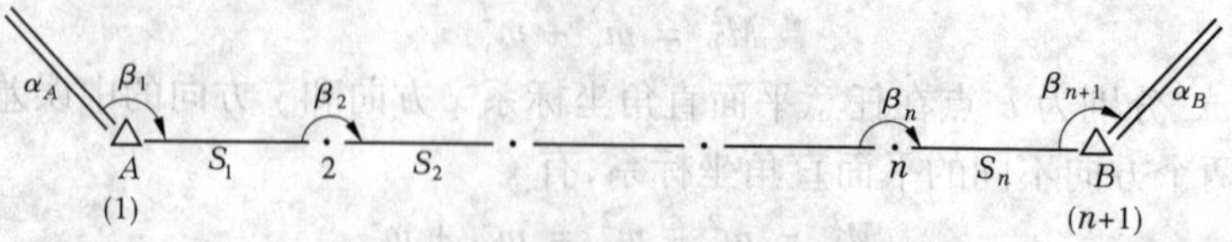

图 2-13 等边直伸附合导线示意图

### (一)附合导线平差后各边方位角中误差

附合导线平差后各边方位角中误差用下式计算：

$$\begin{cases} m_{\alpha_i} = k_{\alpha_i} \cdot m_\beta \\ k_{\alpha_i} = \sqrt{i - \dfrac{i^2}{n+1} - \dfrac{3i^2(n-i+1)^2}{n(n+1)(n+2)}} \end{cases} \tag{2-14}$$

式中：$i$ 为边序号；$m_\beta$ 为测角中误差；$n$ 为总边数。

系数 $k_{\alpha_i}$ 的表达式看上去较为烦琐，为此，用不同的 $n$ 和 $i$ 代入其表达式中，算得方位角误差系数 $k_{\alpha_i}$，列入表 2-6 中，以便查看分析。

表 2-6 等边直伸附合导线平差后各边方位角误差系数 $k_{\alpha_i}$

| 导线边号 $i$ | 导线边数 $n$ | | | | | | |
|---|---|---|---|---|---|---|---|
| | 4 | 6 | 8 | 10 | 12 | 14 | 16 |
| 1 | 0.63 | 0.73 | 0.79 | 0.82 | 0.85 | 0.87 | 0.89 |
| 2 | 0.55 | 0.73 | 0.86 | 0.95 | 1.01 | 1.06 | 1.10 |
| 3 | 0.55 | 0.66 | 0.81 | 0.93 | 1.03 | 1.11 | 1.18 |
| 4 | 0.63 | 0.66 | 0.75 | 0.87 | 0.99 | 1.10 | 1.18 |
| 5 | | 0.73 | 0.75 | 0.82 | 0.94 | 1.05 | 1.15 |
| 6 | | 0.73 | 0.81 | 0.82 | 0.90 | 1.00 | 1.10 |
| 7 | | | 0.86 | 0.87 | 0.90 | 0.98 | 1.06 |
| 8 | | | 0.79 | 0.93 | 0.94 | 0.98 | 1.03 |
| 9 | | | | 0.95 | 0.99 | 1.00 | 1.03 |
| 10 | | | | 0.82 | 1.03 | 1.05 | 1.06 |
| 11 | | | | | 1.01 | 1.10 | 1.10 |
| 12 | | | | | 0.85 | 1.11 | 1.15 |
| 13 | | | | | | 1.06 | 1.18 |
| 14 | | | | | | 0.87 | 1.18 |
| 15 | | | | | | | 1.10 |
| 16 | | | | | | | 0.89 |
| 平均 | 0.59 | 0.71 | 0.80 | 0.88 | 0.95 | 1.02 | 1.09 |

从表中可以看出：

(1)一般来说，平差后各边方位角精度相差不大。如果说有最弱边，则在大多数情况下($n$=6～12)，靠两端的第 2 条边为方位角最弱边。

(2)当 $n \leqslant 10$ 时,各边方位角中误差小于测角中误差 $m_\beta$;当 $10 < n < 16$ 时,可认为各边方位角中误差近似为测角中误差 $m_\beta$。

(3)减少转折角数(在导线总长一定的情况下,相当于增加平均边长 $S$)可缩小各边平差后方位角中误差。

**(二)等边直伸附合导线平差后中点的纵向中误差**

对于等边直伸导线,只有测边误差影响导线点的纵向中误差。在理论上,由于导线两端点被强制附合在已知点上,测边的系统误差被较好地消除了,只剩下偶然误差影响。在不考虑起算数据误差的情况下,导线中第 $i+1$ 点(依图 2-11 的编号,为第 $i$ 号边的前方端点)的纵向中误差为

$$t_C = m_S\sqrt{i - \frac{i^2}{n}} \tag{2-15}$$

式中:$m_S$ 为测边偶然误差;$i$ 为边序号;$n$ 为总边数。下标 $C$ 表示该误差是仅由观测引起的(下同)。而最弱点中点的纵向中误差为

$$t_{C,Z} = \frac{1}{2}\sqrt{n}m_S \tag{2-16}$$

这里 $Z$ 为表示中点的下标(下同)。

若令 $k_t = \frac{1}{2}\sqrt{n}$,将式(2-16)写成

$$t_{C,Z} = k_t \cdot m_S \tag{2-17}$$

用不同的 $n$ 代入算得的 $k_t$ 值列于表 2-7 中。

**表 2-7　等边直伸附合导线平差后中点纵向中误差系数 $k_t$**

| 边数 $n$ | 4 | 6 | 8 | 10 | 12 | 14 | 16 |
|---|---|---|---|---|---|---|---|
| $k_t$ | 1.00 | 1.22 | 1.41 | 1.58 | 1.73 | 1.87 | 2.00 |

由式(2-16)和表 2-7 可知,随着导线的加长,即 $n$ 的增大和边长的增长(边长增长,则 $m_S$ 亦会变大),导线中点的纵向中误差会变大。当 $n=4$ 时,中点纵向中误差为 1 倍测边中误差,当 $n$ 为 10、16 时,分别为 1.6 倍和 2 倍测边中误差。

**(三)等边直伸附合导线平差后中点的横向中误差**

等边直伸附合导线的横向中误差来源于测角误差。导线中第 $i+1$ 点($i$ 号边的前方端点)的横向中误差为

$$u_C = \frac{Sm_\beta}{\rho}\sqrt{\frac{i(i+1)(2i+1)}{6} - \frac{i^2(i+1)^2}{4(n+1)} - \frac{i^2(i+1)^2(3n-2i+2)^2}{12n(n+1)(n+2)}}$$

而经精简的最弱点中点的横向中误差为

$$u_{C,Z} = \frac{1}{8}nS\frac{m_\beta}{\rho}\sqrt{\frac{n+3.5}{3}} = \frac{L}{8}\sqrt{\frac{n+3.5}{3}}\frac{m_\beta}{\rho} \tag{2-18}$$

式中:$S$ 为平均边长;$n$ 为测边数;$L$ 为导线闭合边长。

由上式可知,等边直伸附合导线的横向中误差正比于测角中误差 $m_\beta$ 和导线闭合边长 $L$,且随转折角个数($n+1$)的增多而增大。

若令 $k_u = \frac{1}{8}n\sqrt{\frac{n+3.5}{3}}$,将式(2-18)写成

$$u_{C,Z} = k_u \frac{Sm_\beta}{\rho} \tag{2-19}$$

用不同的 $n$ 代入算得的 $k_u$ 值列于表 2-8 中。

表 2-8　等边直伸附合导线平差后中点横向中误差系数 $k_u$

| 边数 $n$ | 4 | 6 | 8 | 10 | 12 | 14 | 16 |
|---|---|---|---|---|---|---|---|
| $k_u$ | 0.79 | 1.33 | 1.96 | 2.65 | 3.41 | 4.23 | 5.10 |

值得一提的是,实践上一般要求导线最弱点(中点)的纵横向中误差大体相当,即要求

$$k_t m_S = k_u \frac{Sm_\beta}{\rho} = \frac{M}{\sqrt{2}} \tag{2-20}$$

式中:$M$ 为设计要求的最弱点位中误差。上式可变换成

$$k_t \frac{m_S}{S} = k_u \frac{m_\beta}{\rho} = \frac{M}{\sqrt{2}S} \tag{2-21}$$

式(2-21)说明测边相对误差与测角误差要有一定的比例关系。当导线总长一定时,再确定平均边长 $S$,进而确定边数 $n$,则由表 2-7 和表 2-8 可查出 $k_t$、$k_u$ 的值,这时便可依实际情况根据上式确定测边、测角的精度 $m_S$ 和 $m_\beta$ 了。

## 五、考虑起算数据误差后附合导线中点的点位误差

前面所述都是假定起算数据无误差。现考虑两已知点间有边长误差 $m_{AB}$,两起算方位角有误差 $m_{\alpha_0}$ 的情况。

**(一)两已知点间起算边长误差 $m_{AB}$ 对导线中点纵向误差的影响**

由于是中点,所以影响为

$$t_{Q\cdot Z} = \frac{1}{2} m_{AB} \tag{2-22}$$

这里下标 $Q$ 表示起算数据的影响。

**(二)起算方位角误差 $M_{\alpha_0}$ 对导线中点横向误差的影响**

当导线从一端推算中点坐标时,产生的横向中误差为 $\frac{L}{2}\cdot\frac{m_{\alpha_0}}{\rho}$,而中点点位的平差值可认为是从两端分别推算再取平均的结果。因而,起始方位角误差对导线中点横向误差的影响为

$$u_{Q\cdot Z} = \frac{L}{2\sqrt{2}} \cdot \frac{m_{\alpha_0}}{\rho} \tag{2-23}$$

**(三)考虑起算数据误差后的附合导线中点的点位误差**

这时的中点点位误差为

$$M_Z = \sqrt{t^2_{C\cdot Z} + t^2_{Q\cdot Z} + u^2_{C\cdot Z} + u^2_{Q\cdot Z}} \tag{2-24}$$

## 六、关于单一导线的精度和布设的几点结论

上面讨论了支导线和附合导线的精度,这里再综合出几点结论:

(1)支导线的精度远低于附合导线,且无几何检核,所以导线应布设成附合导线。

(2)对于基本直伸的导线,导线点的纵向误差主要由测边引起,横向误差主要由测角引起。

(3)导线中最弱点的纵横向误差都与导线总长 $L$ 成正比,因而导线不可布设得过长。《规范》对导线长度都有限制。

(4)导线点的横向误差与转折角个数(为 $n+1$)有关。当导线总长一定时,利用增加平均边长、布设成直伸导线等措施,以减少转折角个数,有利于提高点位精度。《规范》也强调,导线应尽量布设成直伸形状。

这里还应该指出,前面是按直伸导线讨论的。当导线非直伸时,就不再是纵向误差仅由测边引起,横向误差仅由测角引起,而是都有影响。另外,测边系统误差在导线非直伸的情况下,在平差中只会部分被消除,从而对平差后的点位仍有影响。

当然,对于基本直伸的导线,前述的结论是基本成立的,这些结论对于我们布设导线时的总体考虑是很有帮助的。

### 七、用模拟平差法估算设计网的精度

前面的讨论基本上是对单一导线精度的偏于定性的分析。工程实践中布设的导线网常常比单一附合导线复杂。特别是若将导线网作为测区首级控制,则常布设成闭合格网形。这时网的精度估算就不是简单的事情了。现在生产中常用的方法是,利用模拟观测值,在计算机上用平差程序或平面控制网优化设计程序估算设计网的精度。这类程序大都采用参数平差法,选坐标未知数为平差参数。用模拟平差法估算设计网精度的理论方法步骤如下:

(1)在设计图上量取各未知点的近似坐标 $x$、$y$,与起算数据一起,反算出一套网中将要观测的边长、角度(水平方向)的模拟观测值。

(2)利用这套模拟观测值上机用平差程序(或专门的平面控制网优化设计程序)模拟平差。

(3)当计算进行到求出法方程系数阵的逆(也就是平差未知数的协因数阵 $Q_{xx}$)之后,即可转入精度评定计算。在精度评定时,利用设计单位权中误差代替正常平差时的验后单位权中误差,计算推算元素的精度。这里以什么为单位权中误差,一般程序说明书中都会指出。在一般情况下,它是方向或角度观测中误差。

一般来说,平面控制网平差程序(或控制网优化设计程序)可以给出未知点的坐标协因数阵 $Q_{xx}$ 和点位精度及点位误差椭圆。有的能给出相对点位误差和相对点位误差椭圆,以及未知边方位角中误差。

设计者可根据精度估算结果,修改设计方案,重新上机计算,直到设计网实际可行,并满足精度要求。

## 第五节　平面控制网的选点、造标和埋石

### 一、实地选点

实地选点就是将设计图上设计的控制点落实到实际地面上的工作。现在的实用工程控制网,由于一般范围不很大,常常是图上设计和实际踏勘选点同步交叉进行的,有时要经过修改变动,多次反复才能最后确定网形设计和实地点位。

选点时使用的工具主要有望远镜、小平板、测图器具、花杆、通讯工具和清除障碍的工具

等。此外，还应携带设计好的网图和有用的地形图。

平面控制网的点位应满足以下一些要求和需要：

相邻点之间应通视良好，视线高于或旁离障碍物应有一定的距离；二等不宜小于 1.5 m；三、四等及一、二级小三角以能保证成像清晰、便于观测为原则；国家等级导线应不小于 1.5 m；工程三、四等导线应不小于 1 m；一、二、三级导线不宜小于 0.5 m。

点位应选在展望良好、易于扩展和土质坚实的地点，便于寻找、造标埋石和观测，并能长期保存。城市里也可将点选在坚固稳定的建筑物顶面上。点位应便于进一步加密低等点。

测距边点位的选择应考虑电磁波测距的需要。点位应能避开变电站、电台、微波站等强电磁场的干扰，离高压输电线也应有不小于 20 m 的距离。点位的选择应考虑使测线沿途气象环境大致相同，以使测线两端采集的气象元素值能代表整个测线上的气象值，保证电磁波测距的精度。测线不宜通过烟囱、散热塔、高温厂房等发热体的上空，也应尽量避免在湖泊、河流、沟谷的上空通过。

若测距边两端点的高差将用三角高程方法测定，则高差不宜太大，应满足下式

$$h \leqslant 10 \cdot a \cdot S \tag{2-25}$$

式中 $h$——测距边两端高差，m；

$S$——边长，km；

$a$——测距边要求的相对中误差，以百万分之一为单位。

点位确定之后，应打下一木桩或做其他标记以标记点位，并应填绘点位说明或点之记，如表 2-9 所示，便于日后寻找。

选点任务完成后，应提供下列资料：

(1)选点图；

(2)点之记；

(3)控制点一览表，表中应填写点名、等级、至邻点的概略方向和边长，建议建造的觇标类型及高度、对造埋和观测工作的意见等。

## 二、球气差和有利觇标高度的确定

### (一)球气差影响

图上设计和实地选点都要考虑觇标的高度。觇标的高度首先要保证符合《规范》对通视的要求。确定两点间是否通视以及觇标的高度，除考虑两点之间的障碍物，还应考虑球气差影响，即地球弯曲差和大气垂直折光差的影响。

1. 地球弯曲差

地球弯曲差简称球差。图 2-14 为地球弯曲差影响示意图。$A$、$B$ 为地球表面上等高的两点，中间没有高出地平面的障碍物。但 $A$、$B$ 两点由于地球弯曲的原因不能直接通视。在 $A$ 点作一水平线，交 $B$ 点处的垂线于 $B'$。测量中称 $\overline{BB'}$ 为地球弯曲差。

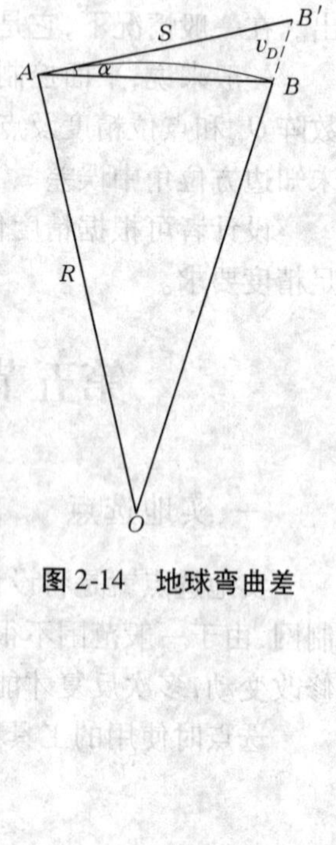

图 2-14 地球弯曲差

若记图中的弦切角 $B'AB$ 为 $\alpha$，$A$、$B'$ 间的边长为 $S$，$v_D$ 为球差，由于 $\alpha$ 很微小（$S=20$ km 时，$\alpha<0.1°$），我们有

$$v_D = S \cdot \alpha$$

## 表 2-9 三角点点之记

| | |
|---|---|
| 所在图幅（1∶100 000） | 9-46-74 |
| 点　号 | 07402 |

乌里区(锁)

| | | | | |
|---|---|---|---|---|
| 点名 | 红石山 | 概略经度 | 90°53′ | 本点交通情况(水路、陆路、铁路、公路及距本点最近的车站、码头的名称及距离)：由昆仑县城乘汽车，沿青西公路至五道梁 271 km。由五道梁乘自备加力汽车，沿加力车便道向西北向越野行驶 70 km 可到小尖山三角点。再由小尖山改换牦牛驮运，向西北方向走 15 km 即到本点 |
| | | 概略纬度 | 32°45′ | |
| 地类 | 荒山 | 概略高程 | 4 950 m | |
| 土质 | 砂土 | 水层深度 | | |
| 冻结深度 | 0. 5 m | 解冻深度 | 0. 5 m | |
| 所 在 地 | 青海省昆仑县(市)乌丽乡　　村 | | | |

| | | | | | |
|---|---|---|---|---|---|
| 最近水源及里程 | 点北小河里有水，约 1. 5 km | | | | |
| 最近住所及里程 | 五道梁，约 85 km | 石子来源 | 点北小河里有 | 砂子来源 | 点北小河里有 |

本点的有关方向

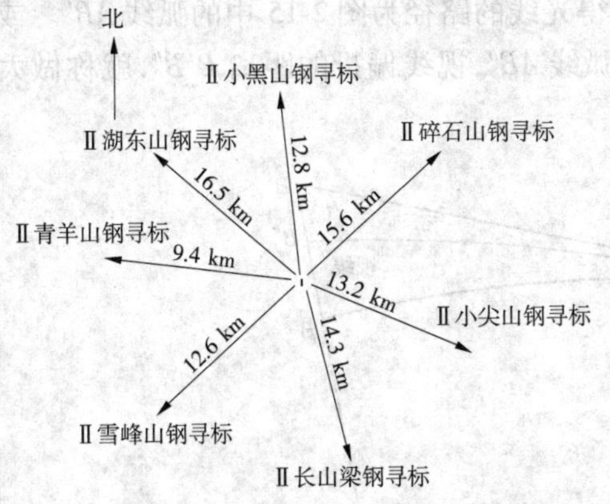


点 位 略 图

| 选点员对造埋工作的意见 | | | | 实造觇标高度 | 实埋标石断面图 |
|---|---|---|---|---|---|
| 觇标类型 | 标石类型 | 觇标必须高度 | | | |
| 钢寻标 | Ⅱ山地标石 | 基板： | 圆筒： | 类型：钢常标<br>圆筒上沿:5.63 m<br>标尖：<br>回光台：<br>基板： | |
| 与旧点重合情况 | 旧点点名：<br>旧点所属锁网等级：<br>施测单位：<br>测定年月：<br>觇标及标石规格质量，可否利用或修复： | | | 均由上标石面量起 | |

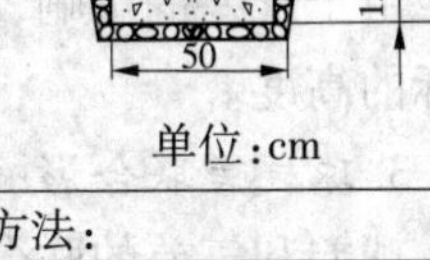


单位：cm

| | | |
|---|---|---|
| 本点(不测)支线水准 | 便于联测的水准路线及点号： | 联测方法： |
| 本点(不是)天文点 | 本点向导何村何职： | |

| | | | | | |
|---|---|---|---|---|---|
| 选点 | 作业单位 | 青海省测绘局 106 测量队 | 造标埋石 | 作业单位 | 青海省测绘局 106 测量队 |
| | 姓名 | 王民 | | 姓名 | 张力 |
| | 时间 | 年　月　日 | | 时间 | 年　月　日 |
| 备注 | | | | | |

队检查者：　　　　　　　　　　检查者：

由于弦切角为圆心角的一半,A、B 两点所对的地球圆心角为 $S/R$,这里 $R$ 为地球半径,所以有

$$\alpha = \frac{S}{2R}$$

代入前式,得

$$v_D = \frac{S^2}{2R} \tag{2-26}$$

这就是球差计算式。

由于球差的影响,觇标的高度要增加。

2. 大气垂直折光差

在野外用望远镜观测时,发自远方目标的光线经过在大气中的传播被我们用望远镜看到。地表面的大气,总的分布趋势是上稀下密,由折射原理可知,光线在这样的大气中经过时,必然产生连续性的向地面一侧的偏折,使得光线的路径为图 2-15 中的弧线 $AB''$。或者换个说法,观测者 $A$ 的视线不是直线 $AB'$,而是弧线 $AB''$,视线偏折的距离 $B'B''$,就称做大气垂直折光差,简称气差。

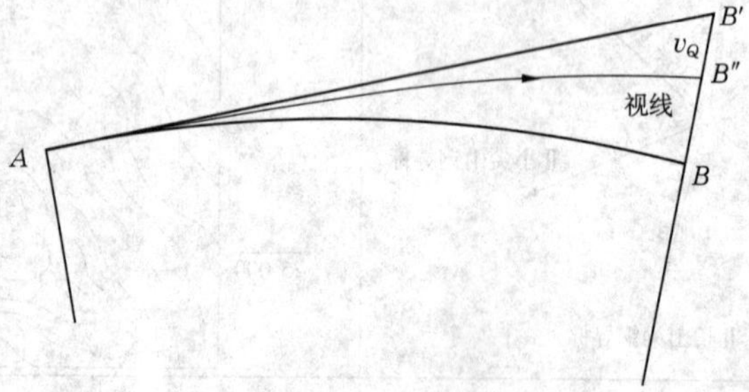


**图 2-15　大气垂直折光差**

观测视线的这种弯曲还可以用这样的形象理解来增加印象:当一束光线在上稀下密的空气中传播时,由于上侧在稀空气中运行,速度快,下侧在密空气中运行,速度慢,就像汽车左右轮子速度不一样,必然产生向下的慢转弯现象。

若用 $v_Q$ 表示气差大小,$R'$表示视线的曲率半径,用推导球差类似的方法可得到

$$v_Q = \frac{S^2}{2R'} \tag{2-27}$$

由于气差的影响,$B$ 点的目标不必升高至 $B'$,只需升高至 $B''$就行了,即气差有利于降低觇标的高度。

3. 球气差联合影响

球差和气差的联合影响称球气差,常用 $V$ 表示

$$V = v_D - v_Q = \frac{S^2}{2R} - \frac{S^2}{2R'} = \frac{S^2}{2R}\left(1 - \frac{R}{R'}\right)$$

令 $k = R/R'$,则有球气差计算式

$$V = \frac{1-k}{2R}S^2$$

式中:$k$ 称做大气垂直折光系数,其值与测线上的大气状态有关,在 0.07 ~ 0.16 间变动,在

确定标高计算中 $k$ 值可取 0.11；$R$ 为测区地球曲率半径；$S$ 为两点间的距离。

实际工作中往往是两端同时架标，所以是两端分别计算至中间障碍物的球气差影响 $V_1$、$V_2$，然后用适当的方法确定标高。

**（二）确定觇标高度的方法**

在图 2-16 中，$A$、$B$ 为选定的控制点点位。由于在 $A$、$B$ 视线方向上存在障碍物 $C$，再加上球气差的影响，则 $A$、$B$ 间互不通视。现在用解析法来确定在 $A$ 点和 $B$ 点上建造觇标的高度。

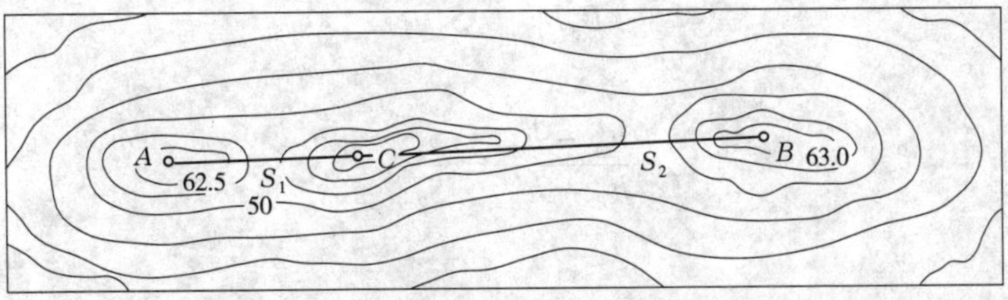


图 2-16　$A$、$B$ 视线方向上存在障碍物 $C$

如图 2-17 所示，在毫米方格纸上，过障碍物 $C$ 作一水平线，从 $C$ 向两端按一定比例尺截取 $C$ 至 $A_1$ 点的距离 $S_1$，$C$ 至 $B_1$ 点的距离 $S_2$，分别得到截点 $A_1$、$B_1$。过 $A_1$、$B_1$ 作垂线并在垂线上按 $\Delta H_1$（即 $H_C - H_A$）、$\Delta H_2$（即 $H_C - H_B$）依一定比例尺截出 $A_2$、$B_2$，$H_A$、$H_C$、$H_B$ 由地形图上求得。$\Delta H$ 为正时，截点在水平线之下，为负时在上。这样就得到把地面看做是平面时的纵断面。顾及球气差的影响，应将 $A_2$、$B_2$ 各下降一段距离 $V_1$、$V_2$，从而得到 $A$、$B$ 两点。这样就得到了用于确定觇标高度的纵断面图。由于视线须高出障碍物一定的距离 $a$，故由 $C$ 向上按比例截取一段距离 $a$ 而得到 $C_1$ 点，过 $C_1$ 点作水平线与 $A$、$B$ 两点上的垂线交于 $A_0$、$B_0$，于是便得到一组基础觇标高度 $h_A$、$h_B$。

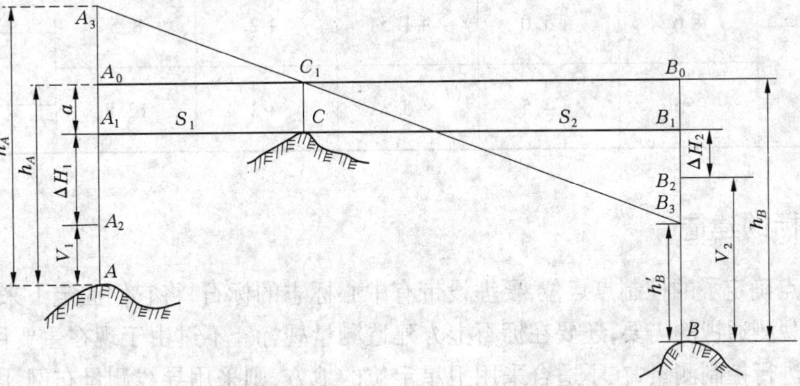


图 2-17　解析法确定在 $A$ 点和 $B$ 点上建造觇标的高度

由图知

$$\begin{cases} h_A = V_1 + \Delta H_1 + a \\ h_B = V_2 + \Delta H_2 + a \end{cases} \tag{2-28}$$

如果 $B$ 点上的觇标高度已定为 $h'_B$，则由 $B$ 点向上按比例截取 $BB_3 = h'_B$。连接 $B_3C_1$ 并延长，交过 $A$ 点的垂线于 $A_3$，则 $AA_3$ 即为在 $A$ 点上应建造的觇标高度 $h'_A$。

如果 $B$ 点上的觇标高度尚未确定，则可用不同的 $h'_B$ 的数据，过 $C_1$ 作许多条直线，在纵断面图上图解出与之相应的 $h'_A$，由此可得出 $A$、$B$ 两点上的多组觇标高度，再从中选择出用料最省的一组作为取用的觇标高度。

顺便指出，由图 2-17 可以看到，离障碍物较近的觇标高度微量上升，可以使得离障碍物较远点 $B$ 的觇标高度下降很多，所以在进行觇标高度调整时，在保证通视的条件下，应先确定离障碍物较远点的最低觇标高度。

用解析法计算觇标高度的计算公式，可以从图 2-17 中导出，三角形 $A_3A_0C_1$ 与 $B_3B_0C_1$ 相似

$$\frac{A_3A_0}{B_3B_0} = \frac{S_1}{S_2}$$

即

$$\frac{h'_A - h_A}{h_B - h'_B} = \frac{S_1}{S_2}$$

可解得

$$\begin{cases} h'_A = h_A + \dfrac{S_1}{S_2}(h_B - h'_B) \\ h'_B = h_B + \dfrac{S_2}{S_1}(h_A - h'_A) \end{cases} \tag{2-29}$$

【例 2-1】　由选点图上得到：$S_1 = 4.6\ \text{km}$，$S_2 = 9.5\ \text{km}$，$H_A = 62.5\ \text{m}$，$H_C = 67.5\ \text{m}$，$H_B = 63.0\ \text{m}$，要求 $a \geqslant 2\ \text{m}$，$B$ 点上觇标高度拟定 4 m，求 $A$ 点上的觇标高度。

按上述公式计算，结果列于表 2-10 中。

**表 2-10　解析法计算觇标高度**

| 点　　名 | $S$(km) | $\Delta H$(m) | $V$(m) | $a$(m) | $h$(m) | $h'$(m) |
|---|---|---|---|---|---|---|
| $A$ | 4.6 | +5.0 | +1.5 | +2 | 8.5 | 12.8 |
| $C$（障碍物） | | | | | | |
| $B$ | 9.5 | +4.5 | +6.3 | +2 | 12.8 | 4.0 |

## 三、觇标的建造

经过选点确定了的控制点点位，要埋设带有中心标志的标石，将它们固定下来，以便长期保存。为了观测通视的需要，还要在标石上方建造测量觇标。不过由于现在主要用卫星定位测量的方法进行控制测量，在不适合采用卫星定位的地方，则采用导线测量布网，因而如今较少有造标的需要，特别是双锥标，可能不会再造。所以以下对造标工作仅作简单介绍。

### （一）测量觇标的类型

测量觇标有多种类型，常见的有以下几种。

1. 寻常标

寻常标常用木料、角钢、钢筋混凝土等材料做成（见图 2-18）。凡地面上能直接通视的控制点上若需建标均可采用这种标。观测时，仪器安置在脚架上，脚架直接架在标下的地面上。

2. 双锥标

当在地面点架仪器无法与相邻点通视时则采用如图 2-19 所示的双锥标。双锥标可用木材或钢材制成。这种标由内架和外架组成。内架的顶端设有仪器台，用于放置仪器。外

架用以支承照准目标并设有观测站台。内外架完全分离,以免观测人员在观测站台上走动时影响仪器的稳定。

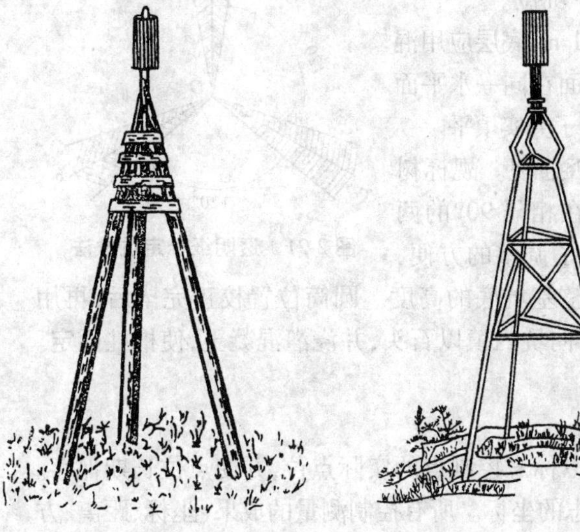

(a) (b)

图 2-18 寻常标

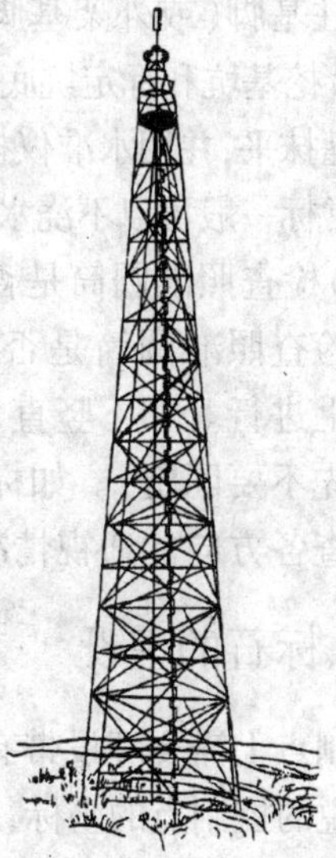

图 2-19 双锥标

3. 墩标

在尖山顶上或高建筑物上设置控制点时,可建造墩标,图 2-20 为建造在屋顶上的墩标。墩标由可拆卸的标筒和观测台组成。观测台约高 1.2 m,观测时卸下标筒,放置仪器观测;测完后,再把标筒安装上,以供邻点照准。

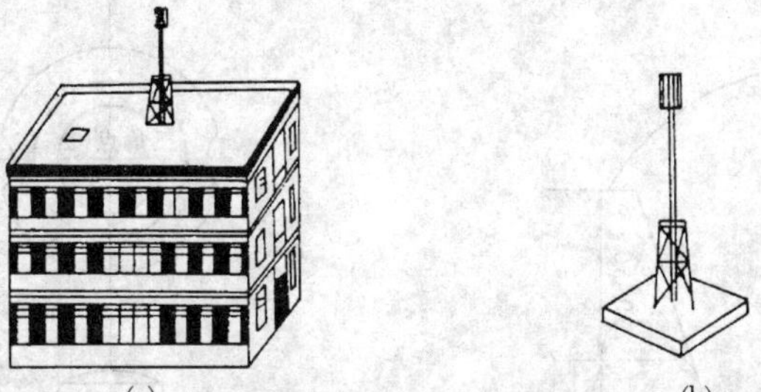

(a) (b)

图 2-20 墩标

**(二)觇标的建造**

建造觇标是一项实践性的工作,要在实践中学习,这里只讲几个要点。

(1)实地标定橹柱坑位。橹柱根部要用混凝土固埋在地下,因而建标首先要标定埋橹柱的坑位。标定坑位的要求是:将要埋设的橹柱不能阻挡和影响观测视线,橹柱到各方向观测视线的距离要符合《规范》要求。

通常采用透明纸标定坑位法。具体做法是:取一张透明纸,在中间取一点 $O$,以 $O$ 为起点画三条夹角为 120°的射线 $OA$、$OB$、$OC$,如图 2-21 所示。这三条射线代表三个橹柱的方向。再在三个方向线左、右各画出 10°的范围作为“非通视区”(图中阴影部分)。

再将选点图在点位中心上标定好,将透明纸的中点 $O$ 与选点图上的点位重合。转动透明纸，使该控制点的各观测方向都落入通视区内，并使橹柱处于最佳位置。然后固定透明纸。在地面上延三方向线量取 $O$ 点至橹柱基脚（或外架基脚）的距离，从而定下坑位。

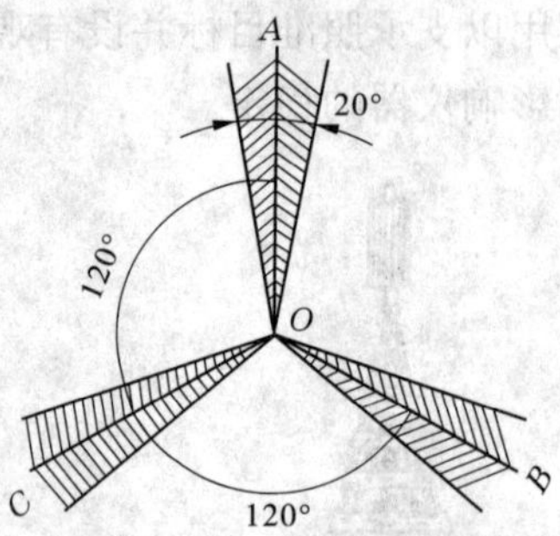

图 2-21　透明纸标定坑位法

（2）挖基坑和标定坑底水平。基坑深度约 1 m，底层应用混凝土浇灌抹平，并用水准仪操平，以保证基坑底面在同一水平面上。寻常标一般可以不浇水平层，但应用石头砂子夯实填平。

（3）检查照准圆筒是否竖直及各方向是否通视。觇标树起后应检查照准圆筒是否竖直，可用经纬仪在相隔 90°的两个方向上进行。如不竖直，则要加以调整（为了调整的方便，标心柱先不要固定）。如标架不端正，则要调整基坑底的高度。圆筒位置校正完毕后，再用仪器检查各方向的通视情况。确认无误后，再向坑内填以石头，并浇灌混凝土，使橹柱固定。

## 四、标石的埋设

控制点上需要埋设带有中心标志的标石，以标志控制点的实际点位，并使点位长期保存。通常所说的控制点的坐标，就是指标石中心标志的坐标。所有控制测量的成果（坐标、距离、方位角）都是以标石中心为准的。如果标石被移动或标志被损坏，测量成果将失去意义。

控制点的标石及其埋设根据等级和地质条件的不同而有不同的规格与形式，可参见《规范》。对于三、四等控制网，一般地区常见标石埋设规格见图 2-22。图中下面一块叫盘石，上面一块叫柱石。它们的上表面中心各埋有一个中心标志，见图 2-23。盘石和柱石一般用钢筋混凝土预制，然后运到实地埋设。预制时应在标石顶面印字，注明埋设单位及时间。标石也可用石料加工成，或用混凝土现场浇制。

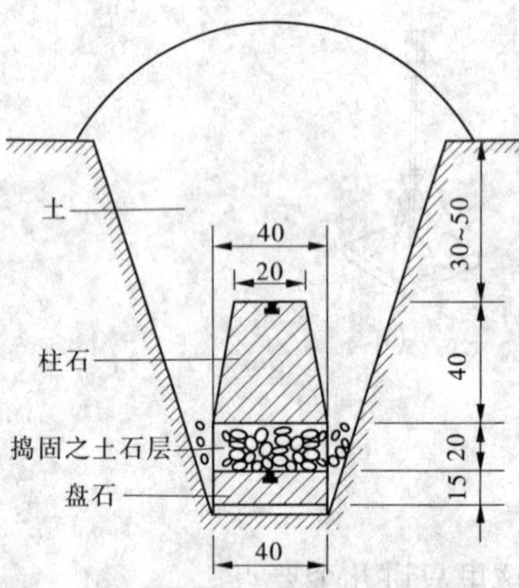

图 2-22　常见标石埋设规格　（单位：cm）

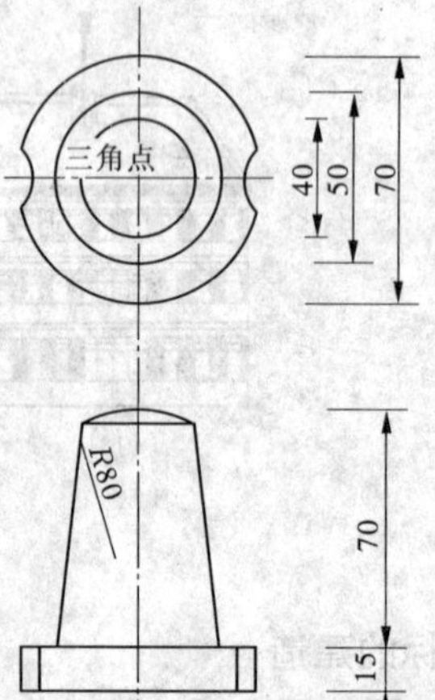

图 2-23　标石中心标志　（单位：cm）

在需要造标的点上，总是先造标，后埋石。埋石时，必须标定标筒中心与标石中心在同一铅垂线上，还应使标石面上的字头向北。实用上，一般用两架经纬仪标定铅垂线的位置。

埋石工作完成后，应在点之记上加填觇标和标石的有关内容，并在当地乡级人民政府办理委托保管手续。

# 第三章　电子全站仪

建立传统平面控制网需要观测水平角、垂直角和边长，这就要用到相应的观测仪器。现时的观测仪器就是电子全站仪，简称全站仪。本章讲述全站仪的原理、结构和使用。

## 第一节　概　述

### 一、全站仪概述

传统的平面控制测量是用光学经纬仪测量角度，用特制的钢尺测量距离。后来出现了电测波测距仪和电子经纬仪。随着微处理机技术的发展，在20世纪60年代末，出现了把电子测距、电子测角和微处理机结合成一个整体，能自动记录、存储并具备某些固定计算程序的电子速测仪。该仪器在一个测站点能快速进行三维坐标测量、定位和自动数据采集、处理、存储等工作，较完善地实现了测量和数据处理过程的电子化与一体化，所以称为全站型电子速测仪，通常又称为电子全站仪或简称全站仪。

全站仪发展到现在，已相当成熟完善，应用领域也不断扩大。全站仪的应用范围已不仅局限于测绘工程、建筑工程、交通与水利工程、地籍与房地产测量，而且在大型工业生产设备和构件的安装调试、船体设计施工、大桥水坝的变形观测、地质灾害监测及体育竞技等领域中都得到了广泛的应用。

全站仪的应用具有以下特点：

(1)在地形测量过程中，可以同时进行控制测量。

(2)在施工放样测量中，可以将设计好的管线、道路、工程建筑的位置测设到地面上，实现三维坐标快速施工放样。

(3)在变形观测中，可以对建筑(构筑)物的变形、地质灾害等进行实时动态监测。

(4)在控制测量中，导线测量、前方交会、后方交会等程序功能操作简单、速度快、精度高，其他程序测量功能方便、实用且应用广泛。

(5)在同一个测站点，可以完成全部测量的基本内容，包括角度测量、距离测量、高差测量，实现数据的存储和传输。

(6)通过传输设备，可以将全站仪与计算机、绘图机相连，形成内外一体的测绘系统，从而大大提高地形图测绘的质量和效率。

时至今日，电子全站仪已经全面代替了传统光学经纬仪。本书也就不再讲述传统光学经纬仪，只讲电子全站仪。由于现在的传统平面控制测量建网方法主要是导线测量，全站仪既能测边，又能测角，因而是理想的导线测量用仪器。本书对全站仪的讲述着重于其在控制测量上的应用。

## 二、全站仪的组成结构

### (一)全站仪的外观结构

图 3-1 为全站仪的典型外观结构。全站仪上部能水平旋转的部分称照准部,下边不能转动的部分称基座。

照准部主要包括望远镜和电磁波测距构件、垂直度盘、两边的显示屏和键盘面板、微动螺旋以及内部的微处理器等。

基座主要包括水平度盘和脚螺旋等。

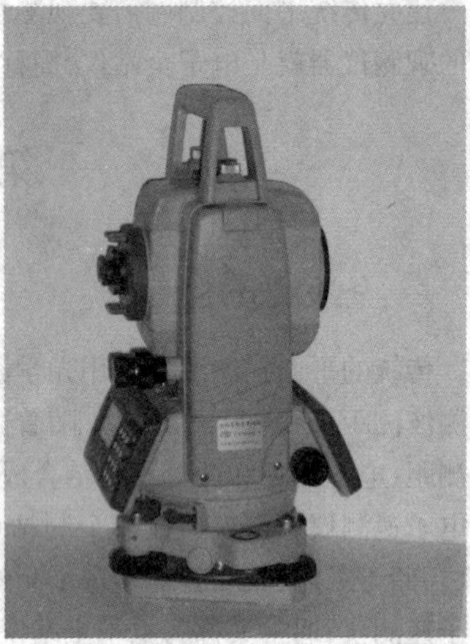

图 3-1　全站仪的典型外观结构

### (二)全站仪的功能结构

全站仪由电子测角、电子测距、电子补偿、微机处理装置四部分组成,它本身就是一个带有特殊功能的计算机控制系统,其微机处理装置由微处理器、存储器、输入部分和输出部分组成。由微处理器对获取的倾斜距离、水平角、垂直角、垂直轴倾斜误差、视准轴误差、垂直度盘指标差、棱镜常数、气温、气压等信息加以处理,从而获得各项改正后的观测数据和计算数据。在仪器的只读存储器中固化了测量程序,测量过程由程序完成。全站仪的功能结构框图如图 3-2 所示。

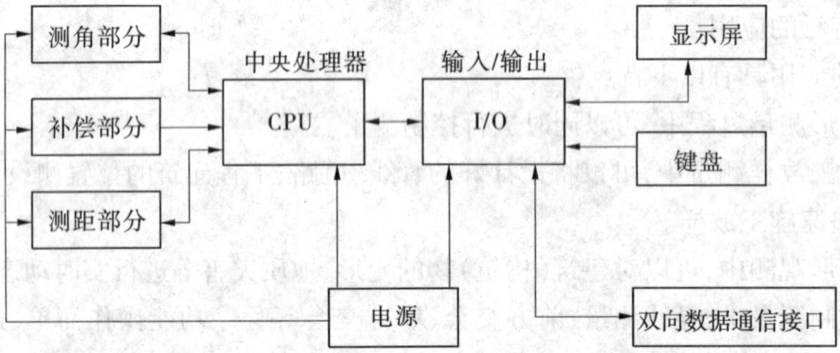


图 3-2　全站仪的功能结构框图

其中:

(1)电源部分是可充电电池,为各部分供电;

(2)测角部分为电子经纬仪,可以测定水平角、垂直角,设置方位角;

(3)补偿部分可以对仪器垂直轴倾斜引起的水平角、垂直角测量误差进行自动补偿改正;

(4)测距部分为光电测距仪,可以测定两点之间的距离;

(5)中央处理器接受输入指令、控制各种观测作业方式、进行数据处理和常数改正等;

(6)输入、输出包括键盘、显示屏、双向数据通信接口。

从总体上看,全站仪的功能结构又可分为两部分:

(1)测量专用器件。主要有电子测角系统、电子测距系统、数据存储系统、自动补偿设备等。

(2)测量过程的控制器件和软件。主要有用于有序地实现各项测量功能的微处理系统和程序软件。

只有上面两部分有机结合才能真正地体现"全站"功能,即既要自动完成数据采集,又要自动处理数据和控制整个测量过程。

**(三)全站仪的望远镜光路**

全站仪的望远镜光路见图3-3。

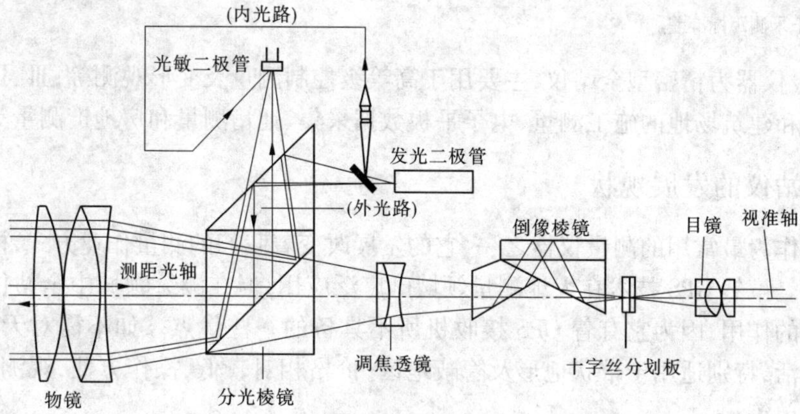


**图3-3　整体式全站仪的望远镜光路图**

## 三、全站仪的精度及等级

**(一)全站仪的精度**

全站仪是集光电测距、电子测角、电子补偿、微机数据处理为一体的综合型测量仪器,其主要精度指标是测角精度 $m_\beta$ 和测距精度 $m_D$。如SET500全站仪的标称精度为:测角标称精度 $m_\beta = \pm 5''$,测距标称精度 $m_D = +(3\ \text{mm} + 2\times 10^{-6}D)$。

在全站仪的精度等级设计中,对测距和测角精度的匹配采用"等影响"原则,即

$$\frac{m_\beta}{\rho} = \frac{m_D}{D} \tag{3-1}$$

式中,取 $D=1(2)\ \text{km}$,$\rho = 206\ 265''$,则有表3-1所示的对应关系。

**表3-1　$m_\beta$ 与 $m_D$ 的关系**

| $m_\beta('')$ | $m_D(D=1\ \text{km})(\text{mm})$ | $m_D(D=2\ \text{km})(\text{mm})$ |
|---|---|---|
| 1 | 4. 8 | 2. 4 |
| 1. 5 | 7. 3 | 3. 6 |
| 5 | 24. 2 | 12. 1 |
| 10 | 48. 5 | 24. 2 |

### (二)全站仪的等级

国家计量检定规程《全站型电子速测仪检定规程》(JJG 100—1994)将全站仪的准确度等级划分为四个等级,见表3-2。

表3-2　全站仪的准确度等级

| 准确度等级 | 测角标准差 $m_\beta$(″) | 测距标准差 $m_D$(mm) |
|---|---|---|
| Ⅰ | $\lvert m_\beta \rvert \leq 1$ | $\lvert m_D \rvert \leq 5$ |
| Ⅱ | $1 < \lvert m_\beta \rvert \leq 2$ | $\lvert m_D \rvert \leq 5$ |
| Ⅲ | $2 < \lvert m_\beta \rvert \leq 6$ | $5 \leq \lvert m_D \rvert \leq 10$ |
| Ⅳ | $6 < \lvert m_\beta \rvert \leq 10$ | $\lvert m_D \rvert \leq 10$ |

注:$m_D$ 为每千米测距标准差。

Ⅰ、Ⅱ级仪器为精密型全站仪,主要用于高等级控制测量及变形观测等;Ⅲ、Ⅳ级仪器主要用于道路和建筑场地的施工测量、电子平板数据采集、地籍测量和房地产测量等。

## 四、全站仪的发展现状

全站仪作为最常用的测量仪器之一,它的发展改变着我们的测量作业方式,极大地提高了生产效率。虽然GPS技术在大地测量领域已广泛应用,但在测绘领域中全站仪依然发挥着极其重要的作用,因为它有着GPS接收机所不具备的一些优点。如不需对天通视,则选点和布点灵活,特别适用于带状地形及隐蔽地区,价格相对较低,操作方便,观测数据直观,数据处理简单等。

全站仪早期的发展主要体现在硬件设备上,如减轻质量、减小体积等;中期的发展主要体现在软件功能上,如水平距离换算、自动补偿改正、加常数和乘常数的改正等;现今的发展则是全方位的,如全自动、智能型。

综观全站仪的发展,有些是仪器加工制造及传统理论的进化,有些是其他技术的进步所带来的变化,而有些则是思想观念的更新。现代全站仪的发展完善主要表现在下述几个方面。

### (一)双轴甚至三轴自动补偿改正

外业水平角观测和垂直角观测的误差很大部分是由仪器垂直轴倾斜、水平轴倾斜、视准轴误差和垂直度盘指标差引起的。在光学经纬仪中,主要是通过对结构内部几何关系的检验校正,以及采取一定的操作措施,来减少仪器误差对测角精度的影响;在电子仪器中,则主要是通过所谓“自动补偿”来减少仪器误差对测角精度的影响。最新的全站仪已实现了“三轴”补偿功能(补偿器的有效工作范围一般为±3′),即全站仪中安装的补偿器,自动检测和改正由于仪器垂直轴倾斜而引起的测水平方向和垂直角误差;通过仪器视准轴误差和横轴误差的检测结果计算出误差值,由仪器内置程序对所观测的水平方向值加以改正;通过垂直度盘指标差检测结果对垂直角观测值加以改正。

### (二)计算机系统化

计算机系统化包括:①硬件的计算机化,包括通信接口、蓝牙通信、蓝牙遥控器、越来越大的液晶显示屏和丰富的键盘;②系统软件的计算机化,由DOS系统向Windows系统转化,应用软件越来越丰富,计算功能越来越强大,并向开放式方向发展。

**(三)智能化和自动跟踪**

新式的智能自动全站仪,内部安装有能驱动仪器照准部水平方向360°旋转、望远镜垂直方向360°旋转的伺服马达,用这种类型的全站仪可以实现无人值守观测、自动放样、自动检测三轴误差、自动寻找和跟踪目标。因此,在变形观测、动态定位及在一些对人体有害的环境中应用,具有无可比拟的优越性。

**(四)全站仪合并GPS接收机**

将全站仪和GPS接收机合并成一体的新型全站仪,因兼有全站仪测量和GPS测量的功能,使得外业测量更加方便。使用这种全站仪,可随时利用其GPS流动站功能确定后视点和测站点的准确位置,然后就可以使用全站仪进行测量、放样等测量工作。

# 第二节　全站仪测角原理

全站仪的测角功能部分称为经纬仪。经纬仪既然是测量角度的工具,它的结构必须与水平角和垂直角的基本定义相适应。本节首先了解什么是水平角和垂直角,继之认识经纬仪的基本结构及各部件的相互关系,然后讲解电子度盘测角原理。

## 一、水平角和垂直角

**(一)水平角**

如图3-4所示,$A$、$P_1$、$P_2$为地面上的三个控制点。$A$为测站点,$P_1$、$P_2$为照准点。$AV$为$A$点的铅垂线(重力方向线),过$A$点作垂直于$AV$的平面$M$。平面$M$称为水平面。铅垂线$AV$与视准线$AP_1$、$AP_2$分别构成两个垂直面$Q_1$、$Q_2$,两个垂直面$Q_1$、$Q_2$与水平面的交线分别为$Aq_1$、$Aq_2$。$Aq_1$、$Aq_2$分别叫做视准线$AP_1$、$AP_2$的水平视线。两水平视线$Aq_1$、$Aq_2$的夹角(即$Q_1$、$Q_2$两垂直面的二面角)称为测站点$A$观测目标$P_1$、$P_2$的水平角。

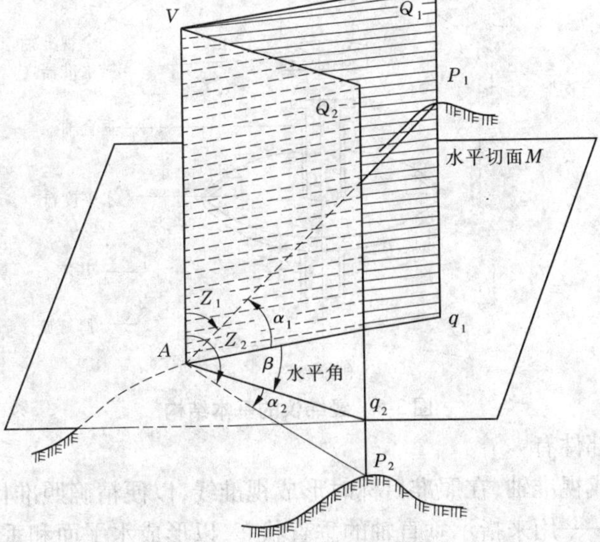


**图3-4　水平角和垂直角**

可见,水平角不是两条视准线间的夹角,而是两条视准线在水平面上投影线的夹角,就是说，水平角是在水平面上度量的。

水平角在 0°~360°范围内按顺时针方向量取。

**(二)垂直角**

如图 3-4 所示，视准线 $AP_1$ 与其水平视线 $Aq_1$ 的夹角称为 $A$ 点照准 $P_1$ 点的垂直角。同样，视准线 $AP_2$ 与其水平视线 $Aq_2$ 的夹角为 $A$ 点对 $P_2$ 点的垂直角。所以，垂直角是视准线与其相应的水平视线的夹角，通常以 $\alpha$ 表示。

垂直角是在垂直面上度量的。水平视线以上为正(如图 3-4 中的 $\alpha_1$)，水平视线以下为负(如图 3-4 中的 $\alpha_2$)。

视准线 $AP_1$、$AP_2$ 与铅垂线 $AV$ 的夹角 $Z_1$、$Z_2$ 分别称为 $AP_1$、$AP_2$ 的天顶距。由图 3-4 可见，某一照准点的天顶距与垂直角有如下关系：

$$\alpha = 90° - Z \tag{3-2}$$

## 二、经纬仪的基本结构

由上可知，要获得水平角和垂直角的正确值，必须正确地确定出视准线、铅垂线以及水平面和垂直面。因此，经纬仪的基本结构必须能构成这些面、线，并保持正确关系。

经纬仪的基本结构见图 3-5。

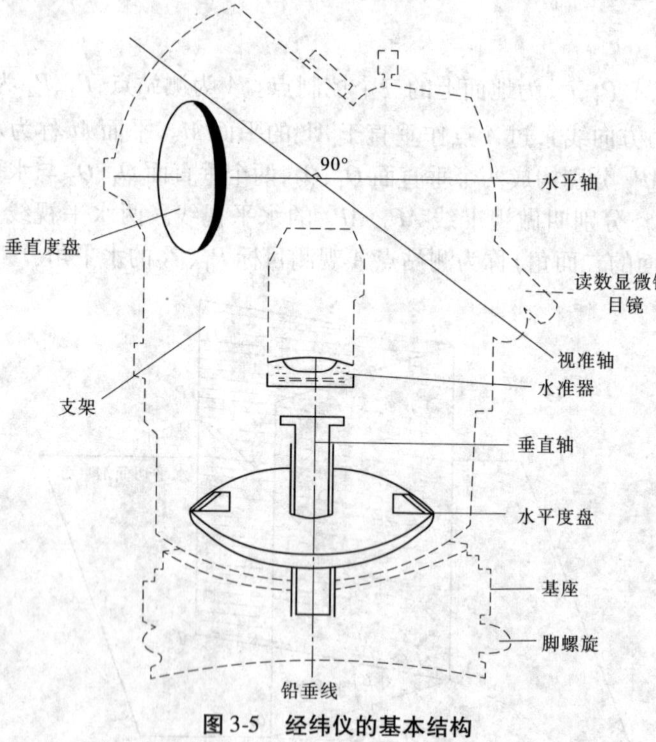


**图 3-5　经纬仪的基本结构**

经纬仪的主要部件有：

望远镜——构成视准轴，在照准目标时形成视准线，以便精确照准目标。

照准部水准器——用来指示垂直轴的垂直状态，以形成水平面和垂直面。

垂直轴——作为仪器的旋转轴，测定角度时，应与测站铅垂线一致。

水平轴——作为望远镜俯仰的转轴，以便照准不同高度的目标。

水平度盘——用来在水平面上度量水平角，应与水平面平行。

垂直度盘——用来量度垂直角。

## 三、经纬仪主要部件之间的相互关系

为了测得水平角和垂直角，经纬仪不仅要具有上述各种主要部件，而且这些部件还应按下列关系结合成一个整体。

（1）垂直轴与照准部水准器轴正交。即当照准部水准气泡居中时，垂直轴与测站铅垂线一致。

（2）垂直轴与水平度盘正交且通过其中心。这样，当垂直轴与测站铅垂线一致时，水平度盘就与测站水平面平行，在其上面量取的角度，才是正确的水平角。

（3）水平轴与垂直轴正交，视准轴与水平轴正交，当垂直轴与测站铅垂线一致时，俯仰望远镜，视准轴所形成的面才是垂直照准面。

（4）水平轴与垂直度盘正交，且通过其中心。满足此关系，当垂直轴与测站铅垂线一致，水平轴水平时，垂直度盘就平行于过测站的垂直照准面，在它上面量取的角度，才是正确的垂直角。

经纬仪各主要部件的上述关系，总的来说，就是三轴（垂直轴、水平轴及视准轴）两盘（水平度盘和垂直度盘）之间的关系，一旦它们之间的关系被破坏，就将给角度观测带来误差。这些将在以后各节中说明。

## 四、经纬仪测角原理

### （一）水平角测量原理

经纬仪的水平度盘是一个刻有360°分划的圆盘，安置在基座里，与仪器垂直轴相垂直，垂直轴穿过其中心。当仪器照准部水平转动时水平度盘保持不动。进行1、2两方向间的水平角观测时，转动照准部，使望远镜视准线照准目标1，水平度盘读数指针（它随照准部转动，相当于视准线在水平度盘上的投影）便读出1号方向在水平度盘上的读数 $L_1$，顺时针旋转照准部，使望远镜视准线照准目标2，水平度盘读数指针又读出2号方向的读数 $L_2$。则两方向间的水平角为

$$\beta = L_2 - L_1 \tag{3-3}$$

### （二）垂直角测量原理

图3-6为经纬仪垂直度盘和读数指标在盘左时的相对位置情况，图中的读数指标水准器与读数指标相连，通过指标水准器来保证读数指标总是指向水平位置。当视准轴水平时，读数指针指向90°。经纬仪的垂直度盘是与望远镜固联的，望远镜视准轴与90°、270°刻度方向相固联。图3-7为盘左观测垂直角的情况，当望远镜绕水平轴转动时，垂直度盘也跟着转动，读数指针则保持指向水平位置不变，而读数则变为 $L$。因垂直角的定义是视准轴与水平线的夹角，由图3-7可知，在盘左时，所测垂直角可由下式算得

$$\alpha = 90° - L \tag{3-4}$$

## 五、电子测角度盘原理

电子经纬仪与传统光学经纬仪在结构上的主要不同点是用编码度盘、光栅度盘或条码

度盘代替光学经纬仪的光学刻划度盘，不同的度盘形式，测角原理也不一样。

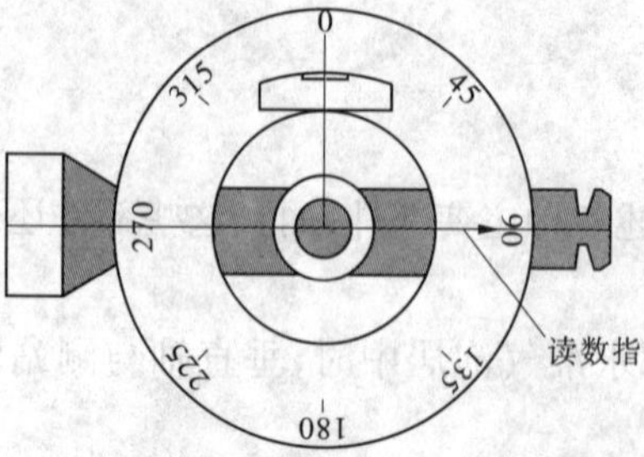


图 3-6　望远镜水平时垂直度盘读数为 90°

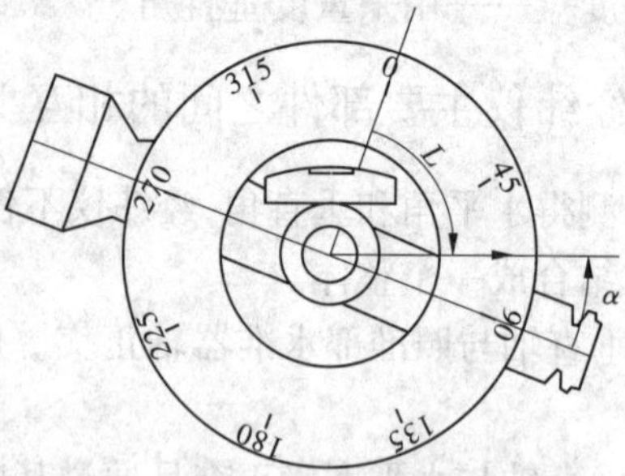


图 3-7　盘左观测垂直角示意图

**（一）编码度盘测角原理**

在玻璃圆盘上刻划几个同心圆，每一个环带表示一位二进制编码，称为码道。如果再将全圆划成若干扇区，则每个扇形区有几个梯形，如果每个梯形分别以“亮”和“黑”表示“0”和“1”的信号，则该扇形可用几个二进数表示其角值。例如，用四位二进制表示角值，则全圆只能刻成 $2^4=16$ 个扇形，则度盘刻划值为 $360°/16=22.5°$，如图 3-8 所示，这显然是没有什么实用意义的。如果最小值为 20″，则需刻成 $(360\times60\times60)/20=64\ 800$ 个扇形区，而 $64\ 800\approx2^{16}$，即要刻成 16 个码道。因为度盘直径有限，码道愈多，靠近度盘中心的扇形的间隔愈小，又缺乏使用意义，故一般将度盘刻成适当的码道，再利用测微装置来达到细分角值的目的。

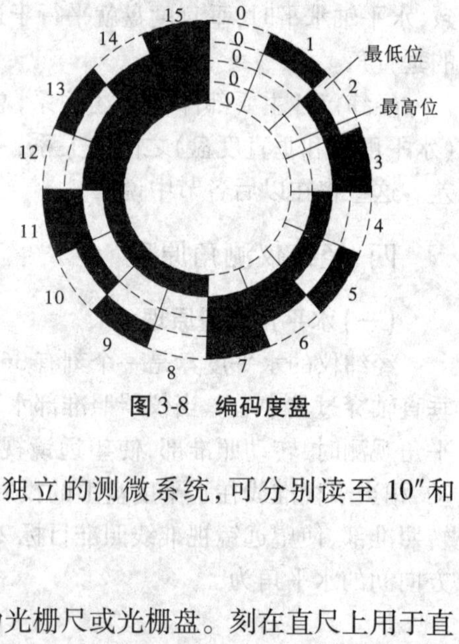


图 3-8　编码度盘

早期的电子速测仪多为“编码度盘”，如美国的 HP3800A 电子速测仪的主度盘上只有 8 个码道，即全圆划成 256 个扇形区，角值为 1.402 5°，再用两个独立的测微系统，可分别读至 10″和 0.3″。编码度盘一般属于绝对测角系统。

**（二）增量式光栅度盘测角原理**

均匀地刻有许多一定间隔细线的直尺或圆盘称为光栅尺或光栅盘。刻在直尺上用于直线测量的为直线光栅（见图 3-9（a）），刻在圆盘上的等角距的光栅称为径向光栅（见图 3-9（b））。设光栅的栅线（不透光区）宽度为 $a$，缝隙宽度为 $b$，栅距 $d=a+b$，通常 $a=b$，它们都对应一角度值。在光栅度盘的上下对应位置上装上光源、计数器等，使其随照准部相对于光栅度盘转动，可由计数器累计所转动的栅距数，从而求得所转动的角度值。因为光栅度盘上没有绝对度数，只是累计移动光栅的条数计数，故称为增量式光栅度盘，其读数系统为增量式读数系统。

一般光栅的栅距很小，但其分划值却较大，如 80 mm 直径的度盘上刻有 12 500 条线（50 线/mm），其栅距分划值为 1′44″。为提高测角精度，必须提高光栅固有的分辨率。但直接对这样小的栅距进行细分很困难，要设法将栅距放大，莫尔条纹技术则是常采用的放大技术。将两密度相同的光栅相叠，并使它们的刻划相互倾斜一个很小的角度，这时会出现明暗相间的条纹，这就是莫尔（干涉）条纹，如图 3-10 所示。它有三个特点：①两光栅之间的倾角越小

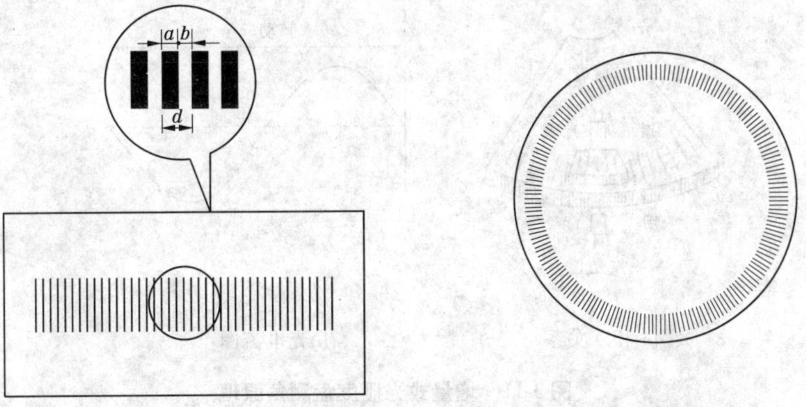


图 3-9　直线光栅和径向光栅

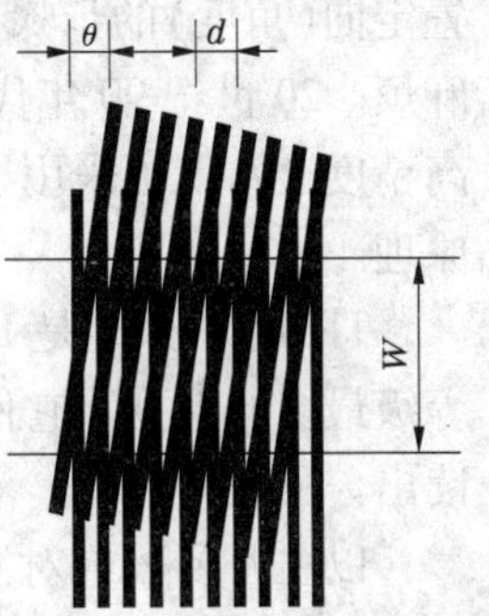


图 3-10　莫尔条纹

则条纹越粗，即相邻明条纹（或暗条纹）之间的间隔越大；②在垂直于光栅构成平面的方向上，条纹亮度呈正弦周期变化；③当光栅水平移动时，莫尔条纹上、下移动，光栅在水平方向相对移动一条刻线，莫尔条纹在垂直方向上移动一周，其移动量为

$$W = d\cot\theta = d/\theta$$

式中：$\theta$ 为两光栅之间的夹角（弧度值）；$d$ 为光栅水平相对移动的距离（栅距）；$W$ 为莫尔条纹移动的距离（纹距）。

由上式可见，只要光栅夹角小，则很小的光栅移动量就会产生很大的条纹移动量。当 $\theta = 20'$，约可放大 172 倍。当一块光栅静止（主光栅），另一块光栅（指示光栅）沿着垂直于自身栅线方向移动了一个栅距 $d$ 时，莫尔条纹则沿着两个光栅交角 $\theta$ 的平分线方向移动一个纹距 $W$，由于 $W$ 的宽度较大，可以用接收元件累计出条纹的移动量，从而推导出光栅的移动量，即角度值。刻在圆盘上的径向光栅其条纹是互不平行的，若将经纬仪度盘做成主光栅，另用相同栅距的光栅作为指示光栅，同样利用干涉条纹可实现测角。

增量式光栅度盘测角原理如图 3-11 所示。指示光栅、接收管、发光管位置固定在照准部上。当度盘随照准部转动时，莫尔条纹落在接收管上。度盘每转动一条光栅，莫尔条纹在接收管上移动一周，流过接收管的电流变化一周。当仪器照准零方向时，仪器的计数器处于零位，而当度盘随照准部转动照准某目标时，流过接收管电流的周期数就是两方向之间所夹的光栅数。由于光栅之间的夹角是已知的，计数器所计的电流周期数经过处理就可以显示出角度值。如果在电流波形的每一周期内再均匀内插 $n$ 个脉冲，计数器对脉冲进行计数，所得的脉冲数就等于两个方向所夹光栅数的 $n$ 倍，就相当于把光栅刻划线增加了 $n$ 倍，角度分辨率也就提高了 $n$ 倍。使用增量式光栅度盘测角时，照准部转动的速度要均匀，不可突然或太快，以保证计数的正确性。

**（三）条码度盘**

Leica 动态测角系统以精湛的工艺和 0.5″的精度稳居电子经纬仪高端，但这种技术耗电量大，成本高，仅在高精度仪器中使用。为克服上述弊端，Leica 全站仪研制了另外一种编码系统，即静态绝对度盘编码系统。Leica 早在 1984 年就开始在电子经纬仪中使用具有 Leica

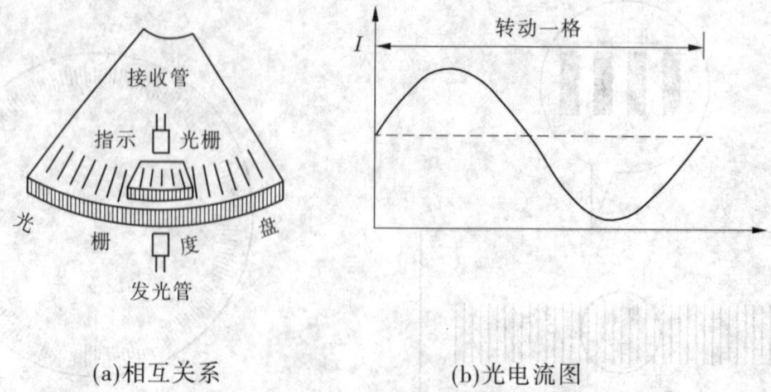


图 3-11　增量式光栅度盘测角原理

特色的绝对度盘编码系统。这种度盘编码系统甚至在仪器关闭或断电以后,绝对编码器还能保持原来的定向(角度)。当仪器重新开机后,绝对编码系统省去了通常认为必须重新设置定向(角度)的步骤,用户可以继续关机前的工作,提高了野外工作效率,减少了不必要的麻烦。20 世纪 90 年代,动态测角系统因其成本高、难度大而退出市场,TPS2000/5000 系列高精度全站仪也采用了静态绝对度盘编码系统。这里仅以 TPS1100 系列为例,简介其工作原理。

TPS1100 系列是 Leica 公司于 1998 年推出的最新产品,是 TPS 系列中产品类型和精度等级最多的系列。它使用静态绝对度盘编码系统,玻璃度盘的编码刻划利用光电转换方法读出。见图 3-12。

以往大多数绝对测角系统为平行码道编码方式,而静态绝对度盘编码系统为单码道刻划,使用与数字水准仪相似的条形编码技术。工作时,编码连续改变并保存所有的位置信息。此编码识别单元由阵列 CCD(Charge Couple Device)数组和一个 8 位 A/D 转换器组成,概略位置精度大约为 0.3gon。

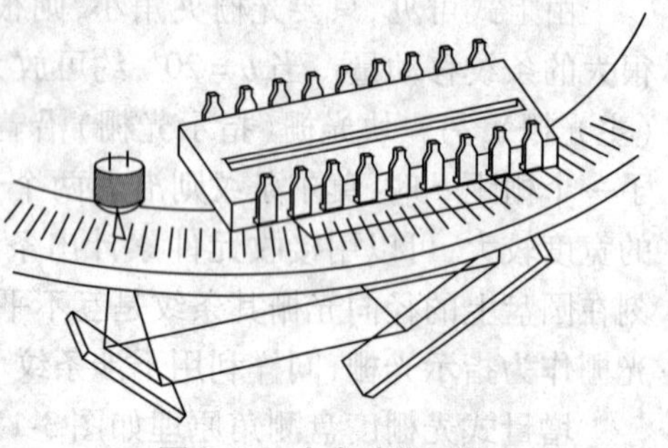

图 3-12　光电读数系统

首先确定数组上独立编码线的中心位置,然后使用适当的计算方法来求得平均值,完成精密测量。为了确定其位置,必须捕获至少十条编码线。在通常情况下,单次测量即可捕获约 60 条编码线,用以改进插入精度,减轻冗长和再生。目前,Leica 所有电子经纬仪和全站仪都使用静态绝对度盘编码系统。

在静态绝对度盘编码系统中,CCD 阵列和度盘偏心改正是仪器精度高低的关键,二者相互配合决定了仪器的精度。

CCD 传感器,即度盘的读数及模数转换装置。同系列仪器中,不同等级的仪器使用相同的度盘和相同的编码技术,但使用的 CCD 传感器个数是不一样的。如在 TPS1000 系列中,阵列与精度的对应关系如图 3-13 所示。

仪器使用的阵列越多,精度越高,例如 TC2003/5000 使用四个阵列,在度盘每 90°的位置安装一个。

偏心改正也是提高仪器精度的重要措施。Leica 使用该厂专用的角度计量仪器 TPM 对其全站仪度盘的残余偏心差进行确定,用两个参数进行表述,即度盘偏心的幅度、度盘偏心

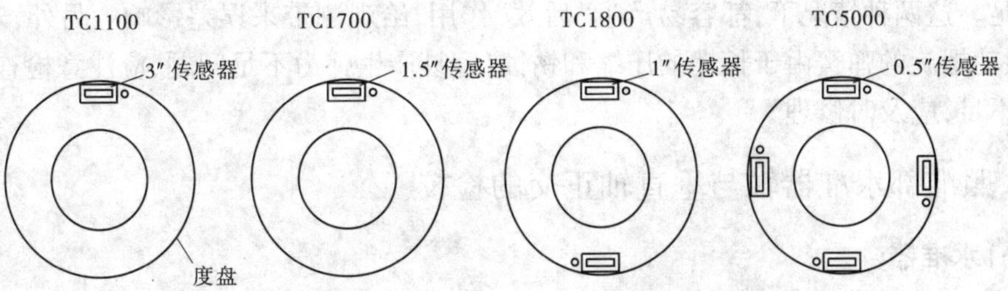


**图 3-13　TPS1000 系列中阵列与精度的关系**

的相位角。这些参数列于仪器侧盖里的标签上，且只能在 Leica 才能确定。

对于图 3-13 中 TC1100 全站仪（注意，TC1100 全站仪与 TPS1100 系列全站仪是不一样的。前者属于 TPS1000 系列中的一种仪器型号，后者属于一个系列），使用单探测阵列。由于仪器标称精度低，轴系的制造工艺便可满足测角精度要求，所以不考虑度盘偏心的影响。

对于 TC1700 全站仪，尽管也使用单探测阵列，但在仪器安装调试时使用角度计量仪器 TPM 对其度盘偏心值进行了校正和确定，并将度盘偏心的幅值和相位角保存在度盘表中，测角时对所测角值进行度盘偏心改正，有效地提高了仪器精度。然而，TC1700 对由于外部环境引起的度盘偏心变化却无能为力。

而 TC1800 全站仪，则在度盘对径位置安装了两个独立探测阵列，即使外部环境使度盘偏心差发生了微小变化，由于采用对径读数方法，实时消除了与度盘偏心有关的误差，所以该型号仪器能达到更高的测角技术指标。

## 第三节　全站仪的几项常规性调校

一方面，仪器的设计和制造不论如何精细，各主要部件之间的关系也不可能完全满足理论要求。另一方面，在仪器使用过程中，由于振动、磨损和温度变化的影响，也会改变各部件之间的正常关系。为此，应在使用仪器之前，对仪器进行检验和校正。本节先介绍经纬仪的几项常规性的调整与校正，其他有关项目的检验和校正将结合仪器误差讨论，在下节加以介绍。

### 一、各主要螺旋的检查与调整

将仪器取出，整置在脚架上，对仪器进行一般性检视，然后对仪器的各主要螺旋进行检查和调整。

#### （一）脚螺旋的检视与调整

检查三个脚螺旋松紧是否适度，脚螺旋过松，仪器基座稳定性差，仪器照准部旋转时，可能使基座产生位移和偏转，给水平角观测结果带来系统误差；过紧，脚螺旋转动困难。当脚螺旋松紧度不合适时，可转动脚螺旋上的小调整螺旋，直至脚螺旋松紧合适。

另外，脚架上的螺丝也要检查，它们应是固紧的，不能稍有松动。否则，会使脚架松动，给观测带来影响。

#### （二）微动螺旋的检视与调整

微动螺旋（包括水平微动螺旋、垂直微动螺旋）是与弹簧共同起作用的。在使用微动螺旋的过程中，若微动螺旋旋入过多，使弹簧过分压缩，弹力过强；若旋入过少，弹簧过分伸张，弹力不足。这两种情况下，都容易产生“后效”作用，给观测带来误差影响。另外，对于旧仪器，其微动螺旋的弹簧由于长期的压缩和锈蚀，容易产生弹力不足问题，应注意检查其弹力，若弹力不足，应及时修理。

## 二、照准部水准器轴与垂直轴正交的检校

### (一)水准器

由前节可知，测角时必须使经纬仪的垂直轴与测站铅垂线一致。这样，在仪器结构正确的条件下，才能正确测定所需的角度。要满足这一要求，必须借助于安装在仪器照准部上的水准器。照准部水准器一般采用管状水准器。管状水准器是用质量较好的玻璃管制成，将玻璃管的内壁打磨成光滑的曲面，管内注入冰点低、流动性强、附着力较小的液体，并留有空隙形成气泡，将管两端封闭而制成的，如图 3-14 所示。

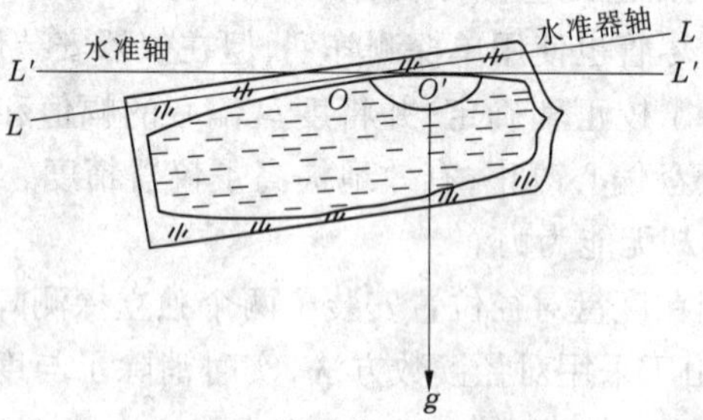


**图 3-14　水准轴与水准器轴**

1. 水准轴与水准器轴

为了便于观察水准器的倾斜量，在水准管的外壁上刻有若干个分划，分划间隔一般为 2 mm，其中间点称为零点。

水准器安置在一个金属框架内，并安装在经纬仪照准部支架上，所以把这种管状水准器称为照准部水准器。照准部水准器框架的一端有水准器校正螺旋，通过校正螺旋，使照准部水准器的水准器轴与仪器垂直轴正交。

所谓水准器轴，就是过水准器零点 $O$，水准管内壁圆弧的切线，如图 3-14 所示。另外，由于水准管内的液体比空气重，当液体静止时，管内气泡永远居于管内最高位置，如图 3-14 中的 $O'$位置。显然，若过 $O'$作圆弧的切线，则此切线总是水平的，我们称此切线为水准轴。由此可知，如果调整脚螺旋，变动水准器轴在垂直面内的走向，使水准器轴与水准轴相重合，即气泡最高点 $O'$与水准器分划中心 $O$ 重合，这时经纬仪的垂直轴与测站铅垂线重合，这个过程称为整置仪器水平。

2. 水准器格值

我们知道，当水准器倾斜时，水准管内的气泡便会随之移动。不同的水准器，虽然倾斜的角度完全相同，但各自的气泡移动量不会完全相同。这是因为不同的水准器，它们的灵敏度不同。灵敏度以水准器格值表示。所谓水准器格值，就是当水准气泡移动一格时，水准器轴所变的角度，也就是水准管上的一格所对应的圆心角。水准管上一格所对应的圆心角愈小，即水准器格值愈小，水准器的灵敏度就愈高。相应的，水准器的格值愈大，水准器的灵敏度就愈低。管水准器刻划间隔为 2 mm，一般控制测量用仪器的格值为 6 ~ 20″，应与仪器测角精度相适应。

## (二)整平仪器及照准部水准器轴与垂直轴正交的检查

使经纬仪的垂直轴与测站铅垂线一致,是获得垂直照准面和水平切面(水平面),从而测得水平角和垂直角的前提条件。使经纬仪的垂直轴与测站铅垂线一致的过程,叫做整平仪器。整平仪器是借助于照准部水准器进行的。当照准部水准器轴与垂直轴正交时,将给整平仪器带来方便。由于外界温度变化及震动等原因,两轴的正交常不能保持。所以,观测前应进行两轴正交的检查和校正。方法如下:

(1)转动照准部,使照准部水准器与任意两个脚螺旋的连线平行(设这两个脚螺旋分别为①、②,另一个脚螺旋为③)。同时对向转动①和②两个脚螺旋,使照准部水准器气泡居中。见图3-15。

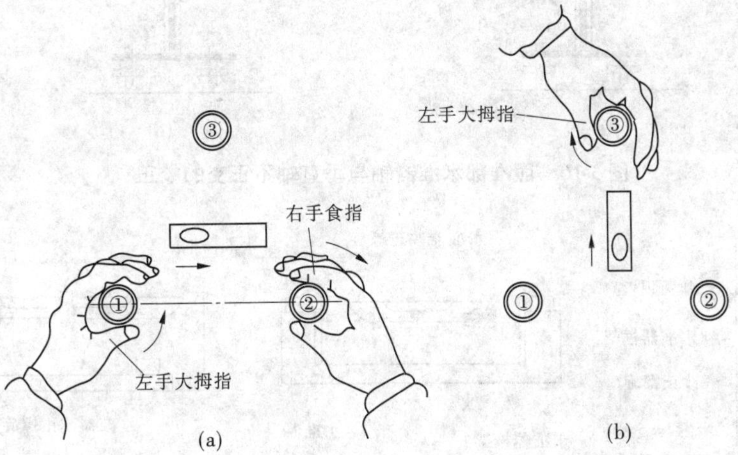


图3-15 照准部管水准器的整平方法

(2)将照准部转动90°,使照准部水准器与①、②两个脚螺旋的连线正交,转动脚螺旋③,使照准部水准器气泡居中。

(3)多次重复(1)、(2)的操作。

(4)在操作(3)的基础上,将照准部旋转180°(此时照准部水准器仍与①、②两个脚螺旋的连线正交),如果照准部水准器轴与垂直轴正交,这时照准部水准器气泡应仍位于刻划中心,并且仪器已整平。

(5)若仪器旋转180°后照准部水准器气泡偏离刻划中心,说明照准部水准器轴与垂直轴不正交。此时的做法是:转动脚螺旋③,改正气泡偏离量的一半。再将照准部旋转90°,使照准部水准器与①、②两个脚螺旋的连线平行,这时气泡仍将偏离刻划中心,可同时对向转动①、②两个脚螺旋,改正气泡偏移量的一半。

这时,仪器也已被整置水平。

综合以上两种情况,仪器整平了的标志是:不论仪器照准部转到什么位置,照准部水准管气泡在水准管上的位置保持不变。

## (三)照准部水准器轴与垂直轴正交的校正

经过上述的整平与正交检查,如果照准部水准器轴与垂直轴不正交(即仪器整平后气泡仍不居中),如图3-16(c)的情况,应紧接着进行校正。可用改针改正照准部水准器一端的改正螺旋,使气泡居中,此时水准器轴即处在正确位置 $a'a$,与垂直轴正交。

几种常用经纬仪的照准部水准器改正螺旋见图 3-17。

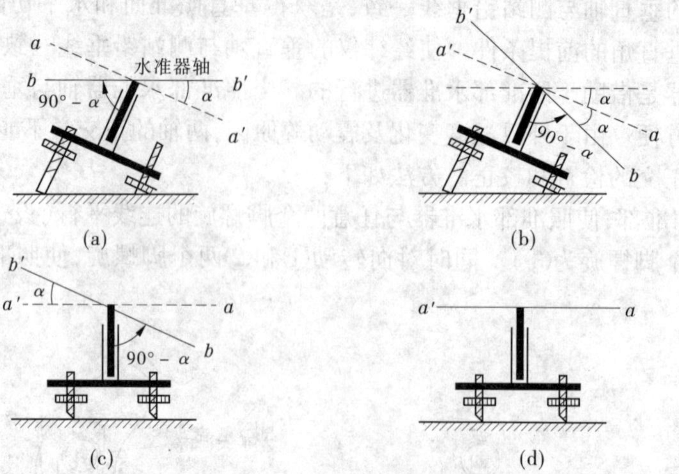


图 3-16 照准部水准器轴与垂直轴不正交的校正

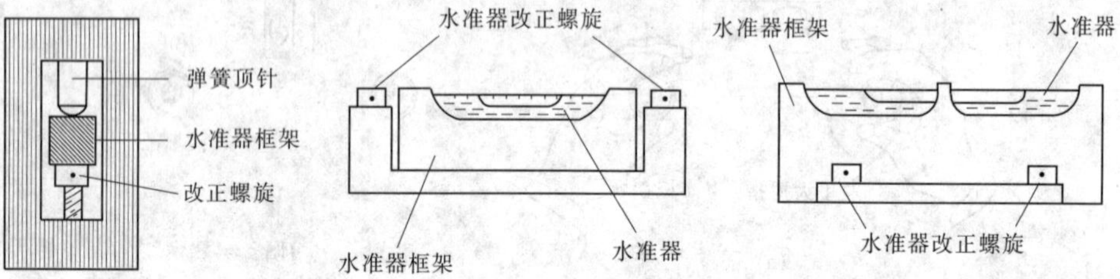


图 3-17 常用经纬仪照准部水准器改正螺旋

## 三、望远镜调焦及视差的消除

### (一)望远镜成像原理

如前所述,望远镜构成视准轴,在照准目标时形成视准线,以便精确地照准目标。也就是说,望远镜的作用有二:一是将不同距离的远方目标通过成像放大视角,以便更清晰地看到;二是用望远镜的视准轴精确照准目标,以确定目标的视准线方向。

图 3-18 是倒像望远镜成像原理:来自目标的光线经过透镜折射成像,目标 *AB* 经物镜折射成为倒像 *A′B′*,人眼在目镜端看到的是 *A′B′*的放大像 *A″B″*。

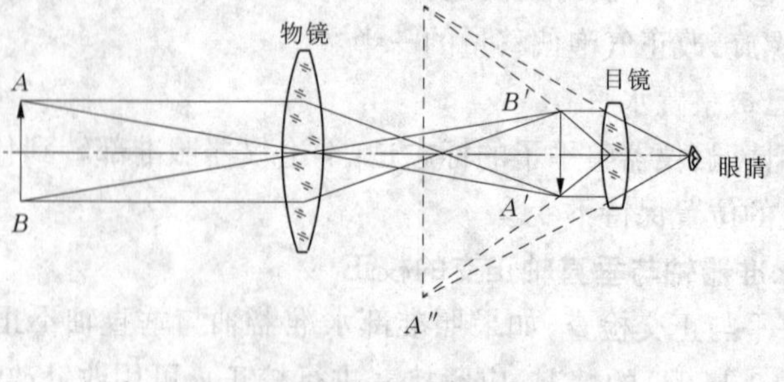


图 3-18 倒像望远镜成像原理

另外，为了能够照准目标，在望远镜内安装十字丝网，十字丝网的形状如图3-19所示。十字丝的竖丝应竖直，横丝应水平。观测水平角时，当目标恰被夹在竖丝中时，就算照准了目标。这是测量望远镜与一般望远镜的区别。

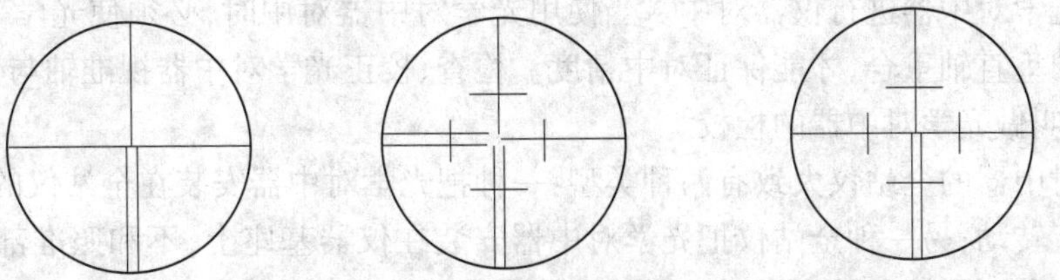

**图3-19　望远镜十字丝网**

十字丝的中心与物镜光心的连线称为视准轴。所谓照准，就是使视准轴指向目标，即视准轴与目标在一条直线上。为了能够正确照准目标，要求目标成像恰好落在十字丝网面上。这样在照准时，观测者的眼睛稍微左右移动时，目标与十字丝网的相对位置才不会改变。否则，就会因观测者眼睛位置不同而产生照准误差，称为视差。

为了使目标恰好落在十字丝面上，消除视差，在望远镜的物镜与目镜之间，安装一个调焦透镜。调焦透镜可以前后移动，从而改变目标像 $A'B'$ 的位置。这样，不同的视力，先调整目镜，使十字丝清晰，再调整调焦透镜，使目标像清晰（即目标像落在十字丝网面上），则视差消除。

综上所述，望远镜由物镜、目镜、十字丝网和调焦透镜四部分组成。物镜和目镜起放大目标像的作用，十字丝与物镜光心构成视准轴供照准目标用；调焦透镜用来调整目标像的位置，起消除视差的作用。其结构如图3-20所示。

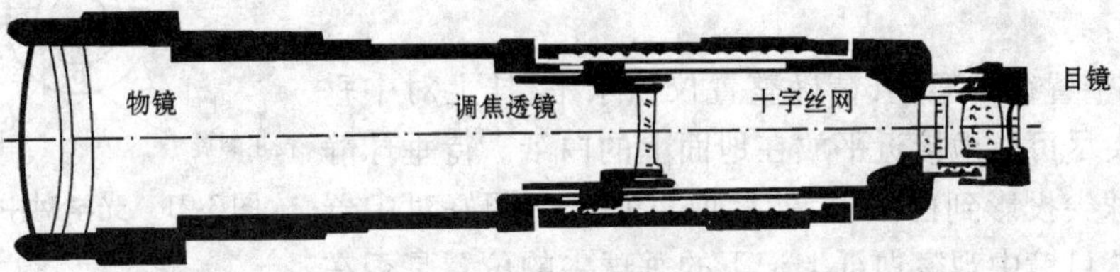


**图3-20　倒像望远镜结构示意图**

应当指出，以上讲述的是传统的倒像测量望远镜，在目镜端看到的是被观测目标的倒像，让人觉得不舒服。现时的测量望远镜已改成了正像望远镜。措施是在调焦透镜和目镜间增加了一套光学组件，将倒像转换成了正像。正像仪器因为成像为正像，给人以真实感，使观测者感觉舒服。

**（二）望远镜调焦及视差的消除**

望远镜是用来精确照准目标的。为此，目标在望远镜中的成像必须清晰，且成像于十字丝面上，为了达到这两个目的，观测之前，应转动望远镜的调焦环（或调焦螺旋），使目标清晰地成像于十字丝面上，这个过程叫做调焦，或叫对光，调焦的方法是：

（1）将望远镜指向天空，转动望远镜目镜，直到十字丝十分清晰为止。

（2）选择一个距离适中的目标，将望远镜指向目标，转动望远镜的调焦环（或调焦螺旋），使目标在望远镜中的成像清晰为止。

## 四、光学对中器的检校

在控制点上进行水平角观测时,必须使仪器中心与标志中心一致。为此,开始观测前,使用垂球或光学对中器进行仪器对中。当使用光学对中器对中时,必须使光学对中器的视准轴与仪器的垂直轴重合,才能保证对中精度。检查、校正光学对中器视准轴与仪器垂直轴重合的工作,叫做光学对中器的检校。

有光学对中器的全站仪大致有两种类型:一种把光学对中器安装在全站仪的照准部上,与照准部一起转动;另一种全站仪把光学对中器安装在仪器基座上,不和照准部一起转动。下面介绍这两种不同情况的光学对中器的检校方法。

**(一)投影法**

这种方法适用于光学对中器随照准部一起转动的经纬仪,检校的具体方法步骤如下:

(1)置经纬仪于脚架上,将仪器整平。

(2)在仪器下方地面上,平放一张白纸,固定仪器照准部,调整对中器目镜,直至对中器目镜中分划板上的圆圈清晰为止,然后,按对中器分划板圆圈中心在白纸上点出一点 $A$。

(3)转动仪器照准部 180°,固定之,按(2)的方法再在白纸上点一点 $B$。

如果白纸上的两个投影点 $A$、$B$ 重合,说明对中器视准轴与仪器垂直轴一致;如果两点分离,则两轴不一致,需要进行对中器调校。

调校的方法是:将对中器目镜端的护罩打开,如图 3-21 所示,可以看见四个校正螺旋,利用配给的校正针旋转这四颗校正螺旋,使中心标志与纸上 $A$、$B$ 连线的中点相重合。

**(二)垂球调校**

此种方法适合于对中器安装在基座上的全站仪。检校的方法如下:

将仪器整置在脚架上,精确整置仪器水平,挂上对中垂球,使垂球尖尽可能地接近平放在地面上的白纸。待垂球静止时,将垂球尖投影到白纸上,然后取下垂球。调好对中器目镜焦距,从目镜中观察白纸上记下的垂球尖的位置是否在对中器分划板圆圈中心。若在圆圈中心,则说明对中器的视准轴与垂直轴一致;若不在圆圈中心,则需进行校正。

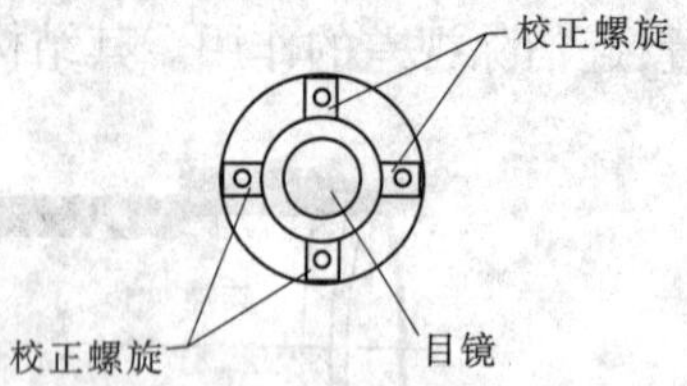


**图 3-21　光学对中器的校正**

校正的方法与投影法相同。

# 第四节　全站仪的三轴误差、指标差及补偿

经纬仪要正确地观测水平角和垂直角,几个重要轴线之间必须满足这么几个条件:视准轴垂直于水平轴,水平轴垂直于垂直轴,垂直轴则应与测站铅垂线相一致。如果不满足这几个条件,将分别产生视准轴误差、水平轴倾斜误差、垂直轴倾斜误差,合称三轴误差。另外,垂直度盘读数指标位置可能存在偏差,称做垂直度盘读数指标差。本节将分析这些误差对水平角和垂直角观测的影响,并介绍全站仪的补偿器件和相应内部程序对三轴误差的补偿改正。

## 一、垂直度盘指标差

前面我们讲过，当望远镜水平时，垂直度盘的读数指针指向 90°，这是盘左时的情况。如果倒转望远镜，成盘右状态，因为度盘变动了 180°，而垂直度盘读数指针是保持不动的，所以当望远镜水平时，读数指针指向 270°。这里说的都是理论上的。实际上，读数指针是可能发生偏差的，偏差的小角称做垂直度盘指标差，常用 $i$ 表示。

在有指标差的情况下，观测垂直角，盘左时，如图 3-22 所示。图中 $L_0$ 表示没有指标差时的应有读数，$L$ 表示有指标差时的实际读数，很显然，有 $L = L_0 + i$。这时如果再用 $\alpha = 90° - L$ 计算垂直角，结果中就包含有指标差的影响。实际上没有指标差的盘左读数应为

$$L_0 = L - i \tag{3-5}$$

而盘左时的垂直角计算公式为

$$\alpha = 90° - L_0 = 90° - L + i \tag{3-6}$$

盘右时，如图 3-23 所示，有 $R = R_0 + i$，或

$$R_0 = R - i \tag{3-7}$$

而盘右时的垂直角计算公式为

$$\alpha = R_0 - 270° = R - i - 270° \tag{3-8}$$

取盘左盘右垂直角的平均值，有

$$\alpha = \frac{R - 180° - L}{2} \tag{3-9}$$

此式即为进行盘左盘右观测的垂直角计算公式。

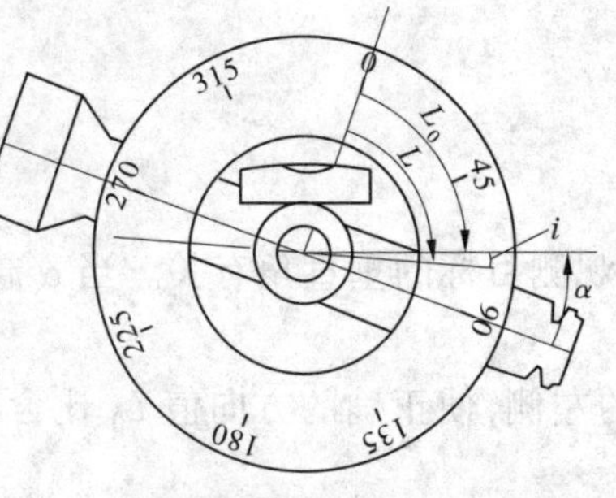


图 3-22　有指标差时的盘左读数 $L = L_0 + i$

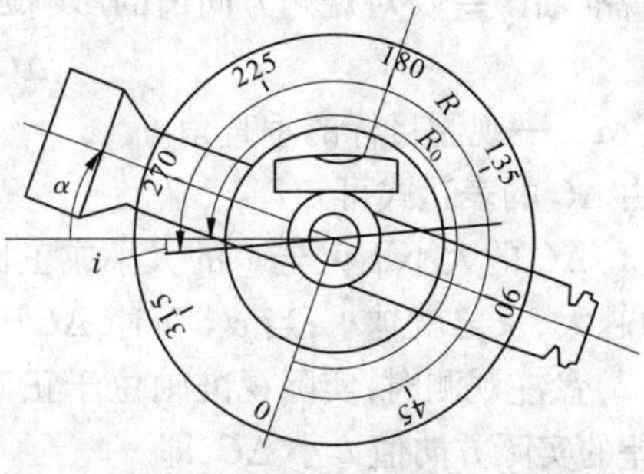


图 3-23　有指标差时的盘右读数 $R = R_0 + i$

由以上的讨论可知，单用盘左或盘右观测垂直角，避免不了垂直度盘读数指标差的影响；而用盘左盘右观测计算垂直角，可消除指标差的影响。

若令

$$90° - L + i = R - i - 270°$$

解得

$$i = \frac{R + L - 360°}{2} \tag{3-10}$$

这就是垂直度盘指标差计算公式。

垂直度盘指标差总是存在的，即使仪器组装时已调整为零，以后也会发生变化，不再为零。虽然带着指标差，只要进行盘左盘右观测，也能获得正确结果。当然，指标差大了在实践中会有很多的不方便。为此我国的各测量规范都规定

$$i \leqslant \pm 10'' \qquad (J_1 \text{ 型经纬仪})$$

$$i \leqslant \pm 15'' \qquad (J_2 \text{ 型经纬仪})$$

指标差超限要进行校正。

全站仪的指标差校正一般称做"垂直角零基准的校正"。经校正后,指标差被仪器存储着,用于自动改正垂直角观测值。

## 二、视准轴误差

### (一)视准轴误差及其产生原因

望远镜的物镜光心与十字丝中心的连线称为视准轴。假设仪器已整置水平(即垂直轴与测站铅垂线一致),且水平轴与垂直轴正交,仅由于视准轴与水平轴不正交——即实际的视准轴与正确的视准轴存在夹角 $C$,称视准轴误差,如图 3-24 所示。当实际的视准轴偏向垂直度盘一侧时,$C$ 为正值,反之 $C$ 为负值。

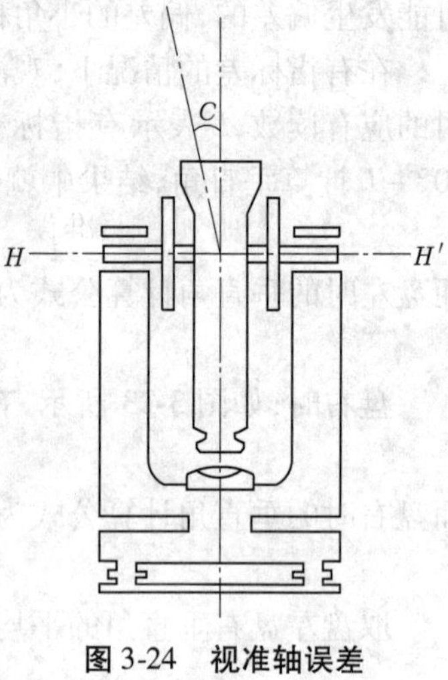

图 3-24 视准轴误差

产生视准轴误差的原因是安装和调整不正确,望远镜的十字丝中心偏离了正确的位置,造成视准轴与水平轴不正交,从而产生了视准轴误差。此外,外界温度的变化也会引起视准轴的位置变化,产生视准轴误差。

### (二)视准轴误差对观测方向值的影响及消除影响的方法

视准轴误差 $C$ 对观测方向值的影响 $\Delta C$ 为

$$\Delta C = C/\cos\alpha \tag{3-11}$$

式中 $\alpha$——观测目标的垂直角。

由 $\Delta C$ 的表达式可知:

(1)$\Delta C$ 的大小不仅与 $C$ 的大小成正比,而且与观测目标的垂直角有关。当 $\alpha$ 越大时,$\Delta C$ 也越大,反之就越小;当 $\alpha = 0$ 时,$\Delta C = C$。

(2)盘左观测时,实际视准轴位于正确视准轴的左侧,使正确的方向值 $L_0$ 比含有视准轴误差的实际方向值 $L$ 小 $\Delta C$,即

$$L_0 = L - \Delta C$$

纵转望远镜,以盘右观测同一目标时,实际视准轴在正确视准轴的右侧,显然此时对方向值的影响恰好和盘左时的数值相同,符号相反,即正确的方向值 $R_0$ 较有误差的方向值 $R$ 大,故

$$R_0 = R + \Delta C$$

取盘左与盘右的中数,得

$$\frac{1}{2}(L_0 + R_0) = \frac{1}{2}(L + R) \tag{3-12}$$

可以看出:视准轴误差对观测方向值的影响,在望远镜纵转前后,大小相等,符号相反。因此,取盘左与盘右的中数可以消除视准轴误差的影响。

(3)观测一个角度时,如果两个方向的垂直角相等,则视准轴误差的影响可在半测回角度值中得到消除。即使垂直角不相等,如果差异不大且接近于 0,其影响也可以忽略。

**（三）观测中 $2C$ 值的计算及其作用**

望远镜纵转前后，同一方向的盘左、盘右观测值之差为

$$L - R \pm 180° = 2\Delta C \tag{3-13}$$

视准轴与水平轴的关系是机械的结合，在短时间内，可以认为 $C$ 是常值。若各个方向的垂直角都很小，且相差不大时，$2\Delta C$ 近似等于 $2C$，因此可将上式写成

$$2C = L - R \pm 180° \tag{3-14}$$

这样计算得的 $2C$ 亦可认为是常值。$2C$ 通常被称为二倍照准差。短暂的观测时间里，视准轴受温度等外界因素的影响所产生的变化是很小的。在观测过程中，一测回内各个方向计算出来的 $2C$ 值一般不相同，$2C$ 变动的主要原因是观测照准读数等偶然误差的影响，$2C$ 变化大只能说明观测照准误差过大。因此，计算 $2C$ 并规定其变化范围可以作为判断观测质量的标准之一。例如，对于 2″级仪器，《规范》规定，一测回内各方向计算出的 $2C$ 值互差不得大于 13″。

$2C$ 的常值部分对观测结果是没有影响的，有影响的仅是它的变动部分。但是，$2C$ 数值过大时，对记簿计算不太方便，因此 $2C$ 绝对值过大时需校正。《规范》规定：$J_1$ 型仪器的 $2C$ 不得超过 ±20″，$J_2$ 型仪器的 $2C$ 不得超过 ±30″。若超过此限值，就要进行校正。校正方法将在本章第九节讲述。

仪器的 $2C$ 值即使经过校正也难以保证为 0，所以仪器总是带着一定的视准轴误差 $C$ 作业的。故精密的水平角观测总是要盘左盘右观测取中数，以消除视准轴误差的影响。

具有视准轴误差改正功能的全站仪，可事先对视准轴误差进行电子校准，仪器会自动将视准轴误差 $C$ 值存储起来。此后再进行水平方向观测，仪器会自动在水平方向观测值中加入视准轴误差改正。

## 三、水平轴倾斜误差

**（一）水平轴倾斜误差及产生原因**

当视准轴与水平轴正交，且垂直轴与测站铅垂线一致时，仅由于水平轴与垂直轴不正交使水平轴倾斜一个小角 $I$，称为水平轴倾斜误差，见图 3-25。

引起水平轴倾斜误差的主要原因是：在仪器安装、调整时不完善，致使仪器水平轴两支架不等高，或者水平轴两端的直径不相等。

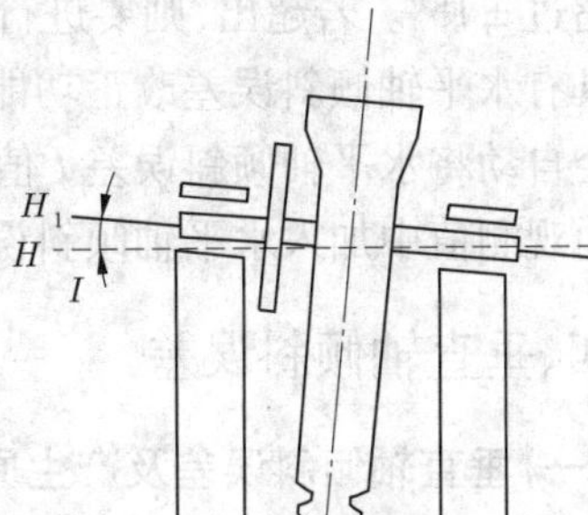

图 3-25　水平轴倾斜误差

**（二）水平轴倾斜误差对观测方向值的影响及消除影响的方法**

水平轴倾斜误差 $I$ 对观测方向值的影响 $\Delta I$ 为

$$\Delta I = I \cdot \tan\alpha \tag{3-15}$$

式中　$\alpha$——观测目标的垂直角。

由 $\Delta I$ 的表达式可知：

(1) $\Delta I$ 的大小不仅与 $I$ 的大小成正比，而且与观测目标的垂直角 $\alpha$ 有关，$\alpha$ 越接近于 90°，$\Delta I$ 也越大；当 $\alpha = 0°$时，$\Delta I = 0$。

(2) 上述情况为盘左时，由于水平轴倾斜，使视准轴偏向垂直度盘一侧，正确的方向值

$L_0$ 较有误差的方向值 $L$ 小 $\Delta I$,即

$$L_0 = L - \Delta I \tag{3-16}$$

纵转望远镜,在盘右位置观测时,正确读数较有误差的读数为大,故

$$R_0 = R + \Delta I \tag{3-17}$$

取盘左和盘右读数的中数,得

$$\frac{1}{2}(L_0 + R_0) = \frac{1}{2}(L + R) \tag{3-18}$$

上式说明,水平轴倾斜误差对观测方向值的影响,在盘左和盘右读数平均值中,可以得到消除。

(3)观测一个角度时,如果两个方向的垂直角相差不大且接近于0°,水平轴倾斜误差在半测回角度值中可以得到减弱或消除。

(4)在望远镜纵转前后,同一方向上的盘左和盘右的观测值之差为

$$L - R + 180° = 2\Delta I \tag{3-19}$$

这说明,当没有视准轴误差存在,仅有水平轴倾斜误差存在时,同一方向的盘左和盘右读数之差值中,包含二倍水平轴倾斜误差的影响。如果视准轴误差和水平轴误差同时存在,则有

$$L - R + 180° = 2\Delta C + 2\Delta I \tag{3-20}$$

在山区,一个测站上的各个观测方向的垂直角相差较大,导致 $2\Delta I$ 变化较大,这样,就不便于利用 $2C$ 的变化来判断观测成果的质量。所以,对仪器的水平轴倾斜 $I$ 角的大小要加以限制,《规范》规定:$J_1$ 型仪器的水平轴倾斜 $I$ 角不得超过 ±10″,$J_2$ 型仪器的水平轴倾斜 $I$ 角不得超过 ±15″。若超出,则要进行校正。检校方法将在本章第九节讲述。

具有水平轴倾斜误差改正功能的全站仪,可在观测前对水平轴倾斜误差进行电子校准,仪器会自动将水平轴倾斜误差 $I$ 值存储起来。此后再进行水平方向观测,仪器会自动在水平方向观测值中加入水平轴倾斜误差改正。

## 四、垂直轴倾斜误差

### (一)垂直轴倾斜误差及产生原因

垂直轴倾斜误差定义:经纬仪垂直轴与测站铅垂线之间的微小夹角。

垂直轴与铅垂线一致是通过照准部水准器气泡居中实现的,由于水准器轴与垂直轴的正交关系不正确,水准气泡居中精度的限制以及外界因素的影响,使观测时仪器垂直轴与测站铅垂线未严格一致,是导致垂直轴倾斜误差的原因。

### (二)垂直轴倾斜误差对观测方向值的影响

假设视准轴与水平轴、水平轴与垂直轴均已正交,如图 3-26 所示。$OV$ 为垂直轴与铅垂线一致的位置,与其正交的水平轴为 $HH_1$,$OV'$为垂直轴倾斜位置,与其正交的水平轴随之倾斜至 $H'H'_1$,其间微小夹角 $v$ 称为垂直轴倾斜误差。

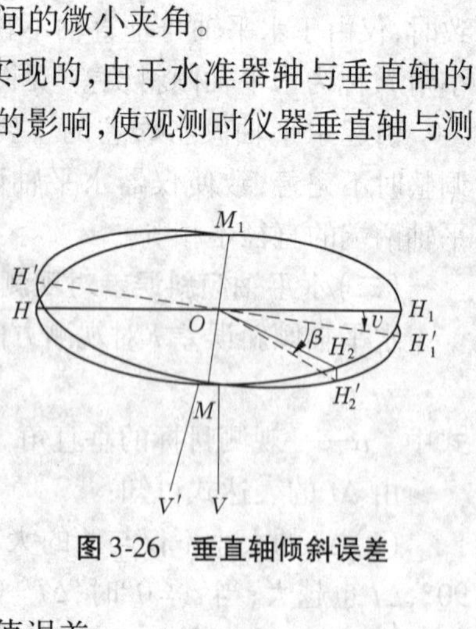

**图 3-26 垂直轴倾斜误差**

由于水平轴倾斜至 $H'H'_1$,与水平轴正交的视准轴也随之偏离了正确位置,望远镜俯仰时视准轴扫过一斜面,而非水平角定义中的垂直照准面,因此产生水平方向观测值误差。

由此可见，垂直轴倾斜误差对水平方向观测值的影响是以水平轴倾斜的形式出现的，并且水平轴的倾斜量随旋转的方位不同而变化。问题好像很复杂，可是有一个简单方案能在实践上解决这一问题：只要在观测时将仪器垂直轴倾斜在水平轴方向（设为 $Y$ 方向）的分量 $V_Y$ 测出，就能根据式（3-5）得出垂直轴倾斜误差对水平方向观测值的影响，计算公式为

$$\Delta v = V_Y \tan\alpha \tag{3-21}$$

式中 $V_Y$——垂直轴倾斜误差在水平轴方向上的分量；

$\alpha$——观测目标的垂直角。

现在的全站仪就是按照这一方案改正垂直轴倾斜误差对水平方向观测值的影响的。

**（三）$\Delta v$ 的性质与规律**

（1）垂直轴倾斜误差对观测方向的影响，与垂直轴倾斜量 $v$ 和观测目标的垂直角 $\alpha$ 有关，且随观测方向的方位不同而异。

（2）垂直轴倾斜的方向和大小确定后，因各方位水平轴倾斜的方向在望远镜纵转前后是相同的，所以垂直轴倾斜误差对同一目标盘左、盘右读数中的 $\Delta v$ 影响，数值相等，符号相同，因而不能在盘左、盘右观测值中数中消除其影响。

**（四）减弱垂直轴倾斜误差影响的措施**

（1）观测前要精密置平仪器，观测过程中要经常注意水准器偏离状况，水准气泡偏离水准器中央位置不得超过一格。若超出，应立即停止观测，重新置平仪器。

（2）在观测的各测回间，调整仪器使水准气泡居中，即使垂直轴仍有微小倾斜，但其方向变化有随机性，使其对观测方向的影响具有偶然性。

（3）电子经纬仪一般设有垂直轴倾斜自动补偿功能，在观测前应将补偿器设置为“开”，使其能在输出观测值中自动补偿垂直轴倾斜的影响。

## 五、电子经纬仪（全站仪）对三轴误差、指标差的改正和补偿

三轴误差会给水平角和垂直角观测值带来误差影响。测绘厂家一直努力在仪器中加入某种自动改正和补偿安排，来改正这种误差影响。这个问题实际上是两个层次的问题：一是让仪器视准轴误差 $C$、水平轴固定倾斜误差 $I$ 给水平方向观测值带来的影响自动加以计算改正，让仪器垂直度盘指标差 $i$ 对垂直角观测值带来的影响自动加以计算改正；二是对垂直轴倾斜误差进行自动感应或测定，再对其给水平方向和垂直角观测值带来的影响做某种补偿安排或计算改正。

**（一）垂直度盘自动归零光学补偿器**

在传统光学经纬仪上采用这类补偿方法，它只能补偿由于垂直轴倾斜而引起的垂直度盘读数误差。一般采用簧片式补偿器、吊丝式补偿器、液体补偿器。

当仪器倾斜的时候，将引起吊摆的微小摆动或液面与容器间的相对角度变化，这个变化通过光路引起垂直度盘影像的相应变化，垂直指标的位移与仪器的倾斜量相等，从而对仪器的倾斜起到了补偿作用。这种补偿器只能自动改正由于垂直轴倾斜误差对垂直度盘读数的影响。

**（二）垂直轴二维倾斜传感器**

外业观测时，仪器的垂直轴可能向某一个方向倾斜，可以把这种倾斜分解为在水平面上两个互相垂直的方向（纵向 $X$ 和横向 $Y$）上的分量，其中，纵向 $X$ 代表视准轴在水平面上的

投影的方向，横向 $Y$ 代表仪器水平轴向右的方向，如图 3-27 所示。

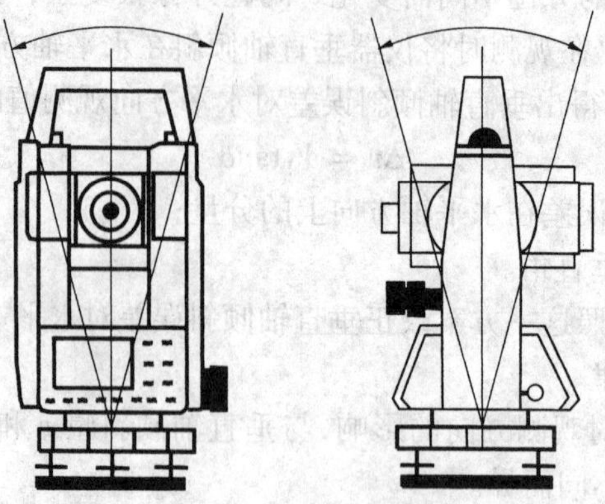


**图 3-27　垂直轴的纵向倾斜和横向倾斜**

垂直轴的纵向($X$ 方向)倾斜 $V_X$ 导致垂直角 $\alpha$ 测量误差，误差量 $\Delta\alpha = V_X$。垂直轴的横向($Y$ 方向)倾斜 $V_Y$ 导致水平方向观测值 $L$ 误差，误差量 $\Delta v = V_Y \tan\alpha$。

垂直轴二维倾斜传感器在仪器垂直轴倾斜时，能自动感知垂直轴在 $X$ 方向的倾斜量 $V_X$ 和 $Y$ 方向的倾斜量 $V_Y$。利用 $V_X$ 和 $V_Y$，全站仪可以自动计算出相应的垂直角和水平方向改正数，并加到相应的观测值上。

目前，绝大部分全站仪均采用液体倾斜传感器。如图 3-28 所示，$X-Y$ 倾斜传感器有一个特制的圆水准器，它的底部是一个平面玻璃，内盛乙醚乙醇混合液。圆水准器下面有一个透镜，其作用是把透镜下面的发光二极管置于其焦点上，发出的红外光线通过透镜后变成平行光线。当光线透过圆水准器，照射到几个硅光电二极管上时，硅光电二极管上便产生相应的电压。

图 3-29 所示为其顶视图和 SPD 位置与气泡关系，在一块约 10 mm 的硅片上，通过光刻成 8 块硅光电二极管。其中 $A$、$B$、$C$、$D$ 四块用做气泡位移传感器，外围四块 $E$、$F$、$G$、$H$ 用做参考窗口传感器。由于圆水准器内的气泡曲率半径很小，根据光折射原理，平行光线射到气泡时，除气泡中心有很少光线透射外，大部分的光线在气泡表面被折射，不能到达硅二极管 SPD 上，从而形成气泡阴影。而没有气泡地方的光线则几乎全部通过液体，并投射到光敏二极管上。气泡的阴影位置随着仪器倾斜而变动；利用 $X$ 轴方向(相应于视准轴方向)的硅光电二极管 $A$、$C$ 间产生的电压差，可计算出 $X$ 轴方向(相应于视准轴)的垂直轴倾斜值 $V_X$；同样的原理，利用 $Y$ 轴方向(相应于横轴)的硅光电二极管 $B$、$D$ 间产生的电压差，可计算出 $Y$ 轴方向的垂直轴倾斜值 $V_Y$。

**(三)全站仪的三轴补偿改正**

全站仪的三轴补偿是指视准轴误差补偿、水平轴倾斜误差补偿和垂直轴倾斜误差补偿。

1. 对垂直角观测值的补偿改正

在进行了垂直角零基准校正(有的仪器称做垂直度盘指标差校准)后，仪器已存储了新的垂直度盘指标差值 $i$，并自动对垂直度盘读数进行度盘指标差改正。另外，仪器还会将观测时垂直轴在 $X$ 方向的倾斜量 $V_X$ 加到垂直角观测值上。

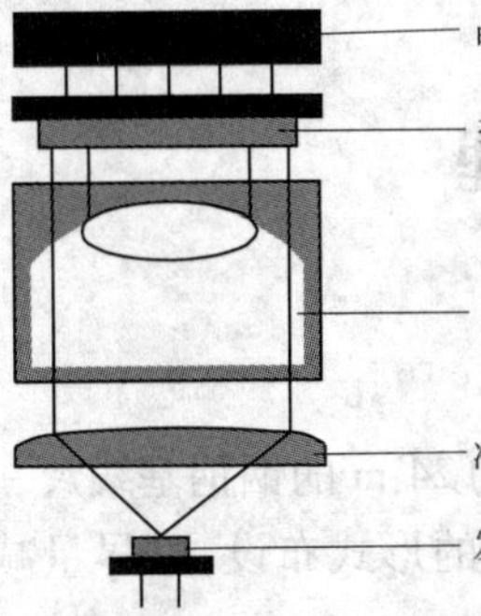


图 3-28　液体补偿器剖面图

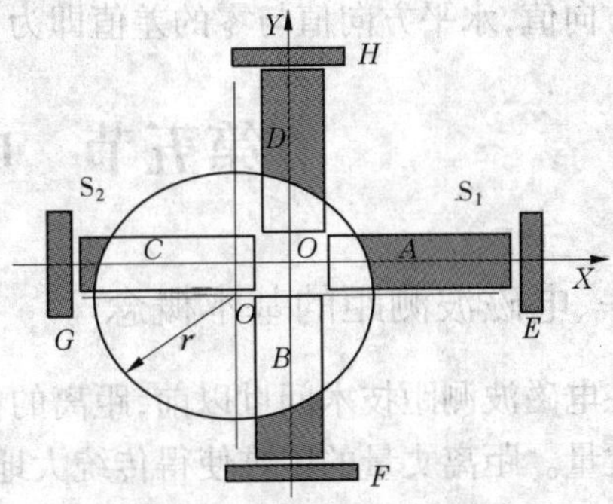


图 3-29　硅光电二极管 SPD 位置与气泡关系

2. 对水平方向观测值的补偿改正

全站仪的水平方向值补偿包括对三轴误差影响的补偿：已被确定和存储在仪器里的最新视准轴误差 $C$ 对水平方向值的影响，已被确定和存储在仪器里的最新水平轴倾斜固定误差 $I$ 对水平方向值的影响，垂直轴瞬间倾斜在水平轴方向的分量 $V_Y$ 对水平方向值的影响。

**（四）仪器三轴补偿功能的使用和检验**

现时的新型全站仪大多具有三轴补偿改正的功能。三轴误差补偿的实现极大地方便了外业观测，减轻了作业人员的劳动强度，并显著提高了外业工作效率。

关于补偿功能的使用应当注意以下一些问题。

1. 应经常对补偿器进行校准

各种型号的全站仪都有对补偿器进行电子校准的功能。具有完全三轴补偿功能的全站仪，一般应有以下的电子校准内容：

（1）垂直轴倾斜传感器纵横向零位误差；

（2）水平度盘视准轴误差 $C$；

（3）水平轴倾斜误差 $I$；

（4）垂直度盘指标差 $i$。

按照仪器手册说明和面板显示，完成以上校准项目，全站仪才能够正确地进行补偿。

顺便指出，这里的水平度盘视准轴误差 $C$ 的校准是电子校准，是在本章第九节“二、视准轴误差的检校”完成后的进一步电子校准。

2. 根据需要“打开”或“关闭”有关补偿功能

一般全站仪对补偿功能都提供了几种模式选择，例如[双轴]、[单轴]、[开]、[关]等，各型号仪器不一样，使用时应根据说明书的说明选择。当测站点有振动、风大、低精度观测时，应关闭仪器的补偿功能。

顺便指出，有些仪器有“补偿功能”和“改正功能”之分，补偿是指对垂直轴倾斜的补偿，改正是指对 $C$、$I$ 和 $i$ 的相应改正。也有的仪器任何时候都对 $i$ 进行改正。

3. 垂直轴倾斜补偿功能的检验

补偿功能的检验步骤如下：

（1）精确整平仪器；

（2）设置仪器的补偿功能为“开”状态；

（3）使望远镜水平并设置水平角显示为零，然后按一定的间隔上、下转动望远镜，读取水平方向值,水平方向值与零的差值即为自动补偿器的补偿值。

# 第五节　电磁波测距原理

## 一、电磁波测距的基本概念

在电磁波测距技术问世以前,距离的精确测量主要是用长约 24 m 的铟钢基线尺一尺一尺的丈量。距离丈量的困难使得传统大地测量主要采用三角网的形式布设,以尽量减少距离测量。

随着科学技术的不断发展,出现了新的测距方法——电磁波测距。这种测距方法只要在测线两端点分别架上电磁波测距仪和反射镜,就能很快测出距离。测距仪的使用,使边长测量工作变得方便快捷,极大地提高了常规控制测量工作的效率,同时,测距仪还在各个测量领域里得到了广泛的应用。

电磁波测距的基本原理可用图 3-30 来简要说明。在 $A$ 点安置测距仪,在 $B$ 点架设反射镜,测距仪向反射镜发射电磁波,电磁波被反射镜反射回来又被测距仪接收。测距仪量测出电磁波往返的传播时间 $t_{2D}$,则可按下式计算出距离:

$$D = \frac{1}{2}Ct_{2D} \tag{3-22}$$

式中　$C$——电磁波在测线上的传播速度,约等于 $3 \times 10^8$ m/s;

$t_{2D}$——电磁波在被测距离上往返一个来回所用的时间。

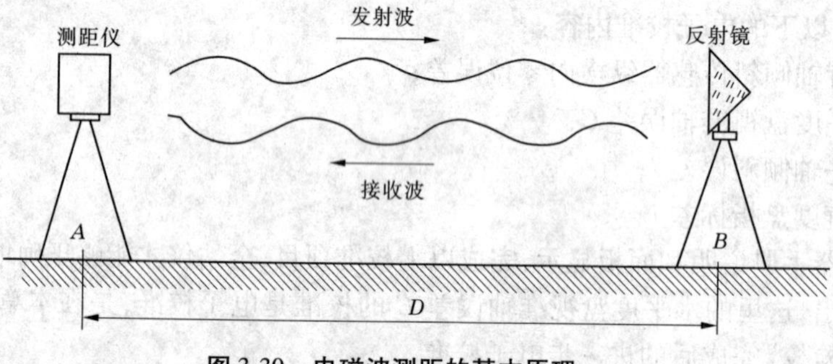


图 3-30　电磁波测距的基本原理

概括地说,电磁波测距就是直接或间接测出电磁波在被测距离上的传播时间,然后利用式(3-22)计算出距离来。

不难看出,利用电磁波测距,只要在测程范围内,中间无障碍,任何地形条件下的距离均可测量。高山之间、江河两岸,甚至星际之间(如激光测月、人卫激光测距),均可直接测量。目前,在大地测量、工程测量、地形地籍测量,以及其他测量中广泛应用着各种类型的电磁波测距仪。

## 二、电磁波测距仪的分类

目前对于电磁波测距仪有多种不同的分类方法。首先,按照测定 $t_{2D}$ 的方法不同,可以分为下列两种类型:

(1)脉冲式测距仪。它是直接测定仪器所发射的脉冲信号往返于被测距离的传播时间,从而按式(3-22)求得距离值。这种仪器可以达到较远的测程,但精度较低,一般为±(1~5)m。人卫激光测距仪和地月激光测距仪就属于脉冲式测距仪。但是锁模激光器问世为脉冲式测距仪迈向高精度创造了条件。现在已经有多个厂家生产出了用于常规测量的精度达到 2 mm+(1~2)$\times 10^{-6}\cdot D$ 的脉冲式测距仪。

(2)相位式测距仪。它是测定仪器所发射的连续的测距信号往返于被测距离的滞后相位($\varphi_{2D}$)来间接推算信号的传播时间($t_{2D}$),从而求得所测距离。

相位式测距仪测程较短,但测距精度较高。目前,生产上所用测距仪暂时还是相位式测距仪居多。

电磁波测距仪除按上述的测时方法分类外,从不同的角度和需要出发,还有以下一些分类方法:

按载波分类:
- 激光测距仪
- 红外测距仪
- 微波测距仪

按测程分类:
- 短程测距仪,测程 3 km 以内
- 中程测距仪,测程 3~15 km
- 远程测距仪,测程超过 15 km

按精度分类:
- Ⅰ级,$m_D \leq 5$ mm
- Ⅱ级,5 mm $< m_D \leq 10$ mm
- Ⅲ级,10 mm $< m_D \leq 20$ mm

其中,$m_D$ 为 1 km 测距中误差(即所测距离为 1 km 时的边长观测中误差)。

## 三、不同载波的测距仪概述

### (一)激光测距仪

当 1948 年第一台电磁波测距仪(Geodimeter)在瑞典诞生时,载波光源为白炽灯。后来的测距仪又改进为用高压水银灯。这类早期的仪器既笨重,又耗电多,测程亦不远。1960 年,激光器的出现为光波测距仪提供了理想的光源,第二年就出现了世界上第一台激光测距仪。以后激光测距技术便不断发展进步。激光测距仪以其更加优良的特性很快就淘汰了先前的光电测距仪。比起先前的光电测距仪,激光测距仪体积小,质量轻,耗电少,测程远,精度高。目前,激光测距仪大多采用氦氖(He-Ne)气体激光器作光源,波长为 0.632 8 μm。激光测距仪由于测程长,精度高,主要用于中远程测距。近年来,新的脉冲激光测距技术已用于全站仪,近距离的(一般 200 m 以内,但拓普康 GPT-8220A 系列已达 1 200 m)距离测量可不用反光镜,使得全站仪既可进行长边的控制测量,又能更方便地进行地形地籍等测量。新的采用红外激光的脉冲全站仪更增加了安全性。故而,新的激光脉冲式全站仪将有更好的发展前景。

### (二)红外测距仪

红外测距仪的光源为砷化镓发光二极管,发出的光为波长 0.72~0.94 μm 的红外线光。砷化镓发光二极管发出的红外光的光强可随注入的电信号的强度而变化,因此这种发光管兼有载波源和调制器的双重功能。又由于电子线路的集成化,使得红外测距仪可以做得很小,现一般与测角仪器结合使用,或与电子经纬仪设计成一体,成为电子全站仪。红外测距仪一般为相位式测距仪,其测程较短。现有的测距仪与电子全站仪以采用红外测距的居多。

**(三)微波测距仪**

微波测距仪的载波为无线电微波。目前生产的微波测距仪使用的波长为 10 cm、3 cm、8 cm。由于无线电微波的穿透能力强,因而工作中对大气能见度没有什么要求,在有雾、小雨、小雪时均可测量,并且两点之间只需概略对准。还可以利用仪器的通信设备随时通话联系,使用比较机动灵活。微波测距仪以前精度较低,现已提高到与红外测距仪相当的水平。微波测距仪较适合于军事测量,民用测量中较少使用。

## 四、脉冲法测距原理

脉冲法测距是直接测定仪器所发射的光脉冲往返于被测距离的传播时间而得到距离值的。图 3-31 为脉冲法测距原理框图。

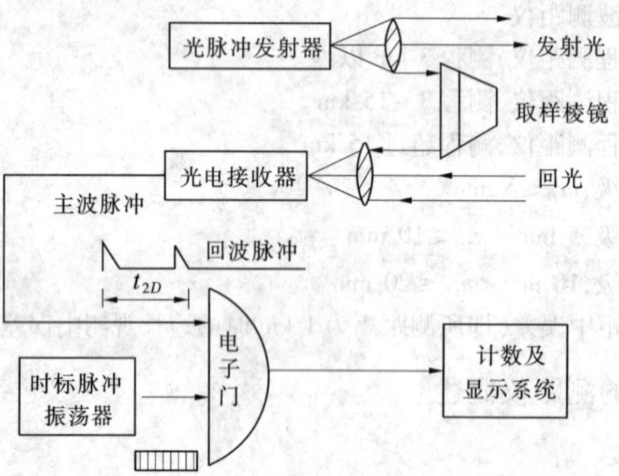


**图 3-31　脉冲法测距原理**

由光脉冲发射器发射出一束光脉冲,经发射光学系统投射到被测目标。与此同时,由仪器内的取样棱镜取出一小部分光脉冲送入接收光学系统,并由光电接收器转换为电脉冲,称为主波脉冲,作为计时的起点。而后从被测目标反射回来的光脉冲通过光学接收系统,也被光电接收器接收,并转换为电脉冲,此为回波脉冲,作为计时的终点。可见,主波脉冲和回波脉冲之间的时间间隔就是光脉冲在测线上往返传播的时间($t_{2D}$)。为了测定时间 $t_{2D}$,将主波脉冲和回波脉冲先后(它们相隔时间为 $t_{2D}$)送入门电路,分别控制“电子门”的“开门”和“关门”。由时标脉冲振荡器不断产生具有一定时间间隔($T$)的电脉冲(称为时标脉冲),作时间计数标准来计数出“开门”和“关门”之间的时间。在测距之前,“电子门”是关闭的,时标脉冲不能通过“电子门”进入计数系统。测距时,在光脉冲发射的同一瞬间,主波脉冲把“电子门”打开,时标脉冲一个一个的通过“电子门”进入计数系统,计数系统便计数着时标脉冲的个数。当从目标反射回来的光脉冲到达测距仪时,回波脉冲立即把“电子门”关闭,时标脉冲就不能进入计数系统,计数终止。设计数器的计数结果为 $n$,则主波脉冲和回波脉冲之间的时间间隔为 $t_{2D}=nT$,而待测距离为

$$D = \frac{1}{2}CnT$$

若令

$$L = \frac{1}{2}CT$$

则有

$$D = nL$$

上式可以理解为，计数系统每记录一个时标脉冲就等于计下一个单位距离 $L$。由于测距仪中 $L$ 值是预先选定的，因此计数系统在计数出通过“电子门”的时标脉冲个数 $n$ 之后，就可以把待测距离 $D$ 用显示器显示出来。

## 五、相位法测距原理

前已述及，所谓相位法测距就是通过测量连续的测距信号在被测距离上往返传播所产生的相位滞后来间接的测定信号的传播时间，从而求得被测距离。本部分主要介绍相位式测距的基本公式以及解决距离的“多值性”问题。

### （一）相位法测距的基本公式

相位法测距仪的工作原理可用图 3-32 所示的方框图来说明。

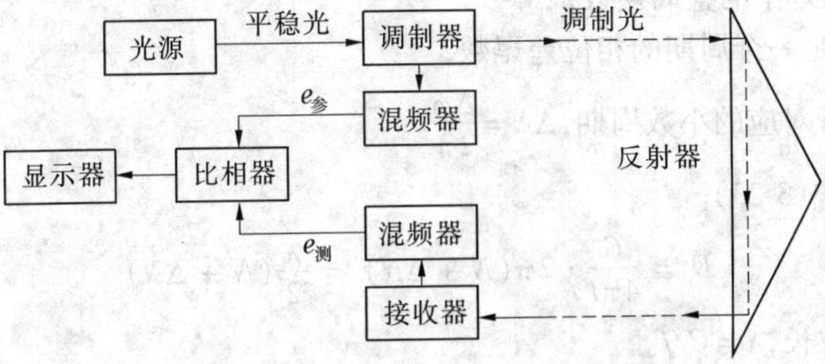


**图 3-32　相位法测距仪的工作原理框图**

由光源发出的光通过调制后，成为光强随高频信号变化的调制光，射向测线另一端的反射镜，经反射镜反射回来后被接收器所接收，然后由比相器（相位计）将发射信号（亦称参考信号或基准信号）与接收信号（也叫测距信号或被测信号）进行相位比较，并由显示器显示出两信号的相差，它就是调制光信号在被测距离往返所引起的相位滞后。如果将调制光波的往程和返程摊平，则有如图 3-33 所示的波形。

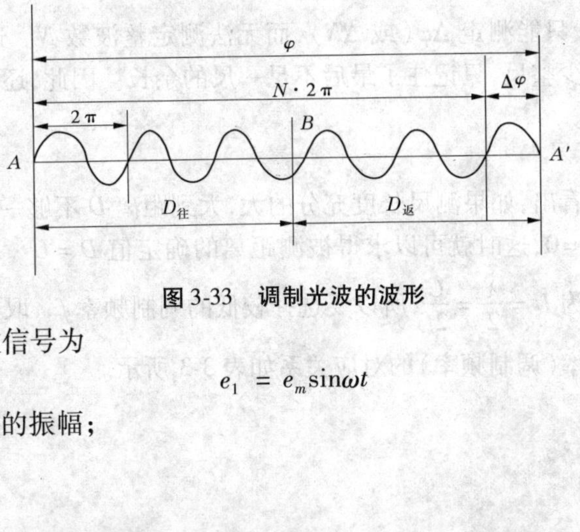


**图 3-33　调制光波的波形**

设发射的调制波信号为

$$e_1 = e_m \sin\omega t$$

式中　$e_m$——调制波的振幅；

$\omega$——调制波的角频率；

$t$——变化的时间。

经过 $t_{2D}$（调制波往返于测线所经历的时间）后，接收器接收到的反射波信号为

$$e_2 = e_m \sin(\omega t - \omega t_{2D})$$

比较 $e_1$ 和 $e_2$ 的表达式，可见发射波与接收波之间的相位差为

$$\varphi = \omega t_{2D}$$

若测出相位差 $\varphi$，则可由上式解出调制波在测线上往返传播的时间 $t_{2D}$ 为

$$t_{2D} = \frac{\varphi}{\omega} = \frac{\varphi}{2\pi f}$$

式中　$f$——调制波的频率。

由式(3-22)可以得出相位差表示的测距公式为

$$D = \frac{1}{2}Ct_{2D} = \frac{1}{2}C \cdot \frac{\varphi}{2\pi f} = \frac{C}{4\pi f}\varphi \tag{3-23}$$

由图 3-33 可以看出

$$\varphi = N \cdot 2\pi + \Delta\varphi = 2\pi(N + \Delta N) \tag{3-24}$$

式中　$N$——相位差中的整周期数；

$\Delta\varphi$——不足一个周期的相位差尾数；

$\Delta N$——$\Delta\varphi$ 对应的小数周期，$\Delta N = \frac{\Delta\varphi}{2\pi}$。

将式(3-24)代入式(3-23)

$$D = \frac{C}{4\pi f} \cdot 2\pi(N + \Delta N) = \frac{\lambda}{2}(N + \Delta N) \tag{3-25}$$

式中　$\lambda$ 为信号波长，$\lambda = C/f$。

为了说明问题方便，通常令 $U = \lambda/2$，上式变为

$$D = U(N + \Delta N) \tag{3-26}$$

上式可理解为，相位法测距相当于用一把长度为 $U$ 的“电尺”来丈量被测距离。被测距离等于 $N$ 个整尺段再加上零头（或称余长）$\Delta N \cdot U$。由于电磁波的传播速度 $C$ 和调制频率 $f$ 是已知的，所以“电尺”长 $U$（或称测尺长度）也是已知的。我们看到，为了测定距离 $D$ 必须测定两个量：一个是整波数 $N$，另一个是小数波数 $\Delta N$，或相位差尾数 $\Delta\varphi$（因为 $\Delta N = \frac{\Delta\varphi}{2\pi}$）。在相位法测距仪中，一般只能测定 $\Delta\varphi$（或 $\Delta N$），而无法测定整波数 $N$。这就好像担任量距的人记不住已经量了多少整尺，只记住了最后不足一尺的余长。因此，还得设法确定整波数 $N$ 才能确定被测距离 $D$。

**（二）$N$ 值的确定**

由式(3-26)可以看出，如果测尺长度充分的大，大到距离 $D$ 不够一个测尺长度 $U$ 时，就只有 $\Delta N$，而整尺数 $N = 0$，这时就可以求得被测距离的确定值 $D = U \cdot \Delta N$。这就是说，可以选择较长的测尺。因为 $U = \frac{\lambda}{2} = \frac{C}{2f}$，所以要选择较低的调制频率 $f$。取 $C = 3 \times 10^8 \text{m/s}$，可求出测尺长度与测尺频率（调制频率）的对应关系如表 3-3 所示。

表 3-3 测尺频率与测尺长度

| 测尺频率 | 15 MHz | 1.5 MHz | 150 kHz | 15 kHz | 1.5 kHz |
|---|---|---|---|---|---|
| 测尺长度 | 10 m | 100 m | 1 000 m | 10 km | 100 km |
| 精度 | 1 cm | 10 cm | 1 m | 10 m | 100 m |

表中列有精度一栏,这是根据仪器的测相误差一般为整周期的1/1 000,即测尺长度的1/1 000而算出的。由表可见,测尺越长,测距精度越低。为了解决提高测程又保证精度这一难题,实践上采用如下的办法:采用合理搭配的一组测尺共同测距,以长测尺(又称粗测尺)解决确定 $N$ 的问题,保证测程;以短测尺(又称精测尺)保证精度。这就如同钟表上用时、分、秒针的互相配合来确定12小时内的准确时刻一样,根据仪器的测程与测距精度,即可选择测尺数目和测尺精度。

例如,选用两把测尺,其中 $U_1$ = 1 000 m, $U_2$ = 10 m,用它们分别测量某一段长度为573.68 m的距离时,用 $U_1$ 测量可求得不足1 000 m的尾数573 m,用 $U_2$ 测量可求得不足10 m的尾数3.68,将两者组合起来就可得到573.68 m。即

| | |
|---|---|
| 573 | 粗尺读数 |
| 3.68 | 精尺读数 |
| 573.68 | 两尺组合读数 |

上述说明,用一组测尺(两个或两个以上)共同对距离 $D$ 进行测量就可以达到既保证应有的测程,又达到必要的精度这一目的。

**(三)差频测相**

相位测量一般是将高频的发射信号和接收信号,各自通过混频器与一高频信号混频,而得到两个低频信号,再由这两个低频信号经比相而测出相位差。因为用于测相的低频信号是两个高频信号混频后产生的差频信号,所以这种测相法称做差频测相。

在讨论差频测相时,我们只研究调制信号的相位变化,而不考虑载波问题,因为载波在测距过程中仅起一个运载工具的作用。下面用图3-34来说明差频测相原理。

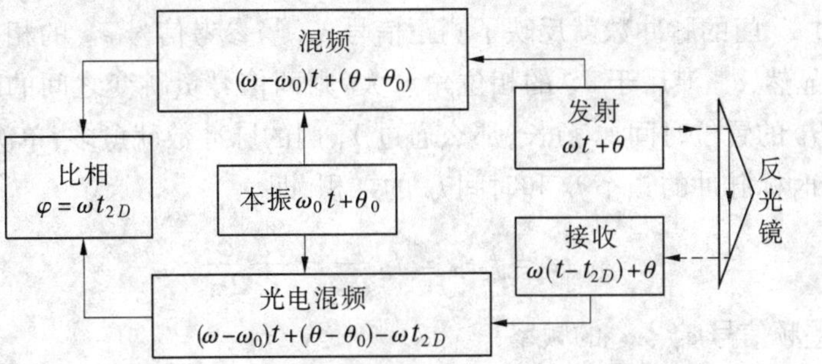


图 3-34 差频测相原理

设发射的调制光信号的相位为

$$调制光信号的相位 = \omega t + \theta$$

式中:$\omega$ 为信号角频率($\omega = 2\pi f$);$\theta$ 为初相。

调制光信号分向以下两个不同的去向。

去向1:与本机振荡的信号相混频。本机振荡的相位为

$$\omega_0 t + \theta_0$$

两相混频后,可得一个差频信号 $e_{参}$,即参考信号,其相位为

$$(\omega - \omega_0)t + (\theta - \theta_0) \tag{a}$$

去向2:发射向测线另一端的反光镜。信号波要经过 $t_{2D}$ 的时间才能够返回而被测距仪接收。所以,在 $t$ 时刻,测距仪接收到的返回信号是在 $t - t_{2D}$ 时刻发出的,因而接收信号的相位为

$$\omega(t - t_{2D}) + \theta$$

此信号与本振信号在光电混频器中混频,可得到差频信号 $e_{测}$,即测距信号,其相位为

$$(\omega - \omega_0)t + (\theta - \theta_0) - \omega t_{2D} \tag{b}$$

将 $e_{参}$ 与 $e_{测}$ 送到相位计里去比相,其结果就是(a)、(b)两式的差值,即

$$\varphi = \omega t_{2D} = 2\pi f t_{2D}$$

经混频得到的差频信号 $e_{参}$、$e_{测}$ 都是低频信号。上面的讨论表明,测定两低频信号 $e_{参}$ 与 $e_{测}$ 之间的相位差,就等于测定了高频的发射信号和接收信号之间的相位差。由于两差频信号的频率比原调制信号的频率低了许多倍,这对电路中测相电路的稳定、测相精度的提高都有利,所以相位式测距仪一般都采用差频测相。

**(四)自动数字测相**

所谓自动数字测相就是仪器在逻辑指令的控制下,通过脉冲计数,自动测量、运算并直接显示距离的一种测相方法,又名相位脉冲法或电子相位计法。

自动数字测相不仅精度高、速度快,而且便于和数据处理设备连接,以实现数据测量、记录和处理的自动化,目前中短程测距仪几乎都采用了自动数字测相方法。

自动数字测相的工作原理如图3-35所示,在参考信号 $e_{参}$ 与测距信号 $e_{测}$ 比相之前,它们分别经过通道Ⅰ、Ⅱ进行放大,整形成为方波(见图3-36),两方波信号分别加到检相触发器 $CH_P$ 的输入端"$R$"端和"$S$"端,$e_{参}$ 负跳变使 $CH_P$ 触发器"置位",即 $CH_P$ 触发器的"$Q$"端输出高电位;而 $e_{测}$ 负跳变使 $CH_P$ 触发器"复位",即"$Q$"端输出低电位,检相脉冲的宽度对应着两比相信号的相位差,在 $CH_P$ 触发器置位的时间 $t_P$ 内第一个 $Y_1$ 门开启,时标脉冲可以通过,因此通过 $Y_1$ 门的脉冲数就反映了测距信号 $e_{测}$ 与参考信号 $e_{参}$ 的相位差,这就是单次测量的过程。显然,$e_{测}$ 滞后于 $e_{参}$ 的相位角愈大,则两信号负跳变之间的时间间隔愈长,即检相触发器 $CH_P$ 的置位时间 $t_P$ 愈长,那么通过 $Y_1$ 门的脉冲数就愈多,单次检相所通过的脉冲数 $m$ 应等于时标脉冲的频率 $f_C$ 和时间 $t_P$ 的乘积,即

$$m = f_C t_P = f_C \frac{\varphi}{\omega_P} = \frac{f_C}{f_P}\frac{\varphi}{2\pi}$$

式中 $f_P$——差频信号 $e_{测}$、$e_{参}$ 的频率;

$\varphi$——差频信号 $e_{测}$、$e_{参}$ 的相位差。

由上式可见,从 $Y_1$ 门输出的脉冲数 $m$ 与两测相信号 $e_{参}$、$e_{测}$ 的相位差 $\varphi$ 成正比。

例如,时标脉冲频率 $f_C = 10$ MHz,测相信号频率 $f_P = 10$ kHz,则在一个检相周期 $\varphi = 2\pi$ 内,通过的脉冲数为

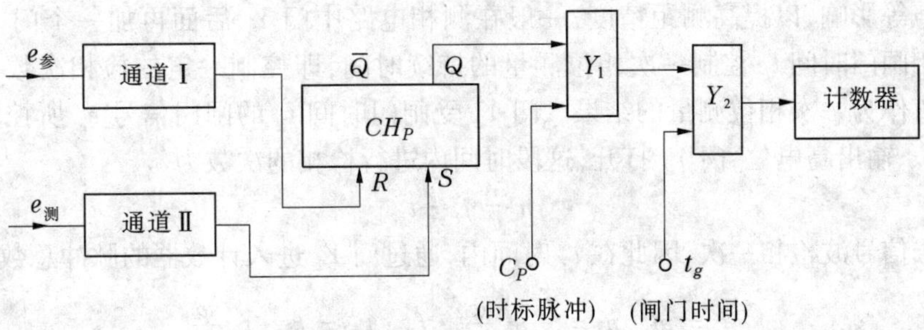


图 3-35　自动数字测相的工作原理

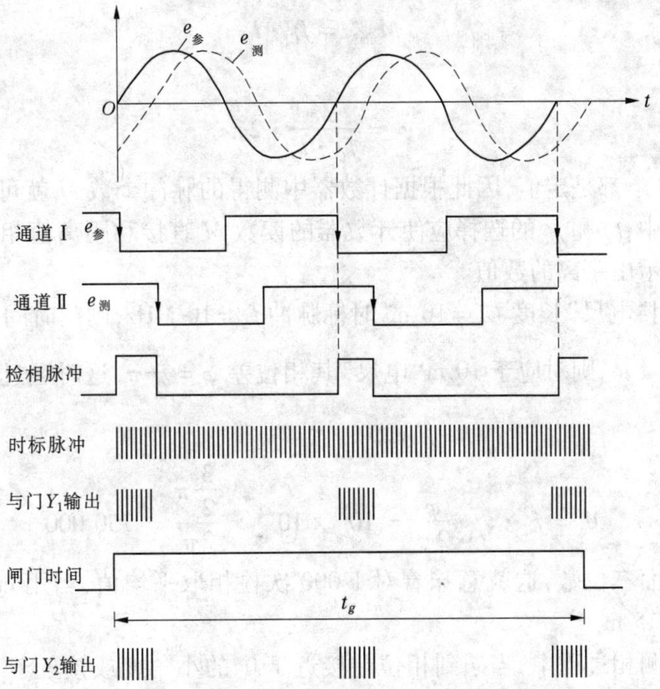


图 3-36　检相原理波形图

$$m = \frac{f_C}{f_P} \cdot \frac{\varphi}{2\pi} = \frac{10^7}{10^4} \cdot \frac{2\pi}{2\pi} = 1\ 000$$

若高频调制信号的频率$f_S = 15$ MHz,它相当于一把长度为10 m的“电尺”,现用1 000个脉冲来刻划,因此每个脉冲代表1 cm的长度,如果测量的距离为$D = 4.50$ m,与4.50 m相对应的相位角为

$$\varphi = \frac{D}{U_S} \cdot 2\pi = \frac{4.50}{10} \times 2\pi = 0.45 \times 2\pi$$

则计数器计得的脉冲数为

$$m = \frac{f_C}{f_P} \cdot \frac{\varphi}{2\pi} = 1\ 000 \times 0.45 = 450$$

这450个脉冲就代表4.50 m的长度。由此可见,适当选择$f_C$、$f_P$与“电尺”的长度$U_S$相配合,计数器所计的脉冲数,就可以直接表示出所测距离的长度。

以上就是自动数字测相的工作原理,为了减少测量过程中的偶然误差以及大气抖动、接收电路噪声等影响，以提高测距精度，一般在测相电路中门 $Y_1$ 后面再加一个门 $Y_2$，其作用在于用测相闸门时间 $t_g$ 控制一次相位测量的持续时间，即控制一定的检相次数，用多次检相的平均值作为一次相位测量的结果。门 $Y_2$ 受闸门时间 $t_g$ 的闸门信号 $e_g$ 所控制，在闸门时间 $t_g$ 内 $e_g$ 输出高电位，门 $Y_2$ 打开，这段时间内进行检相的次数为

$$n = f_P \cdot t_g \tag{3-27}$$

每通过一个信号波检相一次，因此在 $t_g$ 时间内，通过门 $Y_2$ 进入计数器的脉冲总数为

$$M = m \cdot n = \frac{f_C}{f_P} \cdot \frac{\varphi}{2\pi} \cdot f_P \cdot t_g = f_C \cdot t_g \frac{\varphi}{2\pi} \tag{3-28}$$

在 $\varphi = 2\pi$ 时得到最多的测相脉冲数为

$$M_{\max} = f_C \cdot t_g \tag{3-29}$$

根据式(3-28)得

$$\varphi = \frac{M}{f_C \cdot t_g} \cdot 2\pi \tag{3-30}$$

上式中 $f_C$ 和 $t_g$ 都是定值，因此根据计数器中测得的脉冲个数 $M$ 就可得到相位差 $\varphi$，在实际测距仪电路中，$t_g$ 和 $f_C$ 的选择应使计数器的读数 $M$ 直接和距离值相对应，从而使得在显示窗上直接显示出距离的数值。

例如，若选用“电尺”长度 $U_S = 10$ m，时标脉冲 $f_C = 10$ MHz，闸门时间 $t_g = 0.1$ s，如果所测的距离 $D$ 为 7.5 m，则对应于 10 m“电尺”其相位差 $\varphi = \frac{3}{2}\pi$，这时通过门 $Y_2$ 进入计数器的脉冲总数为

$$M = f_C \cdot t_g \cdot \frac{\varphi}{2\pi} = 10^7 \times 10^{-1} \times \frac{\frac{3}{2}\pi}{2\pi} = 750\,000$$

如果只取前面三位数，这就意味着对 1 000 次检相取平均值，当用 cm 为单位时，则为 750 cm，正好是 7.5 m。

在自动数字测相过程中，当遇到相位差接近于 0°的小角度或接近于 360°的大角度时，由于检相电路的分辨力有限而可能造成大小角度检相错误，或者由于检相电路存在噪声使测相信号抖动。此时，若检相角处于大小角范围内可能会使检相角在大于 0°或小于 360°附近的范围内跳动。因此，对多次检相取平均值将发生错误。仪器设计时，一般是设法将大小角度检相变成中等角度检相，例如移 π 检相、分区控制检相等措施以解决这一问题。

## 第六节　电磁波测距的测站改正计算

在外业用电磁波测距仪测得的距离值只是被测距离的一个初始值，需要进行一系列的改正计算，才能成为建立控制网或工程上可用的距离观测值。这些改正计算大致上可分为三类：仪器系统误差改正、大气折射所引起的改正，以及归算至椭球面和投影至高斯平面的改正。

仪器系统误差改正包括加常数改正、乘常数改正和周期误差改正。本节将介绍它们的意义和改正方法。至于如何测定将在本章第九节中介绍。

电磁波在大气中传播时受气象条件的影响很大，本节也将介绍进行大气改正的方法。

外业电磁波测距测得的是测距仪至反光镜的斜边长，还须将它化算为地面平距、椭球面距离，进而化为高斯平面上的距离。这些化算都将引起边长数值的改正。这些改正将在第五章中叙述。

另外，如果观测时是偏心观测，还须在地面平距化算至椭球面之前进行边长归心改正。此项改正计算见第四章第五节。

## 一、加常数改正

如图 3-37 所示，$D_0$ 为 $A$、$B$ 两点间的实际距离，而距离观测值则为 $D'$，它是仪器等效发射接收面与反光镜等效反射面间的距离。图中 $K_i$ 为仪器等效发射接收面偏离仪器对中线的距离，称做仪器加常数。$K_r$ 为反光镜等效反射面偏离反光镜对中线的距离，称做反光镜加常数。由图 3-37 可知

$$D_0 = D' + K_i + K_r \tag{3-31}$$

若令

$$K = K_i + K_r$$

则 $K$ 可称做测距仪联合加常数。

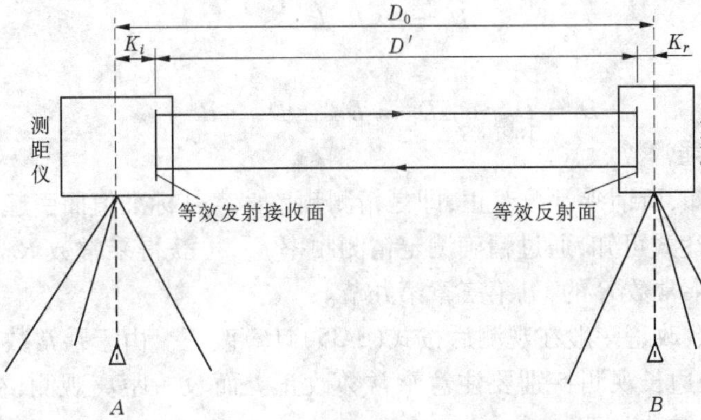


**图 3-37　测距仪和反光镜加常数**

一般来说，反光镜加常数 $K_r$ 可由厂家按设计精确制定，且一般不会因经年使用而变动。反光镜常数一般可在观测前置入仪器，因而显示的距离读数值，即已加过了反光镜加常数改正。

至于仪器加常数 $K_i$，仪器厂家常通过电路参数的调整，在出厂时使 $K_i$ 为零，当然难以严格为零。况且即使出厂时调整为零，也会由于电路参数会产生漂移而使仪器加常数发生变化，这就要求按《规范》要求定期测定仪器加常数。经检定的仪器加常数 $K_i$ 可在观测前置入仪器。现在大部分仪器都是 $K_i$ 和 $K_r$ 分别置入仪器的，因而测距仪的显示距离是已进行了测距仪加常数改正的距离。

## 二、乘常数改正（频率改正）

测距仪显示的距离读数是基于测距仪的标准频率而得的。但是由于电子元件的参数会漂移，测距仪的频率也会发生漂移。测距仪频率的漂移对距离观测值会产生什么影响呢？

由相位式测距的原理式

$$D = \frac{C\varphi}{4\pi f}$$

为分析频率 $f$ 的变化对距离观测值 $D$ 的影响,对上式关于 $f$ 微分得

$$\mathrm{d}D = -\frac{C\varphi}{4\pi f}\cdot\frac{\mathrm{d}f}{f}$$

$$\mathrm{d}D = -D\cdot\frac{\mathrm{d}f}{f}$$

上式说明频率变化对距离观测值的影响与被测距离 $D$ 成正比。将上式改写成增量式,则由频率变化引起的距离改正数应为

$$\Delta D_f = -D_{测}\cdot\frac{f_{实}-f_{标}}{f_{标}} = D_{测}\cdot\frac{f_{标}-f_{实}}{f_{标}} \tag{3-32}$$

式中:$f_{标}$ 为仪器标准精测频率;$f_{实}$ 为距离观测时仪器的实际精测频率。

令

$$R = \frac{f_{标}-f_{实}}{f_{标}} \tag{3-33}$$

则距离观测值的乘常数改正为

$$\Delta D_f = D_{测}\cdot R \tag{3-34}$$

而被测距离 $D$ 为

$$D = D_{测} + \Delta D_f = D_{测} + D_{测}\cdot R \tag{3-35}$$

式中的 $R$ 称做测距仪乘常数。

由前面的讨论可知,所谓乘常数改正,即是精测频率偏离其标准值而引起的一个距离改正。由乘常数 $R$ 的表达式可知,通过精确测定精测频率 $f_{实}$,可获得乘常数 $R$。实用上,也有通过基线比对来求定乘常数 $R$ 的,见第三章第九节。

被测距离的乘常数改正一般在观测后按式(3-35)计算改正。由于乘常数改正的大小正比于被测距离,因而长边长观测特别要注意乘常数改正。而较短距离观测,视 $R$ 的大小和精度许可,可不进行乘常数改正。

## 三、周期误差改正

周期误差是由仪器内部的电子线路的串扰信号干扰测距信号引起的,我们将在以后的篇节讨论。当多次检定表明仪器存在明显的周期误差时,则要进行此项改正。

周期误差在测站观测完成后进行,其改正数的计算公式为

$$V = A\sin(\varphi_0 + \Delta\varphi) \tag{3-36}$$

式中 $A$——周期误差振幅;

$\varphi_0$——周期误差的初相;

$\Delta\varphi$——相位测量中不足 $2\pi$ 的相位尾数,与被测距离的不足一个精测尺长度的剩余长度相应,其计算公式为

$$\Delta\varphi = \frac{\Delta l}{U}\cdot 2\pi$$

式中 $U$——测尺长度,$U=\lambda/2$;

$\Delta l$——剩余长度，把被测距离 $D$ 表达成 $D=NU+\Delta l$，$N$ 为整尺数，$\Delta l$ 则为不够一个测尺的剩余部分。

改正公式中的 $A$ 和 $\varphi_0$ 可通过周期误差检定获得。

## 四、气象改正

### （一）气象改正计算式

电磁波测距的原理式为

$$D = \frac{1}{2}Ct_{2D}$$

这里的 $C$ 为距离测量时光在大气中传播的速度，$C$ 可表示为

$$C = \frac{C_0}{n}$$

其中 $C_0=299\ 792\ 458$ m/s，为真空中的光速；$n$ 为大气折射率，它是温度 $t$、气压 $p$、湿度 $e$ 的函数。由此可知，电磁波在大气中的传播速度 $C$ 随大气条件而变。测距仪设计时选用了一个假定大气条件 $t_S$、$p_S$、$e_S$，由此推得大气折射率 $n_S$ 和光速 $C_S$，并据此计算观测距离。可是实际外业测量时的大气折射率 $n$ 与假定大气折射率 $n_S$ 一般是不相同的，这就必然导致距离观测值含有系统性误差。为了解决这一问题，需要对距离观测值加入气象改正。

由

$$D=\frac{1}{2}\frac{C_0}{n}\cdot t_{2D}$$

关于大气折射率 $n$ 微分，并化成增量式

$$\Delta D = -\frac{1}{2}C_0t_{2D}\cdot\frac{\Delta n}{n^2} = -D\cdot\frac{\Delta n}{n}$$

由于 $n\approx1$，故上式可写做

$$\Delta D = -D\cdot\Delta n$$

将 $\Delta n=n-n_S$ 代入上式，则距离观测值的气象改正数为

$$\Delta D = (n_S - n)D \tag{3-37}$$

上式中的大气折射率 $n$ 和假定大气折射率 $n_S$ 可按柯尔若希公式计算：

$$n = 1 + \frac{n_g - 1}{1+\alpha t}\cdot\frac{p}{760} - \frac{5.5\times10^{-8}}{1+\alpha t}\cdot e \tag{3-38}$$

式中 $\alpha$——空气膨胀系数，$\alpha=1/273.16$；

$t$——大气温度，℃；

$p$——大气压，mmHg；

$e$——大气绝对湿度，mmHg；

$n_g$——光波在标准大气状态（温度 $t=0$ ℃，气压 $p=760$ mmHg，湿度 $e=0$，二氧化碳含量0.03%）下的群波折射率，可按下式计算：

$$n_g = 1 + \left(2\ 876.04 + \frac{48.864}{\lambda^2} + \frac{0.680}{\lambda^4}\right)\cdot10^{-7} \tag{3-39}$$

式中，$\lambda$ 为载波波长，以微米为单位。由式可知，不同波长的光在标准大气状态下的 $n_g$ 是不相等的。

由于湿度 $e$ 的影响较小，对于短程测距来说，式（3-38）中的最后一项可忽略。这样

式(3-37)可写为

$$\Delta D = (\frac{n_g - 1}{1 + \alpha t_S} \cdot \frac{p_S}{760} - \frac{n_g - 1}{1 + \alpha t} \cdot \frac{p}{760}) D \tag{3-40}$$

仪器厂家一般将 $n_g$、$p_S$、$t_S$ 代入,并对公式稍作变换,得到一个较为简洁的公式,例如拓普康 GTS－300N 系列全站仪的大气改正计算公式为

$$\Delta D = (279.85 - \frac{79.585 \cdot p}{273.16 + t}) \times 10^{-6} \cdot D$$

式中的大气压 $p$ 以 hPa(百帕)为单位(1 013.25 hPa = 760 mmHg)。

由式(3-37)可知,气象改正的大小与被测距离的大小成正比。另外,理论推导指出,大体上温度每升高 1 ℃,气象改正数增加 1 mm/km,气压每升高 2.7 mmHg(或 3.6 hPa),气象改正数减小 1 mm/km。

**(二)气象改正的实施**

全站仪的气象改正有以下两种实施方法。

1. 观测时输入温度、气压让仪器自动改正

现时的全站仪,可在测站上现场将大气温度 $t$ 和气压 $p$ 置入仪器,仪器将自动计算气象改正,显示出的距离已经是加过气象改正后的距离。

2. 事后手工计算改正

观测时将仪器设计大气状态置入仪器(例如,拓普康 GTS－300N 系列全站仪的设计大气状态为温度 $t = 15$ ℃,气压 $p = 1\ 013.25$ hPa),测后按厂家提供的公式计算改正。

值得注意的是,用于气象改正的大气温度和气压值应该是测距光线路途上的温度、气压的平均值,当精度要求较高时,应在测站和镜站同时采集温度气压值,用平均值计算测距气象改正。

## 第七节　电磁波测距的误差分析和精度表达式

本节讨论电磁波测距的误差来源,再给出测距的精度表达式。通过分析各项误差来源及对距离测量的影响的分析,找出消除、减弱误差的措施和方法,以利于正确使用和维护仪器,获得更好的距离测量成果。

### 一、误差来源

相位法测距的基本公式为

$$D = \frac{C\varphi}{4\pi f}$$

可改写为

$$D = \frac{C_0\varphi}{4\pi nf}$$

对此式进行微分,忽略真空光速测定误差(其影响极小),并考虑周期误差、加常数测定误差、仪器和反光镜的对中误差,则有

$$\Delta D = \frac{\Delta n}{n}D + \frac{\Delta f}{f}D + \frac{C_0}{4\pi nf}\Delta\varphi + \Delta A + \Delta K + \Delta G \tag{3-41}$$

式中　$\Delta n$——大气折射率误差(由气象元素测定误差引起);

$\Delta f$——测距频率误差;

$\Delta \varphi$——相位测定误差;

$\Delta A$——周期误差测定误差;

$\Delta K$——加常数测定误差;

$\Delta G$——仪器和反光镜对中误差。

对式(3-41)分析可知,根据各误差来源对电磁波测距的最后影响的不同性质,可将电磁波测距误差分为两大类:第一类包括式中前两项,这类误差的影响与被测距离 $D$ 的大小成正比,称做测距比例误差;第二类误差的影响与被测距离 $D$ 的整体大小无关,包括式中的后4项,这类误差称做测距固定误差。

式(3-41)是电磁波测距误差的真误差表达式,套用中误差传播律,稍加简化,可获得测距中误差的表达式:

$$m_D^2 = \left[ \left(\frac{m_n}{n}\right)^2 + \left(\frac{m_f}{m}\right)^2 \right] D^2 + \left(\frac{\lambda}{4\pi}\right)^2 m_{\Delta\varphi}^2 + m_K^2 + m_A^2 + m_G^2 \tag{3-42}$$

合并后两边开方可写成

$$m_D = \pm \sqrt{a^2 + b^2 D^2} \tag{3-43}$$

以上两式多用于误差分析。

仪器厂家在标定某种仪器的测距精度时,往往采用如下的通过线性回归获得的经验公式:

$$m_D = \pm (a + bD) \tag{3-44}$$

式中　$a$——固定误差;

$b$——比例误差系数。

例如,某仪器说明书给出的该仪器测距中误差为

$$m_D = \pm (3\ \text{mm} + 2\text{ppm} \cdot D)$$

这里,ppm 表示 $10^{-6}$,或百万分之一,或 mm/km(每千米 1 毫米),当观测距离 $D$ 为 2 km 时,$m_D = 7$ mm。

在实践中一般用式(3-44)估算边长测量的精度,现时流行的控制网平差软件一般也是采用式(3-44)作为平差中测距边长先验误差的计算式。

一般来说,外业测量时,由于达不到厂家自己检测时的条件,例如气象测定条件和气象测定值的代表性偏差,检定时没有对中误差,而外业避免不了对中误差等,实际在外业测量时能达到的精度往往低于厂家给定的精度。也因此,控制网平差时,输入边长测量的先验误差应考虑这一因素。

下面分别对各项误差作简略分析。

## 二、与距离有关的误差

### (一)大气折射率误差($m_n$)

上节已导出大气折射率 $n$ 的取定误差 $\Delta n$ 与距离测量误差 $\Delta D$ 的关系式为

$$\Delta D = -D \frac{\Delta n}{n}$$

由于 $n \approx 1$，所以有

$$\Delta D = -D \cdot \Delta n \tag{3-45}$$

或

$$\frac{\Delta D}{D} = -\Delta n \tag{3-46}$$

可见，由折射率误差所引起的距离误差随距离增加而增大，同时，从式(3-46)还可看出，当要求测距精度达到 $10^{-6}$ 时，则折射率的精度也应达到 $10^{-6}$。

大气折射率 $n$ 是根据测距过程中测定的气象要素（大气温度 $t$、气压 $p$ 和湿度 $e$）计算出来的。根据 1963 年在美国召开的国际大地测量学会第十三届全会决议，测距仪采用科尔若希经验公式计算大气折射率：

$$n = 1 + \frac{n_g - 1}{1 + \alpha t} \cdot \frac{p}{760} - \frac{5.5 \times 10^{-8}}{1 + \alpha t} \cdot e \tag{3-47}$$

式中的 $n_g$ 为标准状态下的大气折射率，它是光波波长的函数。对于测距常用的氦氖气体激光器的红色激光（波长为 0.632 8 μm）和砷化镓发光二极管发出的红外线（波长 0.72 ~ 0.94 μm），$n_g \approx 1.000\,3$。

大气折光率 $n$ 既然由大气的温度、气压和湿度所决定，那么测定气象要素究竟需要多高的精度呢？

我们对式(3-47)求微分，并将一般大气状态下的数值（$p = 760$ mmHg，$t = 20$ ℃，$e = 10$ mmHg）代入，则有

$$\mathrm{d}n_t = -0.95 \times 10^{-6}\mathrm{d}t$$

$$\mathrm{d}n_p = +0.37 \times 10^{-6}\mathrm{d}p$$

$$\mathrm{d}n_e = -0.05 \times 10^{-6}\mathrm{d}e$$

由此可见：

温度误差对折射率影响最大，如果温度误差 $\mathrm{d}t = \pm 1$ ℃，则对折射率的影响近 $1 \times 10^{-6}$；

其次是气压误差的影响，当气压误差 $\mathrm{d}p = \pm 2.7$ mmHg 时，对折射率的影响也接近 $1 \times 10^{-6}$；

影响最小的是湿度误差。

所以说，在测距过程中，测定气象要素时温度的测定误差应小于 ±1 ℃，气压测定误差应小于 2.5 mmHg。因此，气象仪表必须经过检验，才能保证应有的测定精度。

外业测距时，常常只在测站和镜站测定气象元素，这就存在一个测线两端的气象元素能否正确的代表光线全程的气象元素均值的问题。这一问题常称做气象代表性误差。气象代表性误差对折射率影响甚为复杂，它随测线周围的地形、地物和气象条件等因素的不同而变化。要削弱它的影响，必须选择良好的地形和有利的观测时间，阴天有微风的大气最为有利，晴天时则在日出半小时以后至日落前半小时观测较好；选点时，避免测线两端高差过大，以减小大气温度梯度的影响。

**（二）测距频率误差（$m_f$）**

测距频率一般是由石英晶体振荡器产生的。测距频率决定了测尺长度，它的误差将直接影响测距精度。频率准确度和频率稳定度是测距频率误差的主要成分。这主要是由安置频率的不准确以及晶体老化等原因而产生的频率漂移引起的。晶体振荡器的振荡频率偏离标称频率的程度，叫做频率的准确度。当用高精度的频率计（高于 $10^{-7}$）加以校准后，这项

误差可忽略不计;在一定时间间隔内,晶体振荡器的频率准确度的变化程度叫做频率稳定度。频率稳定度是产生频率误差的主要根源。

振荡器的频率稳定性与石英晶体的温度特性、电源稳定性、元件的性质以及机械振动有密切联系。试验得知,目前一般产品的晶体振荡频率随温度的变化值为

当0 ~ +30 ℃时,频率变化值为$1\times10^{-6}$;

当-5 ~ +35 ℃时,频率变化值为$2\times10^{-6}$;

当-10 ~ +40 ℃时,频率变化值为$3\times10^{-6}$。

而石英晶体振荡器的频率大约有$100\times10^{-6}$的调节范围,这种调节不仅可以使频率由于温度和气压的变化(亦将引起大气折射率变化)的影响得到补偿,而且受晶体本身温度漂移的影响也能自行补偿。但是由于石英晶体受温度变化及大气折射率变化的影响是非线性的,其残余误差可能达到$1\sim2\times10^{-6}$的范围;又由于石英晶体的多年稳定度为$3\times10^{-6}$,年稳定度为$1\times10^{-6}$,所以,只要定期(每年一次)进行频率校正(这项工作简称"校频"),是可以保证测距仪对频率稳定度的要求的(一般测距仪要求稳定度为$1\times10^{-6}\sim1\times10^{-5}$)。加之采用稳压电流,并对振荡器采用恒温装置或者气温补偿装置之后,频偏值将很小。

从以上分析可以看出,对于测距仪使用者来说,应对频率误差的方案是:

对于短距离测距,频率误差一般可以不考虑;

对于精密的长距离测量,由于此项误差的影响随距离增大而按比例增大,所以在测距前必须检校频率,按式(3-33)计算仪器乘常数,按式(3-34)计算观测距离的频率改正。

## 三、与距离无关的误差

### (一)测相误差($m_{\Delta\varphi}$)

对于数字测相方式的仪器,其测相精度取决于数字相位计的检相精度和分辨率,同时,测相误差还包括束相误差(照准误差)以及噪音误差。

*1. 数字相位计产生的误差*

数字相位计的原理误差与检相电路的时间分辨率、计数脉冲频率以及一次测相的平均测相次数等有关。一般说来,检相触发器和门电路的开关时间越短,计数脉冲的频率越高,则测相精度就越高。在这种测相系统中,由测相灵敏度所引起的测相误差,可以从同一频率的一系列内、外光路读数之间的差异中求出;测相的灵敏度还与信号强弱有关,而信号强弱又与大气能见度、反光镜大小等因素有关。所以,选择良好的大气条件,配备适当的反光镜可以减小数字相位计产生的测相误差。

*2. 束相误差(照准误差)*

由于仪器发射光束相位的不均匀性引起的测相误差叫束相误差。照准误差是束相误差在测距过程中的一种表现形式。

目前对于发光二极管相位不均匀性产生的原因的研究还不够深入,一般认为是原料不纯、制造工艺不完善及输出光路的几何装置不当等因素引起的。因此,只能通过严格地挑选原材料及附加光学措施(如测相透镜或光导管)等办法尽可能地限制这项误差的影响。但必须指出,采取光学措施之后,由于消耗了发射光的能量而使仪器的测程缩短,所以只能适可而止,而且它只能使发光管的相位不均匀得到改善,使其对测距误差的影响限制到一定的程度。采用了光学措施之后,现时的测距仪这种误差的影响已不算突出了。但是,对于仪器

的操作者来说,必须认真地尽量使中心光束照准反光镜,以减少束相误差的影响。

3. 噪声引起的误差

测相误差还与信噪比有关,由于大气的抖动和电路中的光电转换过程而可能产生的噪声(包括光噪声、电噪声和热噪声)使测相产生误差。这种误差是随机变化的,符合高斯分布规律,它的影响随信号强度的增强而减小(即随信噪比的增大而减小)。所以,为了削弱噪声的影响,必须增大信号强度,并采用增加检相次数取平均值的办法,一般数字测相仪器的一个测相结果是几百以至上万次的检相平均值。

**(二)仪器加常数的测定误差($m_K$)**

由于仪器的光学回路、电路时间延迟以及仪器和反光镜的偏心等各种因素的综合影响而构成仪器的加常数。仪器在出厂前均已测定,并采用电延迟进行补偿的办法加以预置。但由于厂方在测定加常数时不准确以及预置中存在误差,而形成加常数的剩余值,称为剩余加常数(以后都简称加常数)。其数值一般小于仪器测距误差的1/2,本来是可以不加修正的,但由于仪器经过长途运输和使用而使 $K$ 值发生变化,故必须对仪器的加常数定期进行检定,然后重新预置或者是在测距成果中加入改正。

**(三)周期误差($m_A$)**

所谓周期误差,是指按一定的距离为周期重复出现的误差。周期误差主要来源于仪器内部固定的干扰信号。对于采用自动数字测相方式的测距仪,其周期误差主要是由于仪器内部电信号的串扰而产生的。如发射信号通过电子开关、电源线等通道或空间渠道耦合到接收部分,与接收信号形成叠加,此时相位计测得的相位值就不再是测距信号的相位值,而是测距信号和串扰信号进行矢量相加后的相位值,这就使测距产生误差。

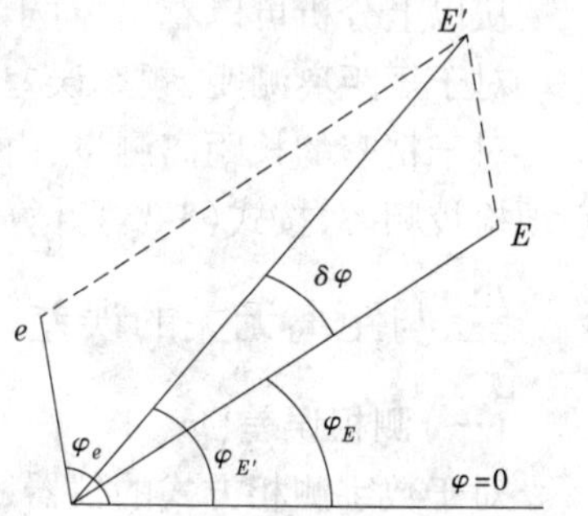

**图 3-38　串扰信号和测距信号的叠加**

如图3-38所示,同频信号的叠加是按矢量相加原则,图中 $E$ 为测距信号,$e$ 为串扰信号,$E'$为合成信号。由图3-38可以看出,合成后的信号 $E'$与原信号 $E$ 之间有相位偏差 $\delta\varphi$,从而导致测距误差。

从相位测定的意义上来说,测距信号的相位为

$$\varphi_E = \Delta\varphi = \frac{\Delta l}{U}\cdot 2\pi$$

式中　$U$——测尺长度,$U=\lambda/2$;

$\Delta l$——剩余长度,把被测距离 $D$ 表达成 $D=NU+\Delta l$,$N$ 为整尺数,$\Delta l$ 则为不够一个测尺的剩余部分。

由于串扰信号的相位 $\varphi_e$ 是固定不变的,而测距信号的相位 $\varphi_E$ 是随被测距离 $D$(实质是随所谓剩余长度 $\Delta l$)的大小而在 $0\sim2\pi$ 间周期变化的,因而相位偏差 $\delta\varphi$ 也随剩余长度 $\Delta l$ 的变化而变化,其对距离测量的影响也呈现周期性变化。

为了减小周期误差,仪器厂家在仪器结构和电路设计上采取了很多措施,也取得了很好的效果。尽管如此,仪器的周期误差是无法完全消除的。为了保证仪器的精度,仪器在出厂时都已将电子线路调整好,使周期误差的振幅压低到仪器测距中误差的50%以内。但由于各种原因,如外界条件、元件参数的变化,周期误差也随之变化,所以必须测定周期误差。经

过反复多次测定，确认仪器的周期误差的振幅大于测距中误差的50%，并且数值较为稳定，则在测距中必须加入周期误差改正数。如果发现周期误差的振幅太大，则仪器必须送厂方进行调整。

周期误差改正数的计算公式见式(3-36)。精度要求较低时，一般可不进行周期误差改正。

**(四)仪器和反射镜的对中误差($m_G$)**

只要作业人员认真操作，一般可以达到垂球或对中杆对中误差不超过±2 mm，经过检校的光学对中器对中误差不超过±1 mm。这对于一般的测距精度来说影响是不大的，但对于仪器检验或精密测距，尤其在短边测量中，应尽可能采取强制归心观测的办法。

**(五)强电磁场干扰**

外业观测发现，当仪器置于强电磁场中，强电磁场干扰可导致电磁波测距误差。其原因可能是仪器屏蔽电磁干扰性能不够理想，这方面的研究还不够深入。为了避免此种误差影响，控制点应避免选在强电磁场源附近。镜站置于强电磁场内，则不会对测距造成误差。

## 第八节　拓普康 GTS－332N 全站仪的使用

### 一、简介

拓普康 GTS－332N 系列电子全站仪外形如图3-39所示，有两面操作按键及显示窗，操作很方便。能自动进行水平和垂直倾斜改正，补偿范围为±3′。GTS－332D 全站仪的测角采用绝对法读数，最小读数为1″，测角精度为2″；测距的最小读数为1 mm/0. 2 mm，测距精

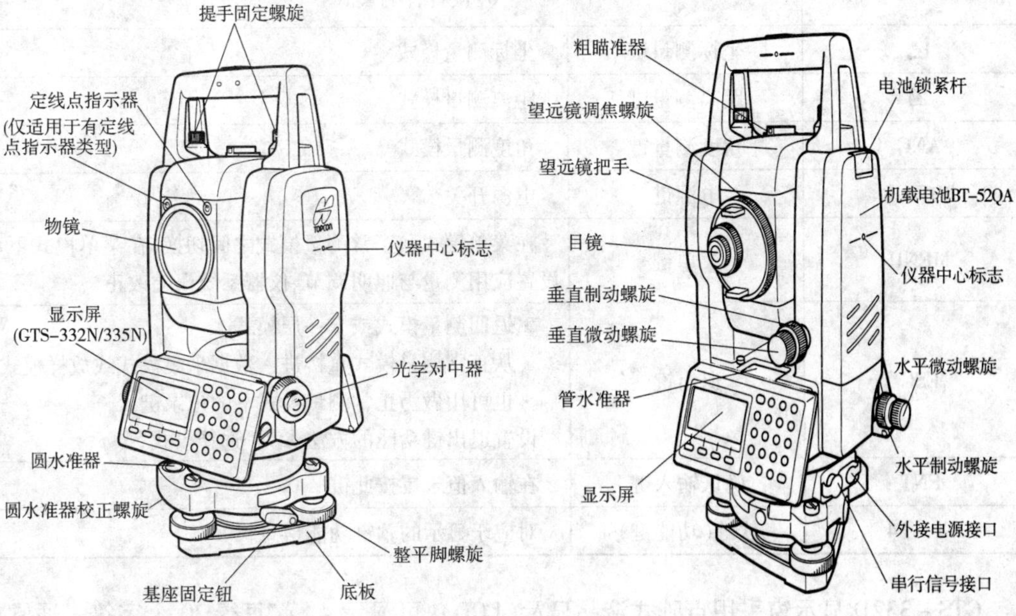


**图3-39　拓普康 GTS－332N 系列电子全站仪**

度为 ±$(2\ mm + 2 \times 10^{-6} \times D)$，单棱镜测距为 3 ~ 3.5 km，三棱镜测距为 4 ~ 4.7 km；内有自动记录装置，可记录 30 个文件，24 000 个测量点。GTS－332D 全站仪除能进行角度测量、距离测量、坐标测量、偏心测量、悬高测量和对边测量外，还能进行数据采集、放样及存储管理。

GTS－332N 系列全站仪的操作界面如图 3-40 所示，其名称与功能见表 3-4。

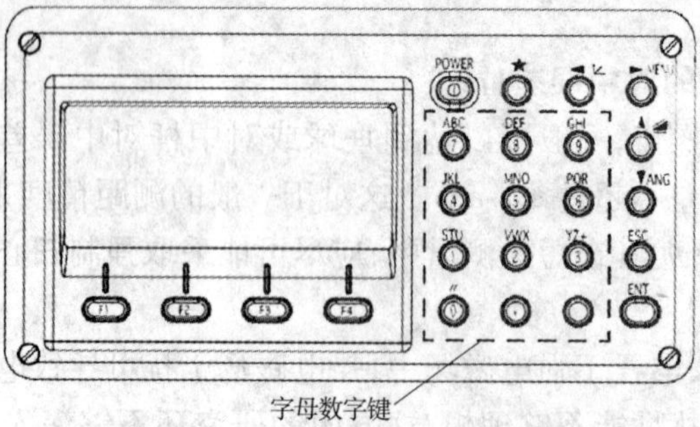


**图 3-40　GTS－332N 系列全站仪的操作界面**

**表 3-4　GTS－332N 系列全站仪操作键和功能**

| 键 | 名称 | 功能 |
| --- | --- | --- |
| ★ | 星键 | 星键模式用于如下项目的设置或显示：<br>(1)显示屏对比度<br>(2)十字丝照明<br>(3)背景光<br>(4)倾斜改正<br>(5)定线点指示器(仅适用于有定线点指示器类型)<br>(6)设置音响模式 |
| ⊾ | 坐标测量键 | 坐标测量模式 |
| ⊿ | 距离测量键 | 距离测量模式 |
| ANG | 角度测量键 | 角度测量模式 |
| POWER | 电源键 | 电源开关 |
| MENU | 菜单键 | 在菜单模式和正常测量模式之间切换，在菜单模式下可设置应用测量与照明调节、仪器系统误差改正 |
| ESC | 退出键 | ·返回测量模式或上一层模式<br>·从正常测量模式直接进入数据采集模式或放样模式<br>·也可用做为正常测量模式下的记录键<br>设置退出键功能的方法参见“选择模式” |
| ENT | 确认输入键 | 在输入值末尾按此键 |
| F1 ~ F4 | 软键(功能键) | 对应于显示的软键功能信息 |

GTS－332D 显示窗采用点阵式液晶显示(LCD)，可显示 4 行，每行 20 个字符。通常前三行显示测量数据，最后一行显示随测量模式变化的按键功能。前三行常显示符号的意义见表 3-5。

表 3-5　测量时面板显示符号的意义

| 显示 | 内容 | 显示 | 内容 |
|---|---|---|---|
| V | 垂直角 | N | 北向坐标 |
| HR | 水平角(右角) | E | 东向坐标 |
| HL | 水平角(左角) | Z | 高程 |
| HD | 水平距离 | * | EDM(电子测距)正在进行 |
| VD | 高差 | m | 以米为单位 |
| SD | 倾斜距离 | f | 以英尺/英尺与英寸为单位 |

软键的有关信息显示在最底行,各软键的功能见相应的显示信息。各软键在角度测量、距离测量和坐标测量中的功能见表 3-6 ~ 表 3-8。

表 3-6　角度测量模式

| 页码 | 软键 | 显示符号 | 功能 |
|---|---|---|---|
| 1 | F1 | 置零 | 水平角置为 0°00′00″ |
|  | F2 | 锁定 | 水平角读数锁定 |
|  | F3 | 置盘 | 通过键盘键入数字设置水平角 |
|  | F4 | P1↓ | 显示第 2 页软键功能 |
| 2 | F1 | 倾斜 | 设置倾斜改正开或关,若选择开,则显示倾斜改正值 |
|  | F2 | 复测 | 角度重复测量模式 |
|  | F3 | V% | 垂直角百分比坡度(%)显示 |
|  | F4 | P2↓ | 显示第 3 页软键功能 |
| 3 | F1 | H—蜂鸣 | 仪器每转动水平角 90°是否要发出蜂鸣声的设置 |
|  | F2 | R/L | 水平角右/左计数方向的转换 |
|  | F3 | 竖盘 | 垂直角显示格式(天顶距/高度角)的切换 |
|  | F4 | P3↓ | 显示下一页(第 1 页)软键功能 |

表 3-7　距离测量模式

| 页码 | 软键 | 显示符号 | 功能 |
|---|---|---|---|
| 1 | F1 | 测量 | 启动测量 |
|  | F2 | 模式 | 设置测距模式精测/粗测/跟踪 |
|  | F3 | S/A | 设置音响模式 |
|  | F4 | P1↓ | 显示第 2 页软键功能 |
| 2 | F1 | 偏心 | 偏心测量模式 |
|  | F2 | 放样 | 放样测量模式 |
|  | F3 | m/f/i | 米、英尺或者英尺、英寸单位的变换 |
|  | F4 | P2↓ | 显示第 1 页软键功能 |

表 3-8　坐标测量模式

| 页码 | 软键 | 显示符号 | 功能 |
|---|---|---|---|
| 1 | F1 | 测量 | 开始测量 |
| | F2 | 模式 | 设置测量模式，精测/粗测/跟踪 |
| | F3 | S/A | 设置音响模式 |
| | F4 | P1↓ | 显示第 2 页软键功能 |
| 2 | F1 | 镜高 | 输入棱镜高 |
| | F2 | 仪高 | 输入仪器高 |
| | F3 | 测站 | 输入测站点坐标 |
| | F4 | P2↓ | 显示第 3 页软键功能 |
| 3 | F1 | 偏心 | 偏心测量模式 |
| | F3 | m/f/i | 米、英尺或者英尺、英寸单位的变换 |
| | F4 | P3↓ | 显示第 1 页软键功能 |

星键模式

按下星键，参见图 3-41，可进行以下仪器选项的设置：

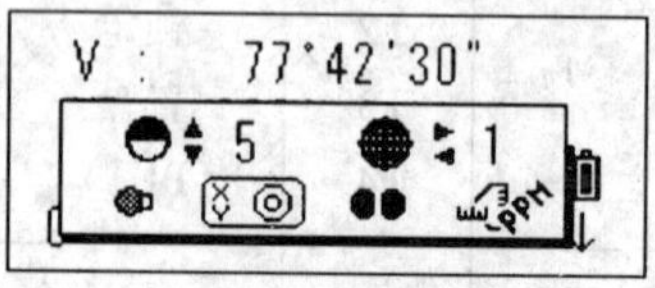


图 3-41　星键功能

(1)调节显示屏的黑白对比度(0～9 级)［按▲或▼键］；

(2)调节十字丝照明亮度(1～9 级)［按◀或▶键］；

(3)显示屏照明开/关［F1］；

(4)设置倾斜改正［F2］；

(5)定线点指示灯开/关［F3］；

(6)设置音响模式(S/A)［F4］。

注：当通过主程序运行与星键相同的功能时，则星键模式无效。

按下星键后面板上一些键的功能见表 3-9。

表 3-9　按下星键后面板上一些键的功能

| 键 | 显示符号 | 功能 |
|---|---|---|
| F1 |  | 显示屏背景光开关 |
| F2 |  | 设置倾斜改正，若设置为开，则显示倾斜改正值 |
| F3 |  | 定线点指示器开关(仅适用于有定线点指示器类型) |
| F4 |  | 显示 EDM 回光信号强度(信号)、大气改正值和棱镜常数值(棱镜) |
| ▲或▼ |  | 调节显示屏对比度(0～9 级) |
| ◀或▶ |  | 调节十字丝照明亮度(1～9 级)、十字丝照明开关和显示屏背景光开关是联通的 |

## 二、测量准备

将 GTS－332D 全站仪对中、整平后，按下 POWER 键，即打开电源，显示器初始化约两秒后，一般直接进入角度测量模式界面，在该界面上我们可以通过电池电量显示标记判断电池使用情况，以便及时充电与更换。当※出现内烁或显示"Battery empty"(电量空)时，必须换上充好电的电池，方能进行测量（见图 3-42）。

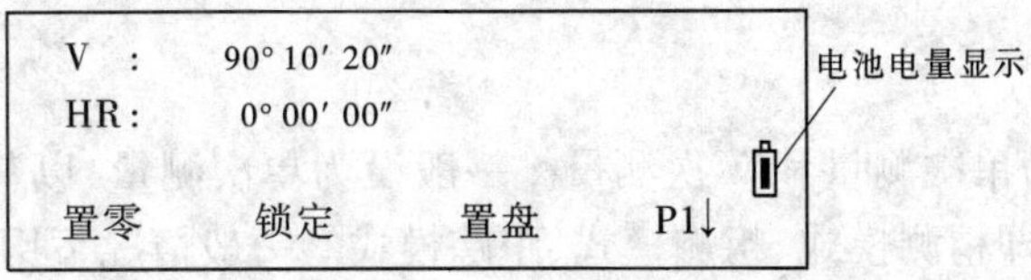


**图 3-42 电量显示**

仪器开机后，应确保电池电量，并确认棱镜常数值（PSM）和大气改正值，还可以通过按［F1］（↓）或［F2］（↑）键进行屏幕对比度的调节（见图 3-43），为了在关机后保存设置值，可按［F4］（回车）键。

若仪器没有整平（超出自动补偿范围），又设置自动倾斜模式，此时不显示度盘读数。需人工重新整平后，方可显示水平角和垂直角。

使用 GTS－332D 全站仪输入字母和数字是借助面板上的字母数字键配合软键（F1、F2、F3、F4）来实现的。按［INPUT］（F1）键输入开始，按［ENT］（F4）键输入结束。

## 三、角度测量

开机设置读数指标后，就进入角度测量模式，或者按［ANG］键进入角度测量模式。

### （一）水平角右角和垂直角测量

如图 3-44 所示，欲测 $A$、$B$ 两方向的水平角，在 $O$ 点整置仪器后，照准目标 $A$，按［F1］（置零）键和［是］键，可设置目标 $A$ 的水平读数为 0°00′00″。旋转仪器照准目标 $B$，直接显示目标 $B$ 的水平角 $H$ 和垂直角 $V$。

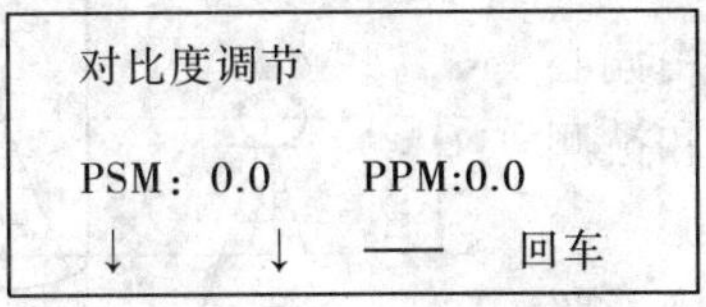


**图 3-43 对比度调节**

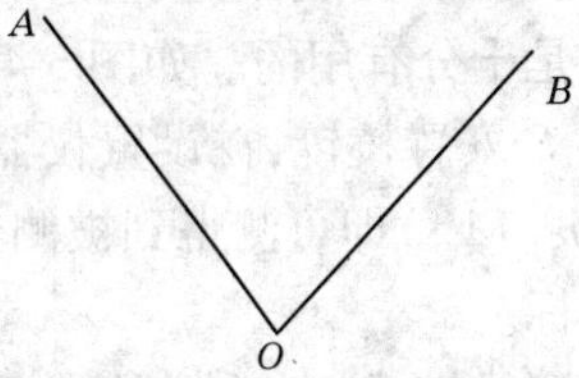


**图 3-44 测量水平角**

### （二）水平角右角、左角的切换

水平角右角，即仪器右旋角，从上往下看水平度盘，水平读数顺时针增大；水平角左角，即左旋角，水平读数逆时针增大。在测角模式下，按［F4］（↓）键两次转到第 3 页功能，每按［F2］（$R/L$）键一次，右角、左角交替切换。通常使用右角模式观测。

### （三）水平角的设置

水平角的设置有以下两种方法。

方法 1：通过锁定水平读数进行设置。先转动照准部，使水平读数接近要设置的读数，接着用水平微动螺旋旋转至所需的水平读数，然后按［F2］（锁定）键，使水平读数不变，再转动照准部照准目标。按［是］键完成水平读数设置。

方法 2：通过键盘输入进行设置，先照准目标，再按［F3］（置盘）键，按提示输入所要的水平读数。

在测角模式下，可进行角度复测、水平角 90°间隔蜂鸣声的设置。垂直角与百分度（%）

(坡度)切换、天顶距与高度角切换等。

## 四、距离测量

距离测量可设为单次测量和 $N$ 次测量。一般设为单次测量,以节约用电。距离测量可区分三种测量模式,即精测模式、粗测模式、跟踪模式。一般情况下用精测模式观测,最小显示单位为 0.2 mm 或 1 mm,测量时间约 2.8 s 或 1 s。粗测模式最小显示单位为 10 mm 或 1 mm。测量时间约 0.7 s。跟踪模式用于观测移动目标或放样,最小显示单位为 10 mm,测量时间约 0.4 s。

在距离测量前,一般需先进行棱镜常数和大气改正的设置。拓普康的棱镜常数为 0,设置改正数为 0;若为其他厂家生产的棱镜,则在使用前应先设置厂家提供的常数。大气改正的设置是通过输入测量的温度和气压来进行自动改正的。

### (一)直接距离测量

当距离测量模式和观测次数设定后,在测角模式下,照准棱镜中心,按[◢]键,即开始连续距离测量,显示内容从上往下为水平角(HR)、平距(HD)和高差(VD)。若再按[◢]键一次,显示内容变为水平角(HR)、垂直角(V)和斜距(SD)。当连续测量不再需要时,可按[F1](测量)键,按设定的次数测量距离,最后显示距离平均值。

注:当光电测距正在工作时,HD 右边出现"＊"标志。

### (二)偏心测量

当直接测量有困难时,如棱镜无法直接放置于目标点,可使用该模式实现测量之目的。该模式下有角度偏心测量、距离偏心测量、平面偏心测量、圆柱偏心测量等四种模式。

当棱镜直接架设有困难时,如要测定电线杆中心位置,偏心测量模式是十分有用的。如图 3-45 所示,只要在与仪器平距相同的点 $P$ 安置棱镜,在设置仪器高度、棱镜高后,用偏心测量(第 2 页[F1])即可测得到被测物中心 $A_0$ 的距离和被测物的中心坐标。

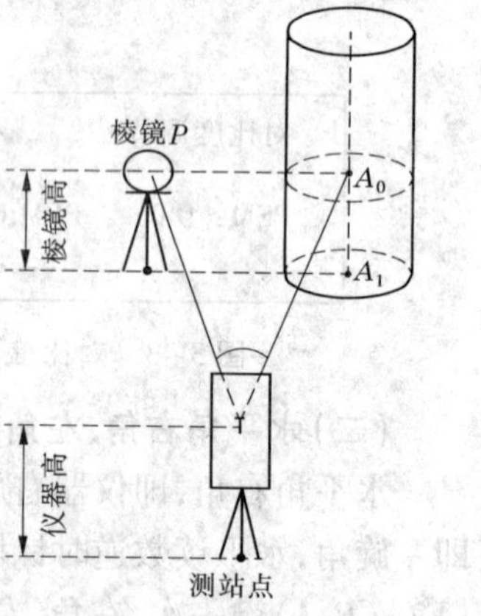

图 3-45 偏心测量

在距离测量模式下,选择偏心测量[偏心]模式,接着照准棱镜 $P$ 点,按[测量]键,测定仪器到棱镜的水平距离,再按[F4][设置]键,确定棱镜的位置,接着用水平制动螺旋照准目标 $A_0$ 点,然后每按一次距离测量键,即[◢]键,平距(HD)、高差(VD)和斜距(SD)依次显示,若在偏心测量之前,设置(输入)了仪器高、棱镜高、测站点坐标,每按一次坐标测量键,即[◢]键,N、E 和 Z 坐标依次显示。最后按[ESC]键返回前一个模式。

### (三)放样

在距离测量模式下,按[放样]键(第 2 页[F2])可进行距离放样,显示出测量的距离与设计的放样距离之差。在放样模式下,选择平距(HD)、高差(VD)和斜距(SD)中一种测量方式输入放样设计的距离,然后照准棱镜,按[ENT]键,即开始测量,显示测量距离与放样设计距离之差。移动棱镜,直到与设计距离的差值为 0 m。

## 五、坐标测量

GTS－332D 全站仪可在坐标测量模式[⊾]下直接测定碎部点(立棱镜点)坐标。在坐标测量之前必须将全站仪进行定向,输入测站点坐标。若测量三维坐标,还必须输入仪器高和棱镜高。具体操作如下:

在坐标测量模式下,先通过第二页的 F1(镜高)、F2(仪高)、F3(测站)分别输入棱镜高、仪器高和测站点坐标,再在角度测量模式下,照准后向点(后视点),设定测站点到定向点的水平度盘读数,完成全站仪的定向。然后照准立于碎部点的棱镜,按[⊾]键,开始测量,显示碎部点坐标($N,E,Z$),即($X,Y,H$)。

## 六、参数设置

在角度测量、距离测量和坐标测量模式下设置的参数(或作业模式)关机后不能保留,通常在使用全站仪之前,在专门的参数设置状态下设置参数。按[F2]键的同时,打开电源,仪器进入参数设置状态(或称模式),可进行单位设置、模式设置和其他设置。具体内容见表 3-10。

**表 3-10　参数设置**

| 菜单 | 项目 | 选择项 | 内容 |
|---|---|---|---|
| 单位设置 | 温度和气压 | C/F<br>hPa/mmHg/inHg | 选择大气改正用的温度单位和气压单位 |
| | 角度 | DEG(360°)/<br>GON(400G)/<br>MIL(6400M) | 选择测角单位,drg/gon/mil(度/哥恩/密位) |
| | 距离 | METER/FEET/FEET 和 inch | 选择单位,m/ft/ft. in(米/英尺/英寸) |
| | 英尺 | 美国英尺/<br>国际英尺 | 选择 m/ft 转换系数<br>美国英尺<br>1 m＝3.280 833 333 333 3 ft<br>国际英尺<br>1 m＝3.280 839 895 013 123 ft |
| 模式设置 | 开机模式 | 测角/测距 | 选择开机后进入测角模式或测距模式 |
| | 精测/粗测/跟踪 | 精测/粗测/跟踪 | 选择开机后的测距模式,精测/粗测/跟踪 |
| | 平距/斜距 | 平距和高差/斜距 | 说明开机后优先显示的数据项,平距和高差或斜距 |
| | 竖角 ZO/HO | 天顶 0/水平 0 | 选择垂直角计数从天顶方向为零基准或水平方向为零基准计数 |
| | $N$ 次重复 | $N$ 次/重复 | 选择开机后测距模式,$N$ 次/重复测量 |
| | 测量次数 | 0～99 | 设置测距次数,或设置为 1 次,即为单次测量 |
| | NEZ/ENZ | NEZ/ENZ | 选择坐标显示顺序,NEZ/ENZ |

续表 3-10

| 菜单 | 项目 | 选择项 | 内容 |
| --- | --- | --- | --- |
| 模式设置 | HA 存储 | 开/关 | 设置水平角在仪器关机后可被保存在仪器中 |
| | ESC 键模式 | 数据采集/放样/记录/关 | 可选择[ESC]键的功能<br>数据采集/放样:在正常测量模式下按[ESC]键,可以直接进入数据采集模式下的数据输入状态或放样菜单<br>记录:在进行正常或偏心测量时,可以输出观测数据<br>关:回到正常功能 |
| | 坐标检查 | 开/关 | 选择在设置放样点时是否要显示坐标(开/关) |
| | EDM 关闭时间 | 0~99 | 设置电子测距(EDM)完成后到测距功能中断的时间可以选择此功能,它有助于缩短从完成测距状态到启动测距的第一次测量时间(缺省值为 3 min)<br>0:完成测距后立即中断测距功能<br>1~98:在 1~98 min 后中断<br>99:测距功能一直有效 |
| | 精读数 | 0.2/1MM | 设置测距模式(精测模式)最小读数单位 1 mm 或 0.2 mm |
| | 偏心竖角 | 自由/锁定 | 在角度偏心测量模式中选择垂直角设置方式<br>FREE:垂直角随望远镜上、下转动而变化<br>HOLD:垂直角锁定,不因望远镜转动而变化 |
| 其他设置 | 水平角蜂鸣声 | 开/关 | 说明每当水平角为 90°时是否要发出蜂鸣声 |
| | 信号蜂鸣声 | 开/关 | 说明在设置声响模式下是否要发出蜂鸣声 |
| | 两差改正 | 关/K=0.14/K=0.20 | 设置大气折光和地球曲率改正,折光系数有:K=0.14,K=0.20 或不进行两差改正 |
| | 坐标记忆 | 开/关 | 选择关机后测站点坐标、仪器高和棱镜高是否可以恢复 |
| | 记录类型 | REC-A/REC-B | 数据输出的两种模式:REC-A 或 REC-B<br>REC-A 重新进行测量并输出新的数据,REC-B 输出正在显示的数据 |
| | CR,LF | 开/关 | 确定数据输出是否含回车和换行 |
| | NEZ 记录格式 | 标准方式/标准 12 位/附原始观测/附观测 12 位 | 选择坐标记录格式、标准格式或 11 位并附原始观测数据 |
| | 输入 NEZ 记录 | 开/关 | 确定在放样模式或数据采集模式下是否记录由键盘直接输入的坐标 |
| | 语言 * | 英语/其他 * | 选择显示的语言 |

续表 3-10

| 菜单 | 项目 | 选择项 | 内容 |
| --- | --- | --- | --- |
| 其他设置 | ACK 模式 | 标准方式/省略方式 | 设置与外部设备进行数据通信的过程<br>STANDARD:正常通信过程<br>OMITTED:即使外部设备去[ACK]联络信息数据也不再被发送 |
| | 格网因子 | 使用/不使用 | 确定在测量数据计算中是否要使用坐标格网因子 |
| | 挖与填 | 标准方式/挖和填 | 在放样模式下,可显示挖和填的高度,而不显示 dZ |
| | 回显 | 开/关 | 可输出回显数据 |
| | 对比度菜单 | 开/关 | 在仪器开机时,可显示用于调节对比度的屏幕并确认棱镜常数(PSM)和大气改正值(PPM) |

## 七、特殊模式(菜单模式)

GTS-332D 全站仪菜单模式(特殊模式)内容很多,按[MENU]键,仪器就进入菜单模式,在此模式下,可进行特殊测量、设置和调节工作(见图 3-46)。

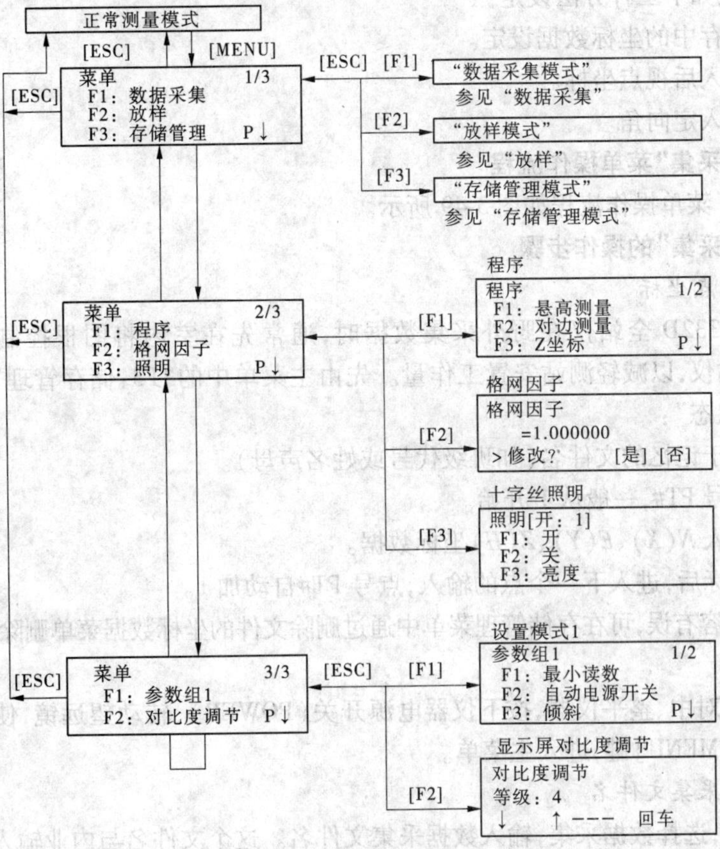


图 3-46 菜单模式

GTS－332D 全站仪可将测量数据存储在内存中，内存可分配给测量数据（被采集的数据）和已知数据（放样点或控制点的坐标数据）存储，最多可存储 24 000 个点。内存保护锂电池寿命为 5 年，当电池用完时，数据可能会丢失。

### （一）准备工作

按［MENU］键，仪器进入特殊模式，显示主菜单（见图 3-47）。

```
菜单                    1/3
F1：数据采集
F2：放样
F3：存储管理             P↓
```

**图 3-47　主菜单**

```
选择文件
FN：________________
输入　调用　——　回车
```

**图 3-48　选择文件**

在特殊模式下，可进行数据采集、放样、存储管理、专用测量（悬高测量、对边测量、测站点增测、面积计算等）及设置工作。按［F1］（数据采集）键，仪器进入数据采集工作状态。

提示在数据采集之前，选定（输入）一个文件名。这个文件名可在“调用”下通过按［▲］或［▼］键上下滚动文件目录，选定一个文件名（见图 3-48）；也可直接输入文件名。随后输入测站设置信息，即测站点坐标、仪器高、目标高、后视点坐标或定向角度。

测站点可由如下两种方法设定：

（1）利用内存中的坐标数据来设定。

（2）直接由键盘输入。

后视点可按如下三种方法设定：

（1）利用内存中的坐标数据设定。

（2）直接键入后视点坐标。

（3）直接键入定向角。

### （二）“数据采集”菜单操作流程

“数据采集”菜单操作流程如图 3-49 所示。

### （三）“数据采集”的操作步骤

#### 1. 键入控制点坐标

使用 GTS－332D 全站仪在野外采集数据时，通常先在室内将图根控制点坐标键入 GTS－332D 全站仪，以减轻测站安置工作量。先由主菜单中的“F3：储存管理”进入第二页“F1：输入坐标状态”：

（1）输入便于记忆的文件名（如班级代号或姓名声母）。

（2）输入点号 PT#，一般从 1 开始。

（3）依次输入 $N(X)$、$E(Y)$、$Z(H)$ 坐标数据。

（4）输完坐标后，进入下一个点的输入，点号 PT# 自动加 1。

若键入的内容有误，可在存储管理菜单中通过删除文件的坐标数据菜单删除有误的坐标。

#### 2. 整置仪器

在测站点上对中、整平仪器，按下仪器电源开关（POWER），转动望远镜，使全站仪进入观测状态，再按［MENU］键，进入主菜单。

#### 3. 输入数据采集文件名

在主菜单下，选择数据采集，输入数据采集文件名。这个文件名与内业输入控制点坐标的文件名相同。可以直接键入（IUPUT），也可以从库里查找（LIST）。若内业没有输入控制

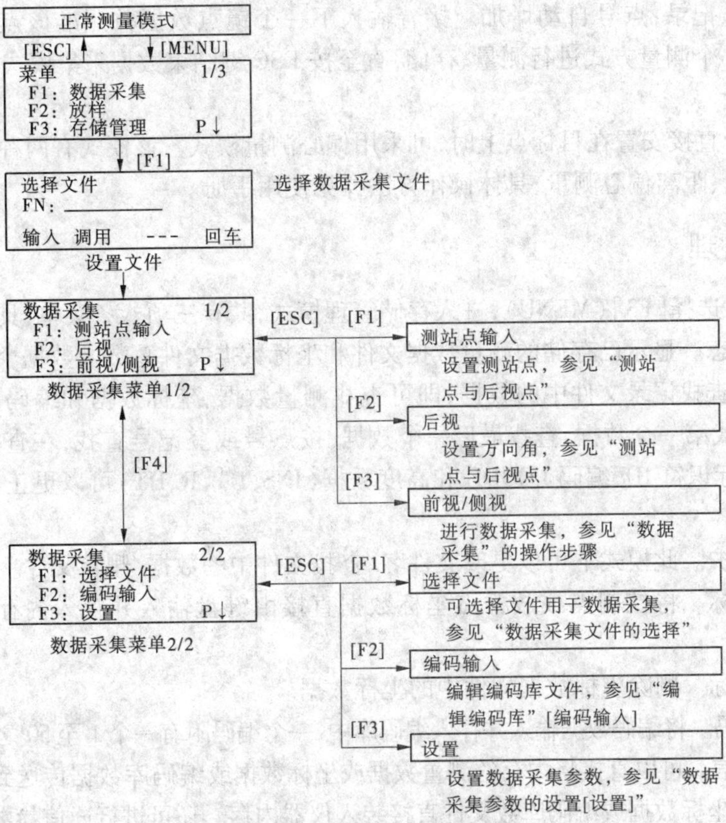


图 3-49 “数据采集”菜单操作流程

点坐标，这时要输一个便于记忆的数据采集文件名，按[ENT]键输入。

4. 输入测站点数据

在数据采集菜单 1/3 下，选择[F1]（测站点输入），分别输入测站点的点号（PT#）或坐标（N. E. Z.）、测站标志符（ID）、仪器高（INS. HT）。按[F4]（测站）键输入测站点点号或坐标。是输入点号还是直接输入坐标，由[F3]（REC）切换。最后按[ENT]键输入。若采用无码作业，测站可不输入，用“▼”跳过去；若测平面图，仪器高可不输入。

5. 输入后视点（定向点）数据

在数据采集菜单 1/3 下，按[F2]（后视）键进入后视点（定向点）数据设置状态。按[F4]（后视）键即可输入定向点坐标或定向角，通过按[F3]（NE/AZ）键可使输入方法在坐标值、设置水平角和坐标点名之间交替切换。另外，在后视点数据设置状态下，按[▼]、[▲]键，可选择输入后视点编码和目标高（棱镜高）。

6. 定向

当测站点数据，后视点数据输入完后，按[F3]（测量）键，再照准后视点，选择一种测量模式，如按[F2]（斜距）键，进入斜距测量；按[F3]（坐标）键，进入坐标测量。这时，水平度盘自动设置为后视点的方位角值，然后返回到数据采集菜单 1/3。

7. 碎部点测量

在数据采集菜单 1/3 下，按[F3]（前视/侧视）键，即开始碎部点测量。照准目标（棱镜）后，依次输入点号、编码、目标高（镜高），按测量键，再选择某一测量方式（如斜距或坐标)就开始测量、记录,点号自动增加。接着输入下一个镜点数据并照准该点,按[F4](同前)键,按照上一个测量方式进行测量、存储,直至按 ESC 键结束数据采集模式。

8. 偏心测量

当棱镜难于直接安置在目标点上时,可采用偏心测量模式。该模式有两种偏心测量法,即角度偏心测量、距离偏心测量,具体操作方法详见使用手册。

### 八、存储管理

在主菜单下选择[F3](MENU),进入存储管理模式,共有三项八条菜单,具体内容有:

(1)文件状态。显示已存储的测量数据文件和坐标数据文件总数及数据个数。

(2)查找。查找记录文件中的数据,即可查找测量数据、坐标数据和编码库点,共有三种查阅方式:查找第一个数据,查找最后一个数据,按点号或登记号查找,在查找模式下,点名(PT#,BS#)、标识符 ID、编码 PCODE 和高度数据(INS. HT,R. HT)可以更正,但测量数据不能更改。

(3)文件维护。此模式下可以更改文件名/查找文件中的数据/删除文件。

(4)输入坐标。将控制点或放样点坐标数据直接由键盘输入并存入内存中的一个文件内。

(5)删除坐标。删除坐标数据文件中的坐标数据。

(6)输入编码。将编码数据输入并存入编码库中,一个编码附有一个 1 至 50 之间的编号。

(7)数据通信。可以直接将内存的测量数据或坐标数据或编码库数据传送到计算机。也可以从计算机将坐标数据或编码库数文件直接装入仪器内存。还可进行通信参数的设置。

(8)初始化。用于内存初始化,可对所有测量数据和坐标数据文件初始化,对编码库数据初始化及对文件数据和编码数据初始化,但对测站点坐标,仪器高和棱镜高不会进行初始化。

具体操作详见使用手册。

## 第九节　全站仪的检验校正

全站仪在出厂前是经过了精密调整检定,处于良好状态的。但运输途中的振动,经常在野外环境下使用,或使用保养措施不当,这些都可能导致仪器的结构发生变化。除此之外,电子元器件也会自然老化。这些变化导致仪器运行不良,技术指标降低,观测值误差变大甚至不可靠。为了全面掌握仪器的性能,合理使用仪器并观测到合格的测量成果,仪器在使用过程中必须定期进行检定。由于全站仪是精密电子仪器,在使用过程中如出现问题或故障不要随意拆卸和调整,应到具有仪器检定资质的部门进行检定和维修。国家计量检定规程规定,全站仪的检定周期不能超过 1 年。

国家规定的全站仪检定项目很多(见《全站型电子速测仪检定规程》(JJG 100—2003)),本节只介绍经常要进行的一些检校项目。

### 一、垂直度盘指标差的检校

**(一)指标差的检验方法**

在盘左盘右分别照准同一目标,获得垂直度盘读数 $L$ 和 $R$,按下式计算指标差 $i$:

$$i = \frac{R + L - 360°}{2} \tag{3-48}$$

**(二)指标差的校正方法**

全站仪的指标差校正一般称做“垂直角零基准的校正”。以拓普康全站仪为例,操作方法见表 3-11。

**表 3-11　全站仪指标差校正**

| 操作过程 | 操作 | 显示 |
| --- | --- | --- |
| ①用长水准管整平仪器 | | |
| ②按住[F1]键,开机 | [F1]+开机 | 校正模式 1/2<br>F1:竖角零基准<br>F2:仪器常数<br>F3:指标差/轴系数差 P↓ |
| ③按[F1]键 | [F1] | 竖角零基准<br>(第一步)正镜<br>V: 90° 00′ 00″<br>回车 |
| ④正镜照准目标 A | 照准 A(正镜) | |
| ⑤按[F4](回车)键 | [F4] | 竖角零基准<br>(第二步)倒镜<br>V: 270° 00′ 00″<br>回车 |
| ⑥倒镜照准目标 A | 照准 A(倒镜) | |
| ⑦按[F4](回车)键<br>垂直角零位测定值被设置<br>仪器进入正常角度测量模式 | [F4] | (设置!)<br>V: 270° 00′ 00″<br>HR: 120° 00′ 00″<br>置零 锁定 置盘 P↓ |
| ⑧用正、倒镜照准目标 A,检查正、倒镜垂直角读数之和是否恰好等于 360° | | |

通过上述操作后,垂直度盘指标差数值已被仪器存储,用于自动改正垂直角观测值。

## 二、视准轴误差的检校

首先选择一个垂直角接近于 0°的目标,分别在盘左盘右精确照准目标进行水平角读数,获得盘左读数 $L$,盘右读数 $R$。按 $2C = L - R \pm 180°$计算出 $2C$ 值。

一般规定:$J_1$ 型仪器,$2C$ 值不得超过 ±20″;

$J_2$ 型仪器,$2C$ 值不得超过 ±30″。

如果 $2C$ 值大于规定的限差，应进行 $2C$ 校正。校正方法如下：

按 $R_0 = R + C$ 算出正确读数。在盘右位置，转动水平微动螺旋，使水平角读数等于 $R_0$，此时望远镜的十字丝中心偏离目标影像。调整十字丝网校正螺旋使十字丝照准目标。

不同类型的仪器，其十字丝校正螺旋亦不尽相同，如图 3-50 所示。校正时，应注意校正螺旋的对抗性，应先松开一个再紧另一个。校正后，通常应再检测一次，直到达到目的为止。

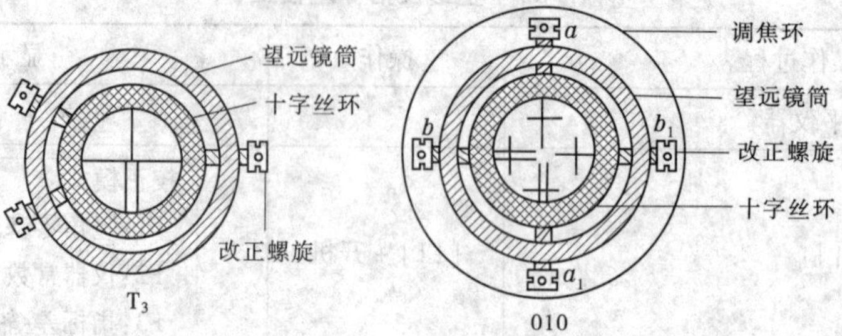


**图 3-50　十字丝校正螺旋**

## 三、水平轴倾斜误差的检校

### （一）《全站型电子速测仪检定规程》（JJG 100—2003）规定的检定方法

《全站型电子速测仪检定规程》（JJG 100—2003）规定了同时检定照准误差 $C$、横轴误差 $I$、垂直度盘指标差 $i$ 的检定方法。该方法既可以检定仪器的上述三项误差值，又可以检定仪器预置三项误差值后的相应残余误差值。应当指出，这里给出的方法只是对 3 项误差的检定。若要将检测值存留于仪器中，达到让仪器自动补偿改正的目的，还须按仪器说明书提供的检验校正方法进行相应的操作。

1. 限差要求

各等级仪器照准误差 $C$、横轴误差 $I$、垂直度盘指标差 $i$ 值的限差值见表 3-12。

**表 3-12　各等级仪器 $C$、$I$、$i$ 值的限差**

| 仪器等级 | Ⅰ | Ⅱ | Ⅲ | Ⅳ |
|---|---|---|---|---|
| 照准误差 $C$ | ≤6″ | ≤8″ | ≤10″ | ≤16″ |
| 横轴误差 $I$ | ≤10″ | ≤15″ | ≤20″ | ≤30″ |
| 垂直度盘指标差 $i$ | ≤12″ | ≤16″ | ≤20″ | ≤30″ |

注：这里的照准误差即视准轴误差。表中的相应限差较小是因为是补偿后的残余误差。

2. 检定前的准备工作

（1）对具有按一定程序测定并存储视准轴误差、横轴误差及垂直度盘指标差的全站仪，先进行检验及预置存储，然后检定仪器残余的 $C$、$I$、$i$。

（2）对具有倾斜补偿功能的全站仪，检定时利用显示器显示的仪器垂直轴在 $X$ 和 $Y$ 方向的倾斜值，精确整平仪器，直到 $X$ 和 $Y$ 值为 0° ±1″，也可以按一定程序将 $X$ 和 $Y$ 方向的倾斜值存入仪器内，以便自动对方向值进行改正。

3. 检定设备及要求

由于全站仪具有比较正确和稳定的测微读数系统及对仪器垂直轴倾斜误差的自动补偿改正功能，因此可以在室内以平行光管的十字丝为照准目标，按“高—平—低点法”同时进行照准误差 $C$、横轴误差 $I$、垂直度盘指标差 $i$ 的检定，如图 3-51 所示。

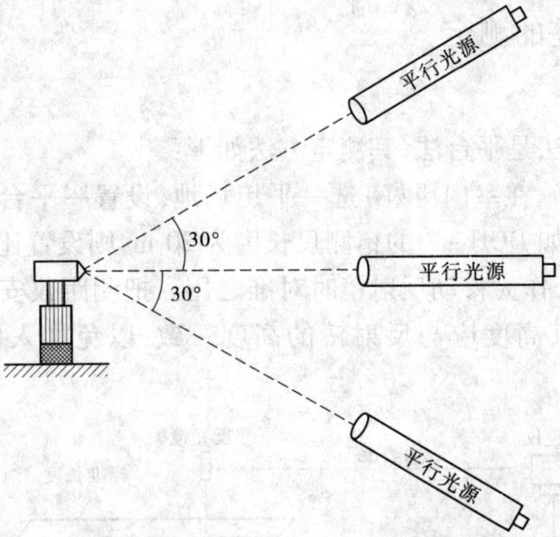


**图 3-51　照准误差、横轴误差、垂直度盘指标差的检定**

在仪器检定室内，设置稳定的仪器升降台，水平点的平行光管安置在与仪器同高处，使仪器光轴尽量与平行光管的中心重合。另两台平行光管分别安置在水平点平行光管上方及下方，作为高点及低点，其倾角为 ±20° ~ ±35°，高、低两点的对称差值应小于 30′。

4. 检定观测步骤

1) 盘左(L)观测

(1) 照准高点，读水平及垂直角读数；

(2) 照准平点，读水平及垂直角读数；

(3) 照准低点，读水平及垂直角读数。

2) 盘右(R)观测

(1) 照准低点，读水平及垂直角读数；

(2) 照准平点，读水平及垂直角读数；

(3) 照准高点，读水平及垂直角读数。

以上观测步骤为 1 个测回，共应进行 3 个测回的观测。

5. 检定结果的计算

照准误差
$$C=\frac{1}{2n}\sum (L-R)_{平}$$

横轴误差
$$I=\left[\frac{1}{4n}\sum_{1}^{n}(L-R)_{高}-\frac{1}{4n}\sum_{1}^{n}(L-R)_{低}\right]\cot\alpha$$

$$\alpha=\frac{1}{2}(\alpha_{高}-\alpha_{低})$$

垂直度盘指标差
$$i=\frac{1}{2n}\sum\left[360-(L_v+R_v)\right]_{平}$$

式中 $n$ 为测回数。水平度盘读数 $R$ 在计算时应顾及 ±180°。

**(二) 仪器说明书提供的检验校正方法**

各仪器厂家都在仪器说明书中提供了水平轴误差检校方法，一般都是通过规定的观测操作，让仪器自动计算出水平轴倾斜误差值 $I$，并自动存储在机内。在以后的观测作业中，当相应的补偿开关置于[开]的状态时，自动进行相应的补偿改正。

## 四、测距周期误差的测定

### （一）观测

目前广泛采用的方法是平台法，其测定方法如下：

在室外（如条件具备，在室内更好）选一平坦场地，设置一平台。平台的长度应与仪器的精尺长度相适应。例如 DCH－2 的精测尺长度为 20 m，则设置比 20 m 略长一点的平台，在平台上标出标准长度，作为移动反射镜时对准之用。把测距仪安置在平台延长线的一端 50～100 m 的 $O$ 点处，其高度应与反射镜的高度一致，以免加入倾斜改正。具体布置见图 3-52 所示。

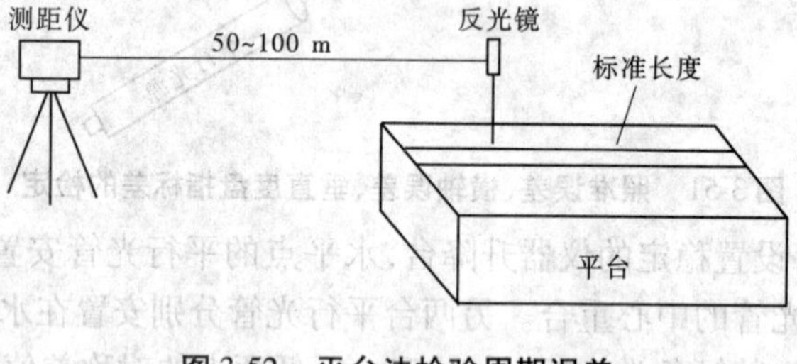


**图 3-52　平台法检验周期误差**

观测时先由近至远在反射镜各个位置测定距离，反射镜每次移动$\frac{1}{40}U$（$U$ 为精测尺长），序号为 1，2，3，4，…，40。各位置测定后，如有必要，再由远至近返测。为了减小外界条件的影响，观测时间应尽量缩短。

### （二）计算

1. 列误差方程式

如图 3-53 所示。

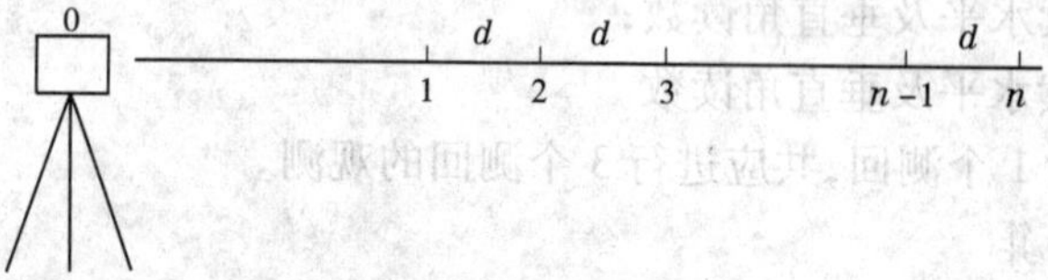


**图 3-53**

取符号：$D_{01}^{0}$ 为 0～1 距离的近似值；

$V_{01}^{0}$ 为 $D_{01}^{0}$ 的改正数；

$d$ 为反光镜每次的移动量；

$K$ 为仪器加常数；

$D_{iz}$ 为距离观测值（$i=1,2,\cdots,40$）；

$v_i$ 为 $D_{iz}$ 的改正数；

$A$ 为周期误差幅值；

$\varphi_0$ 为初相角；

$\theta_i$ 为与测站至反光镜距离相应的相位角。

由图 3-53 可列出下列方程式：

$$\begin{cases} D_{01}^0 + V_{01}^0 = D_{1z} + v_1 + K + A\sin(\varphi_0 + \theta_1) \\ D_{01}^0 + V_{01}^0 + d = D_{2z} + v_2 + K + A\sin(\varphi_0 + \theta_2) \\ \quad \vdots \\ D_{01}^0 + V_{01}^0 + 39d = D_{40z} + v_{40} + K + A\sin(\varphi_0 + \theta_{40}) \end{cases} \tag{3-49}$$

写成误差方程式形式:

$$\begin{cases} v_1 = (V_{01}^0 - K) - A\sin(\varphi_0 + \theta_1) + (D_{01} - D_{1z}) \\ v_2 = (V_{01}^0 - K) - A\sin(\varphi_0 + \theta_2) + (D_{01} + d - D_{2z}) \\ \quad \vdots \\ v_{40} = (V_{01}^0 - K) - A\sin(\varphi_0 + \theta_{40}) + (D_{01} + 39d - D_{40z}) \end{cases} \tag{3-50}$$

式中

$$\begin{cases} \theta_1 = \dfrac{D_{1z}}{\dfrac{\lambda}{2}} \times 360° \\ \theta_2 = \theta_1 + \dfrac{d}{\dfrac{\lambda}{2}} \times 360° = \theta_1 + \Delta\theta \\ \theta_3 = \theta_1 + \dfrac{d + d}{\dfrac{\lambda}{2}} \times 360° = \theta_1 + 2\Delta\theta \\ \quad \vdots \\ \theta_{40} = \theta_1 + 39\Delta\theta \end{cases} \tag{3-51}$$

这里的 $\Delta\theta$ 为相应于反射镜移动量 $d$ 的相位差,即

$$\Delta\theta = \frac{d}{\dfrac{\lambda}{2}} \times 360°$$

式中:$\lambda$ 为精测调制波长。

令

$$\begin{cases} x = A\cos\varphi_0 \\ y = A\sin\varphi_0 \end{cases}$$

则

$$\begin{cases} A = \sqrt{x^2 + y^2} \\ \varphi_0 = \arctan\dfrac{y}{x} \end{cases}$$

利用三角函数公式,将式(3-50)中的 $A\sin(\varphi_0 + \theta_i)$ 展开,设

$$\begin{cases} f_1 = D_{01}^0 - D_{1z} \\ f_2 = D_{01}^0 + d - D_{2z} \\ \quad \vdots \\ f_{40} = D_{01}^0 + 39d - D_{40z} \end{cases} \tag{3-52}$$

并设 $K' = V_{01}^0 - K$(因为 $V_{01}^0$ 和 $K$ 都是未知数),经整理,得误差方程式最终形式

$$\begin{cases} v_1 = K' - \sin\theta_1 x - \cos\theta_1 y + f_1 \\ v_2 = K' - \sin\theta_2 x - \cos\theta_2 y + f_2 \\ \quad \vdots \\ v_{40} = K' - \sin\theta_{40} x - \cos\theta_{40} y + f_{40} \end{cases} \tag{3-53}$$

2. 组成并解算法方程式

由于观测时间较短,气象条件较接近,可认为观测值等权。由式(3-53)可组成下列法方程式

$$\begin{cases} nK' + [-\sin\theta]x + [-\cos\theta]y + [f] = 0 \\ [-\sin\theta]K' + [\sin^2\theta]x + [\sin\theta\cos\theta]y + [-\sin\theta \cdot f] = 0 \\ [-\cos\theta]K' + [\sin\theta\cos\theta]x + [\cos^2\theta]y + [-\cos\theta \cdot f] = 0 \end{cases} \tag{3-54}$$

因为 $\sin\theta$ 与 $\cos\theta$ 是以 $2\pi$ 为周期的三角函数,根据三角函数的特性,则式(3-54)中系数为

$$\begin{cases} [-\sin\theta]_0^{2\pi} = 0 \\ [\cos\theta]_0^{2\pi} = 0 \end{cases}$$

同理

$$[\sin\theta\cos\theta]_0^{2\pi} = 0$$

又因为

$$\sin^2\theta + \cos^2\theta = 1$$

所以

$$[\sin^2\theta + \cos^2\theta]_0^{2\pi} = n$$

故

$$[\sin^2\theta]_0^{2\pi} = [\cos^2\theta]_0^{2\pi} = \frac{n}{2}$$

设常数项

$$\begin{cases} [af] = [f] = \alpha \\ [bf] = [-\sin\theta \cdot f] = \beta \\ [cf] = [-\cos\theta \cdot f] = \gamma \end{cases} \tag{3-55}$$

则式(3-54)可写成

$$\begin{cases} nK' + \alpha = 0 \\ \dfrac{n}{2}x + \beta = 0 \\ \dfrac{n}{2}y + \gamma = 0 \end{cases} \tag{3-56}$$

$$\begin{cases} K' = -\dfrac{\alpha}{n} = -\dfrac{[f]}{n} \\ x = -\dfrac{2\beta}{n} = -\dfrac{2}{n}[-\sin\theta \cdot f] \\ y = -\dfrac{2\gamma}{n} = -\dfrac{2}{n}[-\cos\theta \cdot f] \end{cases} \tag{3-57}$$

进而得到

$$\begin{cases} \varphi_0 = \arctan\dfrac{y}{x} \\ A = \sqrt{x^2 + y^2} \end{cases} \tag{3-58}$$

为了校核,可用算得的 $v_i$ 值,求出[$vv$],再与下式

$$[vv] = [ff] + \alpha K' + \beta x + \gamma y$$

算得的[$vv$]值作比较。

3. 精度评定

一次测量中误差 $$m_0 = \pm\sqrt{\frac{[vv]}{n-t}}$$

周期误差的中误差

$$m_A = \pm m_0\sqrt{\frac{2}{n}}$$

$$m_{\varphi 0} = m_0\sqrt{\frac{2}{nA^2}} = \frac{m_A}{A}(\text{弧度})$$

式中:$n$ 为观测值个数,$n=40$;$t$ 为未知数个数,$t=3$;$m_{\varphi 0}$应化为以度为单位。

4. 算例

算例见表 3-13。

## 五、用六段解析法测定加常数

### (一)基本原理

六段解析法是一种不需要预先知道测线的精确长度而采用电磁波测距仪本身的测量成果,通过平差计算求定加常数的方法。

其基本做法是设置一条直线(其长度几百米至一千米),将其分为 $d_1, d_2, \cdots, d_n$ 等 $n$ 个线段。如图 3-54 所示。

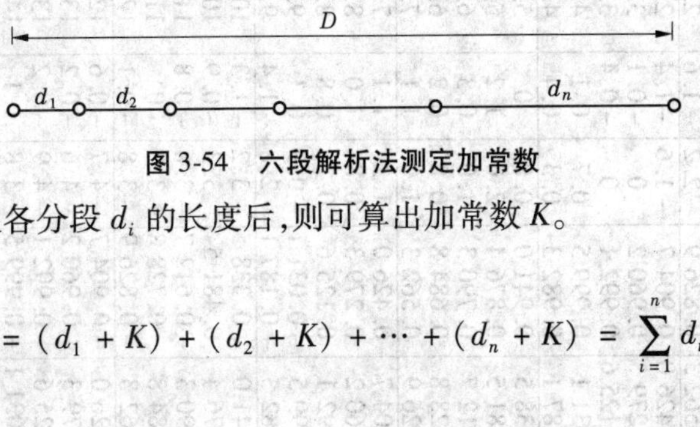


图 3-54 六段解析法测定加常数

经观测得到 $D$ 及各分段 $d_i$ 的长度后,则可算出加常数 $K$。

因为

$$D + K = (d_1 + K) + (d_2 + K) + \cdots + (d_n + K) = \sum_{i=1}^{n} d_i + nK$$

由此可得

$$K = \frac{D - \sum_{i=1}^{n} d_i}{n - 1} \tag{3-59}$$

将式(3-59)微分,换成中误差表达式,并假定测距中误差均为 $m_d$,则计算加常数的中误差为

$$m_K = \pm\sqrt{\frac{n+1}{(n-1)^2}} \cdot m_d \tag{3-60}$$

从式(3-60)可见,分段数 $n$ 的多少取决于测定 $K$ 的精度要求。一般要求加常数的测定中误差 $m_K$ 应不大于该仪器测距中误差 $m_d$ 的 50%,即 $m_K \leqslant 0.5\ m_d$,现取 $m_K = 0.5\ m_d$ 代入式(3-60),算得 $n=6.5$。所以,要求分成 6~7 段,一般取 6 段。这就是六段法的来历,也就是该法的理论依据。

表 3-13　算例

| 点号 | 近似值 (m) | 观测值 (m) | θ (° ′) | a K′ | b − sinθ | c − cosθ | f (mm) | v (mm) | 周期改正数计算 非整周期距离 | φ₀ + Δθ (° ′) | sin(φ₀ + Δθ) | 周期改正 V (mm) |
|---|---|---|---|---|---|---|---|---|---|---|---|---|
| 1 | 26. 099 2 | 26. 099 2 | 109 47 | 1 | − 0. 941 0 | 0. 388 5 | 0 | 2. 4 | 0. 0 | 245 35 | − 0. 911 | − 2. 7 |
| 2 | 26. 599 2 | 26. 600 2 | 118 47 | 1 | − 0. 876 4 | 0. 481 5 | − 1. 0 | 0. 9 | 0. 5 | 254 35 | − 0. 964 | − 2. 9 |
| 3 | 27. 099 2 | 27. 099 4 | 127 47 | 1 | − 0. 790 3 | 0. 612 7 | − 0. 2 | 1. 3 | 1. 0 | 263 35 | − 0. 994 | − 3. 0 |
| 4 | 27. 599 2 | 27. 600 8 | 136 47 | 1 | − 0. 684 8 | 0. 728 8 | − 1. 6 | − 0. 6 | 1. 5 | 272 35 | − 0. 999 | − 3. 0 |
| 5 | 28. 099 2 | 28. 101 4 | 145 47 | 1 | − 0. 562 3 | 0. 826 9 | − 2. 2 | − 1. 6 | 2. 0 | 281 35 | − 0. 980 | − 2. 9 |
| 6 | 28. 599 2 | 28. 600 8 | 154 47 | 1 | − 0. 426 0 | 0. 904 7 | − 1. 6 | − 1. 4 | 2. 5 | 290 35 | − 0. 936 | − 2. 8 |
| 7 | 29. 099 2 | 29. 099 2 | 163 47 | 1 | − 0. 279 3 | 0. 960 2 | 0 | − 0. 1 | 3. 0 | 299 35 | − 0. 870 | − 2. 6 |
| 8 | 29. 599 2 | 29. 599 2 | 172 47 | 1 | − 0. 125 6 | 0. 992 1 | 0 | − 0. 4 | 3. 5 | 308 35 | − 0. 782 | − 2. 3 |
| 9 | 30. 099 2 | 30. 098 5 | 181 47 | 1 | 0. 031 1 | 0. 999 5 | 0. 7 | 0. 1 | 4. 0 | 317 35 | − 0. 675 | − 2. 0 |
| 10 | 30. 599 2 | 30. 598 9 | 190 47 | 1 | 0. 187 1 | 0. 982 3 | 0. 3 | 0. 4 | 4. 5 | 326 35 | − 0. 551 | − 1. 6 |
| 11 | 31. 099 2 | 31. 098 4 | 199 47 | 1 | 0. 338 5 | 0. 941 0 | 0. 8 | 0 | 5. 0 | 335 35 | − 0. 413 | − 1. 2 |
| 12 | 31. 599 2 | 31. 597 2 | 208 47 | 1 | 0. 481 5 | 0. 876 4 | 2. 0 | 1. 2 | 5. 5 | 344 35 | − 0. 266 | − 0. 8 |
| 13 | 32. 099 2 | 32. 098 2 | 217 47 | 1 | 0. 612 7 | 0. 790 3 | 1. 0 | 0. 3 | 6. 0 | 353 35 | − 0. 112 | − 0. 3 |
| 14 | 32. 599 2 | 32. 598 4 | 226 47 | 1 | 0. 728 8 | 0. 684 8 | 0. 8 | 0. 2 | 6. 5 | 2 35 | 0. 045 | 0. 1 |
| 15 | 33. 099 2 | 33. 098 2 | 235 47 | 1 | 0. 826 9 | 0. 562 3 | 1. 0 | 1. 1 | 7. 0 | 11 35 | 0. 201 | 0. 6 |
| 16 | 33. 599 2 | 33. 598 0 | 244 47 | 1 | 0. 904 7 | 0. 426 0 | 1. 2 | 1. 1 | 7. 5 | 20 25 | 0. 352 | 1. 0 |
| 17 | 34. 099 2 | 34. 098 4 | 253 47 | 1 | 0. 960 2 | 0. 279 3 | 0. 8 | 1. 0 | 8. 0 | 29 35 | 0. 494 | 1. 5 |
| 18 | 34. 599 2 | 34. 599 0 | 262 47 | 1 | 0. 992 1 | 0. 125 6 | 0. 2 | 0. 8 | 8. 5 | 38 35 | 0. 624 | 1. 9 |
| 19 | 35. 099 2 | 35. 100 1 | 271 47 | 1 | 0. 999 5 | − 0. 031 1 | − 0. 9 | 0. 1 | 9. 0 | 47 35 | 0. 738 | 2. 2 |
| 20 | 35. 599 2 | 35. 602 0 | 280 47 | 1 | 0. 982 3 | − 0. 187 1 | − 2. 8 | − 1. 4 | 9. 5 | 56 35 | 0. 835 | 2. 5 |
| 21 | 36. 099 2 | 36. 102 4 | 289 47 | 1 | 0. 941 0 | − 0. 338 5 | − 3. 2 | − 1. 3 | 10. 0 | 65 35 | 0. 911 | 2. 7 |
| 22 | 36. 599 2 | 36. 602 5 | 298 47 | 1 | 0. 876 4 | 0. 481 5 | − 3. 3 | − 0. 9 | 10. 5 | 74 35 | 0. 964 | 2. 9 |
| 23 | 37. 099 2 | 37. 102 8 | 307 47 | 1 | 0. 790 3 | − 0. 612 7 | − 3. 6 | − 0. 8 | 11. 0 | 83 35 | 0. 994 | 3. 0 |
| 24 | 37. 599 2 | 37. 602 5 | 316 47 | 1 | 0. 684 8 | − 0. 728 8 | − 3. 3 | 0 | 11. 5 | 92 35 | 0. 999 | 3. 0 |
| 25 | 38. 099 2 | 38. 103 0 | 325 47 | 1 | 0. 562 3 | − 0. 826 9 | − 3. 8 | − 0. 1 | 12. 0 | 101 35 | 0. 980 | 2. 9 |
| 26 | 38. 599 2 | 38. 603 9 | 334 47 | 1 | 0. 426 0 | − 0. 904 7 | − 4. 7 | − 0. 6 | 12. 5 | 110 35 | 0. 936 | 2. 8 |
| 27 | 39. 099 2 | 39. 103 8 | 343 47 | 1 | 0. 279 3 | − 0. 960 2 | − 4. 6 | − 0. 2 | 13. 0 | 119 35 | 0. 870 | 2. 6 |
| 28 | 39. 599 2 | 39. 604 1 | 352 47 | 1 | 0. 125 6 | − 0. 992 1 | − 4. 9 | − 0. 2 | 13. 5 | 128 35 | 0. 782 | 2. 3 |
| 29 | 40. 099 2 | 40. 103 0 | 361 47 | 1 | − 0. 031 1 | − 0. 999 5 | − 3. 8 | 1. 1 | 14. 0 | 137 35 | 0. 675 | 2. 0 |
| 30 | 40. 599 2 | 40. 603 3 | 10 47 | 1 | − 0. 187 1 | − 0. 982 3 | − 4. 1 | 0. 9 | 14. 5 | 146 35 | 0. 551 | 1. 6 |
| 31 | 41. 099 2 | 41. 104 4 | 19 47 | 1 | − 0. 338 5 | − 0. 941 0 | − 5. 2 | − 0. 3 | 15. 0 | 155 35 | 0. 413 | 1. 2 |
| 32 | 41. 599 2 | 41. 604 0 | 28 47 | 1 | − 0. 481 5 | − 0. 876 4 | − 4. 8 | 0. 3 | 15. 5 | 164 35 | 0. 266 | 0. 8 |
| 33 | 42. 099 2 | 42. 103 5 | 37 47 | 1 | − 0. 612 7 | − 0. 790 3 | − 4. 3 | 0. 7 | 16. 0 | 173 35 | 0. 112 | 0. 3 |
| 34 | 42. 599 2 | 42. 603 6 | 46 47 | 1 | − 0. 728 8 | − 0. 684 8 | − 4. 4 | 0. 5 | 16. 5 | 182 35 | − 0. 045 | − 0. 1 |
| 35 | 43. 099 2 | 43. 103 4 | 55 47 | 1 | − 0. 826 9 | − 0. 562 3 | − 4. 2 | 0. 5 | 17. 0 | 191 35 | − 0. 201 | − 0. 6 |
| 36 | 43. 599 2 | 43. 603 8 | 64 47 | 1 | 0. 904 7 | − 0. 426 0 | − 4. 6 | − 0. 2 | 17. 5 | 200 35 | − 0. 352 | − 1. 0 |
| 37 | 44. 099 2 | 44. 104 0 | 73 47 | 1 | − 0. 960 2 | − 0. 279 3 | − 4. 8 | − 0. 7 | 18. 0 | 209 35 | − 0. 494 | − 1. 5 |
| 38 | 44. 599 2 | 44. 603 6 | 82 47 | 1 | − 0. 992 1 | − 0. 125 6 | − 4. 4 | − 0. 7 | 18. 5 | 218 35 | − 0. 624 | 1. 9 |
| 39 | 45. 099 2 | 45. 102 5 | 91 47 | 1 | − 0. 999 5 | 0. 031 1 | − 3. 3 | 0 | 19. 0 | 227 35 | − 0. 738 | − 2. 2 |
| 40 | 45. 599 2 | 45. 604 4 | 100 47 | 1 | 0. 982 3 | 0. 187 1 | − 5. 2 | − 2. 3 | 19. 5 | 236 35 | − 0. 835 | − 2. 5 |

**法方程式的组成及其解算**

| 法方程式系数 | 未知数解 |
|---|---|
| $[aa] = 40$<br>$[bb] = 20$<br>$[cc] = 20$<br>$[af] = 86$<br>$[bf] = 24.551$<br>$[cf] = 54.1065$<br>$[ff] = 394.62$ | $K' = \dfrac{-[af]}{[aa]} = -2.15$<br>$x = \dfrac{-[af]}{[bb]} = -4.3$<br>$y = \dfrac{-[cf]}{[cc]} = -2.705$ |

**辅助计算**

$$\theta_1 = \frac{D_{01}}{\frac{\lambda_m}{2}} \times 360° = \frac{26.0990}{20} \times 360° = 109°47'$$

$$\Delta\theta = \frac{d}{\frac{\lambda_m}{2}} \times 360° = 9°$$

$$A = \sqrt{x^2 + y^2} = 2.971$$

$$\varphi_0 = \arctan\frac{y}{x} = 245°35'$$

**检核计算及精度评定**

$$[vv] = [ff] + [af]k' + [bf]x + [cf]y = 33.21$$

$$m_0 = \pm\sqrt{\frac{[vv]}{n-t}} = \pm\sqrt{\frac{[vv]}{37}} = \pm\sqrt{\frac{33.21}{37}} = \pm 0.95(\text{mm})$$

$$m_A = m_0\sqrt{\frac{2}{n}} = \pm 0.21(\text{mm})$$

$$m_{\varphi 0} = m_0\sqrt{\frac{2}{nA^2}} = \frac{m_A}{A} = \pm 4°03'$$

$$[vv] = 33.23$$

为提高测距精度，须增加多余观测，故采用全组合观测法，此时共需观测 21 个距离值。

在六段法中，点号一般取 0、1、2、3、4、5、6，则须测定的距离如下：

$$
\begin{matrix}
D_{01} & D_{02} & D_{03} & D_{04} & D_{05} & D_{06} \\
 & D_{12} & D_{13} & D_{14} & D_{15} & D_{16} \\
 & & D_{23} & D_{24} & D_{25} & D_{26} \\
 & & & D_{34} & D_{35} & D_{36} \\
 & & & & D_{45} & D_{46} \\
 & & & & & D_{56}
\end{matrix}
$$

为了全面考查仪器的性能，最好将 21 个被测量的长度大致均匀分布于仪器的最佳测程以内。

**(二) 加常数 $K$ 的计算**

若以 6 个独立分段的距离改正数 $V_{01}^0$、$V_{02}^0$、$V_{03}^0$、$V_{04}^0$、$V_{05}^0$、$V_{06}^0$ 及加常数 $K$ 作为未知数，此时就有 14 个多余观测值，通过平差计算就可以求出 6 段距离的平均值和加常数 $K$。

首先列误差方程式，取用下列符号：

$D_i$ 为距离量测值（经气象、倾斜改正以后的水平距离）；

$v_i$ 为距离量测值的改正数；

$D_i^0$ 为距离的近似值；

$V_i^0$ 为距离近似值的改正数；

$\overline{D_i}$ 为距离的平差值（$i = 01, 02, \cdots, 56$）。

因为

$$\overline{D_i} = D_i + v_i + K$$

$$\overline{D_i} = D_i^0 + V_i^0$$

所以，可得误差方程式

$$v_i = -K + V_i^0 + D_i^0 - D_i \tag{3-61}$$

设

$$l_i = D_i^0 - D_i$$

则可将式(3-61)写为误差方程式的一般形式

$$v_i = -K + V_i^0 + l_i \tag{3-62}$$

现将 21 个误差方程式列于表 3-14 中，组成并解算法方程式。

由于短程测距仪的比例误差远小于固定误差，所以可将距离观测值视为等权观测值，即 $P = 1$。按表 3-14 可组成以下 7 个法方程式。

$$
\begin{pmatrix}
21 & 4 & 2 & 0 & -2 & -4 & -6 \\
4 & 6 & -1 & -1 & -1 & -1 & -1 \\
2 & -1 & 6 & -1 & -1 & -1 & -1 \\
0 & -1 & -1 & 6 & -1 & -1 & -1 \\
-2 & -1 & -1 & -1 & 6 & -1 & -1 \\
-4 & -1 & -1 & -1 & -1 & 6 & -1 \\
-6 & -1 & -1 & -1 & -1 & -1 & 6
\end{pmatrix}
\cdot
\begin{pmatrix} K \\ V_{01}^0 \\ V_{02}^0 \\ V_{03}^0 \\ V_{04}^0 \\ V_{05}^0 \\ V_{06}^0 \end{pmatrix}
+
\begin{pmatrix} [al] \\ [bl] \\ [cl] \\ [dl] \\ [el] \\ [fl] \\ [gl] \end{pmatrix}
= 0 \tag{3-63}
$$

表 3-14　21 个误差方程式

| | $a$ | $b$ | $c$ | $d$ | $e$ | $f$ | $g$ | $l$ |
|---|---|---|---|---|---|---|---|---|
| $v_{01}=$ | $-K$ | $+V_{01}^0$ | | | | | | $+l_{01}$ |
| $v_{02}=$ | $-K$ | | $+V_{02}^0$ | | | | | $+l_{02}$ |
| $v_{03}=$ | $-K$ | | | $+V_{03}^0$ | | | | $+l_{03}$ |
| $v_{04}=$ | $-K$ | | | | $+V_{04}^0$ | | | $+l_{04}$ |
| $v_{05}=$ | $-K$ | | | | | $+V_{05}^0$ | | $+l_{05}$ |
| $v_{06}=$ | $-K$ | | | | | | $+V_{06}^0$ | $+l_{06}$ |
| $v_{12}=$ | $-K$ | $-V_{01}^0$ | $+V_{02}^0$ | | | | | $+l_{12}$ |
| $v_{13}=$ | $-K$ | $-V_{01}^0$ | | $+V_{03}^0$ | | | | $+l_{13}$ |
| $v_{14}=$ | $-K$ | $-V_{01}^0$ | | | $+V_{04}^0$ | | | $+l_{14}$ |
| $v_{15}=$ | $-K$ | $-V_{01}^0$ | | | | $+V_{05}^0$ | | $+l_{15}$ |
| $v_{16}=$ | $-K$ | $-V_{01}^0$ | | | | | $+V_{06}^0$ | $+l_{16}$ |
| $v_{23}=$ | $-K$ | | $-V_{02}^0$ | $+V_{03}^0$ | | | | $+l_{23}$ |
| $v_{24}=$ | $-K$ | | $-V_{02}^0$ | | $+V_{04}^0$ | | | $+l_{24}$ |
| $v_{25}=$ | $-K$ | | $-V_{02}^0$ | | | $+V_{05}^0$ | | $+l_{25}$ |
| $v_{26}=$ | $-K$ | | $-V_{02}^0$ | | | | $+V_{06}^0$ | $+l_{26}$ |
| $v_{34}=$ | $-K$ | | | $-V_{03}^0$ | $+V_{04}^0$ | | | $+l_{34}$ |
| $v_{35}=$ | $-K$ | | | $-V_{03}^0$ | | $+V_{05}^0$ | | $+l_{35}$ |
| $v_{36}=$ | $-K$ | | | $-V_{03}^0$ | | | $+V_{06}^0$ | $+l_{36}$ |
| $v_{45}=$ | $-K$ | | | | $-V_{04}^0$ | $+V_{05}^0$ | | $+l_{45}$ |
| $v_{46}=$ | $-K$ | | | | $-V_{04}^0$ | | $+V_{06}^0$ | $+l_{46}$ |
| $v_{56}=$ | $-K$ | | | | | $-V_{05}^0$ | $+V_{06}^0$ | $+l_{56}$ |

7 个法方程式的常数项为

$$\begin{cases}[al]=-[l]\\ [bl]=l_{01}-l_{12}-l_{13}-l_{14}-l_{15}-l_{16}\\ [cl]=l_{02}+l_{12}-l_{23}-l_{24}-l_{25}-l_{26}\\ [dl]=l_{03}+l_{13}+l_{23}-l_{34}-l_{35}-l_{36}\\ [el]=l_{04}+l_{14}+l_{24}+l_{34}-l_{45}-l_{46}\\ [fl]=l_{05}+l_{15}+l_{25}+l_{35}+l_{45}-l_{56}\\ [gl]=l_{06}+l_{16}+l_{26}+l_{36}+l_{46}+l_{56}\end{cases}\tag{3-64}$$

为了保证常数项计算的正确性，可用下式进行检核。

$$\begin{aligned}\sum L&=[al]+[bl]+[cl]+[dl]+[el]+[fl]+[gl]\\&=-[l]+l_{01}+l_{02}+l_{03}+l_{04}+l_{05}+l_{06}\end{aligned}\tag{3-65}$$

组成法方程式(3-63)后，可解求 7 个未知数，该法方程系数阵的逆 $Q$ 矩阵见表 3-15，常用 $Q$ 矩阵解求。接着可求得各段距离的平差值，并进行精度评定。

**(三)具体作业步骤**

(1)在平坦地面上设置一条直线，按上述原则分成 6 段，并观测组合测段的 21 个距离，计算出经气象、倾斜改正后的水平距离 $D_i$(有时还需加入周期误差改正)。

(2)选择近似距离 $D_{01}^0 \sim D_{06}^0$。选择时尽量接近量测值，以保证计算方便、准确，并计算

出 $D_{12}^0 \sim D_{16}^0, D_{23}^0 \sim D_{26}^0, D_{34}^0 \sim D_{36}^0, D_{45}^0 \sim D_{46}^0$ 及 $D_{56}^0$ 的近似值,例如 $D_{12}^0 = D_{02}^0 - D_{01}^0$,等等。

(3)计算误差方程式的常数项 $l_i$

$$l_i = D_i^0 - D_i$$

(4)按表 3-14 的形式,列出误差方程式。

(5)组成并解算法方程式,求得 7 个未知数,即加常数 $K$ 和距离近似值改正数 $V_{01}^0 \sim V_{06}^0$。

(6)将求得的 $K$ 值分别加到量测值 $D_i$ 中,得到经过加常数改正后的量测值 $D'_i$,即

$$D'_i = D_i + K, \text{例如 } D'_{01} = D_{01} + K$$

(7)将求得的距离近似值的改正数 $V_i^0$ 加到相应的近似值中,得到距离的平差值 $\overline{D_i}$,即

$$\overline{D_i} = D_i^0 + V_i^0, \text{例如} \overline{D_{01}} = D_{01}^0 + V_{01}^0$$

(8)由距离平差值 $\overline{D_i}$ 与量测值 $D'_i$ 之差,求得改正数 $v_i$,即

$$v_i = \overline{D_i} - (D_i + K), \text{例如 } v_{12} = \overline{D_{12}} - (D_{12} + K)$$

(9)按分别算得的 $v_i$ 值,计算 $[vv]$,与按下式求得的 $[vv]$ 值比较,作为检核。

$$[vv] = [ll] + [al]K + [bl]V_{01}^0 + [cl]V_{02}^0 + [dl]V_{03}^0 + [el]V_{04}^0 + [fl]V_{05}^0 + [gl]V_{06}^0 \quad (3\text{-}66)$$

(10)按间接观测平差计算单位权中误差的公式计算一次测距误差 $m_d$

$$m_d = \pm \sqrt{\frac{[vv]}{n - t}} \quad (3\text{-}67)$$

式中:$n$ 为观测值个数,这里 $n = 21$;$t$ 为未知数个数,此处 $t = 7$。

加常数测定中误差为

$$m_K = \pm m_d \sqrt{Q_{11}}$$

式中:$Q_{11}$ 为表 3-15 中 $Q$ 矩阵的第一个元素。

算例,见表 3-15。

## 六、检定测距精测频率确定乘常数

测距仪的长度基准由石英晶体振荡器(以下简称振荡器)产生的调制频率确定。一般情况下,测距仪设有多个调制频率,其中精测频率的准确度影响测距精度。频率准确度指精测频率实际值与标称值的相对偏差。检定的目的是在距离观测值中加入频率改正。频率改正的系数(称乘常数)为

$$R = \frac{f_{标} - f_{测}}{f_{标}}$$

根据测距仪的结构,有直接测频和间接测频两种检定方法,均无需打开测距仪。

直接测频方法适用于测距仪本身设有频率检定插孔的仪器。将频率仪(或其他频率检定设备)直接与被检测距仪的频率输出插孔连接,测定测距仪的输出信号频率。

间接测频方法适用于测距仪本身无频率检定插孔的仪器。将测距仪发出的调制光信号通过一个光电转换器转换为电信号,经放大后加到频率仪(或其他频率检定设备)的输入端,进行测定。

精测频率的检定一般要在仪器修理部门或计量检定部门进行。

**表 3-15　六段解析法计算加常数**

| 序号 | 测段 | 近似值 $D_i^0$ (m) | 量测值 $D_i$ (m) | 差值 $l_i$ $(D_i^0-D_i)$ (mm) | 改正后量测值 $D'_i$ $(D_i+K)$ (m) | 平差值 $\overline{D}$ $(D'_i+v_i^0)$ (m) | $v_i$ $(\overline{D}_i-D_i)$ (mm) |
|---|---|---|---|---|---|---|---|
| | 1 | 2 | 3 | 4 | 5 | 6 | 7 |
| 1 | 0-1 | 19.50 | 19.503 1 | -3.1 | 19.505 1 | 19.504 9 | -0.2 |
| 2 | 0-2 | 58.50 | 58.496 3 | +3.7 | 58.498 3 | 69.498 1 | -0.2 |
| 3 | 0-3 | 126.48 | 126.480 6 | -0.6 | 126.482 6 | 126.478 8 | -3.8 |
| 4 | 0-4 | 253.96 | 253.962 3 | -2.3 | 253.964 3 | 253.967 2 | +2.9 |
| 5 | 0-5 | 509.94 | 509.939 6 | +0.4 | 509.941 6 | 509.445 1 | +3.5 |
| 6 | 0-6 | 1 021.43 | 1 021.430 1 | -0.1 | 1 021.432 1 | 1 021.429 7 | -2.4 |
| 7 | 1-2 | 39.00 | 38.989 3 | +10.7 | 38.991 3 | 38.993 2 | +1.9 |
| 8 | 1-3 | 106.98 | 106.972 9 | +7.1 | 106.974 9 | 106.973 9 | -1.0 |
| 9 | 1-4 | 234.46 | 234.462 8 | -2.8 | 234.464 8 | 234.462 3 | -2.5 |
| 10 | 1-5 | 490.44 | 490.437 9 | +2.1 | 490.439 9 | 490.440 2 | +0.3 |
| 11 | 1-6 | 1 001.93 | 1 001.922 0 | +8.0 | 1 001.924 0 | 1 001.924 8 | +0.8 |
| 12 | 2-3 | 67.98 | 67.980 6 | -0.6 | 67.982 6 | 67.980 7 | -1.9 |
| 13 | 2-4 | 195.46 | 195.466 6 | -6.6 | 195.468 6 | 195.469 1 | +0.5 |
| 14 | 2-5 | 451.44 | 451.442 6 | -2.6 | 451.444 6 | 451.447 0 | +2.4 |
| 15 | 2-6 | 962.93 | 962.928 7 | +1.3 | 962.930 7 | 962.931 6 | +0.9 |
| 16 | 3-4 | 127.48 | 127.488 0 | -8.0 | 127.490 0 | 127.488 4 | -1.6 |
| 17 | 3-5 | 383.46 | 383.465 1 | -5.1 | 383.467 1 | 383.466 3 | -0.8 |
| 18 | 3-6 | 894.95 | 894.953 2 | -3.2 | 894.955 2 | 894.950 9 | -4.3 |
| 19 | 4-5 | 255.98 | 255.976 0 | +4.0 | 255.978 0 | 255.977 9 | -0.1 |
| 20 | 4-6 | 767.47 | 767.461 1 | +8.9 | 767.463 1 | 767.462 5 | -0.6 |
| 21 | 5-6 | 511.49 | 511.477 1 | +12.9 | 511.479 1 | 511.484 6 | +5.5 |
| | | | | [ll] | | | [vv] |
| | Σ | | | 684.51 | | | 115.3 |

略图

用 $Q$ 矩阵解算未知数

| 常数项 | $Q_{1j}$ | $Q_{2j}$ | $Q_{3j}$ | $Q_{4j}$ | $Q_{5j}$ | $Q_{6j}$ | $Q_{7j}$ |
|---|---|---|---|---|---|---|---|
| [al] -24.1 | 0.200 00 | 0.057 14 | 0.114 29 | 0.171 43 | 0.228 57 | 0.285 71 | 0.342 86 |
| [bl] -28.2 | 0.057 14 | 0.302 04 | 0.175 51 | 0.191 84 | 0.208 16 | 0.224 49 | 0.240 82 |
| [cl] +22.9 | 0.114 29 | 0.175 51 | 0.351 02 | 0.240 82 | 0.273 47 | 0.306 12 | 0.338 78 |
| [dl] +22.2 | 0.171 43 | 0.191 84 | 0.240 82 | 0.432 65 | 0.338 78 | 0.387 76 | 0.436 73 |
| [el] -32.6 | 0.228 57 | 0.208 16 | 0.273 47 | 0.338 78 | 0.546 94 | 0.469 39 | 0.534 69 |
| [fl] -14.1 | 0.285 71 | 0.224 49 | 0.306 12 | 0.387 76 | 0.469 39 | 0.693 88 | 0.632 65 |
| [gl] +27.8 | 0.342 86 | 0.240 82 | 0.338 78 | 0.436 73 | 0.534 69 | 0.632 65 | 0.873 47 |
| Σ = | $K$ | $V_{01}^0$ | $V_{02}^0$ | $V_{03}^0$ | $V_{04}^0$ | $V_{05}^0$ | $V_{06}^0$ |
| -26.1 | +1.957 | +4.873 | -1.868 | -1.208 | +7.180 | +5.096 | -0.331 |

计算公式

$$[al]=-[l]$$
$$[bl]=l_{01}-l_{12}-l_{13}-l_{14}-l_{15}-l_{16}$$
$$[cl]=l_{02}+l_{12}-l_{23}-l_{24}-l_{25}-l_{26}$$
$$[dl]=l_{03}+l_{13}+l_{23}-l_{34}-l_{35}-l_{36}$$
$$[el]=l_{04}+l_{14}+l_{24}+l_{34}-l_{45}-l_{46}$$
$$[fl]=l_{05}+l_{15}+l_{25}+l_{35}+l_{45}-l_{56}$$
$$[gl]=l_{06}+l_{16}+l_{26}+l_{36}+l_{46}+l_{56}$$

检核：$\sum L=[al]+[bl]+[cl]+[dl]+[el]+[fl]+[gl]=-[l]+l_{01}+l_{02}+l_{03}+l_{04}+l_{05}+l_{06}=-26.1$

$$[VV]=[ll]+[al]R+[bl]V_{01}^0+[cl]V_{02}^0+[dl]V_{03}^0+[el]V_{04}^0+[fl]V_{05}^0+[gl]V_{06}^0=115.2$$

精度评定

$K=1.96$ (mm)

$$m_d=\pm\sqrt{\frac{[vv]}{n-t}}=\pm\sqrt{\frac{115.2}{14}}=\pm 2.87\ (\text{mm})$$

$$m_K=\pm\sqrt{Q_{11}m_d}=\pm\sqrt{0.2}\times 2.87=\pm 1.28\ (\text{mm})$$

## 七、用六段比较法测定加常数、乘常数

比较法系通过被检测的仪器在基线场上取得观测值，将观测值与已知基线值进行比较从而求得加、乘常数的方法。下面介绍“六段比较法”（实用上不限于六段）。

设 $D_{01}\sim D_{56}$ 为 21 段距离观测值；

$v_{01}\sim v_{56}$ 为 21 段距离改正数；

$\overline{D_{01}}\sim\overline{D_{56}}$ 为经加常数、乘常数改正后的距离值；

$\overline{\overline{D_{01}}}\sim\overline{\overline{D_{56}}}$ 为 21 段基线值。

因

$$\begin{cases} D_{01}+v_{01}+K+D_{01}R=\overline{\overline{D_{01}}} \\ D_{02}+v_{02}+K+D_{02}R=\overline{\overline{D_{02}}} \\ \quad\vdots \\ D_{56}+v_{56}+K+D_{56}R=\overline{\overline{D_{56}}} \end{cases} \tag{3-68}$$

则误差方程式为

$$\begin{cases} v_{01}=-K-D_{01}R+l_{01} \\ v_{02}=-K-D_{02}R+l_{02} \\ \quad\vdots \\ v_{56}=-K-D_{56}R+l_{56} \end{cases} \tag{3-69}$$

式中：$l_{01}\sim l_{56}$ 为基线值与观测值之差，如 $l_{01}=\overline{\overline{D_{01}}}-D_{01}$。进而可组成法方程式

$$\begin{cases} 21K+[D]R-[l]=0 \\ [D]K+[DD]R-[Dl]=0 \end{cases} \tag{3-70}$$

由此可解出 $K$、$R$。如需经常重复解算，可将 $Q$ 值算出，按下式解算 $K$、$R$

$$\begin{bmatrix} K \\ R \end{bmatrix}=\begin{bmatrix} Q_{11} & Q_{12} \\ Q_{21} & Q_{22} \end{bmatrix}\times\begin{bmatrix} [l] \\ [Dl] \end{bmatrix} \tag{3-71}$$

求出 $K$、$R$ 后，即可算出两项改正数之和（$c_i$），即

$$c_i=D_iR+K,\qquad i=01,02,\cdots,56$$

再计算经 $K$、$R$ 改正后的距离值，即

$$\overline{D_i}=D_i+c_i$$

计算残差

$$v_i=\overline{\overline{D_i}}-\overline{D_i}$$

计算 $[vv]$，并按下式校核

$$\begin{cases} [vv]=[ll]-[l]K-[Dl]R \\ [v]=0 \end{cases} \tag{3-72}$$

精度评定

$$m_d=\pm\sqrt{\frac{[vv]}{21-t}}$$

$$m_K=\pm\sqrt{Q_{11}}\,m_d$$

$$m_R=\pm\sqrt{Q_{22}}\,m_d$$

算例：见表 3-16。

**表 3-16　六段比较法解算加乘常数**

| 测段 | 基线值($\overline{\overline{D_i}}$)(m) | 距离量测值($D_i$)(m) | $l$ ($\overline{\overline{D_i}} - D_i$)(mm) | 误差方程式系数 $a$ | $b$ | 乘常数改正 $bR$ (mm) | 加、乘常数改正 $bR+K$ (mm) | 改正后的距离 $\overline{D_i} = D_i + bR + K$ (m) | $v$ $\overline{\overline{D_i}} - \overline{D_i}$ (mm) | 未知数解算及精度评定 |
|---|---|---|---|---|---|---|---|---|---|---|
| 0－1 | 19.991 02 | 19.991 5 | －0.48 | －1 | －0.02 | ＋0.11 | ＋0.18 | 19.991 68 | －0.66 | |
| 0－2 | 99.989 86 | 99.988 2 | ＋1.66 | －1 | －0.10 | ＋0.58 | ＋0.65 | 99.988 85 | ＋1.01 | |
| 0－3 | 159.956 95 | 159.955 4 | ＋1.55 | －1 | －0.28 | ＋0.92 | ＋0.99 | 159.956 39 | ＋0.56 | |
| 0－4 | 280.003 26 | 280.002 1 | ＋1.16 | －1 | －0.48 | ＋1.61 | ＋1.68 | 280.003 78 | －0.52 | 法方程式： |
| 0－5 | 480.039 42 | 480.037 5 | ＋1.92 | －1 | －0.52 | ＋2.77 | ＋2.84 | 480.040 34 | －0.92 | $21K + 5.32R - 32.22 = 0$ |
| 0－6 | 519.894 57 | 519.891 4 | ＋3.17 | －1 | －0.52 | ＋3.00 | ＋3.07 | 591.894 47 | ＋0.10 | $5.32K + 1.8728R - 11.1896$ |
| 1－2 | 79.998 84 | 79.997 0 | ＋1.84 | －1 | －0.08 | ＋0.46 | ＋0.53 | 79.997 53 | ＋1.31 | $= 0$ |
| 1－3 | 139.965 93 | 139.965 5 | ＋0.43 | －1 | －0.14 | ＋0.81 | ＋0.88 | 139.966 38 | －0.45 | 解得：$R = +5.765$ mm/km |
| 1－4 | 260.012 24 | 260.010 1 | ＋2.14 | －1 | －0.26 | ＋1.50 | ＋1.57 | 260.011 67 | ＋0.57 | $K = +0.07$ mm |
| 1－5 | 460.048 40 | 460.045 7 | ＋2.70 | －1 | －0.46 | ＋2.65 | ＋2.72 | 460.048 42 | －0.02 | $Q_{11} = 0.1698$ |
| 1－6 | 499.903 55 | 499.900 6 | ＋2.95 | －1 | －0.50 | ＋2.88 | ＋2.95 | 499.903 55 | 0 | $Q_{12} = Q_{21}$ |
| 2－3 | 59.967 09 | 59.967 8 | －0.71 | －1 | －0.06 | ＋0.35 | ＋0.42 | 59.968 22 | －1.13 | $= -0.4825$ |
| 2－4 | 180.013 40 | 180.011 2 | ＋2.20 | －1 | －0.18 | ＋1.03 | ＋1.10 | 180.012 30 | ＋1.10 | $Q_{22} = 1.9045$ |
| 2－5 | 380.049 56 | 380.047 7 | ＋1.86 | －1 | －0.38 | ＋2.19 | ＋2.26 | 380.049 96 | －0.40 | |
| 2－6 | 419.904 71 | 419.902 6 | ＋2.11 | －1 | －0.42 | ＋2.42 | ＋2.49 | 419.905 09 | －0.38 | $m_d = \pm\sqrt{\frac{25.374}{19}}$ |
| 3－4 | 120.046 31 | 120.046 3 | ＋0.01 | －1 | －0.12 | ＋0.69 | ＋0.76 | 120.047 06 | －0.75 | $= \pm 1.16$(mm) |
| 3－5 | 320.082 47 | 320.081 1 | ＋1.37 | －1 | －0.32 | ＋1.84 | ＋1.91 | 320.083 01 | －0.54 | $m_K = \pm\sqrt{Q_{11}} \cdot m_d$ |
| 3－6 | 359.937 62 | 359.935 8 | ＋1.82 | －1 | －0.36 | ＋2.08 | ＋2.15 | 359.937 95 | －0.33 | $= \pm 0.48$ mm |
| 4－5 | 200.036 16 | 200.035 0 | ＋1.16 | －1 | －0.20 | ＋1.15 | ＋1.22 | 200.036 22 | －0.06 | $m_R = \pm\sqrt{Q_{22}} \cdot m_d$ |
| 4－6 | 239.891 31 | 239.886 3 | ＋5.01 | －1 | －0.24 | ＋1.38 | ＋1.45 | 239.887 75 | ＋3.56 | $= \pm 1.60 \times 10^{-6}$ |
| 5－6 | 39.855 15 | 39.856 8 | －1.65 | －1 | －0.04 | ＋0.23 | ＋0.30 | 39.857 10 | －1.95 | |
| $\sum$ | | | $[bl] = -11.1896$ | $[al] =$ $-32.22$ | $[bb] =$ $1.8728$ | | | | $\sum$ ＋8.21 | |
| | | | $[ll] = 92.6574$ | | $[ab] =$ $5.32$ | | | | $\sum$ －8.11 ＋0.10 | |
| | | | | | | | | | $[vv] =$ $25.374$ | |

校核$[vv] = [ll] + [al]K + [bl]R = 25.894$

附图：

# 第四章　平面控制网外业观测

由于电磁波测距的普及，现在的实用常规平面控制网几乎全是导线网，所以本书的平面控制网部分以导线网为主。在第二章中已经讲述了导线网的设计和选点、造标、埋石，本章讲述导线测量的外业观测。内容包括导线的边长观测、水平角观测、垂直角观测、归心元素的测定及归心改正。

## 第一节　水平角观测的主要误差和操作的基本规则

观测工作是在野外复杂条件下进行的，由于观测人员和仪器的局限性以及外界因素的影响，观测中会有误差。为使观测结果达到一定的精度，需要找出误差的规律，研究和采取消除或减弱误差影响的措施，制定出观测操作中应遵守的基本规则，以保证观测成果的精度。

水平角观测误差主要来源于三个方面：一是观测过程中引起的人差，二是外界条件引起的误差，三是仪器误差。仪器误差又包含仪器本身的误差和操作过程中产生的误差。

对于人差，主要是通过提高观测技能加以减弱，这里不进行讨论。

### 一、外界条件对观测精度的影响

外界条件主要是指观测时大气的温度、湿度、密度、太阳照射方位及地形、地物等因素。它对测角精度的影响，主要表现在观测目标成像的质量、水平折光、觇标内架或仪器脚架扭转的影响等方面。

**（一）目标成像质量**

观测目标是测角的照准标的，它的成像好坏直接影响着照准精度。如果成像清晰、稳定，照准精度就高；成像模糊、跳动，照准精度就低。

我们知道，目标影像是目标的光线在大气中传播一定距离后进入望远镜而形成的。假如大气层保持静止，大气中没有水气和灰尘，目标成像一定是清晰、稳定的。但实际的大气层不可能是静止的，也不可能没有水气和灰尘。日出以后，由于阳光的照射，使地面受热，近地面处的空气受热膨胀不断上升，而远离地面的冷空气下降，形成近地面处空气的上下对流。当视线通过时，使其方向、路径不断变化，从而引起目标影像上下跳动。由于地面的起伏及土质、植被的不同，各处的受热程度也不同。因此，空气不仅有上下对流，还会产生水平方向上的对流，当视线通过时，目标影像就左右摆动。

另外，随着空气的对流，地面灰尘、水汽也随之上升，使空气中的灰尘、水汽越来越多，光线通过时其亮度的损失愈大，目标成像就愈不清晰。

由上可知，目标成像跳动或摆动的原因是空气的对流；目标成像是否清晰，主要取决于空气中灰尘和水汽的多少。为了保证目标成像的质量，应采取如下措施。

1. 保证足够的视线高度

因为愈靠近地面，空气愈不稳定，灰尘和水汽也愈多，成像质量愈差；反之，视线愈远离地面,成像质量愈好。在选点时,一定要按《规范》要求,确保视线有一定高度,在观测时,必要时也可采取适当措施,提高视线高度。

2. 选择有利的观测时间

如果仅考虑目标成像的质量,只要符合下列要求,就是有利的观测时间:不论观测水平角还是垂直角,均要求目标成像尽可能清晰;观测水平角时,成像应无左右摆动;观测垂直角时应无上下跳动。

但是,选择观测时间的时候,不仅要考虑到目标的成像质量,还要考虑到其他因素对测角精度的影响,如折光的影响等,不可顾此失彼。

**(二)水平折光**

大家知道,光线通过密度不均匀的介质时,会发生折射,使光线的行程不是一条直线而是曲线。由于越接近地面,空气的密度越大,使得垂直方向大气密度呈上疏下密的垂直密度梯度,而使光线产生垂直方向的折光,称为垂直折光。空气在水平方向上密度也是不均匀的,形成水平密度梯度,而产生水平方向的折光,称为水平折光。下面对水平折光加以讨论,垂直折光将在"三角高程"中加以讨论。

光线通过密度不均匀的空气介质时,经连续折射形成一条曲线,并向密度大的一侧弯曲。如图 4-1 所示,来自目标 $B$ 的光线进入望远镜时,望远镜所照准的方向是曲线 $BdA$ 的切线 $Ab$。这个方向显然与正确方向 $AB$ 不一致,有一个微小的夹角 $\delta$,称为微分折光。微分折光 $\delta$ 在水平面上的投影分量 $B'Ab''$(即水平分量)称为水平折光;微分折光 $\delta$ 在铅垂面上的投影分量 $\angle BAb'$(即垂直分量)称为垂直折光。产生水平折光的原因是,大气在水平方向上的不均匀分布;产生垂直折光的原因是,大气在垂直方向上的不均匀分布。水平折光影响水平方向观测,垂直折光影响垂直角观测。

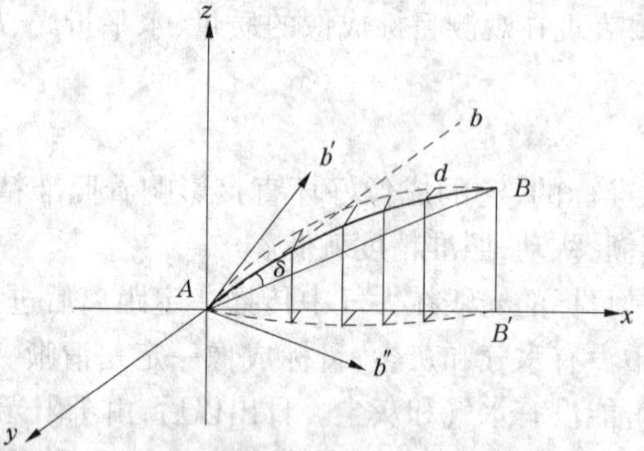


**图 4-1 水平折光**

1. 产生水平折光的原因

当相邻两地的地形和地面覆盖物不同时,在阳光照射下,会出现两地靠近地面处空气密度差异而产生水平对流现象。如图 4-2 所示,一部分为沙石地,另一部分是湖泊。沙石地面辐射强,气温上升快,大气密度较小;湖泊上方气温上升慢,大气密度较大,在温度升高时空气就由右向左连续对流,经过一段时间,对流逐渐缓慢,成像也较稳定,但在地类分界面附近,大气密度必然由密到稀,形成稳定的水平方向的密度差异。当观测视线从分界面附近通过密度不同的空气层时,成为弯向一侧的曲线,产生水平折光,视线两侧的空气密度差别愈大,则水平折光影响就愈大。

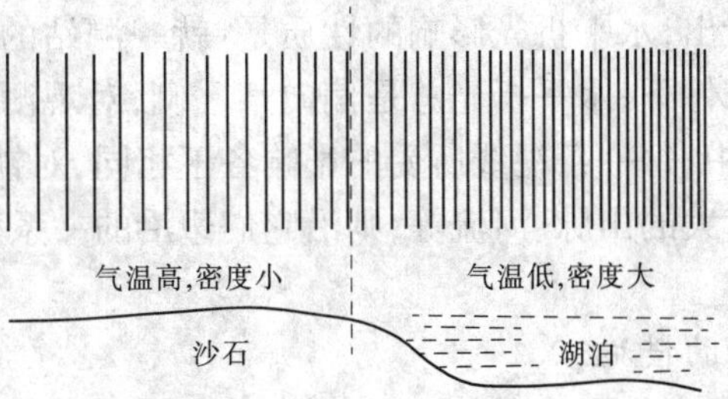


图 4-2　产生水平折光的原因

可见,产生水平折光的根本原因就在于视线通过的大气层水平方向的密度不同。

2. 水平折光影响的规律

一般情况下,除视线远离地面,或视线两侧的地形和地面覆盖物完全相同外,都会在不同程度上存在水平折光影响。由于视线很长,它所通过的大气层的情况非常复杂,因此无法用一个算式来计算出水平折光的数值,只能根据水平折光产生的原因、条件以及光线传播的物理特性和实践经验,找出水平折光对水平角观测影响的一般规律:

(1)由于白天和夜间大气温度变化的情况相反,因而水平折光对方向值的影响,白天与夜间的数值大小趋近相等,符号相反。如图 4-3 所示,在 $A$ 点设站观测 $B$ 点。在白天,由于日光的照射,使沙土地的温度高于水的温度,则沙土地上空的空气密度比水面上空的空气密度小。当视线通过时,成为一凹向湖泊的曲线,使 $AB$ 方向的方向观测值偏小;在夜间,沙土地面的温度比水的温度低,视线成为凹向沙土地的曲线,使 $AB$ 方向的方向观测值偏大。

(2)视线越靠近对热量吸收和辐射快的地形、地物,水平折光影响就越大。

(3)视线通过形成水平折光的地形、地物的距离越长,影响就越大。

(4)引起空气密度分布不均匀的地形、地物越靠近测站,水平折光影响就越大。如图 4-4 所示,$\delta_2>\delta_1$。

(5)视线两侧空气密度悬殊越大,水平折光的影响就越大。

(6)视线方向与水平密度梯度方向越垂直,水平折光影响越大。

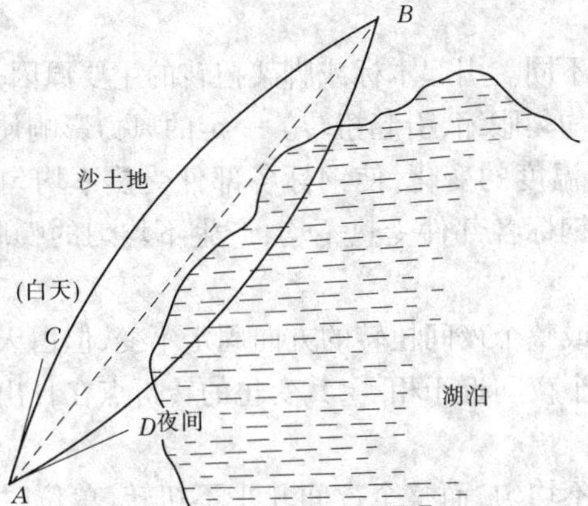


图 4-3　白天和夜间的水平折光

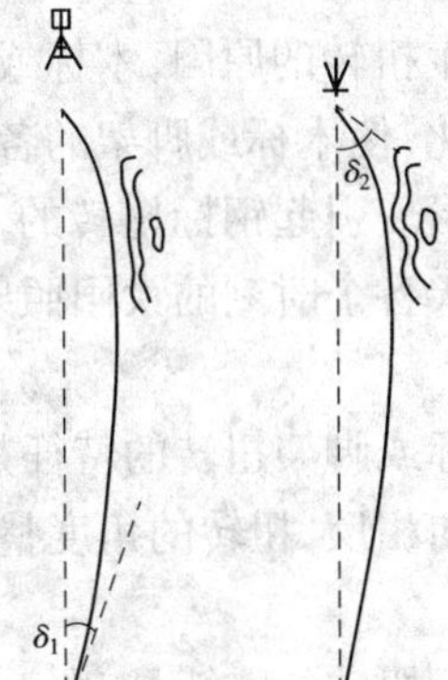


图 4-4　折光影响的不对称现象

从上述的规律不难看出，水平折光影响的性质是：就一测站的某一方向而言，在相同的观测时间和类似的气象条件下，水平折光总是偏向某一侧，对观测方向值产生系统性影响。但是，在大面积三角锁网中，每一条视线所受的影响各不相同，对锁网中所有方向来讲，具有偶然特性。如果锁网中有大的山脉、河流等，则沿它们边沿的一系列视线就会含有同符号的系统影响。

3. 减弱水平折光影响的措施

作业实践证明，水平折光是影响测角精度比较严重、数值较大的误差，应该采取有力的措施减弱其影响。作业中常用的措施有：

(1)选点时，要保证视线超越或旁离障碍物一定的距离。视线应尽量避免从斜坡、大的河流、较大的城镇及工矿区的边沿通过。若无法避开，应采取适当措施，如增加视线高度。

(2)造标时，应使视线至觇标各部位保持一定的距离，如一、二等应不小于 20 cm，三、四等应不小于 10 cm。

(3)一等水平角观测，一份成果的全部测回应在三个以上时间段完成(上午、下午、夜间各为一个时间段)。每一角度的各测回应尽可能在不同条件下观测，至少应分配在两个不同的时间段，同一角度不得连续观测。二等点上的观测，一般应在两个以上不同时间段内完成。每个角度的全部测回，分配在上午、下午观测。

(4)选择有利的观测时间。稳定的大气层，尽管目标成像稳定，但不能说明没有水平折光的影响。与此相反，在成像微有跳动的情况下，正是大气层相互对流的时候，对减弱水平折光是有利的。因此，在选择观测时间时，不但要考虑到目标成像清晰、稳定，还要照顾到对减弱水平折光影响有利。在日出前后、日落前后、大雨前后，虽然目标成像是理想的，但这时水平折光影响也最大，应停止观测。

(5)在水平折光严重的地理条件下，应适当缩短边长或尽量避开之。

**(三)觇标内架或仪器脚架扭转的影响**

觇标上观测时，仪器安置在觇标内架上；在地面观测时，通常把仪器安置在脚架上，当觇标内架或脚架发生扭转时，就会使仪器基座(包括水平度盘)也随之发生变动，给观测结果带来误差影响。

产生扭转的原因，木标或脚架与钢标不同。引起木标或脚架扭转的主要原因是：外界湿度的变化，使木标或脚架的各部件发生不均匀胀缩，引起扭转。一定的风力影响使木标产生弹性变形。引起钢标扭转的主要原因是：温度的变化，使钢标各部件受热不均匀而引起扭转。白天各个时刻的太阳照射方向不同，钢标各部件受热不均，产生不均匀的膨胀，造成扭转。

木标或脚架扭转的特征是：整个白天或整个夜间扭转的方向固定不变，但白天与夜间的扭转方向相反，扭转的角度整个白天与整个夜间近于相等，其变化的转折点在日出和日落前后。

钢标扭转的特征是：白天扭转剧烈且不均匀，而整个夜间几乎不扭转，单位时间内扭转量的变化比木标更不规则。

减弱觇标内架或仪器脚架扭转影响的措施：

(1)在日出、日落前后及温度、湿度有显著变化的时间内不宜观测。

(2)观测时，上、下半测回照准目标的顺序相反，同时，尽可能地缩短一测回的观测时间。

(3)将仪器脚架存放在阴凉、干燥的地方,避免受潮或雨淋。观测时不要让日光直接照射脚架。

**(四)照准目标的相位差**

在二、三、四等水平角观测中,照准目标是觇标的圆筒。理想的情况是,应照准圆筒的中心轴线。但由于日光的照射,圆筒上会出现明亮和阴暗两部分,如图4-5所示。如果背景是阴暗的,往往照准其较明亮的部分;如果背景是明亮的,会照准其较暗的部分。这样,照准的实际位置就不是圆筒的中心轴线,从而给方向观测带来误差影响,这种误差叫做相位差。

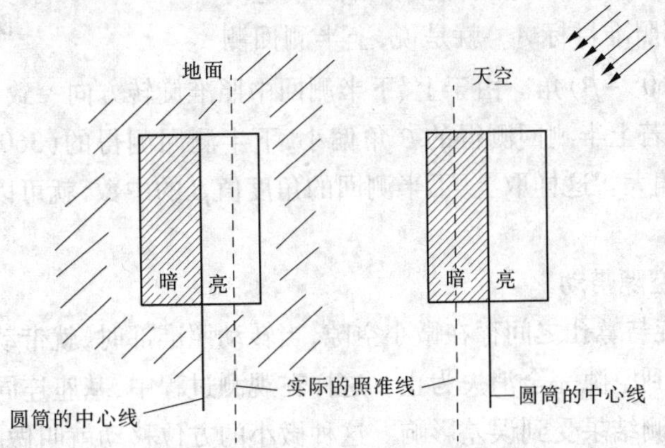


**图4-5 照准目标相位差**

相位差的影响不仅随日光照射方向变化,也随目标的颜色、大小、形状、视线方位及背景的不同而变化。在一个观测时间段内,对某一方向的影响基本相同,呈系统性影响。但上午与下午的观测结果中会出现系统差异。在二、三、四等水平角观测中,其影响不容忽视。

减弱相位差影响的措施是:一个点上最好在上午和下午各观测半数测回,要求观测者仔细辨别圆筒的实际轮廓进行照准,或根据背景情况将圆筒涂成黑色或白色,亦可使用反射光线较小的圆筒(如微相位差圆筒)。此外,如果可能,对个别相位差影响较大的方向,可照准回光进行观测。

## 二、仪器操作中的误差对测角精度的影响

影响观测精度的因素除上述外界条件外,还有仪器误差,如视准轴误差、水平轴倾斜误差、垂直轴倾斜误差等,在第三章中已介绍过。对于传统光学经纬仪,还有测微器行差、照准部及水平度盘偏心差、度盘和测微器分划误差等。下面还要讨论的是,在观测过程中仪器转动时,可能产生的一些误差。

**(一)照准部转动时的弹性带动误差**

当照准部转动时,垂直轴与轴套间的摩擦力使仪器的基座部分产生弹性扭转,与基座相连的水平度盘也被带动而发生微小的方位变动。这种带动主要发生在照准部开始转动时,因为必须克服轴与轴套间互相密接的惯力,而照准部在转动过程中,只需克服较小的摩擦力,故当照准部向右转动时,水平度盘也随之向右带动一个微小的角度,使读数偏小;向左转动照准部时,使读数偏大,这就给观测结果带来系统性影响。

消除其影响的方法是：在半测回中，照准部旋转方向保持不变。这样就使照准各个目标所产生的误差影响的符号相同，大小基本相等，则由各方向组成的角度值中可基本消除之。在一、二等三角观测中规定，一测回中照准部旋转方向保持不变。如图4-6所示，在测站上要观测$A$、$B$目标之间的夹角$\beta$，上半测回先照准目标$A$，按顺时针（或逆时针）方向转动照准部照准目标$B$。下半测回先照准目标$B$，然后按顺时针（或逆时针）方向旋转照准部照准目标$A$。就是说，上半测回测$\beta$角，下半测回测$(360° - \beta)$角。由于上、下半测回中照准旋转方向一致，所受的这种误差影响基本相同。那么，若上半测回测得的$\beta$角偏小，下半测回测得的$(360° - \beta)$角也偏小，由此所得的$\beta$角值就偏大。这样取上、下半测回的角度值$\beta$的中数，就可以基本上消除此种误差影响。

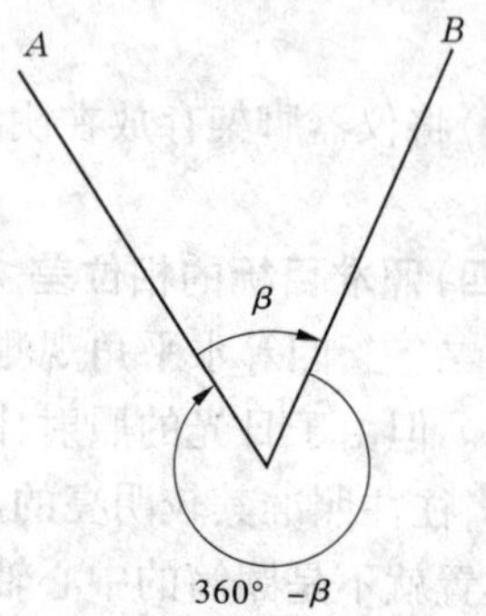

图4-6

**（二）脚螺旋的空隙带动**

由于仪器脚螺旋与螺孔之间存在微小空隙，当转动照准部时，就带动基座使脚螺旋杆靠近螺孔壁的一侧，直到空隙完全消失为止。这样在观测过程中，基座连同水平度盘就产生微小的方位移动，使观测结果受到误差影响。这种微小的方位移动就叫做脚螺旋空隙带动。

显然，这种误差对在改变照准部旋转方向后照准的第一个目标影响最大，若保持照准部旋转方向不变，对以后各方向的观测结果的影响逐渐减小。减弱这种误差影响的方法是：在开始照准目标之前，先将照准部按预定旋转方向转动1～2周，再照准目标进行观测，以后，在一测回或半测回中，照准部旋转方向始终不变。

**（三）水平微动螺旋的隙动差**

当水平微动螺旋弹簧减弱或受油腻影响，旋退水平微动螺旋照准目标时，螺旋杆端就出现微小的空隙，在读数过程中，弹簧才逐渐伸张而消除空隙，使视准轴离开目标，给读数带来误差，这就是水平微动螺旋的隙动差。

减弱其影响的方法是：照准每一目标，均需向“旋进”方向转动水平微动螺旋。所谓旋进方向就是压紧弹簧的方向。对于光学经纬仪来说，当水平微动螺旋旋进时，望远镜所指方向将向左移动，所以在概略转动照准时，无论顺旋或逆旋，都要使目标在望远镜纵丝的左侧少许，在望远镜中观看，由于所见的是倒像，故目标应在纵丝的右侧少许，然后用水平微动螺旋旋进照准目标。另外，要尽量使用水平微动螺旋的中间部分。为做到这一点，每一测回开始前，应将微动螺旋旋到中间部位。

通过以上分析可以看出，虽然点上的观测工作是在外界复杂条件下进行的，存在着较多的误差影响，但它们都有一定的规律，只要善于掌握这些规律，通过必要的措施，误差影响的绝大部分是可以消除的。

现将水平角观测的主要误差及其产生原因、影响性质、消除或减弱措施列表，如表4-1所示。表中部分内容涉及传统光学经纬仪，考虑到或许少量读者仍在使用，因而未作删除。

表 4-1　水平角观测中各种主要误差的产生原因、影响性质、消除或减弱措施

| 项目 | | 产生原因 | 影响性质 | 消除或减弱措施 |
|---|---|---|---|---|
| 外界条件引起的主要误差 | 目标成像质量不佳 | (1)地面对阳光热量的吸收和辐射,使大气产生对流,引起目标影像跳动;<br>(2)大气中的水汽和尘埃使空气透明度不好,造成目标成像不够清晰 | 对成果精度的影响呈偶然性 | (1)使视线有足够的高度;<br>(2)选择有利的观测时间 |
| | 水平折光 | 不同的地面对热量的吸收或辐射的能力不同,引起大气密度在水平方向上分布不均匀,视线通过时产生折射,使水平方向值受误差影响 | 对某一方向或某一测站的方向值呈系统性影响 | (1)选点时尽量避开容易形成水平折光的地形、地物;<br>(2)选择有利的观测时间;<br>(3)视线超越或旁离障碍物一定的距离 |
| | 觇标内架或仪器脚架的扭转 | 木标或脚架:各部件湿度的不同和变化,引起不均匀胀缩<br>钢标:各部件温度的不同,产生不均衡的胀缩 | 呈系统性影响 | (1)上、下半测回照准目标的次序相反;<br>(2)缩短一测回观测时间;<br>(3)温度或湿度剧变时停止观测;<br>(4)不使脚架受潮,观测时不让日光直接照射;<br>(5)必要时使用偏扭观察镜 |
| | 相位差 | 由于阳光照射方位的不同,使圆筒分成明、暗两部分,随目标背景的不同,观测时照准较暗或较明亮的部分而不是圆筒的中心轴线 | 在同一观测时间段内,对某一方向的方向值产生系统性影响 | (1)最好采用上午、下午各测半数测回;<br>(2)观测时仔细分辨,照准圆筒的中心线部位;<br>(3)使用反光较少的圆筒(如微位相差圆筒);<br>(4)照准回光进行观测 |
| | 视准轴误差 | (1)视准轴与水平轴不正交;<br>(2)仪器望远镜单方向受热 | 对某一方向值的影响随目标高度变化;对盘左和盘右读数的影响大小相等,符号相反 | (1)取盘左、盘右读数的中数;<br>(2)防止仪器单方向受热或日光直接照射仪器 |

续表 4-1

| | 项目 | 产生原因 | 影响性质 | 消除和减弱措施 |
|---|---|---|---|---|
| 仪器结构本身引起的主要误差 | 水平轴倾斜误差 | (1)水平轴两端支架不等高;<br>(2)水平轴两端直径不等 | 对某一方向的影响随目标高度变化而变化;对盘左和盘右读数的影响大小相等,符号相反 | 取盘左、盘右读数的中数 |
| | 垂直轴倾斜误差 | 由于仪器没有整置水平,使垂直轴与测站垂线存有微小夹角 | 对方向值呈系统影响;影响大小随竖轴倾斜方向目标高度变化;对盘左、盘右读数影响大小相等,符号相同 | (1)测前精密整平仪器;<br>(2)观测过程中经常重新整平仪器;<br>(3)当目标垂角值较大时,计算改正 |
| | 光学测微器行差 | 由于光学测微器的显微镜位置不正确,使度盘的半个分格理论值与测微器所量得的半分格影像的实际值有一个差值 | 系统性影响 | (1)调整显微镜至正确位置;<br>(2)计算改正 |
| | 照准部偏心差 | 照准部旋转中心与水平度盘刻划圈中心不一致 | 以 2π 为周期的系统性影响 | 对径分划线重合读数,消除其影响 |
| | 水平度盘偏心差 | 水平度盘的旋转中心与水平度盘的刻划圈中心不一致 | 以 2π 为周期的系统性影响 | 对径分划线重合读数,消除其影响 |
| | 水平度盘分划误差 | 刻度机各部分结构和配合不正确 | 周期性系统影响 | 各测回均匀分配度盘位置减弱之 |
| | 测微盘分划误差 | 刻度机各部分结构和配合不正确 | 周期性系统影响 | 各测回均匀分配测微盘位置减弱之 |
| 操作中的仪器误差 | 照准部转动时的弹性带动误差 | 当照准部转动时,竖轴与其轴套间的摩擦力,使仪器底座产生弹性扭转 | 对方向值呈系统性影响 | 半测回中照准部旋转方向保持不变 |
| | 脚螺旋的空隙带动 | 脚螺旋杆与孔壁之间存在空隙 | 改变照准部旋转方向后,对第一个目标的值影响最大,以后逐渐减小,直到消失 | (1)开始照准目标之前,先将照准部向预定旋转方向转动1~2周;<br>(2)半测回中不得回转照准部;<br>(3)将仪器整置水平后,固定脚螺旋 |
| | 水平微动螺旋的隙动差 | 水平微动螺旋弹簧的弹力减弱,旋退水平微动螺旋照准目标时,螺杆端出现微小空隙 | 系统性影响 | (1)照准目标时,一律"旋进"水平微动螺旋;<br>(2)使用水平微动螺旋的中部 |

### 三、水平角观测操作的基本规则

水平角观测操作的基本规则,是根据各种误差对测角的影响规律制定出来的。实践证明,它对消除或减弱各种误差影响是行之有效的,应当自觉遵守。

(1)一测回中不得变动望远镜焦距。观测前要认真调整望远镜焦距,消除视差,一测回中不得变动焦距。转动望远镜时,不要握住调焦环,以免碰动焦距。

其作用在于,避免因调焦透镜移动不正确而引起视准轴变化。

(2)在各测回中,应将起始方向的读数均匀分配在度盘和测微盘上。这是为了消除或减弱度盘、测微盘分划误差的影响。

(3)上、下半测回间纵转望远镜,使一测回的观测在盘左和盘右进行。

一般上半测回在盘左位置进行,下半测回在盘右位置进行。作用在于消除视准轴误差及水平轴倾斜误差的影响,并可获得两倍照准差的数值,借以判断观测质量。

(4)下半测回与上半测回照准目标的顺序相反,并保持对每一观测目标的操作时间大致相等。

其作用在于减弱觇标内架或脚架扭转的影响以及视准轴随时间、温度变化的影响等,就是说,在一测回观测中要连续均匀,不要由于某一目标成像不佳或其他原因而停留过久,在高标上观测更应注意此问题。

(5)半测回中照准部的旋转方向应保持不变。这样可以减弱度盘带动和空隙带动的误差影响。若照准部已转过所照准的目标,就应按转动方向再转一周,重新照准,不得反向转动照准部。因此,在上、下半测回观测之前,照准部要按将要转动的方向先转1~2周。

(6)测微螺旋、微动螺旋的最后操作应一律“旋进”,并使用其中间部位,以消除或减弱螺旋的隙动差影响。

(7)观测中,照准部水准器的气泡偏离中央不得超过《规范》规定的格数。其作用在于减弱垂直轴倾斜误差的影响。在测回与测回之间应查看气泡的位置是否超出规定,若超出,应立即重新整平仪器。若一测回中发现气泡偏离超出规定,应将该测回作废,待整平后,再重新观测该测回。

## 第二节　方向观测法

根据水平角观测操作基本规则,可制定出不同的观测方法,不论哪种观测方法,均应能有效地减弱各种误差影响,保证观测结果的必要精度;操作程序要尽可能的简单、有规律,以适应野外作业。不同等级的水平角观测的精度要求不同,其观测方法也不同。当前三、四等以下的水平角观测采用方向观测法。有时,二等三角观测也使用方向观测法。

### 一、什么是方向观测法

如图4-7所示,若测站上有5个待测方向 $A$、$B$、$C$、$D$、$E$,选择其中的一个方向(如 $A$)作为起始方向(亦称零方向),在盘左位置,从起始方向 $A$ 开始,按顺时针方向依次照准 $A$、$B$、$C$、$D$、$E$,并读取度盘读数,称为上半测回;然后纵转望远镜,在盘右位置按逆时针方向旋转照准部,从最后一个方向 $E$ 开始,依次照准 $E$、$D$、$C$、$B$、$A$ 并读数,称为下半测回。上下半测回合为一测回。

这种观测方法就叫做方向观测法(又叫方向法)。

如果在上半测回照准最后一个方向 $E$ 之后继续按顺时针方向旋转照准部,重新照准零方向 $A$ 并读数;下半测回也从零方向 $A$ 开始,依次照准 $A$、$E$、$D$、$C$、$B$、$A$,并进行读数。这样,在每半测回中,都从零方向开始照准部旋转一整周,再闭合到零方向上的操作,就叫"归零"。通常把这种归零的方向观测法称为全圆方向法。习惯上把方向观测法和全圆方向法统称为方向观测法或方向法。当观测方向多于3个时,采用全圆方向法。

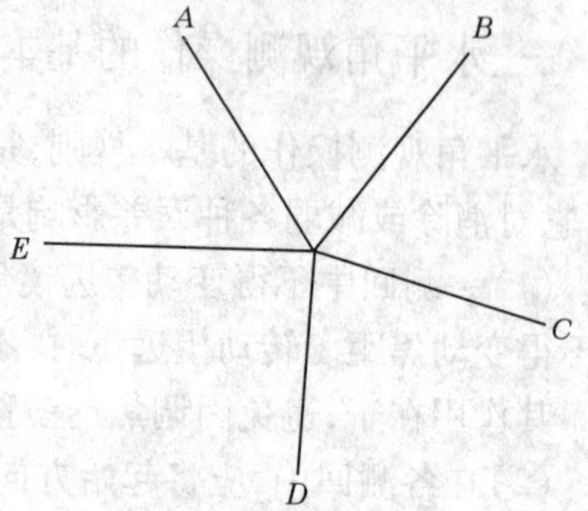

图 4-7 方向观测法

归零的作用是:当应观测的方向较多时,半测回的观测时间也较长,这样在半测回中很难保持仪器底座及仪器本身不发生变动。由于归零,便可以从零方向的两次方向值之差(即归零差)的大小,判明这种变动对观测精度影响的程度以及观测结果是否可以采用。

采用方向观测法时,选择理想的方向作为零方向是重要的。如果零方向选择的不理想,不仅使观测工作无法顺利进行,而且还会影响方向值的精度。选择的零方向应满足以下的条件:

第一,边长适中。就是说,与本点其他方向比较,其边长既不是太长,又不是最短。

第二,成像清晰,目标背景最好是天空。若本点所有目标的背景均不是天空,可选择背景为远山的目标作为零方向。另外,零方向的相位差影响要小。

第三,视线超越或旁离障碍物较远,不易受水平折光影响,视线最好从觇标的两橹柱中间通过。

有些方向虽能满足上述要求,但经常处在云雾中,也不宜选做零方向。

当需要分组观测时,选择零方向更要慎重,以保证各组均使用同一个零方向。

## 二、观测方法

### (一)观测度盘表

当用传统光学经纬仪进行观测时,为了消除度盘和测微器分划误差的影响,要让零方向的读数在各测回处于度盘和测微器的不同位置,也就是各测回要均匀分配度盘和测微器分划位置。现时的全站仪大部分是相对度盘,可把望远镜的任何一个位置设置成任何一个水平方向读数,而物理的度盘位置并没有任何变动,因而分配度盘位置似乎没有意义。现时的高精度全站仪虽然也采用绝对分划度盘,但由于技术进步,分划精度已更高,且在度盘的多位置取样读数,度盘分划误差已微乎其微,一般认为也不需进行度盘位置分配。现行的有关规范并没有对此种现实变化做出反应,各规范上还是要求水平方向观测要分配度盘位置。一部分人认为,尽管在技术上似乎没有分配度盘位置的需要,但对于精度要求高的水平方向观测,分配度盘位置还是有其好处的。对于绝对度盘,分配度盘位置对减弱度盘分划误差肯定有好处;即使是相对度盘,各测回分配度盘位置,也能避免观测员因自觉不自觉地记住各方向的读数值而影响观测质量,也能避免读记粗差。

方向观测法各测回零方向度盘位置按下式计算:

$J_{07}$、$J_1$ 型仪器 $$\frac{180°}{m}(j-1)+4'(j-1)+\frac{120''}{m}(j-\frac{1}{2}) \tag{4-1}$$

$J_2$ 型仪器 $$\frac{180°}{m}(j-1)+10'(j-1)+\frac{600''}{m}(j-\frac{1}{2}) \tag{4-2}$$

式中 $m$——测回数；

$j$——测回序号($j=1,2,3,\cdots,m$)。

《规范》上有根据以上公式计算得的方向观测法度盘位置表,表中数字为各测回零方向度盘位置,观测时可查表设置度盘位置。

**(二)一测回操作程序**

(1)将望远镜置于盘左位置,照准 1 号方向标的,按观测度盘表设置水平度盘读数位置。

(2)顺时针方向旋转照准部 1 ~2 周后,精确照准 1 号方向标的,读取水平度盘读数。

(3)继续按顺时针方向旋转照准部,依次精确照准 2,3,4,…,$n$ 方向标的,并读数,最后闭合至零方向(当观测的方向数小于或等于 3 时,可以不"归零")。

(4)纵转望远镜,使望远镜处于盘右位置,按逆时针方向旋转照准部 1 ~2 周后,依次逆时针旋转照准部,精确照准 1,$n$,…,3,2,1 方向标的,并进行读数。

以上操作为一测回,方向法观测测回数见表 4-2。

**表 4-2 方向法观测的测回数**

| 仪器类型 | 等级 | | |
|---|---|---|---|
| | 二等 | 三等 | 四等 |
| $J_1$ 型 | 15 | 9 | 6 |
| $J_2$ 型 | | 12 | 9 |

**(三)观测手簿的记录与计算**

表 4-3 所列结果,是使用 2″级仪器进行四等方向观测第Ⅷ测回的手簿记录、计算示例。因为观测顺序是:上半测回为 1,2,3,4,1,下半测回为 1,4,3,2,1,所以手簿"读数"栏中两个半测回的记录也必须与之相应,即上半测回由上往下,下半测回由下往上记录。再取盘左盘右观测的平均值。然后将各方向的观测值减去 1 号方向的观测值,得到归零之后的方向值。例如 3 号方向值为:272°07′31.0″－140°18′23.5″＝131°49′07.5″。

## 三、观测结果的选择

**(一)观测限差**

观测结果中,有一些数值在理论上应该满足一定的关系。例如,同一个方向各测回的方向值应相同,归零差应为零等。由于各种误差的影响,实际上是不可能的。为了保证观测结果的精度,利用它们理论上存在的关系,通过大量的实践验证,对其差异规定出一定的界限,称为限差。在作业中用这些限差检核观测质量,决定成果的取舍。在限差以内的结果,认为合格;超限成果,则不合格,应舍去重新观测。

**表 4-3　四等方向观测一测回的手簿记录**

第Ⅷ测回

天气:晴,东风一级　　点名:岭西村　　等级:四　　日期:7 月 10 日

成像:清晰　　$Y=B\neq T$　　开始:　时　分

归心用纸№:42004　　结束:　时　分

| 方向号数名称及照准目标 | 读数 | | | | | | 左－右(2C) | $\frac{左+右}{2}$ | 方向值(2) | | | 附注 |
|---|---|---|---|---|---|---|---|---|---|---|---|---|
| | 盘左 | | | 盘右 | | | | | | | | |
| | ° | ′ | ″ | ° | ′ | ″ | ″ | ″<br>23.5(1) | ° | ′ | ″ | (1)23.5 为上下两个 1 号方向数值的平均值;<br>(2)方向值一栏各数,由各方向观测值减去 1 号方向观测值而获得 |
| 1 小山 T | 140 | 18 | 25 | 320 | 18 | 21 | +04 | 23.0 | 0 | 00 | 00.0 | |
| 2 大岭 T | 200 | 29 | 10 | 20 | 29 | 05 | +05 | 07.5 | 60 | 09 | 44.0 | |
| 3 大岭西 T | 272 | 07 | 32 | 92 | 07 | 30 | +02 | 31.0 | 131 | 49 | 07.5 | |
| 4 青山 T | 307 | 52 | 17 | 127 | 52 | 10 | +07 | 13.5 | 167 | 33 | 50.0 | |
| 1 小山 T | 140 | 18 | 27 | 320 | 18 | 21 | +06 | 24.0 | | | | |

归零差　　Δ左 =2　　Δ右 =1

方向观测法中的限差规定见表 4-4。表 4-4 中的限差规定是经过长期作业实践和周密理论分析而总结出来的,只要作业人员严格按照作业规则操作,在正常的外界条件下,这些限差指标是完全能够满足的。另外,限差是对观测质量的最低要求,作业人员不应满足于观测成果不超限,而应努力提高技术水平,严格遵守操作规则,认真分析误差影响(尤其是系统误差)的因素,采取相应的措施,在不增加作业时间的前提下,最大限度地消除或减弱其影响,尽可能地提高观测成果质量。

**表 4-4　方向观测法限差规定**

| 序号 | 项　目 | 二　等 | | 三　等 | | | 四　等 | | |
|---|---|---|---|---|---|---|---|---|---|
| | | $J_{07}$ 型 | $J_1$ 型 | $J_{07}$ 型 | $J_1$ 型 | $J_2$ 型 | $J_{07}$ 型 | $J_1$ 型 | $J_2$ 型 |
| | | ″ | ″ | ″ | ″ | ″ | ″ | ″ | ″ |
| 1 | 半测回归零差 | 5 | 6 | 5 | 6 | 8 | 5 | 6 | 8 |
| 2 | 一测回内 2C 互差 | 9 | 9 | 9 | 9 | 13 | 9 | 9 | 13 |
| 3 | 化归同一起始方向后,同一方向值各测回互差 | 5 | 6 | 5 | 6 | 9 | 5 | 6 | 9 |
| 4 | 三角形最大闭合差 | 3.5″ | | 7.0″ | | | 9.0″ | | |

**(二)观测结果的取舍**

为了保证观测成果质量,凡是超限成果都必须重测。但超限的具体情况比较复杂,究竟应该重测哪个,要根据观测的实际情况,仔细地分析,合理地确定其取舍。任何主观臆断或盲目重测都可能造成观测结果的混乱,影响成果质量。判定重测时注意:

第一,超限现象是有规律可循的。观测结果中的主要误差是偶然误差,它是按其自身的规律性出现的,因此在成果取舍时,要根据偶然误差的特性加以判断。同时也要根据观测时的具体条件,注意分析系统误差的影响,合理地确定取舍。

第二，在判断重测时应仔细分析造成超限的真正原因。客观原因，如仪器、目标成像、水平折光等；主观原因，如操作、照准、观测时间的选择等。假如判定有错误，将会直接影响成果质量，甚至会造成全部重测。

第三，判定重测的方法只是一些基本原则，不可能是包罗万象的公式。在具体处理时，凡不易判定或把握不大时，要注意从严处理，以避免漏洞。

测回互差超限时，除明显的孤值外，应重测观测结果中最大值和最小值的测回，这是判定重测的基本原则。依此原则，介绍几种判定重测的方法。

1. "测回互差"超限，出现明显的过大或过小的孤值

例如，用北光厂 $J_{07}$ 型光学经纬仪进行三等水平角观测，某方向各测回的观测秒值如下：

| 测回号 | Ⅰ | Ⅱ | Ⅲ | Ⅳ | Ⅴ | Ⅵ |
|---|---|---|---|---|---|---|
| 测回秒值(″) | 26.2 | 26.7 | 25.6 | 31.3 | 24.6 | 25.0 |

显然Ⅳ测回的31.3″过大，其他各测回秒值都很接近。因此，认为Ⅳ测回的结果是不正常的，属于孤值，可仅重测此测回。

所以，①当某一测回秒值与其他测回秒值相差较大，测回互差超限，而其他各测回秒值很接近，舍去此测回后，其他各测回的互差均合限，该测回可作孤值处理；②对于不是明显的孤值，不易判断时，可按"一大一小"进行重测。

2. "测回互差"超限，出现"一大一小"

例如用 $T_2$ 型经纬仪进行三等水平角观测，某一方向的观测结果如下：

| 测回号 | Ⅰ | Ⅱ | Ⅲ | Ⅳ | Ⅴ | Ⅵ | Ⅶ | Ⅷ | Ⅸ | Ⅹ | Ⅺ | Ⅻ |
|---|---|---|---|---|---|---|---|---|---|---|---|---|
| 测回秒值(″) | 26.2 | 28.1 | 30.5 | 31.2 | 29.8 | 36.1 | 34.3 | 32.0 | 32.6 | 31.1 | 31.5 | 32.2 |

其中26.2″较小，36.1″较大，二者互差超限，仅舍去26.2″时，其他各测回合限，仅舍去36.1″时，其他各测回互差也合限。此时可认为36.1″与26.2″属于"一大一小"，应重测这两个测回。

测回互差超限出现"一大一小"，重测时可能出现这样几种情况：一是大的变小，小的变大，二者的互差合限，这时采用重测结果；二是大的仍大，小的变大，与大的基本测回结果合限，这时大的采用基本测回结果，小的采用重测结果；三是小的仍小，大的变小，这时的处理方法与第二种基本情况相同。

3. "测回互差"超限，出现"两小一大"(或"两大一小")

例如用010经纬仪进行三等三角观测，某方向的观测结果如下：

| 测回号 | Ⅰ | Ⅱ | Ⅲ | Ⅳ | Ⅴ | Ⅵ | Ⅶ | Ⅷ | Ⅸ | Ⅹ | Ⅺ | Ⅻ |
|---|---|---|---|---|---|---|---|---|---|---|---|---|
| 测回秒值(″) | 16.8 | 13.3 | 18.7 | 17.8 | 14.0 | 19.32 | 19.8 | 20.5 | 18.8 | 20.7 | 23.8 | 21.5 |

其中13.3″与23.8″互差超限，14.0″与23.8″互差也超限。若舍去13.3″和14.0″，其他各测回互差合限；若舍去23.8″，其他各测回也合限。此时可认为13.3″、14.0″与23.8″属于"两小一大"，这三个测回均应重测。

当测回互差超限，出现"两小一大"(或"两大一小")时，重测的方法是：先重测最大和最小的两个测回，然后看重测结果的变化趋势；若这两个重测结果与另一个超限测回的结果互差仍较大时，则另一个测回也应重测；若很接近且合限，可不再重测。

4. "测回互差"超限出现分群现象

例如用010经纬仪进行三等三角观测，某方向的结果如下：

| 测回号 | Ⅰ | Ⅱ | Ⅲ | Ⅳ | Ⅴ | Ⅵ | Ⅶ | Ⅷ | Ⅸ | Ⅹ | Ⅺ | Ⅻ |
|---|---|---|---|---|---|---|---|---|---|---|---|---|
| 测回秒值(″) | 01.2 | 01.7 | 03.5 | 02.3 | 02.8 | 10.8 | 09.3 | 08.4 | 11.2 | 09.1 | 07.4 | 08.0 |

显然前5个结果接近,其数值偏小;后7个结果接近,其数值偏大。两群的平均值互差较大,在本群内测回互差合限,两群中测回互差有些合限,有些超限。这是明显的分群现象。

造成分群现象的主要原因是:

(1)不同的观测时间段的外界条件有显著的变化。一个时间段观测若干个测回,另一个时间段内观测其余测回,这样两时间段内所测结果互差可能较大。

(2)某些方向视线超越或旁离障碍物的距离较近,产生水平折光影响,白天测得的与夜间测得的结果相差较大,造成分群。

(3)照准觇标圆筒时的相位差影响。

当成果出现分群时,一定要先分析产生原因,然后根据具体情况,采取必要的措施,再重测全部测回,如果只有个别测回互差超限,可只重测超限测回。

**(三)重测、补测的有关规定**

(1)凡因对错度盘、测错方向、上半测回归零差超限、读记错误和中途发现观测条件不佳等原因放弃的非完整测回,再进行的观测通称为补测。补测可随时进行。

因超出限差规定而重新观测的完整测回,称为重测。重测应在基本测回全部完成之后进行,以便对成果综合分析、比较,正确地判定原因之后再进行重测。

(2)采用方向观测法时,在1份成果中,基本测回重测的"方向测回数"超过"方向测回总数"的三分之一时,应重测整份成果。

重测数的计算:在基本测回观测结果中,重测1个方向算作1个"方向测回";一测回中有2个方向重测,算作2个"方向测回"。1份成果的"方向测回总数"(按基本测回计算)等于方向数减1乘以测回数,即$(n-1)m$。

(3)一测回中,若重测的方向数超过本测回全部方向数的三分之一,该测回全部重测。观测3个方向时,即使有1个方向超限,也应将该测回重测。计算重测数时,仍按超限方向数计算。

(4)当某一方向的观测结果因测回互差超限,经重测仍不合限时,要在分析原因后再重测,以避免不合理的多余重测。

(5)进行重测时,只联测零方向。

(6)基本测回的结果与其重测结果,一律上记簿。每一测回只采用一个合限结果。

(7)零方向超限,全测回重测。

(8)中途放弃的方向,最后补测。放弃方向数不超过全部方向数的三分之一。

(9)因三角形闭合差、极校验、基线条件和方位角条件闭合差超限而重测时,应重测整份成果。

## 四、测站平差

在一份成果中,各个方向均观测了若干个测回,同一方向在各测回中的观测值虽然都是合限的,但因受各种误差的影响,彼此间存在差别,不可能相等,因此就要按照一定的方法,由同方向各测回的观测值求出该方向的最可靠的方向值(又叫平差值),作为该方向的观测结果,这就叫测站平差。

这里所介绍的测站平差,是用算术中数的方法,求出各个方向的平差方向值。即

$$\text{某一方向的平均方向值} = \frac{\text{该方向各测回观测值之和}}{\text{测回数}} \tag{4-3}$$

在实际作业中,测站平差计算是在固定表格——“水平方向观测记簿”上进行的,如表4-5所示。

**表4-5　水平方向观测记簿**

呼包区三等三角网(点)　　包头西(11431)点水平方向观测记簿　　1988 年

手簿编号:№017　　所在图幅(1:10 万):11-49-114　　觇标类型:8 m 钢标

仪　　器:$T_2$　№42012　　仪器至柱石面高:8.13 m

观 测 者:屠志向　　记 簿 者:李　伟

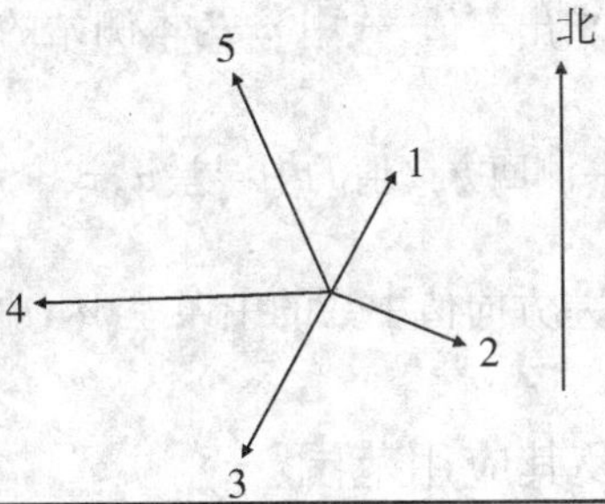


| 方向号数 | 方向名称 | 测站平差后方向值(° ′ ″) | | | (C+γ)归零 | 加归心改正后方向值 | 备　注 |
|---|---|---|---|---|---|---|---|
| 1 | 小　山 | 0 | 00 | 00.0 | | | 一测回方向值中误差 $\mu = \pm 0.83''$ |
| 2 | 黄土岭 | 59 | 15 | 13.2 | | | |
| 3 | 河　山 | 141 | 44 | 44.9 | | | m 个测回方向值中数的中误差 |
| 4 | 白云山 | 228 | 37 | 24.9 | | | |
| 5 | 岭西村 | 297 | 07 | 05.7 | | | $M = \pm 0.28''$ |

| 观测日期 | 测回号 | 1 小山 T (° ′) 0 00 | V | 2 黄土岭 T (° ′) 59 15 | V | 3 河山 T (° ′) 141 44 | V | 4 白云山 T (° ′) 228 37 | V | 5 岭西村 T (° ′) 297 07 | V | 6 (° ′) | V |
|---|---|---|---|---|---|---|---|---|---|---|---|---|---|
| 7.3 | | ″ | ″ | ″ | ″ | ″ | ″ | ″ | ″ | ″ | ″ | ″ | |
| | Ⅰ | 00.0 | | 14.0 | -0.8 | (48.5) | | 25.1 | -0.2 | 06.9 | -1.2 | | |
| | Ⅱ | 00.0 | | 12.5 | +0.7 | 46.0 | -1.1 | 25.0 | -0.1 | 05.9 | -0.2 | | |
| | Ⅲ | 00.0 | | 11.6 | +1.6 | 45.0 | -0.1 | 23.4 | +1.5 | 04.7 | +1.0 | | |
| | Ⅳ | 00.0 | | 11.4 | +1.8 | 46.3 | -1.4 | 26.0 | -1.1 | 05.3 | +0.4 | | |
| | Ⅴ | (00.0) | | 09.2 | | 41.8 | | 23.0 | | 00.8 | | | |
| | Ⅵ | 00.0 | | 15.0 | -1.8 | 43.1 | +1.8 | 24.1 | +0.8 | 04.7 | +1.0 | | |
| | Ⅶ | 00.0 | | (17.1) | | 44.0 | +0.9 | 26.2 | -1.3 | 06.6 | -0.9 | | |
| | Ⅷ | 00.0 | | 13.0 | +0.2 | 44.5 | +0.4 | — | | 06.7 | -1.0 | | |
| | Ⅸ | 00.0 | | 14.8 | -1.6 | 45.2 | -0.3 | 24.8 | +0.1 | 05.5 | +0.2 | | |
| | 重Ⅴ | 00.0 | | 13.2 | 0.0 | 44.7 | +0.2 | 24.4 | +0.5 | 04.9 | +0.8 | | |
| | 重Ⅰ | 00.0 | | | | 45.6 | -0.7 | | | | | | |
| | 重Ⅳ | 00.0 | | 12.9 | +0.3 | | | | | | | | |
| | 重Ⅷ | 00.0 | | | | | | 25.3 | -0.4 | | | | |
| 中　数 | | 00.0 | | 13.2 | | 44.9 | | 24.9 | | 05.7 | | | |
| $\Sigma\|V\|_i$ | | | | | 8.8 | | 6.9 | | 6.0 | | 6.7 | | |

**注:**①括弧中的成果为划去不采用。

②一测回方向值的中误差　$\mu = k\frac{\Sigma|V|}{n} = \pm 0.83''$,　$\Sigma|V| = 28.4$,　$m=9$,　$k=0.147$。

③m 个测回方向值中数的中误差　$M = \frac{\mu}{\sqrt{m}} = 0.28''$,　$k = \frac{1.25}{\sqrt{m(m-1)}}$,　n 为方向数,m 为测回数。

测站平差计算步骤：

(1)按表4-5的格式，从观测手簿中抄取所有观测方向的各测回方向值（超限的基本测回观测结果也抄入相应位置，并划去，表示不予采用）。

(2)按表4-5格式计算所有方向的平差方向值，取至0.1″。

(3)计算出各测回观测值与其平差值之差，记入“$V$”栏内。

(4)求出各个方向的$V$值的绝对值之和$\sum|V|_i$。

(5)求出各个方向的$\sum|V|_i$之和$\sum|V|$。

(6)按公式$k=\frac{1.25}{\sqrt{m(m-1)}}$求出$k$值，式中$m$为本测站的测回数。

(7)按公式$\mu=k\frac{\sum|V|}{n}$求出一测回方向值的中误差$\mu$，式中$n$为本测站的观测方向数。

(8)按公式$M=\frac{\mu}{\sqrt{m}}$求出平差方向值中数的中误差$M$。

## 五、方向观测法的特点及其应用范围

方向观测法有很多优点，例如，观测程序和测站平差简单，有规律；工作量较小；方向数不多时，可以有效地减弱各种误差的影响等。在边长较短、精度要求不高时，是一种好方法。但边较长、精度要求又很高时（如一等三角测量），方向观测法就不适用了。因为观测长边时，要求所有的目标成像都同时清晰、稳定是很困难的。为了等候各个目标的成像清晰、稳定，往往要浪费很多时间。另外，由于一测回照准的目标较多，每一测回观测时间必然较长，这样，由各种外界条件引起的误差影响将会加剧，很难达到更高的精度要求。所以，《规范》规定，方向观测法主要用于三、四等水平角观测。进行二等水平角观测时，若观测方向数少于7个，也可采用此法。

顺便指出，按方向法观测时，若测站方向数超过7个，应进行分组方向观测。分组观测在较早的控制测量书中有叙述。由于现在已基本不布设三角网，本书略去此项内容。

## 六、固定角测站平差

在高等点上设站进行低等观测时，应联测上两个高等方向。在观测完成后，将高等方向的方向夹角作为固定值，对低等观测方向值进行平差，称为固定角平差。其作用就是将低等方向值附合到高等方向值上。

其计算方法为：先计算出联测角观测值与已知的固定角值之差$W$；再算出第一联测方向的改正数（$+W/2$）和第二联测方向的改正数（$-W/2$）。如果零方向为已知高等方向，则把上述的改正数归零并算出平差方向值，如表4-6所示。

应当说明，上述的固定角平差计算只有在固定角闭合差合限的情况下才能进行。若固定角闭合差超限，应分析原因，然后重测。若重测后仍超限，应检查已知数据，并分析判断已知点的稳定性。固定角闭合差的限值为

$$W_{限}=\pm 2\sqrt{m_1^2+m_2^2}$$

式中：$m_1$为原固定角的中误差；$m_2$为本期水平角观测的中误差。

表 4-6　固定角测站平差

| 方向号 | 观测方向值 (° | ′ | ″) | 改正数 | V 归零 | 平差方向值 (° | ′ | ″) | 已知方向值 (° | ′ | ″) | 备注 |
|---|---|---|---|---|---|---|---|---|---|---|---|---|
| 1 | 0 | 00 | 00.0 | +0.89 | 0.0 | 0 | 00 | 00.0 | 38 | 16 | 45.28 | |
| 2 | 48 | 32 | 15.6 | | -0.9 | 48 | 32 | 14.7 | | | | |
| 3 | 76 | 19 | 23.4 | -0.89 | -1.8 | 76 | 19 | 21.6 | 114 | 36 | 07.44 | |
| 4 | 130 | 38 | 32.8 | | -0.9 | 130 | 38 | 31.8 | | | | |
| 5 | 216 | 54 | 44.5 | | -0.9 | 216 | 54 | 43.6 | | | | |

$W=76°19'23.4''-(114°36'07.44''-38°16'45.82'')=+1.78''$

# 第三节　垂直角观测

在导线测量中,除一部分导线点需采用水准测量的方法测定其高程外,大部分导线点是采用三角高程测量的方法传算点位高程的。这就要求在各测站上进行垂直角观测。下面介绍垂直角观测的方法及其有关注意事项。

## 一、垂直角观测方法

### (一)垂直角观测方法

采用中丝法进行垂直角观测,一测回操作方法如下:

(1)整置仪器水平,在盘左位置用望远镜水平中丝照准目标(如果照准标的为觇标圆筒,应使水平中丝与圆筒上沿相切),如图 4-8(a)所示。读取垂直度盘的读数。

(2)纵转望远镜(即在盘右位置),同样用水平中丝照准目标,如图 4-8(b)所示,读取垂直度盘的读数。

以上观测为一测回。

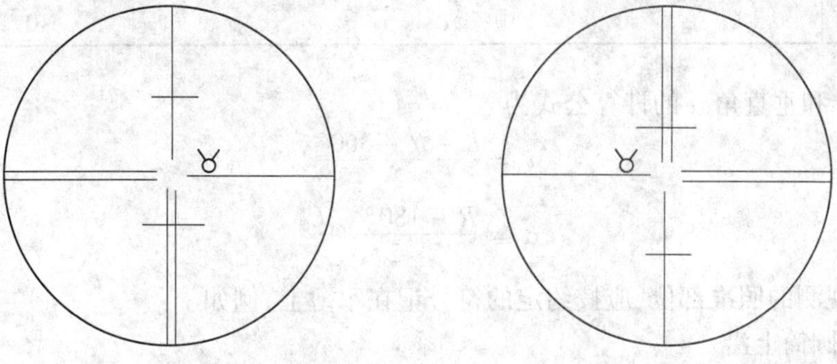


图 4-8　中丝法测垂直角

**(二)测回数**

国家各等级导线点上的垂直角观测,按中丝法应测 6 个测回,而国家各等级三角点按中丝法应测 4 个测回。

工程平面控制网中垂直角观测的测回数,《城市测量规范》(CJJ 8—99)的规定见表 4-7。

表 4-7　城市水平控制测量中垂直角观测测回数

| 平面网等级 | 二、三等 | 四等 | 一、二级小三角 | 一、二、三级导线 | |
|---|---|---|---|---|---|
| 仪器等级 | $J_1$、$J_2$ | $J_2$ | $J_6$ | $J_2$ | $J_6$ |
| 中丝法测回数 | 4 | 2 | 4 | 1 | 2 |

站上的垂直角观测,既可每次只测一个方向,连续观测完应测测回数;也可采用类似于水平方向观测的作法,一次对几个方向,先观测盘左,再观测盘右。

对于国家等级水平控制网,由于边长较长,垂直折光影响很大,《规范》规定,应该在地方时间 10 ~ 16 点之间,目标呈像清晰时观测垂直角。工程控制网边长较短,垂直折光影响相对小些。但也不宜在日出后和日落前半小时内观测。

## 二、手簿的记录计算及观测限差

表 4-8 为按中丝法观测记录计算示例。观测使用仪器为 $J_2$ 型。

表 4-8　中丝法垂直角观测记录计算示例

点名:大青山　　等级:四
天气:晴　　日期:10 月 25 日
成像:清晰稳定　　起:10 时 30 分
仪器至标石面高:1.64 m　　止:11 时 45 分

| 照准点名 | 盘　左 | 盘　右 | 指标差 | 垂直角 |
|---|---|---|---|---|
| 照准部位 | °　′　″ | °　′　″ | ′　″ | °　′　″ |
| | 90　30　14 | 269　29　40 | −0　03 | −0　30　17 |
| | 90　30　18 | 269　29　49 | +0　04 | −0　30　15 |
| 云雾山 Ⅱ | 90　30　16 | 269　29　40 | −0　02 | −0　30　18 |
| | 90　30　22 | 269　29　48 | +0　05 | −0　30　17 |
| | 中　数 | | | −0　30　17 |

指标差 $i$ 和垂直角 $\alpha$ 的计算公式为

$$i = \frac{L + R - 360^\circ}{2}$$

$$\alpha = \frac{R - 180^\circ - L}{2}$$

垂直角观测的照准部位,应按约定的符号记在手簿上,例如

——圆筒上沿

——标顶

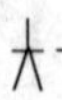——标尖

或以文字注明照准部位。在工程导线测量中,还一般将照准目标高直接记在相应的位置,这样在计算时将更加方便。

《城市测量规范》(CJJ 8—99)规定的垂直角观测限差见表4-9。国家等级测量则规定垂直角互差10″,指标差互差15″。

**表4-9　城市平面控制测量垂直角观测限差**

| 仪器类型 | $J_1$ | $J_2$ | $J_6$ |
|---|---|---|---|
| 测微器两次读数互差 | 1″ | 3″ | — |
| 垂直角互差 | 10″ | 15″ | 25″ |
| 指标差互差 | 10″ | 15″ | 25″ |

观测过程中,指标差绝对值不应大于30″,否则,应进行校正。对已完成的完整测回,若发现超出这一规定时,只要垂直角互差、指标差互差均不超限,该测回仍可采用。

垂直角互差的比较方法:同一方向的各测回进行比较。

### 三、经纬仪高和觇标高度的量取

凡进行垂直角观测,必须量取经纬仪高和觇标(或觇牌)高。只测垂直角,忘了量高,是初学者易出的差错。

经纬仪高是指点位标志到经纬仪横轴中心的垂直距离。觇标高则是指垂直角观测时的照准位置与点位标志间的垂直距离。

现在的导线测量中,仪器高标高一般用钢尺量两次。两次应在钢尺的不同尺段上量,以避免出粗差。读数至毫米。取两次量测结果的中数为最后结果。

垂直角观测后另一个要注意的问题是要现场检查垂直角观测结果有无粗差,以避免无谓返工。检查的方法是现场计算对向观测高差不符值是否合限。具体计算公式将在第五章第三节中给出。

## 第四节　导线的边长观测和角度观测

### 一、边长观测

利用电磁波测距仪进行边长测量的方法已经叙述过,这里仅讲述进行导线边长测量时应遵守的规定和要求。

**(一)导线边长测量精度要求**

国家三、四等级导线测量的主要技术要求见表4-10。

工程导线测量边长测量精度,《城市测量规范》(CJJ 8—99)的要求见表2-5,《工程测量规范》(GB 50026—2007)的要求见表4-11。

**表 4-10 国家三、四等级导线测量的主要技术要求**

| 等级 | 边长范围（km） | 附合导线长度（km） | 测角中误差（″） | 测边相对中误差 | 导线全长相对闭合差 | 方位角闭合差（″） | 水平角观测测回数 | |
|---|---|---|---|---|---|---|---|---|
| | | | | | | | $DJ_1$ | $DJ_2$ |
| 三 | 3~10 | ≤100 | ±1.5 | 1/150 000 | 1/60 000 | $\pm 3\sqrt{n}$ | 9 | 12 |
| 四 | 1~5 | ≤50 | ±2.5 | 1/100 000 | 1/40 000 | $\pm 5\sqrt{n}$ | 6 | 9 |

**表 4-11 导线测量的主要技术要求(工程测量规范)**

| 等级 | 导线长度（km） | 平均边长（km） | 测角中误差（″） | 测距中误差（mm） | 测距相对中误差 | 测回数 | | | 方位角闭合差（″） | 相对闭合差 |
|---|---|---|---|---|---|---|---|---|---|---|
| | | | | | | $DJ_1$ | $DJ_2$ | $DJ_6$ | | |
| 三等 | 14 | 3 | 1.8 | 20 | ≤1/150 000 | 6 | 10 | — | $3.6\sqrt{n}$ | ≤1/55 000 |
| 四等 | 9 | 1.5 | 2.5 | 18 | ≤1/80 000 | 4 | 6 | — | $5\sqrt{n}$ | ≤1/35 000 |
| 一级 | 4 | 0.5 | 5 | 15 | ≤1/30 000 | — | 2 | 4 | $10\sqrt{n}$ | ≤1/15 000 |
| 二级 | 2.4 | 0.25 | 8 | 15 | ≤1/14 000 | — | 1 | 3 | $16\sqrt{n}$ | ≤1/10 000 |
| 三级 | 1.2 | 0.1 | 12 | 15 | ≤1/7 000 | — | 1 | 2 | $24\sqrt{n}$ | ≤1/5 000 |

注：①表中 $n$ 为测站数；

②当测区测图的最大比例尺为1:1 000时，一、二、三级导线的平均边长及总长可适当放长，但最大长度不应大于表中规定的2倍。

## (二)导线边长测量的技术要求

国家等级导线边长测量的技术要求可根据测边的精度要求和所用的仪器类型进行技术设计。国家等级导线边长测量应在两个或两个以上时间段内往、返测，单程测回数应不少于4个，一测回中的读数次数应不少于4次。国家三、四等导线距离测量的技术要求见表4-12。

**表 4-12 国家三、四等导线距离测量的技术要求**

| 项目 | 三等 | | 四等 | |
|---|---|---|---|---|
| 使用测距仪的等级 | Ⅰ | Ⅱ | Ⅰ | Ⅱ |
| 每条边观测的总测回数 | 8 | 8 | 4 | 8 |
| 每条边观测时段数 | 往返测各一时段或同方向两时段 | | 往返测各一时段或同方向两时段 | |
| 一测回(照准目标一次，读数若干次)读数次数 | 4 | | 4 | |
| 一测回读数间最大互差(mm) | 5 | 10 | 5 | 10 |
| 同一时段经气象改正后各测回中数间的最大互差(mm) | 7 | 15 | 7 | 15 |
| 往返侧或不同时段测距中数的最大互差 | $\sqrt{2}(a+bD\cdot 10^{-6})$ | | $\sqrt{2}(a+bD\cdot 10^{-6})$ | |

注：$a$、$b$ 为测距仪标称精度中的固定误差和比例误差系数；$D$ 为斜距观测值。

工程导线测距技术要求,《城市测量规范》(CJJ 8—99)的规定见表4-13和表4-14。

**表4-13　各等级平面控制网测距边测距的技术要求**

| 控制网等级 | 测距仪 | 观测次数 | | 总测回数 | 备注 |
|---|---|---|---|---|---|
| | | 往 | 返 | | |
| 二　等 | Ⅰ | 1 | 1 | 6 | 1. Ⅱ * 为须用 $\leqslant \pm (5\ \text{mm} + 3 \times 10^{-6} \cdot D)$ 的Ⅱ级测距仪。<br>2. Ⅰ测回是指照准目标一次,一般读数4次,可根据仪器出现的离散程度和大气透明度作适当增减。往返测回数各占总测回数的一半<br>3. 根据具体情况,可采用不同时段观测代替往返观测,时段是指上午、下午或不同的白天 |
| | Ⅱ * | | | 8 | |
| 三　等 | Ⅰ | 1 | 1 | 4 | |
| | Ⅱ | | | 6 | |
| 四　等 | Ⅰ | 1 | 1 | 2 | |
| | Ⅱ | | | 4 | |
| 一级 | Ⅱ | 1 | — | 2 | |
| 二、三级 | Ⅱ | 1 | — | 1 | |

**表4-14　光电测距各项较差的限值**

| 仪器等级 | 一测回读数较差(mm) | 单程测回间较差(mm) | 往返或不同时段的较差 |
|---|---|---|---|
| Ⅰ级 | 5 | 7 | $2(a+b \cdot D)$ |
| Ⅱ级 | 10 | 15 | |

注:①往返较差应将斜距化算到同一水平面上方可进行比较;

②$(a+b \cdot D)$为仪器标称精度。

工程导线测距技术要求,《工程测量规范》(GB 50026—2007)的规定见表4-15。

**表4-15　工程导线测距的主要技术要求**

| 平面控制网等级 | 测距仪精度等级 | 观测次数 | | 总测回数 | 一测回读数较差(mm) | 单程各测回较差(mm) | 往返较差 |
|---|---|---|---|---|---|---|---|
| | | 往 | 返 | | | | |
| 二、三等 | Ⅰ | 1 | 1 | 6 | ≤5 | ≤7 | $\leqslant 2(a+b \cdot D)$ |
| | Ⅱ | | | 8 | ≤10 | ≤15 | |
| 四　等 | Ⅰ | 1 | 1 | 4~6 | ≤5 | ≤7 | |
| | Ⅱ | | | 4~8 | ≤10 | ≤15 | |
| 一级 | Ⅱ | 1 | — | 2 | ≤10 | ≤15 | |
| | Ⅲ | | | 4 | ≤20 | ≤30 | |
| 二、三级 | Ⅱ | 1 | — | 1~2 | ≤10 | ≤15 | |
| | Ⅲ | | | 2 | ≤20 | ≤30 | |

注:①测回是指照准目标一次,读数2~4次的过程;

②根据具体情况,测边可采取不同时间段观测代替往返观测。

## (三)气象数据的测定要求

距离测量时,需同时测定温度、气压等气象元素,以用于距离的气象改正。气象仪表宜选用通风干湿温度计和空盒气压计。到达测站后,应立即打开气压计的盒子,将气压计置平,并应避免日光直晒。温度计应悬挂在与测距视线同高,不受日光辐射影响和通风良好的地方。待气压计和温度计与周围温度一致后才能读记气象数据。《城市测量规范》(CJJ 8—99)中气象数据的测定要求见表4-16。

表 4-16　气象数据的测定要求

| 等　级 | 最小读数 | | 测定的时间间隔 | 气象数据的取用 |
|---|---|---|---|---|
| | 温度(℃) | 气压(Pa) | | |
| 二、三、四等网的起始边和边长 | 0.2 | 50<br>(或 0.5 mmHg) | 一测站同时段观测的始末 | 测边两端的平均值 |
| 一级网的起始边和边长 | 0.5 | 100<br>(或 1 mmHg) | 每边测定一次 | 观测一端的数据 |
| 二级网的起始边和边长,以及三级导线边长 | 0.5 | 100<br>(或 1 mmHg) | 一时段始末各测定一次 | 取平均值作为各边测量的气象数据 |

**(四)测距作业的其他注意事项**

应在大气稳定和成像清晰的气象条件下观测。晴天日出后和日落前半小时内不宜观测。中午前后阳光强烈时,也不应观测。阴天、有微风时,可以全天观测。

测距仪开机后不宜立即观测读数,应有一定的预热时间,使仪器各电子部件达到正常稳定的工作状态时方可进行正式的观测读数。

在晴天作业时,仪器应打伞。不能将仪器照准头对向太阳,也不宜顺光、逆光观测。另外,也应注意在测线方向上不能有其他的反光镜或强反光物,以免降低测距精度或引起粗差。

测线应高出地面和离开障碍物 1 m 以上,国家等级测量要求达到 1.5 m。达不到要求时,应分别采取架高仪器或偏心观测等措施。

进行边长测量时要注意量取测距仪高和反光镜高。

## 二、水平角观测

水平角观测的基本规则和方法已在第三章中讲过,这里只补充有关导线水平角观测的一些特殊规定和要求。

导线点上的水平角观测有两种情况:一种是只有两个方向,一种是有两个以上的方向。

方向数为 2 时,采用角观测法。规定在总测回数中,以奇数测回观测导线前进方向的左折角,以偶数测回观测导线前进方向的右折角,如图 4-9 所示。注意:在观测右角时,仍应在左角的起始方向配置度盘位置。在全部测回观测合格后,应将左右角分别取中数,按下式计算圆周角闭合差 $\Delta$:

$$\Delta = [\text{左角}]_{\text{中}} + [\text{右角}]_{\text{中}} - 360° \tag{4-4}$$

对于国家等级导线网,$\Delta$ 应不超过表 4-17 所列数值。

若 $\Delta$ 合限,以下式计算测站平差后的左、右角:

$$\begin{cases} \beta_{\text{左}} = [\text{左角}]_{\text{中}} - \dfrac{1}{2}\Delta \\ \beta_{\text{右}} = 360° - \beta_{\text{左}} \end{cases} \tag{4-5}$$

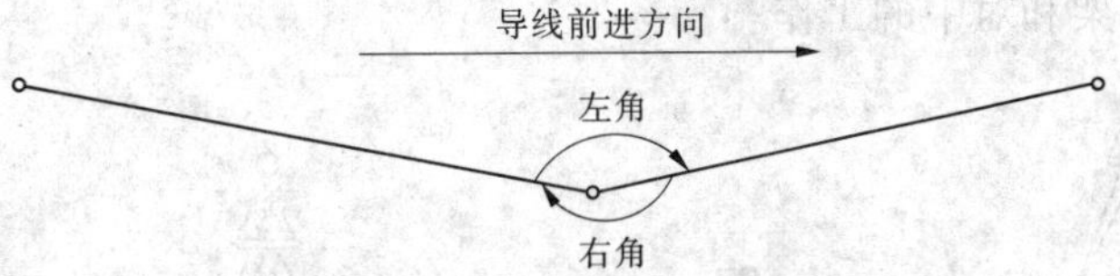


图 4-9　导线水平角观测

表 4-17　国家等级导线网左、右角圆周角闭合差限值

| 导线等级 | 一 | 二 | 三 | 四 |
|---|---|---|---|---|
| $\Delta_{限}$ | ±1.5″ | ±2.0″ | ±3.0″ | ±5.0″ |

在《城市测量规范》(CJJ 8—99)和《工程测量规范》(GB 50026—2007)中,都规定 Δ 不超过相应等级测角中误差的 2 倍。

当导线点上的应观测方向数大于 2 时,国家一、二等导线采用全组合测角法,三、四等导线采用方向观测法。

一、二等导线水平角观测的方向权数及三、四等导线水平角观测的测回数见表 4-18。

表 4-18　国家等级导线网水平角观测的方向权数和测回数

| 仪器类型 | 方向权 $P=m\cdot n$ | | 测　回　数 | |
|---|---|---|---|---|
| | 一 | 二 | 三 | 四 |
| $J_1$ 型 | 60 | 40(42) | 12 | 8 |
| $J_2$ 型 | — | — | 16 | 12 |

《工程测量规范》(GB 50026—2007)中导线水平角测回数规定见表 4-11,《城市测量规范》(CJJ 8—99)中导线水平角测回数规定见表 4-19。

表 4-19　导线测量水平角观测的技术要求

| 等级 | 测角中误差(″) | 测　回　数 | | | 方位角闭合差(″) |
|---|---|---|---|---|---|
| | | $DJ_1$ | $DJ_2$ | $DJ_6$ | |
| 三等 | ≤ ±1.5 | 8 | 12 | — | $\leq \pm 3\sqrt{n}$ |
| 四等 | ≤ ±2.5 | 4 | 6 | — | $\leq \pm 5\sqrt{n}$ |
| 一级 | ≤ ±5 | — | 2 | 4 | $\leq \pm 10\sqrt{n}$ |
| 二级 | ≤ ±8 | — | 1 | 3 | $\leq \pm 16\sqrt{n}$ |
| 三级 | ≤ ±12 | — | 1 | 2 | $\leq \pm 24\sqrt{n}$ |

注:$n$ 为测站数。

## 三、三联脚架法测导线

在城市导线和工程导线测量中,一般采用所谓三联脚架法施测导线。三联脚架法的具体做法是:在导线观测时采用三个脚架,如图 4-10 所示,在 $A$、$C$ 两点上架反光镜,在 $B$ 点上架全站仪。在完成 $B$ 点上的边长、水平角和垂直角观测后,将 $A$ 点的反光镜和脚架迁至 $D$ 点,$B$ 点和 $C$ 点的脚架和仪器基座不动,只将全站仪和反光镜对调。如此转换推进,从而每点只进行一次架脚架和对中的工作。

图 4-10　三联脚架法测导线

三联脚架法的优点是：

(1)减少了架脚架对中的次数,并可减少调平的工作量。同时由于在一点三次量高,可避免量高的粗差。

(2)由于每点只进行一次对中,因而各点对中误差只对本点坐标有影响,而不会在坐标推导中积累传递给其他点。因为对于每一个新推出的点来说,在此之前所有经过的点都可认为只是临时过渡点。

不少生产单位的实践已证明,三联脚架法确实可大大提高导线测量的精度和效率。

## 第五节　归心改正和归心元素的测定

测量控制点的实际位置是指该点标石标志的十字中心,控制点的三维坐标就是指该十字中心的三维坐标。从理论上讲,导线测量的各项观测值、水平角度或方向值、斜边观测值,都应该以此十字中心为准。也就是说,应该是在测站标石中心对照准点标石中心的观测,或者等价于这种观测。例如,在水平角观测时,仪器中心与测站标石中心在同一铅垂线上,照准目标的中心则与照准点标石中心在同一铅垂线上。现在的导线测量中,这种要求在大部分点上能达到,但有时也难以达到。例如,在高标的基板上架仪器观测就很难做到仪器中心与标石中心相一致(在同一铅垂线上),当照准目标为标筒时,也难以保证标筒中心与该点标石中心相一致。这是因为造标时难以做到标筒中心、基板中心、标石中心绝对在同一铅垂线上;即使当时做到了,经过标基沉降,以及风吹雨打和日晒,各项形变总会使它们的相互位置关系发生变化,不能保证在同一铅垂线上。另外,有时候有些特殊情况下,我们不得不将仪器架设在偏离测站标石中心的地方观测,有时候又不得不将目标(或反光镜)设置在偏离照准点标石中心的地方。上面的这些情况就引起了测站点偏心观测问题和照准点偏心照准问题,分别称做测站点偏心和照准点偏心。偏心观测的结果自然不能等价于标石中心对标石中心的观测结果。这就导致了我们的一项额外计算任务:将偏心观测获得的观测值归化至以标石中心为准的观测值。这项工作叫归心改正,它包括水平方向值归心改正和边长观测值归心改正。以下将先讨论归心改正的计算,后讲述偏心元素的测定。

### 一、水平方向值归心改正

水平方向值归心改正有两种:仪器中心与测站点标石中心不一致引起的归心改正叫测

站点归心改正,照准标的中心与照准点标石中心不一致引起的归心改正叫照准点归心改正。下面将分别讨论。

**(一)测站点归心改正**

图 4-11 为测站点归心示意图,图中:

$B$ 为测站标石中心;

$P_i$ 为任一照准点;

$Y$ 为仪器中心;

$e_Y$ 为测站偏心距;

$P_0$ 为测站水平方向观测的零方向;

$\theta_Y$ 为测站偏心角,以仪器中心 $Y$ 为顶点,偏心距 $e_Y$ 为起始边,顺时针旋转至零方向线的角度;

$M_i$ 为 $P_i$ 方向的方向观测值;

$S_i$ 为测站 $B$ 至照准点 $P_i$ 的边长。

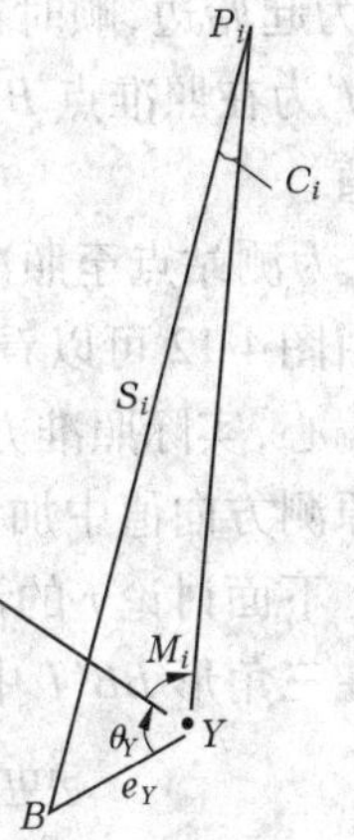

**图 4-11 测站点归心改正**

由图可以看出,正确的照准线应为 $BP_i$,由于仪器偏心了,实测的方向线为 $YP_i$,两方向线相差一个小角 $C_i$,因此将观测方向值改正一个小角 $C_i$ 就可得到以标石中心 $B$ 为准的观测值。下面我们就计算这个 $C_i$ 的大小。

在三角形 $BYP_i$ 中,应用正弦定理

$$\frac{\sin C_i}{e_Y} = \frac{\sin(\theta_Y + M_i)}{S_i}$$

由此得

$$\sin C_i = \frac{e_Y}{S_i}\sin(\theta_Y + M_i)$$

由于 $C_i$ 为小角,当 $C_i$ 以弧度为单位表示时,上式可化为

$$C_i = \frac{e_Y}{S_i}\sin(\theta_Y + M_i)$$

再改成以角秒为单位

$$C''_i = \frac{e_Y}{S_i}\rho''\sin(\theta_Y + M_i) \tag{4-6}$$

上式即为测站归心改正的计算式。数值是算出来了,但这个小小的 $C_i$ 角是该加到 $YP_i$ 的观测方向值上还是在该观测值上减去这个 $C_i$ 角呢?读者不妨再看看图 4-11。由图 4-11 看出 $BP_i$ 方向大于 $YP_i$ 方向,所以应在偏心观测方向值上加上这个小角 $C_i$。当然,这是公式推导,实际计算中,$C_i$ 本身还有正负问题。

**(二)照准点归心改正**

图 4-12 为照准点归心改正示意图,图中:

$B$ 为测站标石中心;

$B'$为照准点标石中心;

$T$ 为照准标的中心;

$e_T$ 为照准目标的偏心距;

$P'_0$ 为照准点的零方向,注意不是 $B$ 点的零方向,而是在 $B'$点上设站进行方向观测时的

零方向；

$\theta_T$ 为照准目标偏心角，以偏心点 $T$ 为角顶点，偏心距 $e_T$ 为起始边，顺时针旋转至 $P'_0$ 方向的角度；

$M'$为在照准点 $B'$上设站观测方向值时，照准 $B$ 点的方向值；

$S$ 为测站点至照准点距离。

由图 4-12 可以看出，正确的照准方向应为 $BB'$，由于标的偏心，实际照准方向为 $BT$，两者相差一个小角 $r$，只要在原测方向值中加上一个改正数 $r$ 就可得到正确的方向值。下面讨论 $r$ 的计算。

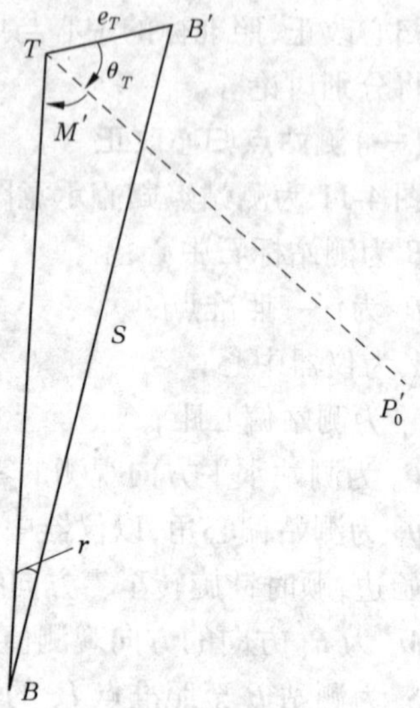


图 4-12　照准点归心改正

在三角形 $BB'T$ 中，应用正弦定理

$$\frac{\sin r}{e_T} = \frac{\sin(\theta_T + M')}{S}$$

利用与测站归心完全相同的推导，可得

$$r'' = \frac{e_T}{S} \cdot \rho'' \sin(\theta_T + M') \tag{4-7}$$

前面推出了归心改正值 $C$ 和 $r$ 的计算公式，这里要补充一句的是，应用这两个公式的前提是偏心距较小，即 $C$、$r$ 为小角。当进行大偏心观测时，应用以下两式：

$$C = \arcsin\left[\frac{e_Y}{S} \cdot \sin(\theta_Y + M)\right] \tag{4-8}$$

$$r = \arcsin\left[\frac{e_T}{S} \sin(\theta_T + M')\right] \tag{4-9}$$

**（三）水平方向归心改正算例**

实践中归心改正计算，无论是测站归心还是照准点归心，都是在测定归心元素的测站上计算。计算出 $C$、$r$ 之后，$C$ 用于本站的观测方向值改正，$r$ 则用于各相应对方站观测本站的方向值改正。读者可借助下面的例题加深对这一做法的理解。

**【例 4-1】**　单三角水平方向观测如图 4-13 所示，归心改正值 $C$、$r$ 的计算见表 4-20。$C$、$r$ 计算出之后，要对应抄至表 4-21 中的相关位置，并计算出化归至标石中心的方向值。请读者注意照准点归心改正值 $r$ 是如何对应转抄的，初学者容易在这一点上出差错。

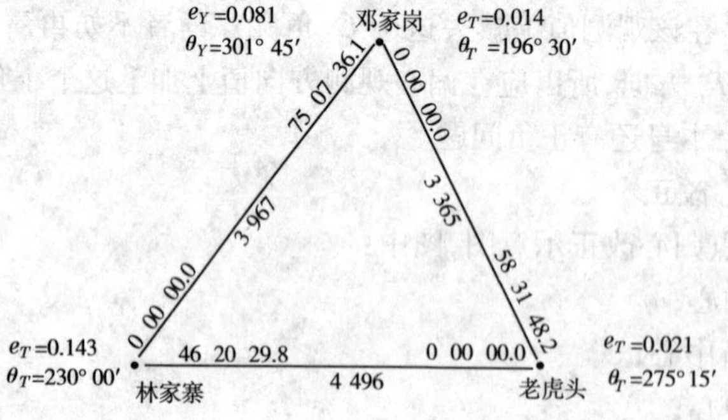


图 4-13　单三角水平方向观测图

**表 4-20 归心改正计算表(一)**

| 测站点 | $e_Y$ $\theta_Y$ | $e_T$ $\theta_T$ | 照准点 | 方向值 $M$ (° ′) | 边长 $S$ | $M+\theta_Y$ (° ′) | $C''$ | $M+\theta_T$ (° ′) | $r''$ |
|---|---|---|---|---|---|---|---|---|---|
| 邓家岗 | 0.081 | 0.014 | 老虎头 | 0 00 | 3 365 | 301 45 | −4.2 | 196 30 | −0.2 |
| | 301°45′ | 196°30′ | 林家寨 | 75 08 | 3 967 | 16 53 | +1.2 | 271 38 | −0.7 |
| | 至老虎头 | 至老虎头 | | | | | | | |
| 林家寨 | | 0.143 | 邓家岗 | 0 00 | 3 967 | | | 230 00 | −5.7 |
| | | 230°00′ | 老虎头 | 46 20 | 4 496 | | | 276 20 | −6.5 |
| | | 至邓家岗 | | | | | | | |
| 老虎头 | | 0.021 | 林家寨 | 0 00 | 4 496 | | | 275 15 | −1.0 |
| | | 275°15′ | 邓家岗 | 58 32 | 3 365 | | | 333 47 | −0.6 |
| | | 至林家寨 | | | | | | | |

**表 4-21 归心改正计算表(二)**

| 测站点 | 照准点 | 方向观测值 (° ′ ″) | $C''$ | $r''$ | $C+r$ | 归零 | 标石中心方向值 (° ′ ″) |
|---|---|---|---|---|---|---|---|
| 邓家岗 | 老虎头 | 0 00 00.0 | −4.2 | −0.6 | −4.8 | 0.0 | 0 00 00.0 |
| | 林家寨 | 75 07 36.1 | +1.2 | −5.7 | −4.5 | 0.3 | 75 07 36.4 |
| 林家寨 | 邓家岗 | 0 00 00.0 | | −0.7 | −0.7 | 0.0 | 0 00 00.0 |
| | 老虎头 | 46 20 29.8 | | −1.0 | −1.0 | −0.3 | 46 20 29.5 |
| 老虎头 | 林家寨 | 0 00 00.0 | | −6.5 | −6.5 | 0.0 | 0 00 00.0 |
| | 邓家岗 | 58 31 48.2 | | −0.2 | −0.2 | +6.3 | 58 31 54.5 |

## 二、测距边长归心改正

测距边长的归心改正包括测站归心和镜站归心,不过两种归心的计算公式完全相同。

图 4-14 是测站边长归心改正的示意图,图中:

$B$ 为测站标石中心;

$B'$为镜站标石中心;

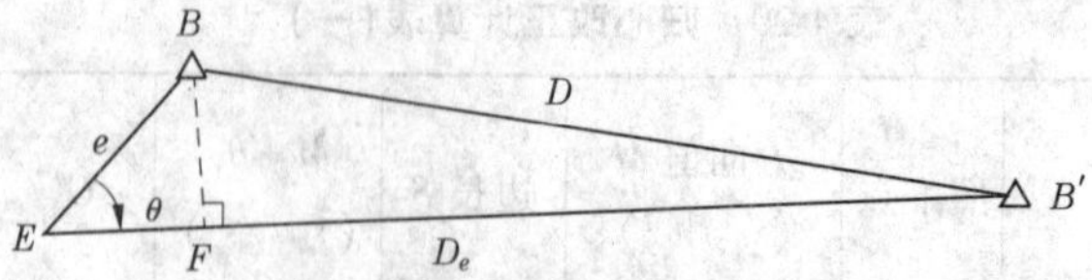


图 4-14　测站边长归心改正示意图

$E$ 为测距仪中心；

$e$ 为测站偏心距，注意是水平距离；

$\theta$ 为测站偏心角，以偏心点 $E$ 为角顶点，偏心距 $e$ 为起始边，顺时针旋转至镜站方向之角；

$D_e$ 为偏心观测的水平边长，$D_e = EB'$。

由图 4-14 可以看出，我们的任务是将偏心观测边长 $D_e$ 化算为正确边长 $D$。

当偏心距 $e$ 较小时（规范规定 $e < 0.3$ m）可作以下近似推导。

作 $BF$ 垂直于 $EB'$，由于角 $B'$ 很小，可认为 $FB' = D$，由此得 $D = D_e - EF$。又 $EF = e \cdot \cos\theta$，所以有

$$D = D_e - e\cos\theta \tag{4-10}$$

此即为边长测站归心改正计算式。

图 4-15 是镜站边长归心改正示意图，图中：

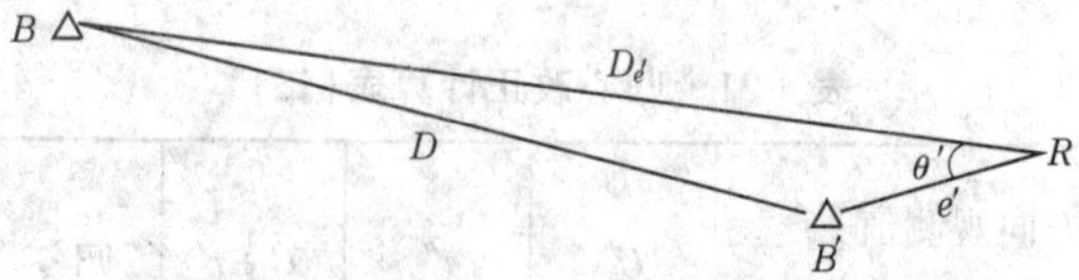


图 4-15　镜站边长归心改正示意图

$B$ 为测站标石中心；

$B'$ 为镜站标石中心；

$R$ 为反光镜中心；

$e'$ 为镜站偏心距；

$\theta'$ 为镜站偏心角，以偏心点 $R$ 为角顶点，偏心距 $e'$ 为起始边，顺时针旋转至 $B$ 方向之角。

镜站边长归心的情况与测站边长归心的情况完全类似，自不必重复推导，直接给出镜站边长归心改正计算式

$$D = D_{e'} - e'\cos\theta' \tag{4-11}$$

综合式（4-10）、式（4-11），当测站、镜站分别有小偏心距 $e$、$e'$ 时，计算公式为

$$D = D_e - e\cos\theta - e'\cos\theta' \tag{4-12}$$

或者说偏心改正数为

$$\Delta D_e = -e\cos\theta - e'\cos\theta' \tag{4-13}$$

前面是按小偏心情况（$e < 0.3$ m，$e' < 0.3$ m）讨论的，当 $e$、$e'$ 均大于 0.3 m 时，应按解三角形的公式求解归心改正后的边长。例如，在图 4-14 的三角形 $BB'E$ 中，应用余弦定理

$$D^2 = D_e^2 + e^2 - 2D_e e\cos\theta$$

$$D = \sqrt{D_e^2 + e^2 - 2D_e e\cos\theta} \tag{4-14}$$

同样，对于镜站大偏心，可得出与此完全对应的公式。

应该指出，以上的边长归心推导是在水平面上进行的，所以从理论上讲，应先将观测边长化至水平面，再进行归心改正。不过，当边长垂直角较小时（这是外业的大部分情况），在何时计算边长归心改正关系不大，我们可任意在斜边、水平边上进行边长归心改正，并采用严密的解平面三角形的公式。由观测斜边化为地面平距的方法将在第五章第五节中讲述。

## 三、归心元素的测定

计算方向观测值和边长观测值的归心改正要用到归心元素偏心距 $e$ 和偏心角 $\theta$。归心元素怎样获得呢？是在测站上现场测定的。有两种方法测定归心元素，图解法和直接测定法。

### （一）图解法（归心投影）

当偏心距小于0.5 m时，采用图解法测定归心元素，习惯上称做归心投影。其具体方法步骤是：

（1）在标石上安置测板，测板上放置投影用纸，并用罗针标绘出指北线。

（2）在距离标石中心1.5倍觇标高度以外的地方，选择三个投影位置Ⅰ、Ⅱ、Ⅲ，与标石中心互成120°（或60°），如图4-16所示。从每一个投影位置上，均应能看到标石中心、仪器中心、照准标的及测板。

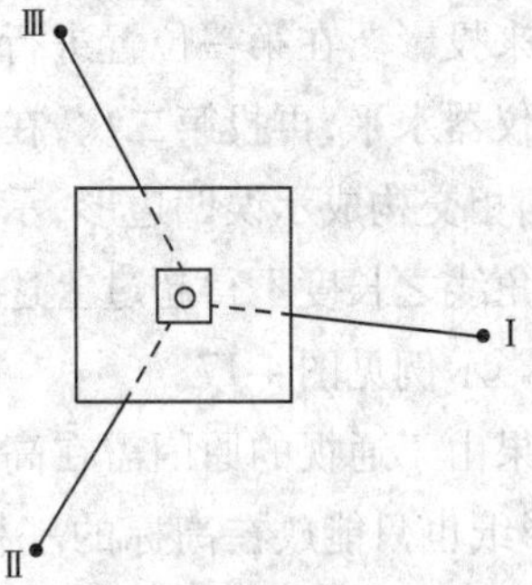

图4-16　图解法投影的仪器位置

（3）在投影位置Ⅰ整置仪器，在盘左位置用仪器垂直丝照准圆筒左上角，读取水平度盘读数；再用垂直丝照准圆筒右下角，读取水平度盘读数，取这两次读数的中数。转动照准部和水平微动螺旋及测微鼓，使水平度盘读数置于该中数位置，固定仪器照准部，俯仰望远镜，使其视线在测板上，此时仪器不动，以望远镜竖直丝为准指挥铅笔左右移动，直到铅笔尖被平分时为止，在投影纸上点一点。再使铅笔向前或向后移，以垂直丝为准指挥铅笔左右移动，直到铅笔尖被平分时，再点一点。然后，纵转望远镜，用垂直丝照准圆筒的左下角读数，再照准圆筒的右上角读数，取其中数。按上述的操作方法，再点出两个点以上所描绘的四点，记作 $T_1$。取 $T_1$ 两点的中点连线，并画出第Ⅰ投影位置的投影线。按同样的方法在Ⅱ、Ⅲ投影位置整置仪器，也可分别画出Ⅱ、Ⅲ投影位置的投影线。若没有误差影响，这三条投影线应该交于一点。由于投影时也存在误差，一般情况下，所交出的不可能是一点，而构成一个小三角形，这个三角形就叫做示误三角形。如果示误三角形的大小符合《规范》规定，则示误三角形的中心就是其投影点，如图4-17所示。

（4）实际投影时，标石中心 $B$，仪器中心 $Y$ 及圆筒中心 $T$（或回光中心 $H$），都要在同一张投影纸上，因此，在Ⅰ、Ⅱ、Ⅲ的三个投影位置上，按上述方法对上述中心依次进行照准，最后分别交出它们的示误三角形。《规范》规定：圆筒中心 $T$ 的示误三角形之最长边不得大于10

mm；仪器中心 $Y$、标石中心 $B$、回光中心 $H$ 的示误三角形之最长边不得大于 5 mm，否则应当重投。

应当注意，用铅笔点完投影点后要随时注记清楚，如在Ⅰ位置时，标石中心 $B$ 的投影点以 $B_1$ 表示，仪器中心 $Y$ 的投影点以 $Y_1$ 表示，圆筒中心 $T$ 的投影点以 $T_1$ 表示；在Ⅱ、Ⅲ位置时，分别以 $B_2$、$B_2$，$Y_2$、$Y_2$，$T_2$、$T_2$ 及 $B_3$、$B_3$，$Y_3$、$Y_3$，$T_3$、$T_3$ 表示，这样才不会使投影点混乱。

(5)用测斜仪的定向边分别切准 $Y$、$T$ 点，瞄准测站点的零方向，描绘其方向线；再分别瞄准测站上任意一个方向，描绘方向线。描绘的两条方向线的夹角，叫做检查角。用量角器在投影纸上量取检查角的角值与该角的观测值之差，当偏心距小于 0.3 m 时，应不超过 $\pm 2°$；当偏心距大于 0.3 m 时，应不超过 $\pm 1°$。否则即为检查角超限，则此投影作废，应重新投影。用量角器量取检查角时，精确至 15′。

(6)画线连接 $B$、$Y$ 两点，其距离称为测站点偏心距 $e_Y$；画线连接 $B$、$T$ 两点，其距离称为照准点偏心距 $e_T$，分别量至 0.001 m，记入投影纸的相应栏内。

(7)$\theta_Y$、$\theta_H$、$\theta_T$ 依次代表以仪器、回光、圆筒中心为角顶，由偏心距按顺时针方向量至零方向的角度——偏心角，量至 15′记入相应栏内。

用图解法测定归心元素时，也可以用垂球或经过校正的光学对点器直接在投影纸上记录标石中心和仪器中心的位置。

当测站周围因地形限制，无法用三个仪器位置投影时，可选择两个与标石中心互成 90°的位置来投影。在第一位置进行投影时，按上述的方法投影完一次后，稍移动一下仪器，重新整置仪器水平，再投第二次，在第二位置时也照此操作。这样，每个投影中心有四条投影线，它们相交构成示误四边形，示误四边形的两条对角线的交点就是投影中心，示误四边形的长对角线之长度不得超过上述相应示误三角形最长边的规定。

投影示例见图 4-17。

如果由于通视的原因需在高标上观测，基于同一原因（描方向线时需通视），归心投影时，投影纸也只能放在高标的基板上。若是测前投影，可先在纸上投出照准中心和标石中心，然后用针在纸上的标石中心处往基板上刺点。以后安置仪器时，中心对准此点，称做正刺法。若是先观测后投影，则在安置仪器时应在基板上刺出仪器中心点、投影时，设法从纸反面向正面刺出仪器中心点，称做反刺法。

**（二）直接测定法**

当偏心距较大、在投影用纸上无法容纳时，可采用直接法测定归心元素。

将仪器中心和照准圆筒中心投影在地面设置的木桩顶面上，用钢尺直接量出偏心距 $e_Y$ 和 $e_T$。注意：丈量时钢尺应当水平。为了检核丈量的正确性，要改变钢尺零点后重复丈量一次。

偏心角 $\theta_Y$ 和 $\theta_T$ 可用经纬仪直接测定。一般应观测两个测回，取至 10″。和图解法测定归心元素时一样，在投影点 $Y$ 和 $T$ 上测定 $\theta_Y$ 和 $\theta_T$ 时，应联测与另一检查方向线之间的角度，以资检核。若偏心距小于投影仪器望远镜的最短视距（一般为 2 m 左右），则地面点在望远镜内不能成像，此时可将该方向用细线延长，以供照准。

系区:白云区　　红旗庄二等　　三角点归心投影用纸　№　89041　　图幅编号:11-49-89

| | | | |
|---|---|---|---|
| 测前第1次　投影<br>投影时间:1974年<br>7月24日 | 觇标类型:钢寻常标<br>投影仪器:$T_3$ №46853 | 投影者:　丁为民<br>描绘者:　刘建华 | 记录者:<br>检查者:　王　斌 |
| 测站归心零方向:　跃进村 | | 照准归心零方向:跃进村 | |
| 检查角<br>跃进村—东风岗 | 观测值　75°28′<br>描绘值　75°15′ | 检查角<br>跃进村—东风岗 | 观测值　75°28′<br>描绘值　75°30′ |
| $e_Y = 0.029$ m | $\theta_Y = 216°15'$ | $e_T = 0.030$ m | $\theta_T = 299°15'$ |
| 应改正的<br>方向名称 | 跃进村、东风岗、金星星 | 应改正的<br>方向名称 | 跃进村、东风岗、金星星 |

测站点归心元素中数

$$e_Y = \frac{0.029 + 0.033}{2} = 0.031(\text{m})$$

$$\theta_Y = \frac{216°15' + 218°45'}{2} = 217°30'$$

(测后投影见№89042)

照准点归心元素中数

$$e_T = \frac{0.030 + 0.026}{2} = 0.028(\text{m})$$

$$\theta_T = \frac{299°15' + 298°45'}{2} = 299°00'$$

(测后投影见№89042)

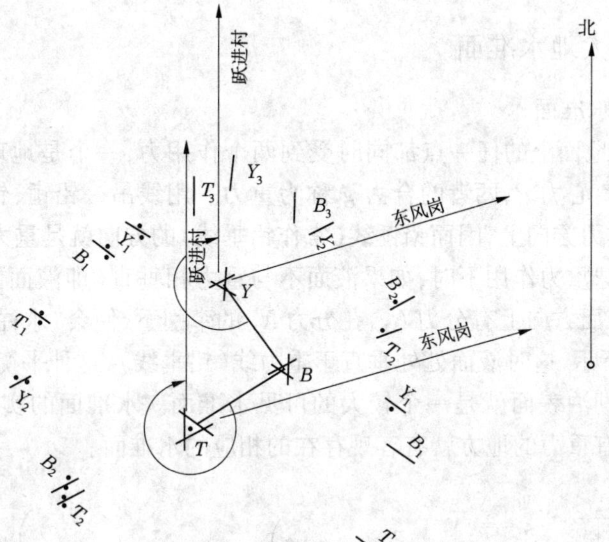


**图4-17　三角点归心投影用纸**

直接测定的归心元素 $e_Y$、$e_T$、$\theta_Y$、$\theta_T$ 均应记录在手簿上。此外,还应按一定比例尺缩绘在归心投影用纸上,作为投影资料。在投影纸上应注明测定方法和手簿编号。

# 第五章　控制测量计算理论和导线测量概算

通过前面几章的学习,我们已经能够进行水平控制测量的外业工作。这一章的任务是学习控制测量的外业计算。由于现在常规控制测量主要采用导线网,本章将按导线测量外业计算的顺序,边讲控制测量计算理论,边讲实际外业计算,并给出一些算例。

## 第一节　地球的形体和大地测量坐标系

如前所述,控制测量的直接任务是确定一系列地面标志点的水平位置和高程,建立起水平和高程控制网。地球的自然表面,在陆地上是凹凸不平极其不规则的,我们需要将地面点投影到一个统一的基准面上,以便在这个基准面上确定点的平面位置;另外,地面点的高程也应该从一个统一的基准面上起算才真正的具有高程的意义。在确定了测量工作的基准面之后,还必须建立起坐标系统。本节将介绍大地水准面、参考椭球面,以及相应的天文地理坐标系和大地坐标系

### 一、水准面和大地水准面

**(一)铅垂线和水准面**

如图 5-1 所示,地面上的任一点都同时受到两个作用力,一个是地球的引力 $F$,另一个是地球自转造成的离心力 $P$,两者的合力 $g$ 称为重力。用线吊一铅锤,铅锤受重力作用,悬线被拉直,稳定在重力方向上,因而铅锤线(常作铅垂线)的方向就是重力的方向。

当液体处于地球重力作用下时,如果液面不与重力相垂直(即液面倾斜),如图 5-2(a)所示,则重力便在液面方向上有分力 $N_1$,在分力 $N_1$ 的牵引下,便会“水往低处流”,直到达到平衡,如图 5-2(b)所示,这时液面处处垂直于重力线(铅垂线),这种平衡静止的液体表面就叫水准面。静止的湖泊表面就是一个较大的可见水准面。水准面的实质是地球重力等位面,不管是否有水,有重力的地方就有客观存在的相应的水准面。

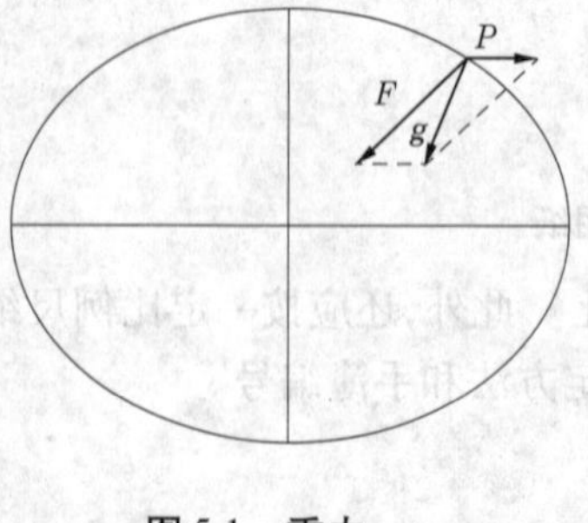


**图 5-1　重力**

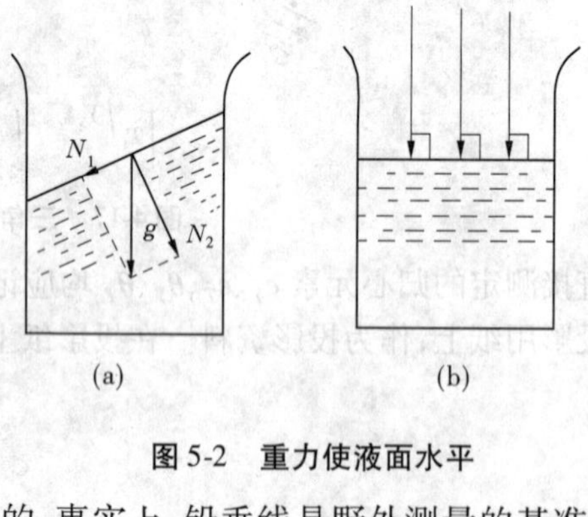


**图 5-2　重力使液面水平**

铅垂线和水准面对于野外测量是十分重要的,事实上,铅垂线是野外测量的基准线,水准面是野外测量的基准面,学习过测量仪器后,对这一点就应十分明白了。

### (二)大地水准面

在众多的水准面中,有一个最重要,那就是大地水准面。海洋面积约占地球总面积的71%,是一个天然可见的大水准面。设想将平均海洋面向陆地内部延伸,形成一个封闭的曲面,这个曲面就叫大地水准面。大地水准面是一个没有皱折和棱角、连续不断的封闭曲面,它的外表面形状接近于一个在南北极方向上稍扁的球。

地球的自然表面是起伏不平的,地球内部的物质密度分布也极不均匀,使得地面上各点的引力大小不同,引起各个地面点的铅垂线方向发生不规则变化,如图5-3所示。由于水准面处处与铅垂线正交,所以大地水准面是一个略有起伏的不规则曲面。

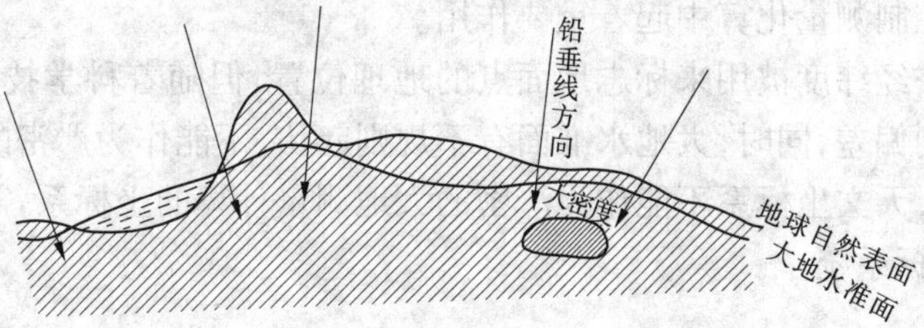


**图5-3 铅垂线方向的不规则性**

大地水准面所包围的形体叫大地体,大地体被用来代表地球的形状和大小,是大地测量研究地球形体的对象。

## 二、天文地理坐标系

以大地水准面为基准面,以铅垂线为基准线,可以建立一套表示地面点水平位置和高程的坐标系,叫做天文地理坐标系,有时简称天文坐标系。

图5-4为天文坐标系示意图。图中不规则的外形轮廓表示地球自然表面,NS为地球的旋转轴,*P*为地面上的一点,*PK*为*P*点的铅垂线。有以下一些名词概念:

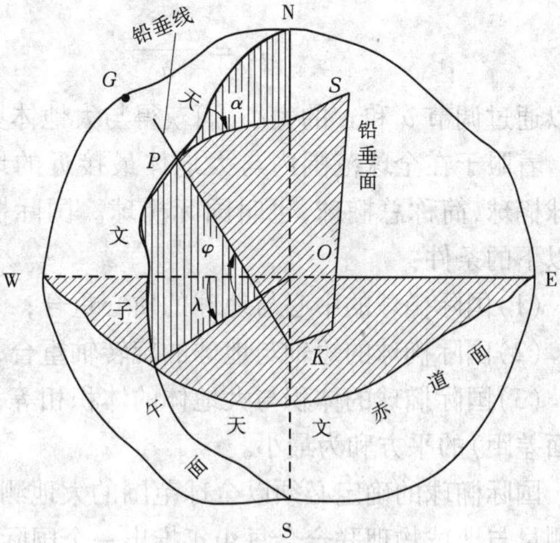


**图5-4 天文地理坐标系**

测站铅垂面——包含测站铅垂线(*PK*)的平面。很显然,一测站上有无穷多个铅垂面。铅垂面又称垂直面,位于仪器照准方向的垂直面常称做垂直照准面。

天文子午面——测站南北方向上的测站铅垂面称测站天文子午面。

地球赤道面——过地球质心(*O*)并与地球旋转轴相垂直的面。

起始天文子午面——过英国格林尼治天文台的天文子午面,也称首子午面。

在以上名词概念的基础上,天文地理坐标系定义如下:

天文经度$\lambda$——起始子午面与测站天文子午面间的夹角。

天文纬度$\varphi$——测站铅垂线与地球赤道面间的夹角。

正高 $H_{正}$——地面点沿铅垂线到大地水准面的距离。

天文经度、天文纬度和正高是地面点在天文地理坐标系里的三维坐标。

在天文坐标系中有天文方位角的概念,定义如下:

天文方位角 $\alpha$——测站上照准目标点($S$)的竖直照准面与测站天文子午面间的夹角。天文方位角实际上是测站至目标的水平方向线与测站北方向之间的夹角,可通过观测目标和北极星间的水平角而获得。天文方位角自北方向起算,取值 0 ~ 360°。

天文经纬度是通过观测天文目标获得的,观测时仪器的垂直轴重合于测站的铅垂线,所以,测站的天文经纬度实际上代表的是该点的铅垂线方向。天文坐标系在研究大地水准面的形状中,在传统控制测量化算中起着重要作用。

在历史上,天文经纬度被用来标志地面点的地理位置,但随着科学技术的进步,人们发现,铅垂线有不规则偏差,同时,大地水准面有不规则起伏,不能作为严密的大地测量计算的基准面。也就是说,天文坐标系不能作为严密的大地测量计算的坐标系,需要建立一个严密规范的大地测量坐标系统。

## 三、参考椭球

人们需要寻求一个严密合适的大地测量计算的基准面。这个基准面应该在数学上严密规范,其形状应接近于大地体。由于大地体的形状接近于由微小扁率的椭圆绕其短轴旋转而得到的旋转椭球,人们选用旋转椭球体来代替大地体,用椭球面来作为测量计算的基准面,并基于椭球建立严密的大地测量坐标系。

如图 5-5 所示,地球椭球的大小和形状可用长半轴 $a$ 和短半轴 $b$ 来表示。在测量中,常用长半轴 $a$ 和扁率 $\alpha$ 来表示椭球的大小和形状,这里

$$\alpha = \frac{a-b}{a} \tag{5-1}$$

可以通过调节 $a$ 和 $\alpha$ 的大小,而获得与大地体更接近的椭球。

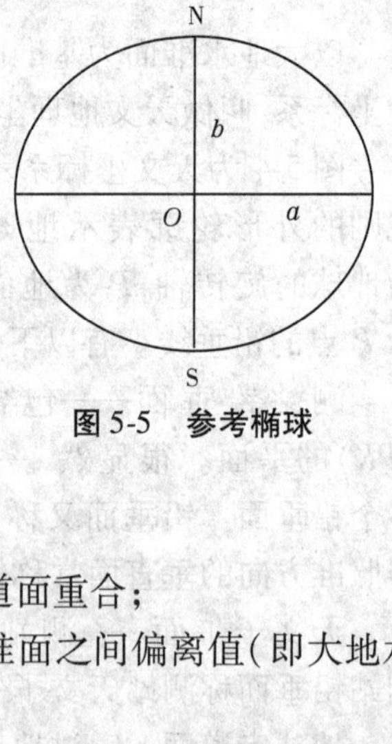

图 5-5　参考椭球

着眼于在全球范围内与大地体最接近的地球椭球称为总地球椭球,简称总椭球,也叫国际椭球。国际椭球的确定要满足以下的条件:

(1)国际椭球的中心与地球的质心重合;

(2)国际椭球的短轴与地球的旋转轴重合,赤道面与地球赤道面重合;

(3)国际椭球的体积与大地体的体积相等,椭球面与大地水准面之间偏离值(即大地水准面差距)的平方和为最小。

国际椭球的确定必须以全球范围的大地测量和重力测量资料为根据才有可能。国际大地测量与地球物理联合会每 4 年推出一个国际椭球的推荐值。历史上,由于多种原因,许多国家只能根据部分的陆地之上的测量成果,确定一个与本国大地水准面密切配合的椭球面,并将其作为本国测量计算的基准面,这种椭球称为参考椭球。由此可见,理论上总椭球虽然应该只有一个,而参考椭球则有很多。近年来,随着科学技术的发展,尤其是卫星大地测量的发展普及,人们已趋向于使用国际椭球。

## 四、大地坐标系和空间大地直角坐标系

### (一)大地坐标系

在参考椭球的基础上可以建立大地坐标系。结合图5-6介绍几个名词概念。

法线——过测站点 $P$ 向椭球面作垂线,交椭球面于 $Q$,交椭球短轴于 $K$,$PQK$ 称做过测站 $P$ 的法线,也叫椭球面上 $Q$ 点处的法线。$Q$ 称做 $P$ 在椭球面上的投影 法线类似于铅垂线。

子午面与子午线——包含测站点法线和椭球短轴的面称测站子午面。子午面与椭球面的交线称子午线。

起始子午面——过英国格林尼治天文台的子午面。也叫首子午面。

赤道面与赤道——过椭球中心且垂直于椭球短轴的面称赤道面。赤道面与椭球面的交线叫赤道。

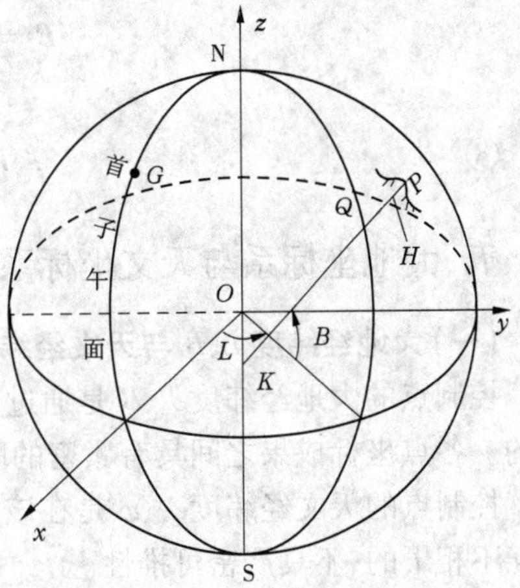

图5-6 大地坐标系

在以上概念的基础上可以定义大地坐标系如下:

大地经度 $L$——测站子午面与起始子午面之间的夹角。有东经、西经之分,取值0~180°。

大地纬度 $B$——测站法线与赤道面的夹角。分南纬、北纬,取值0~90°。

大地高 $H$——地面点 $P$ 沿法线至椭球面的距离。

大地坐标系是数学上严密规范的坐标系,是大地测量的基本坐标系。它对于大地点精确位置的表示、大地测量计算、研究地球形状和大小、编制地图都具有不可替代的重要作用。

大地坐标系中也有大地方位角的概念,将在本章第二节中叙述。

### (二)空间大地直角坐标系

以参考椭球为基础,还可以建立空间大地直角坐标系。如图5-6所示,以椭球中心 $O$ 为坐标原点,以起始子午面与赤道面交线为 $x$ 轴,以椭球旋转轴的北向为 $z$ 轴,$y$ 轴垂直于 $xOz$ 平面,与 $x$、$z$ 轴构成 $O-xyz$ 右手空间直角坐标系。

### (三)大地坐标系与空间大地直角坐标系间的换算

(1)$B,L,H \rightarrow x,y,z$

$$\begin{cases} x = (N+H)\cos B\cos L \\ y = (N+H)\cos B\sin L \\ z = [N(1-e^2)+H]\sin B \end{cases} \tag{5-2}$$

方程组中的 $N$ 为法线长,即图5-6中 $QK$ 的长,$e^2$ 为椭球第一偏心率平方,两者都将在本章第二节中介绍。

(2)$x,y,z \rightarrow B,L,H$

按以下三步计算:

$$①L = \arctan\frac{y}{x} \tag{5-3}$$

②取初值 $B_0=\arctan\dfrac{z}{\sqrt{x^2+y^2}}$，然后以以下两式循环迭代计算 $B$：

$$N=\frac{a}{\sqrt{1-e^2\sin^2 B}} \tag{5-4}$$

$$B=\arctan\frac{z+Ne^2\sin B}{\sqrt{x^2+y^2}} \tag{5-5}$$

③

$$H=\frac{\sqrt{x^2+y^2}}{\cos B}-N \tag{5-6}$$

## 五、大地坐标系与天文坐标系间的关系

### (一)大地经纬度 $L$、$B$ 与天文经纬度 $\lambda$、$\varphi$ 间的关系以及垂线偏差

控制点的大地经纬度 $L$、$B$ 是通过建立大地控制网,依据测量资料经过统一平差计算获得的。各点坐标成果之间具有紧密的联系,内在的协调性和数学可推性。

控制点的天文经纬度 $\lambda$、$\varphi$ 是在该点上进行天文观测而独立获得的,各点坐标成果之间是互不相干的,不具严密可推性。

由于垂线的不规范和参考椭球定位的原因,同一点上的大地经纬度 $L$、$B$ 与天文经纬度 $\lambda$、$\varphi$ 常常在数值上有偏差,偏差的大小约在角秒的数量级。这种偏差也表现为该点的垂线方向和法线方向的不一致,叫做垂线偏差,如图 5-7 所示。

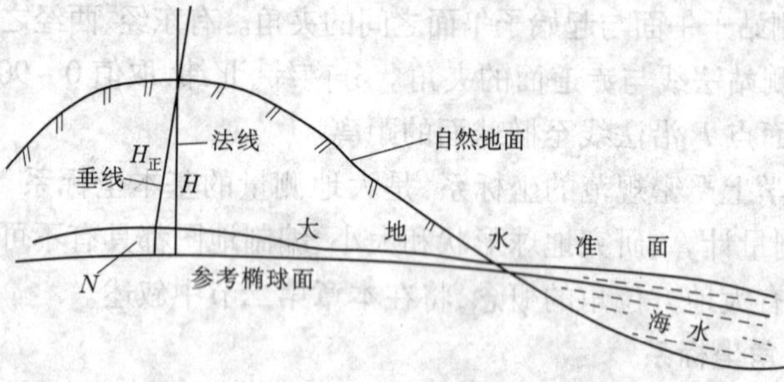


**图 5-7　法线、垂线与大地高、正高**

垂线偏差的大小和方位可分别用 $u$、$\theta$ 表示,如图 5-8 所示,也可用其在子午线方向上的投影 $\xi$ 和卯酉线(将在本章第二节中介绍)上的投影 $\eta$ 表示。有以下关系式:

$$\begin{cases}\xi=\varphi-B\\ \eta=(\lambda-L)\cos\varphi\end{cases} \tag{5-7}$$

式(5-7)是点的天文坐标和大地坐标的关系式。国家天文大地网需要观测一定数量的天文点,原因之一就是要计算垂线偏差。以后将会学到,控制测量的有些化算是需要用到垂线偏差的。垂线偏差分量值 $\xi$ 和 $\eta$ 可在国家测绘部门存有的 $\xi$、$\eta$ 图中查取。

### (二)大地高与正高、正常高的关系

如图 5-7 所示,大地高的起算面为参考椭球面,正高的起算面为大地水准面。大地高与正高的关系式为

$$H=H_正+N \tag{5-8}$$

式中　$H_正$——正高高程;

　　$N$——大地水准面差距。

由于存在技术上较难克服的障碍，测量上并没有采用正高系统作为实用高程系统，而采用能精确求得又与正高高程在数值上非常接近的正常高系统。正常高可表述为地面点沿正常重力线至似大地水准面的距离。正常重力线接近于重力线，似大地水准面近似于大地水准面。关于这方面的知识，本书将在第八章中叙述。大地高与正常高的关系如图 5-9 所示。

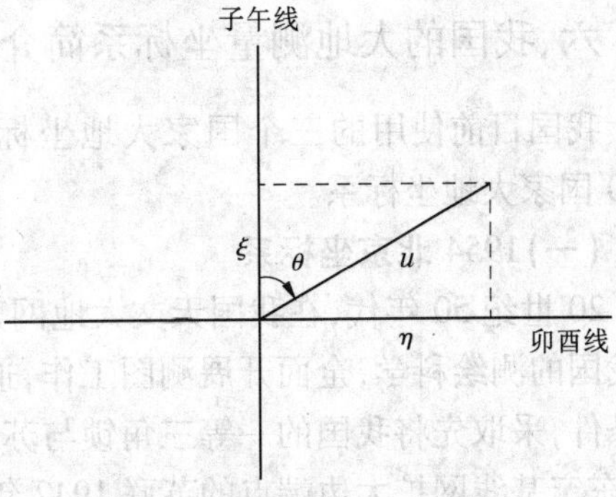


图 5-8　垂线偏差的分量表示

大地高与正常高的关系式为

$$H = H_{常} + \zeta \tag{5-9}$$

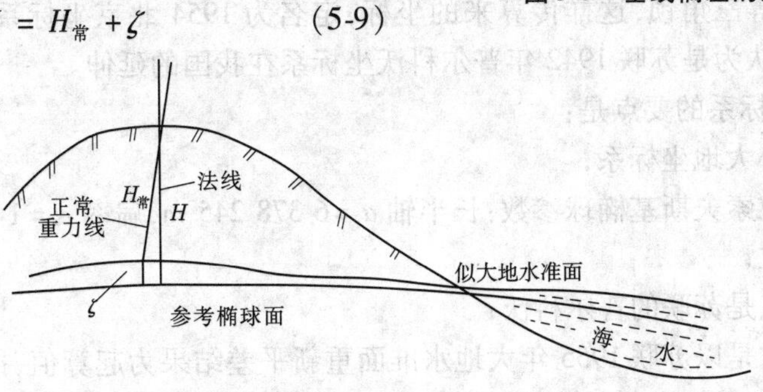


图 5-9　大地高与正常高

式中　$H_{常}$——正常高；

$\zeta$——高程异常值。

高程异常值 $\zeta$ 可在国家测绘部门存有的高程异常图中查取。图 5-10 为我国 1980 国家大地坐标系椭球相应的高程异常示意图。

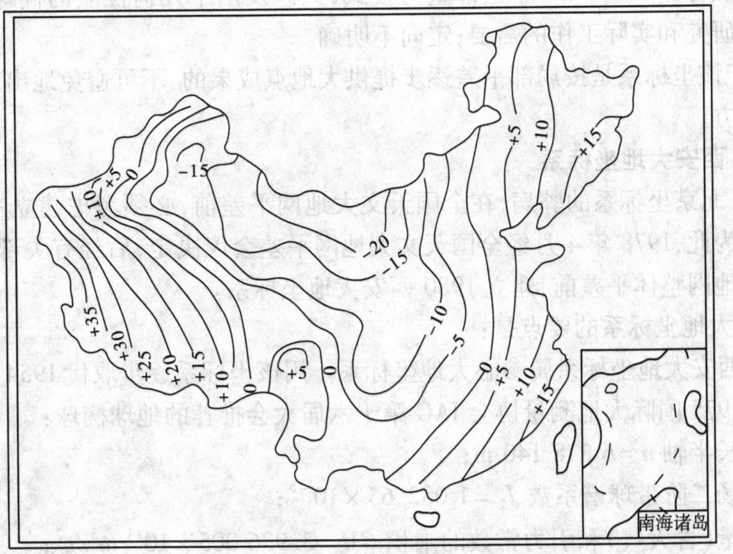


图 5-10　我国 1980 坐标系高程异常示意图

## 六、我国的大地测量坐标系简介

我国目前使用的三个国家大地坐标系是1954北京坐标系、1980西安大地坐标系和2000国家大地坐标系。

**（一）1954北京坐标系**

20世纪50年代，在我国天文大地网建立初期，为了加快经济建设和国防建设，迅速发展我国的测绘科学，全面开展测图工作，迫切需要建立一个参心大地坐标系。鉴于当时的历史条件，采取先将我国的一等三角锁与苏联的一等三角锁相连接，然后以连接处呼玛、吉拉林、东宁基线网扩大边端点的苏联1942年普尔科沃坐标系的坐标为起算数据，平差我国东北及东部地区一等三角锁，这样传算来的坐标，定名为1954北京坐标系。由此可见，1954北京坐标系可以认为是苏联1942年普尔科沃坐标系在我国的延伸。

1954北京坐标系的要点是：

（1）属于参心大地坐标系；

（2）采用克拉索夫斯基椭球参数：长半轴 $a=6\ 378\ 245$ m，扁率 $\alpha=1:298.3$；

（3）多点定位；

（4）大地原点是苏联的普尔科沃；

（5）高程异常是以苏联1955年大地水准面重新平差结果为起算值，按我国天文水准路线推算出来；

（6）该坐标建立之后，30多年来用它提供的大地点成果是局部平差结果。

1954北京坐标系在我国的测绘生产中发挥了巨大的作用。以它为基础的测绘成果和文档资料，已渗透到经济建设和国防建设的各个领域中。但是，1954北京坐标系也存在一些缺点和问题。例如，椭球参数有较大误差；定位有较大偏斜，东部地区高程异常最大达+65 m，全国范围平均为29 m；大地测量计算中采用克拉索夫斯基椭球，而处理重力数据时采用的是赫尔默特1901～1909年正常重力公式；只涉及两个几何性质的椭球参数（$a,\alpha$），满足不了理论研究和实际工作的需要；定向不明确。

另外，由于该坐标系是按局部平差逐步提供大地点成果的，不可避免地出现一些矛盾和不够合理的地方。

**（二）1980西安大地坐标系**

鉴于1954北京坐标系的弊病，在全国天文大地网平差前，必须考虑建立一个更合适的新的坐标系。为此，1978年4月经全国天文大地网平差会议决定，后经有关部门批准，在开展全国天文大地网整体平差前，建立1980西安大地坐标系。

1980西安大地坐标系的要点是：

（1）1980西安大地坐标系属参心大地坐标系。用该坐标系逐步取代1954北京坐标系。

（2）采用1975国际大地测量协会IAG第十六届大会推荐的地球椭球：

地球椭球长半轴 $a=6\ 378\ 140$ m；

地球引力场二阶带球谐系数 $J_2=1\ 082.63\times10^{-6}$；

地球总质量（含大气）和引力常数的乘积 $GM=3.986\ 005\times10^{14}\ m^3/s^2$；

地球自转角速度 $\omega=7.292\ 115\times10^{-5}$ rad/s。

依据以上四个参数可以求出：

地球椭球扁率 $\alpha=1:298.257$；

赤道的正常重力 $\gamma=978.032$ 伽；

极点的正常重力 $\gamma_P=983.212$ 伽；

正常重力公式中的常系数 $\beta=0.005\ 302,\beta_1=-0.000\ 005\ 8$；

正常椭球面上正常重力位 $V_0=6\ 263\ 683$ 千伽米。

(3)大地原点在我国中部地区，位于陕西省泾阳县永乐镇，在西安市北 60 km，简称西安原点。

(4)多点定位。在我国按 1°×1°间隔，均匀选取 922 点，组成弧度测量方程，按 $\sum_1^{922}\zeta^2=$ 最小，解得大地原点上的垂线偏差 $\xi_0$、$\eta_0$ 和高程异常 $\zeta_0$ 值为

$$\xi_0=-1.9''$$

$$\eta_0=-1.6''$$

$$\zeta_0=-14.0\ \text{m}$$

(5)定向明确。地球椭球的短轴平行于地球地轴(由地球地心指向 1968.0 地极原点 JYD 的方向)，起始大地子午面平行于我国起始天文子午面。

(6)1980 西安大地坐标系建立之后，用它计算了全国天文大地网整体平差五万余点的成果。

**(三)新 54 坐标系**

全国天文大地网在 1980 西安大地坐标系上进行整体平差完成后，理论上应使用该整体平差结果。但考虑到实用中许多部门和单位有大量测绘成果是旧 54 的，因而产生了新 1954 北京坐标系(简称为新 54 坐标系)。

它有如下特点：

(1)属于参心大地坐标系；

(2)椭球几何参数仍为：$a=6\ 378\ 245$ m，$\alpha=1:298.3$；

(3)大地原点同 1980 西安大地坐标原点；

(4)椭球轴向与 1980 西安大地坐标系椭球轴向同；

(5)新 54 坐标系与旧 54 坐标系点的坐标接近，但其精度与 1980 西安大地坐标系坐标精度相同。

**(四)2000 国家大地坐标系**

由于全球卫星定位系统，特别是美国 GPS 系统在全球测量定位的广泛应用，常规大地测量技术正在被卫星大地测量技术所取代。现在利用全球卫星定位系统进行的测量定位、航天、航空、航海、地面导航，客观上都需要以地心坐标系为参照系。将被应用于诸多领域的地理信息系统，由于实时应用的需要，自然也须采用地心坐标系。各自为政地建立在各自的参考椭球体上的坐标系已不适应现代测量、定位、导航、地理信息系统应用的需要。世界各国纷纷采用或即将采用适合于全球卫星定位技术的地心坐标系。我国于 2008 年 7 月 1 日正式启用 2000 国家大地坐标系。该坐标系为地心坐标系，英文名称是 China Geodetic Coordinate System，简称 CGCS2000，其定义及参考椭球常数如下：

原点：包括海洋和大气的整个地球的质量中心。

长度单位：引力相对论意义下局部地球框架中的米(SI)。

定向:初始定向由 1984.0 时 BIH(国际时间局)定向给定。

定向时间演化:定向的时间演化不产生相对地壳的残余全球旋转。

CGCS2000 大地坐标系是右手地固直角坐标系。原点在地心;$Z$ 轴为国际地球旋转局(IERS) 参考极(IRP)方向,$X$ 轴为 IERS 的参考子午面(IRM)与垂直于 $Z$ 轴的赤道面的交线,$Y$ 轴与 $Z$ 轴和 $X$ 轴构成右手正交坐标系。

CGCS2000 的参考历元为 2000.0。参考椭球采用 2000 参考椭球,其定义常数是:

长半轴:$a = 6\ 378\ 137$ m。

地球(包括大气)引力常数:$GM = 3.986\ 004\ 418 \times 10^{14}\ m^3/s^2$。

地球动力形状因子:$J_2 = 0.001\ 082\ 629\ 832\ 258$。

地球旋转速度:$\omega = 7.292\ 115 \times 10^{-5}$ rad/s。

正常椭球与参考椭球一致。

## 第二节　椭球的一些计算用符号和曲率半径

控制测量计算中,经常涉及参考椭球的一些计算用符号,以及一些曲率半径的知识。为给后面的控制测量计算作准备,本节先介绍这方面的知识。

### 一、椭球计算中常用的几个符号及其数值

**(一)椭球计算中常用的几个符号**

(1)椭球长半轴 $a$。

(2)椭球短半轴 $b$。

(3)椭球扁率 $\alpha$:

$$\alpha = \frac{a - b}{a} \tag{5-10}$$

(4)椭球第一偏心率 $e$:

$$e^2 = \frac{a^2 - b^2}{a^2} \tag{5-11}$$

(5)椭球第二偏心率 $e'$:

$$e'^2 = \frac{a^2 - b^2}{b^2} \tag{5-12}$$

(6)椭球的极曲率半径 $C$:

$$C = \frac{a^2}{b} \tag{5-13}$$

为了简化公式的书写和运算,控制测量计算中还常引用下列符号:

$$W = \sqrt{1 - e^2\sin^2 B} \tag{5-14}$$

$$V = \sqrt{1 + e'^2\cos^2 B} \tag{5-15}$$

$$\eta^2 = e'^2\cos^2 B \tag{5-16}$$

式中　$B$——大地纬度。

**(二)常用椭球元素的数值**

为今后计算方便,我们在表 5-1 和表 5-2 里列出了我国常用的几个椭球的基本元素的

数值。表中还列出了子午线弧长计算用参数，将在后面讲述其意义。

**表 5-1　1954 北京坐标系和 1980 西安坐标系椭球基本数据及子午线弧长计算参数**

| 参考椭球名 | | 1954 北京坐标系椭球 | 1980 西安坐标系椭球 |
|---|---|---|---|
| 椭球基本数据 | 长半轴 $a$(m) | 6 378 245 | 6 378 140 |
| | 扁率 $\alpha$ | 1/298. 3 | 1/298. 257 |
| | 短半轴 $b$(m) | 6 356 863. 018 773 1 | 6 356 755. 288 157 5 |
| | 第一偏心率平方 $e^2$ | 6. 693 421 622 966E－03 | 6. 694 384 999 588E－03 |
| | 第二偏心率平方 $e'^2$ | 6. 738 525 414 683E－03 | 6. 739 501 819 473E－03 |
| | 极曲率半径 $C$(m) | 6 399 698. 901 783 | 6 399 596. 651 988 |
| 子午线弧长倍角型公式参数 | $A_0$ | 6 367 558. 496 87 | 6 367 452. 132 79 |
| | $A_1$ | 16 036. 480 27 | 16 038. 528 23 |
| | $A_2$ | 16. 828 07 | 16. 832 65 |
| | $A_3$ | 0. 021 98 | 0. 021 98 |
| | $R_1$ | 2. 518 464 777E－03 | 2. 518 828 476E－03 |
| | $R_2$ | 3. 699 885 9E－06 | 3. 700 954 6E－06 |
| | $R_3$ | 7. 444 9E－09 | 7. 465 5E－09 |
| 子午线弧长乘方型公式参数 | $C_0$ | 6 367 558. 496 875 | 6 367 452. 132 788 |
| | $C_1$ | 32 005. 779 874 | 32 009. 857 529 |
| | $C_2$ | 133. 923 808 | 133. 960 153 |
| | $C_3$ | 0. 697 263 | 0. 697 553 |
| | $C_4$ | 0. 003 938 | 0. 003 940 |
| | $K_1$ | 5. 051 773 902 2E－03 | 5. 052 505 592 6E－03 |
| | $K_2$ | 2. 983 867 64E－05 | 2. 984 733 00E－05 |
| | $K_3$ | 2. 414 996E－07 | 2. 416 048E－07 |
| | $K_4$ | 2. 186 6E－09 | 2. 187 9E－09 |
| $\pi$ = 3. 141 592 653 589 8 ， $\rho''$ = 206 264. 806 247 1″ | | | |

**注**：表中 $E-03$ 表示 $\times 10^{-3}$，其他以此类推。

**表 5-2　WGS84 坐标系和 2000 国家坐标系椭球基本数据及子午线弧长计算参数**

| 参考椭球名 | | WGS84 坐标系椭球 | 2000 国家坐标系椭球 |
|---|---|---|---|
| 椭球基本数据 | 长半轴 $a$(m) | 6 378 137 | 6 378 137 |
| | 扁率 $\alpha$ | 1/298. 257 223 563 | 1/298. 257 222 101 |
| | 短半轴 $b$(m) | 6 356 752. 314 245 2 | 6 356 752. 314 140 4 |
| | 第一偏心率平方 $e^2$ | 6. 694 379 990 141E－03 | 6. 694 380 022 901E－03 |
| | 第二偏心率平方 $e'^2$ | 6. 739 496 742 276E－03 | 6. 739 496 775 479E－03 |
| | 极曲率半径 $C$(m) | 6 399 593. 625 758 | 6 399 593. 625 864 |

续表 5-2

| 参考椭球名 | | WGS84 坐标系椭球 | 2000 国家坐标系椭球 |
|---|---|---|---|
| 子午线弧长倍角型公式参数 | $A_0$ | 6 367 449. 145 82 | 6 367 449. 145 77 |
| | $A_1$ | 16 038. 508 66 | 16 038. 508 74 |
| | $A_2$ | 16. 832 61 | 16. 832 61 |
| | $A_3$ | 0. 021 98 | 0. 021 98 |
| | $R_1$ | 2. 518 826 585E - 03 | 2. 518 826 597E - 03 |
| | $R_2$ | 3. 700 950 4E - 06 | 3. 700 949 1E - 06 |
| | $R_3$ | 7. 465 5E - 09 | 7. 448 1E - 09 |
| 子午线弧长乘方型公式参数 | $C_0$ | 6 367 449. 145 823 | 6 367 449. 145 771 |
| | $C_1$ | 32 009. 818 530 | 32 009. 818 687 |
| | $C_2$ | 133. 959 889 | 133. 959 891 |
| | $C_3$ | 0. 697 551 | 0. 697 551 |
| | $C_4$ | 0. 003 940 | 0. 003 940 |
| | $K_1$ | 5. 052 501 787 9E - 03 | 5. 052 501 812 7E - 03 |
| | $K_2$ | 2. 984 728 50E - 05 | 2. 984 728 53E - 05 |
| | $K_3$ | 2. 416 042E - 07 | 2. 416 042E - 07 |
| | $K_4$ | 2. 187 8E - 09 | 2. 187 8E - 09 |
| $\pi = 3.141\ 592\ 653\ 589\ 8$, $\rho'' = 206\ 264.806\ 247\ 1''$ | | | |

## 二、椭球面上的法截面和法截线

如图 5-11 所示,$Q$ 为参考椭球面上的一点,$QK$ 为该点法线,图中过法线作了三个平面,有以下几个定义:

法截面——包含测站法线的平面称为法截面。

法截线——法截面与椭球面的交线称法截线。

大地方位角 $A$——测站上包含照准点 $S$ 的法截面与测站子午面的夹角,自北向起算,取值 0°~360°。

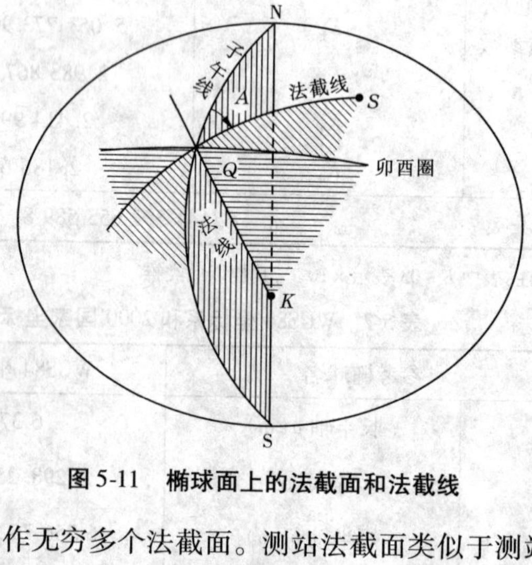


图 5-11　椭球面上的法截面和法截线

很显然,过法线 $QK$ 取不同的方位角,可以作无穷多个法截面。测站法截面类似于测站铅垂面。若在测站上铅垂线与法线是重合的,即没有垂线偏差,则铅垂面就是法截面。另外,由定义可以看出子午面是方位角为 0°(或 180°)的法截面,或者说子午线的方向是南北方向。方位角为 90°(或 270°)的法截面为卯酉面,卯酉面与椭球面的交线称卯酉线,或卯酉圈,卯酉线在测站处为东西方向。

## 三、椭球面上的几种曲率半径

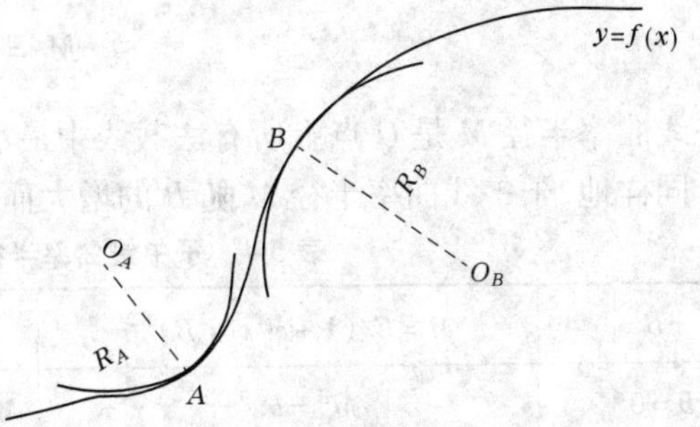


图 5-12 曲率半径的概念

在数学上，用曲率或曲率半径来表示曲线的弯曲程度。如图 5-12 所示，曲线 $y=f(x)$ 各处的弯曲程度不一样。在 $A$ 点附近的曲线，与半径为 $R_A$ 的圆弧密合得最好，我们就说 $A$ 点处的曲率半径为 $R_A$；同样，$B$ 点处的曲线可以用半径为 $R_B$ 的圆弧逼近它，我们就说 $B$ 点处的曲率半径为 $R_B$。可以看出曲线越弯，曲率半径越小；曲线不怎么弯，曲率半径就大些。若是曲线变成直线了，则曲率半径就是无穷大。

现在回到椭球面上，如图 5-11 所示，过法线 $QK$ 可以作无穷多个法截面，每一法截面可在椭球面上截出一条法截线。可以想象，这不同方位角的法截线在 $Q$ 点处的曲率半径是不一致的。事实上，法截线的曲率半径与点的纬度 $B$、方位角 $A$ 有关。微分几何的知识告诉我们：连续曲面上某点处的曲率半径与方向有关，其中有两个互相垂直的特殊方向，一个是曲率半径最大值，一个是曲率半径最小值。其他方向的曲率半径则介于两者之间，且可以用这两个曲率半径来表达。在椭球面上，这两个特殊的曲率半径是：方位角为 0°的子午线曲率半径 $M$，它是最小值；方位角为 90°的卯西圈曲率半径 $N$，它是最大值。下面，我们将给出 $M$、$N$ 的计算式，并导出另两个常用的曲率半径，同时给出平行圈曲率半径。

### （一）卯酉圈曲率半径 N

卯酉圈是方位角为 90°的法截线，其方向是当地的东西方向。常用的两个计算式为

$$N = \frac{C}{V} \tag{5-17}$$

$$N = \frac{a}{W} \tag{5-18}$$

卯酉圈曲率半径 $N$ 是过 $Q$ 点的所有法截线中最大的。$N$ 在数值上又是图 5-11 中法线上 $QK$ 间的长度，$K$ 为法线与短轴的交点。

由 $N$ 的计算式可以看出，$N$ 的大小与纬度 $B$ 有关，且随着 $B$ 的增大而增大，其变化规律如表 5-3 所示。

表 5-3 卯酉圈曲率半径随纬度变化的规律

| $B$ | $N=C/\sqrt{1+e'^2\cos^2 B}$ | 说　明 |
|---|---|---|
| $B=0°$ | $N_0=a$ | $N$ 在赤道上取最小值，为赤道半径 $a$ |
| $0°<B<90°$ | $a<N<C$ | $N$ 随 $B$ 的增大而增大 |
| $B=90°$ | $N_{90}=C=a^2/b$ | $N$ 在极点上取最大值，为极点曲率半径 $C$ |

### （二）子午圈曲率半径 M

子午线是方位角为 0°的法截线，在测站的南北方向上，其计算公式常采用

$$M = \frac{C}{V^3} \tag{5-19}$$

子午线曲率半径 $M$ 是 $Q$ 点上所有法截线中最小的。

同样地，子午线曲率半径 $M$ 随 $B$ 的增大而增大，其变化规律如表 5-4 所示。

表 5-4　子午线曲率半径随纬度变化的规律

| $B$ | $M = C/(1+e'^2\cos^2 B)^{3/2}$ | 说　明 |
| --- | --- | --- |
| $B=0°$ | $M_0 = b^2/a$ | $M$ 在赤道上取最小值，其值小于椭球短半轴 $b$ |
| $0°<B<90°$ | $b^2/a<M<C$ | $M$ 随纬度增大而增大 |
| $B=90°$ | $M_{90} = C = a^2/b$ | $M$ 在极点上取最大值，为极点曲率半径 $C$ |

**（三）任意方向上的法截线曲率半径 $R_A$**

如果法截线的方位角为 $A$，则其曲率半径为

$$R_A = \frac{N}{1 + e'^2\cos^2 B\cos^2 A} \tag{5-20}$$

很显然，在椭球面上任一点 $Q$ 处有

$$N \geqslant R_A \geqslant M$$

$R_A$ 的大小还随着方位角 $A$ 的变化而变化。其大小变化规律可由图 5-13 来帮助理解（注意：该图并不是一个标准椭圆）。

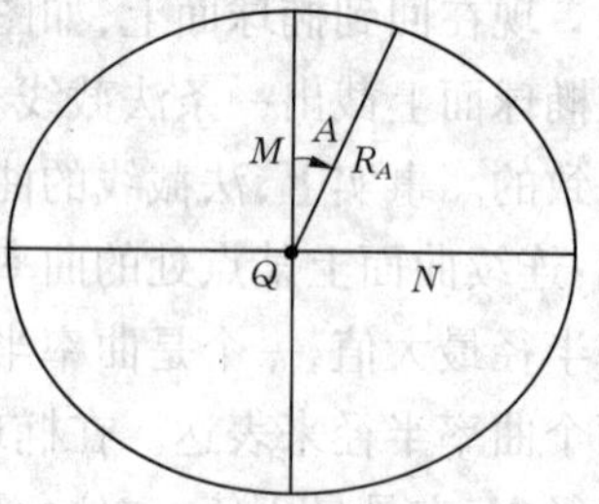


图 5-13　$R_A$ 随方位角变化示意图

**（四）平均曲率半径 $R$**

椭球面上一点处的平均曲率半径 $R$ 是指该点各个方向法截线曲率半径的总平均值，$R$ 在数值上恰好等于卯酉圈曲率半径 $N$ 和子午圈曲率半径 $M$ 乘积的几何平均值，即

$$R = \sqrt{MN} = \frac{C}{V^2} \tag{5-21}$$

很显然，平均曲率半径 $R$ 也是随纬度 $B$ 的增大而增大。由于 $R_A$ 计算起来较麻烦，在满足精度要求的前提下，常用 $R$ 来代替 $R_A$。

**（五）平行圈的半径 $r$**

平行于赤道面的平面在椭球面上的截线为平行圈，如图 5-14 所示。因为平行圈上各点纬度相等，所以又称纬圈或纬线。

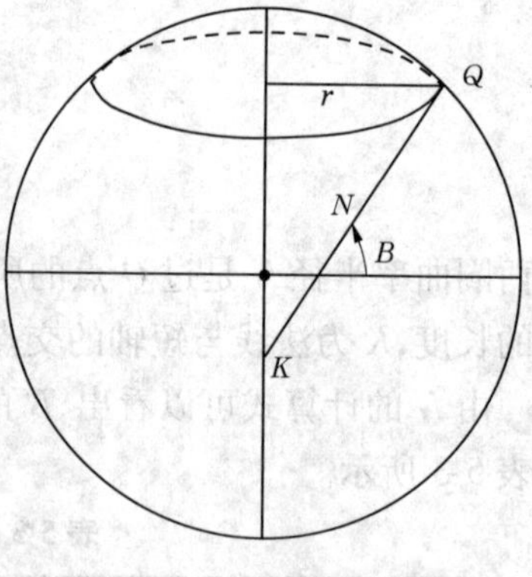


图 5-14　平行圈半径 $r$

除赤道圈外，所有平行圈都不是法截线，但平行圈半径则与法线长有关，其公式为

$$r = N\cos B \tag{5-22}$$

由式可知，平行圈半径 $r$ 随纬度 $B$ 的增大而减小，在两极变为 0。

**（六）$N$、$R$、$M$、$r$ 的数值概念**

给出上面的几个曲率半径的公式之后，为了对这些曲率半径有个数值概念，我们列出 1980 西安大地坐标系一部分 $N$、$R$、$M$、$r$ 的数值，见表 5-5。

表 5-5　1980 西安大地坐标系部分 $N$、$R$、$M$、$r$ 值　　（单位：m）

| $B$ (°) | $N$ | $\Delta=N-R$ | $R$ | $\Delta=M-R$ | $M$ | $r$ |
|---|---|---|---|---|---|---|
| 0 | 6 378 140 | 21 285 | 6 356 755 | −21 313 | 6 335 442 | 6 378 140 |
| 15 | 6 379 571 | 19 963 | 6 359 607 | −19 901 | 6 339 706 | 6 162 192 |
| 25 | 6 381 956 | 17 592 | 6 364 365 | −17 543 | 6 346 822 | 5 784 017 |
| 30 | 6 383 484 | 16 072 | 6 367 412 | −16 032 | 6 351 380 | 5 528 259 |
| 35 | 6 385 175 | 14 389 | 6 370 786 | −14 357 | 6 356 430 | 5 230 429 |
| 40 | 6 386 979 | 12 593 | 6 374 387 | −12 568 | 6 361 819 | 4 892 710 |
| 45 | 6 388 841 | 10 737 | 6 378 104 | −10 719 | 6 367 385 | 4 517 593 |
| 60 | 6 394 212 | 5 380 | 6 388 832 | −5 375 | 6 383 457 | 3 197 106 |
| 75 | 6 398 153 | 1 444 | 6 396 709 | −1 443 | 6 395 265 | 1 655 964 |
| 90 | 6 399 597 | 0 | 6 399 597 | 0 | 6 399 597 | 0 |

从表 5-5 中可直观地看出各曲率半径随纬度 $B$ 变化的大体情况。从 $B=0°$ 到 $B=90°$，$N$ 由 6 378 140 增至 6 399 597，增量约为 21 km；$M$ 则由 6 335 442 增至 6 399 597，增量约为 64 km。表中还列出了 $N$、$M$ 与 $R$ 的差值，在我国大部分地区，差值在 10 ~ 18 km，有此概念，对于在具体的测量计算中判断是否可用 $R$ 代替 $R_A$ 是极有帮助的。

## 四、子午线和纬线弧长的计算

### （一）子午线弧长的正反算

椭球面上某纬度为 $B$ 的点沿子午线到赤道的距离 $S$，在高斯投影坐标正算中常记做 $X_0^B$，是必须要计算的值。其积分计算公式为

$$S = \int_0^B M\mathrm{d}B = a(1-e^2)\int_0^B (1-e^2\sin^2 B)^{-3/2}\mathrm{d}B \tag{5-23}$$

此式无法直接积分。将被积函数按泰勒级数展开，经过推导变换，可得到两种形式的直接计算公式。在高斯投影坐标反算中又需要已知子午线弧长 $S$ 求纬度 $B$。传统的做法是通过迭代的方法计算。我们推导了直接计算公式。在这里直接给出两种形式的子午线弧长正反算公式如下：

1. 正弦函数倍角型子午线弧长正反算公式

正算公式（$B\to S$）：

$$S = A_0 B - A_1\sin 2B + A_2\sin 4B - A_3\sin 6B \tag{5-24}$$

反算公式（$S\to B$）：

$$E = S/A_0 \tag{5-25}$$

$$B = E + R_1\sin 2E + R_2\sin 4E + R_3\sin 6E \tag{5-26}$$

式中　$B$—— 点的纬度；

$S$——赤道至该点的子午线弧长；

$A_0$、$A_1$、$A_2$、$A_3$、$R_1$、$R_2$、$R_3$——系数，其大小与椭球参数有关。

用本书提供的系数计算，正算误差小于0.035 mm，反算误差小于0.000 005″，换算为长度，小于0.14 mm。

计算中应注意：

(1)式(5-24)中，与$A_0$相乘的$B$应以弧度为单位。

(2)式(5-25)和式(5-26)的计算结果也是以弧度为单位的。

(3)度化弧度和弧度化度用到的$\pi$为3.141 592 653 589 8，$\pi$的取位应与结果要求的精度相应，要取10位或更多位有效数字。

常用椭球的正弦函数倍角型子午线弧长正反算公式中的系数值见表5-1和表5-2。以上公式取至了6倍角项，如果取至8倍角项，则能达到更高的精度。作者也算出了相应的全套系数，只是实践中可能用不上，因而未在此提供。

2. 正弦函数乘方型子午线弧长正反算公式

有人喜欢用正弦函数乘方型的公式，这里再给出一个这种类型的公式和相应参数。

正算公式($B \to S$)：

$$S = C_0 B - \cos B(C_1 \sin B + C_2 \sin^3 B + C_3 \sin^5 B + C_4 \sin^7 B) \tag{5-27}$$

反算公式($S \to B$)：

$$E = S/C_0 \tag{5-28}$$

$$B = E + \cos E(k_1 \sin E - k_2 \sin^3 E + k_3 \sin^5 E - k_4 \sin^7 E) \tag{5-29}$$

用本书提供的系数计算，正算误差小于0.004 5 mm，反算误差小于0.000 000 15″，换算为长度，小于0.004 5 mm。计算中的注意事项同前面的正弦函数倍角型公式。常用椭球的正弦函数乘方型子午线弧长正反算公式中的系数值见表5-1和表5-2。

对于较短的子午线弧，可用近似公式

$$S = M(B_2 - B_1)''/\rho'' \tag{5-30}$$

### (二)平行圈弧长计算

平行圈是标准圆，同一纬线上两点间的弧长可直接由下式计算

$$S = r(L_2 - L_1)''/\rho'' \tag{5-31}$$

### (三)单位角度子午线和纬线弧长近似值

为了对单位角度的子午线弧长和平行圈弧长有个数量上的概念，现将一些弧长值列于表5-6。表中采用1980西安坐标系椭球，其他椭球的相应值与此相差无几。

**表5-6 我国1980西安坐标系部分弧长值**　　(单位：m)

| B (°) | 子午线弧长 | | | 平行圈弧长 | | |
|---|---|---|---|---|---|---|
| | $\Delta B = 1°$ | 1′ | 1″ | $\Delta L = 1°$ | 1′ | 1″ |
| 25 | 110 770 | 1 846.22 | 30.770 | 100 950 | 1 682.50 | 28.042 |
| 30 | 110 849 | 1 847.54 | 30.792 | 96 486 | 1 608.11 | 26.802 |
| 35 | 110 937 | 1 849.01 | 30.817 | 91 288 | 1 521.47 | 25.358 |
| 40 | 111 031 | 1 850.58 | 30.843 | 85 394 | 1 423.23 | 23.721 |
| 45 | 111 128 | 1 852.20 | 30.870 | 78 847 | 1 314.11 | 21.902 |

由表5-6可以看出，单位纬差的子午线弧长随纬度升高而缓慢地增长，单位经差的纬线弧长随纬度的升高而急剧地缩短。纬差1°的子午线弧长约为111 km，1′约为1.85 km(1海

里)，1″约为 30.8 m。单位经差纬线弧长则变化比较大。我国中部地区经差 1°的纬线长约 90 km，1′约为 1.5 km，1″约为 25 m。

这些数值概念对我们粗略估计两地的经纬差或距离极有帮助。

另外，由纬差 0.000 1″的子午线弧长约为 0.003 m 可知，要想直角坐标精确至毫米级，经纬度至少要精确至 0.000 1″。

# 第三节　三角高程测量计算公式

导线测量的外业计算首先从三角高程计算开始。这是为了获得控制点的三维坐标之一的高程。另外，测量计算的基准面是参考椭球面，控制测量的外业观测值，如边长观测值、水平方向观测值等，都要归算到椭球面上去，在归算中，有的计算要用到点的高程，因而需要先有点的高程。控制点的高程，少数由直接水准测量获得，大部分则是通过三角高程的方法获得的。

## 一、三角高差计算公式

图 5-15 为利用斜边和垂直角观测值进行三角高差计算的示意图。

图中 $A$ 为测站，$B$ 为照准点，$I$ 为经纬仪，$N$ 为照准标的。由于大气垂直折光的影响，照准线 $IN$ 是一条弧线，$IN$ 的长度为 $d$，垂直角为 $\alpha_{12}$。直线 $IM$ 是 $IN$ 在 $I$ 点处的切线，而图中的 $MN$ 即为大气折光差。$AC$ 为过测站 $A$ 的水准面，因而 $BC$ 即为高差 $h_{12}$。$IE$ 为过经纬仪 $I$ 的水准面，$ID$ 为其切线，所以 $DE$ 即为地球弯曲差，简称球差。

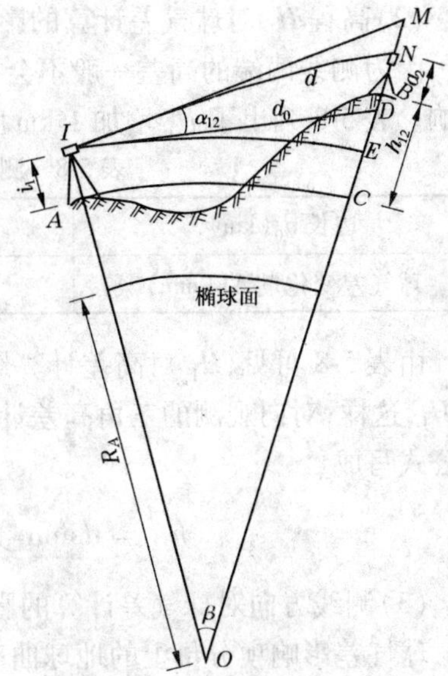


图 5-15　三角高差计算

由图 5-15 可以看出，两点高差($h_{12}=H_2-H_1$)可表示为

$$\left.\begin{aligned} h_{12} &= MC - MB \\ h_{12} &= MD + DE + EC - (MN + NB) \end{aligned}\right\} \text{(a)}$$

由于圆心角 $\beta\approx 0$，$\angle IDM$ 近似等于 90°，又 $IM\approx d$，所以有

$$MD = d\sin\alpha_{12}$$

此式在 $d=10$ km，$MD=100$ m 时，误差仅在 0.1 mm 左右。$DE$ 为球差影响，

$$DE = \frac{1}{2(R_A + H_1)}d_0^2 = \frac{1}{2(R_A + H_1)}d^2\cos^2\alpha_{12}$$

这里 $R_A$ 为测线方向的椭球曲率半径。

$$EC = i_1$$

为测站 $A$ 的仪器高。$MN$ 为气差影响

$$MN = \frac{k}{2(R_A + H_1)}d_0^2 = \frac{k}{2(R_A + H_1)}d^2\cos^2\alpha_{12}$$

式中：$k$ 为大气垂直折光系数，取值 0.07～0.16。

$$NB = a_2$$

为 $B$ 点标的高。

将以上各表达式代入式(a),并整理,可得

$$h_{12} = d\sin\alpha_{12} + i_1 - a_2 + \frac{1-k}{2(R_A + H_1)}d^2\cos^2\alpha_{12} \tag{5-32}$$

此式即为用观测斜边长计算三角高差的公式。

上式右边最后一项即为球气差影响项,现在我们对这一项进行一些讨论。

(1)球气差影响的大小。

大气垂直折光系数 $k$ 的变化在 0.07～0.16 之间。表 5-7 列出了当 $k=0.12$ 时不同边长的球气差影响近似值。

**表 5-7　球气差影响近似值**

| 边长 $d$(km) | 0.5 | 1 | 2 | 5 | 10 | 15 | 20 | 25 |
|---|---|---|---|---|---|---|---|---|
| 球气差 $V$(m) | 0.02 | 0.07 | 0.27 | 1.72 | 6.90 | 15.54 | 27.63 | 43.17 |

由表 5-7 可见,球气差影响一项是很大的。

(2)高程 $H_1$ 对球气差计算的影响。

因为测线两端的高差一般不会很大,所以这项影响可认为是测线高程对球气差计算的影响。表 5-8 列出了 $H_1$ 增加 1 km 时球气差变化量 $\Delta V$ 的大小,表中 $d_0$ 为测线水平距离。

**表 5-8　测线高程变化 1 km 时球气差变化量**

| 边长 $d_0$(km) | 10 | 5 | 2 |
|---|---|---|---|
| 球气差变化量 $\Delta V$(mm) | −1.1 | −0.2 | 0 |

由表 5-8 可见,$H_1$ 对高差计算影响不大。所以 $H_1$ 取近似值即可,常用平均高程 $H_m$ 代替 $H_1$,这样,对向观测的三角高差计算可取用同一个 $H_m$,而将用观测斜边长计算三角高差的公式写成

$$h_{12} = d\sin\alpha_{12} + i_1 - a_2 + \frac{1-k}{2(R_A + H_m)}d^2\cos^2\alpha_{12} \tag{5-33}$$

(3)测线方向对球气差计算的影响。

球气差影响项分母上的地球曲率半径 $R_A$,是测线方向上的地球曲率半径。可否用测区平均曲率半径 $R$ 代替 $R_A$ 呢?表 5-9 列出了不同纬度处、不同边长时,用 $R$ 代替 $R_A$ 计算球气差的误差的最大值。

**表 5-9　用 $R$ 代替 $R_A$ 计算球气差的最大误差**　　(单位:mm)

| $B$ (°) | $d_0$ | | | |
|---|---|---|---|---|
| | 10 km | 5 km | 2 km | 1 km |
| 20 | 20.7 | 5.1 | 0.9 | 0.2 |
| 35 | 15.2 | 3.8 | 0.6 | 0.2 |
| 50 | 9.7 | 2.4 | 0.4 | 0.1 |

读者可根据表 5-9 列出的数值和测量高程精度的需要,自行确定是否可用 $R$ 代替 $R_A$。

但当边长在 2 km 以下时,用 $R$ 代替 $R_A$ 产生的高差误差小于 1 mm,可满足大多数情况下的精度要求。

当采用测区平均曲率半径 $R$ 代替各边的 $R_A$ 进行三角高差计算时,常令

$$C = \frac{1-k}{2R}$$

这里 $C$ 称做球气差系数。再考虑

$$\frac{1-k}{2(R+H_m)} \approx C(1-\frac{H_m}{R})$$

因而将利用斜边 $d$ 计算三角高差的公式写成

$$h_{12} = d\sin\alpha_{12} + i_1 - a_2 + Cd^2\cos^2\alpha_{12}(1-\frac{H_m}{R}) \tag{5-34}$$

上式在 $d<2$ km、$H_m<1\ 000$ m 时又可进一步简化为

$$h_{12} = d\sin\alpha_{12} + i_1 - a_2 + Cd^2\cos^2\alpha_{12} \tag{5-35}$$

在满足上述条件时,用此式计算三角高差,其球气差项引起的误差小于 0.5 mm。这就是我们在短边导线测量中常采用的公式。式(5-35)有时也写成

$$h_{12} = d\sin\alpha_{12} + i_1 - a_2 + \frac{1-k}{2R}d^2\cos^2\alpha_{12} \tag{5-36}$$

除前面进述的用斜距计算三角高差的公式之外,传统的控制测量中还有另外三个计算公式,即用地面平距 $d_0$、椭球面距离 $S$、高斯平面距离 $D$ 计算三角高差的公式,这里不加推导的连同前述的公式列在表 5-10 中。

**表 5-10　三角高差计算公式**

| 计算用边长 | 公式 |
|---|---|
| 斜边 $d$ | $h_{12}=d\sin\alpha_{12}+i-a_2+\frac{1-k}{2(R_A+H_m)}d^2\cos^2\alpha_{12}$ |
| | $h_{21}=d\sin\alpha_{21}+i-a_1+\frac{1-k}{2(R_A+H_m)}d^2\cos^2\alpha_{21}$ |
| | $h_{12}=d\sin\alpha_{12}+i_1-a_2+\frac{1-k}{2R}d^2\cos^2\alpha_{12}$ |
| | $h_{12}=d\sin\alpha_{12}+i_1-a_2+Cd^2\cos^2\alpha_{12}$ |
| 地面平距 $d_0$ | $h_{12}=d_0\tan\alpha_{12}+i_1-a_2+Cd_0^2$ |
| 椭球面距离 $S$ | $h_{12}=S\tan\alpha_{12}+i_1-a_2+CS^2+S\tan\alpha_{12}\frac{H_m}{R}$ |
| 高斯平面距离 $D$ | $h_{12}=D\tan\alpha_{12}+i_1-a_2+CD^2+D\tan\alpha_{12}(\frac{H_m}{R}-\frac{y_m^2}{2R^2})$ |

**注**:$i_1$ 为测站经纬仪高;$a_2$ 为镜站觇牌高;$\alpha_{12}$ 为垂直角;$k$ 为大气垂直折光系数;$C$ 为球气差系数;$H_m$ 为两点光高平均值;$R$ 为测区平均曲率半径;$y_m$ 为高斯平面上两点近似 $y$ 坐标平均值。

## 二、大气垂直折光影响及减弱措施

大气垂直折光现象已在第二章第五节中讨论过。其产生的原因,主要是重力的作用。

大气的总体分布是上疏下密，致使来自观测目标的光线在大气中穿过时向下偏折，形成如图 5-16 所示的弧形轨迹。

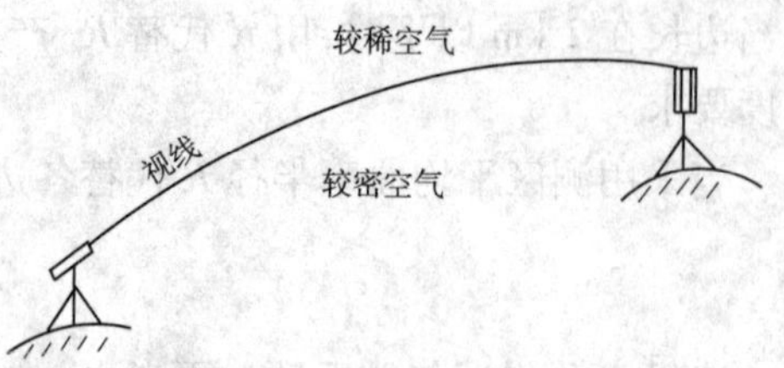


图 5-16　大气垂直折光

上面讲的是大体情况，实际上大气在垂直方向上的密度变化除与地球重力有关外，还随地区的不同、地形条件的不同、季节的不同、一天中时刻的不同、地面覆盖物的不同，以及高度的不同而表现出差异。所以，影响大气垂直折光的因素多且复杂。由于难以用精确的数学模型来表达光线的垂直折光情况，因而垂直折光成为影响三角高程测量精度的主要因素之一。

为了减弱垂直折光的影响，提高三角高程测量的精度，测量工作者总结出以下四项措施。

**(一)对向观测垂直角**

对向观测垂直角是指在 $A$ 点设站向 $B$ 点观测垂直角，然后又在 $B$ 点设站向 $A$ 点观测垂直角。这样，我们可以得到往、返测两个三角高差值。采用式(5-36)，我们有

$$h_{12} = d\sin\alpha_{12} + i_1 - a_2 + \frac{1-k_{12}}{2R}d^2\cos^2\alpha_{12}$$

$$h_{21} = d\sin\alpha_{21} + i_2 - a_1 + \frac{1-k_{21}}{2R}d^2\cos^2\alpha_{21}$$

这里采用 $k_{12}$、$k_{21}$，是为了表示往、返测的大气垂直折光情况可能不一样。取往、返测的高差平均值

$$\bar{h}_{12} = \frac{1}{2}(h_{12} - h_{21})$$

这里 $h_{21}$ 前取“-”号，是因为理论上有 $h_{21} = -h_{12}$。将前两式代入，并顾及 $d^2\cos^2\alpha_{12} = d^2\cos^2\alpha_{21} = d_0^2$，则有

$$\bar{h}_{12} = \frac{1}{2}d(\sin\alpha_{12} - \sin\alpha_{21}) + \frac{1}{2}(i_1 - a_2 - i_2 + a_1) + \frac{k_{21}-k_{12}}{4R}d_0^2 \tag{5-37}$$

若往返测大气垂直折射情况完全对称，即认为 $k_{12}=k_{21}$，公式变为

$$\bar{h}_{12} = \frac{1}{2}d(\sin\alpha_{12} - \sin\alpha_{21}) + \frac{1}{2}(i_1 - a_2 - i_2 + a_1) \tag{5-38}$$

则在往返测高差中数中，大气折射的影响被完全消除。若往返测大气折射情况有一定的差异，即 $k_{12}\neq k_{21}$，则仅仅其差值的一半对高差的计算有影响，也就是说，大气垂直折射的影响被大部分抵消了。

从上面的分析可以得出结论：对向观测垂直角，取往返测高差平均值可以极大地削弱大气垂直折光对三角高差计算的影响，大大提高三角高程测量的精度。所以，在实际控制测量作业中，三角高程测量一般采用对向观测垂直角。

**(二)选择有利的观测时间**

实践证明，大气垂直折光(一般用折光系数 $k$ 表示，因为球气差系数 $C$ 与 $k$ 无实质性区别，为了方便起见，有时采用 $C$ 表示)的周日变化规律是：中午前后稳定，$C$ 值最大(对应 $k$ 值则最小)；日出日落时变化较快，$C$ 值较小(对应 $k$ 值则最大)，如图 5-17所示。因此，一般

情况下，中午前后观测垂直角最为有利。《规范》规定：垂直角观测在地方时间10～16时进行。

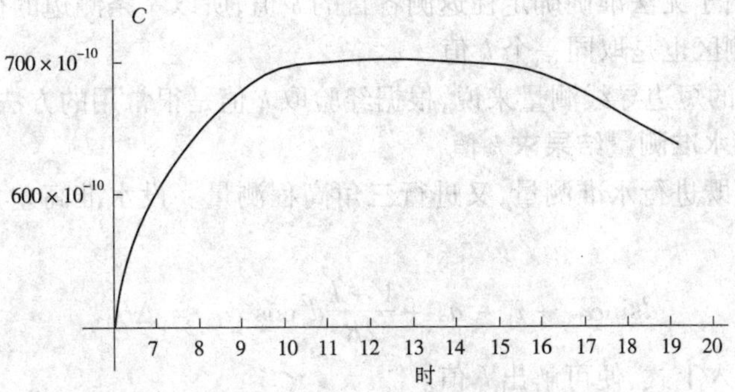


图 5-17　球气差系数的日变化曲线

**(三)提高视线高度**

实践证明，视线距地面越近，折光系数变化越大。例如在珠穆朗玛峰地区进行三角高程测量时，由于珠穆朗玛峰方向的视线距地面很高，该方向的折光系数 $k$ 周日变化只有0.01～0.02，而其他方向的 $k$ 值变化比较大，最大达到0.105。这就说明，提高视线高度可以减弱大气垂直折光的影响。

**(四)尽可能利用短边传算高程**

由单向观测高差计算公式可看出：折光系数误差对高差的影响与边长的平方成正比。例如：

当 $\Delta k=0.01$，$S=13$ km时，对高差的影响 $\Delta h=\dfrac{\Delta k}{2R}S^2=0.13$ m；当 $\Delta k=0.01$，$S=25$ km时，$\Delta h=\dfrac{\Delta k}{2R}S^2=0.49$ m。

由此可见，用短边传算高程较用长边传算有利。

## 三、折光系数的确定

在实际三角高程计算中总是先用单向观测高差公式计算出往返测高差 $h_{12}$ 和 $h_{21}$，在往返测高差不符值合限的情况下，再取往返测高差中数作为该边的高差观测值。这样，计算过程中必须用到大气垂直折光系数 $k$ 值，所以计算前要确定折光系数 $k$ 值。

确定 $k$ 值的方法有三种。

**(一)经验 $k$ 值**

$k$ 值的取值范围为0.07～0.16。$k$ 值的大小有这样的规律性：海拔高的地区小，海拔低的地区大；潮湿地区大，干燥地区小；在一天之内中午前后最小且比较稳定，日出日落时较大且极不稳定。按我国中部和西部地区若干大面积二等三角网的统计资料分析，可认为：

沙漠地区　　$k=0.07～0.10$
平原丘陵地区　　$k=0.11～0.13$
沼泽森林地区　　$k=0.14～0.15$
水网湖泊地区　　$k=0.15～0.16$

我们可以根据这些规律性和经验值，结合测区测边的具体情况，以及天气情况选用合适的 $k$ 值。

实际工作中，由于无法准确确定往返测各自的 $k$ 值，所以一条测边的往返测总是取同一个 $k$ 值，甚至一个测区也是取同一个 $k$ 值。

对于现在常用的短边导线测量来说，根据经验取 $k$ 值是很常用的方法。

**（二）利用几何水准测量结果求 $k$ 值**

在 $A$、$B$ 两点间既进行水准测量，又进行三角高程测量。设水准高差为 $\Delta H_{12}$，假定没有观测误差，则应有

$$d\sin\alpha_{12} + i_1 - a_2 + \frac{1-k}{2R}d^2\cos^2\alpha_{12} = \Delta H_{12} \tag{5-39}$$

将各观测值和 $R$ 代入上式，便可解出 $k$ 值。

用此种方法确定 $k$ 值，一般需在测区内选择 4～5 条边进行测定，各边求出 $k$ 值后，取用平均 $k$ 值。由于工作量较大，实际工作中较少采用这种方法。

**（三）利用对向垂直角确定 $C$ 值**

由于球气差系数 $C=(1-k)/(2R)$，平均曲率半径 $R$ 对于一个测区来说是取的同一个值，所以确定 $C$ 值就是确定 $k$ 值。

往返测垂直角后，可得往返测高差

$$h_{12} = d\sin\alpha_{12} + i_1 - a_2 + Cd_0^2$$
$$h_{21} = d\sin\alpha_{21} + i_2 - a_1 + Cd_0^2$$

这里 $d$ 为斜距，$d_0$ 为地面平距，令

$$h'_{12} = d\sin\alpha_{12} + i_1 - a_2$$
$$h'_{21} = d\sin\alpha_{21} + i_2 - a_1$$

$h_{12}$ 和 $h_{21}$ 可化简为

$$h_{12} = h'_{12} + Cd_0^2$$
$$h_{21} = h'_{21} + Cd_0^2$$

由于理论上有 $h_{12}=-h_{21}$，所以有

$$(h'_{12} + Cd_0^2) + (h'_{21} + Cd_0^2) = 0$$

解得

$$C = -\frac{h'_{12} + h'_{21}}{2d_0^2} \tag{5-40}$$

在传统的三角测量中，常常先由各边算出 $h'_{12}=d_0\tan\alpha_{12}+i_1-a_2$，$h'_{21}=d_0\tan\alpha_{21}+i_2-a_1$，进而由式(5-40)算出各边 $C$ 值，然后取各边平均 $C$ 值作为测区 $C$ 值。现在的短边导线测量一般采用取经验 $k$ 值的方法，较少采用对向观测求 $C$ 值的方法。

## 第四节　三角高程测量的计算

本节讲述三角高程测量的高差计算、质量检核和高程平差。

### 一、计算前的准备工作

计算前的准备工作主要包括以下几项。

**(一)检查外业观测资料**

按《规范》要求进行检查,确保观测资料正确无误。

**(二)绘制三角高差计算略图(或观测图)**

进行三角高差计算应当绘制计算用略图。图之比例尺一般不作要求,图上最短边最好不小于 4 cm,以便有空间抄录观测值数据。

**(三)抄录数据**

各项数据的抄录位置如图 5-18 所示。

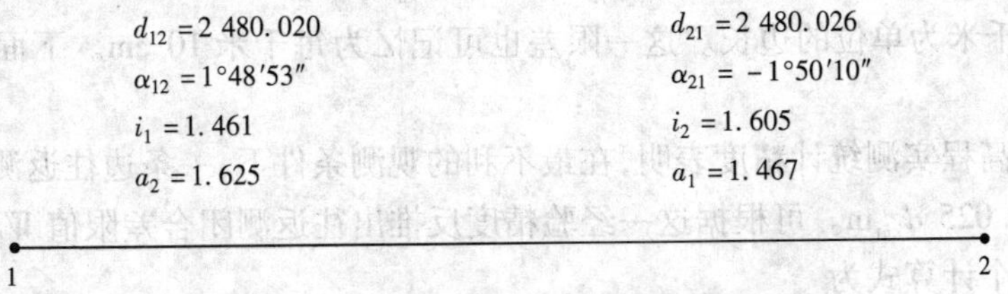


**图 5-18 三角高程观测图各项数据的抄录位置**

已知高程应用红笔抄在该点附近。进一步的例图如图 5-44 所示。

抄录的数据应当反复检查,确认准确无误后方可进行下步计算工作。

## 二、高差计算

现在的导线三角高程计算一般采用计算机程序计算。可根据程序说明书的格式要求,参照观测图,组织数据,按说明书的步骤实施计算。

如果是手工计算,可编小程序一个高差一个高差地计算,或按类似于表 5-11 的表格计算。

**表 5-11 三角高差计算**

| 边 名 | *W*65—蝎子山 | | 备 注 |
|---|---|---|---|
| 测向 | 往 | 返 | $C=\frac{1-k}{2R}=6.906\ 8\times10^{-8}$<br>取$k=0.12$<br>$R=6\ 370\ 520$ |
| 测站近似高程 | 392 | 470 | |
| 斜距 $d$ | 2 480.020 | 2 480.026 | |
| 垂直角 $\alpha$ | 1°48′53″ | −1°50′10″ | |
| 经纬仪高 $i$ | 1.461 | 1.605 | |
| 觇标高 $a$ | 1.625 | 1.467 | |
| $h'=d\sin\alpha+i-a$ | 78.372 | −79.324 | |
| $V=Cd^2\cos^2\alpha(1-\frac{H_m}{R})$ | 0.424 | 0.424 | |
| $h=h'+V$ | 78.796 | −78.900 | |
| 往返不符值 $h_{往}+h_{返}$ | −0.104 | | |
| 高差中数$(h_{往}-h_{返})/2$ | 78.848 | | |

## 三、高差验算

为了保证三角高程的精度,应对高差成果进行检核,看是否合乎有关限差的要求。验算的项目有往返测闭合差和环线或附合路线闭合差。

**(一)往返测闭合差验算**

往测高差 $h_{12}$ 与返测高差 $h_{21}$ 理应大小相等,符号相反,即应有 $h_{12}+h_{21}=0$。但由于有测量误差,这一式常不能满足,这时定义闭合差:

$$W = h_{12} + h_{21} \tag{5-41}$$

《规范》规定 $W$ 的限差为 $0.1d_{km}$m,即

$$W_{限} = \pm 0.1d_{km}\text{m} \tag{5-42}$$

式中:$d_{km}$为以千米为单位的边长。这一限差也可记忆为每千米 10 cm。下面推导出这一限差。

我国三角高程实测统计精度表明,在最不利的观测条件下,一条边往返测高差中数的中误差 $m_{中}=\pm0.025\ d_{km}$m。可根据这一经验精度反推出往返测闭合差限值 $W_{限}$。

有关的两个计算式为

$$W = h_{12} + h_{21}$$

$$h_{中} = \frac{h_{12} - h_{21}}{2}$$

再设 $m_W$ 为往返测高差闭合差中误差,$m_{单}$ 为单向(往测或返测)高差中误差。由上面两式,根据误差传播定律有

$$m_W = \sqrt{2}m_{单}$$

$$m_{中} = \frac{m_{单}}{\sqrt{2}},或\ m_{单} = \sqrt{2}m_{中}$$

由此得

$$m_W = 2m_{中}$$

取中误差的 2 倍作限差

$$W_{限} = 2m_W = 4m_{中} = \pm 4 \times 0.025\ d_{km}\text{m}$$

即

$$W_{限} = \pm 0.1\ d_{km}\text{m}$$

经验算往返测闭合差合限,则取往返测中数作高差观测值;如果超出限差,应分析原因,决定取舍或重测。

**(二)附合路线闭合差验算**

1. 附合路线闭合差计算

在导线网中,要有一些导线点用水准测量测出其高程。这样,连接两个水准高程点(或已知高程点)间的三角高程路线便是一条高程附合路线。如图 5-19 所示,$A$、$B$ 为高程已知点,$h_1$、$h_2$、$h_3$ 为三角高差。从 $A$ 经 $h_1$、$h_2$、$h_3$ 可推得 $B$ 点的高程,即

$$H_{B_{推}} = H_A + h_1 + h_2 + h_3$$

推算得的 $B$ 点高程应与 $B$ 点已知高程相等。若不相等,其差值称为附合路线的闭合差,即

$$W = H_A + h_1 + h_2 + h_3 - H_B$$

注意:附合路线闭合差计算前应绘制如图 5-20 所示的高差分析图。图中箭头的指向代表往测的方向,即从往测的测站指向照准点。高差数值按下式计算:

$$h_{中} = (h_{往} - h_{返})/2 \tag{5-43}$$

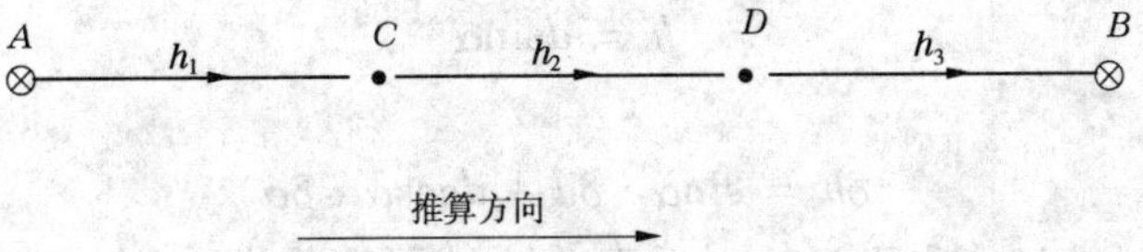


**图 5-19　附合路线闭合差计算**

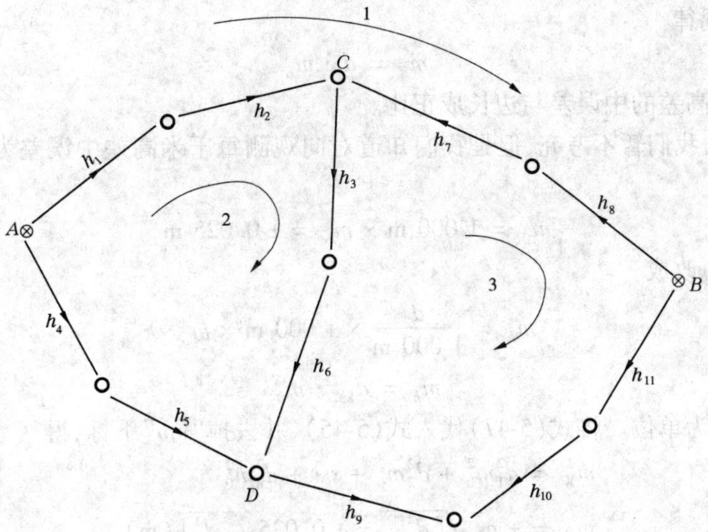


**图 5-20　高差分析图**

在推算高程时,箭头方向与推算方向一致时,应加上该高差;与推算方向相反时,应减去该高差。因此,闭合差公式最好写成下式:

$$W = H_A + \sum_{1}^{n}(+/-)h_i - H_B \tag{5-44}$$

例如,图 5-20 中的 $A$ 到 $B$ 的附合路线闭合差计算式为

$$W = H_A + h_1 + h_2 - h_7 - h_8 - H_B$$

2. 附合路线闭合差的限差

由闭合差计算式(5-44)按误差传播定律有

$$m_W^2 = m_1^2 + m_2^2 + \cdots + m_n^2 \tag{5-45}$$

这里 $m$ 为 $h_i$ 的中误差。$m$ 如何计算呢?

由三角高差计算式

$$h = d\sin\alpha + i - a + \frac{1-k}{2R}d^2\cos^2\alpha$$

这里 $i$ 和 $a$ 是仪器高和标高,可以量得较准,可视为无误差。$\frac{1-k}{2R}d^2\cos^2\alpha$ 的误差主要取决于垂直折光系数 $k$ 的确定误差。实际计算中,对向观测总是取相同的 $k$ 值,在对向观测高差取均值后,$k$ 在形式上被消除,因此 $k$ 值取定的误差变成了对向 $k$ 值不相等而将其当做相等引起的误差。因为垂直折光不对称刚好影响的是对向观测的垂直角 $\alpha$ 值,所以可理解为不是 $k$ 被消除有误差,而是 $\alpha$ 观测有误差,由以上的分析,我们可用下式来讨论三角高差测量的误差：

$$h = d\sin\alpha$$

对上式微分

$$\delta h = \sin\alpha \cdot \delta d + d\cos\alpha \cdot \delta\alpha$$

由于外业 $\alpha$ 常常很小，$\sin\alpha$ 近于 0，$\cos\alpha$ 近于 1，上式可简化为

$$\delta h = d \cdot \delta\alpha$$

套用中误差传播律

$$m_h = d \cdot m_\alpha \tag{5-46}$$

由此可见，三角高差的中误差与边长成正比。

$m_\alpha$ 为多大，我们暂不考究，但是我们知道对向观测每千米高差中误差为 ±0.025 m，设其为 $m_0$，则有

$$m_0 = 1\ 000\ \text{m} \times m_\alpha = \pm 0.025\ \text{m}$$

现在将式(5-46)改成

$$m_h = \frac{d}{1\ 000\ \text{m}} \times 1\ 000\ \text{m} \times m_\alpha$$

$$m_h = d_{\text{km}} \cdot m_0 \tag{5-47}$$

这里 $d_{\text{km}}$ 以千米为单位。将式(5-47)代入式(5-45)，并去掉"km"下标，得

$$m_W^2 = d_1^2 m_0^2 + d_2^2 m_0^2 + \cdots + d_n^2 m_0^2$$

$$m_W = \pm m_0 \sqrt{[d^2]} = \pm 0.025\sqrt{[d^2]}\ (\text{m})$$

这就是路线闭合差 $W$ 的中误差计算式。取 2 倍中误差作闭合差限值

$$W_{\text{限}} = \pm 0.05\sqrt{[d_{\text{km}}^2]}\ \text{m} \tag{5-48}$$

**(三)环线闭合差验算**

如果若干条三角高差边首尾相接构成了一个环线，就该计算环线闭合差。例如在图 5-20中，从 $A$ 点出发，经高差边 $h_1$、$h_2$、$h_3$、$h_6$、$h_5$、$h_4$ 又回到了 $A$ 点，构成了闭合差，即

$$W = \sum_1^n (+/-) h_i \tag{5-49}$$

图 5-20 中有两个闭合环，按选定的闭合环推进方向，闭合差分别为

$$W_2 = h_1 + h_2 + h_3 + h_6 - h_5 - h_4$$

$$W_3 = -h_7 - h_8 + h_{11} + h_{10} - h_9 - h_6 - h_3$$

很显然，环线闭合差的限差与附合路线闭合差的限差计算公式相同。

## 四、高差超限时的分析处理

高差超限常见的有下面几种情况：

(1)往返测高差闭合差大部分超限，且符号一致。这往往是因为大气垂直折光系数 $k$ 值的确定不符合实际情况，有较大偏差。$k$ 值偏小可引起闭合差超限，符号为正；$k$ 值确定偏大，可引起闭合差超限，符号为负。可重新确定 $k$ 值，再算。

应该指出，对于对向观测垂直角来说，按照我们计算高差中数的实用公式

$$h = \frac{h_{12} - h_{21}}{2}$$

从式(5-38)可知，$k$ 值的大小对最后高差中数的大小不起任何影响。确定 $k$ 值，并用单向高差公式计算高差，主要的好处在于检核观测误差。

(2)个别边往返测高差超限。这时有可能是该边观测时的折射率 $k$ 值与其他边偏差，可根据实际情况判断。这时若该边高差中数能满足图形闭合差限差要求，仍取中数。若中数不能满足，则某单向高差可能有较大误差。可取用能满足图形闭合差要求的一个单向高差。精度要求高时，应重测。

(3)附合路线，环线闭合差超限应在充分分析研究之后，重测有关高差边。

### 五、三角高程测量平差

三角高差质量检验合格之后就可以进行三角高程平差了。

用三角高程法获得的高差观测值，其精度与边长有关，边长越长，误差越大，精度越低。在平差中，需要正确确定各高差的权。

由式(5-47)知，往返测高差中数的中误差可表示为

$$m_h = d_{\mathrm{km}} \cdot m_0$$

式中：$d_{\mathrm{km}}$ 为以千米为单位的边长；$m_0$ 为每千米边长的高差中误差。设 $C$ 边长的高差中误差为单位权中误差，则有

$$P = \frac{\mu^2}{m^2} = \frac{C^2 m_0^2}{d^2 m_0^2}$$

$$P = \frac{C^2}{d^2} \tag{5-50}$$

即为三角高差定权公式。

对于简单的附合高程导线，可简单地按距离分配闭合差，即

$$v_i = \frac{-W}{[d]} \cdot d_i \tag{5-51}$$

式中：$W$ 为路线闭合差；$[d]$ 表示各边距离总和。

对于组成网形的三角高程网，应用严密平差法平差，见本书第九章。这方面的计算机程序国内很多，读者也可自己选用，在此不多述。

## 第五节　地面观测值归算至椭球面

通过上节的计算，我们获得了导线网点的高程，接着的任务是计算导线点的水平位置。在本章第一节中，我们已经知道，参考椭球面是测量计算的基准面，因此地面上的观测值，如水平方向观测值、边长观测值等，都必须化算到参考椭球面上。本节叙述这项化算工作。

### 一、地面水平方向值归算至椭球面

把地面观测方向值(水平方向值)化算到椭球面上，应加入垂线偏差改正、标高差改正和截面差改正，习惯上称这三项改正为三差改正。

**(一)垂线偏差改正 $\delta_1$**

要把地面观测方向值化算到椭球面上，必须求得以椭球面法线方向为基准的水平方向

值。由于地面观测水平方向值的基准线是测站铅垂线，而测站铅垂线与相应的法线方向常常不一致，对水平方向观测值必有一定的影响。对这项影响的改正就叫做垂线偏差改正。

在图 5-21 中，以测站点 $Q$ 为中心，作一单位半径的辅助球，$QZ$ 为法线方向。$QZ_1$ 为铅垂线方向。$ZZ_1$ 即为垂线偏差，以 $u$ 表示之。$\xi$、$\eta$ 分别是 $u$ 在子午圈和卯酉圈上的分量，$M$ 是地面观测目标 $m$ 在球面上的投影。

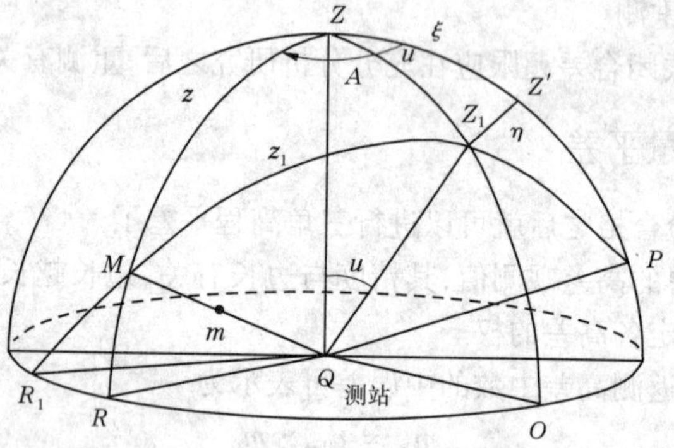


图 5-21　垂线偏差改正

由图 5-21 可知，如果在垂直面 $ZZ_1$ 内照准某一目标，无论观测方向以法线还是以铅垂线为准，照准面都是一个，无需加垂线偏差改正。为此，我们可把 $QO$ 方向作为参考方向（视为水平角观测的零方向）。

当 $M$ 不在垂直面 $ZZ_1O$ 内时，情况就不相同了。这时，若以铅垂线 $QZ_1$ 为准，照准 $m$ 点，照准面 $QZ_1M$ 交于水平面 $R_1$，得读数为 $R_1$；若以法线 $QZ$ 为准，照准 $m$ 点，照准面 $QZM$ 交于水平面 $R$，得读数为 $R$。由此可见，此时垂线偏差对水平方向的影响（垂线偏差改正）$\delta_1 = R - R_1$，垂线偏差改正数计算公式为

$$\left.\begin{aligned} \delta_1 &= R - R_1 = -(\xi''\sin A - \eta''\cos A)\cot z_1 \\ \text{或}\quad \delta_1 &= -(\xi''\sin A - \eta''\cos A)\tan\alpha_1 \end{aligned}\right\} \tag{5-52}$$

式中　$\xi''$、$\eta''$——测站点的垂线偏差分量；

$A$——观测方向的大地方位角；

$z_1(\alpha_1)$——观测方向的天顶距（或垂直角）。

垂线偏差改正主要与测站点的垂线偏差及观测方向的天顶距（或垂直角）有关。

**（二）标高差改正 $\delta_2$**

标高差改正的意义可用图 5-22 说明。

在图 5-22 中，$A$ 为测站点，如果水平方向值中已加入垂线偏差改正，这时可认为，已将以测站铅垂线为基准的观测方向值化算为以测站法线为基准的水平方向值。这时测站点在椭球面上或者高出椭球面一个高度，对水平方向没有影响。为便于说明问题，我们假设测站点 $A$ 位于椭球面上。

设照准点 $B$ 高出椭球面的高程为 $H_b$，$AK_a$、$BK_b$ 分别为 $A$ 点和 $B$ 点的法线，$B$ 点的法线 $BK_b$ 同椭球面的交点是 $b$ 点。因为 $AK_a$、$BK_b$ 通常不在同一平面内，所以，测站点 $A$ 的法截面照准 $B$ 点时，该照准法截面与椭球面的交线是 $Ab'$，而不是 $Ab$。因而产生了 $Ab$ 同 $Ab'$ 方向的差异。按照将地面点化算到椭球面上的要求，地面点都应沿各自的法线方向投影到椭球面

上。那么，$AB$ 方向沿法线投影到椭球面上时，应该是 $Ab$ 方向，而不是 $Ab'$ 方向，因此将 $Ab'$ 的方向值化算为 $Ab$ 方向值的改正数称为标高差改正，以符号 $\delta_2$ 表示。

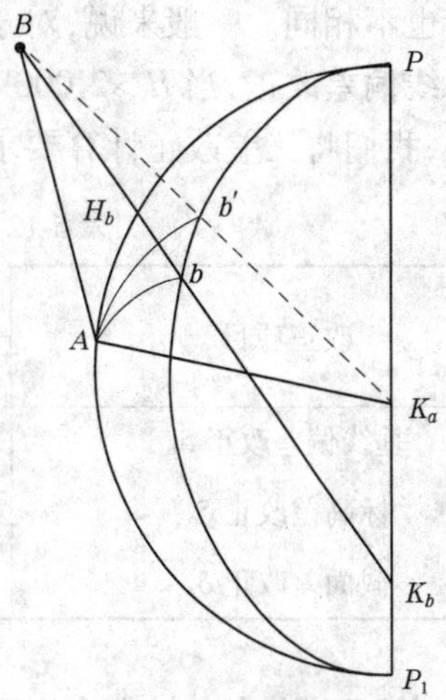

图 5-22 标高差改正

标高差改正的计算公式是

$$\delta''_2 = \frac{\rho'' e^2}{2M_2} H_2 \cos^2 B_2 \sin 2A_1 \qquad (5\text{-}53)$$

式中 $M_2$——照准点的子午圈曲率半径；

$B_2$——照准点的大地纬度；

$A_1$——测站点到照准点方向的大地方位角；

$H_2$——照准点高出椭球面的高程，$H_2 = H_{常} + a + \zeta$；

$H_{常}$ 为照准点标石中心的正常高，$\zeta$ 为高程异常，$a$ 为照准点觇标高度。

标高差改正主要与照准点的高程有关。

**(三)截面差改正 $\delta_3$**

经过前两项改正，已将地面水平方向观测值化算到了椭球面上相应的法截线方向。但是由于椭球面上 $A$ 点照准 $B$ 点的法截面与 $B$ 点照准 $A$ 点的法截面并不是同一个平面，因而它们在椭球面上的法截线 $AaB$ 和 $BbA$ 一般不相重合，如图 5-23 所示。这就有了新的问题，椭球面上连接两点的边以什么为准？关于这一点，微分几何作出了定义：以连接两点的大地线为准。大地线的定义涉及微分几何的知识，在此不多述，我们只对大地线作一些描述。大地线是椭球面上两点间的最短程曲线。如果在光滑的椭球模型表面的 $A$、$B$ 两点上各钉一个大头针，中间绷紧一条细橡皮筋，则橡皮筋在椭球面上的压线就是连接 $A$、$B$ 两点的大地线。

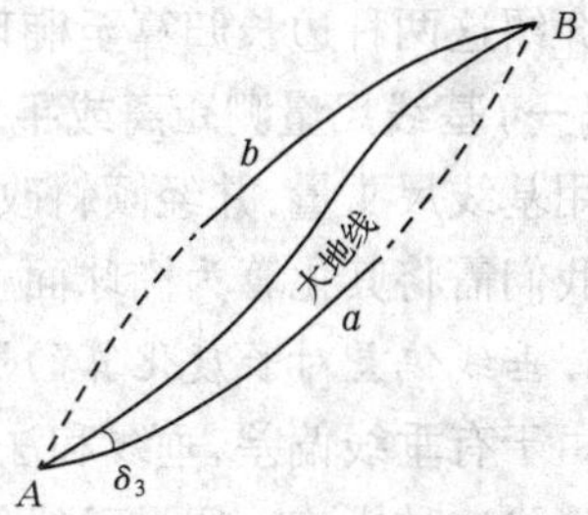

图 5-23 截面差改正

大地线位于两对向法截线之间，如图 5-23 所示。在两端，它靠近正法截线。设正反法截线的夹角为 $\Delta$，则大地线在端点处与正法截线夹角约为 $\Delta/3$。由于椭球面上两点间的连线要以大地线为准，因而应将正法截线为准的方向观测值化算为以大地线为准的方向值，这种改正称做截面差改正，以 $\delta_3$ 表示

$$\delta_3 = -\frac{\rho'' e^2}{12N_1^2} S^2 \cos^2 B_1 \sin 2A_1 \qquad (5\text{-}54)$$

式中 $N_1$——测站点卯酉圈曲率半径；

$S$——$A$、$B$ 间的大地线长；

$B_1$——测站点 $A$ 的大地纬度；

$A_1$——测站点 $A$ 指向照准点 $B$ 的大地方位角。

截面差改正主要与大地线长 $S$ 有关。其数值很小，在国家一等控制中也只有千分之一秒的数量级。

从理论上讲，凡是需要将地面观测水平方向值化算为椭球面水平方向值时，都应加三差改正。但是，根据三差改正各自的数值大小及各等级水平控制要求的精度不同，需要加的改

正项目也不相同。一般来说,对于三、四等水平方向值通常不加三差改正,当$\xi$、$\eta > 10''$时,应加垂线偏差改正,当$H > 2\,000$ m时,应加入标高差改正。二等不进行截面差改正。为方便查阅,我们将三差改正计算要求列于表5-12。

表5-12 各等控制测量中三差改正计算规定

| 改正项目 | 控制网等级 | | |
|---|---|---|---|
| | 一等 | 二等 | 三、四等 |
| 垂线偏差改正 $\delta_1$ | 计算 | 计算 | $\xi$、$\eta > 10''$时计算 |
| 标高差改正 $\delta_2$ | 计算 | 计算 | $H > 2\,000$ m时计算 |
| 截面差改正 $\delta_3$ | 计算 | 不计算 | 不计算 |

## 二、地面测量边长归算至椭球面

地面边长有两种:一种是由电磁波测距仪测得的地面两点间的倾斜距离,一种是由基线尺量距并经倾斜改正获得的或由其他方法得到的平均高程面(或平均水准面)边长。下面分别介绍这两种边长归算至椭球面的方法和公式。

### (一)基线尺量测距离或平均高程面边长归算至椭球面

用基线尺丈量,并经倾斜改正后获得的边长,相当于沿某一平均高度的水准面量测的弧长。我们需将其化算为椭球面上的大地线长。

1. 垂线偏差对长度化算的影响

由于有垂线偏差,垂线和法线不一致,水准面不平行于椭球面。因此,在边长归算中应首先消除这种影响。假设垂线偏差沿基线方向是线性变化的,则垂线偏差在基线方向的分量$u$对边长归算的影响公式是

$$\Delta S_u = \frac{u''_1 + u''_2}{2\rho''}(H_2 - H_1) \tag{5-55}$$

式中:$u''_1$和$u''_2$为基线两端点处的垂线偏差在基线方向上的分量;$H_1$、$H_2$为两端点的大地高。

从式(5-55)可见,垂线偏差对边长归算的影响主要与基线方向的垂线偏差分量$u$和基线两端点的高差有关。这项影响数值一般比较小,例如,当$u = 5''$,$H_2 - H_1 = 50$ m时,其影响为1 mm。实践中是否须加此项改正,应结合测区及计算精度要求的实际情况分析决定。

2. 高程对长度化算的影响

如图5-24所示,经过垂线偏差改正的平均水准面边长$S_H$是平行于椭球面的,但离椭球面有一定的高程$H_m$。由$S_H$化算为椭球面边长$S$就是由高程引起的边长化算。

由图5-24可知

$$\frac{S}{R_A} = \frac{S_H}{R_A + H}$$

$$S = \frac{R_A}{R_A + H} \cdot S_H \tag{5-56}$$

式中:$R_A$为测线方向的椭球曲率半径;$H$为测线两端点大地高平均值。

有时希望将上面的式子改写成 $S=S_H+\Delta S$ 的形式，则由式(5-55)可化算出

$$\Delta S=-\frac{H}{R_A+H}\cdot S_H \tag{5-57}$$

这里要补充说明一个问题。上面的推导是将大地线 $S$ 看做半径为 $R_A$ 的圆弧线，也就是说认为大地线的长度就是法截线的长度。这种做法是否可行呢？答案是肯定的。研究表明，当 $S=50$ km 时，大地线与法截线长度之差小于 $2\times10^{-8}$ mm。所以，在大地计算中，一般认为大地线与法截线长度相等。

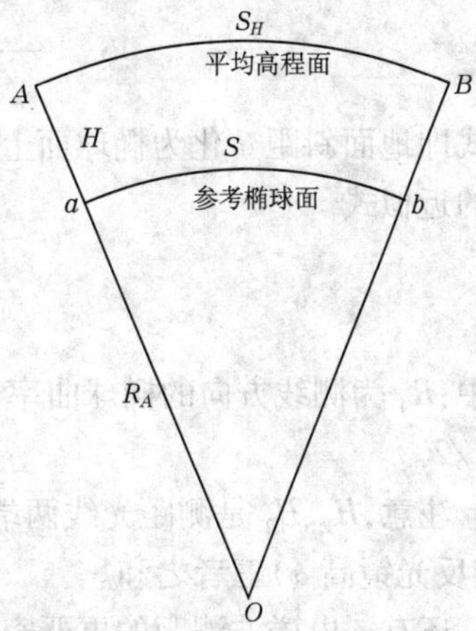

图 5-24　高程对长度化算的影响

**(二)地面斜距归算至椭球面**

由电磁波测距仪测得的是地面两点间的直线斜距，如图 5-25 中的 $d$，现要求其归算到椭球面上的大地线长 $S$。

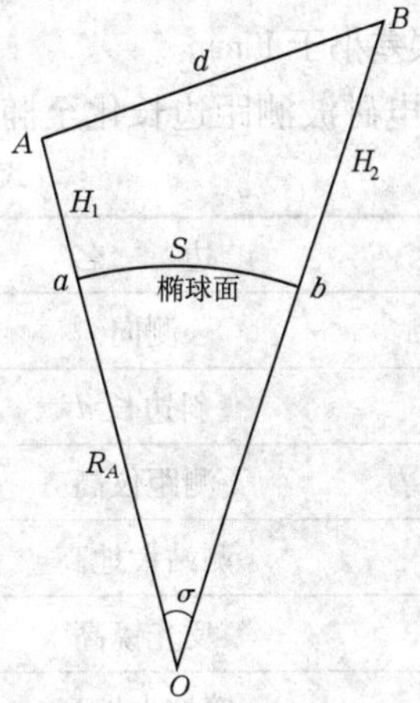

图 5-25　地面斜距归算至椭球面

$S$ 的长度可看做是图中圆弧 $\overset{\frown}{ab}$ 的长度，弧的半径为端点处法截弧曲率半径 $R_A$。由图 5-25 知，$S$ 所对的圆心角 $\sigma=S/R_A$。同时，$\sigma$ 又是三角形 $AOB$ 的一角，由余弦定理有

$$\cos\sigma=\frac{(R_A+H_1)^2+(R_A+H_2)^2-d^2}{2(R_A+H_1)(R_A+H_2)}$$

将 $\cos\sigma=1-2\sin^2\frac{\sigma}{2}=1-2\sin^2\frac{S}{2R_A}$ 代入上式左边

$$1-2\sin^2\frac{S}{2R_A}=\frac{(R_A+H_1)^2+(R_A+H_2)^2-d^2}{2(R_A+H_1)(R_A+H_2)}$$

经化算得

$$\sin^2\frac{S}{2R_A}=\frac{d^2-(H_2-H_1)^2}{4(R_A+H_1)(R_A+H_2)}$$

为书写简便，令

$$d_0=\sqrt{d^2-(H_2-H_1)^2}=\sqrt{d^2-(\Delta H)^2}$$
$$R_H=\sqrt{(R_A+H_1)(R_A+H_2)}$$

于是有

$$\sin^2\frac{S}{2R_A}=\frac{d_0^2}{4R_H^2}$$

$$\frac{S}{2R_A}=\arcsin\frac{d_0}{2R_H}$$

展开上式右边，略去 5 次及以上项

$$\frac{S}{2R_A}=\frac{d_0}{2R_H}+\frac{d_0^3}{6(2R_H)^3}$$

由此经过变化和近似，得到

$$S = \frac{R_A}{\sqrt{(R_A + H_1)(R_A + H_2)}} \cdot d_0 + \frac{d_0^3}{24R_A^2} \tag{5-58}$$

上式即地面斜距 $d$ 化为椭球面上的大地线长 $S$ 的公式。工程测量中常用在此基础上更进一步的近似式

$$S = \frac{R_A \cdot d_0}{R_A + H} + \frac{d_0^3}{24R_A^2} \tag{5-59}$$

式中：$R_A$ 为测线方向的椭球曲率半径；$d_0$ 为地面平距，$d_0 = \sqrt{d^2 - h^2}$，$h = H_2 - H_1$；$H = (H_1 + H_2)/2$。

注意，$H_1$、$H_2$ 是测距光线两端的大地高，它们应为正常高 $H_常$、高程异常 $\zeta$ 和测距仪高 $i$（或反光镜高 $a$）三者之和。

还有一电磁波测距的更严密的化算公式

$$S = \frac{R_A d_0}{R_A + H} + \frac{d_0^3}{24R_A^2} + \frac{3d_0^2}{4R_A^2} H e'^2 \sin 2B_1 \cos A_{12} \tag{5-60}$$

式中：$e'$为椭球第二偏心率；$B_1$ 为 $A$ 点纬度；$A_{12}$为测线大地方位角。此式在 $d<60$ km、$h<1\ 000$ m 时，误差小于 1 mm。

电磁波测距边长化至椭球面的算例见表 5-13。

**表 5-13　电磁波测距边长化至椭球面的算例**

| 边　　名 | $W_{65}$——蝎子山 | |
|---|---|---|
| 测向 | 往 | 返 |
| 斜边长 $d$ | 2 480. 020 | 2 480. 026 |
| 测距仪高 | 1. 461 | 1. 605 |
| 测站大地高 | 391. 570 | 470. 405 |
| 反光镜高 | 1. 625 | 1. 467 |
| 镜站大地高 | 470. 405 | 391. 570 |
| 两端光高差 $h$ | 78. 999 | −78. 973 |
| 光高平均值 $H$ | 432. 530 | 432. 524 |
| 平距 $d_0 = \sqrt{d^2 - h^2}$ | 2 478. 761 | 2 478. 768 |
| $R_A = N/(1 + e'^2 \cos^2 B \cos^2 A)$ | 6 383 122. 571 | |
| 椭球边长 $S = \frac{R_A \cdot d_0}{R_A + H} + \frac{d_0^3}{24R_A^2}$ | 2 478. 594 | 2 478. 600 |

**注**：$B = 34°28'$，$N = 6\ 385\ 092.603$，$A = 285°02'42.4''$，$e'^2 = 6.738\ 525\ 415 \times 10^{-3}$。

## 三、天文方位角化为大地方位角

天文方位角是在测站观测北极星与一地面目标间的水平角，并经过一些北极星的位置改正计算获得的。由于测站的垂线和法线通常不一致，因而天文方位角要加上北极星方向的垂线偏差改正才能化算为大地方位角，化算公式如下

$$A = \alpha - \eta \tan\varphi \tag{5-61}$$

式中　$A$——大地方位角；

$\alpha$——天文方位角；

$\eta$——测站垂线偏差卯酉分量；

$\varphi$——测站纬度，它同时也是北极星的高度角。

式(5-61)又叫拉普拉斯方程，由此得到的大地方位角又叫拉普拉斯方位角。其精度可达±0.5″，在天文大地网中作为无误差的起算数据，天文大地网中每隔一定距离要测一个天文方位角，就是为了控制方向传算的误差。

## 第六节　高斯投影概述

在上一节中，我们已将地面观测值化算到椭球面上。为了得到控制测图所需的平面坐标，需要将椭球面上的大地坐标、大地线的方向和长度、大地方位角归算到某一投影平面上。不同的投影，就有不同的投影平面。投影方法有很多种，由于我国当前采用高斯－克吕格投影（简称高斯投影），故本节介绍一下高斯投影的有关问题。

### 一、地图投影的一般介绍

地面观测值化算到椭球面上以后，为什么又要引出投影平面，并将椭球面观测值化算到投影平面上呢？一方面，控制测量的作用之一是测定地面点坐标以控制地形测图，地图是平面的，作为控制测图的控制点的坐标必须是平面坐标。否则，一个是平面系统，一个是球面系统，自然无法起到控制作用；另一方面，尽管椭球面是个数学曲面，但在它上面进行测量计算仍然相当复杂。因此，需要把椭球面上的观测值投影到平面上。

简略地说，将椭球面上的大地坐标、大地线的方向和长度、大地方位角按照一定的数学法则化算到平面上，即是地图投影。研究这个问题的专门学科叫地图投影学。这里所说的“一定的数学法则”，可以用下面的方程式表示：

$$\begin{cases} x = F_1(L,B) \\ y = F_2(L,B) \end{cases} \tag{5-62}$$

式中：$L$、$B$——椭球面上某一点的大地坐标；

$x$、$y$——该点投影后在平面上的直角坐标。

这里所说的平面，通常叫投影平面。

式(5-62)叫坐标投影公式。它表示椭球面上某一点与投影平面上对应点之间的解析关系。按不同的特定条件可以确定不同的函数形式 $F_1$、$F_2$，就有不同的投影。就是说，一旦函数形式 $F_1$、$F_2$ 确定下来，椭球面上各点的大地坐标和投影平面上各对应点的直角坐标就一一被确定，那么，点间的方向和长度也就确定了。由此可见，研究投影问题，首先要研究坐标的投影公式，然后可根据坐标投影公式求出大地线的方向值和长度、大地方位角的投影公式。

我们知道，椭球面是不可展曲面，因此按照一定的条件把椭球面上的元素投影到投影平面上时，这些元素之间的相互关系不可能保持完全不变，即产生了投影变形。这就是说，地图投影必然产生投影变形。投影变形一般分为角度变形、长度变形和面积变形三种。对于各种投影变形，可用特定的投影条件来控制，使某一种变形减小到一定程度，但不能使全部变形都为零。

为了便于地图的使用，应当在一定的范围内使地图上的图形同椭球面上的原形保持相似。就是说，在这种投影中，角度不产生变形，其他变形仍然存在，此种投影叫正形投影或等角投影。如图 5-26 所示，椭球面上一微小三角形 $ABC$，正形投影到平面上为三角形 $A'B'C'$，此时三角形 $A'B'C'$ 与三角形 $ABC$ 相似。因此，有 $\angle A' = \angle A$、$\angle B' = \angle B$、$\angle C' = \angle C$，对应边的比例也应相等，即

$$\frac{\mathrm{d}a'}{\mathrm{d}a} = \frac{\mathrm{d}b'}{\mathrm{d}b} = \frac{\mathrm{d}c'}{\mathrm{d}c} = m \tag{5-63}$$

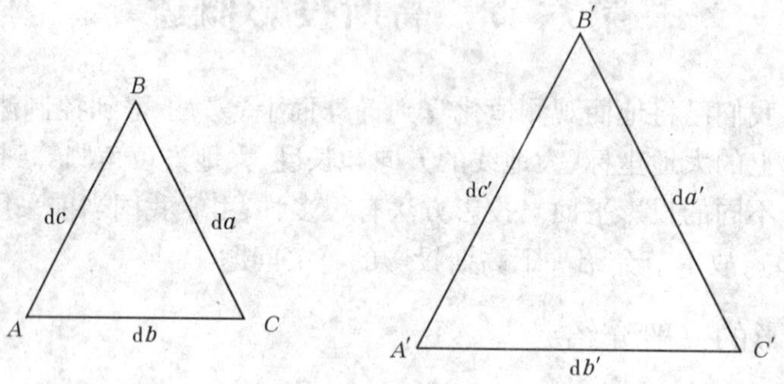


**图 5-26　正形投影**

这表明，在微小范围内，投影后保持了形状相似，上式中 $m$ 称为长度比。因为 $A$、$B$、$C$ 三点无限接近，以至可以把它们当做一点。因此，长度比 $m$ 与方向无关，这就是正形投影的基本特征。

地图投影有很多种，按投影变形的性质区分，有正形投影、等距离投影和等面积投影三种。而正形投影又可根据不同投影的本身特定条件区分为很多种，高斯投影就是正形投影中的一种。

## 二、高斯投影的一般概念

既然高斯投影是正形投影中的一种，那么，它就必须既满足正形投影的条件，又要满足其本身的特定条件，以此确定式(5-62)中的 $F_1$、$F_2$ 的函数形式。由于确定 $F_1$、$F_2$ 的函数形式是一种繁杂的数学推导过程，这里不便详述。从纯直观形象的意义说，所谓高斯投影，就是按照高斯投影条件，把参考椭球面展成平面。

高斯投影条件是：

(1) 正形条件；

(2) 中央子午线投影后为直线；

(3) 中央子午线投影后长度不变。

按上述条件进行投影的直观形象概念是：

(1) 把参考椭球面用若干条经差相等的子午线分成若干个“瓜瓣”，每个“瓜瓣”就是一个投影带，投影带中间的一条子午线就是该投影带的中央子午线。

(2) 用一个椭圆柱面横套在参考椭球的外面，并使其与某一投影带的中央子午线相切，如图 5-27 所示。

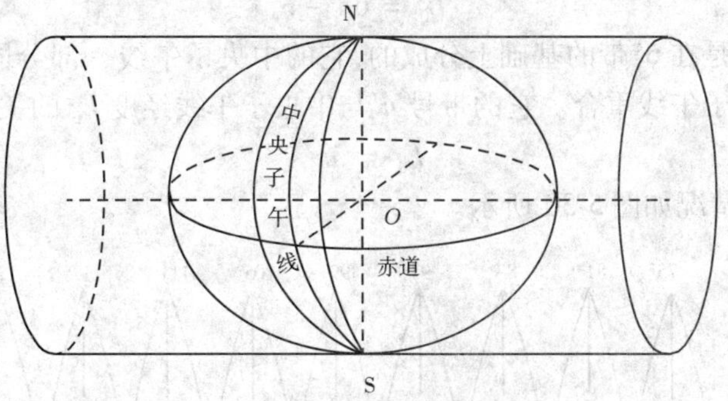


图 5-27　高斯投影示意图

(3)在椭球中心 $O$ 放一光源,此时,该投影带在椭圆柱面上的阴影,即是该投影带在椭圆柱面上的投影。然后把椭圆柱面展平,即得高斯投影平面 $P$,如图 5-28 所示。图中 $N'S'$($Ox$ 轴)是中央子午线的投影;$Oy$ 是椭球面赤道的投影;$O$ 点是中央子午线与赤道交点的投影,依此,$Ox$、$Oy$ 和 $O$ 点构成高斯平面直角坐标系的纵轴、横轴和坐标原点。

高斯投影为正形投影并不表明高斯投影没有变形。正形投影只表示在微区域内投影不变形,角度不变,长度比相等。而从大一些的范围里整体看,则图形是存在变形的,各处的长度变形比也有变化。图 5-29 是经纬网格投影至高斯平面上的形状示意图。子午线除中央子午线为直线外,其他为向两极收敛的曲线,且离中央子午线愈远则愈弯曲。纬线保持与经线处处正交(等角投影),成为凹向两极的曲线。总的来说,随着离中央子午线距离的增加,长度的变形愈大,图形整体方位的扭转也愈大。记住这张图,有助于理解高斯投影的变形及其大体变化规律。

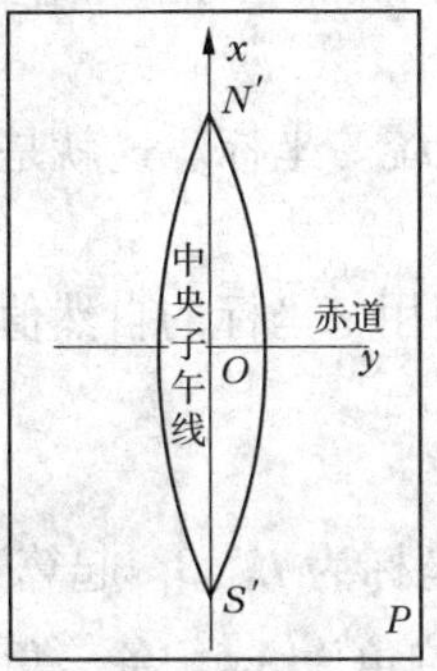


图 5-28　高斯投影平面

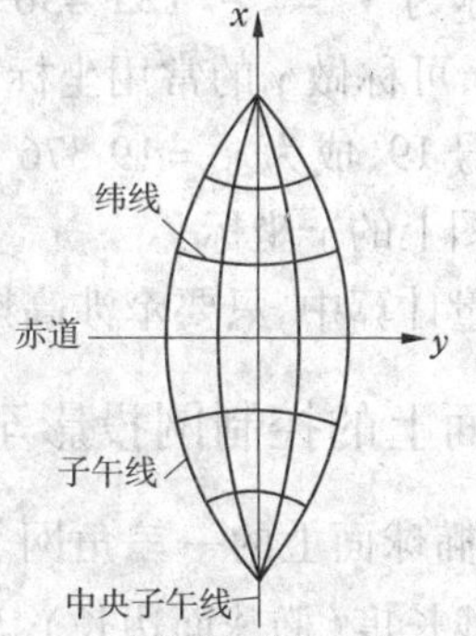


图 5-29　经纬线的变形

## 三、高斯投影的分带和坐标表示法

为了缩小投影变形,高斯投影必须分带进行。我国规定按经差 6°和 3°投影。在特殊情况下,工程测量也可采用 1.5°带或任意带,但为了测量成果的通用,需同国家 6°带或 3°带相联系。

高斯投影 6°带,自 0°子午线起每隔经差 6°自西向东分带,依次编号 1,2,3,…。我国的 6°带投影自 12 带至 23 带共 12 带,中央子午线最西 69°,最东 135°。6°带带号 $n$ 和中央子午线的关系式为

$$L_0 = 6n - 3 \tag{5-64}$$

高斯投影3°带是在6°带的基础上分成的，它的中央子午线一部分同6°度带的重合，一部分同6°带的分界子午线重合。它的带号 $n'$ 与中央子午线经度 $L_0$ 的关系式为

$$L_0 = 3n' \tag{5-65}$$

高斯投影分带情况如图5-30所示。

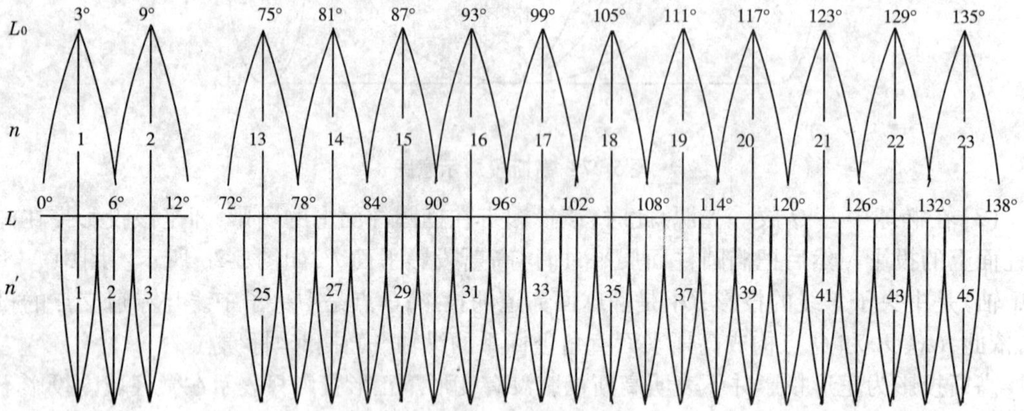

图5-30　高斯投影的分带

高斯投影的坐标原点 $O$ 在中央子午线与赤道的交点上。北向坐标 $x$ 是在高斯平面上点到赤道的距离，在我国范围内，$x$ 恒为正值。而东向坐标 $y$ 是在高斯平面上点到中央子午线的距离，$y$ 值有正有负。为了避免出现带负号的横坐标，一般在横坐标 $y$ 上加上500 000 m。此外，为了表示是哪一投影带的，还应在横坐标前面再冠以带号。例如，有一点，在19带，原始横坐标为 $y = -123\ 456.789$ m，可称做 $y$ 的自然坐标。加上500 km，成为376 543.211 m，可称做 $y$ 的常用坐标。

再冠以带号19，成为 $y = 19\ 376\ 543.211$ m，称做国家统一坐标。这就是出现在国家测量成果和地形图上的 $y$ 坐标。

在控制测量计算中，只要牵涉高斯投影化算，就应该使用 $y$ 坐标的自然值。

## 四、椭球面上的控制网投影至高斯平面的概念

图5-31为椭球面上的一三角网。起算点 $P_1$ 的大地坐标为 $L_1$、$B_1$，起算边 $S_{12}$ 为 $P_1$、$P_2$ 两点间的大地线长度（椭球面边长），$P_1$ 至 $P_2$ 点的大地方位角为 $A_{12}$。各三角形边皆为大地线。若将此三角网机械地按数学映射的方法投影至高斯平面，如图5-32所示，$P_1$、$P_2$、$P_3$、…各点投影为 $P'_1$、$P'_2$、$P'_3$、…，椭球面上三角形各边投影后为曲线（图中的虚线）。过 $P_1$ 点的子午线 $P_1N$ 投影后为 $P'_1N'$。过 $P'_1$ 点作直线 $P'_1L$ 平行于直角坐标系纵轴 $Ox$，$P'_1L$ 的指向称为坐标北方向，以区别于真北方向（子午线北方向）。

由于是正形投影，控制网相邻边的夹角在投影前后保持不变。但各边在投影后则是曲线，即大地线在高斯平面上的描写形是曲线而不是直线。这使得边的方向、长度等诸多计算极不方便。为方便计算，在大地测量计算中，在高斯平面上仍用两点间的直线作边，高斯平面上的控制网就成了以直线为边的图形了，一切计算都可按平面上的公式进行，从而使计算工作比较简便。

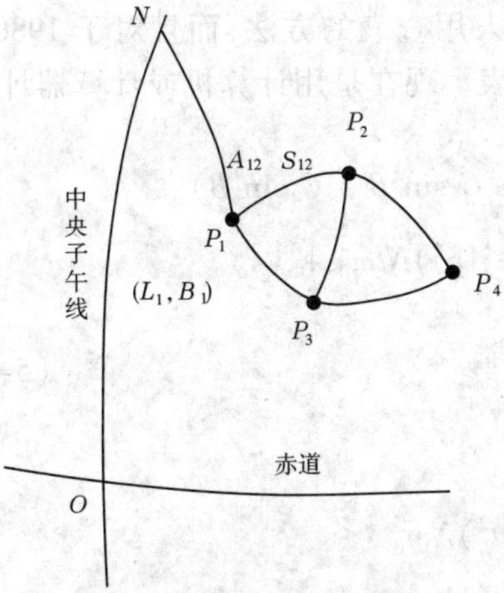


图 5-31　椭球面上的一三角网

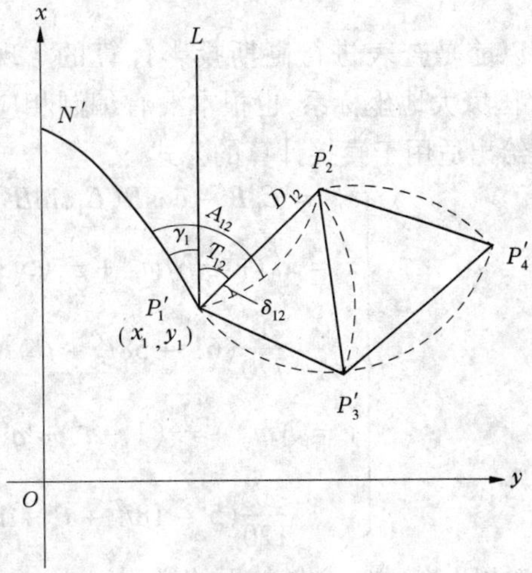


图 5-32　投影至高斯平面上的三角网

将椭球面上的控制网化算到高斯平面上的内容包括：

(1)将起算点的大地坐标$(L,B)$化算为高斯平面上直角坐标$(x,y)$；

(2)将椭球面上的已知边长$S$化算为高斯平面边长$D$；

(3)将已知大地方位角$A$化算为高斯平面直角坐标方位角$T$；

(4)将椭球面上各测站的方向观测值化算为高斯平面上的相应的弦线方向值。

完成上述化算工作将牵涉到坐标投影、边长的距离改化、大地线描写形改为直线边引起的方向改化和子午线收敛角计算等项计算工作。下一节将叙述这些项目的计算工作。

# 第七节　椭球面元素化算到高斯平面

上节已经讲过，将椭球面元素化算到高斯平面上，共有四项化算。这四项化算就是坐标化算、边长化算、方位角化算和水平方向值的化算。本节将逐项介绍这几项化算。

## 一、高斯投影正反算

### (一)高斯投影正算$(B,L\rightarrow x,y)$

高斯投影正算就是已知椭球面上点的经纬度$L$、$B$，要求该点在高斯平面上的平面直角坐标$x$、$y$。高斯投影坐标正算公式是按照高斯投影的条件推导出来的，其形式如下

$$\left\{\begin{aligned} x &= x_0^B + \frac{N}{2\rho''^2}\sin B\cos B l''^2 + \frac{N}{24\rho''^4}\sin B\cos^3 B(5-t^2+9\eta^2+4\eta^4)l''^4 + \\ &\quad \frac{N}{720\rho''^6}\sin B\cos^5 B(61-58t^2+t^4)l''^6 \\ y &= \frac{N}{\rho''}\cos B l'' + \frac{N}{6\rho''^3}\cos^3 B(1-t^2+\eta^2)l''^3 + \\ &\quad \frac{N}{120\rho''^5}\cos^5 B(5-18t^2+t^4+14\eta^2-58\eta^2t^2)l''^5 \end{aligned}\right. \tag{5-66}$$

式中：$x_0^B$ 为中央子午线上纬度为$B$处的$x$坐标值。式中一些符号的意义将在后面一并

解释。

以前是查表进行高斯投影计算的。现在已没有人用查表的方法,而且对于 1980 和 2000 国家大地坐标系,也根本没有编制相应的计算用表。现在是用计算机或计算器计算。下面给出适用于直接计算的公式

$$\begin{cases} x_0^B = C_0B - \cos B(C_1\sin B + C_2\sin^3 B + C_3\sin^5 B + C_4\sin^7 B) \\ x = x_0^B + \dfrac{1}{2}Ntm_0^2 + \dfrac{1}{24}(5 - t^2 + 9\eta^2 + 4\eta^4)Ntm_0^4 + \\ \qquad \dfrac{1}{720}(61 - 58t^2 + t^4)Ntm_0^6 \\ y = Nm_0 + \dfrac{1}{6}(1 - t^2 + \eta^2)Nm_0^3 + \\ \qquad \dfrac{1}{120}(5 - 18t^2 + t^4 + 14\eta^2 - 58\eta^2t^2)Nm_0^5 \end{cases} \tag{5-67}$$

对以上公式需要作如下的说明:

(1) $C_0$、$C_1$、$C_2$、$C_3$、$C_4$ 为常系数,对于不同的椭球有不同的值,见表 5-1、表 5-2。

(2) $t = \tan B$。

(3) $m_0 = l''\cos B/\rho''$

式中:$l'' = (L - L_0)''$为投影点与中央子午线的经度差,以角秒为单位;$\rho''$在计算中至少取至 10 位有效数字。

(4) $\eta^2 = e'^2\cos^2 B$。

(5) $C_0B$ 一项中的 $B$ 应以弧度为单位。

表 5-14 为用一般计算器手工计算高斯投影正算的例子。表中除算出 $x$、$y$ 之外,还算出了子午线收敛角 $\gamma$,$\gamma$ 为测站子午线与坐标北方向间的夹角,将在本节后面部分讲到。根据此表计算时,一般将序号为 0 的数存入存储器 MR 中,1 ~6 的数据存入 1 ~6 号存储器中,下步计算要用到时可直接调用。

**表 5-14 高斯投影正算示例(1954 坐标系)**

| 序号 | 项目 | 数值 |
|---|---|---|
| (0) | $L$ | 111°47′24.897 4″ |
| (1) | $B$ | 31°04′41.683 2″ |
| (2) | $l'' = (L - L_0)$ | 2 844.897 4 |
| (3) | $t = \tan B$ | 0.602 720 826 5 |
| (4) | $\eta^2 = e'^2\cos^2 B$ | $4.942\ 904\ 618 \times 10^{-3}$ |
| (5) | $N = C/\sqrt{1+\eta^2}$ | 6 383 940.746 |
| (6) | $m_0 = l'' \cdot \cos B/\rho''$ | $1.181\ 272\ 667 \times 10^{-2}$ |
| (7) | $C_0B$ | 3 453 876.478 |
| (8) | $-\cos B(C_1\sin B + C_2\sin^3 B + C_3\sin^5 B + C_4\sin^7 B)$ | -14 165.980 |
| (9) | $Ntm_0^2/2$ | 268.457 |
| (10) | $(5 - t^2 + 9\eta^2 + 4\eta^4)Ntm_0^4/24$ | 0.015 |
| (11) | $(61 - 58t^2 + t^4)Ntm_0^6/720$ | 0 |
| (12) | $x = (7) + (8) + (9) + (10) + (11)$ | 3 439 978.970 |

续表 5-14

| 序号 | 项　　目 | 数　值 |
| --- | --- | --- |
| (13) | $Nm_0$ | 75 411.747 09 |
| (14) | $(1-t^2+\eta^2)Nm_0^3/6$ | 1.125 |
| (15) | $(5-18t^2+t^4+14\eta^2-58\eta^2t^2)Nm_0^5/120$ | 0 |
| (16) | $y=(13)+(14)+(15)$ | 75 412.872 |
| (17) | $tm_0$ | 0.007 119 776 |
| (18) | $(1+3\eta^2+2\eta^4)tm_0^3/3$ | 0.000 000 331 |
| (19) | $(2-t^2)tm_0^5/15$ | 0 |
| (20) | $\gamma''=[(17)+(18)+(19)]\cdot\rho''$ | 1 468.627″ |
| (21) | $\gamma$ | 0°24′28.627″ |

**(二)高斯投影反算($x,y\to B,L$)**

高斯投影反算就是已知某点在高斯平面上的坐标 $x$、$y$,要反求该点的经纬度。计算时,先求出 $B$ 和 $l$(该点与中央子午线 $L_0$ 的经差),然后计算 $L=L_0+l$。$B$、$l$ 计算公式如下

$$\begin{cases} B = B_f - \dfrac{t_f}{2M_fN_f}y^2 + \dfrac{t_f}{24M_fN_f^3}(5+3t_f^2+\eta_f^2-9\eta_f^2t_f^2)y^4 - \\ \quad \dfrac{t_f}{720M_fN_f^5}(61+90t_f^2+45t_f^4)y^6 \\ l = \dfrac{1}{N_f\cos B_f}y - \dfrac{1}{6N_f^3\cos B_f}(1+2t_f^2+\eta_f^2)y^3 + \\ \quad \dfrac{1}{120N_f^5\cos Bf}(5+28t_f^2+24t_f^4+6\eta_f^2+8\eta_f^2t_f^2)y^5 \end{cases} \tag{5-68}$$

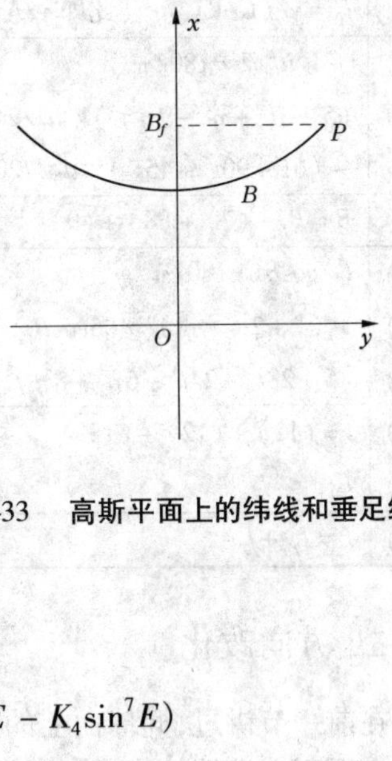

图 5-33　高斯平面上的纬线和垂足纬度

式中:$B_f$ 为垂足纬度。如图 5-33 所示,在高斯平面上,自点 $P$ 向中央子午线作垂线,垂足处的纬度即为垂足纬度。图中的曲线为过 $P$ 点的纬线,很显然,$B_f>B$。

下面再写出适合于直接计算的高斯投影反算公式。

$$\begin{cases} E = x/C_0 \\ B_f = E + \cos E(K_1\sin E - K_2\sin^3 E + K_3\sin^5 E - K_4\sin^7 E) \\ B = B_f - \dfrac{1}{2}V^2t\left(\dfrac{y}{N}\right)^2 + \dfrac{1}{24}(5+3t^2+\eta^2-9\eta^2t^2)V^2t\left(\dfrac{y}{N}\right)^4 - \\ \quad \dfrac{1}{720}(61+90t^2+45t^4)V^2t\left(\dfrac{y}{N}\right)^6 \\ l = \dfrac{1}{\cos B_f}\left(\dfrac{y}{N}\right) - \dfrac{1}{6}(1+2t^2+\eta^2)\dfrac{1}{\cos B_f}\left(\dfrac{y}{N}\right)^3 + \\ \quad \dfrac{1}{120}(5+28t^2+24t^4+6\eta^2+8\eta^2t^2)\dfrac{1}{\cos B_f}\left(\dfrac{y}{N}\right)^5 \end{cases} \tag{5-69}$$

式中：$K_1$、$K_2$、$K_3$、$K_4$ 为常系数，见表 5-1、表 5-2。$t$、$N$、$V$、$\eta$ 各值都是以垂足纬度 $B_f$ 代入求得的。上式的角度单位是弧度。若要以度为单位，则需考虑角度单位的化算。

表 5-15 为以计算器计算高斯投影反算的例子。表中有多个式子后乘有因子($180/\pi$)，为的是将弧度化为度。表中的 $l_0$ 即为 $y/N$。另外，与正算表格一样，0～6 号项目的计算值应存入相应的存储单元中，以备下步计算调用。度化成度分秒，应用乘 60 取整的方法一步一步获得。

**表 5-15　以计算器计算的高斯投影反算示例(1954 北京坐标系)**

| 序号 | 项　　目 | 数　值 |
|---|---|---|
| -2 | $x$ | 3 439 978.970 |
| -1 | $y$ | 75 412.872 |
| (0) | $E = x/C_0 \cdot 180/\pi$ | 30.953 194 5° |
| (1) | $\cos E(k_1\sin E - k_2\sin^3 E + k_3\sin^5 E - k_4\sin^7 E) \cdot 180/\pi$ | 0.127 472 283 2° |
| (2) | $B_f = (0) + (1)$ | 31.080 666 78° |
| (3) | $t = \tan B_f$ | 0.602 778 443 |
| (4) | $\eta^2 = e'^2\cos^2 B_f$ | $4.942\ 652\ 798 \times 10^{-3}$ |
| (5) | $V^2 = 1 + \eta^2$ | 1.004 942 653 |
| (6) | $l_0 = y/(C/V)$　　(此即 $y/N_f$) | $1.181\ 290\ 14 \times 10^{-2}$ |
| (7) | $-V^2 t l_0^2/2 \cdot 180/\pi$ | -0.002 421 613° |
| (8) | $(5 + 3t^2 + \eta^2 - 9\eta^2 t^2) V^2 t l_0^4/24 \cdot 180/\pi$ | 0.000 000 171° |
| (9) | $-(61 + 90t^2 + 45t^4) V^2 t l_0^6/720 \cdot 180/\pi$ | 0 |
| (10) | $B = B_f + (7) + (8) + (9)$ | 31°04′41.683 2″ |
| (11) | $l_0/\cos B_f \cdot 180/\pi$ | 0.790 281 098° |
| (12) | $-(1 + 2t^2 + \eta^2) l_0^3/(6\cos B_f) \cdot 180/\pi$ | -0.000 031 827° |
| (13) | $(5 + 28t^2 + 24t^4 + 6\eta^2 + 8\eta^2 t^2) l_0^5/(120\cos B_f) \cdot 180/\pi$ | 0 |
| (14) | $l = (11) + (12) + (13)$ | 47′24.897 4″ |
| (15) | $L_0$ | 111° |
| (16) | $L = L_0 + l$ | 111°47′24.897 4″ |

## 二、方向改化

在前一节讲过，椭球面上的控制网是由大地线组成的，大地线在高斯平面上的投影是曲线。在平面上计算，以直线代替曲线才方便简单，可直接应用许多简单常用的数学公式。为此，须把大地线在高斯平面上的描写曲线用连接两端点的直线来代替，因此需要在水平方向观测值中加上由于“曲改直”而带来的所谓“方向改正数”。当然，这一改正数的数值也就是上述的曲线方向和直线方向的夹角。该项改正称做方向改化，有的书上称做曲率改正。

方向改化严密公式的推导十分复杂，这里我们只进行近似公式的推导。

将地球椭球近似为圆球，如图 5-34 所示，在球面上轴子午线以东有一条大地线 $AB$，当然它必然是一条大圆弧，它在投影平面上的投影为曲线 $ab$。过 $A$、$B$ 点在球面上各作一大圆弧与轴子午线正交，其交点分别为 $C$、$D$。圆弧 $AC$、$BD$ 在投影平面上的投影分别为 $ac$ 和 $bd$。

由于是把地球近似成圆球,故 $ac$ 和 $bd$ 都是垂直于 $x$ 轴的直线。由图可知,在 $a$ 点上的方向改化为 $\delta_{12}$,在 $b$ 点上的为 $\delta_{21}$。当大地线长度不大于 10 km,$y$ 坐标不大于 100 km 时,$\delta_{12}$ 与 $\delta_{21}$ 的大小之差不大于 0.05″,因而可近似认为 $\delta_{12}=\delta_{21}$。

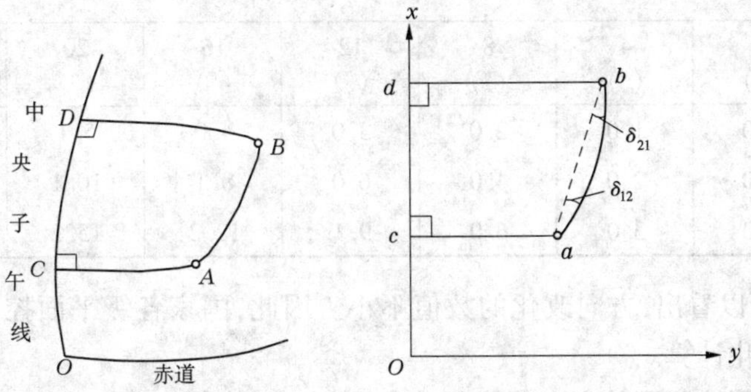


**图 5-34　方向改化**

我们知道球面 $n$ 边形的内角和大于平面 $n$ 边形的内角和,多余数值常用 $\varepsilon$ 表示,称做球面角超。这样图中球面四边形 $ACDB$ 的内角之和为 $360°+\varepsilon$,该四边形在平面上的投影 $acdb$ 的内角和为 $360°+\delta_{12}+\delta_{21}$。由于是等角投影,所以这两个内角和应该相等,即

$$360° + \varepsilon = 360° + \delta_{12} + \delta_{21}$$

$$\varepsilon = \delta_{12} + \delta_{21} = 2\delta_{12}$$

$$\delta_{12} = \frac{1}{2}\varepsilon$$

由于球面角超公式为

$$\varepsilon'' = \frac{P}{R^2}\rho'' \tag{5-70}$$

式中:$P$ 为球面图形面积;$R$ 为球半径。我们用平面上的梯形 $acdb$ 的面积近似代替球面图形 $ACDB$ 的面积,于是有

$$\delta_{12} = \frac{1}{2}\cdot\frac{\rho''}{R^2}\cdot\frac{y_1+y_2}{2}\cdot(x_2-x_1)$$

$$\delta_{12} = \frac{\rho''}{2R^2}y_m(x_2-x_1)$$

式中:下标 1、2 分别表示点 $a$、$b$;$y_m$ 为两点 $y$ 坐标平均值。

现在我们对上式的符号作一番研究。在图 5-34 所示的 $a$、$b$ 两点的情况下($y>0$,$x_2-x_1>0$),按上式算得 $\delta_{12}>0$。考虑到测量上"在观测值上加一个小改正数"的习惯,图中 $a$ 点处的方向值 $ab$ 经改正后应当变小,而 $b$ 点处则相反,因而定义

$$\begin{cases}\delta_{12} = -\dfrac{\rho''}{2R^2}y_m(x_2-x_1)\\[2ex]\delta_{21} = \dfrac{\rho''}{2R^2}y_m(x_2-x_1)\end{cases} \tag{5-71}$$

上式的误差小于 0.1″,是适合于三、四等控制测量的方向改化公式。实际计算时,$R$ 采用测区平均曲率半径。

由上式可以看出:方向改化的大小与两点离中央子午线的距离 $y_m$ 有关,$y_m$ 越大,$\delta$ 越

大；也与两点的 $x$ 坐标差有关，$x_2-x_1$ 越大，$\delta$ 也越大。表 5-16 列出了方向改化的数值情况。

**表 5-16　方向改化的数值**

| $y_m$ | $x_2-x_1$ | | | | | | | |
|---|---|---|---|---|---|---|---|---|
| | 0 (″) | 4 (″) | 8 (″) | 12 (″) | 16 (″) | 20 (″) | 24 (″) | 28 (″) |
| 100 | 0.0 | 1.0 | 2.0 | 3.0 | 4.0 | 5.1 | 6.1 | 7.1 |
| 200 | 0.0 | 2.0 | 4.0 | 6.0 | 8.1 | 10.1 | 12.1 | 14.2 |
| 300 | 0.0 | 3.0 | 6.0 | 9.1 | 12.2 | 15.2 | 18.2 | 21.3 |

由表 5-16 可以看出，方向改化的数值不小。因此，国家各级平面控制网都须对观测方向值进行方向改化计算。

国家二等平面控制网的方向改化公式为

$$\begin{cases}\delta''_{12}=-\dfrac{\rho''}{6R^2}(x_2-x_1)(2y_1+y_2)\\ \delta''_{21}=\dfrac{\rho''}{6R^2}(x_2-x_1)(y_1+2y_2)\end{cases}\tag{5-72}$$

国家一等控制网采用更严密的公式，因现在已很少使用，这里不再给出。

这里顺便指出，进行方向改化计算时，一般是不知道有关点的精确平面坐标的。实际计算时，总是取用点的近似坐标。进行方向改化计算，近似坐标精度，三、四等取至 10 m，一、二等取至 1 m 就足够了。

表 5-17 及图 5-35 为方向改化的算例。

**表 5-17　方向改化计算**

| 测 站 | 照准点 | 归算至椭球面 方向值 (° | ′ | ″) | 方向改化 δ (″) | 归零 (″) | 归算至高斯平面 方向值 (° | ′ | ″) |
|---|---|---|---|---|---|---|---|---|---|
| 双峰 | 石门 | 0 | 00 | 00.0 | 8.0 | 0.0 | 0 | 00 | 00.0 |
| | 杨岭 | 48 | 26 | 39.7 | 4.4 | −3.6 | 48 | 26 | 36.1 |
| | 静岗 | 88 | 27 | 53.1 | −2.4 | −10.4 | 88 | 27 | 42.7 |

## 三、距离改化

高斯投影的边长化算，是将椭球面上两点之间的大地线长度化算为高斯投影平面上两相应点之间的直线长度。如图 5-36 所示，以 $S$ 表示椭球面上两点 $P_1$、$P_2$ 之间的大地线长，以 $s$ 表示大地线的投影曲线的长度，以 $D$ 表示投影曲线的弦线的长度。根据曲率改正的同样道理，应该用 $D$ 作为 $P_1$、$P_2$ 投影到高斯平面上的 $P'_1$、$P'_2$ 之间的距离。因此，将 $S$ 化算为 $D$ 时，需要加入改正数 $\Delta S$，$\Delta S$ 称为距离改正。

我们知道，高斯投影存在长度变形。因为投影前，所有的子午线长度是相等的，投影后中央子午线为直线且没有长度变形，而其他子午线成为向两极弯曲的曲线。因此，其他所有的子午线投影的长度都比中央子午线投影后的长度长。所以说，大地线投影后一般都变长，即 $s>S$。另外，$D$ 是 $s$ 的弦线，因此 $D<s$，即有 $S<s>D$。距离改正的目的就是将 $S$ 化算为

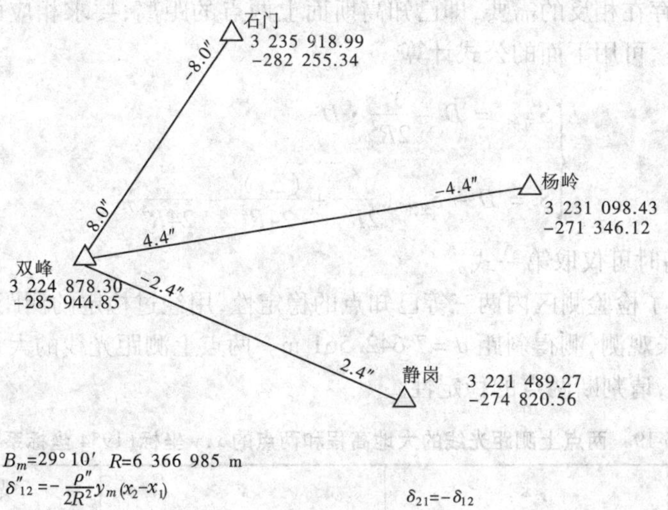


**图 5-35　方向改化计算**

$D$。下面不加推导地给出距离改正数 $\Delta S$ 的计算公式：

$$\Delta S = D - S = \left(\frac{y_m^2}{2R^2} + \frac{(\Delta y)^2}{24R^2} + \frac{y_m^4}{24R^4}\right)S \tag{5-73}$$

式中：$y_m$ 为两点 $y$ 坐标平均值；$R$ 为测区平均椭球曲率半径。

当 $S<70$ km、$y_m<350$ km 时，此式的误差小于0.001 m。精度要求不高时，一般可仅取第一项，即

$$D = S + \Delta S = S + \frac{y_m^2}{2R^2}S \tag{5-74}$$

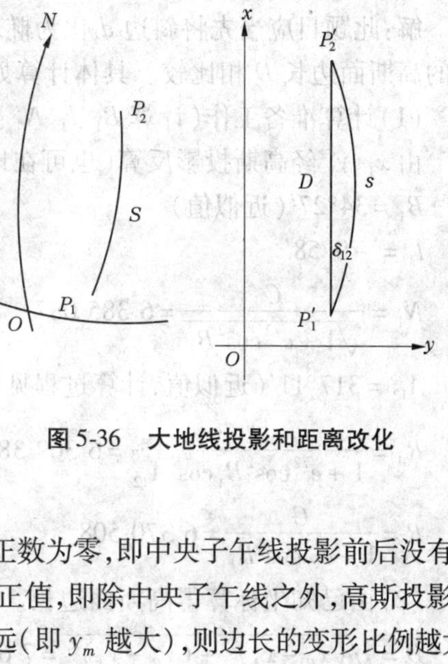


**图 5-36　大地线投影和距离改化**

从距离改化的公式可以看出，当 $y=0$ 时，距离改正数为零，即中央子午线投影前后没有长度变化。此外，不论 $y$ 为正或负，距离改正数 $\Delta S$ 恒为正值，即除中央子午线之外，高斯投影使距离变长。从公式中还可看出，测边离中央子午线越远（即 $y_m$ 越大），则边长的变形比例越大。

表5-18 列出了不同情况下边长的距离改化近似值。

**表 5-18　距离改化的数值**　（单位：m）

| $y_{(km)}$ | $S_{(km)}$ | | | | | | | |
|---|---|---|---|---|---|---|---|---|
| | 4 | 8 | 12 | 16 | 20 | 24 | 28 | 32 |
| 100 | 0.49 | 0.98 | 1.48 | 1.97 | 2.46 | 2.95 | 3.44 | 3.94 |
| 200 | 1.97 | 3.94 | 5.90 | 7.87 | 9.84 | 11.81 | 13.78 | 15.74 |
| 300 | 4.42 | 8.85 | 13.27 | 17.70 | 22.12 | 26.54 | 30.97 | 35.39 |

由表5-18 可以看出：距离改化数值很大，不论哪一级控制测量计算，都须进行距离改化的计算。

有的时候，也存在相反的需要，即已知高斯面上两点的距离，要求相应两点间的椭球面边长。这种情况下，可用下面的公式计算

$$\begin{cases} S_{近似} = D - \dfrac{y_m^2}{2R^2} \cdot D \\ S = D - S_{近似}\left(\dfrac{y_m^2}{2R^2} + \dfrac{(\Delta y)^2}{24R^2} + \dfrac{y_m^4}{24R^4}\right) \end{cases} \tag{5-75}$$

精度要求不高时可仅取第一式。

**【例 5-1】** 为了检验测区内两三等已知点的稳定性，用经过检定的测距仪在两点（记作 $A$、$B$）间进行了边长观测，测得斜距 $d = 7\ 642.561$ m。两点上测距光线的大地高程和两点的 $x$、$y$ 坐标见表 5-19，请判断两点的稳定性。

**表 5-19　两点上测距光线的大地高程和两点的 $x$、$y$ 坐标（1954 坐标系）**

| 点　名 | $x$ | $y$ | 光线大地高 |
|---|---|---|---|
| $A$ | 3 813 265.678 | −88 546.386 | 278.62 |
| $B$ | 3 818 920.620 | −93 687.676 | 346.75 |

**解**：此题目应当先将斜边 $d$ 化为椭球面边长 $S$，再化为高斯面边长 $D_{测}$，再与已知坐标反算的高斯面边长 $D$ 相比较。具体计算如下：

（1）计算准备工作（计算 $B_1$、$l_1$、$N_1$、$A_{12}$、$R_A$、$R$、$D$）。

由 $x_1$、$y_1$ 经高斯投影反算（也可在地形图上查取）

$B_1 = 34°27'$（近似值）

$l_1 = -0°58'$

$$N_1 = \frac{C}{\sqrt{1 + e'^2\cos^2 B_1}} = 6\ 385\ 087$$

$A_{12} = 317°11'$（近似值，计算过程见本节"四"，也可以坐标方位角 $T_{12}$ 代替）

$$R_A = \frac{N_1}{1 + e'^2\cos^2 B_1 \cos^2 A_{12}} = 6\ 369\ 383$$

$$R = \frac{C}{1 + e'^2\cos^2 B_1} = 6\ 370\ 508$$

（2）由已知坐标算得高斯面边长。

$$D = \sqrt{(x_B - x_A)^2 + (y_B - y_A)^2} = 7\ 642.724$$

（3）由斜距 $d$ 化算椭球面边长 $S$。

$$d_0 = \sqrt{d^2 - (\Delta H)^2} = 7\ 642.257$$

$$S = \frac{R_A \cdot d_0}{R_A + H} = 7\ 641.882$$

（4）将椭球面边长 $S$ 化算为高斯平面边长 $D_{测}$。

$$D_{测} = S + \frac{y_m^2}{2R^2} \cdot S = 7\ 641.882 + \frac{(-91\ 056)^2}{2 \times 6\ 370\ 508^2} \times 7\ 641.882 = 7\ 642.663$$

（5）计算差值并检验。

$W = D_{测} - D = 7\ 642.663 - 7\ 642.727 = -0.061$

$$\frac{W}{D}=\frac{0.061}{7\ 643}=\frac{1}{125\ 000}$$

三等最弱边相对中误差为$\frac{1}{80\ 000}$,因而可认为该两已知点是稳定的。

## 四、子午线收敛角计算和大地方位角化为平面坐标方位角

我们知道,在椭球面上,表示一条边的方位采用大地方位角 $A$,即过测站的子午线与该边(大地线)的夹角。而在高斯平面上,测边定义为两点间的直线,方位角 $T$ 定义为坐标北方向与该边的夹角。在图 5-37 中,曲线 $P_1N$ 为过 $P_1$ 点的子午线,为 $P_1$ 点的真北方向。曲线 $P_1P_2$ 为两点间大地线的投影。由于高斯投影是等角投影,因而此两曲线间的夹角即为大地方位角 $A$。图中 $P_1N'$平行于 $x$ 轴,称过 $P_1$ 点的坐标北方向,而两虚线间的夹角即为平面坐标方位角 $T$。真北方向与坐标北方向的夹角 $\gamma$ 称为子午线收敛角。$\delta_{12}$ 为 $P_1P_2$ 方向的方向改化。由图可以看出,大地方位角 $A$ 与坐标方位角 $T$ 的关系式为

$$A = T + \gamma - \delta_{12} \tag{5-76}$$

式中 $\delta_{12}$ 前取负号是因为 $\delta_{12}$ 在定义时已人为地加过一个负号,再加一个负号才能负负得正。上式还可以写做

$$T = A - \gamma + \delta_{12} \tag{5-77}$$

这就是大地方位角 $A$ 化为坐标方位角 $T$ 的公式。式中的子午线收敛角 $\gamma$ 可用点的大地坐标 $l$、$B$ 或平面坐标 $x$、$y$ 算出。

用 $l$、$B$ 计算 $\gamma$ 的公式为

$$\gamma = \sin B \cdot l + \frac{1}{3}\sin B\cos^2 B l^3(1 + 3\eta^2 + 2\eta^4) + \frac{1}{15}\sin B\cos^4 B l^5(2 - t^2) \tag{5-78}$$

通过对上式的讨论,并参照图 5-38,我们可以总结出下面几点:

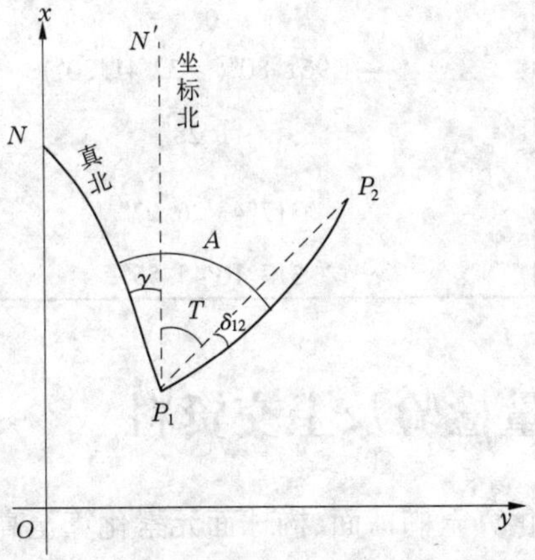


图 5-37　子午线收敛角和大地方位角

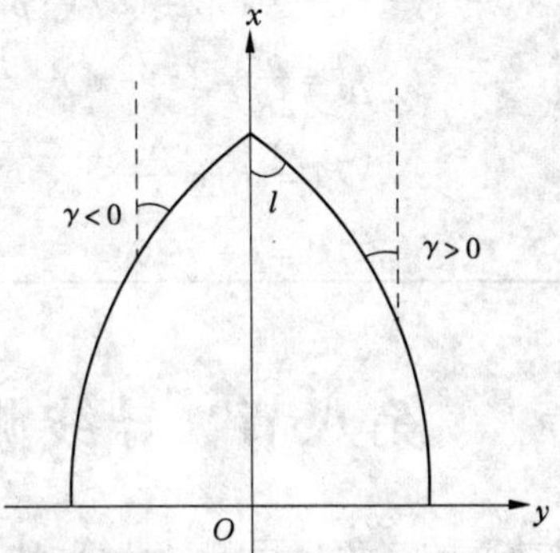


图 5-38　子午线收敛角的大小和方向

(1)$\gamma$ 有正有负,当投影点在轴子午线东为正,在西为负;

(2)$\gamma$ 的绝对值随 $l$ 的绝对值的增大而增大;

(3)$\gamma$ 的绝对值小于等于 $l$ 的绝对值,并随纬度增加而增加。在赤道处最小,为 0;在极点处最大,为 $|l|$。

实际计算时,一般对式(5-78)稍作变动,令 $m_0 = \cos B \cdot l''/\rho''$,$t = \tan B$,公式变为

$$\gamma'' = [tm_0 + \frac{1}{3}(1 + 3\eta^2 + 2\eta^4)tm_0^3 + \frac{1}{15}(2 - t^2)tm_0^5]\rho'' \tag{5-79}$$

根据这一公式计算子午线收敛角的算例见表 5-14。

用点的平面坐标 $x$、$y$ 计算子午线收敛角的公式为

$$\gamma'' = \frac{\rho'' y}{N_f} t_f - \frac{\rho'' y^3}{3N_f^3} t_f (1 + t_f^2 - \eta_f^2 - 2\eta_f^4) + \frac{\rho'' y^5}{15N_f^5} t_f (2 + 5t_f^2 + 3t_f^4) \tag{5-80}$$

式中:下标为 $f$ 的量为以 $B_f$ 算得的相应量。$B_f$ 的计算见式(5-69)。

子午线收敛角是一个很重要的概念。当我们看到一张地形图时,应当有子午线收敛角的概念,图上的 $x$ 坐标线的方向一般并不是正北方向,与它相差 $\gamma$ 角的子午线方向才是真正的北方向。

下面给出一个由平面坐标方位角 $T$ 计算大地方位角 $A$ 的算例。

【例 5-2】 算出例 5-1 中的 $A_{12}$。

计算过程见表 5-20。表中一些数值见例 5-1。

**表 5-20 由平面坐标方位角 $T$ 计算大地方位角 $A$ 的算例**

| 编号 | 项　　目 | 数　　值 |
|---|---|---|
| 1 | $B$ | 34°26′33.993 1″ |
| 2 | $l''$ | −3 468.409 8″ |
| 3 | $t = \tan B$ | 0.685 811 452 7 |
| 4 | $\eta^2 = e'^2 \cos^2 B$ | $4.582\ 979\ 152 \times 10^{-3}$ |
| 5 | $m_0 = l'' \cdot \cos B/\rho''$ | $-1.386\ 745\ 538 \times 10^{-2}$ |
| 6 | $tm_0$ | −0.009 510 460 |
| 7 | $(1+3\eta^2+2\eta^4)tm_0^3/3$ | −0.000 000 618 |
| 8 | $(2-t^2)tm_0^5/15$ | 0 |
| 9 | $\gamma = [(6)+(7)+(8)] \cdot \rho''$ | −1 961.80″(−32′41.80″) |
| 10 | $\delta_{12} = \frac{\rho''}{2R^2} y_m (x_2 - x_1)$ | −1.28″ |
| 11 | $T = \arctan \frac{\Delta y_{12}}{\Delta x_{12}}$ | 317°43′26.07″ |
| 12 | $A = T + \gamma - \delta_{12}$ | 317°10′45.55″ |

# 第八节　导线测量质量检验及上交资料

通过前面的三角高程测量计算,地面观测值化算至椭球面、椭球面元素化算至高斯面的学习,我们已经可以把导线测量的外业观测值化算至高斯平面了。我们现在需要在平面上利用网形结构的几何条件总体地检验导线网观测成果的质量,以保证外业观测成果的精度达到设计要求。

按几何条件检核导线测量成果的质量的项目包括:方位角闭合差、导线环内角和闭合

差、坐标条件闭合差及导线全长相对闭合差。另外，我们还可以借助测角中误差的估算来评判导线网观测的质量。下面将逐项讨论。

## 一、角度闭合差检验

### （一）方位角闭合差检验

如图 5-39 所示，$T_{01}$、$T_{02}$为已知方位角，从 $T_{01}$ 开始，沿着图中的推算方向可以得到右边已知方位边的方位角推算值 $T'_{02}$。

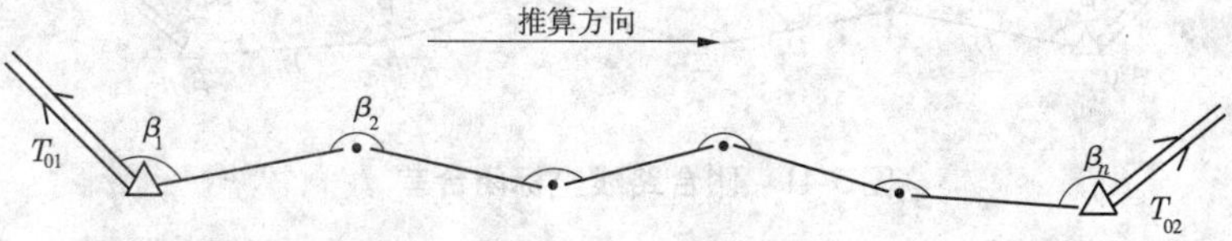


图 5-39 坐标方位角推算

$$T'_{02} = T_{01} + \sum_{i=1}^{n} \beta_i - (n-1) \cdot 180°$$

于是方位角推算值 $T'_{02}$与已知值 $T_{02}$之差即为方位角闭合差

$$W_T = T_{01} + \sum_{i=1}^{n} \beta_i - (n-1) \cdot 180° - T_{02} \tag{5-81}$$

用上式算得的方位角闭合差是否超限，这得算出闭合差限差 $W_{限}$ 才能判定。为此，先求出 $W_T$ 的中误差 $m_W$。以 $m_\beta$ 表示测角中误差，并假定 $T_{01}$、$T_{02}$无误差，对式(5-81)应用中误差传播定律

$$m_W^2 = n m_\beta^2$$

$$m_W = \sqrt{n} m_\beta \tag{5-82}$$

取 2 倍的中误差作闭合差限值

$$W_{限} = 2\sqrt{n} m_\beta \tag{5-83}$$

式中：$m_\beta$ 以设计测角中误差代入计算。

若认为已知方位边也有误差，设为 $m_T$，则很容易导出

$$W_{限} = 2\sqrt{n m_\beta^2 + 2m_T^2} \tag{5-84}$$

当闭合差不大于限差时，则为合限。

### （二）导线环内角和检验

如图 5-40 所示，导线边构成了一个闭合环。由平面几何的知识，平面 $n$ 边形的内角和为 $(n-2) \cdot 180°$，实测导线环内角和与理论值之差即为导线环内角和闭合差

$$W_T = \sum_{i=1}^{n} \beta_i - (n-2) \cdot 180° \tag{5-85}$$

很容易导出

$$W_{限} = 2\sqrt{n} m_\beta \tag{5-86}$$

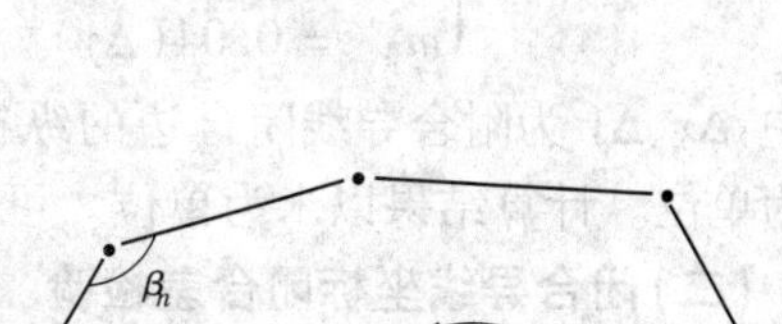


图 5-40 导线环内角和检验

## 二、坐标条件闭合差检验

### (一)附合路线坐标闭合差检验

图5-41为一附合导线,$A$ 点(又编作0号点),$B$ 点(又编作 $n$ 号点)为已知点。由 $A$ 点沿图中方向推算可获得 $B$ 点的推算坐标 $x_n$、$y_n$。推算坐标与已知坐标之差即为坐标条件闭合差。

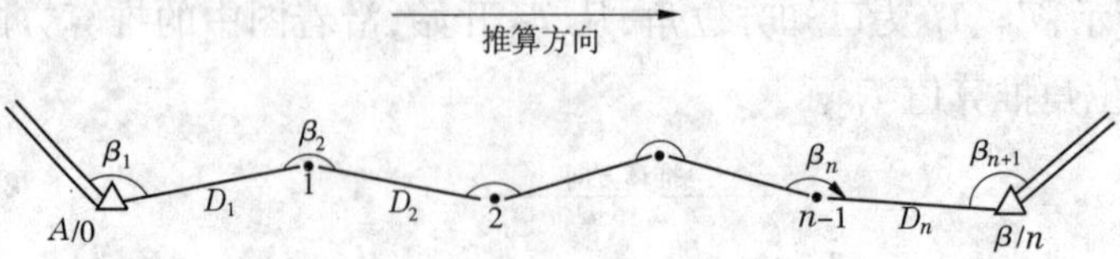


图5-41　附合路线坐标闭合差

$$\begin{cases} W_x = x_A + \sum_{i=1}^{n} \Delta x_i - x_B \\ W_y = y_A + \sum_{i=1}^{n} \Delta y_i - y_B \end{cases} \tag{5-87}$$

式中

$$\Delta x_i = D_i \cos T_i$$
$$\Delta y_i = D_i \sin T_i$$

这里 $T_i$ 为边 $D_i$ 的方位角。

坐标条件闭合差的限差的推导则比较烦琐,这里直接给出有关的公式

$$\begin{cases} m_{W_x} = \sqrt{\sum_{i=1}^{n} (\cos^2 T_i \cdot m_{D_i}^2) + [\sum_{i=1}^{n} (y_n - y_i)^2] \frac{m_\beta^2}{\rho''^2}} \\ m_{W_y} = \sqrt{\sum_{i=1}^{n} (\sin^2 T_i \cdot m_{D_i}^2) + [\sum_{i=1}^{n} (x_n - x_i)^2] \frac{m_\beta^2}{\rho''^2}} \end{cases} \tag{5-88}$$

式中:$m_{D_i}$ 为边 $D_i$ 的中误差;$m_\beta$ 为测角中误差。

用以上公式算出 $m_{W_x}$、$m_{W_y}$ 之后,再取2倍中误差作为闭合差限值。

按照式(5-88)计算实在过于烦琐。《规范》中有根据上面的基本式经过简化变换得出国家二、三、四等附合导线的 $m_{W_x}$、$m_{W_y}$ 的实用计算式。例如,四等附合导线的式子为

$$\begin{cases} m_{W_x}^2 = 0.04(\Delta x)^2 + 1.00[(\Delta x_i)^2] + 1.47[(y_n - y_i)^2] \\ m_{W_y}^2 = 0.04(\Delta y)^2 + 1.00[(\Delta y_i)^2] + 1.47[(x_n - x_i)^2] \end{cases} \tag{5-89}$$

式中:$\Delta x$、$\Delta y$ 为附合导线闭合边的纵横坐标增量;$\Delta x_i$、$\Delta y_i$ 为各导线边坐标增量,皆以百千米为单位。计算结果以米为单位。可在《规范》上查到二等、三等的类似公式。

### (二)闭合导线坐标闭合差检验

从环状导线的任一点开始沿环推算坐标增量,并回到起点,很明显,全部坐标增量之和应为0;若不为0,即是导线环坐标闭合差。

$$\begin{cases} W_x = \sum_{i=1}^{n} \Delta x_i \\ W_y = \sum_{i=1}^{n} \Delta y_i \end{cases} \tag{5-90}$$

导线环坐标闭合差限差的计算与附合路线同。

## 三、导线全长相对闭合差检验

上面给出的坐标闭合差限差的计算公式计算起来比较麻烦。现在在工程测量计算中，一般作导线全长相对闭合差检验。

这种检验的做法是，先算出纵横坐标闭合差 $W_x$、$W_y$，然后算出导线全长绝对闭合差 $W_D$

$$W_D = \sqrt{W_x^2 + W_y^2} \tag{5-91}$$

再以下式算出导线全长相对闭合差 $f$

$$f = \frac{W_D}{\sum D} \tag{5-92}$$

式中：$D$ 为各导线边长。

《城市测量规范》(CJJ 8—99)中导线测量全长相对闭合差的限值，见表 2-5，《工程测量规范》(GB 50026—2007)中的相应值见表 4-9。

对于环状导线，我们也可按照与附合导线相同的方法进行检验。

## 四、测角中误差估算检验

### (一)按角度闭合差估算测角中误差

设在一个导线网中有 $n$ 个角度闭合差(包括方位角闭合差，多边形内角和闭合差) $W_1$，$W_2$，…，$W_n$，各闭合差计算中用到的观测角数为 $k_1$，$k_2$，…，$k_n$。由于这些闭合差具有真误差的性质(假定已知方位角误差可忽略)，所以我们可以利用这些闭合差估算测角中误差。

利用真误差估算中误差的公式为

$$\mu = \sqrt{\frac{[P\Delta\Delta]}{n}}$$

这里，$\mu$ 为单位权中误差，$\Delta$ 为真误差，$P$ 为 $\Delta$ 的权，$n$ 为 $\Delta$ 的个数。

套用上面的公式，我们有

$$m_\beta = \sqrt{\frac{[PWW]}{n}} \tag{5-93}$$

这里，我们是以测角中误差为单位权中误差。$P$ 则为闭合差 $W$ 的权，$n$ 为 $W$ 的个数。现在只要求出 $W_i$ 的权 $P_i$ 就可以了。

我们知道，当角度闭合差 $W_i$ 中用到的观测角个数为 $k_i$ 时，有

$$m_{W_i}^2 = k_i m_\beta^2$$

由 $m_\beta$ 为单位权中误差，则 $W_i$ 的权 $P_i$ 为

$$P_i = \frac{m_\beta^2}{m_{W_i}^2} = \frac{m_\beta^2}{k_i m_\beta^2} = \frac{1}{k_i}$$

代入前面的式(5-93)

$$m_\beta = \sqrt{\left[\frac{WW}{k}\right]/n} \tag{5-94}$$

上式就是利用角度闭合差求测角中误差的公式。利用这一公式的要求是闭合差个数 $n$

要有一定的数量，这是数理统计的理论所要求的。如果只有几个闭合差，则算出来的 $m_\beta$ 可信度就不高。另外，公式亦要求各 $W$ 要互相独立，这一点在实用中也难以做到，因为一节导线常常被不同的导线环使用。由这些分析可知，当角度闭合差个数较少时，利用角度闭合差求测角中误差只能是近似的估算。

**（二）按每个测站的"左角"和"右角"的圆周条件闭合差估算测角中误差**

在导线测量中，每个测站要算圆周条件闭合差 $\Delta$

$$\Delta = \beta_{左} + \beta_{右} - 360° \tag{5-95}$$

这个 $\Delta$ 是真误差，可以根据 $\Delta$ 计算 $m_\Delta$，进而根据 $m_\Delta$ 计算 $m_\beta$。

首先，可由下式算得 $m_\Delta$

$$m_\Delta = \sqrt{[\Delta\Delta]/n} \tag{5-96}$$

下面再看 $m_\Delta$ 与 $m_\beta$ 的关系。

在测站平差中，计算角度平差值 $\beta$ 的公式为

$$\beta = \beta_{左} - \frac{\Delta}{2} = \beta_{左} - \frac{1}{2}(\beta_{左} + \beta_{右} - 360°)$$

$$\beta = \frac{1}{2}(\beta_{左} - \beta_{右} + 360°) \tag{5-97}$$

由式(5-97)得

$$m_\beta^2 = \frac{1}{4}(m_{左}^2 + m_{右}^2) = \frac{1}{2}m_{左}^2 \tag{5-98}$$

由式(5-95)得

$$m_\Delta^2 = m_{左}^2 + m_{右}^2 = 2m_{左}^2$$

即

$$m_{左}^2 = \frac{1}{2}m_\Delta^2$$

将上式代入式(5-98)得

$$m_\beta^2 = \frac{1}{4}m_\Delta^2$$

$$m_\beta = \frac{1}{2}m_\Delta$$

将式(5-96)代入上式

$$m_\beta = \frac{1}{2}\sqrt{[\Delta\Delta]/n} \tag{5-99}$$

这就是用左、右角估算测角中误差的公式。这一公式亦有其局限性，因为它不包含水平折光、照准目标的系统偏差等系统性误差。用它估算的测角中误差从理论上判断应当是偏小的。

当上述检验不通过时，应当根据具体情况分析判断，重测有关观测量。

## 五、导线网质量检验实例

这里给出一个城市四等导线网的质量检验例，如图 5-42 所示，该网有两个闭合环，一个附合路线。图 5-42 中带箭头的线表示闭合差计算时的行进方向或绕行方向。环线闭合差的计算一般从某导线结点开始，闭合环绕行线的画法应能表示出计算起点，例如图中②号环

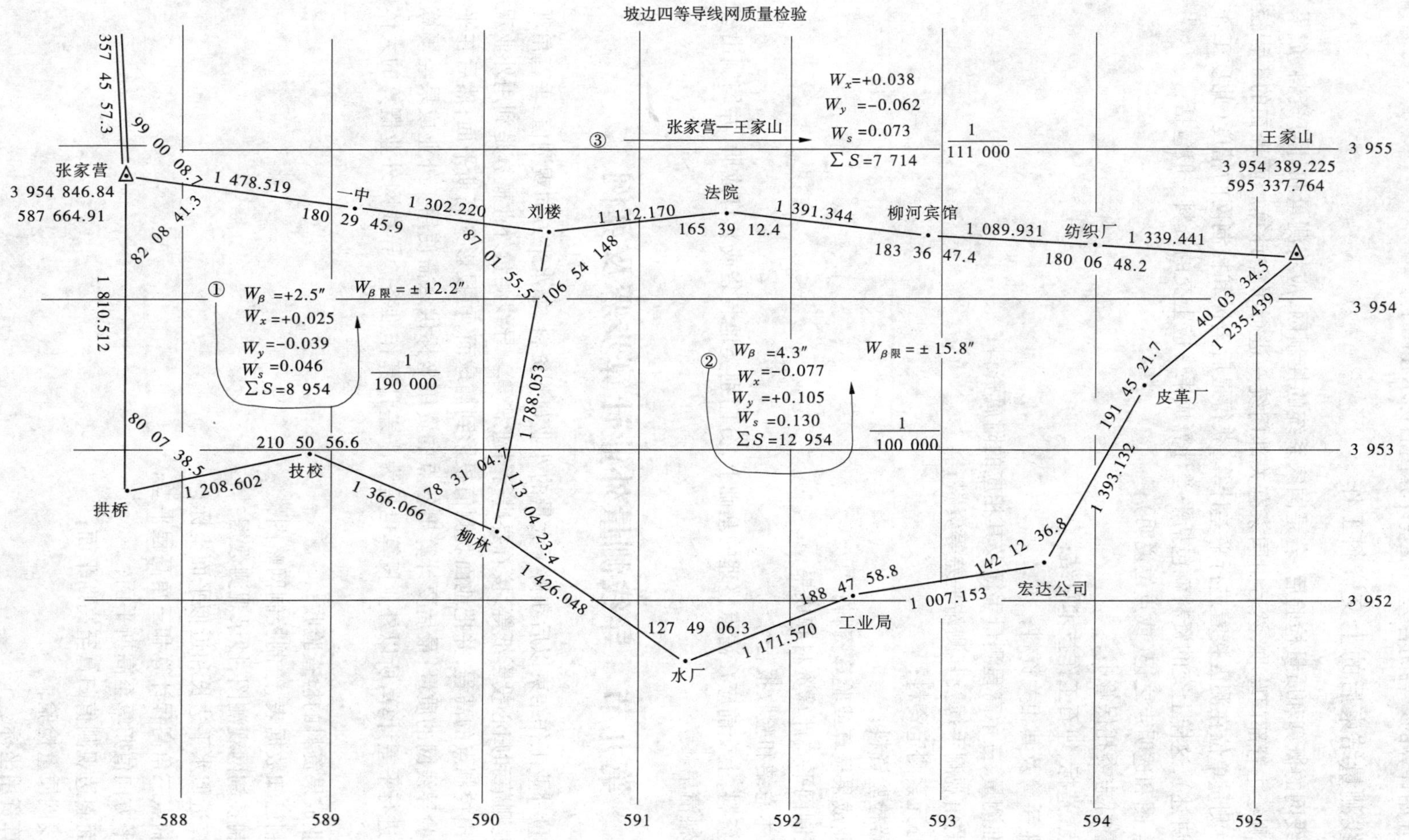


图 5-42　导线网质量检验图例

是从刘楼点开始计算的。各闭合差和限差计算出后标示在图上。

### 六、导线测量结束后的上交资料工作

完成导线网的概算和质量检验后，若是国家系统的控制网，应将测量和计算资料、成果上交给有关测绘主管部门验收，然后由国家有关部门统一进行平差计算。而现在的工程控制网，一般由测量单位在测区接着进行平差计算，获得最后坐标和控制网的精度（此项工作将在第九章讲述），这样上交的资料就包括平差计算成果。应上交的资料一般包括：

(1)选点图和透明点之记（或点位说明）；

(2)测量标志委托保管书；

(3)选点、造标、埋石工作技术总结；

(4)测距手簿及其相关资料；

(5)水准测量、三角高程测量手簿及其相应的附属资料；

(6)水平角观测手簿及其测站平差等资料；

(7)归心元素测定资料；

(8)仪器检验资料；

(9)外业成果概算或验算资料；

(10)控制网平差计算资料和成果；

(11)技术总结和验收报告。

对上述资料，上交前应在清点整理的基础上，分门别类地装袋或装订成册，并编制出资料目录和资料清单。

## 第九节　导线测量外业计算步骤及算例

导线测量外业工作结束以后获得了大量的外业观测资料，如水平方向观测值、垂直角观测值、边长观测值和归心投影纸等，接着要进行外业概算。导线测量外业概算是利用外业观测资料计算出控制点的高程；并把地面观测值投影到椭球面，再投影到高斯平面；然后在平面上全面检验导线网的质量；最后要计算出各点的资用坐标供急需使用。外业成果经概算处理后就可进行平差计算，所以外业概算也是为平差计算作准备。导线网外业概算的大体步骤如下：

(1)外业成果资料的检查验收；

(2)编制已知数据表，绘制控制网略图；

(3)绘制控制网观测图，抄录观测数据；

(4)计算近似水平边长和近似平面坐标；

(5)控制点三角高程计算和三角高程平差；

(6)水平方向值归算至高斯平面；

(7)地面斜边观测值归算至高斯平面；

(8)导线网质量检验；

(9)计算资用坐标。

由于各等控制测量要求的精度不同，概算中的计算项目、公式以及做法也略有差别。本

节的内容基本上是按以上步骤介绍一个低等级的导线概算算例，并对高等级的计算作些简要说明。

## 一、外业成果资料的检查验收

外业资料是控制测量的原始记录，如果存在错误，将直接影响和损害成果的质量，而计算时又难以发现。所以，在概算前对外业观测成果及资料应进行认真全面的检查，检查的主要项目和内容有以下几项。

### （一）观测手簿

观测手簿包括水平方向（角度）、垂直角手簿以及边长手簿。检查这些原始数据是否清楚，运算是否准确和合乎要求，各项限差是否满足有关的限差规定，度盘位置是否正确，仪器高、觇标高的量取是否合乎要求，测站点和观测点的气温、气压是否正确记载，各项整饰注记是否齐全等。

### （二）观测记簿

要全面核对记簿和手簿有关内容是否有差错，成果的取舍和重测是否合理，分组观测是否合乎要求，测站平差是否正确。把检查后确认为无误的水平方向值填入水平方向值归算表中。

### （三）归心投影用纸

核对原始投影点线是否清楚、正确，示误三角形、检查角及投影偏差是否合限，应改正的方向有否错漏，归心元素量取是否正确，注记和整饰是否齐全等。把经检查确认无误的归心元素填入归心改正计算表格的相应位置。

### （四）仪器检验资料及其他

仪器检验项目、方法及次数是否符合规定，计算是否正确，检验结果是否满足限差的要求，点之记注记是否完整，觇标及标石委托保管书有无遗漏。

如检查中发现有重大问题要认真研究，及时处理，确保外业成果无误和可靠。

## 二、绘制控制网略图和编制已知数据表

控制网的计算首先应有一张控制网略图。控制网略图比例尺根据需要和方便确定，图上应绘出直角坐标网线。根据已知坐标先用红色展绘出已知点，已知边用红线表示，已知方位角用带箭头的红线表示。从已知点开始沿导线根据折角和边长展绘导线点和边。各控制点应注明点名（或编号）、等级等。

已知数据表包括已知点平面坐标 $x$、$y$，根据相邻已知点坐标反算的坐标方位角和边长，高程已知点的正常高高程 $H_{常}$。同时，还应在旁边抄写中央子午线经度 $L_0$、测区平均纬度 $B_m$、由 $B_m$ 算出的平均曲率半径 $R$ 和卯酉圈曲率半径 $N$、由高程异常图查得的测区高程异常值 $\zeta$。另外，还要注明所采用的坐标系统。

用两点坐标反算坐标方位角可采用以下判断次数较少的公式：

$$T_{1,2}=\begin{cases}90^\circ-\arctan\dfrac{\Delta x_{12}}{\Delta y_{12}} & (\Delta y_{12}>0)\\[2ex] 270^\circ-\arctan\dfrac{\Delta x_{12}}{\Delta y_{12}} & (\Delta y_{12}<0)\end{cases}$$

式中

$$\Delta x_{1,2} = x_2 - x_1$$

$$\Delta y_{1,2} = y_2 - y_1$$

用两点坐标反算平面边长公式如下：

$$S_{12} = \sqrt{(\Delta x_{12})^2 + (\Delta y_{12})^2}$$

已知数据是计算的依据，如抄录有误，将影响以后全部计算。因此，这项工作最好由两名人员独立编制，经仔细校对后方能使用。

算例的控制网略图见图 5-43。同一页面上有已知数据表。

## 三、绘制控制网观测图、抄录观测数据

控制网观测图是一抄有观测数据的控制网略图。该图最短边不宜短于 4 cm，以便有空间抄写观测数据。图上要抄写的数据包括已知坐标和高程、垂直角观测数据、边长观测数据，以及水平角观测数据。为阅读方便，应注有图例和说明。

控制网观测图既有网体结构又有已知数据和各项观测数据。有了它，使计算中的数据组织、检查、思考和分析变得方便和效率高。不论是手工计算还是用电子计算机程序计算，都是利用控制网观测图抄取或组织数据，因而图上的数据必须经过认真检查，确保正确无误。

算例的控制网观测图见图 5-44。每条测边上都抄有往测和返测的观测数据。注意“目标高”这一数据不是指在本点的目标的高度，而是指在本点上设站观测垂直角时，所照准的点的目标高。例如，百平—燕庄这一条边上的 1. 607 m 这一数据，即是在百平点上设站观测燕庄时，燕庄点上立的目标的高度。本例采用的配套仪器做到了测距光线与经纬仪光线在垂直面上平行，前者高出 9 cm。因为毫不影响精度，故经纬仪与测距仪高同为 $i$，目标高与反光镜高同为 $a$。当情况不是如此时，只要边长足够长，经纬仪高与测距仪高之差以及目标高与反光镜高之差不是很大，可只取经纬仪高和目标高，而不顾及测距仪高和反光镜高。若少数偏差较大，可在边长投影时改用相应值。

## 四、计算近似水平边长和近似平面坐标

计算近似水平边长是为了计算近似平面坐标和用于计算归心改正。近似平面坐标则是在后面的计算中多处需要的。

### （一）近似水平边长计算

将斜边长 $d$ 简单投影为近似水平边长 $d_0$，计算公式为

$$d_0 = d \cdot \cos\alpha$$

式中：$\alpha$ 为垂直角。

### （二）近似坐标计算

逐点利用测站水平观测角推算导线边近似平面坐标方位角；利用近似平面坐标方位角和近似平面边长推算各边坐标增量；闭合到已知点后要简单分配闭合差，最后得出各点近似平面坐标。注意近似坐标推算时，$y$ 值应用去掉了带号和 500 000 m 加常数后的自然 $y$ 值。主要计算公式为

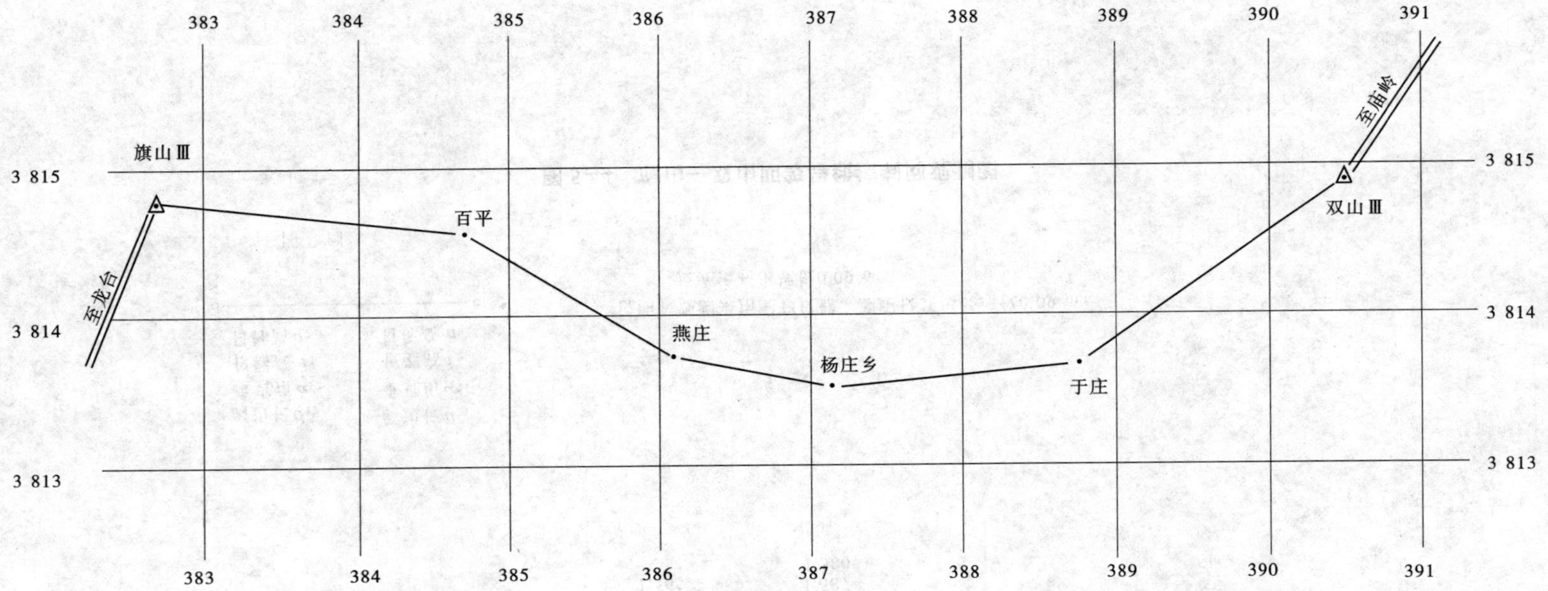


已知数据表

| 点 名 | x | y | $H_常$ | 备 注 |
|---|---|---|---|---|
| 旗山Ⅲ | 3 814 784.75 | 382 614.63 | 270.16 | $L_0=114°$　　$B_m=34°27'$ |
| 龙台Ⅲ | 3 810 529.88 | 380 883.36 | | $R=6\ 370\ 402.055$ m　　$N=6\ 384\ 982.667$ m |
| 双山Ⅲ | 3 814 923.90 | 390 544.57 | 286.28 | $\zeta=-4$ m |
| 庙岭Ⅲ | 3 818 422.06 | 393 368.29 | | |
| 边 | 名 | 坐标方位角 | 平面边长 | |
| 旗山 | 龙台 | 202° 08′ 27.5″ | 4 593.606 | 1980坐标系 |
| 双山 | 庙岭 | 38° 54′ 37.9″ | 4 495.661 | |

图 5-43　旗山—双山四等导线

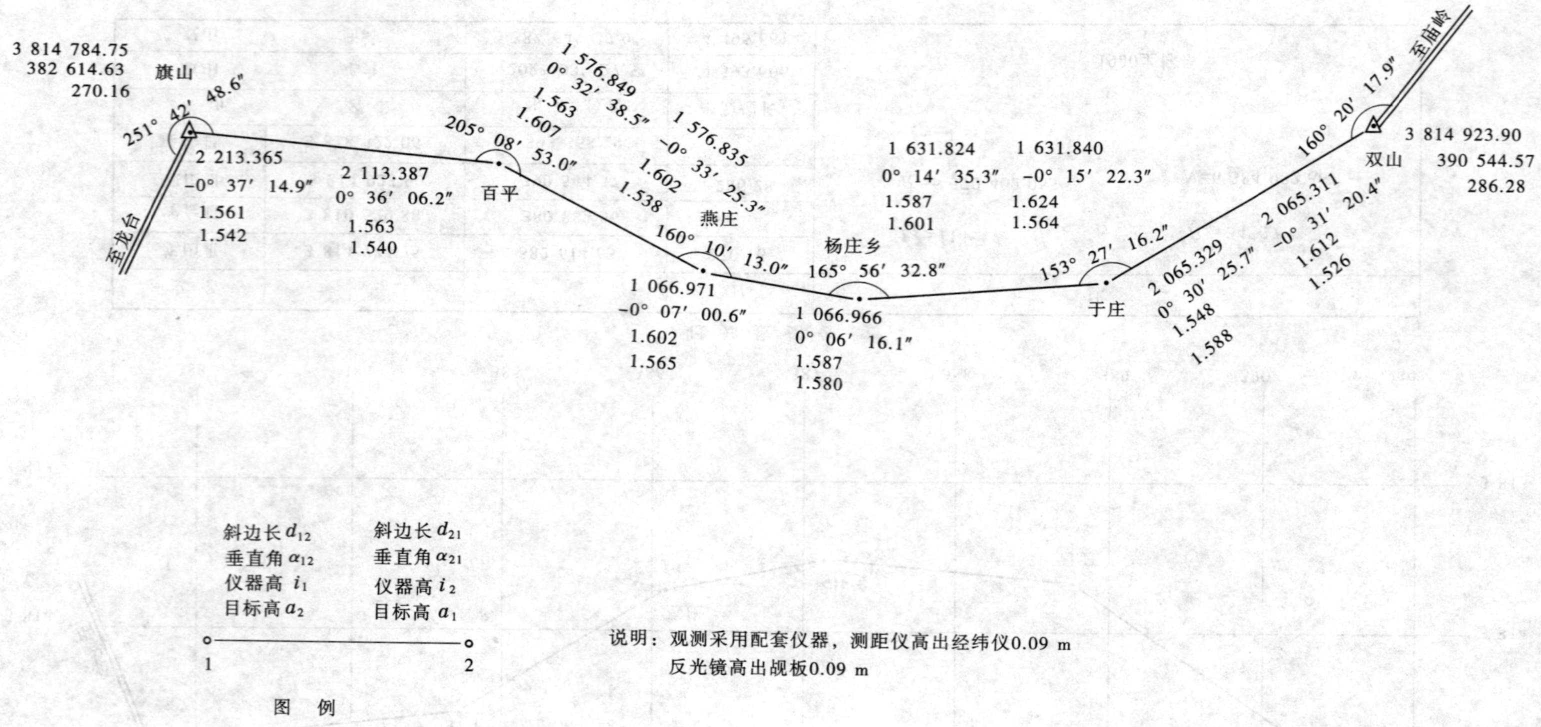


说明：观测采用配套仪器，测距仪高出经纬仪0.09 m
反光镜高出觇板0.09 m

**图 5-44　旗山—双山四等导线控制网观测图**

$$
\begin{cases}
T_i = T_{i-1} + \beta_{左} - 180° \quad (或\ T_i = T_{i-1} - \beta_{右} + 180°) \\
\Delta x_i = d_{0i}\cos T_i \\
\Delta y_i = d_{0i}\sin T_i \\
W_x = x_{起} + \sum \Delta x - x_{终} \\
W_y = y_{起} + \sum \Delta y - y_{终}
\end{cases}
$$

如果边长和角度的观测有较大偏心,应先作近似归心计算。

算例的近似水平边长和近似平面坐标计算见表5-21。

## 五、三角高程计算和三角高程平差

控制网中,应该有分布均匀的一些点用水准联测获得高程,而大部分点则采用三角高程的方法获得高程。在导线测量计算中,应该先进行三角高程的计算。

### (一)三角高差计算

一条边上的往、返测高差计算公式分别为

$$
\begin{cases}
h_{12} = d_{12}\sin\alpha_{12} + i_1 - a_2 + Cd_{12}^2\cos^2\alpha_{12}(1 - \dfrac{H_m}{R}) \\
h_{21} = d_{21}\sin\alpha_{21} + i_2 - a_1 + Cd_{21}^2\cos^2\alpha_{21}(1 - \dfrac{H_m}{R})
\end{cases}
$$

往返测高差中数为

$$h = \frac{1}{2}(h_{12} - h_{21})$$

算例中的三角高差计算见表5-22。

算例中,根据测区的实际情况,取垂直折光系数 $k = 0.12$,由公式 $C = (1 - k)/(2R)$ 算出球气差系数 $C$。

### (二)三角高程质量检验

在三角高程计算中应检验的项目有:

往返测闭合差

$$W = h_{12} + h_{21}$$

$$W_{限} = \pm 0.1\ d_{km}$$

附合路线闭合差

$$W = H_A + \sum(+/-)h_i - H_B$$

$$W_{限} = \pm 0.05\sqrt{[d_{km}^2]}$$

环线闭合差

$$W = \sum(+/-)h_i$$

$$W_{限} = \pm 0.05\sqrt{[d_{km}^2]}$$

### (三)三角高程平差

通过高程质量检验后,应进行三角高程平差。平差中的定权公式为

$$P_i = \frac{C^2}{d_i^2}$$

表 5-21　近似平面坐标计算

| 点　名 | 左折角 (° ′ ″) | 斜边长 (m) | 垂直角 (° ′ ″) | 平距 (m) | 平面方位角 (° ′ ″) | ΔX (m) | $V_X$ (m) | ΔY (m) | $V_Y$ (m) | X (m) | Y (m) |
|---|---|---|---|---|---|---|---|---|---|---|---|
| 龙　台 | | | | | | | | | | | |
| | | | | | 22　08　27.5 | | | | | | |
| 旗　山 | 251　42　48.6 | | | | | | | | | 3 814 784.75 | – 117 385.37 |
| | | 2 113.365 | –0　37　14.9 | 2 113.241 | 93　51　16.1 | – 142.057 | –0.020 | 2 108.461 | 0.200 | | |
| 百　平 | 205　08　53.0 | | | | | | | | | 3 814 642.673 | – 115 276.709 |
| | | 1 576.849 | 0　32　38.5 | 1 576.778 | 119　00　09.1 | –764.498 | –0.020 | 1 379.047 | 0.200 | | |
| 燕　庄 | 160　10　13.0 | | | | | | | | | 3 813 878.155 | – 113 897.462 |
| | | 1 066.971 | –0　07　00.6 | 1 066.969 | 99　10　22.1 | –170.088 | –0.020 | 1 053.325 | 0.200 | | |
| 杨庄乡 | 165　56　32.8 | | | | | | | | | 3 813 708.047 | – 112 844.937 |
| | | 1 631.824 | 0　14　35.3 | 1 631.809 | 85　06　54.9 | 138.951 | –0.020 | 1 625.882 | 0.200 | | |
| 于　庄 | 153　27　16.2 | | | | | | | | | 3 813 846.978 | – 111 217.855 |
| | | 2 065.329 | –0　30　25.7 | 2 065.248 | 58　34　11.1 | 1 076.945 | –0.023 | 1 762.226 | 0.199 | | |
| 双　山 | 160　20　17.9 | | | | | | | | | 3 814 923.90 | – 109 455.43 |
| | | | | | 38　54　29.0 | | | | | | |
| 庙　岭 | | | | | | | | | | | |

注：由于是近似坐标计算，闭合差基本采用平均分配。已知方位角　38　54　37.9　$W_T = -8.9''$　$\sum \Delta X = 139.253$　$W_X = 0.103$　$\sum \Delta Y = 7\,928.941$　$W_Y = -0.999$

式中:$C$ 为单位权高差观测的边长;$d_i$ 为边长;$P_i$ 为 $i$ 号边三角高差观测值的权。

平差完后应给出各点高程平差值和高程精度。

算例为一简单的附合导线,只作了近似平差,将闭合差按距离成比例分配,见表5-23。

## 六、水平方向值归算至高斯平面

水平方向值归算至高斯平面的计算包括:

(1)归心改正计算,并将测站水平方向观测值化为以标石中心为准的方向值;

(2)将地面标石中心方向值经三差改正归算为参考椭球面方向值;

(3)将参考椭球面上的方向值经方向改化计算化算为高斯平面方向值。

水平方向值的归算主要在水平方向值归算表上进行。由于各等级计算的项目和精度要求不一样,所以水平方向值归算表格也繁简不同。计算前要根据计算的需要制好水平方向值归算表,抄好计算所需的有关数据。

算例的水平方向值归算表见表5-24。

本算例由于是四等工程导线,根据实际情况,省去了地面观测值投影到椭球面上的三差改正计算。

以下分项介绍各项计算。

### (一)水平方向观测值归心改正计算

算例的归心改正计算见表5-25。计算公式:

测站归心

$$C_i = \frac{\rho'' e_Y}{S_i}\sin(\theta_Y + M_i)$$

照准归心

$$r_i = \frac{\rho'' e_T}{S_i}\sin(\theta_T + M_i)$$

归心改正计算应在另制的归心计算表格上进行。由表5-25可知,无论测站归心、照准归心都在测定归心元素的测站上计算。计算完后,将归心改正计算表上的 $C$ 值和 $r$ 值转抄至水平方向值归算表上。注意:$C$ 值用于本站观测的各方向值的改正,所以是按测站照抄;而 $r$ 值则要抄到其相应对方站照准本站的方向值上去,所以得格外仔细。例如算例的杨庄乡测站,在燕庄方向一行里算得 $C=-3.2''$,$r=-3.2''$,将$C=-3.2''$抄于归算表中杨庄照准燕庄方向上,而将 $r=-3.2''$抄于燕庄照准杨庄的方向上。转抄完后,要计算 $C+r$,并进行归零计算,即将各方向的改正值减去零方向的改正值,再将归零后的改正值加到测站观测值上去,从而获得以标石中心为准的方向值。

### (二)三差改正计算

二等以上,以及垂线偏差分量 $\xi$ 或 $\eta$ 大于10″的三、四等水平方向观测值应作垂线偏差改正。二等以上,以及 $H>2\ 000$ m 的三、四等水平方向观测应加标高差改正。一等水平方向观测应加截面差改正。有关公式和做法见本章第五节。

本算例无需进行三差改正,直接认为地面水平方向观测值即为椭球面上的方向观测值。

### (三)方向改化计算,并将方向值化至高斯平面

二等方向改化公式见式(5-72)。三、四等方向改化公式为

**表 5-22　三角高差计算**

| 边　　名 | 旗山—百平 | | 百平—燕庄 | | 燕庄—杨庄乡 | | 杨庄乡—于庄 | | 于庄—双山 | | 备注 |
|---|---|---|---|---|---|---|---|---|---|---|---|
| 测　　向 | 往 | 返 | 往 | 返 | 往 | 返 | 往 | 返 | 往 | 返 | |
| 测站近似高程 $H$ | 270.16 | 247.281 | 247.612 | 262.54 | 262.709 | 260.57 | 260.664 | 267.575 | 267.738 | 286.28 | 取 $K=0.12$ |
| 斜　距 $d$ | 2 113.365 | 2 113.387 | 1 576.849 | 1 576.835 | 1 066.971 | 1 066.966 | 1 631.824 | 1 631.840 | 2 065.329 | 2 065.311 | $c=\frac{1-K}{2R}$ |
| 垂直角 $\alpha$ | −0°37′14.9″ | 0°36′06.2″ | 0°32′38.5″ | −0°33′25.3″ | −0°07′00.6″ | 0°06′16.1″ | 0°14′35.3″ | −0°15′22.3″ | 0°30′25.7″ | −0°31′20.4″ | $=6.906\,9\times10^{-8}$ |
| 经纬仪高 $i$ | 1.561 | 1.563 | 1.563 | 1.602 | 1.602 | 1.587 | 1.587 | 1.624 | 1.548 | 1.612 | |
| 觇标高 $a$ | 1.542 | 1.540 | 1.607 | 1.538 | 1.565 | 1.580 | 1.601 | 1.564 | 1.588 | 1.526 | |
| $h'=d\sin\alpha+i-a$ | −22.879 | 22.217 | 14.928 | −15.266 | −2.139 | 1.952 | 6.911 | −7.237 | 18.240 | −18.742 | |
| $V=c\cdot d^2\cos^2\alpha\,(1-\frac{H_m}{R})$ | 0.308 | | 0.172 | | 0.079 | | 0.184 | | 0.295 | | |
| $h=h'+V$ | −22.571 | 22.525 | 15.100 | −15.094 | −2.060 | 2.031 | 7.095 | −7.053 | 18.535 | −18.447 | |
| 往返测不符值 | −0.046 | | 0.006 | | −0.029 | | 0.042 | | 0.088 | | |
| 高差中数 | −22.548 | | 15.097 | | −2.045 | | 7.074 | | 18.491 | | |

**表 5-23　高程近似平差**

| 点　　名 | 旗　山 | | 百　平 | | 燕　庄 | | 杨庄乡 | | 于　庄 | | 双　山 | |
|---|---|---|---|---|---|---|---|---|---|---|---|---|
| 已知高程 | 270.16 | | | | | | | | | | 286.28 | $W=-0.051$ m |
| 观测高差 | | −22.548 | | 15.097 | | −2.045 | | 7.074 | | 18.491 | | $W_{限}=0.05\sqrt{[d^2_{km}]}$ |
| 推算高程 | | | 247.612 | | 262.709 | | 260.664 | | 267.738 | | 286.229 | $=0.05\sqrt{15.15}$ $=0.19(m)$ |
| 闭合差分配 | | 0.013 | | 0.010 | | 0.006 | | 0.010 | | 0.012 | | $\sum d=8\ 454$ m |
| 平差高程 | 270.16 | | 247.625 | | 263.732 | | 260.693 | | 267.777 | | 286.28 | $V_i=-d_i\frac{W}{\sum d}$ |

表 5-24　水平方向值观测值归算至高斯平面

| 测站点 | 照准点 | 水平方向观测值 (° | ′ | ″) | 归心改正 C (″) | r (″) | C + r (″) | 归零 (″) | 标石中心方向值 (° | ′ | ″) | 方向改化 δ (″) | 归零 (″) | 高斯平面方向值 (° | ′ | ″) |
|---|---|---|---|---|---|---|---|---|---|---|---|---|---|---|---|---|
| 旗山 | 龙台 | 0 | 00 | 00.0 |  | 3.0 | 3.0 | 0.0 | 0 | 00 | 00.0 | −1.3 | 0.0 | 0 | 00 | 00.0 |
|  | 百平 | 251 | 42 | 48.6 |  |  |  | −3.0 | 251 | 42 | 45.6 | 0.0 | +1.3 | 251 | 42 | 46.9 |
| 百平 | 旗山 | 0 | 00 | 00.0 |  |  |  |  | 0 | 00 | 00.0 | 0.0 | 0.0 | 0 | 00 | 00.0 |
|  | 燕庄 | 205 | 08 | 53.0 |  |  |  |  | 205 | 08 | 53.0 | −0.2 | −0.2 | 205 | 08 | 52.8 |
| 燕庄 | 百平 | 0 | 00 | 00.0 |  |  |  | 0.0 | 0 | 00 | 00.0 | 0.2 | 0.0 | 0 | 00 | 00.0 |
|  | 杨庄乡 | 160 | 10 | 13.0 |  | −3.2 | −3.2 | −3.2 | 160 | 10 | 09.8 | 0.0 | −0.2 | 160 | 10 | 09.6 |
| 杨庄乡 | 燕庄 | 0 | 00 | 00.0 | −3.2 |  | −3.2 | 0.0 | 0 | 00 | 00.0 | 0.0 | 0.0 | 0 | 00 | 00.0 |
|  | 于庄 | 165 | 56 | 32.8 | 2.5 |  | 2.5 | 5.7 | 165 | 56 | 38.5 | 0.0 | 0.0 | 165 | 56 | 38.5 |
| 于庄 | 杨庄乡 | 0 | 00 | 00.0 |  | 2.5 | 2.5 | 0.0 | 0 | 00 | 00.0 | 0.0 | 0.0 | 0 | 00 | 00.0 |
|  | 双山 | 153 | 27 | 16.2 |  |  |  | −2.5 | 153 | 27 | 13.7 | 0.3 | 0.3 | 153 | 27 | 14.0 |
| 双山 | 于庄 | 0 | 00 | 00.0 |  |  |  | 0 | 0 | 00 | 00.0 | −0.3 | 0.0 | 0 | 00 | 00.0 |
|  | 庙岭 | 160 | 20 | 17.9 |  | −1.5 | −1.5 | −1.5 | 160 | 20 | 16.4 | 1.0 | 1.3 | 160 | 20 | 17.7 |

表 5-25　归心改正计算

| 测站点 | $e_Y, \theta_Y$ | $e_T, \theta_T$ | 照准点 | 方向值 $M$ (° | ′) | 边长 (m) | $M+\theta_Y$ (° | ′) | $C$ (″) | $M+\theta_T$ (° | ′) | $r$ (″) |
|---|---|---|---|---|---|---|---|---|---|---|---|---|
| 龙台 |  | $e_T = 0.069$ m<br>$\theta_T = 105°15'$<br>至旗山 | 旗山 | 0 | 00 | 4 594 |  |  |  | 105 | 15 | 3.0 |
| 杨庄乡 | $e_Y = 0.022$ m<br>$\theta_Y = 310°30'$<br>至燕庄 | $e_T = 0.022$ m<br>$\theta_T = 310°30'$<br>至燕庄 | 燕庄<br>于庄 | 0<br>165 | 00<br>57 | 1 067<br>1 632 | 310<br>116 | 30<br>27 | −3.2<br>2.5 | 310<br>116 | 30<br>27 | −3.2<br>2.5 |
| 庙岭 |  | $e_T = 0.043$ m<br>$\theta_T = 230°00'$<br>至双山 | 双山 | 0 | 00 | 4 496 |  |  |  | 230 | 00 | −1.5 |

$$\begin{cases}\delta''_{12} = -\dfrac{\rho''}{2R^2}y_m(x_2 - x_1)\\ \delta''_{21} = -\delta_{12}\end{cases}$$

式中:$R$ 为测区平均曲率半径,由平均纬度算得;$y_m$ 为两点平均 $y$ 坐标;$x,y$ 坐标值取用近似坐标。计算结果,二等取至0.01″,三、四等取至0.1″。方向改化可直接在水平方向归算表上计算,也可另绘一略图,在图上计算。在图上计算时,略图上各点处抄上近似坐标,计算结果标在相应方向上,然后抄至水平方向值归算表上。方向改化计算完后亦应归零,归零后再加到已归化到椭球面的方向值上,这样就得到了归化到高斯平面上的方向值。

二等以上的方向改化计算和后面要讲的距离改化计算要求近似坐标有较高精度(取至1 m),第一次近似坐标精度一般不够。解决的办法是先用第一次近似坐标计算一遍方向改化和距离改化。用改化后的方向值和距离值再计算一次近似坐标,此次近似坐标一般能达到要求,可用这次的近似坐标重算方向改化和距离改化。

## 七、地面斜边观测值归算至高斯平面

地面斜边观测值归算至高斯平面是先将地面斜边化至椭球面,再将椭球面边长化至高斯平面。实际计算时可在一张表格上连续计算。计算公式和步骤如下。

**(一)计算近似地面平距 $d_0$**

近似地面平距 $d_0$ 的计算公式为

$$d_0 = \sqrt{d^2 - h^2}$$

式中:$d$ 为斜边观测值;$h$ 为测距光线两端大地高之差。注意:光线两端的大地高应是点的正常高 $H_常$ + 高程异常$\zeta$ + 测距仪高 $i$(或反光镜高)。

**(二)计算测边归心改正**

测边归心改正的计算公式为

$$\Delta d_0 = -(e\cos\theta + e'\cos\theta')$$

式中:$e$、$\theta$ 为测站偏心元素;$e'$、$\theta'$为镜站偏心元素。详细定义见第四章第五节。对于偏心距 $e$、$e'$较小,垂直角不大的边长归心改正,可任意在斜距 $d$、平距 $d_0$ 甚至高斯面距离 $D$ 上进行改正;对于大偏心观测或垂直角较大的小偏心观测,则应在地面平距 $d_0$ 上计算改正,且大偏心观测的边长归心改正应单独进行,并须绘制观测图,采用严密平面三角公式解算。

**(三)计算椭球面边长 S**

三、四等计算采用

$$S = \frac{R_A \cdot d_0}{R_A + H} + \frac{d_0^3}{24R_A^2}$$

一、二等计算采用

$$S = \frac{R_A \cdot d_0}{R_A + H} + \frac{d_0^3}{24R_A^2} + \frac{3d_0^2}{4R_A^2}He'^2\sin(2B_1)\cos A_{12}$$

以上两式中:$H$ 为测距光线两端大地高的平均值;$R_A$ 为测边方向的椭球曲率半径,可根据测站纬度 $B$(对于小测区可用测区平均纬度 $B_m$)和测边的方位角 $A_{12}$ 算出。三、四等计算也可用坐标方位角 $T$ 代替大地方位角 $A$ 来计算 $R_A$。边长更短时可干脆改用测区平均曲率半径

$R$ 代替 $R_A$。精度要求高时,则应根据点的近似平面坐标 $x$、$y$ 计算平面子午线收敛角 $\gamma$,然后算得 $A_{12} = T_{12} + \gamma - \delta_{12}$。

**(四)计算距离改化,获得高斯面边长 $D$**

高斯面边长 $D$ 的计算公式为

$$D = S + S\left[\frac{y_m^2}{2R^2} + \frac{(\Delta y)^2}{24R^2} + \frac{y_m^4}{24R^4}\right]$$

精度要求不是很高时采用

$$D = S + \frac{y_m^2}{2R^2} \cdot S$$

式中:$R$ 为平均曲率半径,对于小测区,可用测区平均纬度算出,高等计算应采用该边的平均纬度计算;$y_m$ 为该边两端平均 $y$ 坐标。

算例的边长观测值归算见表 5-26。

## 八、导线网质量检验

地面水平方向和边长观测值归算到高斯平面以后,就可以在平面上检验导线网的观测质量。检验项目有以下几项。

**(一)角度闭合差检验**

附合路线方位角闭合差检验

$$\begin{cases} W = T_{01} + \sum \beta_i - (n-1)180° - T_{02} \\ W_{限} = 2\sqrt{n}\, m_\beta \end{cases}$$

导线闭合环内角和检验

$$\begin{cases} W = \sum \beta_i - (n-2) \cdot 180° \\ W_{限} = 2\sqrt{n}\, m_\beta \end{cases}$$

**(二)坐标闭合差检验**

附合路线坐标闭合差

$$\begin{cases} W_x = x_A + \sum \Delta x - x_B \\ W_y = y_A + \sum \Delta y - y_B \end{cases}$$

导线闭合环坐标闭合差

$$\begin{cases} W_x = \sum \Delta x \\ W_y = \sum \Delta y \end{cases}$$

坐标闭合差限差

$$\begin{cases} W_{x限} = 2m_{W_x} \\ W_{y限} = 2m_{W_y} \end{cases}$$

这里 $m_{W_x}$、$m_{W_y}$ 的计算公式见式(5-88)。工程导线中常不进行 $W_{x限}$ 和 $W_{y限}$ 的计算,而以下面的导线全长相对闭合差代之。

表 5-26　地面斜边观测值归算至高斯平面

| 边名 | 旗山—百平 | | 百平—燕庄 | | 燕庄—杨庄乡 | | 杨庄乡—于庄 | | 于庄—双山 | |
|---|---|---|---|---|---|---|---|---|---|---|
| 测向 | 往 | 返 | 往 | 返 | 往 | 返 | 往 | 返 | 往 | 返 |
| 斜边长 $d$ | 2 113. 365 | 2 113. 387 | 1 576. 849 | 1 576. 835 | 1 066. 971 | 1 066. 966 | 1 631. 824 | 1 631. 840 | 2 065. 329 | 2 065. 311 |
| 测距仪高 | 1. 561 | 1. 563 | 1. 563 | 1. 602 | 1. 602 | 1. 587 | 1. 587 | 1. 624 | 1. 548 | 1. 612 |
| 测站大地高 | 266. 16 | 243. 625 | 243. 625 | 258. 732 | 258. 732 | 256. 693 | 256. 693 | 263. 777 | 263. 777 | 282. 280 |
| 镜站镜高 | 1. 542 | 1. 540 | 1. 607 | 1. 538 | 1. 565 | 1. 580 | 1. 601 | 1. 564 | 1. 588 | 1. 526 |
| 镜站大地高 | 243. 625 | 266. 160 | 258. 732 | 243. 625 | 256. 693 | 258. 732 | 263. 777 | 256. 693 | 282. 280 | 263. 777 |
| 两端光高差 $h$ | −22. 554 | 22. 512 | 15. 151 | −15. 171 | −2. 076 | 2. 032 | 7. 098 | −7. 144 | 18. 543 | −18. 589 |
| 两端光高平均值 $H$ | 256. 444 | 256. 444 | 252. 764 | 252. 748 | 259. 296 | 259. 296 | 261. 829 | 261. 829 | 274. 596 | 274. 598 |
| 平距 $d_0=\sqrt{d^2-h^2}$ | 2 113. 245 | 2 113. 267 | 1 576. 776 | 1 576. 762 | 1 066. 969 | 1 066. 964 | 1 631. 809 | 1 631. 824 | 2 065. 246 | 2 065. 227 |
| 归心改正 $\Delta d_0=-(e\cos\theta+e'\cos\theta')$ | | | | | −0. 014 | −0. 014 | 0. 010 | 0. 010 | | |
| 改正后平距 $d_0$ | | | | | 1 066. 955 | 1 066. 950 | 1 631. 819 | 1 631. 834 | | |
| $R_A=N/(1+e'^2\cos^2B\cos^2A)$ | 6 384 850 | | 6 378 111 | | 6 384 239 | | 6 384 771 | | 6 377 036 | |
| 球面边长 $S=\frac{R_A\cdot d_0}{R_A+H}+\frac{d_0^3}{24R_A^2}$ | 2 113. 160 | 2 113. 182 | 1 576. 714 | 1 576. 700 | 1 066. 912 | 1 066. 907 | 1 631. 752 | 1 631. 767 | 2 065. 157 | 2 065. 138 |
| $y_m$ | −116 331 | | −114 587 | | −113 371 | | −112 032 | | −110 336 | |
| 高斯面边长 $D=S+\frac{y_m^2}{2R^2}S$ | 2 113. 512 | 2 113. 535 | 1 576. 969 | 1 576. 955 | 1 067. 081 | 1 067. 076 | 1 632. 004 | 1 632. 020 | 2 065. 467 | 2 065. 448 |
| 往返测不符值 Δ | −0. 023 | | +0. 014 | | +0. 005 | | −0. 016 | | +0. 019 | |
| 平均边长 | 2 113. 524 | | 1 576. 962 | | 1 067. 078 | | 1 632. 012 | | 2 065. 458 | |

注：表中的 $R_A$ 是以坐标方位角 $T$ 代替大地方位角 $A$ 计算出的，由此引起的误差可忽略不计。

**（三）导线全长相对闭合差检验**

检验公式为

$$\begin{cases} W_D = \sqrt{W_x^2 + W_y^2} \\ f = \dfrac{W_D}{\sum D} \end{cases}$$

$f$ 的限值见表 2-5 和表 4-9。

**（四）测角中误差估算**（见本章第八节四）

导线网的各项闭合差检验应该专门画一张如图 5-42 所示的网图，在图上进行。图上应标注已知数据和归算到高斯平面上的水平角值与边长。检验的结果数据亦标注在图上。这样做的好处是直观，一目了然，当有超限情况时，更利于分析判断。

算例是一简单的工程附合导线，其质量检验见表 5-27。

## 九、资用坐标计算

资用坐标是用已化至高斯面上的观测值推算出的控制网未知点的近似坐标。计算时一般应合理分配闭合差，使得近似坐标具有较好的精度。以前用资用坐标于应急测图，并作平差中用的近似坐标。现在一般可用微机在外业直接作测量平差，此项工作可不手工进行。

算例的资用坐标计算见表 5-27。

**表 5-27　资用坐标计算**

| 点名 | 左折角 (° ′ ″) | 推算方位角 (° ′ ″) | $V_T$ (″) | 改正后方位角 (° ′ ″) | 平面边长 (m) | $\Delta X$ (m) | $V_X$ (m) | $\Delta Y$ (m) | $V_Y$ (m) | $X$ (m) | $Y$ (m) |
|---|---|---|---|---|---|---|---|---|---|---|---|
| 龙台 | | | | | | | | | | | |
| | | 22 08 27.5 | | | | | | | | | |
| 旗山 | 251 42 46.9 | | | | | | | | | 3 814 784.75 | 382 614.63 |
| | | 93 51 14.4 | 1.8 | 93 51 16.2 | 2 113.524 | −142.077 | 0.002 | 2 108.743 | 0.008 | | |
| 百平 | 205 08 52.8 | | | | | | | | | 3 814 642.675 | 384 723.381 |
| | | 119 00 07.2 | 3.6 | 119 00 10.8 | 1 576.962 | −764.599 | 0.010 | 1 379.202 | 0.005 | | |
| 燕庄 | 160 10 09.6 | | | | | | | | | 3 813 878.086 | 386 102.588 |
| | | 99 10 16.8 | 5.4 | 99 10 22.2 | 1 067.078 | −170.106 | 0.002 | 1 053.432 | 0.004 | | |
| 杨庄乡 | 165 56 38.5 | | | | | | | | | 3 813 707.982 | 387 156.024 |
| | | 85 06 55.3 | 7.2 | 85 07 02.5 | 1 632.012 | 138.908 | 0.002 | 1 626.090 | 0.006 | | |
| 于庄 | 153 27 14.0 | | | | | | | | | 3 813 846.892 | 388 782.120 |
| | | 58 34 09.3 | 9.0 | 58 34 18.3 | 2 065.458 | 1 076.993 | 0.015 | 1 762.443 | 0.007 | | |
| 双山 | 160 20 17.7 | | | | | | | | | 3 814 923.90 | 390 544.57 |
| | | 38 54 27.0 | 10.9 | 38 54 37.9 | | | | | | | |
| 庙岭 | | | | | | | | | | | |

**闭合差检验**

已知方位角　38°54′37.9″

方位角闭合差　$W_T = -10.9''$

$W_{T限} = 2\sqrt{6} \times 2.5'' = 12.2''$

用推算方位角算得的坐标闭合差

$W_x = 0.173\ \text{m}$　　$W_y = -0.063\ \text{m}$

$W_D = \sqrt{W_x^2 + W_y^2} = 0.184(\text{m})$

相对闭合差 $f = \dfrac{W_D}{\sum D} = \dfrac{0.184}{8\ 455} = \dfrac{1}{46\ 000} < \dfrac{1}{35\ 000}$

$\sum D = 8\ 455$　$\sum \Delta X = 139.119$　$\sum \Delta Y = 7\ 929.910$

$W_x = -0.031$　$W_y = -0.030$

$\sum |\Delta X| = 2\ 293$　$\sum |\Delta Y| = 7\ 929$

$V_X = \dfrac{-W_x}{\sum |\Delta X|} \cdot |\Delta X_i|$

$V_Y = \dfrac{-W_y}{\sum |\Delta Y|} \cdot |\Delta Y_i|$

# * 第六章　三角网三边网外业计算简介

三角网是传统控制测量的主要布网方法,但现在很少使用;三边网在生产中使用也不多。所以,本章只对三角网和三边网的外业计算作简单介绍。

## 第一节　三角网外业计算简介

### 一、三角网外业计算项目

工程控制测量中的三角网的计算项目和程序如下:

* (1)外业资料检查;

* (2)编制已知数据表和绘制三角锁网略图;

* (3)编制水平方向值归算表;

(4)三角形近似球面边长和球面角超计算;

(5)三角高程计算和高程平差;

* (6)归心改正计算并将观测方向值化至标石中心;

(7)近似坐标计算;

* (8)三差改正计算并将地面方向值化至椭球面;

* (9)方向改化计算并将椭球面上的方向值化至高斯平面;

(10)依控制网几何条件检核观测成果质量;

(11)资用坐标计算,平差计算。

上述的计算项目,三差改正一项在三等以下计算中一般不算。带 * 号的几项计算与导线测量中的相同。第(5)项三角高程计算和高程平差与导线测量中的基本相同,差别在于三角测量中用椭球面边长计算三角高程,公式见表 5-10。平差计算见第九章。在此需要重点讲述的内容为:

(1)三角形近似球面边长和球面角超计算;

(2)近似坐标、资用坐标计算;

(3)依控制网几何条件检核三角网观测质量。

### 二、三角形近似球面边长和球面角超的计算

#### (一)近似球面边长计算

近似边长用于归心改正、近似坐标、球面角超和高差计算,近似边长的计算按平面三角正弦公式进行三角形解算。

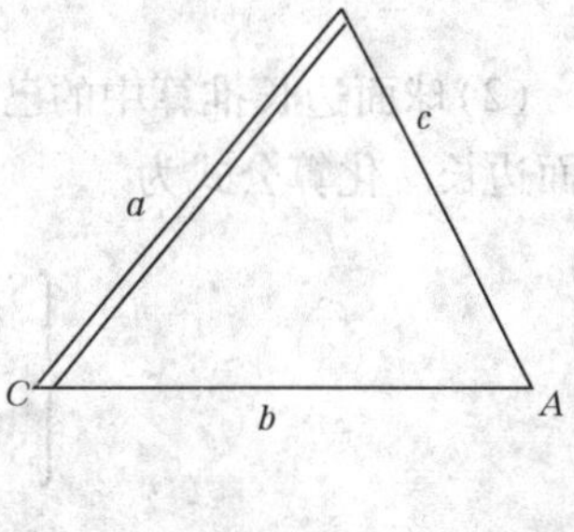


图 6-1

由图 6-1 知

$$
\begin{cases} b = a \dfrac{\sin B}{\sin A} \\ c = a \dfrac{\sin C}{\sin A} \end{cases} \tag{6-1}
$$

式中:$a$ 为已知边长;$b$、$c$ 为推算边长。

近似边长计算可以在表格上进行,也可以在略图上进行。下面以在略图上进行计算为例,说明近似边长计算方法。

(1)在略图上标出三角形推算路线,并依照推算路线的顺序进行三角形编号。选定的推算路线应是最佳推算路线,而且要从一条已知边闭合到另一条已知边之上,或者闭合到原已知边上。

(2)抄取已知边的球面边长取至 0.1 m。

(3)从成果卡片或水平方向值归算表中抄取未加归心改正的角度值,取至 1 s。当归心元素的偏心距大于 0.2 m 时,应先在观测值中加入概略归心改正(计算概略归心改正所用的边长可在选点图上量取),再抄录其角度值。

(4)将三角形三内角之和与 180°之差值 $W$,反号平均配赋在三内角上。当 $W$ 不能被 3 整除时,若余数为 1,将其配在大角上;若余数为 2,在两个小角上各配 1,即所谓"一大二小三平均"的配赋原则。

(5)推算边最后闭合到已知边上,其闭合差 $W_S$ 不得超过 $0.5\sqrt{n}$ m。合限后,边长闭合差 $W_S$ 按下式进行配赋

$$
\Delta S_i = -\frac{W_S}{n} i \tag{6-2}
$$

$$
W_S = S_{推算} - S_{已知}
$$

式中 $n$——传算边长的三角形个数;

$i$——由起算边到闭合边的三角形序号;

$\Delta S_i$——第 $i$ 个三角形的推算边的改正数。

当同一条边因有两条不同的推算路线,有两个推算结果时,应在分别配赋以后取中数采用。

这里还要说明两个问题:

(1)由于在高差计算中对边长的精度要求较高,所以对于三、四等三角测量来说,在利用第一次近似边长计算出归心改正数以后,还要进行第二次近似边长计算。此次计算采用归心改正以后的方向值。推算的边长闭合差不得超过 $0.2\sqrt{n}$ m,合限以后,仍按式(6-2)分配。

(2)球面边长推算中的已知边长应是球面边长。若已知边长是平面边长,应将其化为球面边长。化算公式为

$$
\begin{cases} S_{近似} = D - \dfrac{y_m^2}{2R^2} D \\ S = D - S_{近似}\left(\dfrac{y_m^2}{2R^2} + \dfrac{(\Delta y)^2}{24R^2} + \dfrac{y_m^4}{24R^4}\right) \end{cases} \tag{6-3}
$$

式中:$D$ 为高斯面边长;$S$ 为椭球面边长。

**（二）球面角超计算**

计算球面角超是为了检查方向改化计算的正确性，以及用于在球面上检查三角形闭合差和基线条件闭合差。

球面角超计算一般与近似边长计算同在一张计算略图上进行。

三角形球面角超的计算公式是

$$\varepsilon'' = \frac{\rho''}{2R^2} bc\sin A$$

记 $f = \frac{\rho''}{2R^2}$，$R$ 为测区平均曲率半径，用测区平均纬度 $B_m$ 算出，这样公式改成

$$\varepsilon'' = fbc\sin A \tag{6-4}$$

算出的球面角超 $\varepsilon''$，二等取至 0.01″，三、四等取至 0.1″，直接写在相应三角形中。

当方向改化计算完后，可用球面角超 $\varepsilon$ 检查方向改化计算的正确性。如图 6-2 所示，方向改化引起的三内角的变化值为

$$\delta a = \delta_{ab} - \delta_{ac}$$
$$\delta b = \delta_{bc} - \delta_{ba}$$
$$\delta c = \delta_{ca} - \delta_{cb}$$

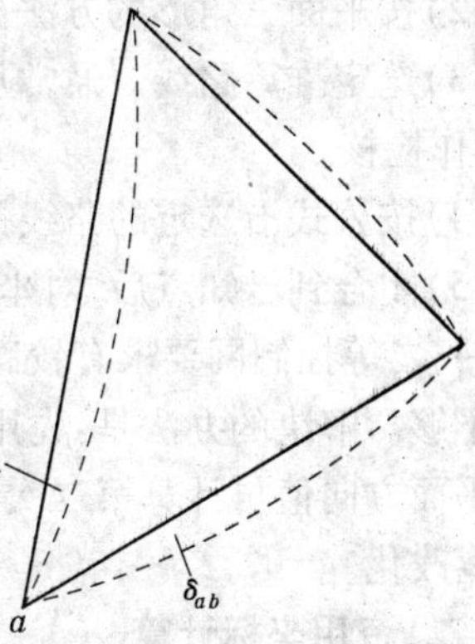

**图 6-2　方向改化与球面角超**

对于一个球面三角形在高斯面上的投影，在理论上方向改化前的内角和为 $180° + \varepsilon$，方向改化后的内角和为 $180°$，即

$$180° + \varepsilon + \delta a + \delta b + \delta c = 180°$$

也就是

$$\delta a + \delta b + \delta c = -\varepsilon \tag{6-5}$$

可用此式检验三角网方向改化的正确性。

## 三、三角网坐标推算

**（一）近似坐标推算**

计算近似坐标是为了计算方向改化、距离改化和平面子午线收敛角。坐标计算有下面两种公式。

（1）变形戎格公式。

如图 6-3 所示，$A$、$B$ 为坐标已知点，$C$ 为待计算点，有

$$\begin{cases} x_C = \dfrac{x_A\cot B + x_B\cot A - y_A + y_B}{\cot A + \cot B} \\ y_C = \dfrac{y_A\cot B + y_B\cot A + x_A - x_B}{\cot A + \cot B} \end{cases} \tag{6-6}$$

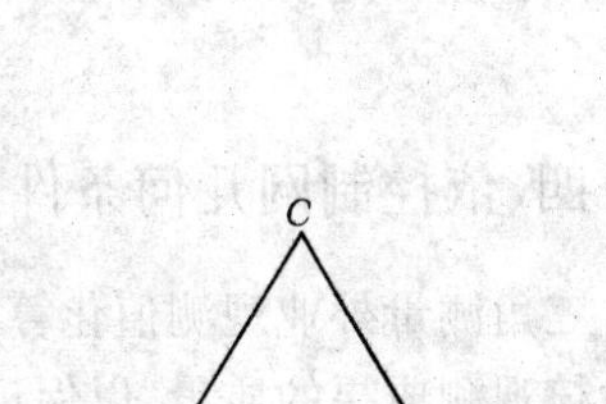

**图 6-3　变形戎格公式**

（2）坐标增量公式。

$$\begin{cases} x_2 = x_1 + \Delta x_{12} = x_1 + D_{12} \cdot \cos T_{12} \\ y_2 = y_1 + \Delta y_{12} = y_2 + D_{12} \cdot \sin T_{12} \end{cases} \tag{6-7}$$

当网中有如图 6-3 所示，有两个相邻已知点时，以变形戎格公式计算比较方便，否则以

应用坐标增量公式为好。

外业计算时,一般把近似坐标和方向改化放在同一张计算图上进行。

三、四等三角网只进行一次近似坐标计算,一般计算步骤如下:

(1)绘制计算略图,在计算图上抄上已知坐标和归算到椭球面上的三角形内角。若准备按增量公式计算,还须抄录已知方位角和近似球面边长。精度要求较高的应改用近似平面边长。近似平面边长由近似球面边长化算而得。若记 $D$ 为平面边长,$S$ 为球面边长,则有近似公式

$$D = S \cdot K$$

$$K = 1 + \frac{y_m^2}{2R^2}$$

$K$ 值可用小测区的平均纬度 $B_m$ 和平均近似 $y$ 坐标算出。

(2)按平面三角形的方法分配三角形闭合差。

(3)选定推算路线。通常从已知点开始,并闭合到另外的已知点,或回归到原来的已知点,以作检核。

(4)按公式沿选定的路线推算近似坐标,计算结果取至 1 m,并标记在图上。

(5)闭合到已知点后,对坐标闭合差作简单分配。

一、二等控制网要求有较高精度的近似坐标用于方向改化和距离改化,第一次近似坐标精度不够。解决的办法是:先用第一次近似坐标作第一次方向改化和距离改化,用改化后的近似平面方向值再计算第二次近似坐标,然后用第二次近似坐标作精确的第二次方向改化和距离改化。

**(二)资用坐标计算**

资用坐标计算与近似坐标计算方法相同,只不过需采用化算到高斯平面上的水平角。三角网资用坐标计算多采用变形戎格公式。若采用坐标增量公式,则需采用高斯平面边长。坐标闭合差分配后得到一套三角网的资用坐标。资用坐标用于测图急用和作平差用近似坐标。

## 四、依控制网几何条件检核观测成果质量

三角测量外业观测值化算到高斯平面上以后,接着就应该在平面上按控制网的几何条件检核观测成果的质量,以保证外业观测的精度达到设计要求。这项工作包括三角形闭合差(含测角中误差)检验、极条件闭合差检验、基线条件闭合差检验和方位角闭合差检验。下面逐项介绍各项检验方法。

**(一)三角形闭合差和测角中误差检验**

1. 三角形闭合差检验

平面上一个三角形三内角观测值之和与 180°的差值称做三角形闭合差,即

$$W = A + B + C - 180° \tag{6-8}$$

式中:$A$、$B$、$C$ 为高斯平面上的三角形三内角。

设各内角的设计测角中误差为 $m_\beta$,由误差传播律得

$$m_W = \sqrt{3}\, m_\beta$$

取 2 倍中误差作闭合差限值,得

$$W_{限} = 2\sqrt{3}\,m_\beta \tag{6-9}$$

以设计测角中误差代入上式,可得闭合差限值。表6-1给出了国家各等级三角形闭合差限值。

表6-1　国家各等级三角形闭合差限值

| 项目 | 等级 | | | |
|---|---|---|---|---|
| | 一 | 二 | 三 | 四 |
| 测角中误差 | ±0.7″ | ±1.0″ | ±1.8″ | ±2.5″ |
| 三角形闭合差 | ±2.5″ | ±3.5″ | ±7.0″ | ±9.0″ |

2. 测角中误差

三角形闭合差只能反映一个三角形的测角精度,就整个控制锁网来说,仍是局部的。为了从整体上衡量、评价控制网的水平方向(角)观测质量,就要根据控制锁网中所有三角形闭合差计算出测角中误差。

设三角网中有 $n$ 个三角形,各三角形的闭合差为 $W$,则计算测角中误差的公式为

$$m_\beta = \pm\sqrt{\frac{[WW]}{3n}} \tag{6-10}$$

应该指出,一般来说,当 $n>20$ 时,按上式算得的测角中误差才是可靠的。还应当说明的是,此式的 $m_\beta$ 与前两式的 $m_\beta$ 意义有不同之处:前两式的 $m_\beta$ 是指设计测角中误差,是已知值;这里的 $m_\beta$ 是控制网观测后实际达到的测角精度,是根据观测值计算出的。由式(6-10)算出的测角中误差不得超过设计测角中误差。对于国家控制网不得超过表6-1的相应数值。

测角中误差能较客观、全面地反映整个控制锁网的测角精度。测角中误差的大小,与该锁网中各个三角形闭合差的大小直接相关。就是锁网中的所有三角形闭合差都合乎限差要求,如果有较多的三角形闭合差接近限差,测角中误差也可能超限;反之,若大多数三角形闭合差较小,个别较大,反映了偶然误差的分布规律,则算出的测角中误差一般也能满足限差要求。

**(二)极条件闭合差检验**

在中点多边形和大地四边形中,除三角形内角和条件外,还有边的几何关系构成的条件,如图6-4所示。按箭头的指向,依正弦定律由 $CD$ 边开始,顺序推算出 $CE, CF, \cdots, CD$ 的边长,若测角没有误差,则 $CD$ 边的推算值与其原边长应相等。由于测角有误差,上述条件通常不能满足,而产生边条件闭合差。闭合差的大小反映了传距角的观测质量。由于传算边长时围绕着一个共同顶点 $C$,这个点称为极点。所以,这种具有共同顶点的边条件称为极条件,其闭合差称为极条件自由项或极条件闭合差。用它来检核观测角的质量称为极校验。

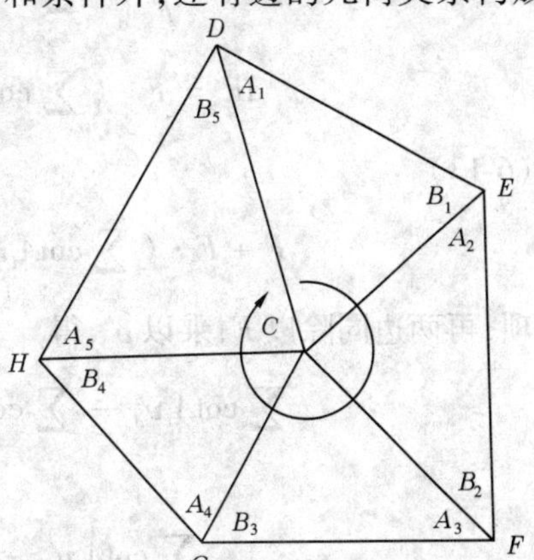


图6-4　极条件闭合差

1. 中点多边形极条件检验

图6-4中,按箭头方向推算一圈可得

$$CD_{推} = \frac{\sin \widetilde{A}_1 \cdot \sin \widetilde{A}_2 \cdot \sin \widetilde{A}_3 \cdot \sin \widetilde{A}_4 \cdot \sin \widetilde{A}_4}{\sin \widetilde{B}_1 \cdot \sin \widetilde{B}_2 \cdot \sin \widetilde{B}_3 \cdot \sin \widetilde{B}_4 \cdot \sin \widetilde{B_5}} \cdot CD$$

上式中的$\widetilde{A}_i$、$\widetilde{B}_i$ 表示真值。由于 $CD_{推}$ 应等于 $CD$,将上式除以 $CD$,并改写成一般中点 $n$ 边形的形式,则有

$$\frac{\sin \widetilde{A}_1 \cdot \sin \widetilde{A}_2 \cdot \cdots \cdot \sin \widetilde{A}_n}{\sin \widetilde{B}_1 \cdot \sin \widetilde{B}_2 \cdot \cdots \cdot \sin \widetilde{B}_n} = 1 \tag{6-11}$$

这就是极条件理论式。

下面我们推导出极条件闭合差的计算式。方法是将上式左边按泰勒公式展开至一次项,并用观测值代入。为了书写简便,记

$$\widetilde{F} = \frac{\sin \widetilde{A}_1 \cdot \sin \widetilde{A}_2 \cdot \cdots \cdot \sin \widetilde{A}_n}{\sin \widetilde{B}_1 \cdot \sin \widetilde{B}_2 \cdot \cdots \cdot \sin \widetilde{B}_n} \tag{6-12}$$

式(6-11)便成了

$$\widetilde{F} = 1$$

展开后的形式是

$$F + \mathrm{d}F = 1 \tag{6-13}$$

式中的 $F$ 表示以观测值代入 $\widetilde{F}$。我们采取先取对数再微分的方法求 $\mathrm{d}F$。对式(6-12)取对数

$$\ln \widetilde{F} = \sum \ln \sin \widetilde{A}_i - \sum \ln \sin \widetilde{B}_i$$

两边微分,并以测量上的习惯以 $v$ 代替微分

$$\frac{\mathrm{d}F}{F} = \sum \cot A_i \frac{v_{A_i}}{\rho''} - \sum \cot B_i \frac{v_{B_i}}{\rho''}$$

$$\mathrm{d}F = F \cdot \left( \sum \cot A_i v_{A_i} - \sum \cot B_i v_{B_i} \right) \cdot \frac{1}{\rho''}$$

代入式(6-13)

$$F + F \cdot \left( \sum \cot A_i v_{A_i} - \sum \cot B_i v_{B_i} \right) \cdot \frac{1}{\rho''} = 1$$

经过移项,再两边同除以 $F$,乘以 $\rho''$,得

$$\sum \cot A_i v_{A_i} - \sum \cot B_i v_{B_i} + \left(1 - \frac{1}{F}\right) \cdot \rho'' = 0$$

记做

$$\sum \cot A_i v_{A_i} - \sum \cot B_i v_{B_i} + W = 0 \tag{6-14}$$

式中

$$W = (1 - \frac{\sin B_1 \cdot \sin B_2 \cdot \cdots \cdot \sin B_n}{\sin A_1 \cdot \sin A_2 \cdot \cdots \cdot \sin A_n})\rho'' \tag{6-15}$$

式(6-15)即为极条件闭合差计算式。由于以前有按对数计算的对数式极条件闭合差，相应地又把这一式称做真数式极条件闭合差。

那么这一闭合差的限差应为多少呢？由式(6-14)可得

$$W = -\sum_{i=1}^{n} \cot A_i v_{A_i} + \sum_{i=1}^{n} \cot B_i v_{B_i}$$

应用误差传播定律

$$m_W = m_\beta \sqrt{[\cot^2\beta]} \tag{6-16}$$

式中：$m_\beta$ 为测角中误差，以秒为单位；$\beta$ 表示角 $A_i$、$B_i$。取 2 倍中误差为限差，则

$$W_{限} = 2m_\beta \sqrt{[\cot^2\beta]} \tag{6-17}$$

这就是真数式极条件闭合差的限差计算式。实际应用时，$m_\beta$ 用设计测角中误差代入。

2. 大地四边形极条件检验

三角网的基本图形中，还有如图 6-5 所示的大地四边形。大地四边形也有一个极条件，其条件式有两种写法。一种是以对角线的交点为极，其极校验方法与中点多边形完全一样。另一种是以大地四边形的某一个顶点为极，下面作简单介绍。

以 $C$ 点为极为例。推算路线选 $CB \to CA \to CD \to CB$，极条件理论原式为

$$\frac{\sin(\widetilde{A_2} + \widetilde{B_1}) \cdot \sin \widetilde{B_4} \cdot \sin \widetilde{B_3}}{\sin \widetilde{A_1} \cdot \sin(\widetilde{A_4} + \widetilde{B_3}) \cdot \sin \widetilde{A_2}} = 1 \tag{6-18}$$

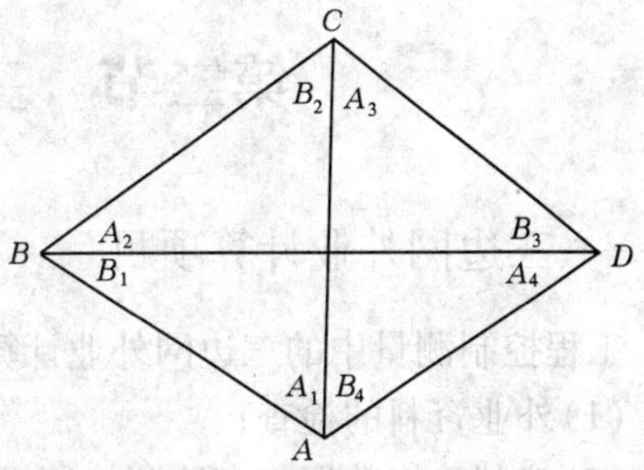

图 6-5 大地四边形

以下的推导与中点多边形的大体相同，只不过要注意将偏微分部分整理成独立变量 $v_{A_i}$、$v_{B_i}$ 的多项式。此处不再多讲。

## (三)基线条件闭合差检验

在同一个三角锁中，若有两条以上已知边，从一条已知边开始，经过传算，推算至另一已知边时，推算得的边长值应与已知边长值相等，这个条件称为基线条件。这与极条件同属于边条件，根据其闭合差的大小，也能衡量角度观测质量。

如图 6-6 所示，从已知边 $AB$ 按正弦公式推出已知边 $CD$，经化算可得

$$\frac{\sin \widetilde{A_1} \cdot \sin \widetilde{A_2} \cdot \cdots \cdot \sin \widetilde{A_n}}{\sin \widetilde{B_1} \cdot \sin \widetilde{B_2} \cdot \cdots \cdot \sin \widetilde{B_n}} = \frac{CD}{AB} \tag{6-19}$$

这就是基线条件原式。经与极条件相似的推导可得

$$\sum \cot A_i v_{A_i} - \sum \cot B_i v_{B_i} + \frac{v_{AB}}{AB}\rho'' - \frac{v_{CD}}{CD}\rho'' + W = 0 \tag{6-20}$$

$$W = (1 - \frac{CD}{AB} \cdot \frac{\sin B_1 \cdot \sin B_2 \cdot \cdots \cdot \sin B_n}{\sin A_1 \cdot \sin A_2 \cdot \cdots \cdot \sin A_n}) \cdot \rho'' \tag{6-21}$$

上式即为真数式的基线条件闭合差计算式。其中误差为

$$m_W = \sqrt{[\cot^2\beta] m_\beta^2 + \rho''^2 (\frac{m_{AB}}{AB})^2 + \rho''^2 (\frac{m_{CD}}{CD})^2} \tag{6-22}$$

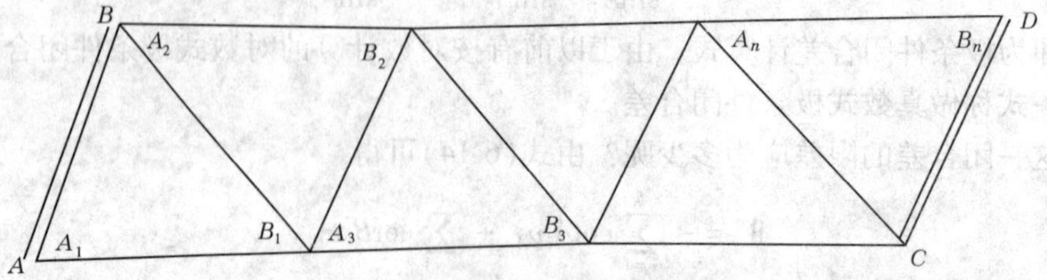


图 6-6　基线条件闭合差检验

这里 $\beta$ 表示观测角 $A_i$、$B_i$。取 2 倍中误差作限差。

当已知边长的相对误差与测角误差相比可忽略不计时,有

$$m_W = \sqrt{[\cot^2\beta]} \cdot m_\beta \tag{6-23}$$

$$W_{限} = 2\sqrt{[\cot^2\beta]} \cdot m_\beta \tag{6-24}$$

**(四)方位角条件闭合差检验**

此项检验与导线测量的方位角检验相同,参见第五章第八节。

# 第二节　三边网外业计算简介

## 一、三边网外业计算项目

工程控制测量中的三边网外业计算的项目和步骤大体如下:

(1)外业资料的检查;

(2)编制已知数据表和绘制控制网略图;

(3)第一次解三角形和近似坐标计算;

(4)三角高程计算和平差;

(5)边长化至高斯平面;

(6)第二次解三角形;

(7)依控制网几何条件检核观测成果质量;

(8)资用坐标计算和平差计算。

在有偏心观测的情况下要进行归心改正计算,这项工作一般在解三角形前进行。以上的计算工作,只有三边网的三角形解算、坐标推算以及三边网的质量检核需要仔细讲述,平差计算见第九章,其他内容本书前面已有论述。

## 二、三边网的三角形解算和近似坐标计算

**(一)三角形解算**

像三角网要解算边长一样,三边网的计算则要先解算三角形的角度。三角的解算采用余弦定理。

在图 6-7 的三角形中

$$
\begin{cases}
\cos A = \dfrac{b^2 + c^2 - a^2}{2bc} \\
\cos B = \dfrac{a^2 + c^2 - b^2}{2ac} \\
\cos C = \dfrac{a^2 + b^2 - c^2}{2ab}
\end{cases}
\tag{6-25}
$$

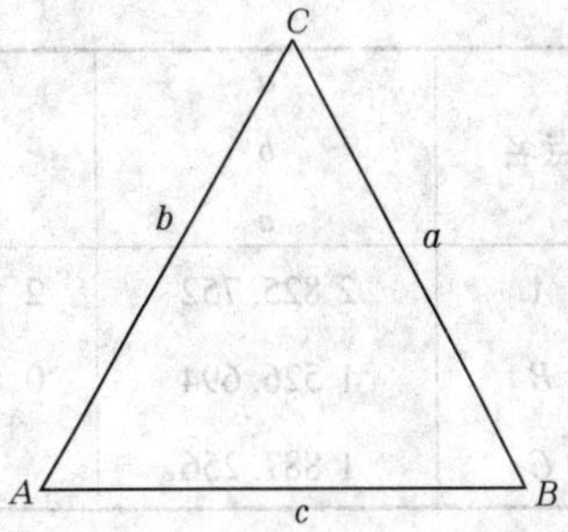


图 6-7　三角形解算

**(二)近似坐标推算**

三边网的坐标推算在角度解算出来以后可以按三角网推算坐标的同样方法推算,即用坐标增量法和变形戎格公式法。除此之外,还有利用边长观测值直接推坐标的方法,下面讲述此一方法。

用边长直接推坐标的计算方法是由变形戎格公式转换而来的,变形戎格公式为

$$x_C = \frac{x_A \cot B + x_B \cot A - y_A + y_B}{\cot A + \cot B}$$

$$y_C = \frac{y_A \cot B + y_B \cot A + x_A - x_B}{\cot A + \cot B}$$

若令

$$T_A = \frac{\cot B}{\cot A + \cot B}, \quad T_B = \frac{\cot A}{\cot A + \cot B}, \quad T = \frac{1}{\cot A + \cot B}$$

则变形戎格公式可写成

$$
\begin{cases}
x_C = x_A \cdot T_A + x_B \cdot T_B + T(y_B - y_A) \\
y_C = y_A \cdot T_A + y_B \cdot T_B + T(x_A - x_B)
\end{cases}
\tag{6-26}
$$

若再令

$$\alpha = \frac{a^2}{c^2}, \quad \beta = \frac{b^2}{c^2} \tag{6-27}$$

则可以证明

$$
\begin{cases}
T_A = (\alpha - \beta + 1)/2 \\
T_B = (\beta - \alpha + 1)/2 \\
T = \sqrt{\alpha - T_A^2} = \sqrt{\beta - T_B^2}
\end{cases}
\tag{6-28}
$$

在实践中,用此法计算待定点坐标的步骤是:

(1)用式(6-27)计算 $\alpha$、$\beta$;

(2)用式(6-28)计算 $T_A$、$T_B$、$T$;

(3)用式(6-26)计算 $C$ 点坐标。

检核计算为

$$T_A + T_B = 1$$

$$(x_C - x_B)^2 + (y_C - y_B)^2 = a^2$$

$$(x_C - x_A)^2 + (y_C - y_A)^2 = b^2$$

由边长计算坐标的算例见表 6-2。

**表 6-2　由边长计算坐标算例**

| 点名 | $a$ <br> $b$ <br> $c$ | $\alpha$ <br> $\beta$ | $x$ | $T_A$ <br> $T_B$ <br> $T$ | $y$ |
|---|---|---|---|---|---|
| $A$ | 2 825.752 | 2.241 849 52 | 7 743.798 | 1.293 725 45 | 5 610.223 |
| $B$ | 1 526.694 | 0.654 398 61 | 5 856.657 | −0.293 725 45 | 5 631.057 |
| $C$ | 1 887.256 | | 8 313.803 | 0.753 740 0 | 7 026.517 |

## 三、依控制网几何条件检核观测成果质量

测边网的观测成果质量检核包括中点多边形圆周角检核、大地四边形角检核、经纬仪检测角与测边反算角检核、坐标附合检核。这里，我们只介绍较常用的前三项检核。

### (一)测边中点多边形圆周角检核

如图 6-8 所示，中点多边形中观测了辐射边 $f_1, f_2, \cdots, f_n$，外边 $w_1, w_2, \cdots, w_n$。由观测边解算得的三角形内角标记如图。很显然，应有圆周角条件

$$\tilde{C}_1 + \tilde{C}_2 + \cdots + \tilde{C}_n - 360° = 0 \tag{6-29}$$

式中：各$\tilde{C}_i$ 表示相应角的真值。由于有观测误差，当用边长解算得的各 $C_i$ 角代入后，我们定义圆周角闭合差

$$W = C_1 + C_2 + \cdots + C_n - 360° \tag{6-30}$$

那么 $W$ 的限差应为多大呢？这得先算出 $W$ 的中误差，然后取其 2 倍作限差。为此，对上式求全微分

$$\mathrm{d}W = \mathrm{d}C_1 + \mathrm{d}C_2 + \cdots + \mathrm{d}C_n \tag{6-31}$$

这里的各 $\mathrm{d}C_i$ 必须用观测边长的微分来表达。为此我们先推导出任一 $\mathrm{d}C_i$ 的表达式。

图 6-9 为测边中点多边形中任取的一块。根据三角形余弦定理，有

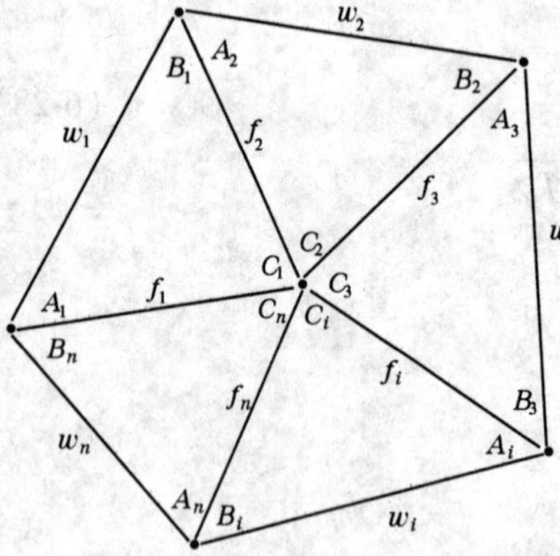


**图 6-8　测边中点多边形圆周角检核**

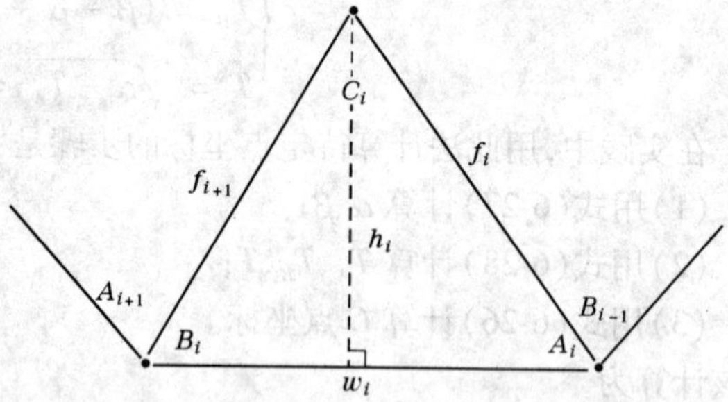


**图 6-9　测边中点多边形**

$$w_i^2 = f_i^2 + f_{i+1}^2 - 2f_i f_{i+1} \cdot \cos C_i$$

两边微分

$$2w_i \cdot \mathrm{d}w_i = 2f_i \mathrm{d}f_i + 2f_{i+1}\mathrm{d}f_{i+1} - 2f_{i+1}\cos C_i \mathrm{d}f_i - 2f_i \cos C_i \mathrm{d}f_{i+1} + 2f_i f_{i+1} \sin C_i \mathrm{d}C_i$$

$$w_i \mathrm{d}w_i = (f_i - f_{i+1}\cos C_i)\mathrm{d}f_i + (f_{i+1} - f_i\cos C_i)\mathrm{d}f_{i+1} + f_i f_{i+1}\sin C_i \mathrm{d}C_i$$

由图 6-10 知

$$f_i - f_{i+1}\cos C_i = w_i \cos A_i$$
$$f_{i+1} - f_i\cos C_i = w_i \cos B_i$$
$$f_i f_{i+1}\sin C_i = w_i h_i$$

将此三式代入前式

$$w_i \mathrm{d}w_i = w_i\cos A_i \mathrm{d}f_i + w_i\cos B_i \mathrm{d}f_{i+1} + w_i h_i \mathrm{d}C_i$$

$$\mathrm{d}C_i = \frac{1}{h_i}(\mathrm{d}w_i - \cos A_i \mathrm{d}f_i - \cos B_i \mathrm{d}f_{i+1}) \qquad (6\text{-}32)$$

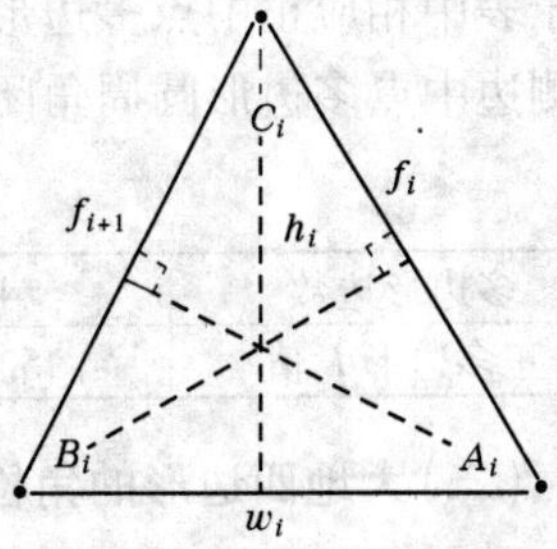


图 6-10

这一形式已经可以代入式(6-31)中了。只不过代入后推出的公式还是不具形式美,可再作变换。

由 $w_i = h_i\cot A_i + h_i\cot B_i$ 得

$$\frac{1}{h_i} = \frac{\cot A_i + \cot B_i}{w_i}$$

又有

$$h_i = f_i\sin A_i = f_{i+1}\sin B_i$$

代入式(6-32)

$$\mathrm{d}C_i = (\cot A_i + \cot B_i)\frac{\mathrm{d}w_i}{w_i} - \cot A_i\frac{\mathrm{d}f_i}{f_i} - \cot B_i\frac{\mathrm{d}f_{i+1}}{f_{i+1}} \qquad (6\text{-}33)$$

这就是角度误差与边长误差的关系式。将此式代入式(6-31),经整理得

$$\mathrm{d}W = \sum(\cot A_i + \cot B_i)\frac{\mathrm{d}w_i}{w_i} - \sum(\cot A_i + \cot B_{i-1})\frac{\mathrm{d}f_i}{f_i} \qquad (6\text{-}34)$$

很有规律的是 $\mathrm{d}w_i$ 项中涉及的角为 $w_i$ 左右两端之角;$\mathrm{d}f_i$ 项中涉及的角为 $f_i$ 外端两侧之角。有此规律,极易记忆。

对上式套用误差传播定律

$$m_W^2 = \sum(\tan A_i + \cot B_i)^2\left(\frac{m_{w_i}}{w_i}\right)^2 + \sum(\cot A_i + \cot B_{i-1})^2\left(\frac{m_{f_i}}{f_i}\right)^2$$

由于$\frac{m_{w_i}}{w_i}$、$\frac{m_{f_i}}{f_i}$为测边相对中误差,若用设计平均相对中误差$\frac{m_D}{D}$代入,再顾及 $m_w$ 应以角秒为单位,则有

$$m_W = \frac{m_D}{D}\cdot\rho''\sqrt{\sum(\cot A_i + \cot B_i)^2 + \sum(\cot A_i + \cot B_{i-1})^2} \qquad (6\text{-}35)$$

取 2 倍中误差作限差,则圆周角闭合差限差为

$$W_{限} = 2\frac{m_D}{D}\cdot\rho''\sqrt{\sum(\cot A_i + \cot B_i)^2 + \sum(\cot A_i + \cot B_{i-1})^2} \qquad (6\text{-}36)$$

若令

$$K = \sqrt{\sum(\cot A_i + \cot B_i)^2 + \sum(\cot A_i + \cot B_{i-1})^2}$$

则

$$W_{限} = 2\frac{m_D}{D}\rho''\cdot K \qquad (6\text{-}37)$$

表6-3给出了正中点多边形的$K$值。由于实际网形不可能是正多边形，相应的$K$值会大于表中相应正中点多边形的$K$值。所以实用中，可采用表中给出的$K$值，用式(6-37)计算测边中点多边形圆周角闭合差限差。

表6-3　圆周角限差计算$K$值

| 多边形边数 | 4 | 5 | 6 | 7 | 8 |
|---|---|---|---|---|---|
| 正多边形$K$值 | 5.7 | 4.6 | 4 | 3.6 | 3.3 |

### (二)大地四边形的角检核

对于如图6-11所示的大地四边形，可写出

$$\begin{cases}\widetilde{C}_1+\widetilde{C}_2-\widetilde{C}_3=0\\ W=C_1+C_2-C_3\\ \mathrm{d}W=\mathrm{d}C_1+\mathrm{d}C_2-\mathrm{d}C_3\end{cases}\tag{6-38}$$

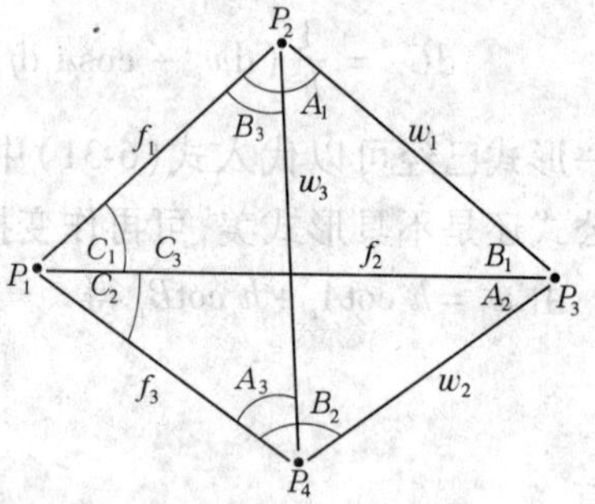

图6-11　测边大地四边形角检核

式中：$\widetilde{C}_i$表示真值；$C_i$表示用测边反算之角值。将$\mathrm{d}C_i$的表达式(6-33)代入后，按照与中点多边形类似的推导可得

$$W_{限}=2\rho''\frac{m_D}{D}\sqrt{\sum(\cot A_i+\cot B_i)^2+\sum(\cot A_i\pm\cot B_{i-1})^2}\tag{6-39}$$

式中：$m_D/D$为平均测边相对中误差。根号内后一括号内的项是辐射边$f_i$涉及的项：与中间辐射边$f_2$对应的$A_2$、$B_1$角取余切函数之和；与两侧辐射边$f_1$、$f_3$对应的$A_1$、$B_3$和$A_3$、$B_2$角则取余切函数之差。若将上式写为

$$W_{限}=2\rho''\frac{m_D}{D}\cdot K\tag{6-40}$$

则对正大地四边形，$K=3.5$。而一般大地四边形的$K$值会略大于3.5。所以，对于大地四边形，角检验限值可取做

$$W_{限}=7\rho''\cdot\frac{m_D}{D}\tag{6-41}$$

### (三)经纬仪检测角与测边网解算角的检核

如图6-12所示，三边网中的一个三角形，已解算出$A$、$B$、$C$三角，又用经纬仪测得角$C_{测}$，则有不符值

$$\begin{aligned}W&=C-C_{测}\\ \mathrm{d}W&=\mathrm{d}C-\mathrm{d}C_{测}\end{aligned}\tag{6-42}$$

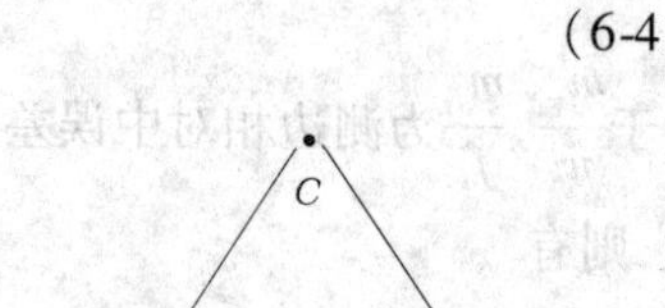

图6-12

将前面的$\mathrm{d}C$表达式代入，整理后再套用中误差传播定律，并取2倍中误差作限值，可得

$$W_{限}=2\sqrt{2(\cot^2A+\cot^2B+\cot A\cot B)\left(\frac{m_D}{D}\rho''\right)^2+m_\beta^2}\tag{6-43}$$

式中：$m_D/D$为平均边长相对中误差；$m_\beta$为经纬仪测角中误差。

# 第七章　地方坐标系和坐标转换

国家标准3°带坐标系在很多情况下由于长度变形太大,常常不能满足城市测量和工程建设测量的需要。为了满足城市和工程测量的需要,许多城市和工程建设需要建立自己独立的坐标系统。另外,国家从2008年7月1日起启用国家2000大地坐标系统,需要将原有的地方独立坐标系转换到国家2000大地坐标系统。本章讲述地方独立坐标系的建立,控制网坐标转换,以及牵涉到的高斯投影坐标换带计算问题。

## 第一节　高斯投影换带计算

我国大地测量控制网依高斯投影方法按6°带和3°带进行分带与计算,并把观测成果归算到参考椭球体面上。这样规定,不但符合高斯投影的分带原则和计算方法,与国际惯例相一致,而且也便于大地测量成果的统一、使用和互算。经过分析确认,6°带可满足1:2.5万测图的精度要求,3°带可满足1:1万测图的精度要求。因此,对于国家大地测量网来说,按上述规定建立和采用坐标系具有实用、普遍及深远的意义。

不过,按照上述方案建立的国家大地控制网坐标系统也并不是在各种情况下使用起来都方便,并不是能够全面满足一切测图和工程测量的需要。由于统一的国家版图被分割在各条带坐标系中,这就在实际测绘生产中引起了新的问题。例如,若在跨越东西两带的邻带地区建立控制网和测图,就存在把东带地区的控制点坐标换到西带,或把西带地区的控制点坐标换到东带的问题,称做坐标换带问题。另外,对于工程控制测量来说,其中包括城市控制测量,既有测制更大比例尺地图的任务,又有满足各种工程建设和市政建设施工放样工作的要求。由于高斯投影的长度变形在离中央子午线较远的地区会较大,以至不满足上述要求,使得在工程实践中,人们不得不变更中央子午线。这也产生了将已知点的国家标准3°带已知点坐标换算到自选中央子午线投影带的换带计算问题。

现在高斯投影的换带计算一般采用反正投影法。即把点的旧带高斯平面坐标 $x_{旧}$,$y_{旧}$ 经反投影获得椭球面坐标 $B$,$L$,再将 $B$,$L$ 经正投影获得该点在新带的坐标 $x_{新}$,$y_{新}$。具体作法为:

(1) $x_{旧}$、$y_{旧}$ 经反投影得 $B$、$l_{旧}$;

(2) $L = L_{0_{旧}} + l_{旧}$;

(3) $l_{新} = L - L_{0_{新}}$;

(4) $B$、$l_{新}$ 经正投影得 $x_{新}$、$y_{新}$。

这里 $L_{0_{旧}}$、$L_{0_{新}}$ 分别表示旧带和新带中央子午线经度。

这种换带的方法自然适用于任意中央子午线的换带,并不局限于国家标准的3°带,6°带邻带换算问题。

**【例7-1】** 某点的54系高斯平面坐标为

$x = 3\ 813\ 779.63$

$y = 20\ 349\ 981.60$

请换算为中央子午线为115°的地方坐标系。

**解**:由给定的$y$坐标知,该点在第20带,$y$坐标自然值为$-150\ 018.40$

(1)用$x_{旧} = 3\ 813\ 779.63$,$y_{旧} = -150\ 018.40$经高斯投影反算得

$l_{旧} = -1°37'55.940\ 9''$,$B = 34°26'25.113\ 2''$

(2)$L_{0_{旧}} = 20 \times 6° - 3° = 117°$

$L = L_{0_{旧}} + l_{旧} = 117° - 1°37'55.940\ 9'' = 115°22'04.059\ 1''$

(3)$l_{新} = L - L_{0_{新}} = 115°22'04.059\ 1'' - 115° = 0°22'04.059\ 1''$

(4)用$B = 34°26'25.113\ 2''$,$l_{新} = 0°22'04.059\ 1''$经高斯正投影计算得

$x_{新} = 3\ 812\ 632.326$

$y_{新} = 33\ 802.920 + 500\ 000 = 533\ 802.920$

## 第二节　地方独立坐标系的建立

前已指出,国家标准3°带坐标常常不能满足城市建设和工程建设测量的需要。因而许多城市和工程建设都要建立长度变形小、满足精度要求的城市坐标系,或独立的工程测量坐标系。为叙述简洁,以下将两种坐标系统称为地方坐标系,本节讨论这类坐标系的建立方法。我们将先讨论控制测量中的长度变形,然后介绍地方坐标系的几种做法。

### 一、控制测量中的长度变形

在控制测量计算中,有两项投影计算会引起长度变形:一个是地面水平边长投影到参考椭球面,在工程控制测量中,有时候需要投影到某一高程为$H_0$的水平基准面,这项计算称做边长的高程投影。一般情况下,地面边的高程是高于投影基准面的,因而高程投影一般使边长变短;一个是参考椭球面边长投影到高斯平面,这将导致距离变长。下面讨论两项变动的大小情况。

#### (一)地面水平距离投影到椭球面或某一高程为$H_0$的水平面的长度变形

1. 地面水平距离投影到椭球面的长度变形

在第五章第五节中已推出地面水平距离$S_H$投影到参考椭球面的严密改正数计算式为

$$\Delta S_1 = -\frac{H}{R_A + H} S_H$$

式中:$H$为地面边的高程;$R_A$为测线方向法截弧曲率半径。此式可近似为

$$\Delta S_1 = -\frac{H}{R} S_H \tag{7-1}$$

式中:$R$为当地椭球面平均曲率半径。

表7-1中列出了在不同高程面上依式(7-1)计算的每千米长度投影变形值和相对变形值。$R$的概值取作6 370 km。

由表7-1可知,高于椭球面的地面水平边长投影到椭球面总是距离变短。投影变形的绝对值与$H$成正比,随$H$的增大而增大,而且当$H = 150$ m时,每千米长度变形即接近2.5 cm,相对变形接近1/40 000。

表 7-1　地面水平距离投影至椭球面每千米长度变形值和相对变形值

| $H$(m) | 50 | 100 | 150 | 200 | 300 | 500 | 1 000 | 2 000 | 3 000 |
|---|---|---|---|---|---|---|---|---|---|
| $\Delta S_1$(mm) | -7.8 | -15.7 | -23.5 | -31.4 | -47.1 | -78.5 | -157 | -314 | -472 |
| $\frac{\Delta S_1}{S}$ | $\frac{1}{127\,400}$ | $\frac{1}{63\,700}$ | $\frac{1}{42\,600}$ | $\frac{1}{31\,800}$ | $\frac{1}{21\,200}$ | $\frac{1}{12\,700}$ | $\frac{1}{6\,370}$ | $\frac{1}{3\,180}$ | $\frac{1}{2\,120}$ |

2. 地面水平距离投影至任意高程面 $H_0$ 的长度变形

高度为 $H$ 的地面水平距离 $S_H$ 投影至任意高程面 $H_0$ 的计算式为

$$S_{H_0} = \frac{R_A + H_0}{R_A + H} S_H = (1 - \frac{H - H_0}{R_A + H}) S_H$$

此式可写为

$$S_{H_0} = S_H + \Delta S_1$$

式中

$$\Delta S_1 = -\frac{H - H_0}{R_A + H} S_H$$

此项变形的数值可近似地写为

$$\Delta S_1 = -\frac{H - H_0}{R} S_H \tag{7-2}$$

式中：$H$ 为地面边的高程；$R$ 为当地椭球面平均曲率半径；$S_H$ 为地面水平距离。当 $H_0 = 0$ 时，即为投影至参考椭球面。图 7-1 为地面水平距离 $S_H$、投影为椭球面距离 $S$ 和投影为任意高程面 $H_0$ 上的距离 $S_{H_0}$ 的长度变形示意图。

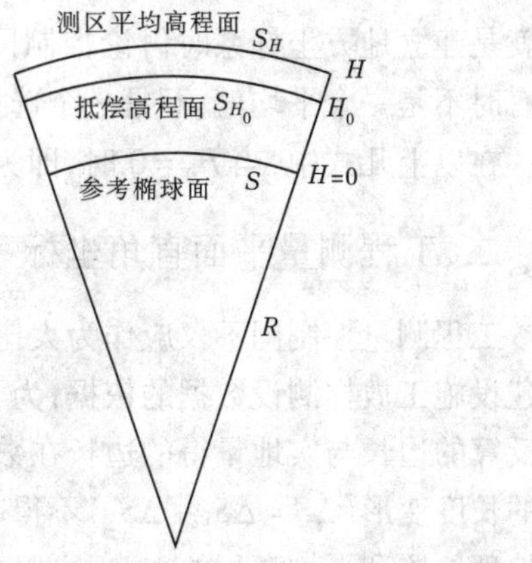


图 7-1　地面水平边长投影到不同基准面的变形

**（二）椭球面距离投影到高斯平面的长度变形**

此项变形的数值可近似地写做

$$\Delta S_2 = \frac{y_m^2}{2R^2} S \tag{7-3}$$

式中：$S$ 为椭球面边长；$R$ 为当地椭球面平均曲率半径；$y_m$ 为投影边两端 $y$ 坐标（去掉 500 km 常数）的平均值。表 7-2 中列出了不同 $y_m$ 时每千米长度投影变形值和相对变形值。计算时取 $B = 35°$，$R = 6\,370\,892$ m。

表 7-2　不同 $y_m$ 时高斯投影每千米长度投影变形值和相对变形值

| $y_m$(km) | 10 | 20 | 30 | 40 | 50 | 60 | 70 | 80 | 90 | 100 |
|---|---|---|---|---|---|---|---|---|---|---|
| $\Delta S_2$(mm) | 1.2 | 4.9 | 11.1 | 19.1 | 30.8 | 44.3 | 60.4 | 78.8 | 99.8 | 123 |
| $\frac{\Delta S_2}{S}$ | $\frac{1}{810\,000}$ | $\frac{1}{200\,000}$ | $\frac{1}{90\,000}$ | $\frac{1}{50\,000}$ | $\frac{1}{32\,500}$ | $\frac{1}{22\,600}$ | $\frac{1}{16\,600}$ | $\frac{1}{12\,700}$ | $\frac{1}{10\,000}$ | $\frac{1}{8\,100}$ |

由表 7-2 可知，投影变形与 $y_m$ 的平方成正比，离中央子午线越远，变形越大。约在 $y_m$ = 45 km 处每千米变形 2.5 cm，相对变形 1/40 000。

### （三）边长的高程投影和高斯投影变形之和

综合以上两种变形，最后的投影长度变形为

$$\Delta S = \Delta S_1 + \Delta S_2 = -\frac{H - H_0}{R}S_H + \frac{y_m^2}{2R^2}S \tag{7-4}$$

近似地写为

$$\Delta S = (\frac{y_m^2}{2R^2} - \frac{H - H_0}{R})S \tag{7-5}$$

而边长的相对变形值为

$$\frac{\Delta S}{S} = \frac{y_m^2}{2R^2} - \frac{H - H_0}{R} \tag{7-6}$$

若要求控制网相对变形为零即是要求（请读者注意 $y_m$ 改成了 $y_0$）

$$\frac{\Delta S}{S} = \frac{y_0^2}{2R^2} - \frac{H - H_0}{R} = 0 \tag{7-7}$$

这就是建立地方坐标系时讨论控制网长度变形的公式。式中 $y_m$ 改成了 $y_0$，是因为此处的值有时不是一个平均值，而是一个选择值，它与 $H_0$ 相对应。

在以上几式中，当 $H_0 = 0$ 时，即为投影至椭球面的情况。

## 二、工程测量平面直角坐标系统方案

工程测量控制网不仅应作为大比例尺地形图的控制基础，还应作为城市建设和各种工程建设施工放样测设数据的依据，为了便于施工放样工作的顺利进行，要求由控制点坐标直接反算的边长与实地量得的边长在数值上尽量相等。也就是说，由上述两项投影改正而带来的长度变形（$\Delta S = \Delta S_1 + \Delta S_2$）不得超过施工放样的精度要求。正是基于此项考虑，根据工程地理位置和平均高程的大小，可以采用下述三种坐标系统方案。

（1）当长度变形值不大于2.5 cm/km 时，可直接采用高斯正形投影的国家统一3°带平面直角坐标系统。

（2）当长度变形值大于2.5 cm/km 时，可采用：①投影于参考椭球面上的高斯正形投影任意带平面直角坐标系统；②投影于抵偿高程面上的高斯正形投影假3°带平面直角坐标系统；③投影于抵偿高程面上的高斯正形投影任意带平面直角坐标系统。

（3）面积小于25 $km^2$ 的小测区工程项目，可不经投影采用平面直角系统在平面上直接计算。

前述的（1）、（3）两种方案读者一看就能明白，无须多作介绍。我们将在下面介绍第二种方案的一些做法。

## 三、变换投影基准面（高程）的假3°带地方坐标系

这种方案的思路是在不改变国家标准3°带中央子午线的情况下，不再投影至参考椭球面，而是投影至某个抵偿高程面，从而得到地面上边长的高斯投影长度改正与归算到基准面上的高程投影改正相互抵偿的效果。

在保持中央子午线不变，即 $y_0$ 不变的前提下，由式（7-5）可解得

$$H_0 = H - \frac{y_0^2}{2R} \tag{7-8}$$

这就是说,如果把地面边长投影至高程为 $H_0 = H - \frac{y_0^2}{2R}$ 的高程面上,而不是投影至参考椭球面上,则高程投影引起的长度变形 $\Delta S_1$ 与高斯投影引起的长度变形 $\Delta S_2$ 能够互相抵消。

不过,测区是个范围,而不是一个点。式中的 $y_0$ 应如何取值呢?根据不同情况,有以下两种取法:

(1)测区在中央子午线一边。对于一个测区,必有 $y$ 的最小值和最大值。我们应取

$$y_0^2 = \frac{y_{\min}^2 + y_{\max}^2}{2} \tag{7-9}$$

(2)如果测区跨在中央子午线两边。对于小测区,一般可取 $y_0 = 0$;对于东西方向较宽的测区,可取 $y_0^2 = \frac{y_{\max}^2}{2}$,因为测区内离中央子午线远的一边边长变形符合要求,则离中央子午线近的一边必然符合要求。

用这样的 $y_0^2$ 代入式(7-8)算出的 $H_0$,可使整个测区边长变形综合最小。当然实际选用时,如果结合测区地势情况,需要时对 $y_0^2$ 稍作变动效果会更好。

利用图 7-2,可根据测区中心离中央子午线的距离 $y_0$(km)选择投影基准面低于平均高程面的距离 $H_m - H_0$。图中有三条曲线,中间的为 $H_m - H_0$,利用该线,可根据测区中心的 $y_0$ 值(图中横坐标值)查取对应的抵偿投影面应低于测区平均高程面的高度(纵坐标值)。例如,当测区中心离中央子午线 80 km 时,抵偿高程面应低于测区平均高程面 500 m。

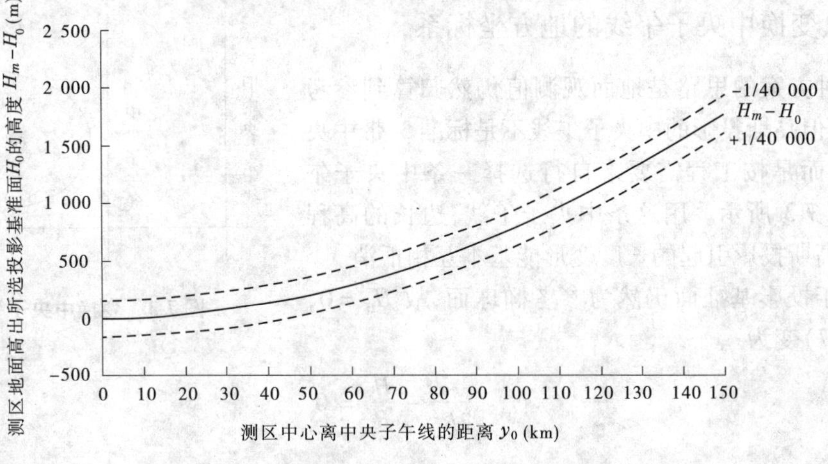


**图 7-2 依据测区中心离中央子午线的距离选择投影基准面**

利用该图还可直观地分析对应的有效抵偿带宽。图中的上曲线表示有效带宽左边界 $y_{\min}$,下面的曲线表示有效带宽右边界 $y_{\max}$。例如,$y_0$ 为 80 km 时,左边界 $y_{\min}$ 约为 66 km,右边界 $y_{\max}$ 约为 92 km,即有效带宽约为 26 km。利用该图还可直观地分析测区内各处允许高程变动量。

利用图中的上曲线可获得测区各处实际地面允许偏离平均高程面的上界,利用图中的下曲线可获得测区各处实际地面允许偏离平均高程面的下界。例如,$y_0$ 为 80 km 时,在测区 $y = 70$ km 处,实际地面可高出平均高程面约 60 m(70 km 线与上曲线的交点到纵坐标

500 m线的高差),可低于平均高程面约 260 m(70 km 线与下曲线的交点到纵坐标500 m线的高差)。

这种坐标系统的实现步骤,一般是先算出基准面为参考椭球面的国家标准 3°带控制网坐标,再将控制网缩放至抵偿高程面。这样做的好处是有两套坐标,其中一套是国家标准系统的坐标,另一套为抵偿高程面坐标。至于控制网缩放至高程抵偿面的做法,请读者参看下面变换中央子午线和投影基准面(高程)的地方坐标系的例子。

**【例 7-2】** 某测区相对于参考椭球面的平均高程 $H=1\ 000$ m,在国家标准 3°带内跨越 $y$ 坐标范围为 $-80\sim-50$ km,若不变换中央子午线,求能抵偿投影变形的高程抵偿面。

**解:**

$$y_0^2=\frac{(-50)^2+(-80)^2}{2}=4\ 450$$

即

$$y_0=-66.7\ \text{km}$$

$$H_0=H-\frac{y_0^2}{2R}=1\ 000-\frac{4\ 450\times10^6}{2\times6\ 370\ 000}=650.7(\text{m})$$

即选 $H_0=650$ m 的高程面作控制网的投影基准面最为合适。事实上,最小变形在 $y_0=-66.7$ km 处,因为

$$\Delta S=(\frac{y_0^2}{2R^2}-\frac{H-H_0}{R})\times1\ 000=[\frac{(-66.7)^2}{2\times6\ 370^2}-\frac{1-0.65}{6\ 370}]\times1\ 000\approx0$$

最大变形在 $y_1=-50$ km 和 $y_2=-80$ km 处,分别为 $-0.024$ m 和 $+0.024$ m。

从上面例子的计算结果也可看出,若不变换中央子午线,仅靠选择抵偿高程面,其抵偿范围是有限的,上例中的有效抵偿带宽仅为 30 km。

## 四、变换中央子午线的地方坐标系

这种方案的思路是地面观测值仍然归算到参考椭球面,但高斯投影的中央子午线不是标准 3°带中央子午线,而是按工程需要来自行选择一条中央子午线,如图 7-3 所示。用这条中央子午线,边长的高程投影和高斯投影引起的长度变形能基本互相抵消。

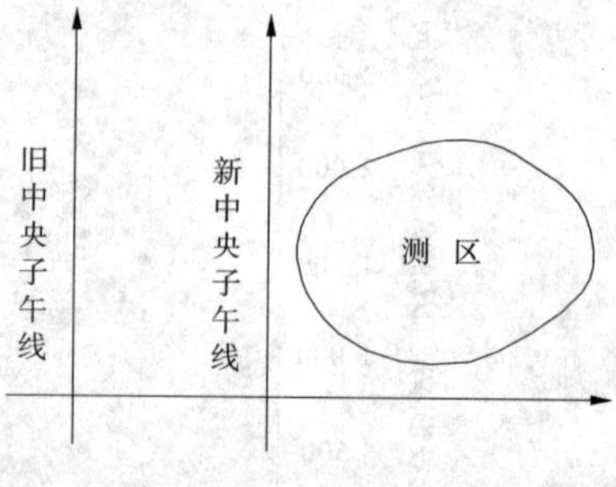


**图 7-3 变换中央子午线**

由于投影基准面仍然为参考椭球面,故 $H_0=0$,则式(7-7)变为

$$\frac{y_0^2}{2R^2}-\frac{H}{R}=0 \tag{7-10}$$

解得

$$y_0=\sqrt{2RH} \tag{7-11}$$

即当 $y_0$ 满足上式时,边长的两项投影互相抵消。

我们也可利用图 7-2 选择 $y_0$,并分析有效带宽和测区各处允许高程变动量,此时要将纵坐标看成大地高 $H$,并依据测区平均大地高 $H_m$ 选择离中央子午线的距离 $y_0$。

**【例 7-3】** 某测区相对于参考椭球面的高程 $H=500$ m,为使边长的高程投影及高斯投影引起的长度变形能基本互相抵消,依上式算得

$$y_0=\sqrt{2\times6\ 370\times0.5}=80(\text{km})$$

即选择与该测区相距 80 km 处的子午线作中央子午线。这样在测区，边长的高程投影和高斯投影引起的长度变形能基本互相抵消。但是，当 $y \neq 80$ km 时，也即该测区的其他地方仍然会有变形，用不同的 $y$ 值代入式(7-7)计算，当 $y = 66$ km 时，每千米变形为 2.5 cm，当 $y = 91.5$ km 时，每千米变形为 2.5 cm。

即最大抵偿带宽不超过 25 km。由此看出，这种方案的有效抵偿带宽也不可能宽，有较大的局限性。

## 五、变换中央子午线和投影基准面(高程)的地方坐标系

这种方案的思路结合了前两种方案的一些特点，既将中央子午线移动至测区中部，又变换了高程投影面。这种方案可在测区东西跨度很大时满足长度变形小的要求。当测区东西向跨度较大，需要抵偿的带宽较大时，应采用此种方案。

该方案同时要求

$$\Delta S_1 = -\frac{H - H_0}{R}S = 0 \tag{7-12}$$

$$\Delta S_2 = \frac{y_m^2}{2R^2}S = 0 \tag{7-13}$$

这里 $H_0$ 表示投影基准面的高程。

由式(7-12)解得

$$H = H_0$$

此时边长的高程投影变形为零。若 $H_0$ 取测区平均高程面 $H_m$，或略低于该平均高程面，则各边长高程投影近似为零。

由式(7-13)解得

$$y_m = 0$$

这表示要求中央子午线在测区中间。

根据以上两种要求，这种坐标系的做法是将高斯投影的中央子午线选为测区内或附近某一合适的子午线；而高程投影面选为测区平均高程面 $H_m$ 或比它稍低一些的高程面上。

图 7-4 为这种坐标系的抵偿带宽和允许高程变动量图。由图可看出，这种坐标系的有效抵偿带宽可达 90 km。如果选择的投影高程面低于平均高程面，则带宽可以更宽，当投影面选在低于平均高程面 160 m 时，极限带宽甚至可达 132 km。

像图 7-3 一样，也可利用图 7-4 分析测区允许高程变动量。

因为这种坐标系的变形最小，许多离国家标准 3°带中央子午线较远的城市和工程建设项目常采用这种坐标系。下面详细介绍这种坐标系的实现步骤。

(1)选择合适的地方带中央子午线 $L_0$。在测区内或测区附近选择一条子午线作中央子午线。例如河南省某城市的城市地方坐标系中央子午线取做 112°30′，某县城的城市坐标系中央子午线取做 115°25′。

(2)已知点换带计算。将当地的国家控制网已知点坐标通过高斯反、正投影计算，换算成中央子午线为 $L_0$ 的地方带坐标系内的坐标。

(3)计算控制网的地方带坐标(第 1 套地方坐标)。将地面观测值(包括边长)先投影至参考椭球面，再投影至所选中央子午线的高斯平面，然后进行平差计算。获得的坐标，高程

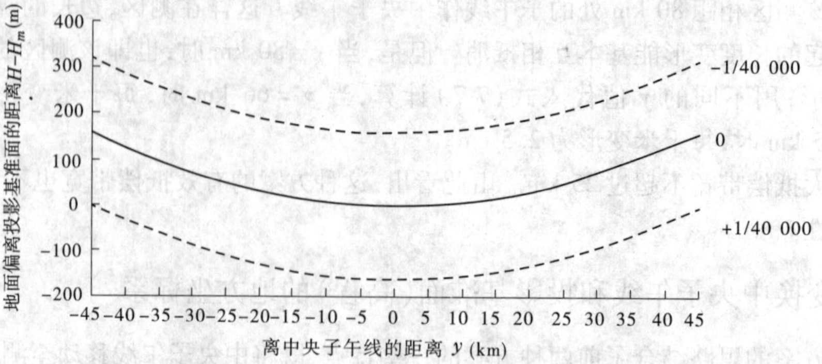


**图 7-4　中央子午线选在测区中央投影面为测区平均高程面时的有效抵偿带宽和允许高程变动图**

投影基准面仍为参考椭球面（或近似为大地水准面），而中央子午线则为地方中央子午线。可称做第 1 套地方坐标。这套坐标系的好处是，可通过坐标换带与国家标准坐标系统互算。这样，地方控制网与国家控制网就是联系紧密的统一系统。

（4）选高程投影面 $H_0$。高程投影面 $H_0$ 一般选比测区平均高程面 $H_m$ 稍低一点的面，应结合测区地形起伏分布综合考虑选取。$H_0$ 取至整 10 m。

（5）计算地方带平均高程面坐标（第 2 套地方坐标）。

①在测区内（最好在中心区）选择点 $P_0$ 作为控制网缩放的不动点。$P_0$ 点的坐标 $(x_0,y_0)$ 在控制网缩放前后保持不变。点 $P_0$ 可以是一个实有的控制点，也可以是一个人为取定的坐标点。

②计算控制网缩放比例 $k$

$$k = \frac{R + H_0}{R} \tag{7-14}$$

式中：$R$ 为当地椭球面平均曲率半径；$H_0$ 为所选高程投影面。

③计算各点第 2 套地方坐标

$$\begin{cases} x_{i2} = x_0 + (x_{i1} - x_0) \cdot k \\ y_{i2} = y_0 + (y_{i1} - y_0) \cdot k \end{cases} \tag{7-15}$$

这里的下标 1、2 分别代表第 1 套、第 2 套地方坐标。$i$ 代表除不动点 $P_0$ 以外的所有点，包括已知点。由以上两式计算出来的坐标即为中央子午线为地方中央子午线 $L_0$，高程投影面为 $H_0$ 的第 2 套地方坐标系。它适合于工程应用。

应当指出，在时下主要用卫星大地测量方法建立控制网，换带计算又十分方便的情况下，也可采用以下的步骤建立地方控制网：

（1）在国家标准 3°带内建立控制网，获得所有控制点的国家标准 3°带坐标。

（2）选择地方控制网的中央子午线 $L_0$，进行坐标换带。

（3）选择地方控制网的投影基准面 $H_0$，计算控制网缩放系数 $k$，将控制网缩放到所选基准面上。

【例 7-4】　某测区有 2 个已知点（坐标如表 7-3 所示），平面坐标采用北京 1954 坐标系统，高程为 1956 黄海高程系统，测区距离中央子午线 114°为 $-91 \sim -87$ km，测区平均正常高程约为 210 m，高程异常约为 38 m，两项投影变形的综合影响为 $\frac{1}{15\,500} \sim \frac{1}{18\,000}$，不能满足工程施工需要,现准备采用投影于抵偿高程面上的高斯正形投影任意带平面直角坐标系统。

表 7-3　某测区已知点的国家标准 3°带高斯平面直角坐标

| 点　名 | $X$ | $Y$ | $H_{常}$ |
|---|---|---|---|
| 1. 王庄西 | 3 816 697. 421 | 38 409 493. 713 | 295. 665 |
| 2. 狮子山 | 3 814 064. 576 | 38 412 975. 234 | 231. 905 |

计算步骤如下:

(1)选择合适的中央子午线。根据测区 1∶10 000 地形图,确定测区地方带坐标系统的中央子午线经度采用 113°。

(2)已知点换带计算。通过高斯反、正投影计算,将"王庄西"和"狮子山"两已知点从 114°中央子午线国家坐标换算至以 113°为中央子午线的地方坐标,结果如表 7-4 所示。

表 7-4　换带至 113°中央子午线的已知点高斯平面直角坐标

| 点　名 | $X$ | $Y$ | $H_{常}$ |
|---|---|---|---|
| 1. 王庄西 | 3 816 257. 086 | 501 365. 862 | 295. 665 |
| 2. 狮子山 | 3 813 659. 006 | 504 872. 877 | 231. 905 |

(3)计算控制网的地方带坐标(第 1 套地方坐标)。利用第(2)步中计算得到的以 113°为中央子午线的两已知点坐标作为已知数据,对平面控制网进行平差计算,获得平面控制网中各控制点的第 1 套地方坐标,如表 7-5 所示。

表 7-5　改变中央子午线所得到的控制网第 1 套地方坐标

| 点　名 | $X$ | $Y$ | $H_{常}$ |
|---|---|---|---|
| 1. 王庄西 | 3 816 257. 086 | 501 365. 862 | 295. 665 |
| 2. 狮子山 | 3 813 659. 006 | 504 872. 877 | 231. 905 |
| 3. 五羊碑 | 3 814 961. 956 | 500 908. 590 | 283. 302 |
| 4. 孤堆岗 | 3 812 810. 803 | 502 020. 178 | 193. 133 |
| 5. 薛家庄 | 3 815 594. 534 | 504 350. 101 | 252. 473 |
| 6. 五交公司 | 3 814 828. 401 | 502 686. 250 | 205. 696 |

(4)选高程投影基准面 $H_0$。测区平均正常高程约为 210 m。读者应当注意,这里的平均高程并不等于控制点高程平均值,因控制点常常在高处,因而控制点的高程平均值常常高于测区实际高程平均值。考虑测区高程异常约为 38 m,故我们选取大地高 $H_0$ = 240 m 的高程面作为投影基准面。

(5)计算地方带平均高程面坐标(第 2 套地方坐标)。因为点"五交公司"基本位于测区中央，故选择点"五交公司"作为控制网缩放的不动点 $P_0$。根据测区平均纬度 34°27′和选取的 $H_0$，计算得到当地椭球面的平均曲率半径 $R$ 和控制网缩放系数 $k$ 如下：

$$R = 6\ 370\ 307$$

$$k = \frac{R + H_0}{R} = \frac{6\ 370\ 307 + 240}{6\ 370\ 307} = 1.000\ 037\ 675$$

利用 $k$ 再根据式(7-15)计算出各控制点的第 2 套地方坐标，如表 7-6 所示。

**表 7-6　改变高程投影面所得到的控制网第 2 套地方坐标**

| 点　名 | $X$ | $Y$ | $H_{常}$ |
|---|---|---|---|
| 1. 王庄西 | 3 816 257.140 | 501 365.812 | 295.665 |
| 2. 狮子山 | 3 813 658.962 | 504 872.959 | 231.905 |
| 3. 五羊碑 | 3 814 961.961 | 500 908.523 | 283.302 |
| 4. 孤堆岗 | 3 812 810.727 | 502 020.153 | 193.133 |
| 5. 薛家庄 | 3 815 594.563 | 504 350.164 | 252.473 |
| 6. 五交公司 | 3 814 828.401 | 502 686.250 | 205.696 |

## 六、一种简单的假 3°带坐标系的做法

在实践中，人们喜欢一个地方坐标系既满足长度变形的要求，又与国家标准 3°带坐标在数值上和方位上偏差较小，因为这种地方坐标系里的信息内容（坐标、地形图等）与国家标准坐标系里的相应信息内容较为"相像"，有利于实践上的"比较和思维"。由于在数值上和方位上与标准 3°带接近，在本质上又不是标准 3°带的坐标，所以这种坐标系可称为"假 3°带坐标系"。要做这种坐标系可以先做前述的"变换中央子午线和投影基准面（高程）的地方坐标系"，再通过平移和旋转获得。不过这样做有些麻烦。这里再介绍一个更简单的假 3°带坐标系的做法。步骤如下：

(1) 计算控制网的国家标准 3°带坐标。采用国家标准 3°带控制点作已知点，用 GPS 测量方法或常规测量方法建立控制网，获得控制网的国家标准 3°带坐标。

(2) 选择坐标不动点 $P_0$。$P_0$ 应选在测区中部，其坐标记做 $x_0$、$y_0$。在控制网进行坐标变换后，此点坐标仍保持不变。一般可取一个整数坐标点，例如(3 885 000,91 000)。

计算控制网高斯投影长度变换计算因子

$$k_G = \frac{y_0}{2R^2} \tag{7-16}$$

式中，$R$ 为测区椭球平均曲率半径；$y_0$ 为去掉了 500 000 m 的 $y$ 坐标自然值。

应当提醒读者，这里的 $k_G$ 不是一个真正的长度变换比例系数，因为它的量纲是 $m^{-1}$，不是纯数。

(3) 选择投影基准面的高程 $H_0$。如果需要变换投影基准面，则要选择投影基准面的高程 $H_0$。$H_0$ 一般应选择得比测区平均高程 $H_m$ 稍低，取至整 10 m。选择时如能根据式(7-6)预估一下测区内长度变形可能较大的部位的变形大小，并综合考虑测区的地形起伏和控制网应用等因素来确定 $H_0$，则会达到更好的效果。

根据 $H_0$ 计算控制网高程投影长度变换系数

$$k_H = \frac{R + H_0}{R} \tag{7-17}$$

式中,$H_0$ 为控制网投影基准面高程。

(4)计算控制点的假 3°带坐标。

①正算公式($x,y \to X,Y$)。

$$\begin{cases} X = x_0 + (\Delta x - \Delta x \Delta y k_G)(1 - y k_G) k_H \\ Y = y_0 + (\Delta y + \Delta x \Delta x k_G)(1 - y k_G) k_H \end{cases} \tag{7-18}$$

式中 $(X,Y)$—— 假 3°带坐标(自然值);

$(x,y)$——标准 3°带坐标(自然值);

$(x_0,y_0)$——坐标不动点 $P_0$ 的坐标(自然值);

$$\Delta x = x - x_0$$

$$\Delta y = y - y_0$$

如果没有变换投影基准面,则有

$$\begin{cases} X = x_0 + (\Delta x - \Delta x \Delta y k_G)(1 - y k_G) \\ Y = y_0 + (\Delta y + \Delta x \Delta x k_G)(1 - y k_G) \end{cases} \tag{7-19}$$

②反算公式($X,Y \to x,y$)。

$$\begin{cases} x = x_0 + (\Delta X'' + \Delta X'' \Delta Y'' k_G)[1 + (y_0 + \Delta Y'') k_G] \\ y = y_0 + (\Delta Y'' - \Delta X'' \Delta X'' k_G)[1 + (y_0 + \Delta Y'') k_G] \end{cases} \tag{7-20}$$

式中 $\Delta X'' = (X - x_0)/k_H$

$\Delta Y'' = (Y - y_0)/k_H$

如果没有变换投影基准面,则有

$$\begin{cases} x = x_0 + (\Delta X + \Delta X \Delta Y k_G)(1 + Y k_G) \\ y = y_0 + (\Delta Y - \Delta X \Delta X k_G)(1 + Y k_G) \end{cases} \tag{7-21}$$

$$\Delta X = X - x_0$$

$$\Delta Y = Y - y_0$$

**【例 7-5】** 对例 7-4 中的控制网例做假 3°带坐标。

(1)计算控制网的国家标准 3°带坐标。

采用 GPS 测量方法在国家标准 3°带内建立了测区控制网。表 7-7 为测区控制网的国家标准 3°带自然坐标值。

**表 7-7 某测区控制网的国家标准 3°带自然坐标值**

| 点名 | $x$ | $y$ | $H_常$ |
|---|---|---|---|
| 1. 王庄西 | 3 816 697.421 | −90 506.287 | 295.665 |
| 2. 狮子山 | 3 814 064.576 | −87 024.766 | 231.905 |
| 3. 五羊碑 | 3 815 406.741 | −90 976.378 | 283.302 |
| 4. 孤堆坡 | 3 813 244.499 | −89 885.975 | 193.133 |
| 5. 薛家庄 | 3 816 005.354 | −87 528.448 | 252.473 |
| 6. 五交公司 | 3 815 255.620 | −89 199.946 | 205.696 |

(2)选择坐标不动点 $P_0$。

取 $x_0 = 3\ 815\ 000, y_0 = -89\ 000$,由于测区平均纬度约为 34°27′,计算得到当地椭球面的平均曲率半径 $R = 6\ 370\ 307$ m。

计算得控制网高斯投影长度变换计算因子

$$k_G = \frac{y_0}{2R^2} = \frac{-89\ 000}{2 \times 6\ 370\ 307^2} = -1.096\ 577\ 4 \times 10^{-9}$$

(3)选择投影基准面的高程 $H_0$。

由于测区平均正常高程约为 210 m。读者应当注意,这里的平均高程并不等于控制点高程平均值,因控制点常常在高处,因而控制点的高程平均值常常高于测区实际高程平均值。考虑测区高程异常约为 38 m,故我们选取大地高 $H_0 = 240$ m 的高程面作为投影基准面。计算得控制网高程投影长度变换系数

$$k_H = \frac{R + H_0}{R} = \frac{6\ 370\ 307 + 240}{6\ 370\ 307} = 1.000\ 037\ 675$$

(4)计算控制网点的假 3°带坐标。

根据式(7-18)计算得控制网点的假 3°带坐标见表 7-8。

表 7-8 某测区控制网的假 3°带坐标自然值

| 点名 | $X$ | $Y$ | $H_{常}$ |
|---|---|---|---|
| 1. 王庄西 | 3 816 697.314 | -90 506.197 | 295.665 |
| 2. 狮子山 | 3 814 064.628 | -87 024.881 | 231.905 |
| 3. 五羊碑 | 3 815 406.715 | -90 976.255 | 283.302 |
| 4. 孤堆坡 | 3 813 244.608 | -89 885.924 | 193.133 |
| 5. 薛家庄 | 3 816 005.297 | -87 528.535 | 252.473 |
| 6. 五交公司 | 3 815 255.605 | -89 199.934 | 205.696 |

比较表 7-7 和表 7-8,可知假 3°带坐标与真 3°带坐标在数值上相差不大,但假 3°带坐标长度变形小,已满足长度变形要求。

根据习惯,应将 $Y$ 坐标再加上 500 000 m 常数,得到如表 7-9 的假 3°带坐标值。

表 7-9 某测区控制网的假 3°带坐标(已加 500 000 m 常数)

| 点名 | $X$ | $Y$ | $H_{常}$ |
|---|---|---|---|
| 1. 王庄西 | 3 816 697.314 | 409 493.803 | 295.665 |
| 2. 狮子山 | 3 814 064.628 | 412 975.119 | 231.905 |
| 3. 五羊碑 | 3 815 406.715 | 409 023.745 | 283.302 |
| 4. 孤堆坡 | 3 813 244.608 | 410 114.076 | 193.133 |
| 5. 薛家庄 | 3 816 005.297 | 412 471.465 | 252.473 |
| 6. 五交公司 | 3 815 255.605 | 410 800.066 | 205.696 |

对表 7-6 和表 7-9,分别计算各点到 6 号点的边长和方位角,再互相比较,可知边长——

对应相等，方位角互差 2 037.05″。此方位角互差即为点 $P_0$(3 815 000，-89 000)处的子午线收敛角。如果说本例的互差不严格等于该点处的子午线收敛角，那是因为前面的坐标中央子午线为 113°，此处的坐标相当于中央子午线为 113°01′53.174 55″，不过，已经过了平移和旋转。

假 3°带坐标系相当于将中央子午线选为过 $P_0$ 点的子午线，控制网经高斯投影后，再平移旋转(有时还换投影基准面高程)获得的。这里讲的假 3°带坐标系及其做法有很多优点：

(1)开始做控制网时可不管今后做什么样的坐标系，只管按国家标准 3°带坐标系做就是了。现在主要用 GPS 方法建网，这一点使我们开始计算时很自由。

(2)整个控制网有全套国家标准 3°带坐标。

(3)地方坐标与国家标准坐标在数值上较接近，有利于控制点网资料及测区地图与国家标准资料和地图的相互比较和思维。

(4)可在带宽达 60～80 km 的范围内达到长度变形小于 1/40 000 的要求。

(5)不需要做坐标换带的工作，在标准 3°带坐标的基础上，一步计算成功，较为简单。

## 第三节　控制网坐标转换

2008 年 6 月 18 日，国家测绘局发布公告，经国务院批准，我国从 2008 年 7 月 1 日起，启用 2000 国家大地坐标系。2000 国家大地坐标系与现行国家大地坐标系的转换、衔接的过渡期为 8～10 年。现有各类测绘成果，在过渡期内可沿用现行国家大地坐标系；2008 年 7 月 1 日后新生产的各类测绘成果应采用 2000 国家大地坐标系。现有地理信息系统，在过渡期内应逐步转换到 2000 国家大地坐标系；2008 年 7 月 1 日后新建设的地理信息系统应采用 2000 国家大地坐标系。这一公告的发布，意味着大量的地方控制网要从原来的 1954 坐标系或 1980 坐标系转换到 2000 坐标系内。本节讲述控制网的坐标转换方法。

### 一、坐标转换的数学公式

#### (一)三维大地坐标七参数转换模型

$$\begin{bmatrix}\Delta L\\ \Delta B\\ \Delta H\end{bmatrix}=\begin{bmatrix}-\dfrac{\sin L}{(N+H)\cos B} & \dfrac{\cos L}{(N+H)\cos B} & 0\\ -\dfrac{\sin B\cos L}{(M+H)} & -\dfrac{\sin B\sin L}{(M+H)} & \dfrac{\cos B}{(M+H)}\\ \cos B\cos L & \cos B\sin L & \sin B\end{bmatrix}\begin{bmatrix}\Delta X\\ \Delta Y\\ \Delta Z\end{bmatrix}+$$

$$\begin{bmatrix}\dfrac{N(1-e^2)+H}{N+H}\tan B\cos L & \dfrac{N(1-e^2)+H}{N+H}\tan B\sin L & -1\\ -\dfrac{(N+H)-Ne^2\sin^2 B}{M+H}\sin L & \dfrac{(N+H)-Ne^2\sin^2 B}{M+H}\cos L & 0\\ -Ne^2\sin B\cos B\sin L & Ne^2\sin B\cos B\cos L & 0\end{bmatrix}\begin{bmatrix}\varepsilon_x\\ \varepsilon_y\\ \varepsilon_z\end{bmatrix}+$$

$$\begin{bmatrix}0\\ -\dfrac{N}{M}e^2\sin B\cos B\\ (N+H)-Ne^2\sin^2 B\end{bmatrix}m+$$

$$\begin{bmatrix}0 & 0\\ \dfrac{N}{Ma}e^2\sin B\cos B & \dfrac{(2-e^2\sin^2 B)}{1-f}\sin B\cos B\\ -\dfrac{N}{a}(1-e^2\sin^2 B) & \dfrac{M}{1-f}(1-e^2\sin^2 B)\sin^2 B\end{bmatrix}\begin{bmatrix}\Delta a\\ \Delta f\end{bmatrix} \tag{7-22}$$

式中　$\Delta B,\Delta L,\Delta H$——同一点位在两个坐标系下的纬度差、经度差、大地高差，经纬度差单位为 rad，大地高差单位为 m；

$f$——椭球的扁率，无量纲；

$\Delta a$——椭球长半轴差，m；

$\Delta f$——扁率差，无量纲；

$\Delta X,\Delta Y,\Delta Z$——平移参数，m；

$\varepsilon_x,\varepsilon_y,\varepsilon_z$——旋转参数，rad；

$m$——尺度参数，无量纲。

**（二）二维大地坐标七参数转换模型**

$$\begin{bmatrix}\Delta L\\ \Delta B\end{bmatrix}=\begin{bmatrix}-\dfrac{\sin L}{N\cos B} & \dfrac{\cos L}{N\cos B} & 0\\ -\dfrac{\sin B\cos L}{M} & -\dfrac{\sin B\sin L}{M} & \dfrac{\cos B}{M}\end{bmatrix}\begin{bmatrix}\Delta X\\ \Delta Y\\ \Delta Z\end{bmatrix}+$$

$$\begin{bmatrix}\tan B\cos L & \tan B\sin L & -1\\ -\sin L & \cos L & 0\end{bmatrix}\begin{bmatrix}\varepsilon_x\\ \varepsilon_y\\ \varepsilon_z\end{bmatrix}+\begin{bmatrix}0\\ -\dfrac{N}{M}e^2\sin B\cos B\end{bmatrix}m+$$

$$\begin{bmatrix}0 & 0\\ \dfrac{N}{Ma}e^2\sin B\cos B & \dfrac{(2-e^2\sin^2 B)}{1-f}\sin B\cos B\end{bmatrix}\begin{bmatrix}\Delta a\\ \Delta f\end{bmatrix} \tag{7-23}$$

式中　$\Delta B,\Delta L$——同一点位在两个坐标系下的纬度差、经度差，rad；

$\Delta a,\Delta f$——椭球长半轴差（单位 m）、扁率差（无量纲）；

$\Delta X,\Delta Y,\Delta Z$——平移参数，m；

$\varepsilon_x,\varepsilon_y,\varepsilon_z$——旋转参数，rad；

$m$——尺度参数（无量纲）。

**（三）综合法空间直角坐标七参数转换模型**

所谓综合法即就是在相似变换（Bursa 七参数转换）的基础上，再对空间直角坐标残差进行多项式拟合，系统误差通过多项式系数得到削弱，使统一后的坐标系框架点坐标具有较好的一致性，从而提高坐标转换精度。

综合法转换模型及转换方法如下。

1. 利用重合点先用相似变换转换

Bursa 七参数坐标转换模型

$$
\begin{bmatrix} X_T \\ Y_T \\ Z_T \end{bmatrix} = \begin{bmatrix} \Delta X \\ \Delta Y \\ \Delta Z \end{bmatrix} + \begin{bmatrix} 0 & -Z_S & Y_S \\ Z_S & 0 & -X_S \\ -Y_S & X_S & 0 \end{bmatrix} \begin{bmatrix} \varepsilon_X \\ \varepsilon_Y \\ \varepsilon_Z \end{bmatrix} + m \begin{bmatrix} X_S \\ Y_S \\ Z_S \end{bmatrix} + \begin{bmatrix} X_S \\ Y_S \\ Z_S \end{bmatrix} \tag{7-24}
$$

式中,3 个平移参数$[\Delta X \quad \Delta Y \quad \Delta Z]^{\mathrm{T}}$,3 个旋转参数$[\varepsilon_X \quad \varepsilon_Z \quad \varepsilon_Z]^{\mathrm{T}}$和 1 个尺度参数 $m$。

2. 对相似变换后的重合点残差 $V_X, V_Y, V_Z$ 采用多项式拟合

$$
V_X \text{ 或 } V_Y \text{ 或 } V_Z = \sum_{i=0}^{K}\sum_{j=0}^{i} a_{ij} B_S^{i-j} L_S^{j}
$$

式中 $B,L$——单位为 rad;

$K$——拟合阶数;

$a_{ij}$——系数,通过最小二乘求解。

**(四)二维平面直角坐标四参数转换模型**

属于两维坐标转换,对于三维坐标,需将坐标通过高斯投影变换得到平面坐标再计算转换参数。

平面直角坐标转换模型:

$$
\begin{bmatrix} x_2 \\ y_2 \end{bmatrix} = \begin{bmatrix} x_0 \\ y_0 \end{bmatrix} + (1+m) \begin{bmatrix} \cos\alpha & \sin\alpha \\ -\sin\alpha & \cos\alpha \end{bmatrix} \begin{bmatrix} x_1 \\ y_1 \end{bmatrix} \tag{7-25}
$$

其中,$x_1$、$y_1$ 为原坐标系下平面直角坐标,$x_2$、$y_2$ 为 2000 国家大地坐标系下的平面直角坐标,坐标单位为 m。$x_0$、$y_0$ 为平移参数,$m$ 为尺度参数,$\alpha$ 为旋转参数,其意义为旧坐标轴旋转至新坐标轴的角度,以坐标方位角增大的方向为正,反向为负。

顺便指出,这里是理论公式,我们还将在下节给出一种实用计算公式。

## 二、点位坐标转换方法

**(一)模型选择**

全国及省级范围的坐标转换选择三维七参数转换模型,省级以下的坐标转换可选择二维七参数模型或平面四参数模型。对于相对独立的平面坐标系统与 2000 国家大地坐标系的联系,可采用平面四参数模型或多项式回归模型。

**(二)重合点选取**

坐标重合点可采用在两个坐标系下均有坐标成果的点。但最终重合点还需根据所确定的转换参数计算重合点坐标残差,根据其残差值的大小来确定,若残差大于 3 倍中误差则剔除,重新计算坐标转换参数,直到满足精度要求为止;用于计算转换参数的重合点数量与转换区域的大小有关,但不得少于 5 个。

**(三)模型参数计算**

用所确定的重合点坐标,根据坐标转换模型利用最小二乘法计算模型参数。

**(四)精度评估与检核**

用上述模型进行坐标转换时必须满足相应的精度指标。

对于 1954 北京坐标系、1980 西安坐标系与 2000 国家大地坐标系转换分区转换及数据库转换点位的平均精度应小于图上的 0.1 mm。具体如下:

对于 1:5 000 坐标转换,1980 西安坐标系与 2000 国家大地坐标系转换分区转换平均精

度≤0.5 m;1954 北京坐标系与 2000 国家大地坐标系转换分区转换平均精度≤1.0 m;

1∶50 000 基础地理信息数据库坐标转换精度≤5.0 m;

1∶10 000 基础地理信息数据库坐标转换精度≤1.0 m;

1∶5 000 基础地理信息数据库坐标转换精度≤0.5 m。

依据计算坐标转换模型参数的重合点的残差中误差评估坐标转换精度。对于 $n$ 个点,坐标转换精度估计公式如下:

(1)$v$(残差)=重合点转换坐标-重合点已知坐标。

(2)空间直角坐标 $X$ 残差中误差 $m_X = \pm\sqrt{\frac{[vv]_X}{n-1}}$。

(3)空间直角坐标 $Y$ 残差中误差 $m_Y = \pm\sqrt{\frac{[vv]_Y}{n-1}}$。

(4)空间直角坐标 $Z$ 残差中误差 $m_Z = \pm\sqrt{\frac{[vv]_Z}{n-1}}$。

点位中误差 $M_P = \sqrt{M_X^2 + M_Y^2 + M_Z^2}$。

(5)平面坐标 $x$ 残差中误差 $m_x = \pm\sqrt{\frac{[vv]_x}{n-1}}$。

(6)平面坐标 $y$ 残差中误差 $m_y = \pm\sqrt{\frac{[vv]_y}{n-1}}$。

(7)大地高 $H$ 残差中误差 $m_H = \pm\sqrt{\frac{[vv]_H}{n-1}}$。

平面点位中误差为 $M_p = \sqrt{M_x^2 + M_y^2}$。

选择部分重合点作为外部检核点,不参与转换参数计算,用转换参数计算这些点的转换坐标与已知坐标进行比较进行外部检核。应选定至少 6 个均匀分布的重合点对坐标转换精度进行检核。

**(五)数据库中点位坐标转换模型参数计算的区域选取**

对于 1980 西安坐标系下的数据库,采用全国数据计算的一套模型参数可满足 1∶50 000 及 1∶250 000 比例尺数据库转换的精度要求;采用全国数据计算的 6 个分区的模型参数可满足 1∶10 000 比例尺数据库转换的精度要求。对于 1954 北京坐标系下的数据库的转换,采用全国数据计算的 6 个分区的模型参数可满足 1∶50 000 及 1∶250 000 比例尺数据库转换的精度要求;按(2°×3°)进行分区计算模型参数可满足 1∶10 000 比例尺数据库转换的精度要求。

## 三、独立平面坐标系统与 2000 国家大地坐标系建立联系的方法

**(一)相对独立的平面坐标系统控制点建立联系的方法**

可通过现行国家大地坐标系的平面坐标过渡,利用坐标转换方法将相对独立的平面坐标系统下控制点成果转换到 2000 国家大地坐标系下。

选取相对独立的平面坐标系统与 2000 国家大地坐标系的重合点的原则如下:择优选取地方控制网的起算点及高精度控制点、周围国家高精度的控制点,大中城市至少选取 5 个重

合点（城外 4 个，市内中心 1 个）；小城市在城市外围至少选取 4 个重合点，重合点要分布均匀，包围城市区域，并在城市内部选定至少 6 个均匀分布的重合点对坐标转换精度进行检核。

建立相对独立的平面坐标系统与 2000 国家大地坐标系联系时，坐标转换模型要同时适用于地方控制点转换和城市数字地图的转换。一般采用平面四参数转换模型，重合点较多时可采用多元逐步回归模型。当相对独立的平面坐标系统控制点和数字地图均为三维地心坐标时，采用 Bursa 七参数转换模型。坐标转换中误差应小于 0.05 m。

**（二）相对独立的平面坐标系统下数字地形图转换**

采用点对点转换法完成相对独立的平面坐标系统下数字地形图到 2000 国家大地坐标系的转换，转换后相邻图幅不存在接边问题。具体步骤如下：

利用控制点的转换模型和参数，对相对独立的平面坐标系统下数字地形图进行转换，形成 2000 国家大地坐标系地形图。

根据转换后的图幅四个图廓点在 2000 国家大地坐标系下的坐标，重新划分公里格网线，原公里格网线删除。

根据 2000 国家大地坐标系下的图廓坐标，对每幅图进行裁剪和补充。

## 第四节　平面控制网四参数坐标转换的实用做法

平面直角坐标四参数转换模型是中小城市和一般工程测量控制网坐标转换最常用的模型。下面介绍这种模型坐标转换的具体做法。

### 一、转换参数的计算

在下面的公式推导中，用到以下一些符号，先在此加以说明：

$n$——参与参数计算的重合点数，重合点是指既有旧坐标，又有新坐标的点；

$x,y$——旧坐标；

$x_0,y_0$——重合点旧坐标中心，有

$$x_0 = [x]/n$$
$$y_0 = [y]/n$$

这里的"[　]"表示对括着的表达式从 1 到 $n$ 取总和，下同。

$X,Y$——新坐标；

$X_0,Y_0$——纵横坐标平移参数，同时也是重合点新坐标中心，有

$$X_0 = [X]/n$$
$$Y_0 = [Y]/n$$

$\varepsilon$——旧坐标轴旋转至新坐标轴的角度，以坐标方位角增大的方向为正，反向为负。此定义是为了与一般的思维相一致。

$k$——新坐标系与旧坐标系的尺度比。其他文献一般表达为 $1+m$，并称 $m$ 为尺度参数，即有 $k=1+m$。

坐标转换的原始矩阵公式写做

$$\begin{bmatrix} X \\ Y \end{bmatrix} = \begin{bmatrix} X'_0 \\ Y'_0 \end{bmatrix} + k\begin{bmatrix} \cos\varepsilon & \sin\varepsilon \\ -\sin\varepsilon & \cos\varepsilon \end{bmatrix}\begin{bmatrix} x \\ y \end{bmatrix} \tag{7-26}$$

式中 $X'_0$、$Y'_0$ 为原始纵横坐标平移参数。将上式改写为

$$\begin{bmatrix} X \\ Y \end{bmatrix} = \begin{bmatrix} X'_0 \\ Y'_0 \end{bmatrix} + k\begin{bmatrix} \cos\varepsilon & \sin\varepsilon \\ -\sin\varepsilon & \cos\varepsilon \end{bmatrix}\begin{bmatrix} x - x_0 + x_0 \\ y - y_0 + y_0 \end{bmatrix}$$

$$\begin{bmatrix} X \\ Y \end{bmatrix} = \begin{bmatrix} X'_0 \\ Y'_0 \end{bmatrix} + k\begin{bmatrix} \cos\varepsilon & \sin\varepsilon \\ -\sin\varepsilon & \cos\varepsilon \end{bmatrix}\begin{bmatrix} x_0 \\ y_0 \end{bmatrix} + k\begin{bmatrix} \cos\varepsilon & \sin\varepsilon \\ -\sin\varepsilon & \cos\varepsilon \end{bmatrix}\begin{bmatrix} x - x_0 \\ y - y_0 \end{bmatrix} \tag{7-27}$$

式中 $x_0$、$y_0$ 为重合点旧坐标中值。对于一个具体的坐标变换问题,尺度比例系数 $k$ 和旋转参数 $\varepsilon$ 是一个确定的数,因而式(7-27)右边前两项之和也是一个常量,令

$$\begin{bmatrix} X_0 \\ Y_0 \end{bmatrix} = \begin{bmatrix} X'_0 \\ Y'_0 \end{bmatrix} + k\begin{bmatrix} \cos\varepsilon & \sin\varepsilon \\ -\sin\varepsilon & \cos\varepsilon \end{bmatrix}\begin{bmatrix} x_0 \\ y_0 \end{bmatrix}$$

$$\begin{bmatrix} \Delta x \\ \Delta y \end{bmatrix} = \begin{bmatrix} x - x_0 \\ y - y_0 \end{bmatrix} \tag{7-28}$$

稍后我们会证明:$X_0$、$Y_0$刚好是重合点新坐标中值。这样,式(7-27)变为

$$\begin{bmatrix} X \\ Y \end{bmatrix} = \begin{bmatrix} X_0 \\ Y_0 \end{bmatrix} + k\begin{bmatrix} \cos\varepsilon & \sin\varepsilon \\ -\sin\varepsilon & \cos\varepsilon \end{bmatrix}\begin{bmatrix} \Delta x \\ \Delta y \end{bmatrix} \tag{7-29}$$

将式(7-29)写成

$$\begin{cases} X = X_0 + k\cos\varepsilon\Delta x + k\sin\varepsilon\Delta y \\ Y = Y_0 + k\cos\varepsilon\Delta y - k\sin\varepsilon\Delta x \end{cases} \tag{7-30}$$

令

$$\begin{aligned} a &= k\cos\varepsilon \\ b &= k\sin\varepsilon \end{aligned} \tag{7-31}$$

则上式变为

$$\begin{cases} X = X_0 + a\Delta x + b\Delta y \\ Y = Y_0 + a\Delta y - b\Delta x \end{cases} \tag{7-32}$$

这里的 $X_0$、$Y_0$、$a$、$b$ 是 4 个待定参数,当 $a$、$b$ 确定之后,有

$$\begin{aligned} k &= \sqrt{a^2 + b^2} \\ \varepsilon &= \arctan\frac{b}{a} \end{aligned} \tag{7-33}$$

设选中了 $n$ 个新旧坐标重合点,可据式(7-32)列出 $2n$ 个方程

$$\begin{cases} X_1 = X_0 + a\Delta x_1 + b\Delta y_1 \\ Y_1 = Y_0 + a\Delta y_1 - b\Delta x_1 \\ \vdots \\ X_n = X_0 + a\Delta x_n + b\Delta y_n \\ Y_n = Y_0 + a\Delta y_n - b\Delta x_n \end{cases} \tag{7-34}$$

上式有 4 个未知数,当 $n > 2$ 时,方程个数大于 4,因控制网的新旧坐标都是有误差的,一般旧坐标误差更大,上式是矛盾方程。我们只能采用最小二乘法求解上式中的参数。将

上式改成

$$\begin{cases} V_{X1} = X_0 + a\Delta x_1 + b\Delta y_1 - X_1 \\ V_{Y1} = Y_0 + a\Delta y_1 - b\Delta x_1 - Y_1 \\ \quad \vdots \\ V_{Xn} = X_0 + a\Delta x_n + b\Delta y_n - X_n \\ V_{Yn} = Y_0 + a\Delta y_n - b\Delta x_n - Y_n \end{cases} \tag{7-35}$$

由上式组成法方程：

$$\begin{bmatrix} n & 0 & [\Delta x] & [\Delta y] \\ 0 & n & [\Delta y] & -[\Delta x] \\ [\Delta x] & [\Delta y] & [(\Delta x)^2 + (\Delta y)^2] & 0 \\ [\Delta y] & -[\Delta x] & 0 & [(\Delta x)^2 + (\Delta y)^2] \end{bmatrix} \begin{bmatrix} X_0 \\ Y_0 \\ a \\ b \end{bmatrix} = \begin{bmatrix} [X] \\ [Y] \\ [X\Delta x + Y\Delta y] \\ [X\Delta y - Y\Delta x] \end{bmatrix} \tag{7-36}$$

式中

$$[\Delta x] = [x - x_0] = [x] - nx_0 = 0$$
$$[\Delta y] = [y - y_0] = [y] - ny_0 = 0$$

则式(7-36)变为

$$\begin{bmatrix} n & 0 & 0 & 0 \\ 0 & n & 0 & 0 \\ 0 & 0 & [(\Delta x)^2 + (\Delta y)^2] & 0 \\ 0 & 0 & 0 & [(\Delta x)^2 + (\Delta y)^2] \end{bmatrix} \begin{bmatrix} X_0 \\ Y_0 \\ a \\ b \end{bmatrix} = \begin{bmatrix} [X] \\ [Y] \\ [X\Delta x + Y\Delta y] \\ [X\Delta y - Y\Delta x] \end{bmatrix} \tag{7-37}$$

令

$$D = [(\Delta x)^2 + (\Delta y)^2] \tag{7-38}$$

解得

$$\begin{cases} X_0 = [X]/n \\ Y_0 = [Y]/n \\ a = \dfrac{[X\Delta x + Y\Delta y]}{D} \\ b = \dfrac{[X\Delta y - Y\Delta x]}{D} \end{cases} \tag{7-39}$$

这里的“[　]”表示对括着的表达式从 1 到 $n$ 取总和，$n$ 为参与参数计算的新旧坐标重合点数。

如果需要知道尺度比 $k$ 和旋转参数 $\varepsilon$，可按式(7-33)计算。

这里再将最后的实用公式写出如下：

$$\begin{cases} X = X_0 + a(x - x_0) + b(y - y_0) \\ Y = Y_0 + a(y - y_0) - b(x - x_0) \end{cases} \tag{7-40}$$

式中 $X_0, Y_0$——参与参数计算的重合点新坐标平均值；

$x_0, y_0$——参与参数计算的重合点旧坐标平均值。

## 二、精度评定

### （一）转换系数精度评定

$$\sigma_0 = \pm \sqrt{\frac{[VV]}{2n-4}} \tag{7-41}$$

$$m_{X_0} = m_{Y_0} = \frac{\sigma_0}{\sqrt{n}} \tag{7-42}$$

$$m_a = m_b = \frac{\sigma_0}{\sqrt{D}} \tag{7-43}$$

### （二）重合点转换坐标精度

$$m_X = m_Y = \sqrt{\frac{1}{n} + \frac{(\Delta x)^2 + (\Delta y)^2}{D}} \cdot \sigma_0 \tag{7-44}$$

$$m_p = \sqrt{m_X^2 + m_Y^2} \tag{7-45}$$

## 三、关于重合点的选择和剔除

进行控制网的坐标转换时的新旧网坐标重合点的选择原则和规定在上节已经讲述。

在现实情况下，一般“新网”是用卫星大地测量方法获得的国家大地网，而“旧网”多是传统控制网或地方以及工程单位所做的控制网。因而一般认为新网精度高，旧网精度低。按这种理解，可以把转换参数计算中的残差 $V$ 看做是由旧坐标的误差造成的。如果参与转换计算的某重合点的坐标残差 $V$ 大于 3 倍中误差则应剔除该点，再选择另一点重新进行转换参数的计算。

当转换参数计算出后，还要用分布均匀的另外 6 个新旧坐标重合点对坐标转换精度进行检核。如果检核不合，应分析研究，确定处理方案再做。

## 四、残差配赋

对于所有重合点来说，不管它是否参与转换参数的计算，我们直接采用其在新网中的坐标。这相当于将旧坐标用参数进行坐标转换后又加了一个改正数。可以想见，用所获得的转换参数对旧网的非重合点进行坐标转换也应该有其相应的“改正数”。可是到哪里去找这一改正数呢？

这一问题的解决要看具体情况。当所有重合点（包括参与参数计算的重合点和未参与参数计算而当做检核点的重合点）的转换残差都较小时，可不考虑给旧网的非重合点寻找改正数。

当我们根据实际情况，觉得需要给非重合点加坐标转换改正数时，可通过内插法计算改正数。非重合点 $i$ 的改正数可采用以下的加权插值计算式计算：

$$V_{iX} = \frac{[PV_X]}{[P]}, \quad V_{iY} = \frac{[PV_Y]}{[P]} \tag{7-46}$$

式中 $V_X, V_Y$——重合点的改正数，遍取与 $i$ 点相邻的重合点。

式中的权 $P$ 有以下两种取法：

（1）权与距离的 1.5 次方成反比

$$P = \frac{1}{D_{ij}^{1.5}} \tag{7-47}$$

式中　$D_{ij}$——非重合点 $i$ 至所取各重合点 $j$ 的距离。

(2)考虑重合点的几何分布定权

$$P = \frac{\beta_{左} + \beta_{右}}{D_{ij}^{1.5}} \tag{7-48}$$

式中,$\beta_{左}$ 与 $\beta_{右}$ 分别为 $D_{ij}$边两边的角度。如图 7-5 所示,8 号点为需要内插的点,计算时取用的重合点为 1、4、5、7 点,与 $D_{8,1}$ 相应的 $\beta_{左}$ 与 $\beta_{右}$ 分别为∠187 与∠184。实践证明,这种定权法插值效果相对较好。

## 五、算例

某控制网如图 7-5 所示,有新旧坐标重合点 7 个。其中 1 ~ 5 点参与参数计算,6、7 点作检验点。另有 8、9 两点作非重合点坐标转换计算例。

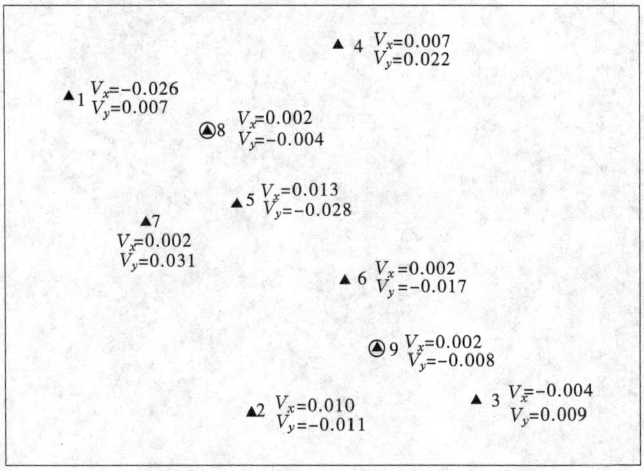


**图 7-5　某控制网坐标转换**

### (一)转换公式参数计算

参数计算见表 7-10。

由表中计算得到的实用转换公式为

$$\begin{cases} X = 48\ 296.819\ 6 + 0.999\ 955\ 837(x - x_0) + 0.000\ 013\ 431(y - y_0) \\ Y = 67\ 144.820\ 4 + 0.999\ 955\ 837(y - y_0) - 0.000\ 013\ 431(x - x_0) \end{cases}$$

新旧坐标长度比:$k = \sqrt{a^2 + b^2} = 0.999\ 955\ 837$

旧网旋转角:$\varepsilon = \arctan \frac{b}{a} = +2.770\ 5''$

### (二)精度评定

$$\sigma_0 = \pm \sqrt{\frac{[VV]}{2n - 4}} = \pm \sqrt{\frac{0.002\ 490}{10 - 4}} = \pm 0.020\ 4(\text{m})$$

$$m_{X_0} = m_{Y_0} = \frac{\sigma_0}{\sqrt{n}} = \pm \frac{0.020\ 4}{\sqrt{5}} = \pm 0.009(\text{m})$$

$$m_a = m_b = \frac{\sigma_0}{\sqrt{D}} = \pm \frac{0.020\ 4}{\sqrt{1\ 250\ 005\ 315}} = 5.8 \times 10^{-7}$$

重合点转换坐标精度见表 7-10 最右一栏。

**(三)检验**

见表 7-11。6、7 号点也是重合点,未参加转换参数计算,而作为检验点。

**(四)非重合点坐标转换计算**

见表 7-11。8、9 号点为非重合点转换计算例。表中“转换值 $X$”和“转换值 $Y$”为根据转换公式计算的直接转换值,“$X$ 新”、“$Y$ 新”为加过改正数后的采用值。

重合点的改正数由已知值减去转换值获得。非重合点的转换改正数是用加权内插法获得的。采用的是考虑采样点几何分布的式(7-48)定权,其中:

8 号点内插计算改正数时,取用了 1、4、5、7 号重合点的改正数。9 号点内插计算改正数时,取用了 2、3、6 号重合点的改正数。

**表 7-10　控制网坐标转换 4 参数计算**

| | X 新 | Y 新 | $x_{旧}$ | $y_{旧}$ | $\Delta x$ | $\Delta y$ | $\Delta x\Delta x$ | $\Delta y\Delta y$ | $m_p$ |
|---|---|---|---|---|---|---|---|---|---|
| 1 | 58 626. 981 | 50 448. 615 | 58 629. 533 | 50 563. 615 | 10 330. 868 | -16 696. 811 | 106 726 825 | 278 783 511 | 0. 020 6 |
| 2 | 34 374. 138 | 65 950. 481 | 34 375. 375 | 66 065. 858 | -13 923. 290 | -1 194. 568 | 193 858 016 | 1 426 994 | 0. 017 2 |
| 3 | 35 155. 766 | 83 006. 881 | 35 156. 822 | 83 123. 002 | -13 141. 843 | 15 862. 576 | 172 708 048 | 251 621 305 | 0. 021 2 |
| 4 | 62 547. 849 | 72 254. 633 | 62 550. 249 | 72 370. 634 | 14 251. 584 | 5 110. 208 | 203 107 635 | 26 114 222 | 0. 017 9 |
| 5 | 50 779. 364 | 64 063. 492 | 50 781. 348 | 64 179. 023 | 2 482. 683 | -3 081. 403 | 6 163 713 | 9 495 047 | 0. 013 3 |
| Σ | 241 484. 098 | 335 724. 102 | 241 493. 327 | 336 302. 132 | 0. 000 | 0. 000 | 682 564 237 | 567 441 078 | |
| 中值 | 48 296. 819 6 | 67 144. 820 4 | 48 298. 665 4 | 67 260. 426 4 | | | | | |
| | $X\Delta x$ | $Y\Delta y$ | $X\Delta y$ | $Y\Delta x$ | 转换值 X | 转换值 Y | $V_x$ | $V_y$ | |
| 1 | 605 667 578 | -842 331 010 | -978 883 645 | 521 177 962 | 58 627. 007 | 50 448. 608 | -0. 026 | 0. 007 | |
| 2 | -478 601 106 | -78 782 361 | -41 062 259 | -918 247 699 | 34 374. 128 | 65 950. 492 | 0. 010 | -0. 011 | |
| 3 | -462 011 571 | 1 316 702 925 | 557 660 996 | -1 090 863 431 | 35 155. 770 | 83 006. 872 | -0. 004 | 0. 009 | |
| 4 | 891 405 899 | 369 236 175 | 319 632 493 | 1 029 742 943 | 62 547. 842 | 72 254. 611 | 0. 007 | 0. 022 | |
| 5 | 126 069 043 | -197 405 462 | -156 471 705 | 159 049 317 | 50 779. 351 | 64 063. 520 | 0. 013 | -0. 028 | |
| Σ | 682 529 844 | 567 420 267 | -299 124 119 | -299 140 908 | | | | | |

$D = 1\ 250\ 005\ 315$　　$a = 0.999\ 955\ 837$　　$b = 0.000\ 013\ 431$　　$k = 0.999\ 955\ 837$

$X_0 = 48\ 296.819\ 6$　　$Y_0 = 67\ 144.820\ 4$　　$\varepsilon = 2.770\ 517\ 303$

**表 7-11　控制网坐标转换检验和非重合点坐标转换计算**

| | $x_{旧}$ | $y_{旧}$ | $\Delta x$ | $\Delta y$ | 转换值 X | 转换值 Y | $V_x$ | $V_y$ | 采用值 X | 采用值 Y |
|---|---|---|---|---|---|---|---|---|---|---|
| 检核点 6 | 44 230. 482 | 72 813. 568 | -4 066. 338 | 5 668. 748 | 44 230. 738 | 72 813. 372 | 0. 002 | -0. 017 | 44 230. 740 | 72 813. 355 |
| 检核点 7 | 48 453. 099 | 56 463. 726 | 156. 279 | -10 681. 094 | 48 452. 949 | 56 464. 196 | 0. 002 | 0. 031 | 48 452. 951 | 56 464. 227 |
| 转换点 8 | 56 035. 265 | 61 854. 127 | 7 738. 445 | -5 290. 693 | 56 034. 852 | 61 854. 257 | 0. 002 | 0. 004 | 56 034. 854 | 61 854. 261 |
| 转换点 9 | 39 210. 568 | 75 303. 763 | -9 086. 252 | 8 158. 943 | 39 211. 079 | 75 303. 525 | 0. 002 | -0. 008 | 39 211. 081 | 75 303. 517 |

# 第八章　水准测量

在第一章中已经指出,控制网包括平面控制网和高程控制网两部分。有关平面控制网的问题,已在前面几章中讨论过,本章将讨论有关高程控制网的建立问题。建立高程控制网的目的,是为测制地形图和为工程建设提供必要的高程控制基础,并为地壳垂直运动和平均海水面变化等科学技术问题的研究提供精确的高程资料。建立高程控制网的基本方法大致有两种:水准测量和三角高程测量。即用水准测量方法,按《国家一、二等水准测量规范》和《国家三、四等水准测量规范》(以下统一简称《水准规范》)的技术要求建立的国家高程控制网称为国家水准网,它是高程控制的基础。为了给地形测量提供全面的高程控制,还要在国家水准网的基础上,用三角高程测量的方法测量出平面控制点的高程。

## 第一节　高程基准面和高程系统

建立统一的国家高程控制网,首先要选择高程系统和建立水准原点。选择高程系统,就是确定表示地面点高程的统一基准面。不同的高程基准面,有不同的高程系统。比较重要的高程系统有大地高系统、正高系统和正常高系统。建立水准原点,就是确定国家高程控制网中用来传算高程的统一起始点。

### 一、大地高系统

以参考椭球面为高程基准面的高程系统,称为大地高系统。这个系统的高程,是地面点沿法线方向到参考椭球面的距离,称为大地高。如图 8-1 中的 $AO'$,是地面点 $A$ 的大地高。

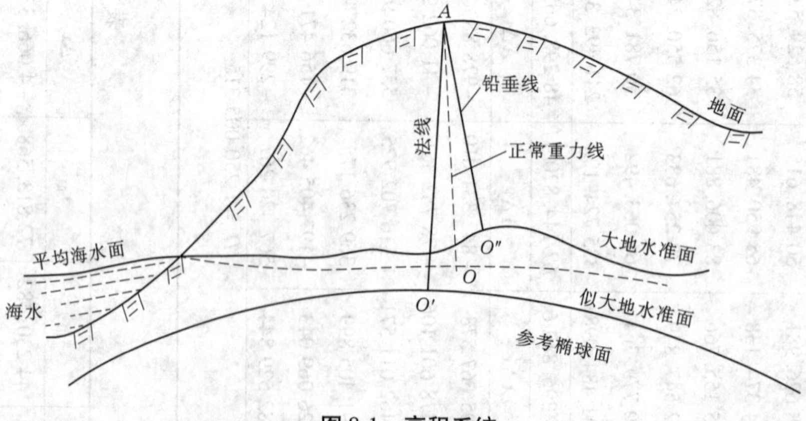


图 8-1　高程系统

大地高系统的高程,因为基准面为参考椭球面,基准线为法线,因而是在空间几何意义上最规范的高程。现在广泛采用的卫星定位测量所获得的高程就是大地高高程。因为人们在思维上和实用上需要从海平面上起算的高程,即所谓“海拔高”,而椭球面不是代表海平面的大地水准面，大地高也就不是海拔高，因而大地不能作为实用高程系统。

## 二、正高系统

以大地水准面为高程基准面的高程系统，称为正高系统。这个系统的高程，是地面点沿铅垂线方向到大地水准面的距离，称为正高。如图 8-1 中，$AO''$是点 $A$ 的正高 $H_{正}$，这个系统的高差，是两地面点间正高之差，称为正高差。由图 8-1 可以看出，大地水准面将大地高分为两部分，即正高($H_{正}$)和大地水准面至参考椭球面的距离——大地水准面差距 $N$。地面上任意一点的正高只有一个，是唯一确定的。问题是能不能用地面上测得的水准高差计算出正高。下面我们说明正高与水准高差的关系式。

如图 8-2 所示，$g_i$ 表示放置标尺处的重力值，以 $g'_i$ 表示沿 $O'A$ 线在相应水准面上的重力值。

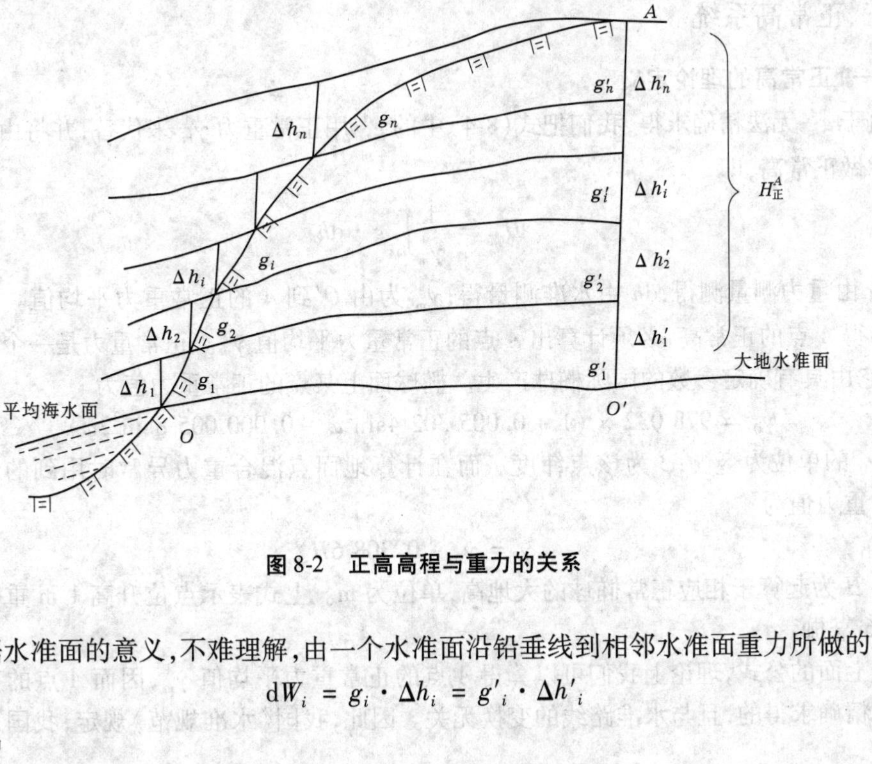


**图 8-2　正高高程与重力的关系**

根据水准面的意义，不难理解，由一个水准面沿铅垂线到相邻水准面重力所做的功为

$$dW_i = g_i \cdot \Delta h_i = g'_i \cdot \Delta h'_i \tag{8-1}$$

可以写出

$$\begin{cases} g_1 \cdot \Delta h_1 = g'_1 \cdot \Delta h'_1 \\ g_2 \cdot \Delta h_2 = g'_2 \cdot \Delta h'_2 \\ \vdots \\ g_n \cdot \Delta h_n = g'_n \cdot \Delta h'_n \end{cases} \tag{8-2}$$

取总和为

$$\sum_{OA} g_i \cdot \Delta h_i = \sum_{O'A} g_i' \cdot \Delta h'_i \tag{8-3}$$

式中的 $\Delta h_1$ 或 $\Delta h'_1$ 均为微小高差。上式的和数可用积分代替之，即

$$\int_{OA} g \cdot dh = \int_{O'A} g' \cdot dh'$$

图 8-2 中 $O'$是过 $A$ 点的铅垂线与大地水准面的交点。

如果取铅垂线 $AO'$上各点的重力 $g'_i$ 的平均值为 $g_m^A$,则上式可写为

$$\begin{cases} g_m^A \int_{O'A} \mathrm{d}h' = \int_{OA} g\mathrm{d}h \\ H_{正}^A = \int_{O'A} \mathrm{d}h' = \dfrac{1}{g_m^A}\int_{OA} g\mathrm{d}h \end{cases} \tag{8-4}$$

这就是地面点正高 $H_{正}^A$ 与地面水准高差 $\mathrm{d}h$ 的关系式。由此关系式可知,要求得地面点 $A$ 的正高,除要进行水准测量外,还必须知道沿水准路线的重力值 $g$,以及地面点 $A$ 沿铅垂线 $AO'$上各点重力值 $g'$的平均值 $g_m^A$。由于 $g_m^A$ 既不能实测,也不能精确推算出来,因此严格地说,地面上一点的正高是不可能精密求得的。换句话说,在陆地上无法精确测定出大地水准面的形状。

## 三、正常高系统

### (一)正常高的理论定义

由于 $g_m^A$ 无法精确求得,我们把式(8-4)中的 $g_m^A$ 用正常重力 $\gamma_m^A$ 来代替,并将由此算出的高程称做正常高,即

$$H_{常}^A = \frac{1}{\gamma_m^A}\int_{OA} g \cdot \mathrm{d}h \tag{8-5}$$

式中:$g$ 由重力测量测得;$\mathrm{d}h$ 由水准测量得;$\gamma_m^A$ 为由 $O'$到 $A$ 的正常重力平均值。上式说明为了求得 $A$ 点的正常高,必须计算出 $A$ 点的正常重力平均值 $\gamma_m^A$。正常重力是一个假定的重力值,它由具有确定参数的国际椭球产生。椭球面上某点的正常重力值为

$$\gamma_0 = 978\ 032 \times (1 + 0.005\ 302\ 4\sin^2\varphi - 0.000\ 005\ 8\sin^2 2\varphi) \tag{8-6}$$

式中:$\gamma_0$ 的单位为毫伽;$\varphi$ 为该点纬度。而在计算地面点混合重力异常时用到的地面点相应正常重力值为

$$\gamma = \gamma_0 - 0.308\ 6H \tag{8-7}$$

这里的 $H$ 为起算于相应正常椭球的大地高,单位为 m。上式表示点位升高 1 m 重力值减小 0. 308 6 毫伽。

由上面的公式,理论上我们可以算得 $A$ 点的正常重力平均值 $\gamma_m^A$,因而 $A$ 点的正常高值是可以精确求得的,且与水准路线的变换无关。因此,我国《水准规范》规定,我国采用正常高系统。

### (二)似大地水准面

由于 $\gamma_m^A$ 一般不等于 $g_m^A$,所以正常高在数值上不等于正高。这样,从地面点 $A$ 沿正常重力线往下量取 $H_{常}^A$ 到达的也就不是大地水准面。我们把地面各点向下量取该点的正常高而获得的点组成的连续曲面称做似大地水准面。这样,我们可以说正常高的起算面是似大地水准面。似大地水准面是一个计算辅助面。它不是大地水准面,但与大地水准面十分接近。在海洋上,似大地水准面与大地水准面重合,在沿海低平原地区,两者相差甚微。在高山地区也只相差几米的数量级。

### (三)由水准观测高差求得点的正常高

实用上,某点的正常高并不用定义式(8-5)计算,而可由水准高差加上一些改正数求得。

如,已知 $A$ 点的正常高 $H_{常}^{A}$,由 $A$ 到 $B$ 进行了水准观测,则有

$$H_{常}^{B} = H_{常}^{A} + h_{AB测} + \varepsilon + \lambda \tag{8-8}$$

式中 $h_{AB测}$——水准观测高差;

$\varepsilon$——正常水准面不平行改正;

$\lambda$——重力异常改正。

正常水准面不平行改正 $\varepsilon$ 仅随纬度和高程变,可以通过计算求得。重力异常改正 $\lambda$,须利用实测重力值求得。根据我国目前的重力资料,已有条件进行此项计算。经过上述两项改正后的高差,推算出的高程即是正常高。

## 四、力高高程

由上述正高和正常高的特性可知,同一水准面上各点的正高或正常高高程值可能不同。对于大规模的水利工程来说,使用很不方便。为使同一水准面上各点有相同的高程值,可以采用力高高程。力高用下式计算

$$H_{力} = \frac{1}{\gamma_{\varphi_0}}\int_{OB} g \cdot \mathrm{d}h \tag{8-9}$$

式中:$\gamma_{\varphi_0}$是经适当选择的某一纬度($\varphi_0$)处(例如采用45°或某一地区的平均纬度)的正常重力值。地面点的力高定义为:通过该点的水准面上纬度 $\varphi_0$ 处的正常高,即同水准面上各点的力高都等于该水准面上纬度 $\varphi_0$ 处的正常高。力高一般不作为国家高程系统,只用于解决局部地区有关水利建设的问题。

## 五、高程基准面及国家水准原点

为了建立全国统一的高程控制网,必须确定一个统一的高程基准面,用它作为表示地面点高程的统一起算面。高程基准面应当是明显的、比较稳定的、与地球自然表面接近的表面,而且能够测定出其实际位置。如前所述,正高系统和正常高系统的基准面分别是大地水准面和似大地水准面,这两个基准面在海洋上均与平均海水面一致。因此,可以用平均海水面作为高程基准面——高程起算面。

确定平均海水面的方法是,在沿海港湾建立验潮站,通过验潮测定出海水面位置,经过成年累月的验潮,取其平均值,即得到该地区的平均海水面的实地位置。我国以青岛验潮站1950~1956 年共 7 年的验潮资料推求的平均海水面,即是“1956 年黄海平均海水面”,并以此作为我国的高程起算基准面,该高程基准面使用至 1987 年。

为了明显而稳固地表示高程起算面的位置,还须建立一个与平均海水面相联系的水准点,以此作为推算国家高程控制网高程的起算点,这个水准点就叫水准原点。我国的水准原点设在青岛市观象山上。为了测定出青岛水准原点对 1956 年黄海平均海水面的高程,总参测绘局于 1956 年在青岛建立了水准原点网(由一个原点、两个附点、三个参考点组成的中点多边形网)。经 1957 年严密平差推算出青岛水准点的高程为 72.289 m,名为 1956 年黄海高程系统。

1987 年国家测绘局发出通告,宣布废止上述 1956 年高程基准,启用 1985 年国家高程基准。1985 年国家高程基准是采用青岛验潮站 1952~1979 年验潮资料计算确定的。依此推算的青岛国家水准原点高程值确定为高出该基准 72.260 m。

我国在新中国成立前直到1959年9月4日国务院批准试行《中华人民共和国大地测量法式(草案)》中规定的1956年黄海高程系统和青岛水准原点高程值(72.289 m)为止,曾采用过多个高程基准面和水准原点,高程比较混乱。因此,今后在使用旧高程控制点成果时,必须注意它的高程起算面和相应的水准原点,并将其化算为统一的高程系统。

## 第二节 水准网的布设

### 一、国家水准网的布设方案及其精度

国家水准网的布设原则与平面控制网布设原则类似,也是由高级到低级,从整体到局部分成四级,逐级控制,逐级加密。而且,各级水准路线都要自身构成闭合环或闭合于高一级水准路线上,以控制系统误差的积累和便于低一级水准路线的加密。

国家水准测量的任务有二:一是在全国领土上建立统一的高程控制网,为测制地形图和工程建设提供必要的高程控制基础;二是为研究地壳垂直运动,平均海水面变化等科学技术问题提供精确的高程资料。为了实现这两项任务,在布设国家水准网时,必须使水准网具有足够的精度和密度。从精度方面说,一要国家水准点的精度能有效地控制地形控制点的高程精度;二要保证科学研究对水准测量提出的更高精度要求。但是,对水准测量精度的拟定,既要考虑实际需要,又要考虑可能的技术条件。由此出发,根据我国已完成的大量水准测量资料的精度分析,现行《水准规范》对各级水准测量的基本精度指标的规定见表8-1。

表8-1 各级水准测量的基本精度指标规定 (单位:mm)

| 项目 | 等级 | | | |
|---|---|---|---|---|
| | 一 | 二 | 三 | 四 |
| 每公里高差中数的偶然中误差 $M_\Delta$ 限值 | ≤0.45 | ≤1.0 | ≤3.0 | ≤5.0 |
| 每公里高差中数的全中误差 $M_w$ 限值 | ≤1.0 | ≤2.0 | ≤6.0 | ≤10.0 |

水准网布设密度,主要依据地形测量对作为高程起算点的水准点的密度需要确定。根据三角高程测量传算高程的精度,《国家三角测量规范》规定,当三角锁网进行整体平差时高程起算点(即水准点)的密度应使三角锁网中任意一个三角点距最近高程起算点的间隔边数应不超过规定的边数。

按照对国家水准网的精度和密度要求,《水准规范》规定的布设方案是:

一等水准测量是国家高程控制网的骨干,也是研究地壳和地面垂直运动等科学技术问题的主要依据,一等水准路线应沿地质构造稳定,交通不太繁忙、坡度较平缓的交通线布设,并构成网状。其环线周长,在平原和丘陵地区应为1 000~1 500 km,山区应为2 000 km左右,在特殊困难地区可按具体情况进行布设。

二等水准路线在一等水准环内布设,是国家高程控制的基础。二等水准路线应尽可能沿公路、铁路、河流布设,以保证较好的观测条件。二等水准网的环线周长,在平原和丘陵地区应为500~750 km;山区和困难地区可酌情放宽。

三、四等水准是直接为地形测图和各种工程建设提供必需的高程控制点，因此三等水准路线根据需要在高等水准网的基础上加密布设成附合路线，并尽可能互相交叉构成闭合环。单独的附合路线长度应不超过 150 km；环线周长应不超过 200 km，同级网中结点间距离应不超过 70 km。四等水准路线布设于高等水准路线之间，其附合路线的长度应不超过 80 km，环线周长应不超过 100 km，同级网中结点间距应不超过 30 km。

水准路线附近的验潮站、水文站、气象台（站）、地震台（站）、大地点等，应根据需要列入水准测量施测计划予以联测。联测可用水准支线，并根据待测点所需要的精度和支线长度来决定支线的施测等级。当使用单位没有提出特殊要求时，支线长度在 20 km 以内时，按四等水准测量精度施测；支线长度在 20 ~ 50 km 时，按三等水准测量的精度施测。支线长度在 50 km 以上时，按二等水准测量的精度施测。

按照上述布设方案，全国一等水准网已于 1981 年基本完成外业工作，1985 年基本完成整体平差。全网路线总长 9. 3 万 km，构成 100 个闭合环，环线周长一般为 800 ~ 1 500 km，青藏高原和沙漠戈壁地区比较稀疏，个别环线周长达 2 000 ~ 3 000 km。一等水准路线中，每 4 ~ 6 km 埋设一座普通水准标石。每隔 60 km 左右埋设一座基本水准标石。全国共埋这类标石近 2 万座。另外，还在全国均匀地埋设了 109 座基岩水准标石，达到每个省、自治区至少有 2 座这类标石。一等水准网联测了均匀分布在中国海岸线上的 42 个永久性验潮站，并就近联测了各主要旧高程系统的水准原点。雷州半岛南端至海南岛北端 40 km 宽的琼州海峡，也进行了高精度跨海高程联测。

在一等水准网基础上布设了 1 139 条总长 13. 7 万 km 的二等水准网。

图 8-3 为全国一等水准网示意图。

图 8-3　我国一等水准网示意图

## 二、技术设计

技术设计是水准测量外业工作开始前的重要准备工作。技术设计就是根据已确定的水准测量任务和《水准规范》的技术要求,作出符合规定的技术计划。

技术设计开始前,应搜集或领取地形图,已知水准成果、水准点之记及路线图,需要联测的气象台(站)、地震台(站)、验潮站、应联测的平面控制点资料以及测区的已测重力资料等。设计一、二等水准路线应在1∶500 000或1∶1 000 000地形图上进行;三、四等水准路线在1∶100 000或1∶200 000地形图上进行。具体做法是:

(1)将已知的水准路线和水准点以及计划联测的"其他固定点",以不同的颜色和符号标绘在地形图上。

(2)按照水准路线布设原则和要求,先进行高等级的水准路线设计,后进行低等级水准路线设计,再进行支线水准设计。

(3)在设计出水准路线之后,再设计出各个水准点的初步位置。对于一、二等水准测量,要认真地设计出各个基本水准点的位置。

(4)水准路线的命名和水准点的编号,依据已设计出的水准路线,按照《水准规范》规定的水准路线、水准点之命名、编号办法,对各条水准路线和所有水准点进行命名与编号。

(5)图上技术设计完成后,应绘制水准路线设计图,并编写技术设计说明书。

## 三、实地选线和选点

完成技术设计以后,即可根据图上设计的水准路线、水准点位置进行实地选线和选点。在进行实地选线时,重点考查两个问题:图上的水准路线是否合乎《水准规范》要求,是否便于水准观测工作的顺利进行。在进行实地选点时,一是按《水准规范》对水准点位置的要求,确定各个水准点的具体位置;二是按水准路线的实地情况,确定相邻水准点间的距离。合理的水准点距离,应该是一个观测时间段内所观测的距离,以避免在观测过程中建立过多的间歇点。有关对水准路线和水准点位的具体要求,请参看《水准规范》,这里不再详述。

每定一个水准点后,应按表8-2所示的格式填绘水准点点之记。点之记中,应至少填绘出点位至三个明显固定地物的距离(量至分米)。这三个地物一定要是永久性地物。另外,在点之记的"详细位置图"中标绘的主要地物应在水准路线图中能够表示出来。只有达到上述要求,才能在若干年、月之后找到该点。

在选定水准路线的过程中,应按《水准规范》的有关规定,绘制如图8-4所示的水准路线图。在水准路线的交叉点,应绘制交叉点接测图。

选点结束后,应按规定上交有关选点资料。

## 四、标石埋设

埋设的水准标石,既要能长期保存,又要能长期保持稳固。水准点标石分为三大类:基岩水准标石、基本水准标石和普通水准标石。

**表 8-2　四等水准点之记**

新文线　　　　　　　　　　　　　　　　　　　　　　　　点名:Ⅳ新文 17

详细位置图

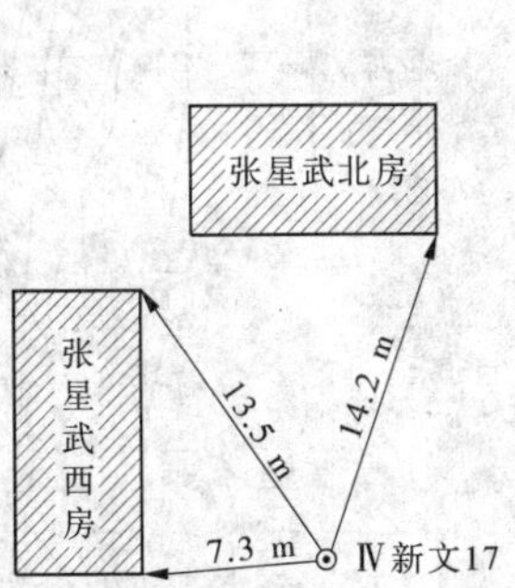


比例尺:1∶500

标石断面图　　　　单位:m

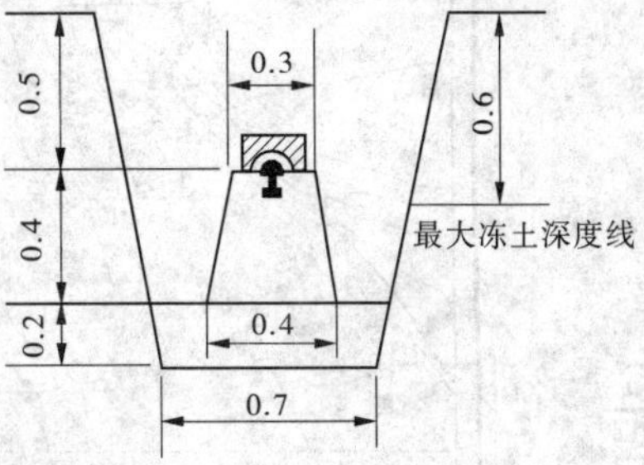


| | | | | | |
|---|---|---|---|---|---|
| 所在图幅 | J—50—19 | 标石类型 | 混凝土普通水准标石 | | |
| 经 纬 度 | $L$:117°06.5′　$B$:39°25.4′ | 标石质料 | 混凝土玻璃钢标志 | | |
| 所 在 地 | 河北省文清县青山乡李家村 | | | 土地使用者 | 张星武 |
| 地别土质 | 院地,黄土,含沙 30% | | | 地下水深度 | 5 m |
| 交通路线 | 自新镇至文清县大路靠近青山堡 | | | | |
| 点　位<br>详细说明 | 1. 西至张星武西房东南角 7.3 m。<br>2. 西北至张星武西房东北角 13.5 m。<br>3. 东北至张星武北房东南角 14.2 m。<br>4. 标石上方埋有保护井、指示盘。 | | | | |
| 接管单位 | 青山乡人民政府 | 保 管 人 | 张清海(副乡长) | | |
| 选点单位 | 华北测绘院 | 埋石单位 | 华北测绘院 | 维修单位 | |
| 选 点 者 | 刘　中 | 埋 石 者 | 李　华 | 维 修 者 | |
| 选点日期 | 1990 年 5 月 2 日 | 埋石日期 | 1990 年 5 月 12 日 | 维修日期 | |
| 备　　注 | Ⅳ新文 16 ~ Ⅳ新文 17　5.8 km(平地)<br>Ⅳ新文 17 ~ Ⅳ新文 18　4.7 km(丘陵) | | | | |

基岩水准标石是研究地壳和地面垂直运动的主要依据。由国家测绘部门会同地质、地震部门统一规划和布设。一般每个省(市、自治区)内至少有两座。

基本水准标石分为混凝土基本水准标石(见图 8-5)和岩层基本水准标石(见图 8-6)。普通水准标石分为混凝土普通水准标石(见图 8-7),岩层普通水准标石、钢管普通水准标石、螺旋钢管水准标石及墙脚水准标石。

Ⅳ等韩（韩县）——新（新兴）线水准路线图之二（局部）

J — 49 — 101 — D

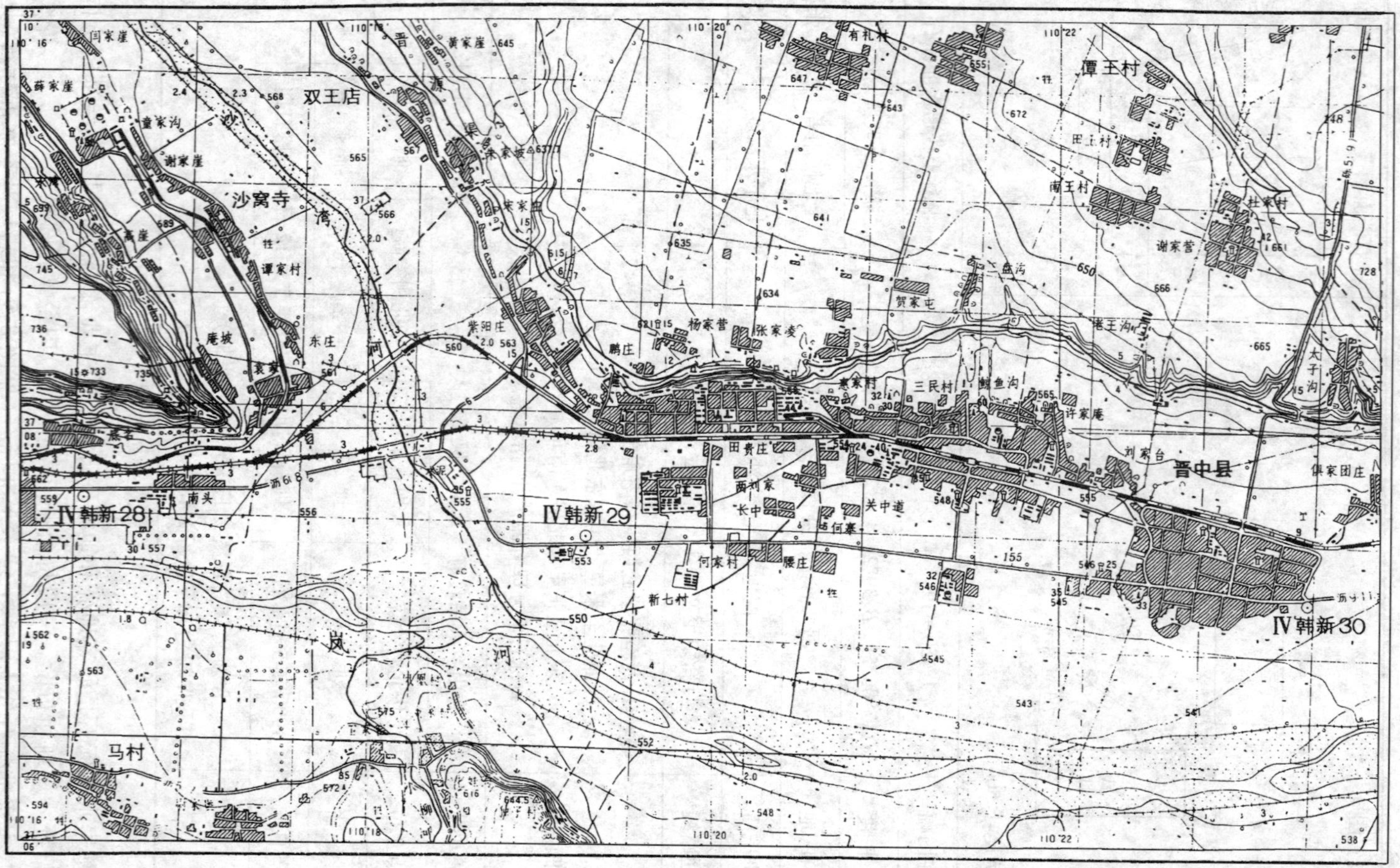


比例尺　1:50 000　　　　国家测绘局第八测绘大队　1990.10

图 8-4 水准路线图

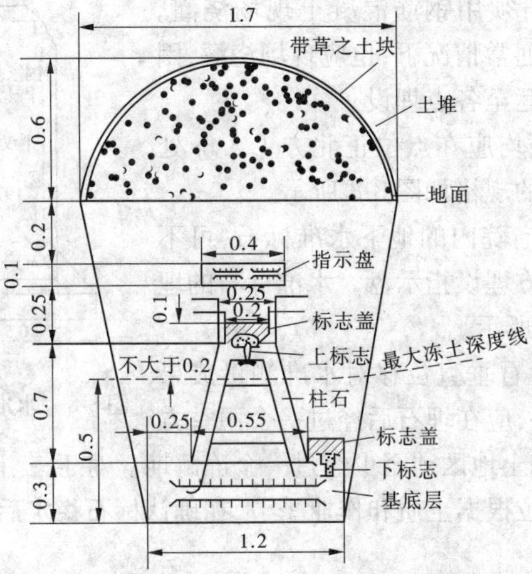


**图 8-5　混凝土基本水准标石**　（单位：m）

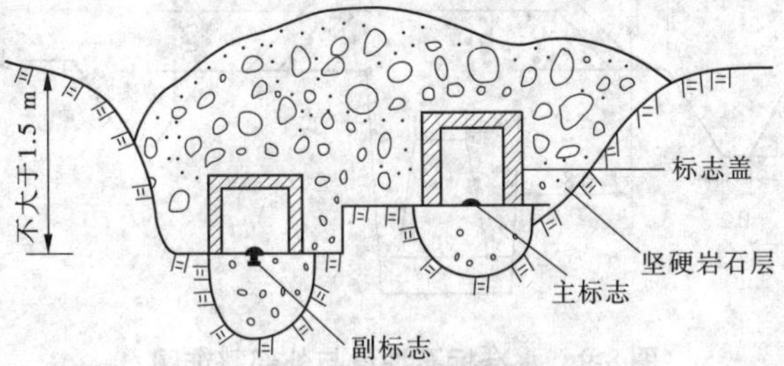


**图 8-6　岩层基本水准标石**

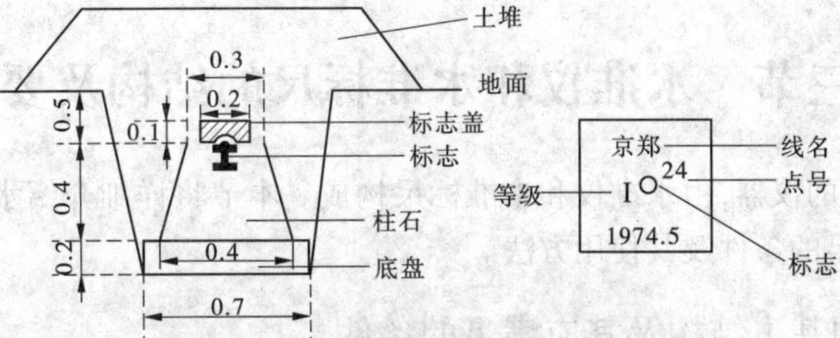


**图 8-7　混凝土普通水准标石**　（单位：m）

各类水准点的间距及布设要求见表 8-3。

**表 8-3　水准点布设间距及布设要求**

| 水准点类型 | 间　距 | 布　设　要　求 |
|---|---|---|
| 基岩水准点 | 500 km 左右 | 只设于一等水准路线，在大城市和地震带附近应予增设，基岩较深地区可适当放宽，每省（市、自治区）至少两座 |
| 基本水准点 | 40 km 左右，经济发达地区 20 ~ 30 km，荒漠地区 60 km 左右 | 一、二等水准路线上及其交叉处，大、中城市两侧及县城附近。尽量设置在坚固岩层中 |
| 普通水准点 | 4 ~ 8 km，经济发达地区 2 ~ 4 km，荒漠地区 10 km 左右 | 地面稳定，利于观测和长期保存的地点；山区水准路线高程变换点附近；长度超过 300 m 的隧道两端；跨河水准测量的两岸标尺点附近 |

混凝土基本水准标石须用钢筋混凝土现场浇灌。混凝土普通水准标石,在通常情况下,也应现场浇灌,困难地区可以先预制,然后运至各点埋设。

埋设的地下水准标石均应在点位正北方 1.5 m 处埋设一个指示碑,指示碑的规格如图 8-8 所示。

埋设在工厂、机关等宅院内的地下水准标石,可不埋指示碑,在其点位正上方埋设指示盘。水准标石的埋设与其外部整饰如图 8-9 所示。

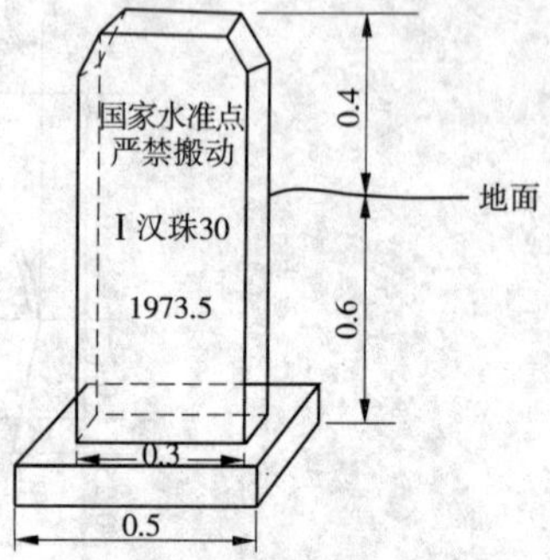

图 8-8　水准标石指示碑　（单位:m）

为了尽量减弱水准标石垂直位移对水准测量成果的影响,对一、二等水准点,应在埋石后经过一个雨季方可进行观测。在季节性冻土地区须至少经过一个冻解期。对于三、四等水准点,观测与埋石间隔的时间,可由作业单位根据土质和作业季节,在确认标石稳定后即可进行观测。

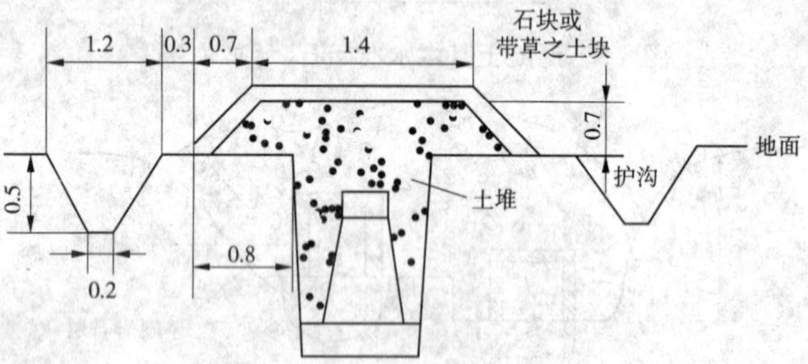

图 8-9　水准标石埋设与外部整饰图

## 第三节　水准仪和水准标尺的结构及要求

进行水准测量的仪器,由水准仪和水准标尺构成。本节将详细介绍水准仪和水准标尺的基本结构、应满足的条件及其使用方法。

### 一、水准仪的基本结构及其应满足的条件

由水准测量的基本原理知道,水准测量的基本问题是:用水准仪建立一条水平视线,借以在垂直竖立的水准标尺上进行读数,求得两标尺点间的高差。由此可知,水准仪必须满足的要求是:建立的视线必须水平;当水平视线照准水准标尺以后,能够在水准仪上读取其读数。按照这些要求,水准仪应具备的基本部件和这些基本部件应满足的条件是:为了照准标尺进行读数,就必须有一个构成视准轴及可绕竖直轴旋转的望远镜;为使视准轴整置到水平位置,要有一个与望远镜相联系的水准器;为了整置水准器,需要有与水准器相联系的脚螺旋及其他部件。总之,水准仪须具备图 8-10 所示的基本部件,即望远镜、水准器、垂直轴和脚螺旋。这些部件之间必须具备如下的基本条件:①视准轴与水准器轴平行;②水准器轴与垂直轴正交。这样,用脚螺旋将水准器轴整置水平以后,视准轴就能形成水平视线。否则,就要给观测结果带来误差。

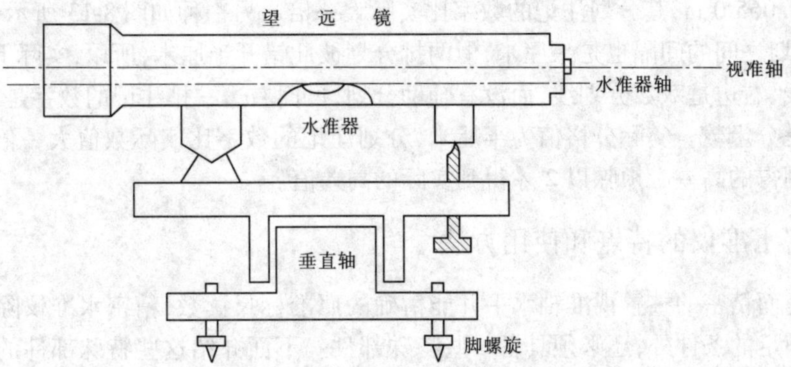


**图 8-10 水准管式水准仪基本结构**

## 二、水准标尺的基本要求和构造

水准标尺是量取立尺点到水平视线垂直距离的尺子。如果尺长有误差或不能垂直竖立,就要给测定的高差值带来误差。因此,水准标尺应达到以下基本要求:

(1)温度、湿度变化时,标尺的长度变化很小;

(2)水准标尺的分划间隔必须很准确,分划的系统误差和偶然误差都应该很小;

(3)水准标尺的尺面应该全长笔直,且不易发生弯曲、变形;

(4)为了能将标尺垂直竖立,在标尺上应安装有足够精度的圆水准器;

(5)为使尺长不因标尺底部磨损而改变,在标尺底部应安装坚固的金属板。

目前使用的水准标尺,按精度可分为精密水准标尺和普通水准标尺两种。按制造标尺的材料可分为因瓦合金水准标尺(旧称殷钢水准标尺)和木质标尺。在进行一、二等精密水准测量时,使用因瓦合金精密水准标尺;在进行三、四等及其以下低等水准测量时,使用木质普通水准标尺。

普通水准标尺通常采用 3 m 木质红黑面标尺,即一面红白相间,另一面是黑白相间,间隔宽度为 1 cm,每分米注记一个数字,分划为区格式。所以,这种标尺也叫做红黑面区格式木质标尺。两根标尺的红黑面起始分划线和标尺底面重合。黑面注记由零至 3 m;红面注记,一根标尺由 4. 687 m 至 7. 687 m,另一根标尺由 4. 787 m 至 7. 787 m。因此,对于同一水平视线在同一根标尺的黑面与红面的读数相差一个常数,一根标尺为 4. 687 m,另一根标尺为 4. 787 m,图 8-11 是红黑面区格式木质水准标尺。

目前使用的精密水准标尺,是在木质的尺身沟槽内引张一条宽 26 mm、厚 1 mm 的因瓦合金带尺。一端固定在尺身的底板上,另一端用一定拉力的弹簧固定在构架上,这样可使带尺的长度不受木质尺身伸缩的影响,标尺的分划线漆在带尺上,为线条式。分划的数字注在两侧木质尺身上,尺长约为 3. 1 m。

精密水准标尺的分划有一厘米和半厘米两种。

一厘米分划的标尺如图 8-12 所示。右边一排分划注记从 0 至 300 cm,称为基本分划;左边一排分划注记从 300 ~600 cm,称为辅助分划,在同一水平位置,基本分划和辅助分划读数相差一个常数 3. 015 5 m,称为基辅差。基辅差的作用是发现和防止读数粗差。

半厘米分划的标尺又分为两种形式。一种与图 8-12 类似,亦分基本分划和辅助分划,但基辅差为 6. 065 0 m,其分划注记的数字比实际大一倍。另一种如图 8-13 所示,它有两排分划,每排分划之间的间隔也是一厘米,但两排分划彼此错开半厘米,所以,实际上左边一排是单数分划线,右边是双数分划线,而没有辅助分划,尺面右边一排注记的数字是米数,左边一排注记的是分米数。实际分格值为半厘米,分划注记的数字比实际数值大一倍。用半厘米分划标尺测得的高差必须除以 2 才得到实际的高差值。

## 三、精密水准仪的特点和使用方法

为了迅速而精密的整置视准轴水平并能精确的照准标尺读数,精密水准仪除应具备上述部件所应满足的条件外,还必须具备一些特殊部件。下面介绍这些特殊部件的作用原理和使用方法。

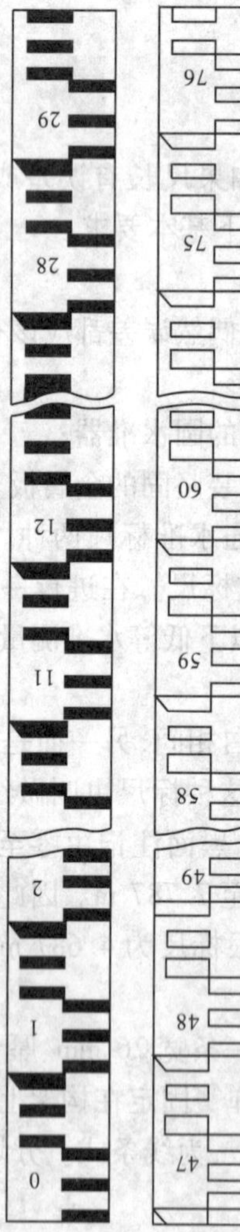

图 8-11 普通水准标尺

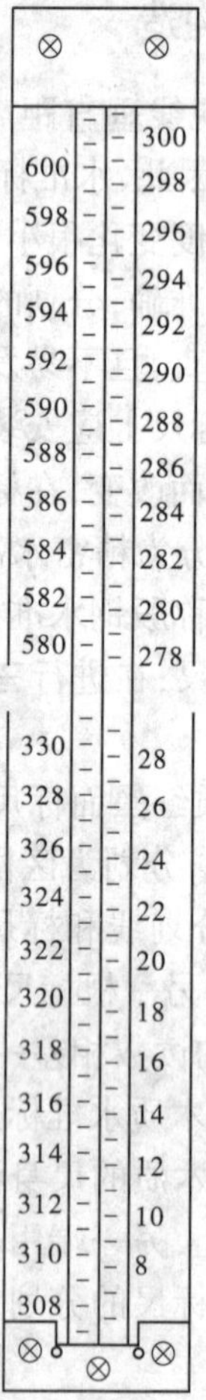


图 8-12 精密水准标尺(一)

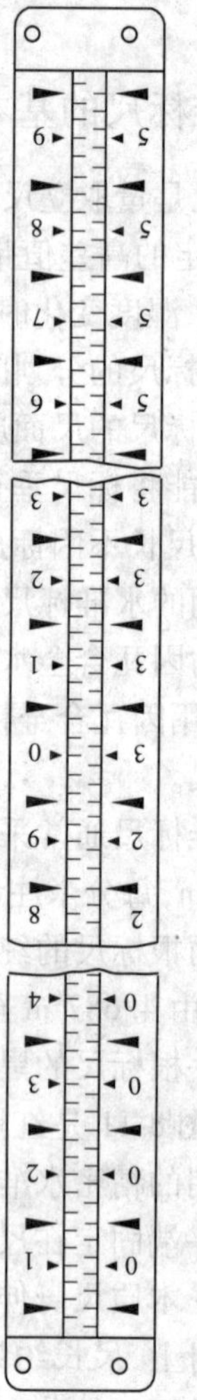

图 8-13 精密水准标尺(二)

### (一)符合水准器和倾斜螺旋装置

用水准管式水准仪测量时,是以管水准器气泡居中来整平视准轴的。为了保证视准轴置平的精度，管水准器应具有较高的灵敏度。但水准器的灵敏度愈高就愈难以使气泡迅速居中。因此，水准器灵敏度要适中。精密水准仪一般采用分划值为5″/2 mm～10″/2 mm 的管状水准器。

为了精确、迅速地使符合水准器气泡的两半像重合，精密水准仪上都装有精细的倾斜螺旋。图 8-14 是威特 $N_3$ 水准仪倾斜螺旋结构的示意图。转动倾斜螺旋时，杠杆着力点 $D$ 向前或向后移动，从而使支臂支点 $A$ 转移，作用点 $B$ 作微小上升或下降，推动望远镜绕转轴 $C$ 作微小俯仰，水准器与望远镜连在一起，望远镜的俯仰将同时改变水准器轴和视准轴的位置。如果视准轴平行于水准器轴，则符合水准器气泡居中时，视准轴也居于水平位置。

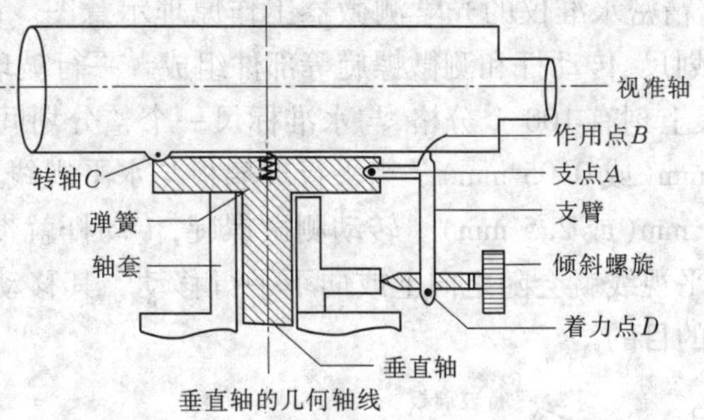


图 8-14 倾斜螺旋结构示意图

应当指出，如图 8-14 所示，望远镜转动轴 $C$ 不在水准仪的垂直轴上，即 $C$ 点不在望远镜的中心，而是位于望远镜的物镜端。当用圆水准器整平仪器时，垂直轴并没有精确地处于垂直位置，可能偏离垂直位置较大，这时，使用倾斜螺旋精确整平视准轴，将引起视准轴高度的变化。倾斜螺旋的转动量越大，视准轴高度变化也越大。如果前视和后视精确整平视准轴时的倾斜螺旋转动量不相等，就会在高差值中带来这种误差影响。因此，在实际作业时规定只有符合水准气泡两端影像的分离量小于 1 cm 时，才允许使用倾斜螺旋精确整平视准轴。

现代水准管式水准仪，都在管状水准器上安置一个符合棱镜装置，使之成为符合水准器。其符合棱镜装置与经纬仪指标水准器相同。水准器气泡通过符合棱镜系统在望远镜视场中成像，如图 8-15 所示。

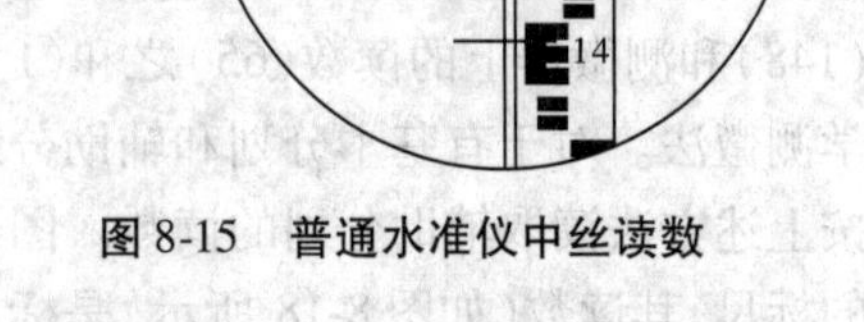


图 8-15 普通水准仪中丝读数

**（二）望远镜应具有较好的光学性能**

为了保证标尺分划线在望远镜中的成像有足够的亮度，精密水准仪的望远镜物镜孔径应在 50 mm 以上；为了保证标尺分划线成像的清晰，望远镜的放大倍率一般在 40 倍以上。此外，精密水准仪的丝网采用楔形式，有利于精确照准标尺分划线。

**（三）仪器的结构必须有利于水准器轴与视准轴的相对稳定**

由水准仪基本部件之间应满足的关系知道，水准器轴应与视准轴互相平行，如果这两轴间的这种互相平行的关系发生变动，将给高差观测结果带来误差。外界温度是使两轴的互相平行关系发生变化的主要因素。为了减弱这种变化，使之相对稳定，精密水准仪的望远镜筒和水准器管套一般用因瓦合金铸造成一个整体。有些仪器是用一个绝热的金属外壳把仪器全部罩在其中。

**(四)应具有光学测微器**

水准测量读数的基本方法是:借助倾斜螺旋和符合水准器,将视准轴整置水平以后,用望远镜中十字丝网的水平丝照准水准标尺直接读数,这种方法叫做中丝读数法。图 8-15 就是 $S_3$ 型水准仪按中丝读数法进行读数的情形,水平丝在标尺上的读数为 1.257 m,它最后一位数字“7”mm 是估读出来的,中丝读数法通常用于三、四等普通水准测量 。

显然,中丝读数法不能满足精密水准测量的要求。为了能够精确读取标尺整分划以下的微小零数,精密水准仪应安装光学测微器。

图 8-16 是威特 $N_3$ 精密水准仪的光学测微器工作原理示意图。由图可见,光学测微器由平行玻璃板、测微分划尺、传动杆和测微螺旋等部件组成。平行玻璃板通过动杆与测微分划尺相连。测微分划尺上刻有 100 个分格,与水准标尺一个整分划间隔(一厘米或半厘米)对应,即每个分格 0.1 mm(或 0.05 mm)。当平行玻璃板与水平视线正交时,测微分划尺的读数为 50 个分格,即 5 mm(或 2.5 mm)。转动测微螺旋,传动杆就带动平行玻璃板相对于物镜作前俯或后仰,水平视线就会随之向上或向下平行移动。其移动量可以在测微分划尺上读出,从而达到测微的目的。

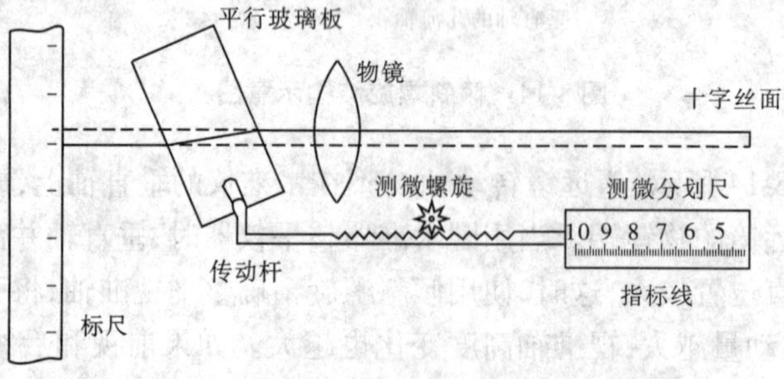


**图 8-16　光学测微器工作原理**

使用光学测微器读数,首先使标尺置入望远镜视野内,而后精密整平符合水准器。此时,望远镜中水平中丝(或楔形丝)一般不可能恰好对准标尺的整分划线,而在某一整分划线附近。为了精确读定标尺整分划以下的零数,可转动测微螺旋,使望远镜视野里的标尺分划线影像随之作上下移动,直到楔形丝夹准最邻近的标尺整分划线为止。图 8-17 所示的情况为夹准 148 这个整分划线,这时在标尺上的直接读数为 148(即 1.48 m)。而后在视场左下方的测微尺上读出标尺不足整分划的读数 65(即 0.006 5 m)。这样,标尺上的直接读数(148)和测微器上的读数(65)之和(1 486.5 mm),就是实际的读数。这种读数方法叫做光学测微法。对于有基本分划和辅助分划的标尺,按上述方法完成基本分划的读数以后,亦可按上述方法读取辅助分划的读数。图 8-17 所示的情况,是一厘米分划的标尺。对于半厘米的标尺,其读数(如图 8-18 所示)是标尺直接读数为 197(即 1 970 mm),视野右下角的测微器读数为 15(即 1.50 mm),两者之和就是实际读数 1 971.50 mm。由于使用的是半厘米分划标尺,故实际读数应为 1 971.50 mm/2 = 985.75 mm。在实际水准观测作业中,并不这样作,而是用直接读数(如上述的 1 971.50 mm)计算高差,在求得高差以后,将所得高差除以 2,求得实际的高差。

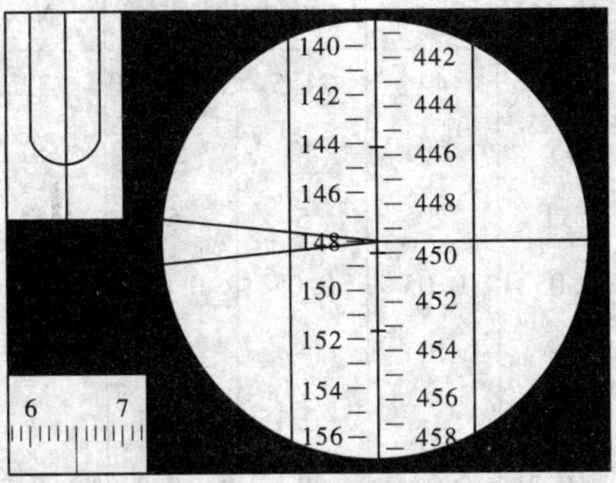


图 8-17　精密水准仪读数(一)

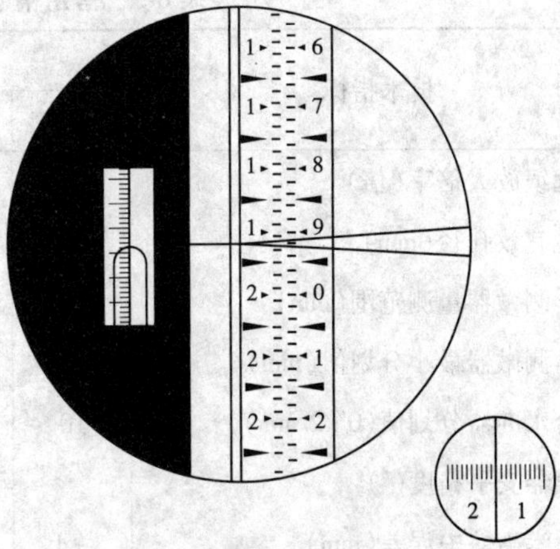


图 8-18　精密水准仪读数(二)

# 第四节　精密水准仪

《水准规范》中的“我国水准仪系列标准”规定:水准仪分为 $S_{05}$、$S_1$、$S_3$ 和 $S_{10}$ 四个型号。水准仪系列的技术参数见表 8-4,国内常用的精密水准仪的主要技术参数见表 8-5。

表 8-4　我国水准仪系列及基本技术参数

| 技术参数项目 | | 水准仪系列型号 | | | |
|---|---|---|---|---|---|
| | | $S_{05}$ | $S_1$ | $S_3$ | $S_{10}$ |
| 每千米往返平均高差中误差 | | ≤0.5 mm | ≤1 mm | ≤3 mm | ≤10 mm |
| 望远镜放大倍率 | | ≥40 倍 | ≥40 倍 | ≥30 倍 | ≥25 倍 |
| 望远镜有效孔径 | | ≥60 mm | ≥50 mm | ≥42 mm | ≥35 mm |
| 管状水准器格值 | | 10″/2 mm | 10″/2 mm | 20″/ mm | 20″/2 mm |
| 测微器有效量测范围 | | 5 mm | 5 mm | | |
| 测微器最小分划值 | | 0.05 mm | 0.05 mm | | |
| 自动安平水准仪补偿性能 | 补偿范围 | ±8′ | ±8′ | ±8′ | ±10′ |
| | 安平精度 | ±0.1″ | ±0.2″ | ±0.5″ | ±2″ |
| | 安平时间不长于 | 2 s | 2 s | 2 s | 2 s |

在四个系列型号中,$S_{05}$ 和 $S_1$ 型属于精密水准仪,$S_3$ 和 $S_{10}$ 型为普通水准仪。按照仪器的置平方法分类,分为水准管式精密水准仪和补偿式自动安平水准仪。

## 一、水准管式精密水准仪

目前,我国在精密水准测量中普遍使用的水准管式精密水准仪有威特 $N_3$、蔡司 Ni004 和北京测绘仪器厂生产的 $S_1$ 型精密水准仪。

表 8-5　常用精密水准仪主要技术参数

| 技术指标 | 仪器名称 | | | | | | |
|---|---|---|---|---|---|---|---|
| | $S_1$ | $N_3$ | Ni002 | Ni004 | Ni007 | $Ni_1$ | $Ni_2$ |
| 望远镜放大倍率(倍) | 40 | 42 | 40 | 44 | 31.5 | 30、40、50 | 32 |
| 物镜有效孔径(mm) | 50 | 56 | 55 | 56 | 40 | 50 | 40 |
| 光学测微器量测范围(mm) | 5 | 10 | 5.1 | 5 | 5 | 5 | 5 |
| 光学测微器最小分划值(mm) | 0.05 | 0.1 | 0.05 | 0.05 | 0.05 | 0.05 | 0.05 |
| 符合水准器分划值(0″/2 mm) | 10 | 10 | — | 10 | — | — | — |
| 补偿器安平精度(″) | | | ±0.05 | — | ±0.15 | ±0.1 | |
| 每千米高差中误差(mm) | ±1 | ±0.2 | ±0.2 | ±0.4 | ±0.5 | ±0.2 | ±0.7 |

**(一)威特 $N_3$ 精密水准仪**

威特 $N_3$ 精密水准仪的外形如图 8-19 所示。

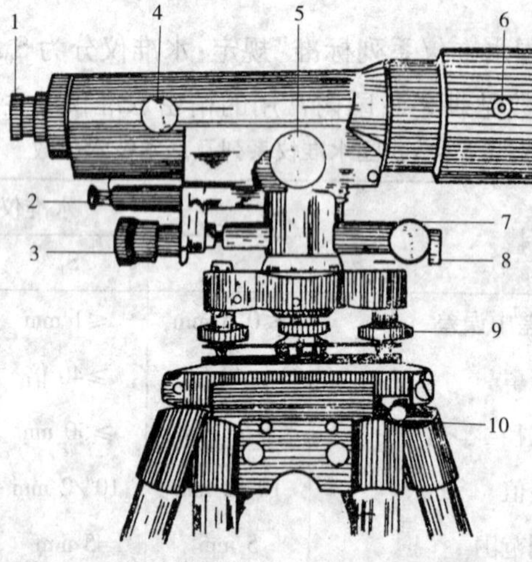


1—望远镜目镜;2—照亮水准气泡的反光镜;3—倾斜螺旋;4—调焦螺旋;5—平行玻璃板测微螺旋;6—平行玻璃板旋转轴;7—水平微动螺旋;8—水平制动螺旋;9—脚螺旋;10—脚架

图 8-19　威特 $N_3$ 精密水准仪

$N_3$ 精密水准仪使用一厘米分格值的因瓦合金水准标尺。仪器的测微器结构如图 8-16 所示。该仪器照准标尺的读数如图 8-17 所示。在图 8-17 中,望远镜视场中看到的是标尺直接读数;在望远镜目镜的左侧另有两个目镜,分别供观察符合水准器和读定测微器之用。

仪器的倾斜螺旋上的分划盘,上刻 50 个格,每转动一格相当于使视线俯仰 2″。倾斜螺旋可以转七周。

该仪器的望远镜筒前端装有一块楔形玻璃,一方面,它可以防止尘土进入望远镜筒内;另一方面,转动它可使视线作微小倾斜变化,以便用以精确校正视准轴与水准器轴互相平行。

**(二)蔡司 Ni004 精密水准仪**

蔡司 Ni004 精密水准仪的外形如图 8-20 所示。

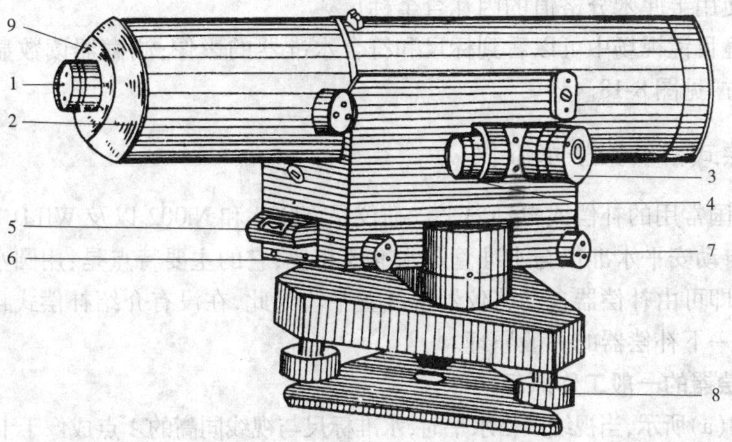


1—望远镜目镜；2—调焦螺旋；3—测微鼓；4—测微鼓读数放大镜；5—十字水准器；

6—倾斜螺旋；7—微动螺旋；8—脚螺旋；9—十字丝调整环

图 8-20　蔡司 Ni004 精密水准仪

这种仪器使用半厘米分格因瓦合金水准标尺。该仪器用装在仪器外部的测微鼓作为测微器，测微鼓前装有读数放大镜，测微鼓上刻有 100 个分格，每 10 个格相当于标尺上 0.5 mm。该仪器的望远镜视场及测微鼓读数情况如图 8-21 所示。图中完整读数为 1 973.4 mm，读数比实际值大一倍。

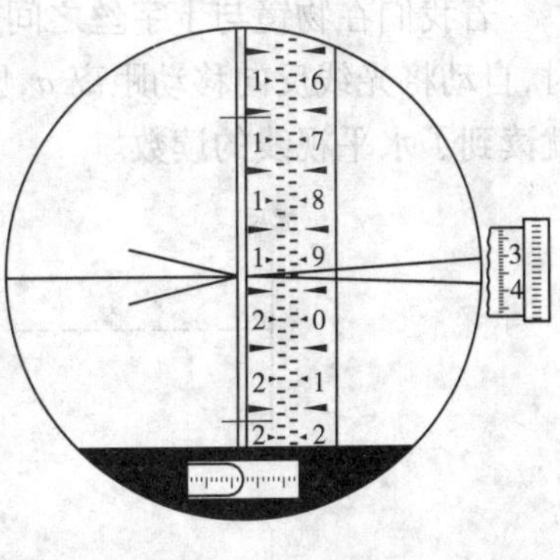

图 8-21　蔡司 Ni004 精密水准仪读数

**(三)$S_1$ 型精密水准仪**

由北京测绘仪器厂生产的 $S_1$ 型精密水准仪，其外型如图 8-22 所示。

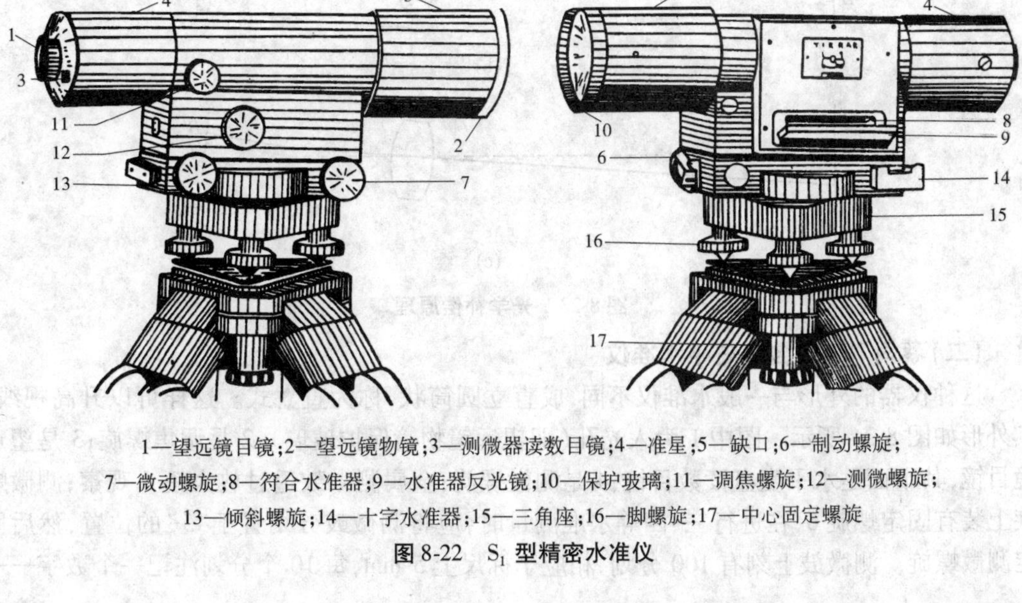


1—望远镜目镜；2—望远镜物镜；3—测微器读数目镜；4—准星；5—缺口；6—制动螺旋；

7—微动螺旋；8—符合水准器；9—水准器反光镜；10—保护玻璃；11—调焦螺旋；12—测微螺旋；

13—倾斜螺旋；14—十字水准器；15—三角座；16—脚螺旋；17—中心固定螺旋

图 8-22　$S_1$ 型精密水准仪

该仪器使用半厘米分格值的因瓦合金标尺。

在望远镜目镜视场中可以看到标尺和符合水准器的影像；测微器读数显微镜在望远镜目镜的右下方，见图 8-18。

## 二、补偿式自动安平水准仪

当前，我国常用的补偿式自动安平水准仪是 Ni007 和 Ni002 以及 WILD NA2 等。

补偿式自动安平水准仪与水准管式水准仪相比，它的主要特点是：用圆水准器将仪器概略置平以后，即可由补偿器自动将仪器视线置平。为此，在没有介绍补偿式自动安平水准仪以前，先介绍一下补偿器的一般原理。

### （一）补偿器的一般工作原理

如图 8-23(a)所示，当视线严格水平时，水准标尺与视线同高的 $A$ 点成像于十字丝中心 $O$ 上。

当仪器垂直轴倾斜，导致视线下倾 $\alpha$ 角时，则如图 8-23(b)所示，$A$ 成像于 $A'$ 点，离十字丝中心的距离记做 $a$。若物镜焦距为 $f$，则有

$$a = f\alpha \tag{8-10}$$

若我们在物镜与十字丝之间安装某种光学补偿装置，如图 8-23(c)所示，当视线倾斜 $\alpha$ 时，自动将光线反向移动距离 $a$，则来自 $A$ 的光线又刚好成像在十字丝中心 $O$ 上。这样我们就读到了水平视线的读数。

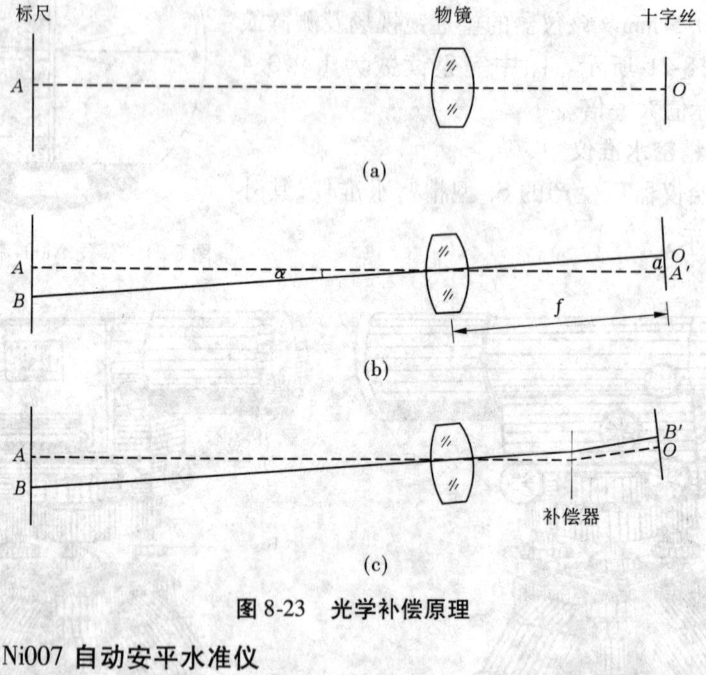


图 8-23　光学补偿原理

### （二）蔡司 Ni007 自动安平水准仪

这种仪器的外形与一般水准仪不同，成直立圆筒状，称为直立式。这样可以升高视线，其外形如图 8-24 所示。图中 1 为入光孔（即望远镜物镜保护玻璃）；2 是调焦螺旋；3 是望远镜目镜，其下面是水平度盘读数目镜；4 是测微螺旋；金属测微鼓透过放大镜 5 观察；测微螺旋上装有固定螺旋 6，在进行三、四等水准测量时，应将测微鼓分划置于“5”的位置，然后固定测微螺旋。测微鼓上刻有 100 分划，相应于标尺上 5 mm，每 10 个分划注记一个数字——

从 0 到 10，因此每一小格相当于 0.05 mm。

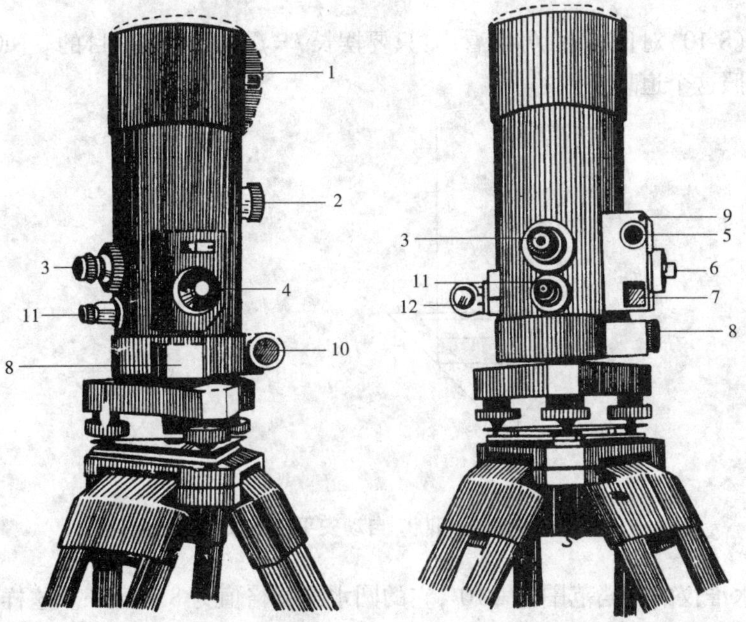


1—入光孔；2—调焦螺旋；3—望远镜目镜；4—测微螺旋；5—放大镜；6—测微器固定螺旋；7—气泡观察棱镜；8—圆水准器；9—瞄准具；10—水平微动螺旋；11—水平度盘读数目镜；12—反光镜

**图 8-24　蔡司 Ni007 自动安平水准仪**

图 8-25 是该仪器的光路图。光线经过保护玻璃射入五角棱镜，使光线在五角棱镜内经过两次反射后转折 90°，垂直地射入物镜，再射入补偿器，经过二次反射后，光线转折 180°，再经直角棱镜达到十字丝面，最后通过目镜观察。

该仪器的补偿器，是用弹簧片悬挂成摆的等腰直角棱镜。它的补偿原理是：经物镜射来的光线 $A$（见图 8-26），垂直地射入等腰直角棱镜后，光线在其两斜面上被反射后，又垂直射出（图 8-26 中的 $A'$）。当仪器倾斜时，用弹簧片悬挂的补偿棱镜在重力的作用下产生移动。若其在水平方向上的移动量为 $a/2$，光线 $A$ 射入移动的补偿棱镜（图 8-26 中的虚线棱镜），反射后射出的光线为 $A''$，$A''$射出方向与 $A'$ 相同，但光线 $A''$却被平移了，可以证明它的平移量等于补偿棱镜移动量 $a/2$ 的 2 倍，即等于 $a$。要使光线经过补偿器恰好平移 $a$，只要使补偿棱镜水平移动 $a/2$ 即可。补偿棱镜水平移动量（$a/2$）和仪器的倾斜角 $\alpha$、补偿棱镜的摆长 $l$ 有关，即

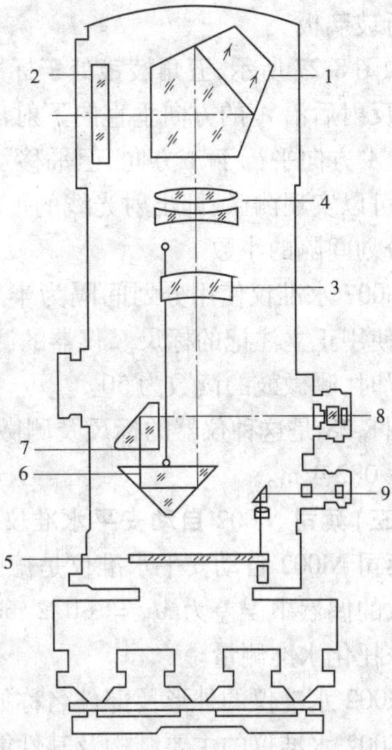


1—五角棱镜；2—五角棱镜保护玻璃；3—望远镜调焦透镜；4—望远镜物镜；5—水平度盘；6—补偿器；7—转像棱镜；8—望远镜目镜；9—水平度盘读数目镜

**图 8-25　蔡司 Ni007 光路图**

$$l\alpha = \frac{a}{2}$$

将此式与式(8-10)对比一下,可以看出:只要摆长 $l=f/2$ 即可达到目的。Ni007 自动安平水准仪就是按照这个道理设计的。

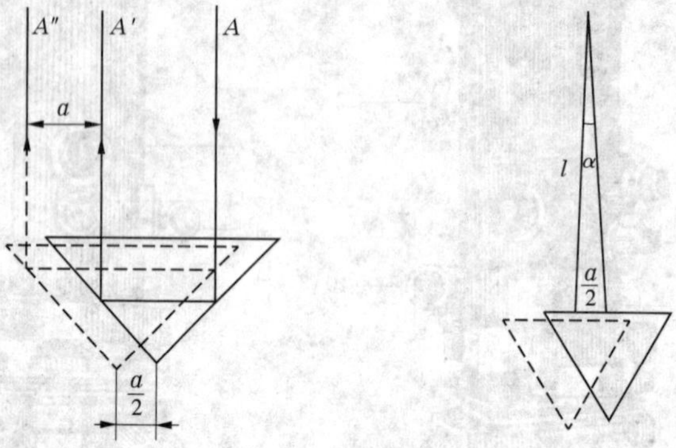


图 8-26　蔡司 Ni007 自动安平水准仪补偿器原理

Ni007 水准仪的补偿范围为 ±10′,它的圆水准器格值为 8′/2 mm。这样,只要仪器圆水准器气泡偏离中心不超过 2 mm,补偿器都能起作用。其补偿精度 ±0. 15″,Ni007 的补偿器采用空气阻尼,稳定所需时间约为 1 s。

Ni007 水准仪的测微器,其主要部件是一块五角棱镜,它的作用相当于水准管式水准仪的平行玻璃板。

如图 8-27 所示,五角棱镜处于标准位置时,标尺上 $A$ 点的水平光线垂直入射棱镜的 $ab$ 面,经反射后沿 $A'$的方向垂直向下射出。棱镜转动一定角度时,来自 $A$ 的光线则沿 $A''$方向射出。$A''$方向平行于 $A'$方向,但平移了一段距离。用机械传动装置把五角棱镜与测微鼓连接,就可以实现测微,即出射光线的平移量可以在测微鼓上读出,从而可以测定标尺上不足一个分划间隔的小数。

Ni007 水准仪使用分划间隔为半厘米的因瓦标尺,因该仪器视场中的物像为正像,所以,应使用正立注记的标尺。仪器的测微鼓与 Ni004 相同,有 100 个刻划。五角棱镜处在标准位置时,测微鼓的读数为 50。

图 8-28 是这种仪器的标尺及测微器读数情况。图中楔形丝夹准的是标尺辅助分划,读数为 9. 082 4 m。

**(三)蔡司 Ni002 自动安平水准仪**

蔡司 Ni002 自动安平水准仪是德国蔡司厂生产的一种新型补偿式水准仪,其每千米高差中数的偶然中误差为 $M_{\Delta} = \pm 0.2$ mm;补偿器的补偿精度为 ±0. 05″。使用这种仪器可以进行摩托化水准测量。

Ni002 水准仪的外形及部件名称如图 8-29 所示。

Ni002 水准仪的主要结构及其性能介绍如下。

1. 望远镜系统

图 8-30 是该仪器的光学系统。图中 1 是楔形密封玻璃,2 是望远镜的物镜。十字丝分划板贴合在物镜上,入射光线通过物镜后,射向平面反射摆镜 3, 然后再反射且成像在十字

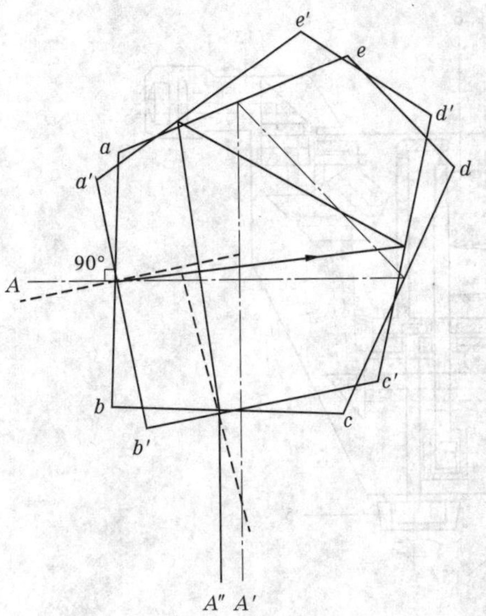


图 8-27　五角棱镜转动使光线平移

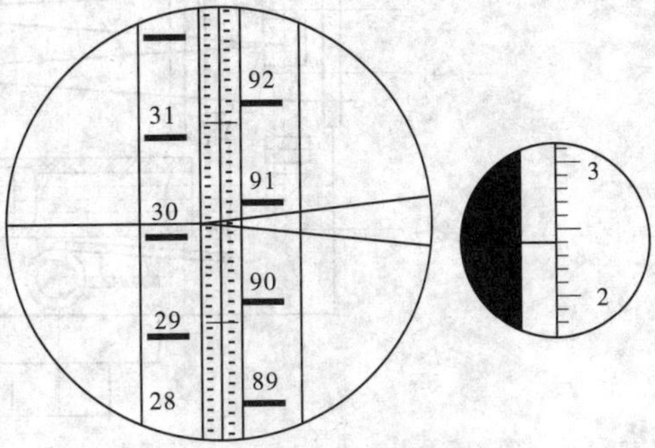


图 8-28　Ni007 读数

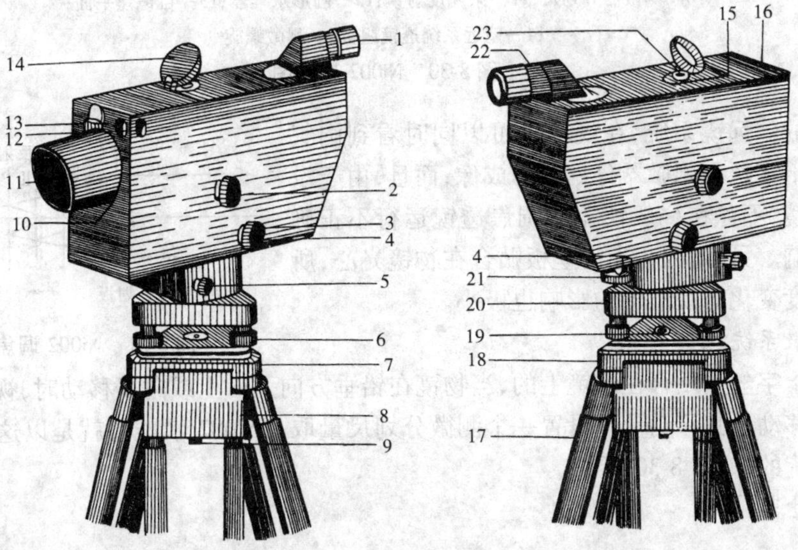

1—目镜;2—调焦钮;3—测微螺旋;4—摆的位置的指标;5—水平微动螺旋;6—脚螺旋;7—脚架头;
8—脚架松紧调节螺旋;9—制紧脚架木杆的六角螺旋;10—装遮光罩用的细槽;11—物镜保护玻璃;
12—直角瞄准器;13—测微分划尺照明镜;14—采光反射镜;15—圆水准器校正螺旋;16—遮光罩;
17—中心螺旋;18—底盘基板;19—底盘弹簧板;20—将仪器中心轴固定在基座上的固紧螺旋;
21—摆的转动旋钮;22—可旋转的目镜座;23—透明式圆水准器

图 8-29　蔡司 Ni002 自动安平水准仪

丝分划板上,望远镜没有调焦透镜,利用平面反射摆镜 3 的前后移动来改变望远镜的焦距(如图 8-31 所示)。物像和十字丝像经棱镜折射再通过望远系统透镜组 14 到达目镜。来自采光反射镜 11 的光线,把圆气泡的影像经棱镜折射后成像在目镜焦面上,同时,测微器分划板也成像在目镜焦面上。

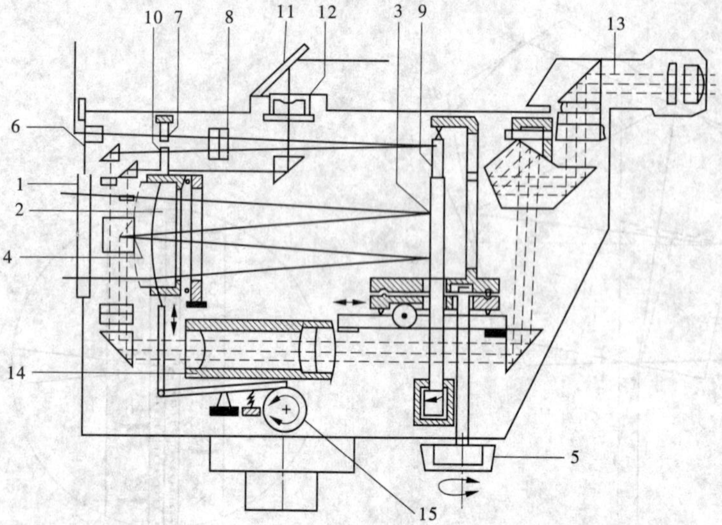


1—楔形密封玻璃；2—物镜；3—平面反射摆镜；4—十字丝分划板；5—摆镜旋转钮；
6—照明三棱镜；7—测微器指标；8—复合透镜（测微器的指标映像）；9—反射镜；
10—测微器分划尺；11—采光反射镜；12—圆形水准器；13—目镜焦平面；
14—望远系统透镜组；15—测微螺旋

**图 8-30　Ni002 光路图**

这样的望远镜系统，在视场中可以同时看到圆气泡、标尺、十字丝和测微器分划尺的成像，而且，由于没有调焦透镜，不存在一般仪器的调焦透镜运行不正确的误差影响。另外，因为十字丝板贴合在物镜光心，所以外界温度变化对视准轴的影响也极小。

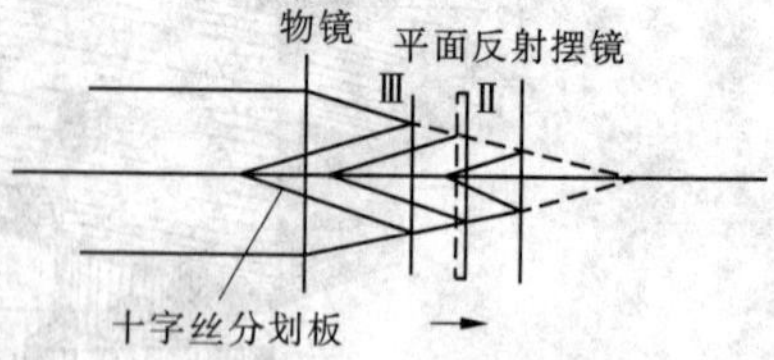


**图 8-31　Ni002 调焦原理**

2. 测微系统

由于十字丝是贴合在物镜上的，当物镜在铅垂方向上向上或向下移动时，视线也随之向上或向下移动。其移动量可设置一个测微分划尺量取。Ni002 水准仪就是以这一原理构成其测微系统的，如图 8-30 所示。

3. 补偿器

Ni002 的补偿器，是在距物镜$\frac{f}{2}$处，以摆的形式悬垂一平面反射摆镜 3（见图 8-30）。该补偿器采用空气阻尼，1 s 后即可静止下来。

当仪器严格水平时，来自水平方向像点的光线垂直入射物镜，经平面反射摆镜反射后，成像在十字丝中心，见图 8-32（a）。当仪器倾斜时，平面反射镜静止在铅垂位置上，来自水平方向像点的光线经反射后仍然投射到十字丝中心，见图 8-32（b）。这样，起调焦作用的平面反射摆镜由于被垂挂在距物镜 $f/2$ 处，也就成了补偿器。

在安装 Ni002 水准仪补偿器时，为了减小因平面反射摆镜偏离位置而产生的误差，把反射镜做成互相平行的双平面镜，这样，可以用螺旋使它绕摆的纵轴旋转 180°。测量时，在平面反射镜的正、反两个镜位读数，就可以大大减弱平面镜偏离垂直位置而引起的误差，见图 8-32。由于这种结构，Ni002 可以获得接近于绝对水平位置的“准绝对水平视线”。使得补偿后视线不水平的残余误差极小（这种误差相当于水准管式水准仪的 $i$ 角误差）。当前、后视距不相等时，仍可保证很高的精度。这样，在实际测量工作中，因地形限制而不能保证前后视距相等进行测量是有利的。

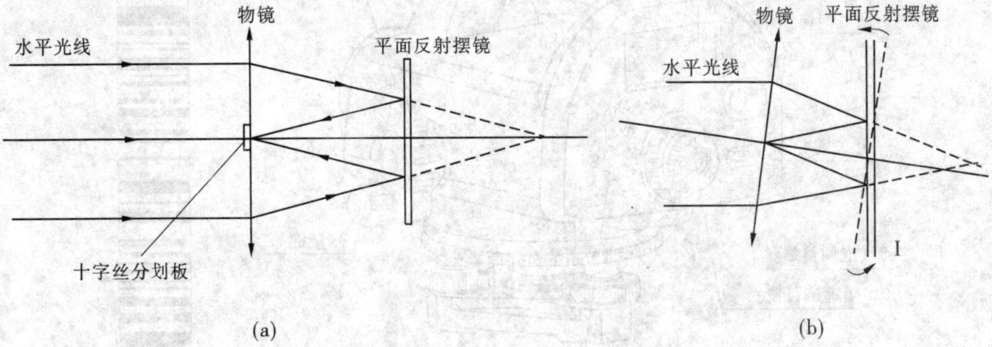


**图 8-32　Ni002 补偿原理**

另外，Ni002 水准仪还有隔热外壳和可旋转的目镜座，给使用者提供了方便。

# 第五节　电子数字水准仪

电子数字水准仪是一种集电子、光学、图像处理、计算机技术于一体的智能水准仪。它具有速度快、精度高、使用方便、作业员劳动强度轻、便于用电子手簿记录、实现内外业一体化等优点，代表了当代水准仪的发展方向，具有光学水准仪无可比拟的优越性。数字水准仪与传统水准仪的不同之处主要在于采用 CCD（Charge Coupled Device）摄像及编码图像识别处理系统和相应的条文编码水准标尺，编码图像的标尺由宽窄不同和间隔不等的条码组成。因此，数字水准仪可视为 CCD 相机、自动安平水准仪、微处理器和条码水准尺组成的水准测量系统。

数字水准仪的核心技术，就是对所获得的波信号的处理和识别，用 CCD 相机代替人眼在标尺上读取数据，自动实现图像的数字化处理及观测数据的测站显示、检核、运算等。电子水准仪图像处理基本过程较复杂。测量时，仪器驱动 CCD 相机对条码标尺进行照相，标尺上十字丝横丝上下一定范围内的条码将成像到排列成竖直线阵的 CCD 光敏元阵列上，光敏元根据摄像的不同亮度将影像转化为高低不同的电平信号。这样整个光敏元阵列将获得对应于该条码范围的明暗变化的波信号，处理器对波信号进行滤波、增强、比较等一系列处理后，得出视距和仪器视线标尺读数。不同的厂家采用不同的信号处理识别技术，如德国蔡司 DiNi 系列采用几何法读数，瑞士徕卡 NA 系列采用相关法读数，日本拓普康 DL 系列采用相位法读数。

本节仅以日本拓普康 DL－111C 电子数字水准仪（见图 8-33）为例，对仪器的构造、功能及其使用作一简要介绍（详细内容可参阅该仪器说明书和使用手册）。

## 一、基本原理

拓普康电子数字水准仪采用了相位法读数原理。与其他电子水准仪一样，标尺的条码

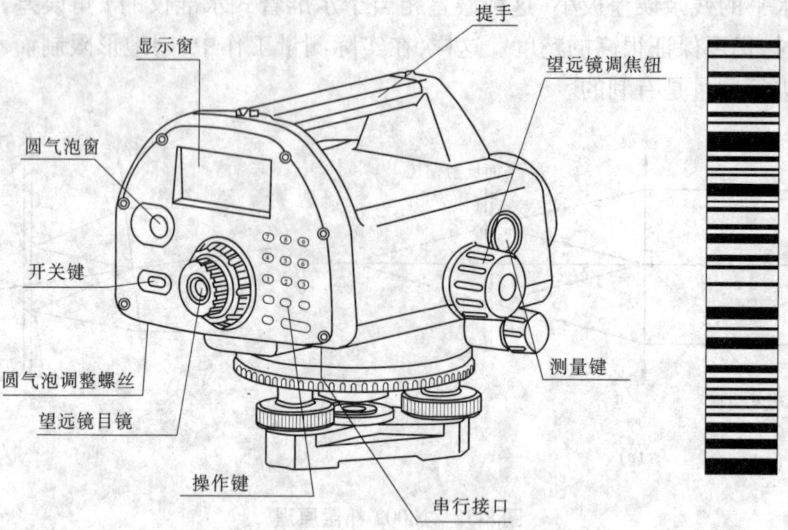


**图 8-33　拓普康 DL－111C 电子数字水准仪和条码标尺**

像经过望远镜、物镜、调焦镜、补偿器的光学部件和分光镜后分成两路：一路成像在阵列 CCD 上，用于进行光电转换；另一路成像在分划板上，供目镜观测。

图 8-34 表示标尺上部分条码的图案，其中有三种不同的码条。R 表示参考码，其中有三条 2 mm 宽的黑色码条，因标尺以黄色为底色，故两条黑色码条之间是一条 1 mm 宽的黄色码条。以中间的黑色码条的中心线为准，每隔 30 mm 就有一组 R 码条重复出现。在每组 R 码条的左边 10 mm 处有一道黑色的 B 码条。在每组参考码 R 的右边 10 mm 处为一道黑色的 A 码条。每组 R 码条两边的 A 和 B 码条的宽窄不相同，仪器设计时安排它们的宽度按正弦规律在 0 到 10 mm 之间变化。其中 A 码条的周期为 600 mm，B 码条的周期为 570 mm。当然，R 码条组两边黄码条宽度也是按正弦规律变化的，这样在标尺长度方向上就形成了亮暗强度按正弦规律周期变化的亮度波。在图中条码的下面画出了波形，纵坐标表示黑条码的宽度，横坐标表示标尺的长度。实线为 A 码的亮度波，虚线为 B 码的亮度波。由于 A 和 B 两条码变化的周期不同，也可以说 A 和 B 亮度波的波长不同，在标尺长度方向上的每一位置上两亮度波的相位差也不同。这种相位差就好像传统水准标尺上的分划，可由它标出标尺的长度。只要能测出标尺某处的相位差，也就可以知道该处到标尺底部的高程，因为相位差可以做到和标尺长度一一对应，即具有单值性，这也是适当选择两亮度波的波长的原因。在 DL－111C 中，A 码的周期为 600 mm，B 码的周期为 570 mm，它们的最小公倍数为 11 400 mm，因此在 3 m 长的标尺上不会有相同的相位差。为了确保标尺底端面，或者说相位差分划的端点相位差具有唯一性，A 和 B 码的相位在此错开了 $\pi/2$。

当望远镜照准标尺后，标尺上某一段的条码就成像在线阵 CCD 上，黄条码使 CCD 产生光电流。随条码宽窄的改变，光电流强度也变化。将它进行模数转换（A/D）后，得到不同的灰度值。图 8-35 表示了视距在 40.6 m 时，标尺上某小段成像到 CCD 上经 A/D 转换后，得到的不同灰度值（纵坐标），横坐标是 CCD 上像素的序号，当灰度值逐一输出时，横轴就代表时间了。从图中的横坐标标记的数字判断，仪器采用了 512 个像素的线阵 CCD。图 8-35 中所示就是包含有视距和视线高信息的测量信号。

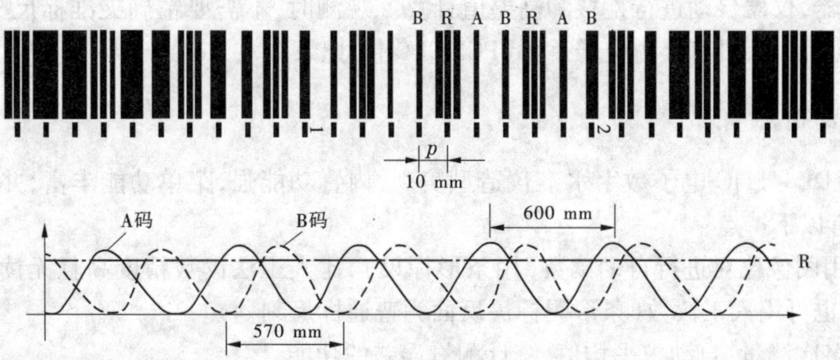


图 8-34　DL－111C 电子数字水准仪

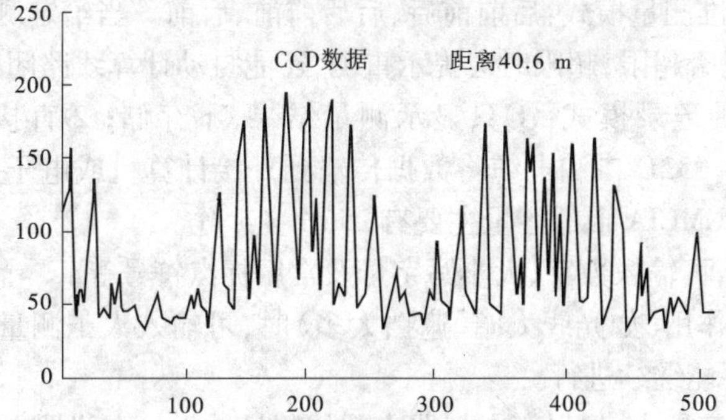


图 8-35　拓普康电子水准仪的测量信号

在拓普康 DL 系列电子水准仪中采用快速傅立叶变换（FFT）计算方法将测量信号在信号分析器中分解成三个频率分量，其中包含 A、B 两码频率的信号，由 A 和 B 两信号的相位求相位差，即得到视线高读数。这只是初读数，因为视距不同时，标尺上的信号波长与测量信号波长的比例不同。虽然在同一视距上 A 和 B 的波长比例相同，可以求出相位差，或说视线高，但是其精度并不高。

R 码是为了提高读数精度和求视距而设置的。设两组 R 码的间距为 $p$（$p=30$ mm）、它在 CCD 线阵上成像所占的像素个数为 $z$，像素宽为 $b$（$b=25$ μm），则 $p$ 在 CCD 线阵上的成像长度为

$$l = zb \tag{8-11}$$

$z$ 可由信号分析中得出，$b$ 是 CCD 光敏窗口的宽度，因此 $l$ 和 $p$ 都为已知数据。根据几何光学成像原理，可以像传统仪器用视距丝测量距离的视距测量原理一样求出视距：

$$D = \frac{p}{lf} \tag{8-12}$$

式中 $f$ 是望远镜物镜的焦距，同时还可以求出物像比：

$$A = \frac{p}{f} \tag{8-13}$$

于是将测量信号放大到与标尺上的一样时，再进行相位测量，就可以精确得到相位差，并确定唯一的视线高读数。

电子数字水准仪的操作方法十分方便，只要将望远镜瞄准标尺并调焦后，按测量键（MEAS），4 s 后即显示中丝读数；再按测距键（DIST），马上显示视距；按存储键可把数据存

入内存存储器，仪器自动进行检核和高差值计算。观测时，不需要精确夹准标尺分划，也不用在测微器上读数，可直接由电子手簿（PCMCIA 卡）记录。

## 二、主要特点

拓普康 DL－111C 电子数字水准仪造型美观，内置功能强，菜单功能丰富，并有各种信息提示，具有以下持点：

（1）利用图像比对进行自动读数（用条形标尺），比人工法读数精度高且无读数误差影响。必要时也可用人工读数（条形码标尺反面为普通标尺刻划）。

（2）有多次测量、自动求平均值、统计测量误差的功能。

（3）具有高程放样和测量水准支点的功能。

（4）有三种路线水准测量模式：后前前后、后后前前、后前。当给定测量限差值时，仪器可自动判别测量误差是否超限，超限时会提示重测，还能自动计算线路闭合差。

（5）DL 系列有四种记录模式：①只显示测量结果，不存储；②直接存储在仪器内存（RAM）中；③通过 RS－232C 口和电缆将数据传输到外接计算机或电子手簿中；④存储到 PCMCIA 卡中。目前，PCMCIA 卡的容量主要有 256 K～4 M。

（6）在字母状态下，可输入数字、大小写字母及常用标点符号等。

（7）当测量键不起作用（如光线太暗、遮挡太多）时，可输入人工测量高程和平距读数，以使线路水准测量程序能继续进行。

（8）虽然仪器显示窗较小，但保存在仪器内部的测量结果可在仪器上用（SRCH）键进行查阅。

（9）若水准标尺倾斜，读数显示窗将不显示读数，这就可以避免因标尺没有扶正导致倾斜而引起系统误差。

（10）DL－111C 安有 320 KB 的内存器（约 6 000 个数据），用于电子手簿记录，测量数据通过接口直接输入到微机磁盘或打印机上，为内外业信息一体化提供了基础。

（11）有倒置标尺功能，适合于天花板、地下水准测量。

（12）可用来概略测定水平角，精确到 1°。

（13）可测量水平距离，测距精度为 1～10 mm。

（14）可按仪器内置程序进行 $i$ 角检验与核正；对检验步骤仪器均有提示，检验后的 $i$ 角值及校正之正确读数均直接显示在屏幕上，整个检校工作十分方便。

（15）每千米往返测标准偏差 0.3 mm，最小读数 0.01 mm。

## 三、基本操作

电子水准仪的操作步骤与光学水准仪基本相同，其步骤为：

（1）安置仪器，将三角架拉升至适当高度，拧紧架腿固定螺丝并使角架顶面大致水平，用架头中心螺丝将仪器固定。

（2）对中，当仪器用于测角或定线时，应用锤球对中地面标志点，当只进行水准测量时，可省去这一步骤。

（3）整平，旋转三个脚螺旋使圆水准器气泡居中。

（4）调焦及照准，旋转目镜调焦螺旋，使十字丝清晰，在望远镜照准标尺后通过物镜调焦螺旋,将标尺调焦清晰,以消除视差,并通过调节水平微动螺旋,使望远镜严格照准标尺。

(5)开机,依主菜单选择相应的测量模式,按相应的测量键,得水平视线读数及平距。

具体作业步骤如下:

按下开机键(POWER)后,水准仪首先显示商标,然后显示关机前的屏幕。

接下来在主菜单中选择标准测量模式。该模式只用来测量标尺读数和距离,而不进行高程计算。选择“数据输出”为“内存”或“CF 卡”时,则需输入作业名和有关注记,所有的观测值记录到内存或数据卡中,每次观测进行三次测量。操作内容见表 8-6。

**表 8-6 操作内容**

| 操作过程 | 操作 | 显示 |
| --- | --- | --- |
| ①按[ENT]键<br>②输入作业名并按[ENT]※1),3); | [ENT] | 主菜单<br>>标准测量模式<br>线路测量模式<br>检校模式<br><br>标准测量模式<br>作业?<br>－>J01 |
| ③输入测量号并按[ENT]※2),3); | 输入作业名<br>[ENT] | 标准测量模式<br>测点?<br>－>1 |
| ④输入注记1 3 并按[ENT]※1),3);<br>• 要跳过注记并直接地进入步骤(5),只要在‘Info2’提示时按[ENT]键即可。 | 输入测量号<br>[ENT]<br>输入注记1<br>[ENT]<br>输入注记2<br>[ENT]<br>输入注记3<br>[ENT] | 标准测量模式<br>注记#1?<br>=><br><br>标准测量模式<br>注记#2?<br>=><br><br>标准测量模式<br>注记#3?<br>－> |
| ⑤瞄准标尺;<br>⑥按[MEAS]键:<br>进行三次测量并且显示平均 N 秒※4),5);<br>• 若水准仪设置为连续测量,则按[ESC]键,这时屏幕显示最后一次测量值 N 秒; | 瞄准标尺<br>[MEAS]<br>连续测量<br>[ESC] | 标准测量模式<br>按[MEAS]开始观测<br>测量:1<br><br>标准测量模式<br>开始观测<br>>>>>>>>>>>>> |
| ⑦按[REC]键,存储显示的数据※6) | [REC] | 标准测量模式<br>标尺:1.500 23 m<br>视距:19.940 m<br>测量:1 |

测量完毕，屏幕将显示标尺均值、视距均值及测量次数、标准偏差等。按▲键交替显示屏幕内容。

线路测量模式与标准测量模式操作基本相同，操作过程同全站仪类似，其他详细操作见操作手册。

### 四、应注意的几点

（1）不要将镜头对准太阳，将仪器直接对准太阳会损伤观测员眼睛及损坏仪器内部电子元件。在太阳较低或阳光直接射向物镜时，应用伞遮挡。

（2）条纹编码尺表面保持清洁，不能擦伤，仪器是通过读取尺子黑白条纹来转换成电信号的，如果尺子表面粘上灰尘、污垢或擦伤，会影响测量精度或根本无法测量。

（3）尽量采用木脚架。金属脚架易受震动，影响测量精度。

（4）为使仪器免受震动，在仪器运输中特别要注意。

（5）不能使仪器直接晒在太阳下。高温（50 ℃）环境对仪器是不利的，同时也要防止温度的急速变化，当仪器从车子中取出或从仪器箱取出后，应使仪器慢慢与周围环境相适应，温度的急速变化对测量有影响。

（6）电池电压检查。测量前，须对电池电压进行检查，如果发现电压太低，应充电或更换电池。

（7）同一测段的往测与返测，宜分别在上午与下午进行。

（8）考虑折光影响，在视距 $<30$ m 时，前、后视距差不应超过 0.5 m，其累积误差不超过 1.0 m，视线高度在 0.5 m 以上。

（9）仪器到测量标尺最短可测量距离为 2 m。

（10）测量时调焦清晰程度，一般只影响测量时间，对测量精度无显著影响。

（11）测量时标尺应尽量立在阳光下，并使尺子的照度均匀。视场中的阴影会使仪器无法读数。视线中的遮挡率与视距成正比，即距离越远，遮挡率越大。只要遮挡率小于 30%，即使十字丝中心遮挡，此时也能读数。

## 第六节　精密水准仪的检验与校正

水准仪的结构及各部件应满足的要求在制造、安装和调整的过程中不可能完全满足，即使在制造时满足了这些要求，在搬运和使用过程中也会发生变化，产生仪器误差，给观测结果带来影响。本节的目的在于对仪器误差进行检验和校正，把这些误差限制在一定的范围内。

精密水准仪的检验项目很多，本节仅介绍每期作业开始前必须的检验项目及其校正。

### 一、水准仪的检视

对水准仪作检视是在外观上对水准仪作出评价，检视情况要作记载。检视内容如下：

（1）外观。各部件是否清洁，有无碰伤划痕、污点、脱胶、镀膜脱落等现象。

（2）转动部件。转动部件、各转动轴和调整制动螺旋等，转动是否灵活、平稳；各部件有无松动、失调、明显晃动；螺纹的磨损程度等。

（3）光学性能。望远镜视场是否明亮、清晰、均匀，调焦性能是否正常等。若距离 100 ~

150 m 的标尺分划呈像模糊，则此仪器不能使用。

(4)补偿性能。自动安平水准仪的补偿器是否正常，有无粘摆现象。

(5)设备件数、仪器部件及附件和备用零件是否齐全。

## 二、圆水准器安置正确性的检验与校正

对于水准管式水准仪，其概略整平水准器的形式，不同的仪器将有所不同(有的仪器是圆水准器，有的是两个正交的水准管)，但必须满足水准器的水准器轴与仪器的垂直轴平行或正交的要求。检验和校正的方法是：

用脚螺旋将水准器气泡导至中央，然后旋转仪器 180°，此时若气泡偏离中央，则用脚螺旋改正偏差的一半，水准器改正螺旋改正另外一半，以使气泡回到中央。如此反复检校，直到仪器无论转到任何方向，气泡中心始终位于中央为止。

上述检校完成后，对于水准管式水准仪应立即把倾斜螺旋的位置标记下来。在作业过程中，每站结束后，应使倾斜螺旋回到这个标准位置。这样，到下一站只要把概略整平水准器气泡整置居中，管状水准器(即符合水准器)气泡两端的影像的分离不会超过 1 cm。

在作业过程中，应随时进行这项检校。

## 三、光学测微器隙动差和分划值的测定

由光学测微器构造和原理知道，光学测微器的作用，在于精确量取标尺整分划以下的数值。因此，当转动测微螺旋使望远镜水平中丝在标尺上移动一个分格时，测微尺必须从其零分划线移动到最末一个划线，即测微尺的长度必须与标尺一个整分格的长度相等，否则，就将给观测结果带来误差影响。为此，要进行光学测微器分划值的测定。另外，在使用测微器进行读数时，不论旋出或旋进测微螺旋，其测量结果应相同，否则，说明光学测微器具有隙动差。应测定隙动差的大小。

转动测微螺旋使测微器(测微鼓或测微尺)移动 $L$ 个分划，视线在标尺上相应地移动一段距离 $d$，则测微器的格值(即分划值) $g$ 为

$$g = \frac{d}{L}$$

对标尺的同一分划，用测微器进行旋进和旋出读数，根据旋进和旋出的读数之差 $\Delta$ 的大小，就可以评定测微器的效用正确性。

以上两项测定同时进行，方法如下：

在距仪器 5 ~6 m 处垂直竖立一支三等标准金属线纹尺或其他同等精度钢尺作标准尺，用其 1 mm 分划面进行此项检验。

测定开始时将仪器整置水平，并将测微器转到零分划附近处，调整标准尺高度使十字丝中丝与一标准尺分划线重合，此时测微器上的读数应在 0 ~3 格范围。

一测回操作如下：

往测：旋进(或旋出)光学测微器，依次照准标准尺上的 6 根分划线(间隔共 5 mm)，每次照准时，使中丝与分划线精密重合，并读取测微器读数为 $a$。

返测：往测后马上进行返测，旋出(或旋进)光学测微器，以相反的方向依次照准往测测过的 6 根分划线，读取测微器读数为 $b$。

以上为一测回,5 个测回构成一组。共应进行三组观测。若为新仪器首次测定,则三组应在不同温度下进行。

测定的记录和计算格式见表 8-7 和表 8-8。最后算得的测微器平均格值 $g$ 与名义值之差应不大于 0. 001 mm。最后算得的平均测微器隙动差,不得大于 2 格,上述两项指标若有超限的,该仪器禁止使用,应送厂修理。

在实际作业中,为了避免光学测微器效用不正确给观测结果带来误差,测微器应以旋进的动作结束操作。

**表 8-7　光学测微器隙动差和分划值的测定**

仪　器:Ni002,№430271　　　　日期:1989 年 7 月 28 日　　　　距离:8 m

观测者:　　　　记录者:　　　　检查者:

| 组数 | 时间和温度（℃） | 测回 | 检测尺读数 往返 | 504 | 505 | 506 | 507 | 508 | 509 | 始末分划转动量 $L$ |
|---|---|---|---|---|---|---|---|---|---|---|
| | | | | 测微器读数 | | | | | | |
| Ⅰ | 日期 7-28 | 1 | 往测 $a$ | 00. 4 | 20. 8 | 40. 4 | 60. 4 | 80. 4 | 100. 2 | 99. 8 |
| | 始 | | 返测 $b$ | 01. 6 | 21. 4 | 40. 8 | 61. 6 | 81. 2 | 100. 8 | 99. 2 |
| | 15:00 | 2 | 往测 $a$ | 00. 4 | 20. 0 | 40. 4 | 61. 0 | 80. 6 | 100. 0 | 99. 6 |
| | 末 | | 返测 $b$ | 00. 8 | 21. 4 | 41. 8 | 61. 6 | 81. 8 | 101. 4 | 100. 4 |
| | 15:15 | 3 | 往测 $a$ | 00. 6 | 21. 0 | 40. 8 | 60. 4 | 80. 8 | 100. 2 | 99. 6 |
| | | | 返测 $b$ | 01. 8 | 21. 6 | 41. 4 | 61. 6 | 82. 0 | 101. 8 | 100. 0 |
| | | 4 | 往测 $a$ | 01. 0 | 20. 6 | 40. 2 | 60. 6 | 80. 2 | 100. 2 | 99. 2 |
| | | | 返测 $b$ | 01. 8 | 21. 0 | 41. 6 | 61. 4 | 81. 4 | 101. 8 | 100. 0 |
| | | 5 | 往测 $a$ | 0 | 20. 2 | 40. 4 | 60. 8 | 80. 4 | 100. 8 | 100. 8 |
| | 始 | | 返测 $b$ | 01. 0 | 21. 4 | 41. 4 | 61. 8 | 81. 0 | 101. 4 | 100. 4 |
| | 28. 0 ℃ | 中 | 往测 $a_0$ | 0. 48 | 20. 52 | 40. 44 | 60. 64 | 80. 48 | 100. 28 | 99. 80 |
| | 末 | 数 | 返测 $b_0$ | 1. 40 | 21. 36 | 41. 40 | 61. 60 | 81. 48 | 101. 44 | 100. 04 |
| | 28. 5 ℃ | 差 | $a_0 - b_0$ | −0. 92 | −0. 84 | −0. 96 | −0. 96 | −1. 00 | −1. 16 | −5. 84 |
| Ⅱ | 日期 7-29 | 1 | 往测 $a$ | 01. 8 | 21. 4 | 42. 0 | 61. 8 | 82. 2 | 101. 0 | 99. 2 |
| | 始 | | 返测 $b$ | 03. 8 | 23. 4 | 44. 0 | 63. 8 | 83. 6 | 102. 8 | 99. 0 |
| | 15:00 | 2 | 往测 $a$ | 03. 8 | 22. 6 | 43. 4 | 62. 8 | 82. 6 | 103. 0 | 99. 2 |
| | 末 | | 返测 $b$ | 03. 0 | 23. 2 | 43. 4 | 64. 0 | 83. 8 | 103. 8 | 100. 8 |
| | 15:21 | 3 | 往测 $a$ | 03. 0 | 22. 8 | 42. 6 | 62. 4 | 82. 4 | 102. 4 | 99. 4 |
| | | | 返测 $b$ | 03. 0 | 22. 8 | 43. 2 | 62. 4 | 82. 8 | 103. 0 | 100. 0 |
| | | 4 | 往测 $a$ | 02. 8 | 22. 4 | 42. 6 | 62. 2 | 82. 8 | 103. 2 | 100. 4 |
| | | | 返测 $b$ | 03. 6 | 23. 2 | 43. 8 | 63. 4 | 83. 0 | 103. 8 | 100. 2 |
| | | 5 | 往测 $a$ | 02. 8 | 22. 4 | 43. 0 | 62. 6 | 82. 8 | 103. 8 | 101. 0 |
| | 始 | | 返测 $b$ | 03. 0 | 23. 6 | 42. 8 | 63. 2 | 83. 0 | 103. 0 | 100. 0 |
| | 20. 0 ℃ | 中 | 往测 $a_0$ | 2. 84 | 22. 32 | 42. 72 | 62. 36 | 82. 56 | 102. 68 | 99. 84 |
| | 末 | 数 | 返测 $b_0$ | 3. 28 | 23. 24 | 43. 44 | 63. 36 | 83. 24 | 103. 28 | 100. 00 |
| | 20. 5 ℃ | 差 | $a_0 - b_0$ | −0. 44 | −0. 92 | −0. 72 | −1. 00 | −0. 68 | −0. 60 | −4. 36 |

注:第Ⅲ组观测之记录与计算略去。

表 8-8 光学测微器隙动差与分划值计算

| 组别 | 温度（℃） | 往测（旋进）<br>返测（旋出） | 标准尺始末分划间隔（mm） | $l$ 间隔在测微器上的转动量格 |
|---|---|---|---|---|
| Ⅰ | 28.2 | 往测 | 5 | 99.80 |
| | | 返测 | 5 | 100.04 |
| Ⅱ | 20.2 | 往测 | 5 | 99.84 |
| | | 返测 | 5 | 100.00 |
| Ⅲ | 14.5 | 往测 | 5 | 99.98 |
| | | 返测 | 5 | 100.04 |
| 总和 | | | 30 | 599.70 |
| 计算 | $g=\sum l/\sum L=30/599.70=0.0503$ mm/格<br>$\sum(a_0-b_0)=-11.88\ t$<br>$\Delta=-11.88/18=-0.66\ t$ | | | |

## 四、水准仪 $i$ 角误差和交叉误差的检校

对水准管式水准仪，视准轴应平行于符合水准器的水准器轴。由于种种原因，仪器不可能完全满足这一要求，即视准轴 $BB'$ 与水准器轴 $AA'$ 既不在同一平面上又不相互平行。如图 8-36所示，它们在水平面上的投影线 $B_2B'_2$、$A_2A'_2$ 的夹角称为交叉误差；它们在垂直面上的投影线 $B_1B'_1$、$A_1A'_1$ 的夹角称为 $i$ 角。

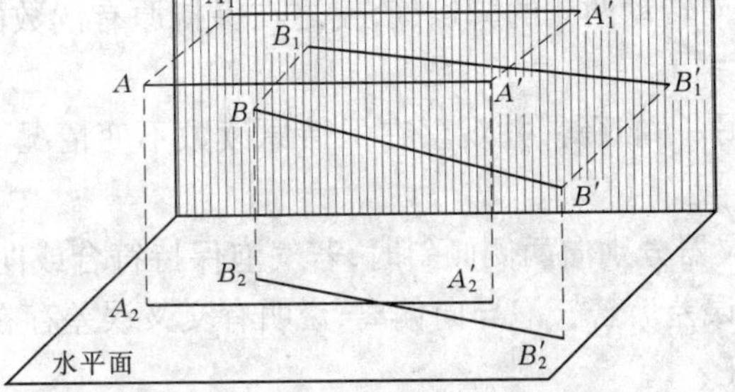


图 8-36 水准仪 $i$ 角误差和交叉误差

对于补偿式自动安平水准仪，经补偿后得到的视准线与水平面间的夹角亦称为 $i$ 角。

### （一）检验、校正交叉误差和 $i$ 角的目的

水准测量测定的高差，是在视准轴水平的条件下，照准前后标尺读数而得到的。视准轴的水平是借助符合水准器调平的。如果视准轴与符合水准器轴不平行（即存在 $i$ 角），那么，当把符合水准器水准器轴调整水平以后，视准轴并不水平；对于自动安平水准仪，$i$ 角的存在，就是指经补偿后的视准线仍不水平。$i$ 角的存在必然给观测高差带来误差。另外，外界因素的影响，也能引起仪器结构关系的微小变化，即 $i$ 角随外界因素的变化而变化。因此，《水准规范》规定：作业开始后的第一个星期内水准管式水准仪每天检验 $i$ 角两次，上、下午

各一次。自动安平水准仪可只每天检验一次。若 $i$ 角较稳定,以后每隔 15 天检验一次。经检验,若 $i$ 角超出规定的限值,就要进行校正。

对于水准管式水准仪经过 $i$ 角校正,即使 $i$ 角为零,也只能使视准轴与水准器轴在垂直面内平行,交叉误差仍然存在。这时,就是在某一方向上视准轴水平,当改变仪器的照准方向以后仍不能保证视准轴水平,从而给观测带来误差影响。因此,在进行 $i$ 角检校的同时,还必须进行交叉误差的检校。

**(二)交叉误差的检验与校正**

检校时,应先进行交叉误差的检校,接着进行 $i$ 角的检校。

若不存在交叉误差,仪器整平后,仪器绕视准轴左右倾斜时,符合水准器气泡将不发生偏离;若偏离,说明存在交叉误差。根据这一特征,采取下述方法进行检校。

(1)将水准仪安置在距标尺约 50 m 处,并使其一个脚螺旋位于仪器至标尺的照准面内,如图 8-37 所示。

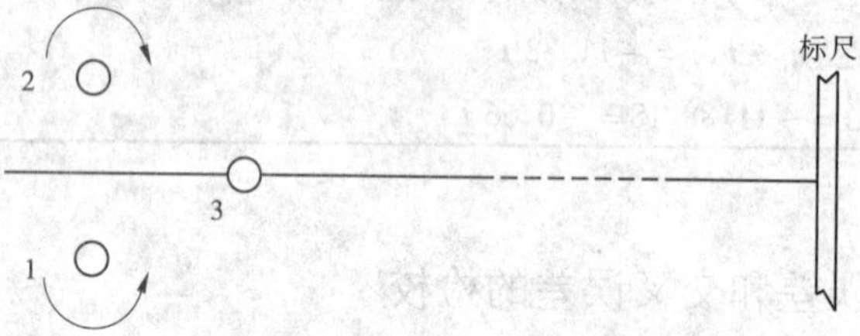


**图 8-37　交叉误差的检验与校正**

(2)整平仪器,并用倾斜螺旋使符合水准器气泡两端精密符合。转动测微螺旋,精确照准标尺,读、记读数(即标尺上的读数和测微器读数均应读、记下来)。

(3)按图 8-37 所示的脚螺旋的旋转方向,将视准轴左侧的脚螺旋旋转两周,再旋转视准轴右侧的脚螺旋,使仪器仍照准(2)款时所照准的标尺分划线,观察气泡两端是否符合或互相偏离若干距离,然后反向转动两侧的脚螺旋,使之在保持原有读数的情况下,气泡恢复符合的位置。

(4)同法,使仪器向另一侧倾斜,并观察在保持原读数不变情况下,气泡两端是否符合或互相离开若干距离。

(5)通过上述检验,仪器分别向两侧倾斜时,若气泡保持符合或向同一方向分离相等的距离,则表示不存在交叉误差。若气泡异向偏离,说明有交叉误差存在。当异向分离大于 2 mm 时,须按下述方法校正:

将符合水准器侧方的一个改正螺旋旋松,将另一改正螺旋旋紧,使符合气泡向左、右移动,直至气泡恢复符合为止。

对于某一台水准仪来说,可能同时存在交叉误差和 $i$ 角。当水准器轴与视准轴之间只存在 $i$ 角时,仪器绕视准轴向左或向右倾斜相同角度时,符合水准器气泡移动方向相同、移动量相等。根据这一原理,在检验交叉误差的过程中,使仪器分别向左、右倾斜相同量时,作出如下判断:

(1)符合水准器气泡两半像保持密合,说明仪器既无交叉误差又无 $i$ 角。

(2)气泡同方向移动相同距离时,无交叉误差但有 $i$ 角。

(3)气泡异向移动相同距离时,有交叉误差无 $i$ 角。

(4)气泡异向移动不同距离时，既有交叉误差又有 $i$ 角，且交叉误差大于 $i$ 角。

(5)气泡同向移动不同距离时，$i$ 角大于交叉误差。

## (三) $i$ 角的检验与校正

1. 场地准备

如图 8-38 所示，在平坦的场地上选取一直线 $I_1ABI_2$，使 $I_1A = BI_2$，并为 5 ~ 7 m，使 $I_1B$ 为 40 ~ 50 m。这里 $I_1$、$I_2$ 为架仪器点，$A$、$B$ 为标尺立尺点。在 $A$、$B$ 处应打入尺桩或者顶面有圆帽钉的木桩。

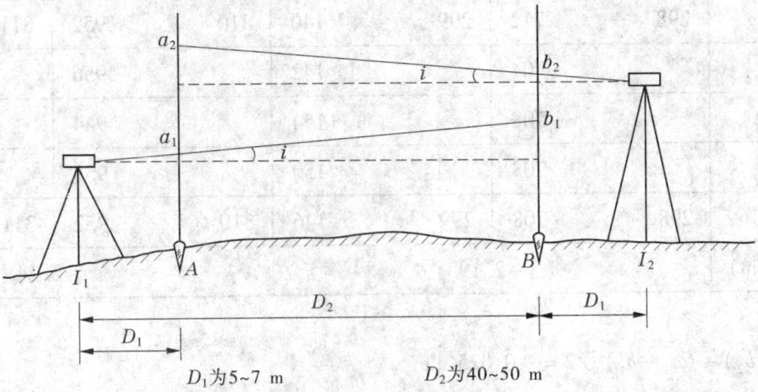


图 8-38　$i$ 角检校

2. 观测方法

将仪器置于 $I_1$，并整平。按水准测量的方法，照准 $A$ 标尺并读数 4 次。对于双摆位自动安平水准仪，1、4 次置摆Ⅰ位置，2、3 次置摆Ⅱ位置。再照准 $B$ 标尺，照样读数 4 次。然后将仪器置于 $I_2$，并整平。仍按上述方法，先后对 $A$、$B$ 标尺照准并读数。记录格式见表 8-9。

3. $i$ 角计算

由图 8-38 可知，由 $I_1$ 处的观测可算得 $A$、$B$ 点的高差为

$$h_1 = (a_1 - i \cdot D_1) - (b_1 - i \cdot D_2) = (a_1 - b_1) + i(D_2 - D_1)$$

由 $I_2$ 处的观测可算得

$$h_2 = (a_2 - i \cdot D_2) - (b_2 - i \cdot D_1) = (a_2 - b_2) - i(D_2 - D_1)$$

由于 $h_1$ 应等于 $h_2$，两式相减得

$$(a_1 - b_1) - (a_2 - b_2) + 2i(D_2 - D_1) = 0$$

解得

$$i = \frac{(a_2 - b_2) - (a_1 - b_1)}{2(D_2 - D_1)}$$

令

$$\Delta = \frac{(a_2 - b_2) - (a_1 - b_1)}{2} \tag{8-14}$$

并顾及 $i$ 以角秒为单位，再考虑地球弯曲差的影响，得到

$$i = \frac{\Delta \cdot \rho}{D_2 - D_1} - (D_1 + D_2) \times 1.61 \times 10^{-5} \tag{8-15}$$

实际计算时，$a_1$、$b_1$、$a_2$、$b_2$ 都是取相应 4 次读数的中数。计算示例见表 8-9。

表 8-9　$i$ 角的检校

仪器:Ni004　№71001　　方法:$I_1ABI_2$　　观测者:

日期:1989-8-10　　标尺:10796　10797　　记录者:

时间:8:10　　呈像:清晰稳定　　检查者:

| 仪器距近标尺距离 $D_1=6.0$ m,仪器距远标尺距离 $D_2=41.0$ m | | | | | | | | |
|---|---|---|---|---|---|---|---|---|
| 仪　器　站 | $I_1$ | | | | $I_2$ | | | |
| 观测次序 | A 尺读数 $a_1$ | | B 尺读数 $b_1$ | | A 尺读数 $a_2$ | | B 尺读数 $b_2$ | |
| 1 | 298 | 712 | 299 | 140 | 310 | 952 | 311 | 394 |
| 2 | | 704 | | 142 | | 956 | | 410 |
| 3 | | 708 | | 154 | | 944 | | 396 |
| 4 | | 708 | | 150 | | 958 | | 400 |
| 中数 | 298 | 708 | 299 | 146 | 310 | 952 | 311 | 400 |
| 高差$(a-b)$(mm) | −2.19 | | | | −2.24 | | | |

方法:$I_1ABI_2$

$$\Delta=[(a_2-b_2)-(a_1-b_1)]/2=-0.025\text{ mm}$$

$$i=\Delta\cdot\rho/(D_2-D_1)-1.61\times10^{-5}\cdot(D_1+D_2)=-0.147-0.757=-0.90''$$

校正:$a'_2=a_2-\Delta\cdot D_2/(D_2-D_1)=$

$b'_2=b_2-\Delta\cdot D_1/(D_2-D_1)=$

4. $i$ 角校正的有关规定和方法

用于一、二等水准测量的仪器,其 $i$ 角不得超过 ±15″;用于三、四等水准测量的仪器,其 $i$ 角不得超过 ±20″。否则,应进行校正,对于自动安平水准仪,应送有关修理部门进行校正。对水准管式水准仪,按下述方法校正:

在 $I_2$ 处,用倾斜螺旋使望远镜视准轴照准 A 标尺上正确读数 $a'_2$

$$a'_2=a_2-\Delta\cdot D_2/(D_2-D_1)\tag{8-16}$$

这时符合水准气泡将不符合,转动符合水准器的上、下改正螺旋,使气泡符合。然后照准 B 标尺读取读数 $b'_2$,它应与计算的 $b'_2=b_2-\Delta\cdot D_2/(D_2-D_1)$一致。以此作为校正 $i$ 角的检核。校正应反复进行,直至满足要求。

## 第七节　精密水准标尺的检验与校正

《水准规范》规定,一、二等水准测量每期作业前,水准标尺应进行以下六项检验:

(1)标尺的检视;

(2)标尺上圆水准器的检校;

(3)标尺分划面弯曲差的测定;

(4)标尺名义米长及分划偶然中误差的测定;

(5)标尺尺带拉力的测定;

（6）一对水准标尺零点不等差及基辅分划读数差的测定。

上述的（4）、（5）两项检验应送有关检定部门进行检验，其余由测量作业人员进行。此外，对一、二等水准测量，当测区水准点间平均高差超过 150 m 时，每月应使用野外比长器进行一次一对标尺名义米长的检测，作业期超过三个月时，也应增加标尺名义米长的野外检测和标尺分划面弯曲差测定各一次。作业后还须进行（3）、（4）、（5）项检验各一次。

对于三、四等水准测量，每期作业前除进行上面的（1）、（2）、（3）、（6）项检验外，还由作业人员自己进行名义米长的测定和标尺分米分划误差的测定。作业后还须进行分划面弯曲差和名义米长测定。作业期超过三个月，中间还须加测此两项。

本节讲述前述的（1）、（2）、（3）、（6）项和标尺名义米长的检测方法。至于标尺分米分划误差的测定，请读者参看《国家三、四等水准测量规范》。

## 一、水准标尺的检视

首先检视标尺结构是否完好，因瓦合金带尺与尺身的连接是否牢固，还应检视标尺扶尺环转动是否灵活，标尺底板有无损坏，标尺圆水准器是否完好等。刻划线和注记是否粗细均匀、清晰，有无异常伤痕，能否读数。

## 二、水准标尺上圆水准器安置正确性的检验与校正

水准测量，要求标尺垂直树立（即标尺与立尺点铅垂线一致），否则，将给观测结果带来误差影响。标尺是否垂直树立，是依靠标尺圆水准器居中来指示的。因此，标尺圆水准器安置是否正确，即圆水准器轴与标尺轴线是否平行，应加以检验和校正。

检验和校正的方法是，先将水准仪整置水平，在距水准仪约 50 m 处树立标尺。扶尺员按观测员的指挥，使标尺的边沿与视野中垂直丝重合，此时标尺圆水准器应居中，否则，应用改针调整圆水准器的改正螺旋使气泡居中。这时，说明在这个方向标尺圆水准器轴与标尺轴线已经平行；再将标尺转 90°，使标尺边沿与垂直丝重合，观察气泡是否居中并校正。如此反复进行多次；直至上述两个位置的标尺边沿与垂直线重合时，圆水准器气泡均居中为止。进行此项检验时，仪器垂直丝应是垂直的，否则应先校正仪器垂直丝。

## 三、标尺分划面弯曲差（矢距）的测定

标尺分划面全长应该笔直，如果有弯曲，将使观测读数偏大，对水准路线的高差造成系统性的误差影响。

标尺分划面是否笔直，用弯曲差（矢距）来表示。所谓矢距，就是分划面两端点连线的中点到标尺分划面的垂距。矢距愈大，表示弯曲愈大。

测定矢距的方法是：在标尺两端之间引张一条很细的直线，在标尺尺面的两端及中点分别量取标尺分划面到此直线的距离。两端距离读数的中数与中点读数之差即为矢距。对于线条式因瓦合金标尺，矢距不得大于 4 mm；区格式木质标尺的矢距不得大于 8 mm。若超过上述数值，应更换标尺；若不能更换标尺，应按下式对标尺长度加以改正

$$\Delta l = \frac{8f^2}{3l} \tag{8-17}$$

式中：$f$ 为矢距；$l$ 为标尺长度；$\Delta l$ 为矢距引起的标尺长度改正数。

## 四、一对水准标尺名义米长的测定

标尺上的名义上相距 1 m 的两条分划线之间的真实长度如果与其名义长度不相等，将给高差带来系统性的误差影响。这种误差影响在观测过程中无法发现，而且无法通过观测程序消除。尤其在高差较大地区，这种误差影响不容忽视。因而要对标尺名义米长进行检测，根据检测结果采取计算改正数或避免使用该标尺等措施。

名义米长的检测是用一级线纹米尺作为检查尺，在标尺上取若干个 1 m 间隔进行测定，以各个间隔测定结果的中数作为这根标尺的平均名义米长。两根标尺的平均名义米长的中数，就是一副标尺的平均名义米长。

一级线纹米尺的全长为 105 cm，尺面的两边分别刻有 102 cm 的分划线，一边的分划间隔为 1 mm；另一边的分划间隔为 0. 2 mm。尺身上装有两个放大镜，可沿尺身滑动，以便读数。在尺身中央凹槽内装有一个温度计。

每根检查尺都有其尺长方程式，尺长方程式的一般形式为

$$L = 1\,000 \text{ mm} + \Delta L + \alpha(t - t_0) \tag{8-18}$$

经国家计量部门对该检查尺检定后，给出这根检查尺的 $\Delta L$、$\alpha$ 和 $t_0$ 的数值。其中，$t_0$ 是国家计量部门检定这根检查尺尺长时的标准温度；$\Delta L$ 是温度为 $t_0$ 时的尺长改正数；$\alpha$ 为这根检查尺的膨胀系数。例如№1119 号检查尺，经国家计量部门对其进行检定后，得到的尺长方程式为

$$L = (1\,000 - 0.07) \text{ mm} + 18.5 \text{ mm} \times 10^{-3}(t - 20\ ℃)$$

用一级线纹米尺测定标尺名义米长的方法是：

测定开始前两小时，将检查尺和被检标尺取出，放在温度稳定的室内，使尺子的温度充分一致，然后，将被检水准标尺平放在一平台上，使标尺背面与平台充分接触。

对每根标尺的两排分划线均应测定。每排分划要进行往、返测。每排分划的往、返测各取三个米间隔（以有基本分划和辅助分划的线条式因瓦合金标尺为例），具体数字是：

基本分划

往测　0. 25 m ~ 1. 25 m，0. 85 m ~ 1. 85 m，1. 45 m ~ 2. 45 m；

返测　2. 75 m ~ 1. 75 m，2. 15 m ~ 1. 15 m，1. 55 m ~ 0. 55 m。

辅助分划

往测　0. 40 m ~ 1. 40 m，1. 00 m ~ 2. 00 m，1. 60 m ~ 2. 60 m；

返测　2. 90 m ~ 1. 90 m，2. 30 m ~ 1. 30 m，1. 70 m ~ 0. 70 m

往测：首先测定第一个间隔（0. 25 m ~ 1. 25 m）。把检查尺放在被检标尺尺身上，使检查尺有 0. 2 mm 分划的一边与标尺的因瓦带尺相合。两个观测员分别用两个放大镜在 0. 25 m 和 1. 25 m 处读数。读数时分别以标尺的 0. 25 m 和 1. 25 m 分划线的下边沿作为指标，两观测员同时读出检查尺的分划数（估读至 0. 02 mm）；以同样的方法，再以标尺的这两个分划线的上边沿为指标进行读数。两次左、右两端读数差的较差不应大于 0. 06 mm，否则应立即重测。如此依次再测定其余两个间隔，共三个间隔。每测定一个间隔，读取温度一次。

返测：返测时，两观测员互换位置，按上述方法测定返测的三个间隔。

测定的记录、计算示例见表 8-10。

## 表 8-10　水准标尺名义米长的测定

标尺:线条式因瓦合金水准标尺 10797　　　　观测者:刘志军、王文东

检查尺:一级线纹米尺№1119　　　　记录者:杨得立

日期:1993 年 5 月 20 日　　　　检查者:杨得立

$$L = (1\ 000 - 0.07)\ \text{mm} + 18.5\ \text{mm} \times 10^{-3}(t - 20\ ℃)$$

| 分划面 | 往返测 | 标尺分划间隔 | 温度 | 检查尺读数 | | 右-左 | | 检查尺尺长及温度改正 | 分划面名义米长 |
|---|---|---|---|---|---|---|---|---|---|
| | | | | 左端 | 右端 | 右-左 | 中数 | | |
| 1 | 2 | 3 | 4 | 5 | 6 | 7 | 8 | 9 | 10 |
| | | m | ℃ | mm | mm | mm | mm | mm | mm |
| 基本分划 | 往测 | 0.25 ~ 1.25 | 24.7 | 1.24 | 1 001.22 | 999.98 | | | |
| | | | | 4.24 | 1 004.20 | 999.96 | 999.97 | +0.017 | 999.987 |
| | | 0.85 ~ 1.85 | 24.9 | 0.48 | 1 000.46 | 999.98 | | | |
| | | | | 3.48 | 1 003.48 | 1 000.00 | 999.99 | +0.021 | 1 000.011 |
| | | 1.45 ~ 2.45 | 24.9 | 2.38 | 1 002.40 | 1 000.02 | | | |
| | | | | 5.36 | 1 005.38 | 1 000.02 | 1 000.02 | +0.021 | 1 000.041 |
| | 返测 | 2.75 ~ 1.75 | 25.0 | 0.42 | 1 000.38 | 999.96 | | | |
| | | | | 3.42 | 1 003.40 | 999.98 | 999.97 | +0.022 | 999.992 |
| | | 2.15 ~ 1.15 | 25.0 | 0.72 | 1 000.68 | 999.96 | | | |
| | | | | 3.70 | 1 003.68 | 999.98 | 999.97 | +0.022 | 999.992 |
| | | 1.55 ~ 0.55 | 25.0 | 0.52 | 1 000.48 | 999.96 | | | |
| | | | | 3.52 | 1 003.48 | 999.96 | 999.96 | +0.022 | 999.982 |
| 辅助分划 | 往测 | 0.40 ~ 1.40 | 25.0 | 1.30 | 1 001.28 | 999.98 | | | |
| | | | | 4.32 | 1 004.28 | 999.96 | 999.97 | +0.022 | 999.992 |
| | | 1.00 ~ 2.00 | 25.0 | 1.82 | 1 001.76 | 999.94 | | | |
| | | | | 4.80 | 1 004.78 | 999.98 | 999.96 | +0.022 | 999.982 |
| | | 1.60 ~ 2.60 | 25.0 | 0.78 | 1 000.76 | 999.98 | | | |
| | | | | 3.76 | 1 003.76 | 1 000.00 | 999.99 | +0.022 | 1 000.012 |
| | 返测 | 2.90 ~ 1.90 | 25.0 | 2.30 | 1 002.30 | 1 000.00 | | | |
| | | | | 5.26 | 1 005.24 | 999.98 | 999.99 | +0.022 | 1 000.012 |
| | | 2.30 ~ 1.30 | 25.0 | 1.56 | 1 001.56 | 1 000.00 | | | |
| | | | | 4.54 | 1 004.52 | 999.98 | 999.99 | +0.022 | 1 000.012 |
| | | 1.70 ~ 0.70 | 25.0 | 0.64 | 1 000.62 | 999.98 | | | |
| | | | | 3.62 | 1 003.62 | 1 000.00 | 999.99 | +0.022 | 1 000.012 |
| 一根标尺名义米长 | | | | | | | | | 1 000.002 |
| 一对标尺平均名义米长 | | | | | | | | | 1 000.004 |
| 另一标尺 10789 的检验记录从略,其名义米长 | | | | | | | | | 1 000.006 |

算出每个米间隔的名义米长之后,取 12 个米间隔名义米长的平均值作为一根标尺的名义米长。它与 1 000 mm 之差,对于用于一、二等的线条式因瓦标尺,不应超过 ±0.1 mm,否则禁止使用。取两根标尺的名义米长平均值作为一对标尺的名义米长,定义一对标尺名义米长偏差为

$$f = \text{一对标尺名义米长} - 1\,000 \text{ mm} \tag{8-19}$$

该值对于一、二等水准测量不得超过 ±0.05 mm,对于三、四等水准测量不得超过 ±0.5 mm。否则禁止使用该对标尺。

对于三、四等水准测量,作业人员用上述方法测得名义米长偏差值 $f$ 将用于观测高差的改正计算。

对于一、二等水准测量,标尺名义米长的测定是在测前、测后送有关检定单位进行,并用该两次测定的结果进行观测高差的标尺长度改正。作业人员只在外业用上述方法进行名义米长的检测。当野外检测的结果与有关检定单位的测定结果偏差超过 ±0.05 mm 时,要送有关检定单位重新测定。

## 五、一对标尺零点不等差及基辅分划读数差常数的测定

水准标尺的零分划线应与标尺底面一致。否则,即是标尺底面不为零的误差,称为标尺零点差。一对标尺的零点不等差指的是两根标尺零点差之差。它对观测高差会带来误差影响,必须加以检验。另外,标尺的基、辅分划读数差(简称基辅差)为一常数。例如 1 cm 分划因瓦标尺的基辅差名义值为 3.015 5 m。水准标尺的基辅差名义值不可能与其实际的基辅差完全相同。因此,需要测定出标尺的实际基辅差。标尺基辅差的测定值与其名义值之差不应超过 0.05 mm(木质区格式标尺为 0.5 mm),如果超过这个限值,在作业中采用基辅差实际测定值来检核基辅分划的读数差。

木质区格式标尺与因瓦标尺的基辅差测定方法基本相同(木质区格式标尺的黑、红面分划读数差为其基辅差),现以因瓦标尺为例,说明标尺基辅差的测定方法。

在距水准仪一定距离(一般为 20 ~ 30 m)处,打下三个至仪器距离相等的木桩,木桩顶面钉圆帽钉。三个木桩顶面高差约为 20 cm。

对于因瓦标尺,应观测三测回。在每一测回中,依次将两根标尺树立于每一木桩上,整置水准仪精密水平后,用光学测微法对基本分划和辅助分划各照准读数三次,在此过程中不得变动望远镜焦距,以上为一测回,测回之间应变更仪器高度。

对于区格式木质标尺,进行二测回观测。按黑、红面分划值读至毫米,测回间须变更仪器高度。

一对水准标尺零点不等差及基辅分划读数差常数的测定与计算示例见表 8-11。

**表 8-11　一对水准标尺零点不等差及基辅分划读数差常数的测定**

标尺:线条式因瓦标尺:0619　0620　　　　观测者:徐加林

日期:1993 年 8 月 13 日　　　　记录者:迟玲才

仪器:№58823　　　　检查者:徐加林

| 测回 | 桩号 | №0619 标尺读数 | | | №0620 标尺读数 | | |
|---|---|---|---|---|---|---|---|
| | | 基本分划 | 辅助分划 | 基辅读差数 | 基本分划 | 辅助分划 | 基辅读数差 |
| | | mm | mm | mm | mm | mm | mm |
| Ⅰ | 1 | 121　8.84 | 423　4.30 | 301　5.46 | 121　8.80 | 423　4.32 | 301　5.52 |
| | | 8.80 | 4.30 | 5.50 | 8.84 | 4.34 | 5.50 |
| | | 8.76 | 4.32 | 5.56 | 8.82 | 4.40 | 5.58 |
| | 2 | 142　7.70 | 444　3.22 | 5.52 | 142　7.82 | 444　3.28 | 5.46 |
| | | 7.70 | 3.18 | 5.48 | 7.84 | 3.34 | 5.50 |
| | | 7.72 | 3.20 | 5.48 | 7.80 | 3.32 | 5.52 |
| | 3 | 162　8.92 | 464　4.44 | 5.52 | 162　9.04 | 464　4.52 | 5.48 |
| | | 8.88 | 4.42 | 5.54 | 9.04 | 4.50 | 5.46 |
| | | 8.92 | 4.40 | 5.48 | 9.02 | 4.48 | 5.46 |
| | 平均 | 142　5.14 | 444　0.64 | 301　5.50 | 142　5.22 | 444　0.72 | 310　5.50 |
| Ⅱ | 1 | 124　4.48 | 425　9.92 | 5.44 | 124　4.54 | 426　0.04 | 301　5.50 |
| | | 4.46 | 9.86 | 5.40 | 4.50 | 0.02 | 5.52 |
| | | 4.44 | 9.86 | 5.42 | 4.50 | 0.02 | 5.48 |
| | 2 | 145　3.40 | 446　8.74 | 5.34 | 145　3.50 | 446　8.88 | 5.38 |
| | | 3.42 | 8.80 | 5.38 | 3.50 | 8.94 | 5.44 |
| | | 3.32 | 8.70 | 5.38 | 3.52 | 8.94 | 5.42 |
| | 3 | 165　4.54 | 467　0.02 | 5.48 | 165　4.66 | 467　0.16 | 5.50 |
| | | 4.52 | 456　9.94 | 5.42 | 4.72 | 0.14 | 5.42 |
| | | 4.56 | 9.98 | 5.42 | 4.72 | 0.20 | 5.48 |
| | 平均 | 145　0.79 | 446　6.20 | 301　5.41 | 145　0.91 | 446　6.37 | 301　5.46 |
| Ⅲ | 1 | 126　6.78 | 428　2.24 | 5.46 | 126　6.90 | 428　2.42 | 301　5.52 |
| | | 6.80 | 2.22 | 5.42 | 6.90 | 2.38 | 5.48 |
| | | 6.78 | 2.26 | 5.48 | 6.88 | 2.34 | 5.46 |
| | 2 | 147　5.68 | 449　1.14 | 5.46 | 147　5.78 | 449　1.24 | 5.46 |
| | | 5.62 | 1.10 | 5.48 | 5.70 | 1.22 | 5.52 |
| | | 5.64 | 1.12 | 5.48 | 5.74 | 1.24 | 5.50 |
| | 3 | 167　6.82 | 469　2.26 | 5.44 | 167　6.92 | 469　2.38 | 5.46 |
| | | 6.80 | 2.28 | 5.48 | 7.00 | 2.44 | 5.44 |
| | | 6.80 | 2.24 | 5.44 | 6.98 | 2.44 | 5.46 |
| | 平均 | 147　3.08 | 448　8.54 | 301　5.46 | 147　3.20 | 448　8.68 | 301　5.48 |
| 总中数 | | 144　9.67 | 446　5.13 | 301　5.46 | 144　9.78 | 446　5.26 | 301　5.48 |

注:①一对标尺基辅分划读数差常数平均值 301　5.47 mm;

②一对标尺零点不等差,基本分划 0.11 mm,辅助分划 0.13 mm。

# 第八节　水准测量误差及减弱其影响的措施

按误差来源分类，水准测量误差分为仪器误差、外界因素引起的误差和观测误差。为了保证观测成果的质量，必须全面分析各种误差的性质，采取措施消除。

## 一、仪器误差

### （一）视准轴与水准器轴不平行的误差

1. $i$ 角误差

经过 $i$ 角的校正，将 $i$ 角校正为零是困难的，甚至是不可能的。《水准规范》规定：用于一、二等和三、四等水准测量的仪器，其 $i$ 角分别不得大于 15″和 20″。因此，在观测过程中，当水准器气泡居中时，视准轴并未严格水平。如图 8-39 所示，当 $i$ 存在时，前视标尺和后视标尺的读数分别为 $b$ 和 $a$；当 $i$ 角为零时，前视尺和后视尺的读数分别为 $b'$ 和 $a'$。由于 $i$ 角的影响，产生的误差为 $\delta h$，由图 8-39 可以看出

$$\delta h = h_{ab} - h_{a'b'} = (a - b) - (a' - b') = (a - a') - (b - b')$$

因为

$$a - a' = \frac{i''}{\rho''}S_{后}$$

$$b - b' = \frac{i''}{\rho''}S_{前}$$

所以

$$\delta h = \frac{i''}{\rho''}(S_{后} - S_{前}) \tag{8-20}$$

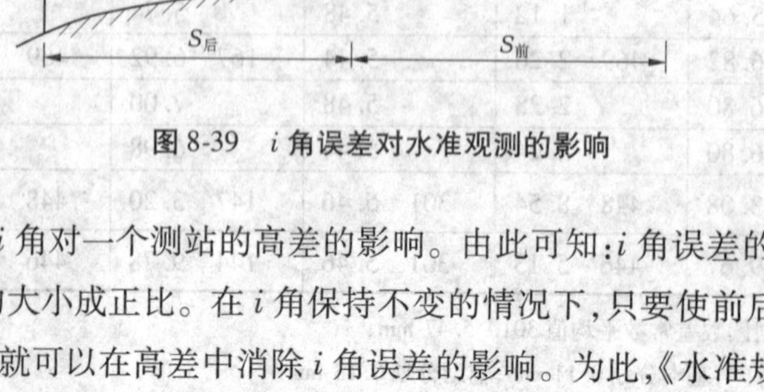


图 8-39　$i$ 角误差对水准观测的影响

式(8-20)即是 $i$ 角对一个测站的高差的影响。由此可知：$i$ 角误差的大小与 $i$ 角及前后视距差($S_{后} - S_{前}$)的大小成正比。在 $i$ 角保持不变的情况下，只要使前后视距差($S_{后} - S_{前}$)为零（即 $S_{后} = S_{前}$），就可以在高差中消除 $i$ 角误差的影响。为此，《水准规范》对前后视距差和前后视距累积差作出规定，见表 8-12。

表 8-12　前后视距差和前后视距累积差限值

| 等级 | 前后视距差(m) | 前后视距累积差(m) |
|---|---|---|
| 一 | ≤0.5 | ≤1.5 |
| 二 | ≤1.0 | ≤3.0 |
| 三 | ≤2.0 | ≤5.0 |
| 四 | ≤3.0 | ≤10.0 |

2. 交叉误差

前已说明，当视准轴与水准器轴在水平面上的投影不平行时，其两轴在水平面上投影的交角叫交叉误差。

假若仪器不存在 $i$ 角，当仪器垂直轴严格垂直时，交叉误差并不影响水准标尺上的读数。因为仪器在水平方向上转动时，视准轴与水准器轴在垂直面上的投影仍保持相互水平，因此，对水准测量无不利影响。但是，当仪器垂直轴倾斜时，例如在与视准轴正交的方向上倾斜一个小角，这时视准轴虽仍在水平位置，水准器轴却已产生倾斜，使水准气泡偏离。当重新调整水准气泡居中进行观测时，视准轴就会偏离水平位置而产生倾斜，给水准标尺上的读数带来影响。为了减弱这种误差对水准观测结果的影响，应采取以下措施：

(1)对水准仪上的圆水准器进行检验和校正；

(2)对交叉误差进行检验和校正。

**(二)水准标尺名义米长误差 $f$**

水准标尺的每米分划间隔实际长度应与名义长度相等，若不相等，其差值 $f$ 即为水准标尺名义米长误差。用此标尺测出的高差将存在系统性误差。

设一副水准标尺名义米长误差为 $f$，$a$、$b$ 为一站的后视标尺和前视标尺的读数，则 $af$、$bf$ 分别为后视、前视标尺读数中包含的标尺名义米长误差的影响。设这时两标尺的正确读数为 $a'$、$b'$，即

$$a' = a + af, \quad b' = b + bf$$

一站的正确高差 $h'$ 为

$$h' = a' - b' = (a - b) + (a - b)f$$

令 $a - b = h$，则

$$h' = h + hf \tag{8-21}$$

式中：$hf$ 为标尺名义米长误差对一测站高差的影响，对一测段高差的影响则为

$$\sum hf = h_{测段} \cdot f \tag{8-22}$$

由式(8-22)看出，标尺名义米长误差对测段高差的影响与测段高差的大小成正比，在往返测闭合差中反映不出来，也不能通过取往返测高差的中数而消除，只有当附合到已知点上时，才能发现。

附带说明，一副标尺中两根标尺的名义米长误差 $f$ 并不相等，但对观测高差没有影响。因为往返测时标尺要互换位置，$f$ 不相等的影响可以抵消。

减弱标尺名义米长误差影响的方法是：

(1)定期精确检定标尺名义米长，在测段高差中加入标尺长度误差改正。

(2)对于高差较大的测段,避免使用$f$数值较大的标尺。

(3)作业期间应妥善保护标尺,防止尺长发生变化。

**(三)一对标尺零点不等差的影响**

一对标尺的两根标尺零点差不一致,它们之间的差值叫做一对标尺零点不等差。

如图8-40所示,$J_1$、$J_2$为相邻两测站,相应的立尺点为$A$、$B$、$C$,$a_1$、$b_1$、$a_2$、$b_2$为相应测站的后视标尺和前视标尺的读数,$\Delta A$、$\Delta B$分别为两根标尺的零点差。

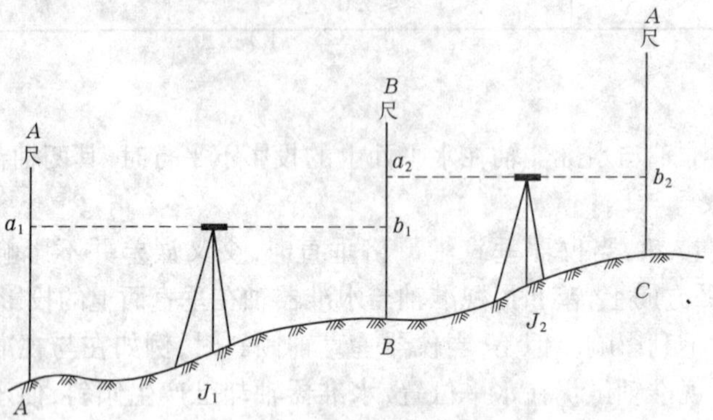


图8-40　一对标尺零点不等差的消除

$J_1$测站测得的$A$、$B$两点间的正确高差为

$$h'_{AB} = (a_1 - \Delta A) - (b_1 - \Delta B) = (a_1 - b_1) + (\Delta B - \Delta A)$$

$J_2$测站测得的$B$、$C$两点间的正确高差为

$$h'_{BC} = (a_2 - \Delta B) - (b_2 - \Delta A) = (a_2 - b_2) + (\Delta A - \Delta B)$$

于是,$A$、$C$两点的正确高差为

$$h'_{AC} = h'_{AB} + h'_{BC} = (a_1 - b_1) + (a_2 - b_2)$$

可见,只要在一个测段中设置偶数站,且在相邻测站间互换前、后标尺,即可消除一对标尺零点不等差的影响。

## 二、外界因素引起的误差

水准测量是在野外条件下进行的,土质、气温、空气密度分布、日光、风力、地球磁场等外界因素,均能给野外测量作业带来影响,使观测结果蒙受误差影响。

**(一)温度变化对$i$角的影响**

当仪器的$i$角保持固定不变时,$i$角对观测高差的影响已在前面介绍过,实际上$i$角是变化的。在水准测量过程中,大气温度的变化、阳光的照射、地面热辐射、风力等外界因素的作用,仪器部件将产生不同程度的膨胀或收缩,引起视准轴与水准器轴相互关系的变化,即$i$角发生变化。其变化大小与受热方向、热量大小以及受热是否均匀等因素有关。特别是仪器受热部位的不同,其变化也显著不同,变化的情况相当复杂。据研究,当温度变化1 ℃时,$i$角的变化有可能达到1″~2″,有时还可能发生突变。它对观测高差的影响不能用改变观测程序的办法完全消除。而且,这种误差在往返测高差闭合差中也不能完全被发现,从而使高差中数受到系统误差影响。

减弱这种误差影响的主要措施是：观测开始之前，取出仪器，使其与外界温度充分一致；在观测过程中，包括迁站时，都要用大白布伞遮阳，避免阳光直接照射仪器；观测过程中尽量减少手直接接触仪器的时间，以减少 $i$ 角的变化；相邻测站采用相反的观测程序，使 $i$ 角变化与时间成比例的那部分误差得到减弱；此外，测段的往测与返测分别在上午和下午进行，以减弱与受热方向有关的 $i$ 角变化的系统误差。

**（二）大气垂直折光影响**

近地面处大气密度在垂直方向上的变化将使视线产生垂直折光。水准测量中当然也存在垂直折光影响。任一测站中，如果前视和后视的视线的弯曲程度相同，只要使前后视距相等，就可消除垂直折光对观测高差的影响。在观测过程中，前后视线离开地面的高度不可能完全相同，那么，前后视线所通过的大气密度在垂直方向上的变化一般也不相同，视线弯曲程度将随之不同，前后视所测的高差就要受到垂直折光的影响。尤其是当水准路线经过一段较长斜坡（上坡或下坡）时，前视视线离开地面的高度都是小于（或大于）后视视线的高度。这时垂直折光的影响将是系统性的，如果往测与返测的观测条件一致，其影响将包含在高差中数中，而不能在往返测高差不符值中反映出来。另外，垂直折光除与视线离开地面的高度有关外，还与视线所经过的地形、地面覆盖物、土质、气候、观测季节、观测时间等因素有着复杂的关系。由此引起的垂直折光影响在往返测高差不符值中可能得到一定的反映。

为了减弱垂直折光影响，应采取以下措施：

（1）前后视距应尽量相等。

（2）视线离开地面应有足够高度。

（3）在坡度较大的地段，应适当缩短视线。

（4）选择有利的观测时间。日出后半小时和日落前半小时，靠近地面的大气密度上下差别较大，不应进行观测。中午前后空气对流剧烈，成像不稳定且不清晰，也不利于观测。

（5）对于精密水准测量，应研究我国各个地区的大气垂直折光情况，建立起适合我国不同地区的大气垂直折光的数学模型，以便对观测成果进行折光改正。为此，在野外观测过程中，应记录观测时的天气、云量、太阳方向、温度等有关数据，供分析研究和计算折光改正时使用。

**（三）仪器脚架和尺承垂直位移的影响**

当我们把仪器脚架和尺承（尺台、尺桩）压入地面后，由于仪器、标尺的压力，将引起脚架、尺承轻微的下沉。随后，由于地面反作用力，又使其产生轻微的上升，如果上述过程发生在一测站的观测过程中，将使观测高差产生误差。

1. 脚架垂直位移的影响

为了便于讨论，先假设不存在尺承垂直位移。

图 8-41 表示脚架下沉或上升时对读数的影响，下面先以图 8-41 中 $K_1$ 站为例，说明脚架下沉对观测读数的影响。

在观测中，若采用"后—前—前—后"的观测程序，首先应照准后视标尺，其读数为 $a_1$，此时，前视标尺的正确读数应为 $b_1$。但由于仪器由后视转至前视的过程中，脚架产生了下沉，使得前视的实际读数为 $b_1-\delta_b$；然后，第二次照准前视标尺的读数为 $b_2$，此时后视标尺的正确读数为 $a_2$，由于脚架不间断的下沉，转至后视时的实际读数为 $a_2-\delta_a$。由此算得 $K_1$ 测站 $A$、$B$ 两点的高差 $h_{AB}$ 为

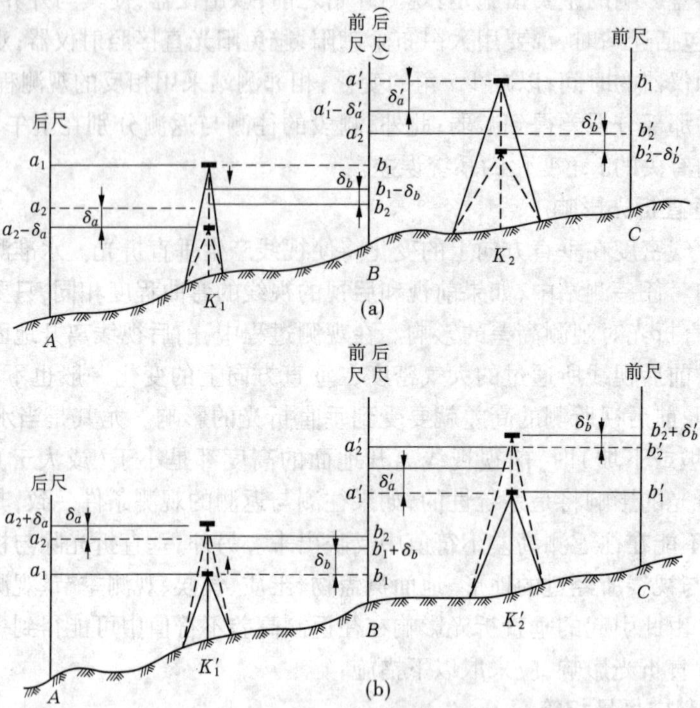


**图 8-41　脚架垂直位移的影响**

$$h_{AB} = \frac{1}{2}\{[a_1 - (b_1 - \delta_b)] + [(a_2 - \delta_a) - b_2]\}$$

$$= \frac{1}{2}[(a_1 - b_1) + (a_2 - b_2)] - \frac{1}{2}(\delta_a - \delta_b) \quad (8\text{-}23)$$

同理可得 $K_2$ 测站(观测程序为“前—后—后—前”)$B,C$ 两点的高差 $h_{BC}$ 为

$$h_{BC} = \frac{1}{2}\{[(a'_1 - \delta'_a) - b'_1] + [a'_2 - (b'_2 - \delta'_b)]\}$$

$$= \frac{1}{2}[(a'_1 - b'_1) + (a'_2 - b'_2)] - \frac{1}{2}(\delta'_a - \delta'_b) \quad (8\text{-}24)$$

图 8-41(b)表示脚架上升时观测读数的影响。仍按上述讨论问题的方法,而且 $K'_1$ 站的观测程序为“后—前—前—后”,$K'_2$ 为“前—后—后—前”,由图 8-41(b)可以列出

$K'_1$ 站：

$$h_{AB} = \frac{1}{2}\{[a_1 - (b_1 + \delta_b)] + [(a_2 + \delta_a) - b_2]\}$$

$$= \frac{1}{2}[(a_1 - b_1) + (a_2 - b_2)] + \frac{1}{2}(\delta_a - \delta_b) \quad (8\text{-}25)$$

$K'_2$ 站：

$$h_{BC} = \frac{1}{2}[(a'_1 - b'_1) + (a'_2 - b'_2)] + \frac{1}{2}(\delta'_a - \delta'_b) \quad (8\text{-}26)$$

由上述分析可以看出：

(1)不论在观测过程中脚架是上升或下沉,对测站观测高差的影响都是$\frac{1}{2}(\delta_a - \delta_b)$;当采用“后—前—前—后”或“前—后—后—前”的观测程序时,可进一步减弱$(\delta_a - \delta_b)$的影响。

(2)由于开始观测时,脚架的下沉(或上升)量较大,以后逐步减小。当采用“后—前—

前—后”的观测程序时，$\delta_b > \delta_a$，则$\frac{1}{2}(\delta_a - \delta_b)$为负值；当观测程序为“前—后—后—前”时，$\delta_a > \delta_b$，$\frac{1}{2}(\delta_a - \delta_b)$为正值。因此，在相邻测站所测高差的和数中，可以进一步减弱脚架下沉（或上升）对观测高差的影响。

由于上述原因，在一测段中设置偶数站，相邻测站采用相反的观测程序。

2. 尺承垂直位移的影响

观测中，放置标尺的尺台或尺桩，由于标尺及其本身的重量，以及扶尺时的压力，一般要产生下沉现象。下沉的速度在开始时较快，以后逐渐减慢。据试验，尺桩与尺台的升、降规律不完全相同。尺桩的升降与土壤有关。在中等密度的土壤中，尺桩一般表现为上升。

尺承的升降，在测站观测中对高差造成的影响叫做测站误差。测站误差与脚架升降时对高差的影响相似，可以采取相邻测站相反的观测程序的方法加以减弱。

但是，尺承升降主要发生在迁站（转点）时，因为前一站的前视标尺转为下一站的后视标尺，标尺在较长的时间段内上升或下沉，它给观测高差带来的误差影响叫转点误差。

迁站（转点）时标尺下沉（或上升），总是使后视标尺的读数偏大（或偏小）。若标尺下沉，当为正高差时，使观测高差偏大；为负高差时，使观测高差偏小。所以，标尺下沉时，转点误差永为负值。若标尺上升，情况相反，转点误差永为正值。因此，标尺升降产生的转点误差在往测与返测中累积值的符号相同，致使往测正高差均偏大（或偏小），而返测负高差偏小（或偏大）。所以，转点误差在往返测高差中数中可以得到一定程度的减弱，而在往返测高差不符值中明显表现出来。

3. 减弱脚架或尺承垂直位移影响的措施

（1）水准测量的观测路线，要选择良好的土质。

（2）由于尺桩的垂直位移较尺台小，进行一、二等水准观测或在土质松软的地段进行观测时，应采用尺桩作为标尺尺承。

（3）每一测段的测站数应为偶数，并进行往测和返测；相邻测站的观测程序相反：“后—前—前—后”及“前—后—后—前”。

（4）迁站（转点）时，应将标尺从尺承上取下来；标尺从尺承上取下来或放上去时，动作要轻；扶标尺时不要用力压标尺，且要均匀用力；当标尺放到尺承上，应等候半分钟再开始照准读数。

（5）应尽量缩短一站的观测时间。

（6）安置脚架时，要使其自然伸张，切忌强力扭转，观测员应绕单脚且离开 0.5 m 以外走动。

## 三、观测误差

观测误差主要包含水准器置中误差和照准标尺的误差。由于精密水准测量所使用的水准仪都有符合水准器（或自动补偿器）和测微设备，这两种误差都很小。例如水准管式水准仪，1 km 测线的观测误差约为 ±0.23 mm，Ni007 自动安平水准仪 1 km 观测误差允许值为 ±0.13 mm。

附带说明，当使用补偿式自动安平水准仪时，应考虑仪器的磁性感应误差。由于磁场（包括地球磁场）的影响，仪器的补偿器不是稳定在测站铅垂线方向上，而是稳定在测站点的地球重力与地球磁力的合力方向上。补偿器的位置不正确,将使标尺读数不正确。此外,当补偿器处在比地球磁场强数倍的磁场内时,补偿器将被磁化。被磁化的补偿器稳定后,其方向将发生变化。为此,在仪器制造和使用过程中,应采取措施减弱这种误差影响。

## 第九节　水准观测

### 一、水准观测中的一般规定

在本章第八节已经讨论过水准测量误差及其消除或减弱的措施。为了保证水准观测成果的精度,在水准观测过程中必须落实这些措施,为此,水准观测应严格遵守以下规定。

(1)选择有利的观测时间,可使标尺在望远镜中的成像清晰、稳定。一般情况下,一、二等水准观测应在日出后半小时至正午前两小时和正午后两小时半至日落前半小时(三、四等水准观测可视情况适当放宽此限制)进行。也可根据地区、季节及气象情况,适当地增减中午间歇时间。当标尺分划线呈像跳动而难以照准,或气温突变、风力大于四级时,均不得进行观测。

(2)为避免外界温度变化的影响,观测前应使仪器温度与外界温度趋于一致(一、二等水准观测前,应将仪器放置在阴凉、通风处半小时)。设站观测时,为避免阳光直接照射仪器,应用白色测伞遮住阳光,迁站过程中应用白色仪器罩罩住仪器。

(3)每测站的前视和后视标尺至仪器的距离应大致相等,而且,视线长度不得超过规定的长度,视线的高度不得过低。这样可以消除或减弱 $i$ 角误差、垂直折光等与距离有关的误差影响。

(4)每站观测程序应按“后—前—前—后”或“前—后—后—前”进行。这样可以在测站观测高差中消除或减弱 $i$ 角变化、仪器和尺承垂直升降等与时间有关的误差影响。

(5)一个测段中的测站数应为偶数,以便消除标尺零点不等差的影响。另外,由往测转为返测时,两标尺应互换位置。

(6)一、二等水准测量应进行往、返观测,以抵消单程观测(往测或返测)高差中所含同一性质、相同符号累积的误差影响。三、四等水准测量应根据《水准规范》的规定,采用往、返观测或单程双转点法观测。

(7)一、二等水准测量的往测和返则,应“分段”进行。即将一个区段分成 2 ~ 3 个分段,每分段的长度应为 20 ~ 30 km。在一个分段内连续进行往测或返测。在一个分段内的测段上,其往测与返测应分别在上午或下午进行。在日间气温变化不大的阴天或观测条件较好时,若干里程的往返测可同在上午或下午进行。但这种里程的测站总数,对于一等,不应超过该分段总测站数的 20%,二等不应超过 30%。

### 二、一、二等水准观测

一、二等水准测量属于精密水准测量,观测时使用的仪器是具有光学测微器的精密水准仪,使用的标尺是线条式因瓦合金水准标尺。观测中通常采用光学测微法进行读数。

**(一)每站观测程序**

往测:奇数测站为

(1)照准后视标尺的基本分划；

(2)照准前视标尺的基本分划；

(3)照准前视标尺的辅助分划；

(4)照准后视标尺的辅助分划。

这样的观测程序简称为“后—前—前—后”。

偶数测站为

(1)照准前视标尺的基本分划；

(2)照准后视标尺的基本分划；

(3)照准后视标尺的辅助分划；

(4)照准前视标尺的辅助分划。

这样的观测程序简称为“前—后—后—前”。

返测：每站的观测程序与往测相反。即奇数测站采用“前—后—后—前”、偶数测站采用“后—前—前—后”的观测程序。

**(二)每站操作步骤(以“后—前—前—后”观测程序为例)**

(1)整置仪器水平(望远镜绕垂直轴旋转时，符合水准器气泡两端影像分离不超过1 cm)。

(2)将望远镜对准后视标尺(此时，应利用标尺上的圆水准器使标尺垂直)，使符合水准器气泡两端的影像符合(即气泡两端影像分离不得大于2 mm)，随后用望远镜的上丝和下丝照准标尺的基本分划进行视距读数(不得使用中丝与上丝或下丝进行视距读数)，视距读数的第四位数由测微器直接读取。然后，使符合水准器气泡两端影像完全密合，转动测微轮用楔形平分丝精确夹准标尺的基本分划线，读取标尺的基本分划读数(其前三位数直接在标尺上读出，后两位数在测微器上读取)。

(3)旋转望远镜照准前视标尺，使符合水准气泡两端影像精确符合，转动测微轮，用楔形丝精确夹准标尺基本分划线，读取标尺基本分划和测微器读数，然后用上丝和下丝照准标尺基本分划线进行视距读数。

(4)照准前视标尺的辅助分划线，并使符合水准气泡两端影像准确符合，读取标尺辅助分划和测微器读数。

(5)旋转望远镜，照准后视标尺辅助分划线，重复上款的操作，读取后视标尺辅助分划和测微器的读数。

以上即为一个测站上的全部操作。

**(三)手簿的记录和计算**

(1)往测和返测应分别记录在两本手簿中(单号手簿记录往测结果，双号手簿记录返测结果)。当同一测段的单程观测结果跨记于两本手簿中时，应在前一本手簿的末页注明下接某号手簿的第几页，在后一本手簿的起页上应注明上接某号手簿的第几页。

(2)每测段往测或返测的首页和末页所有项目均应及时填写齐全(包括前视、后视标尺号)。工作间歇前后的项目与此相同。

(3)每一站的观测结束后，应在各项记录和计算完整、正确以及各项限差合格之后才能进行迁站。

(4)《水准规范》规定，观测中的原始读数与文字如果出现读记错误，只允许更正原始读数中的米、分米之读数。改正时，以单线将错误的米或分米读数整齐划去，在其正上方记下正确数字。但是，不得有连环更改。

一、二等水准观测的记录、计算示例见表8-13。

表 8-13　一、二等水准观测记录、计算(示例)

往测自：　Ⅰ京郑 2 到Ⅰ京郑 3　　　　　　　　　　日期:1993 年 6 月 10 日

时刻：　始 6 时 30 分　末　时　分　　　　　　　　成像：　清晰

温度：23.5 ℃　　云量:2　　　　　　　　　　　　风速风向：　左方 2 级

天气：　晴　土质:坚实土　　　　　　　　　　　　太阳方向：　前、右

观测者:×××　　　　　　　　　　　　　　　　　　记录者:×××

| 测站编号 | 后尺 上丝 / 下丝<br>后距<br>视距差 $d$ | 前尺 上丝 / 下丝<br>前距<br>$\sum d$ | 方向及尺号 | 标尺读数 基本分划（一次） | 标尺读数 辅助分划（二次） | 基 + $K$ 减辅（一减二） | 备考 |
|---|---|---|---|---|---|---|---|
| 1 | (1) | (5) | 后 | (3) | (8) | (14) | |
| | (2) | (6) | 前 | (4) | (7) | (13) | |
| | (9) | (10) | 后—前 | (16) | (17) | (15) | |
| | (11) | (12) | $h$ | －·(18) | | | |
| 2 | (5) | (1) | 后 | (4) | (7) | (13) | |
| | (6) | (2) | 前 | (3) | (8) | (14) | |
| | (9) | (10) | 后—前 | · | · | (15) | |
| | (11) | (12) | $h$ | －· | | | |
| 1 | 4 241 | 3 379 | 后 | 391.50 | 998.01 | −1 | |
| | 3 590 | 2 730 | 前 | 305.46 | 911.95 | +1 | |
| | 65.1 | 64.9 | 后—前 | · | · | −2 | |
| | +0.2 | +0.2 | $h$ | －· | | | |
| 2 | 3 545 | 3 789 | 后 | 309.31 | 915.78 | +3 | |
| | 2 640 | 2 880 | 前 | 333.69 | 940.19 | 0 | |
| | 90.5 | 90.9 | 后—前 | · | · | +3 | |
| | −0.4 | −0.2 | $h$ | －·以下各站省略 | | | |
| | | | 后 | | | | |
| | | | 前 | | | | |
| | | | 后—前 | · | · | | |
| | | | $h$ | －· | | | |
| 往测计算 | 91 140 | 90 774 | 后 | 8 050.45 | 2 260.645 | 0 | |
| | 69 860 | 69 490 | 前 | 8 013.32 | 2 256.935 | −3 | |
| | 21 280 | 21 284 | 后—前 | +37.13 | +37.10 | +3 | |
| | −0.4 | | $h$ | －· | | | |
| 测段小结 | | km | 后 | $h_{往}$ | +0.185 58 | | |
| | $D_{往}$ | 2.13 | 前 | $h_{返}$ | −0.184 73 | | |
| | $D_{返}$ | 2.14 | 后—前 | $h_{中}$ | +0.185 16 | | |
| | $D_{中}$ | 2.14 | $h$ | $-W = +0.85\ \text{mm} < \pm 2.63\ \text{mm}$ | | | |
| | | | 后 | · | | | |
| | | | 前 | · | | | |
| | | | 后—前 | · | · | | |
| | | | $h$ | －· | | | |

表 8-13 中(　)内的数码表示记录、计算的顺序。

视距部分的计算、检核按下式进行:

(9) = (1) - (2)

(10) = (5) - (6)

(11) = (9) - (10)

(12) = (11) + 前站(12)

末站(12) = ∑(9) - ∑(10)作为检核。

高差部分的计算、检核按下式进行:

(13) = (4) + $K$(基辅差) - (7)

(14) = (3) + $K$(基辅差) - (8)

(15) = (14) - (13)

以上是一个测站的计算与检核。一个测段的观测全部完成后,再按下式计算测段高差(即两相邻水准标石间的高差),并进行检核,即

$$\sum(3) - \sum(4) = h_{基}$$

$$\sum(8) - \sum(7) = h_{辅}$$

$$h = \frac{1}{2}(h_{基} + h_{辅})$$

$$\begin{cases} \sum(3) - \sum(8) = \sum(14) \\ \sum(4) - \sum(7) = \sum(13) \\ h_{基} - h_{辅} = \sum(14) - \sum(13) = \sum(15) \end{cases}$$

**(四)观测中的各项限差规定**

观测中的各项限差规定见表 8-14、表 8-15。

**表 8-14　水准测量视距和视线高度的要求**

| 等级 | | 仪器类型 | 视线长度 $S$ (m) | 前后视距差 (m) | 任一测站上前后视距差累积(m) | 视线高度 $H$ (下丝读数)(m) | 重复观测次数 |
|---|---|---|---|---|---|---|---|
| 一　等 | | $DSZ_{05}$, $DS_{05}$ | ≤30 | ≤0.5 | ≤1.5 | ≥0.5 | — |
| 二　等 | | $DS_1$, $DS_{05}$ | ≤50 | ≤1.0 | ≤3.0 | ≥0.3 | — |
| 三　等 | | $DS_3$ | ≤75 | ≤2.0 | ≤5.0 | 三丝能读数 | — |
| | | $DS_1$, $DS_{05}$ | ≤100 | | | | |
| 四　等 | | $DS_3$ | ≤100 | ≤3.0 | ≤10.0 | 三丝能读数 | — |
| | | $DS_1$, $DS_{05}$ | ≤150 | | | | |
| 数字水准仪 | 一等 | DSZ05, DS05 | $4 \leq S \leq 30$ | ≤1.0 | ≤3.0 | $0.65 \leq H \leq 2.80$ | ≥3 |
| | 二等 | DSZ1, DS1 | $3 \leq S \leq 50$ | ≤1.5 | ≤6.0 | $0.55 \leq H \leq 2.80$ | ≥2 |

注:几何法数字水准仪视线高度的高端限差,一、二等允许到 2.85 m。相位法数字水准仪重复测量次数可以为上表中数字减少一次。所有数字水准仪在地面震动较大时,应随时增加重复测量次数。

**表 8-15　水准测量测站观测限差**

| 等级 | | 项目 | | | | | |
|---|---|---|---|---|---|---|---|
| | | 基辅分划读数的差（mm） | 基辅分划所测高差的差（mm） | 左右路线转点差（mm） | 检测间歇点高差的差（mm） | 上下丝读数平均值与中丝读数的差（mm） | |
| | | | | | | 0.5 cm 刻划 | 1.0 cm 刻划 |
| 一 | | 0.3 | 0.4 | — | 0.7 | 1.5 | 3.0 |
| 二 | | 0.4 | 0.6 | — | 1.0 | 1.5 | 3.0 |
| 三 | 中丝读数法 | 2.0 | 3.0 | | 3.0 | — | — |
| | 光学测微法 | 1.0 | 1.5 | 1.5 | 3.0 | — | — |
| 四（中丝读数法） | | 3.0 | 5.0 | 4.0 | 5.0 | — | — |

## 三、三、四等水准观测

使用普通水准仪和黑红面区格式木质标尺进行三等水准观测时，用中丝读数法进行往返观测；使用有光学测微器的水准仪和线条式因瓦合金水准标尺进行观测时，也可采用光学测微法读数，以单程双转点法进行观测。以上两种观测方法的每站观测程序，均为“后—前—前—后”。

四等水准测量采用中丝读数法。当四等水准路线的两端为高等点或自身构成闭合环时，可只进行单程测量；由已知点起测的四等水准支线，必须进行往返观测或单程双转点法观测。四等水准观测的每站观测程序可为“后—后—前—前”。

当采用光学测微法进行三、四等水准观测时，每站的操作步骤与读数方法和一、二等相同。这里仅介绍通常采用的双面标尺中丝读数法。

**（一）每站观测程序**

（1）照准后视标尺的黑面读数；

（2）照准前视标尺的黑面读数；

（3）照准前视标尺的红面读数；

（4）照准后视标尺的红面读数。

**（二）每站操作步骤**

（1）整置仪器水平，将倾斜螺旋放在标准位置上。旋转照准部时，水准器气泡影像偏离不得大于 1 cm。

（2）按照每站的观测程序，首先照准后视标尺的黑面（此时，用标尺上的圆水准器整置标尺垂直），旋转倾斜螺旋使水准器气泡精密符合，然后用望远镜视野中的上丝和下丝进行视距读数，再用中丝进行读数（估读至毫米）。

（3）旋转望远镜，照准前视标尺的黑面，按上款的方法进行操作和读数。

（4）照准前视标尺的红面，按 2 款的方法进行操作和读数，只是不进行视距读数。

（5）旋转望远镜照准后视标尺的红面，按 2 款的方法进行操作和读数，只是不进行视距读数。到此，一个测站上的观测全部完成。

## (三)手簿的记录和计算

三、四等水准观测的记录、计算示例见表 8-16。

**表 8-16　三、四等水准观测记录、计算示例**

往测:自Ⅲ平漯 2 到Ⅲ平漯 3　　　　　　　　　　1993 年 6 月 20 日

时刻:始 6 时 30 分　　　　　　　　　　　　　　天气:晴

末　时　分　　　　　　　　　　　　　　　　　　成像:清晰

| 测站编号 | 后尺 上丝 / 下丝 / 后距 / 视距差 $d$ | 前尺 上丝 / 下丝 / 前距 / $\sum d$ | 方向及尺号 | 标尺读数 黑面 | 标尺读数 红面 | $K$+黑减红 | 高差中数 | 备考 |
|---|---|---|---|---|---|---|---|---|
| | (1) | (5) | 后 | (3) | (8) | (10) | | |
| | (2) | (6) | 前 | (4) | (7) | (9) | | |
| | (12) | (13) | 后—前 | | | (11) | | |
| | (14) | (15) | | | | | | |
| 1 | 0 970 | 1 887 | 后 5 | 0 727 | 5 415 | −1 | | |
| | 0 474 | 1 387 | 前 6 | 1 636 | 6 425 | −2 | | |
| | 496 | 500 | 后—前 | | | +1 | | |
| | −0.4 | −0.4 | | | | | | |
| 2 | 1 573 | 2 071 | 后 | 1 324 | 6 112 | −1 | | |
| | 1 070 | 1 569 | 前 | 1 821 | 6 510 | −2 | | |
| | 503 | 502 | 后—前 | | | +1 | | |
| | +0.1 | −0.3 | | | | | | |
| 3—53 | | | 后 | | | | | |
| | | | 前 | | | | | |
| | | | 后—前 | | | | | |
| | | | | | | | | |

表 8-16 中的括号内数码表示记录、计算的顺序。

(1)测站上的计算与检核按下式进行:

高差部分:

(9) = (4) + $K$ − (7)

(10) = (3) + $K$ − (8)

式中 $K$ 是标尺黑面与红面的常数差。一根标尺的常数差为 4 687,另一根标尺为 4 787。

(11) = (10) − (9)

视距部分:

(12) = (1) − (2) = 后视距离

(13) = (5) - (6) = 前视距离

(14) = (12) - (13) = 前后视距差

(15) = 前站(15) + 本站(14)

(2)当一个测段的观测全部完成后,应进行测段计算和检核,计算与检核的公式如下:

高差部分:

$$\sum(3) - \sum(4) = h_{黑}$$

$$\sum(8) - \sum(7) = h_{红}$$

$$h = \frac{1}{2}(h_{黑} + h_{红})$$

$$\sum(10) - \sum(9) = \sum(11) = h_{黑} - h_{红}$$

视距部分:

$$\sum(12) = \sum(1) - \sum(2)$$

$$\sum(13) = \sum(5) - \sum(6)$$

测段末站的(15) $= \sum(12) - \sum(13)$

以上的检核应合乎表 8-13、表 8-14 所列限差。对每一站来说,其各项限差全部合限后才能迁至下一站。若发现其中有任一项超限,就应立即重新观测这一站,并将该站原观测结果划去,还要在相应的备注栏内注明原因。

**(四)三、四等水准观测的单程双转点法**

当采用单程双转点法进行观测时,在每一转点处同时设置两个左右相距 0.5 m 的尺台(桩)作为转点,即相当于有左右两条水准路线。在每一站上,按本等级规定的操作程序和观测方法,先观测左边的前、后视标尺的视距和高差,再观测右边的前、后视标尺的视距和高差。其手簿的记录是:左边的和右边的观测结果均记录在同一本手簿上,但左边观测结果应记录在手簿的左边页上,右边的观测结果记录在手簿的相应右边页上,每一测站的左、右记录最好相对称,以便于检查转点差。

## 四、水准观测中的注意事项

(1)当使用有倾斜螺旋的水准仪进行观测时,每次观测前应先找出倾斜螺旋的标准位置,并作上记号,以便在观测每站时都能迅速调平视准轴。另外,随着温度的变化,应随时调整倾斜螺旋的标准位置。

(2)观测过程中,整置仪器时,应使脚架的有皮带的一条腿处在水准路线的一侧,而另两条腿与水准路线平行。以后各站将有皮带的腿轮换置于水准路线的左侧和右侧(见图 8-42)。

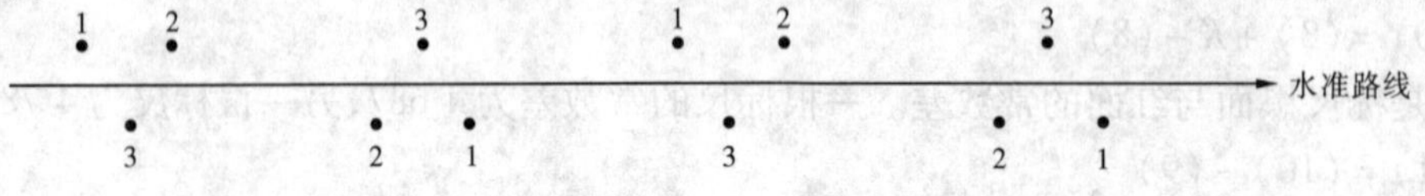


**图 8-42 脚架三条腿沿水准路线的轮换放置**

(3)除水准路线转弯处外,仪器、前视、后视标尺应尽量安置在一条直线上。绝对禁止将标尺(尺台或尺桩)置于壕坑内或沟边、松土、草皮上。

(4)同一测站的观测中,不得调整望远镜焦距。

(5)应当使用微动螺旋、脚螺旋的中间部分。转动倾斜螺旋使水准气泡符合时,以及最后照准标尺分划进行读数时,螺旋的最后旋转方向应一律"旋进"。

(6)对一、二等水准观测,如果连续若干个测段的往返测高差不符值保持同一符号,且大于限值的20%,在以后各测段的观测中,除酌量缩短视线外,应认真分析原因,采取措施减弱系统误差影响。如果对仪器产生怀疑,还应对仪器进行检验和校正。

(7)对于一、二等水准测量,同一条水准路线的往测、返测,应使用同一类型的仪器、同一类型的转点尺承,并沿同一路线进行观测。

## 五、观测中的间歇(收测和检测)

观测工作间歇时,最好能在水准点上结束观测。如果不能如此,应选择两个(不得已时也可选一个)稳定且坚固、光滑突出、便于放置标尺的固定点,作出记号,作为歇点。间歇后开始观测时,应进行两间歇点间高差的检测,当检测合乎限差要求以后即可开始起测。当无法选出固定点作为间歇点时,应在间歇前的最后两站之三个转点上打入稳固的木桩(桩顶应钉入帽钉)作为间歇点。间歇后开始观测时,应首先对三个间歇点中的两个间歇点高差进行检测,检测合格后,即可起测。

检测观测结果应用红笔圈起,因为其高差在正式成果中不予采用。但超限的检测结果要整齐划去。

## 六、对水准点和其他固定点的观测

新设的水准路线(包括支线)或其他固定点与已知水准点进行联测时,应对已知水准点进行检测,以证实已知水准点是否稳定和可靠。

(1)观测前,应对已知水准点及其他固定点的点名、点号及位置与点之记、路线图或技术计划相对照,避免测错点。

(2)当观测三角点与导线点的水准高程时,标尺应放置在上标石的中心标志上。当观测其他固定点的高程时,标尺置于需测定高程的位置上。观测基本水准标石时,标尺置于上标志上。若上下标志高差未知,应用同一标尺观测上下标志间高差。

(3)当观测到两条水准路线的交叉点上时,应在"水准交叉点接测图"上详细记录填写接测情况,如表8-17所示。

(4)联测的三角点、导线点或其他固定点的成果,应单独记录在一本手簿中,并详细注明水准点、三角点、导线点、其他固定点的路线名称、等级、点名点号等,以便于编纂成果或提供给其他单位使用。

表 8-17　水准网结点接测图

<table>
<tr><td colspan="4">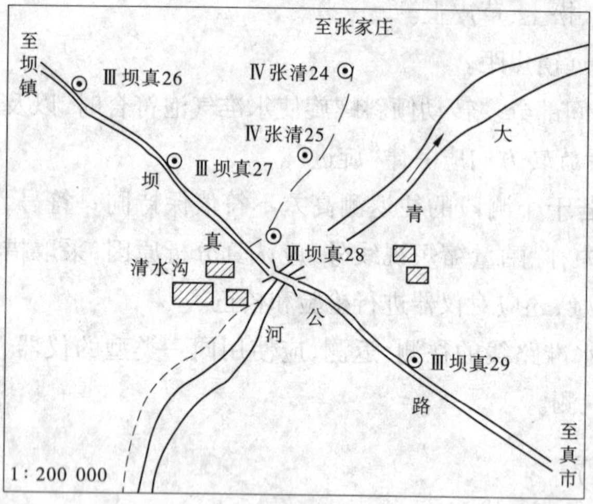
</td><td colspan="4">接测点标志图<br>点号：Ⅲ坝真28<br>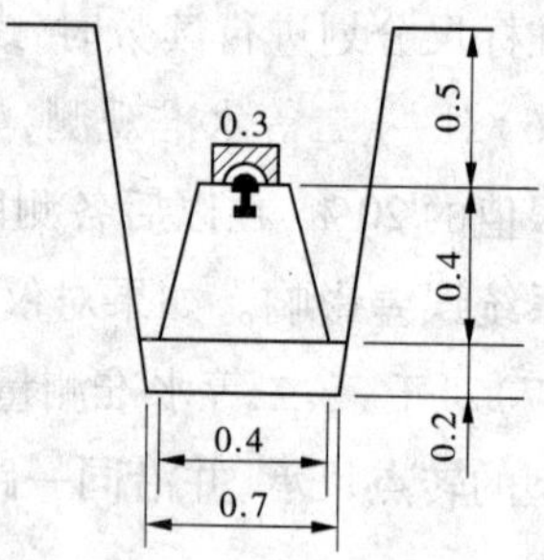
<br>单位：m</td></tr>
<tr><td>结点所在地</td><td colspan="7">山西省文胜县清水沟乡清水沟村村北公路交叉处</td></tr>
<tr><td>标石情况</td><td colspan="7">标石为混凝土普通水准标石，上标志离地面 0.5 m，铜标志，上有标志盖和指示盘，完好无损</td></tr>
<tr><td>原测单位</td><td colspan="2">水利部第二测绘大队</td><td colspan="2">观测日期</td><td colspan="3">1982 年 6 月</td></tr>
<tr><td>接测情况</td><td colspan="7">1. Ⅲ坝真线是水利部布设的三等水准路线，本队所设Ⅳ张清线在清水沟与之接测。<br>2. 接测点Ⅲ坝真 28 为普通水准标石。<br>3. 接测时曾检测Ⅲ坝真 28 至Ⅲ坝真 29，检测结果与原测结果相差 5 mm。<br>4. 接测结果记于Ⅳ张清№016 手簿</td></tr>
<tr><td>接测单位</td><td>地矿部第三测绘大队</td><td>观测者</td><td>李　华</td><td>观测日期</td><td colspan="3">1998 年 8 月 17 日</td></tr>
</table>

（5）检测规定。

①新设一、二等水准路线与已测一、二等水准路线联测时，需单程检测一已测测段。如果检测超限，则应检测另一单程，若仍超限应继续检测与之相邻的另一测段，直至检测合乎限差规定为止。以确定出稳定可靠的水准点作为联测点。

②新设三、四等水准路线（或支线）与已知水准点联测时，当新设路线为支线或自成闭合环线时，须单程检测一已测测段。若新设水准路线为附合路线时，一般可不检测。若对已测水准点的稳定有怀疑，也应检测。

③对高等级或同等级水准路线的检测，按新设路线的等级进行；对低等级水准路线之检测，可按已测路线的等级进行。

## 七、成果质量的检核和超限时的处理

水准观测中，除对每一测站、每一测段的成果进行检核以外，还要对每一测段的往返测高差不符值、路线闭合差、环线闭合差进行检核。限差规定见表 8-18。

表 8-18　水准测量高差不符值和闭合差限差

| 等级 | 检测已测测段高差的差（mm） | 路线、区段、测段往返测高差不符值（mm） | 左右路线高差不符值（mm） | 附合路线闭合差或三、四等环线闭合差（mm） | 环闭合差（mm） |
|---|---|---|---|---|---|
| 一 | $\pm 3\sqrt{R}$ | $\pm 1.8\sqrt{K}$ | — | — | $\pm 2\sqrt{F}$ |
| 二 | $\pm 6\sqrt{R}$ | $\pm 4\sqrt{K}$ | — | $\pm 4\sqrt{L}$ | $\pm 4\sqrt{F}$ |
| 三 | $\pm 20\sqrt{R}$ | $\pm 12\sqrt{K}$ | $\pm 8\sqrt{K}$ | 平原　山区<br>$\pm 12\sqrt{L}$ $\pm 15\sqrt{L}$ | — |
| 四 | $\pm 30\sqrt{R}$ | $\pm 20\sqrt{K}$ | $\pm 14\sqrt{K}$ | $\pm 20\sqrt{L}$ $\pm 25\sqrt{L}$ | — |

**注**：①表中的 $R$、$L$、$F$ 分别为测段、路线、环线长度，以 km 为单位；$K$ 为路线或区段、测段长度，以 km 为单位。

②水准环由不同等级路线构成，环闭合差的限差应按各等级路线分别计算，然后取其平方和的平方根为限差。

③表中“检测已测测段高差的差”的限差对单程检测和双程（往、返）检测均适用。

④当一测段长度小于 1 km 时，按 1 km 计算。

对超限成果的处理，应按下列原则进行取舍和重测。

（1）当测段往返测高差不符值超限时，应根据观测时外界条件或观测作业过程中的其他情况进行具体分析，确定是往测存在的问题还是返测存在的问题造成超限，不可盲目重测。当经过分析，即可对存在问题的往测或返测进行整测段重测。如果重测之高差与原高差之差不超过往返测高差不符值的限差规定，且它们的中数与另一单程高差之不符值也合乎测段往返测高差不符值之限差规定，则此中数应作为该单程的高差结果。如果重测高差与其相应单程高差之差超出往返测高差不符值的限差规定，则应将原超限结果划去，只取重测后的观测结果。当该单程重测后仍然超限，则应重测另一单程。如果出现同向单程高差之差不超限，但异向单程高差之差超限呈现分群现象时，就要根据所测成果呈现的某些规律，分析判断造成分群的原因（如标尺或仪器垂直位移等），采取相应的消除或减弱其影响的措施，再进行重测。

（2）当一、二等水准测量的区段往返测高差不符值超限时，应对往返测高差不符值较大，且其符号与区段高差不符值的符号相同的某一个测段进行重测。若重测后区段高差不符值仍超限，再继续重测其他测段。

（3）当路线或环线闭合差超限时，应先重测路线上某些可靠性差（如往返测高差不符值较大或观测过程中外界条件不佳）的测段。如果重测后仍不合乎限差要求，则应重测该路线上的其他测段。

（4）由测段往返测高差不符值计算的每千米高差中数的偶然中误差 $M_\Delta$ 超限时，要分析原因，重测有关测段。

（5）当单程双转点观测左右路线高差不符值超限时，可只重测一个单程，并与原测结果中符合限差的一个单程取中数采用。若重测结果与原测的两个单程结果均符合限差要求，则取三个单程观测结果的中数，当重测结果与原测的两个单程结果均超限时，应在分析原因后，再重测另一单程。

## 八、水准测量中的几个术语

水准测量中经常涉及以下几个术语，在此一并解释。

结点——水准网中至少连接三条水准路线的水准点。

水准路线——同级水准网中两相邻结点间的水准测线。

区段——水准路线中两相邻基本水准点间的水准测线。

测段——两相邻水准点间的水准测线。

联测——将水准点或其他高程点包含于水准路线中的观测。

支测——自路线中任一水准点起，测至三角点、导线点、水文测站以及其他任何固定点的水准测量。

接测——新设水准路线中任一点连接其他路线上水准点的观测。

检测——检查已测高差的变化是否超过规定而进行的观测。

重测——因成果质量不合规格而重新进行的观测。

复测——每隔一定时间对已测水准路线进行的测量。

# 第十节　水准测量外业计算

水准测量外业计算的目的是检查外业成果质量，计算出水准点的概略高程。水准点概略高程是测图控制及工程测量、水准网平差的基本数据。

水准测量外业计算的项目包括：

(1)外业手簿的检查和计算；

(2)高差改正数的计算；

(3)水准路线环线闭合差计算和闭合差分配；

(4)水准路线高差和概略高程表的编算；

(5)水准测量精度评定。

各级水准测量外业计算的小数点取位见表8-19。

**表8-19　外业计算的小数点取位**

| 等级 | 往(返)测距离总和(km) | 往(返)测距离中数(km) | 测站高差(mm) | 往(返)测高差总和(mm) | 往(返)测高差中数(mm) | 高程(mm) |
|---|---|---|---|---|---|---|
| 一 | 0.01 | 0.1 | 0.01 | 0.01 | 0.1 | 1 |
| 二 | 0.01 | 0.1 | 0.01 | 0.01 | 0.1 | 1 |
| 三 | 0.01 | 0.1 | 0.1 | 0.1 | 1.0 | 1 |
| 四 | 0.01 | 0.1 | 0.1 | 0.1 | 1.0 | 1 |

水准测量外业计算项目和方法介绍如下。

## 一、外业手簿的检查和计算

为了确保外业观测成果的正确无误，并符合限差要求，必须全面、认真地对观测手簿进行计算、检查。

(1)仪器至前后视标尺的距离之和是否正确。

(2)基本分划与辅助分划(或黑面与红面分划)的读数之差是否正确。

(3)基本分划与辅助分划(或黑面与红面分划)所测高差(后视减前视所得高差)及高差之差是否正确。

(4)由基本分划、辅助分划(或黑面、红面分划)所测高差的中数及其符号是否正确。

(5)由基本分划、辅助分划(或黑面、红面)分别得"Σ前视"与"Σ后视"的计算是否正确。

(6)基本分划、辅助分划(或黑面、红面分划)的"Σ(后视－前视)"是否正确。

(7)正、负高差中数之和是否正确。

(8) $\frac{\sum(\text{后视}-\text{前视})_{\text{基}}+\sum(\text{后视}-\text{前视})_{\text{辅}}}{2}=\sum\text{负高差中数}+\sum\text{正高差中数}$。

(9)检查下列各项是否符合限差要求:

①仪器至标尺的距离(视线长度);

②每一站的前后视距差及前后视距累积差;

③基本分划与辅助分划读数差(基辅差)及基本分划与辅助分划所测高差之差;

④前、后视基本分划读数是否符合视线高度的要求;

⑤检测间歇点高差之差;

⑥测段往返测闭合差;

⑦对于一、二等水准测量应检查上下丝读数的平均值与相应中丝读数之差,三、四等水准测量采用单程双转点法观测时,应检查左右路线的转点差。

## 二、高差改正数的计算

根据现行水准规范规定,一、二等水准测量进行下面6项外业高差改正数的计算:

(1)水准标尺长度误差改正;

(2)水准标尺温度改正;

(3)正常水准面不平行改正;

(4)重力异常改正;

(5)固体潮改正;

(6)海潮负荷改正。

三、四等水准测量只进行第(1)、(3)两项改正。本节只介绍适用于三、四等的这两项改正计算,适用于一、二等的高差改正数计算方法和公式,读者可参见《国家一、二等水准测量规范》。

### (一)水准标尺长度误差改正 $\delta$

水准标尺名义米长误差定义为

$$f = L - 1\,000 \tag{8-27}$$

式中 $f$——对标尺名义米长误差,mm/m;

$L$——对标尺名义米长,mm。

对一、二等水准测量,标尺名义米长 $L$ 采用测前和测后送长度计量部门检定的结果。若出测前与收测后水准标尺名义米长的变化不大于30 μm,则可取平均值进行改正;否则应分析变化原因,决定是否重测,或如何进行改正。

对于三、四等水准测量依据作业人员自己进行的水准标尺名义米长测定结果计算改正数，若在作业期间一对标尺名义米长变化量不大于 0.08 mm，则取测前、测后标尺测定的中数进行改正；若超过 0.08 mm，应分别进行改正，特别是所测路线高差较大时；当其变化超过 0.15 mm 时，则应分析变化原因，决定是否重测或如何进行改正。

水准标尺尺长误差改正计算公式为

$$\delta = hf \tag{8-28}$$

式中 $h$——测段往测或返测高差，m，计算出的 $\delta$ 以 mm 为单位。

例如某一对标尺的 $f = -0.04$ mm/m，某测段的返测高差为 +20.345 m，相应的标尺尺长改正数 $\delta$ 为

$$\delta = (-0.04) \times (+20.345) = -0.81(\text{mm})$$

将此结果记录在“水准测量外业高差与概略高程表”内。

**（二）正常水准面不平行改正 $\varepsilon$**

正常水准面是与正常重力相联系的概念。正常重力可简单地理解为假定地球的形状为一标准旋转椭球，质量分布也没有异常的情况下产生的重力，正常水准面则是由这样的正常重力产生的水准面。由于地球自转产生的离心力在赤道上为最大，两极为零，因而椭球面上的正常重力值在赤道上为极小值，往两极逐渐变大，在南北极点上取得极大值。而正常水准面间的距离则相反，在赤道处最宽，在两极处最窄，也就是正常水准面在大尺度上考察是不平行的。

实际水准面的排列状况与正常水准面大体一致，只是有些地方略有偏离。水准面的这种不平行性在高程测量中必须顾及。

如图 8-43 假定路线 $AB$ 经过的地区重力基本正常，实际水准面与正常水准面大致相同，椭球面与大地水准面、似大地水准面符合较好，又假定 $A$、$B$ 在同一水准面上。现从 $A$ 至 $B$ 进行水准观测，因水准观测视线总是沿水准面的，因而观测高差为 0，但由图可知：$H_B > H_A$，其差距为 $\varepsilon$。这是由于正常水准面不平行引起的，所以要在水准观测高差中加一个正常水准面不平行改正 $\varepsilon$。

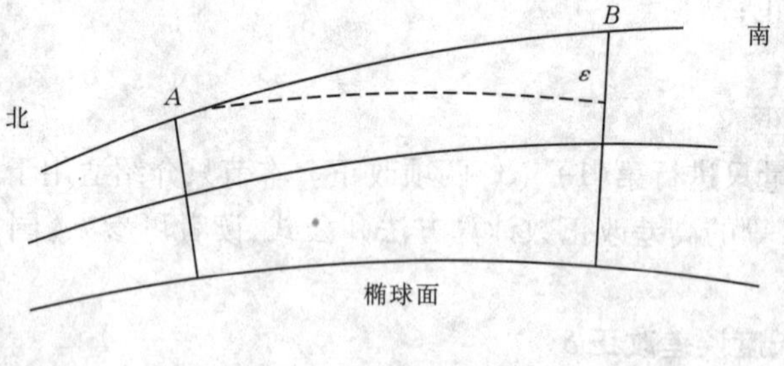


**图 8-43 正常水准面不平行改正**

正常水准面不平行改正按测段计算，三、四等计算公式为

$$\begin{cases} \varepsilon = -AH_m\Delta\varphi' & (\text{mm}) \\ A = 0.000\,001\,537\,1\sin 2\varphi_m \\ \Delta\varphi' = \varphi_{i+1} - \varphi_i & (') \end{cases} \tag{8-29}$$

式中　$i$、$i+1$——测段起、止水准点；

$H_m=(H_i+H_{i+1})/2$，m，可用近似值；

$\varphi_m=(\varphi_i+\varphi_{i+1})/2$。

实际计算时，$\varphi_m$ 可用区段的平均纬度代替。系数 $A$ 以 $\varphi_m$ 为引数在表 8-20 中查取。

**表 8-20　正常水准面不平行改正数的系数 $A$**

$A=0.000\ 001\ 537\ 1\sin2\varphi_m$

| $\varphi_m$ | 0′ | 10′ | 20′ | 30′ | 40′ | 50′ |
|---|---|---|---|---|---|---|
| ° | $10^{-9}$ | $10^{-9}$ | $10^{-9}$ | $10^{-9}$ | $10^{-9}$ | $10^{-9}$ |
| 0 | 000 | 009 | 018 | 027 | 036 | 045 |
| 1 | 054 | 063 | 072 | 080 | 089 | 098 |
| 2 | 107 | 116 | 125 | 134 | 143 | 152 |
| 3 | 161 | 170 | 178 | 187 | 196 | 205 |
| 4 | 214 | 223 | 232 | 240 | 249 | 258 |
| 5 | 267 | 276 | 285 | 293 | 302 | 311 |
| 6 | 320 | 328 | 337 | 346 | 354 | 363 |
| 7 | 372 | 381 | 389 | 398 | 406 | 415 |
| 8 | 424 | 432 | 441 | 449 | 458 | 466 |
| 9 | 475 | 483 | 492 | 500 | 509 | 517 |
| 10 | 526 | 534 | 542 | 551 | 559 | 567 |
| 11 | 576 | 584 | 592 | 601 | 609 | 617 |
| 12 | 625 | 633 | 641 | 650 | 658 | 666 |
| 13 | 674 | 682 | 690 | 698 | 706 | 714 |
| 14 | 722 | 729 | 737 | 745 | 753 | 761 |
| 15 | 769 | 776 | 784 | 792 | 799 | 807 |
| 16 | 815 | 822 | 830 | 837 | 845 | 852 |
| 17 | 860 | 867 | 874 | 882 | 889 | 896 |
| 18 | 903 | 911 | 918 | 925 | 932 | 939 |
| 19 | 946 | 953 | 960 | 967 | 974 | 981 |
| 20 | 988 | 995 | 1 002 | 1 008 | 1 015 | 1 022 |
| 21 | 1 029 | 1 035 | 1 042 | 1 048 | 1 055 | 1 061 |
| 22 | 1 068 | 1 074 | 1 081 | 1 087 | 1 093 | 1 099 |
| 23 | 1 106 | 1 112 | 1 118 | 1 124 | 1 130 | 1 136 |
| 24 | 1 142 | 1 148 | 1 154 | 1 160 | 1 166 | 1 172 |
| 25 | 1 177 | 1 183 | 1 189 | 1 195 | 1 200 | 1 206 |
| 26 | 1 211 | 1 217 | 1 222 | 1 228 | 1 233 | 1 238 |
| 27 | 1 244 | 1 249 | 1 254 | 1 259 | 1 264 | 1 269 |

续表 8-20

| $\varphi_m$ | 0′ | 10′ | 20′ | 30′ | 40′ | 50′ |
|---|---|---|---|---|---|---|
| ° | $10^{-9}$ | $10^{-9}$ | $10^{-9}$ | $10^{-9}$ | $10^{-9}$ | $10^{-9}$ |
| 28 | 1 274 | 1 279 | 1 284 | 1 289 | 1 294 | 1 299 |
| 29 | 1 304 | 1 308 | 1 313 | 1 318 | 1 322 | 1 327 |
| 30 | 1 331 | 1 336 | 1 340 | 1 344 | 1 349 | 1 353 |
| 31 | 1 357 | 1 361 | 1 365 | 1 370 | 1 374 | 1 378 |
| 32 | 1 382 | 1 385 | 1 389 | 1 393 | 1 397 | 1 401 |
| 33 | 1 404 | 1 408 | 1 411 | 1 415 | 1 418 | 1 422 |
| 34 | 1 425 | 1 429 | 1 432 | 1 435 | 1 438 | 1 441 |
| 35 | 1 444 | 1 447 | 1 450 | 1 453 | 1 456 | 1 459 |
| 36 | 1 462 | 1 465 | 1 467 | 1 470 | 1 473 | 1 475 |
| 37 | 1 478 | 1 480 | 1 482 | 1 485 | 1 487 | 1 489 |
| 38 | 1 491 | 1 494 | 1 496 | 1 498 | 1 500 | 1 502 |
| 39 | 1 504 | 1 505 | 1 507 | 1 509 | 1 511 | 1 512 |
| 40 | 1 514 | 1 515 | 1 517 | 1 518 | 1 520 | 1 521 |
| 41 | 1 522 | 1 523 | 1 525 | 1 526 | 1 527 | 1 528 |
| 42 | 1 529 | 1 530 | 1 530 | 1 531 | 1 532 | 1 533 |
| 43 | 1 533 | 1 534 | 1 534 | 1 535 | 1 535 | 1 536 |
| 44 | 1 536 | 1 536 | 1 537 | 1 537 | 1 537 | 1 537 |
| 45 | 1 537 | 1 537 | 1 537 | 1 537 | 1 537 | 1 536 |
| 46 | 1 536 | 1 536 | 1 535 | 1 535 | 1 534 | 1 534 |
| 47 | 1 533 | 1 533 | 1 532 | 1 531 | 1 530 | 1 530 |
| 48 | 1 529 | 1 528 | 1 527 | 1 526 | 1 525 | 1 523 |
| 49 | 1 522 | 1 521 | 1 520 | 1 518 | 1 517 | 1 515 |
| 50 | 1 514 | 1 512 | 1 511 | 1 509 | 1 507 | 1 505 |
| 51 | 1 504 | 1 502 | 1 500 | 1 498 | 1 496 | 1 494 |
| 52 | 1 491 | 1 489 | 1 487 | 1 485 | 1 482 | 1 480 |
| 53 | 1 478 | 1 475 | 1 473 | 1 470 | 1 467 | 1 465 |
| 54 | 1 462 | 1 459 | 1 456 | 1 453 | 1 450 | 1 447 |

$\varepsilon$ 的计算格式和计算示例见表 8-21。

该示例Ⅱ柳贵 $5_{基}$—Ⅲ宜柳 1 测段有

$A = 1\ 153 \times 10^{-9}, H_m = 435\ \mathrm{m}, (\Delta\varphi)' = -3'$

$\varepsilon_1 = -1\ 153 \times 10^{-9} \times 435 \times (-3) = +1.5(\mathrm{mm})$

### 表 8-21　正常水准面不平行改正之计算

三等水准路线：　　　　　自宜山到柳州　　　　　计算者：马云良

| 水准点编号 | 纬度 $\varphi$ (° ′) | 观测高差 $h$(m) | 近似高程 (m) | 平均高程 $H$(m) | 纬差 $\Delta\varphi$ (′) | $H\Delta\varphi$ | 正常水准面不平行改正 $\varepsilon=-AH\Delta\varphi$ (mm) | 附　记 |
|---|---|---|---|---|---|---|---|---|
| Ⅱ柳贵 $35_{基}$ | 24 28 | | 425 | | | | | |
| | | +20.345 | | 435 | −3 | −1 305 | +1.5 | 已知：<br>Ⅱ柳贵 $35_{基}$ 高程为 424.876 m<br>Ⅱ柳南 $1_{基}$ 高程为 573.128 m<br>本例之 A 按平均纬度 24°18′ 查表为 $1\ 153\times10^{-9}$ |
| Ⅲ宜柳 1 | 24 25 | | 445 | | | | | |
| | | +77.304 | | 484 | −3 | −1 452 | +1.7 | |
| Ⅲ宜柳 2 | 24 22 | | 523 | | | | | |
| | | +55.577 | | 550 | −3 | −1 650 | +1.9 | |
| Ⅲ宜柳 3 | 24 19 | | 578 | | | | | |
| | | +73.451 | | 615 | −3 | −1 845 | +2.1 | |
| Ⅲ宜柳 4 | 24 16 | | 652 | | | | | |
| | | +17.094 | | 660 | −2 | −1 320 | +1.5 | |
| Ⅲ宜柳 5 | 24 14 | | 669 | | | | | |
| | | +32.772 | | 686 | −3 | −2 058 | +2.4 | |
| Ⅲ宜柳 6 | 24 11 | | 702 | | | | | |
| | | +80.548 | | 742 | −2 | −1 484 | +1.7 | |
| Ⅲ宜柳 7 | 24 09 | | 782 | | | | | |
| | | +11.745 | | 788 | −1 | −788 | +0.9 | |
| Ⅲ宜柳 8 | 24 08 | | 794 | | | | | |
| | | −18.037 | | 785 | +1 | 785 | −0.9 | |
| Ⅲ宜柳 9 | 24 09 | | 776 | | | | | |
| | | −10.146 | | 711 | +1 | 771 | −0.9 | |
| Ⅲ宜柳 10 | 24 10 | | 766 | | | | | |
| | | −101.098 | | 716 | +1 | 716 | −0.8 | |
| Ⅲ宜柳 11 | 24 11 | | 665 | | | | | |
| | | −61.960 | | 634 | +1 | 1 268 | −1.5 | |
| Ⅲ宜柳 12 | 24 13 | | 603 | | | | | |
| | | −54.996 | | 576 | +2 | 1 152 | −1.3 | |
| Ⅲ宜柳 13 | 24 15 | | 548 | | | | | |
| | | +10.051 | | 553 | +2 | 1 106 | −1.3 | |
| Ⅲ宜柳 14 | 24 17 | | 558 | | | | | |
| | | +15.649 | | 566 | +3 | 1 698 | −2.0 | |
| Ⅱ柳南 $1_{基}$ | 24 20 | | 573 | | | | | |
| | | $\varphi_m=24°18'$ | | | | | $\sum\varepsilon=+5.0$ | |

附合路线中的正常水准面不平行改正数为 +5.0 mm

其余各测段的 $\varepsilon$ 之计算依此类推。

加入正常水准面不平行改正后得到的高程,是点的近似正常高高程。它可以作为概略高程提供测图用。

## 三、水准路线闭合差计算和闭合差分配

### (一)水准路线闭合差

对于构成闭合环的水准路线和附合在两个已知水准点间的单一附合水准路线,应按下式计算其闭合差

$$W = H_0 + \sum_1^n h_i + \sum_1^n \varepsilon_i - H_n \tag{8-30}$$

式中 $H_0$、$H_n$——起算点、终点的已知高程(当水准路线构成闭合环时,$H_0 = H_n$);

$h_i$——加入尺长改正后的各测段往返测高差中数;

$\varepsilon_i$——各测段的正常水准面不平行之改正数。

计算示例见表 8-21 右下边。

### (二)水准路线闭合差允许值 $W_{限}$ 的计算

为了保证成果质量,《水准规范》对各等级的水准测量路线闭合差 $W$ 均规定了限差要求(见表 8-17)。例如三等水准测量的路线闭合差的限差 $W_{限}$ 为

$$W_{限} = \pm 12\sqrt{L} \tag{8-31}$$

式中,$L$ 为水准路线的总长。例如表 8-21 中 $L = 80.9$ km。

则 $$W_{限} = \pm 12\sqrt{80.9} = 108(\text{mm})$$

本示例的 $W = +9.5$ mm,符合限差要求。

### (三)水准路线闭合差 $W$ 的配赋

当水准路线(环线)闭合差 $W$ 合限,应将其闭合差值 $W$ 反号、按比例配赋在各测段高差中。各测段高差的闭合差配赋值 $V_i$ 的计算公式是

$$V_i = -\frac{W}{\sum_1^n R_i} R_i \tag{8-32}$$

示例各测段距离分别为 5.8 km,5.6 km,…,5.1 km,水准路线的长度为

$$\sum_1^{15} R_i = 5.8 + 5.6 + \cdots + 5.1 = 80.9(\text{km})$$

则 $$-\frac{W}{\sum_1^n R_i} = -\frac{+9.5}{80.9} = -0.1174(\text{mm})$$

按式(8-32)依次算得各测段的测段高差配赋改正数为

$$V_1 = 5.8 \times (-0.1174) = -0.7(\text{mm})$$

$$V_2 = 5.6 \times (-0.1174) = -0.7(\text{mm})$$

$$\vdots$$

$$V_{15} = 5.1 \times (-0.1174) = -0.6(\text{mm})$$

此项计算可在表 8-22 中进行。

## 四、高差和概略高程表之编算

高差与概略高程表是一条水准路线外业计算的汇总表格。上述的一些计算项目,有的直接在此表上计算,有的在他处算后将结果填入此表。待分配完闭合差后,还应在表上逐点推算出各点概略高程。

表 8-21 为一三等水准附合路线高差和概略高程表计算示例。若为一、二等水准测量,则要增加水准标尺温度改正、重力异常改正、固体潮改正和海潮负荷改正等项目。

## 五、水准测量的精度估算

进行水准测量精度估算的目的是评定水准测量的精度,并为水准网的平差提供确定路线观测高差权的参考数据。

在水准测量成果中,同时存在偶然误差和系统误差的影响。因此,应对水准路线这两种误差进行估算。由于系统误差具有累积的性质,随路线距离的增长而增大,所以在短距离的水准路线(例如一个测段)的往返测高差不符值中,偶然误差占主导地位;在长距离的水准路线(如闭合环)的高差闭合差中,系统误差占主导地位。从这一概念出发,以测段往返测高差不符值 $\Delta$ 来计算"每千米往返测高差中数的偶然中误差 $M_\Delta$";用环线闭合差 $W$ 计算"每千米往返测高差中数的全中误差 $M_W$"。所谓"全中误差"就是偶然误差和系统误差的综合影响。

如果认为测段往返测高差不符值 $\Delta$ 和环线闭合差 $W$ 均具有真误差的性质,那么,在推导 $M_\Delta$ 和 $M_W$ 的估算公式时,采用真误差求单位权中误差的公式。即

$$\mu = \pm\sqrt{\frac{[P\Delta\Delta]}{n}} \tag{8-33}$$

式中 $\mu$——单位权中误差;

$\Delta$——观测值的真误差;

$P$——各个 $\Delta$ 的权;

$n$——真误差的个数。

### (一)$M_\Delta$ 的估算

设一段水准路线由 $n$ 个长度为 $R_i$ 的测段组成,测段的往测和返测高差分别为 $h'_i$ 和 $h''_i$。测段往返测高差不符值的计算公式为

$$\Delta_i = h'_i + h''_i$$

因为理论上往返测高差应该大小相等,方向相反,其和为零,所以根据实测往返测高差,由上式算出来的 $\Delta_i$ 可以认为是往返测高差之和的真误差。设 1 km 水准观测高差中数的权为 1,则第 $i$ 测段高差中数的权为 $\frac{1}{R_i}$,第 $i$ 测段高差不符值的权为 $\frac{1}{4R_i}$。根据式(8-33)可得 1 km 高差中数的偶然中误差为

$$M_\Delta = \mu = \pm\sqrt{\frac{1}{4n}\left[\frac{\Delta\Delta}{R}\right]} \tag{8-34}$$

式中 $\Delta$——测段往返测高差不符值,mm;

$R$——测段长度,km;

$n$——测段数。

表 8-22　三等水准测量外业

路线名称：Ⅲ宜柳线自宜　　山到柳　　州　　　　　　　　　　　　　　　　　　　施测年份：

| 标石类型<br>水准点编号 | 水准点位置<br>（至重要地物之方向与距离） | 纬度 φ | 测段编号 | 测段距离 R | 距起算点距离 | 往测方向 | 地质（土、砂、石松紧与植被等） | 天气（阴晴和风力）往测 | 天气（阴晴和风力）返测 |
|---|---|---|---|---|---|---|---|---|---|
| | | ° ′ | km | km | | | | | |
| 1 | 2 | 3 | 4 | 5 | 6 | 7 | 8 | 9 | 10 |
| 基本<br>Ⅱ柳贵 $35_{基}$ | 宜山县第三中学院内 | 24 28 | | | 0.0 | | | | |
| | | | 1 | 5.8 | | 东南 | 坚实黏土 | 阴<br>无风 | 阴晴不定<br>2 级风 |
| 普通<br>Ⅲ宜柳 1 | 宜山县太平公社良山村 2 号电线杆北 20 m 处 | 24 25 | | | 5.8 | | | | |
| | | | 2 | 5.6 | | 东南 | 坚实土 | 阴<br>1～2 级风 | 晴<br>无风 |
| 普通<br>Ⅲ宜柳 2 | 宜山县太平公社春丽村 13 号公里碑东 50 m 处 | 24 22 | | | 11.4 | | | | |
| | | | 3 | 5.0 | | 东南 | 坚实土 | 晴<br>2～3 级风 | 阴<br>无风 |
| 普通<br>Ⅲ宜柳 3 | 宜山县太平公社东海村东南约 200 m 处 | 24 19 | | | 16.4 | | | | |
| | | | 4 | 6.0 | | 东南 | 带砂实土 | 阴晴不定<br>无风 | 阴<br>1～2 级风 |
| 普通<br>Ⅲ宜柳 4 | 忻城县欧峒山公社新象村小学北 100 m 处 | 24 16 | | | 22.4 | | | | |
| | | | 5 | 5.4 | | 南 | 坚实土 | 阴晴不定<br>1～2 级风 | 晴<br>2～3 级风 |
| 普通<br>Ⅲ宜柳 5 | 忻城县欧峒公社龙门村西南 55 m 处 | 24 14 | | | 27.8 | | | | |
| | | | 6 | 5.7 | | 南 | 坚实土 | 阴<br>无风 | 晴<br>2 级风 |
| 普通<br>Ⅲ宜柳 6 | 忻城县欧峒公社中学北 58 m 处 | 24 11 | | | 33.5 | | | | |
| | | | 7 | 5.9 | | 东南 | 坚实土 | 阴<br>3 级风 | 阴晴不定<br>1～2 级风 |
| 普通<br>Ⅲ宜柳 7 | 忻城县大塘公社明江村 32 号公里碑西 50 m 处 | 24 9 | | | 39.4 | | | | |
| | | | 8 | 4.9 | | 东南 | 坚实黏土 | 晴<br>1～2 级风 | 阴<br>2 级风 |
| 普通<br>Ⅲ宜柳 8 | 忻城县大塘公社青龙观村南 80 mm 处 | 24 8 | | | 44.3 | | | | |
| | | | 9 | 5.3 | | 东 | 实土 | 阴晴不定<br>无风 | 阴<br>1～2 级风 |
| 普通<br>Ⅲ宜柳 9 | 忻城县里高公社双桥村东南 70 m 处 | 24 9 | | | 49.6 | | | | |
| | | | 10 | 4.8 | | 东 | 带砂实土 | 阴<br>1～2 级风 | 晴<br>无风 |
| 普通<br>Ⅲ宜柳 10 | 忻城县里高公社光明村南 50 m 处 | 24 10 | | | 54.4 | | | | |
| | | | 11 | 5.6 | | 东 | 带砂实土 | 阴<br>无风 | 阴<br>3 级风 |
| 岩通<br>Ⅲ宜柳 11 | 柳江县三都公社平阳村小学西北 150 m 处 | 24 11 | | | 60.0 | | | | |
| | | | 12 | 5.2 | | 东北 | 坚实土 | 阴晴不定<br>2～3 级风 | 阴晴不定<br>1～2 级风 |
| 普通<br>Ⅲ宜柳 12 | 柳江县三都公社粮食仓库院内 | 24 13 | | | 65.2 | | | | |
| | | | 13 | 4.7 | | 东北 | 坚实土 | 阴<br>无风 | 晴<br>1 级风 |
| 普通<br>Ⅲ宜柳 13 | 柳江县汽车站东南 300 m 处 | 24 15 | | | 69.9 | | | | |
| | | | 14 | 5.9 | | 东北 | 实土 | 阴<br>1～2 级风 | 阴<br>无风 |
| 普通<br>Ⅲ宜柳 14 | 柳江县北关公社小学西 50 m 处 | 24 17 | | | 75.8 | | | | |
| | | | 15 | 5.1 | | 东北 | 坚实土 | 晴<br>2 级风 | 阴<br>1～2 级风 |
| 基本<br>Ⅱ柳南 $1_{基}$ | 柳州市公安局院内 | 24 20 | | | 80.9 | | | | |

注："＊"为已知高程，计算时应用红色填写。

**高差与概略高程表**

1993 年　　　　　　　　　　　编算者:马云良　检算者:陆　民　校算者:马云良　检查者:洪　兵

| 往测 施测月日 | 往测 测站数 上午 | 往测 测站数 下午 | 返测 施测月日 | 返测 测站数 上午 | 返测 测站数 下午 | 观测高差 $h$ / 标尺长度改正 $\delta$ 往测 | 观测高差 $h$ / 标尺长度改正 $\delta$ 返测 | 往返测高差不符值 $\Delta$ | 不符值累积 | 加 $\delta$ 后往返测高差中数 $h'$ / 正常水准面不平行改正 $\varepsilon$ / 闭合差改正 $V$ | 概略高程 $H = H_0 + \sum_{h'} + \sum_{\varepsilon} + \sum_{V}$ | 备注 |
|---|---|---|---|---|---|---|---|---|---|---|---|---|
| | | | | | | m | m | mm | mm | mm | mm | |
| 11 | 12 | 13 | 14 | 15 | 16 | 17 | 18 | 19 | 20 | 21 | 22 | 23 |
| | | | | | | | | | 0.00 | | *424 876 | |
| 7.2<br>7.3 | 60 | 38 | 7.28<br>7.29 | 38 | 58 | +20.344 42<br>− 81 | −20.346 28<br>+ 81 | −1.86 | −1.86 | +20 344.5<br>+ 1.5<br>− 0.7 | 445 221 | $f =$<br>−0.04 |
| 7.3<br>7.4 | 40 | 60 | 7.26<br>7.27 | 60 | 38 | +77.304 18<br>− 3 09 | −77.302 85<br>+ 3 09 | +1.33 | −0.53 | +77 300.4<br>+ 1.7<br>− 0.7 | 522 523 | |
| 7.5 | 34 | 40 | 7.24 | 40 | 32 | +55.576 08<br>− 2 22 | −55.577 65<br>+ 2 22 | −1.57 | −2.10 | +55 574.6<br>+ 1.9<br>0.6 | 578 099 | |
| 7.6<br>7.7 | 58 | 40 | 7.22<br>7.23 | 38 | 58 | +73.450 18<br>− 2 94 | −73.451 80<br>+ 2 94 | −1.62 | −3.72 | +73 448.0<br>+ 2.1<br>− 0.7 | 651 548 | |
| 7.7<br>7.8 | 38 | 56 | 7.20<br>7.21 | 54 | 40 | +17.094 70<br>− 68 | −17.094 10<br>+ 68 | +0.60 | −3.12 | +17 093.7<br>+ 1.5<br>− 0.6 | 668 643 | |
| 7.10 | 40 | 42 | 7.19 | 40 | 40 | +32.770 58<br>− 1 31 | −32.772 95<br>+ 1 31 | −2.37 | −5.49 | +32 770.5<br>+ 2.4<br>− 0.7 | 701 415 | |
| 7.11<br>7.12 | 56 | 38 | 7.17<br>7.18 | 38 | 54 | +80.548 52<br>− 3 22 | −80.547 05<br>+ 3 22 | +1.47 | −4.02 | +80 544.6<br>+ 1.7<br>− 0.7 | 781 960 | |
| 7.12<br>7.13 | 34 | 60 | 7.16<br>7.17 | 62 | 32 | +11.745 28<br>− 47 | −11.745 02<br>+ 47 | +0.26 | −3.76 | +11 744.7<br>+ 0.9<br>− 0.6 | 793 705 | |
| 8.3 | 38 | 40 | 8.22 | 38 | 38 | −18.074 48<br>+ 72 | +18.071 82<br>− 72 | −2.66 | −6.42 | −18 072.4<br>− 0.9<br>− 0.6 | 775 632 | |
| 8.4 | 40 | 40 | 8.21 | 36 | 38 | −10.145 55<br>+ 41 | +10.146 12<br>− 41 | +0.57 | −5.85 | −10 145.4<br>− 0.9<br>− 0.6 | 765 485 | |
| 8.5<br>8.6 | 60 | 42 | 8.19<br>8.20 | 40 | 58 | −101.097 35<br>+ 4 04 | +101.099 32<br>− 4 04 | +1.97 | −3.88 | −101 094.3<br>− 0.8<br>− 0.7 | 664 389 | |
| 8.6<br>8.7 | 38 | 58 | 8.18<br>8.19 | 58 | 38 | −61.959 32<br>+ 2 48 | +61.959 85<br>− 2 48 | +0.53 | −3.35 | −61 957.1<br>− 1.5<br>− 0.6 | 602 430 | |
| 8.8 | 36 | 38 | 8.17 | 36 | 36 | −54.996 60<br>+ 2 20 | +54.996 18<br>− 2 20 | −0.42 | −3.77 | +54 994.2<br>− 1.3<br>− 0.6 | 547 434 | |
| 8.10<br>8.11 | 62 | 40 | 8.14<br>8.15 | 38 | 60 | +10.050 25<br>− 40 | −10.051 68<br>+ 40 | −1.43 | −5.20 | +10 050.6<br>− 1.3<br>− 0.7 | 557 482 | |
| 8.11<br>8.12 | 32 | 54 | 8.13<br>8.14 | 52 | 30 | +15.648 22<br>− 63 | −15.649 72<br>+ 63 | −1.50 | −6.70 | +15 648.3<br>− 2.0<br>− 0.6 | *573 128 | |

$$W = H_0 + \sum h + \sum \varepsilon - H_n = +9.5\ \text{mm}$$

当一条水准路线的观测全部结束后，应当首先计算出测段往返测高差不符值和按式(8-34)计算每千米高差中数的偶然中误差 $M_\Delta$，以评定野外观测精度。这两项计算的示例见表 8-25。

**表 8-25　往返测高差不符值及每千米高差中数偶然中误差之计算**

路线名称：　Ⅲ宜山—柳州　　仪器：№58812　　日期：1993 年 5 月 6 日

| 测段编号 | $R$(km) | $\sum R$(km) | $\Delta$(mm) | $\sum\Delta$(mm) | $\Delta^2$ | $\frac{\Delta^2}{R}$ |
|---|---|---|---|---|---|---|
| 1 | 5.8 | 5.8 | −1.86 | −1.86 | 3.459 6 | 0.596 5 |
| 2 | 5.6 | 11.4 | +1.33 | −0.53 | 1.768 9 | 0.315 9 |
| 3 | 5.0 | 16.4 | −1.57 | −2.10 | 2.464 9 | 0.493 0 |
| 4 | 6.0 | 22.4 | −1.62 | −3.72 | 2.624 4 | 0.437 4 |
| 5 | 5.4 | 27.8 | +0.60 | −3.12 | 0.360 0 | 0.066 7 |
| 6 | 5.7 | 33.5 | −2.37 | −5.49 | 5.616 9 | 0.985 4 |
| 7 | 5.9 | 39.4 | +1.47 | −4.02 | 2.160 9 | 0.366 2 |
| 8 | 4.9 | 44.3 | +0.26 | −3.76 | 0.067 6 | 0.014 9 |
| 9 | 5.3 | 49.6 | −2.66 | −6.42 | 7.075 6 | 1.335 0 |
| 10 | 4.8 | 54.4 | +0.57 | −5.85 | 0.324 9 | 0.067 7 |
| 11 | 5.6 | 60.0 | +1.97 | −3.88 | 3.880 9 | 0.693 0 |
| 12 | 5.2 | 65.2 | +0.53 | −3.35 | 0.280 9 | 0.054 0 |
| 13 | 4.7 | 69.9 | −0.42 | −3.76 | 0.176 4 | 0.037 5 |
| 14 | 5.9 | 75.8 | −1.43 | −5.20 | 2.044 9 | 0.346 6 |
| 15 | 5.1 | 80.9 | −1.50 | −6.70 | 2.250 0 | 0.441 2 |
| Σ | | | | | | 6.251 1 |

$$M_\Delta = \pm\sqrt{\frac{1}{4n}\left[\frac{\Delta^2}{R}\right]} = \pm\sqrt{\frac{1}{4\times 15}\times 6.251\,1} = \pm 0.32\ (\text{mm})$$

**(二)$M_W$ 的估算**

在水准网中，当水准环超过 20 个时，就要计算每千米往返测高差中数的全中误差 $M_W$。

设水准网中有 $N$ 个水准环，水准环的长度为 $F_i$ 千米。各个水准环的环线闭合差为 $W_i$，$W_i$ 是第 $i$ 环绕环各段高差中数之和的真误差。以 1 km 高差中数的权作为单位权，则各个环线的权为$\frac{1}{F_i}$。按式(8-33)即可得每千米高差中数的全中误差(即单位权误差)$M_W$ 为

$$M_W = \pm\sqrt{\frac{1}{N}\left[\frac{WW}{F_i}\right]} \tag{8-35}$$

式中的 $W$ 按式(8-30)计算。

按我国现行的《水准规范》规定，上述式(8-34)、式(8-35)是评定水准测量精度的公式。但是，这两个公式并不严密。因为在估算全中误差 $M_W$ 时，没有顾及观测结果含有的系统误差影响；而在估算全中误差 $M_W$ 时，又没有顾及到各水准环间的相关性，即各个环线闭合差

$W$ 互不独立的问题,使估算结果偏大。而且,在较长的水准路线上,系统误差的大小、符号也不可能始终保持不变(如仪器、标尺的垂直位移和 $i$ 角变化误差的影响等),而具有偶然性。所以,在外业用上两式计算的中误差只能是一种估值。

### 六、水准测量资料的上交

水准测量外业工作结束后,应将各种外业资料按水准路线进行清点、整理、编制目录,开列出资料清单后上交。应上交的资料有:

(1)技术设计书;

(2)原始水准点点之记;

(3)水准路线图和交叉点接测图;

(4)水准点委托保管书(两份);

(5)水准仪、水准标尺、经纬仪、测距仪检验资料;

(6)观测手簿;

(7)外业高差及概略高程表两份;

(8)外业高差改正数计算资料;

(9)外业技术总结;

(10)验收报告。

## *第十一节　跨河水准测量

### 一、跨河水准测量的方法选择

当水准路线跨越河流、峡谷或大的水面时,视距超过正常水准测量规定的,称做跨河水准测量。

对于一、二等水准测量,《水准规范》规定:视线长度不超过 100 m 时,可采用一般方法进行观测,但在测站应变换一次仪器高度,观测两次,两次高差之差不应超过 1 mm。取用两次结果的中数,若视线超过 100 m,应根据视线长度和仪器设备情况选用表 8-24 的方法进行观测。

表 8-24　一、二等跨河水准测量方法

| 序号 | 观测方法 | 方法概要 | 最长跨距(m) |
|---|---|---|---|
| 1 | 光学测微法 | 使用一台水准仪,用水平视线照准觇板标志,并读记测微鼓分划值,求出两岸高差 | 500 |
| 2 | 倾斜螺旋法 | 使用两台水准仪,用倾斜螺旋或气泡移动来测定水准视线上、下两标志的倾角,计算水平视线位置,求出两岸高差 | 1 500 |
| 3 | 经纬仪倾角法 | 使用两台经纬仪对向观测,用垂直度盘测定水平视线上、下两标志的倾角,计算水平视线位置,求出两岸高差 | 3 500 |
| 4 | 测距三角高程法 | 使用两台经纬仪对向观测,测定偏离水平视线的标志倾角,用测距仪量测距离,计算两岸高差 | 3 500 |

注:当跨距超过 3 500 m 时,采用的方法和要求,须依据测区条件进行专项设计。

对于三、四等水准测量，视线长度在 200 m 以内时，可用一般观测方法进行观测，但在测站应变换一次仪器高度，观测两次，两次高差之差不应超过 7 mm。取用两次结果的中数，若视线超过 200 m，应根据视线长度和仪器设备情况选用表 8-25 的方法进行观测。

**表 8-25　三、四等跨河水准测量方法及有关规定**

| 序号 | 方法 | 等级 | 最大视线长度 $S$ (km) | 单测回数 | 半测回观测组数 | 测回高差互差不大于 (mm) |
|---|---|---|---|---|---|---|
| 1 | 直接读尺法 | 三 | 0.3 | 2 | — | 8 |
| | | 四 | 0.3 | 2 | — | 16 |
| 2 | 微动觇板法 | 三 | 0.5 | 4 | — | $30S$ |
| | | 四 | 1.0 | 4 | — | $50S$ |
| 3 | 经纬仪倾角法或测距三角高程法 | 三 | 2.0 | 8 | 3 | $24\sqrt{S}$ |
| | | 四 | 2.0 | 8 | 3 | $40\sqrt{S}$ |

注：跨距超过 2 000 m 时，采用的方法和要求须依据测区条件进行专项设计。

本节仅介绍前述两表中常用的前两种方法。

## 二、三、四等跨河水准测量

### (一) 跨河场地的选定与布设

跨河水准测量仪器与标尺的位置一般应按 Z 字形或类似图形布设。如图 8-44 所示，$I_1$、$I_2$ 处为仪器与远标尺轮换安置点；$b_1$、$b_2$ 为近标尺安置点；$I_1b_1 = I_2b_2$，且为 10 ~ 20 m；图中各点应用直径不小于 5 cm，长度为 30 ~ 50 cm 的木桩牢固地打入地中，其顶端钉上铁帽钉供安置标尺用。

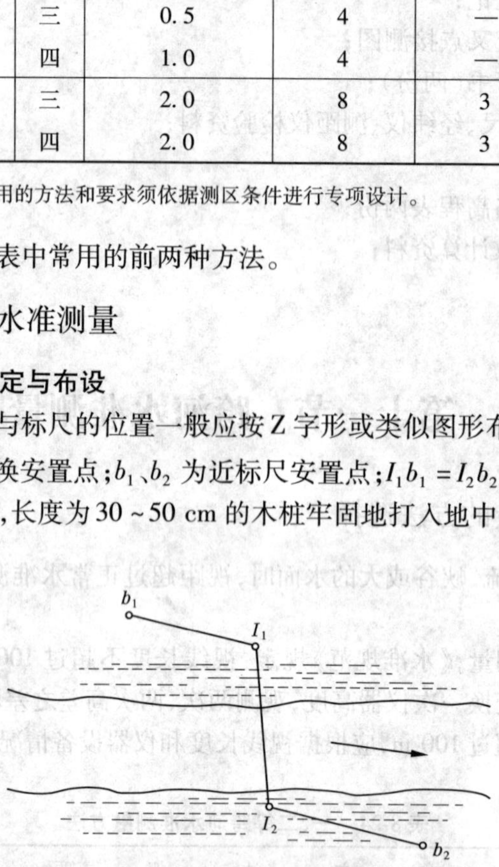


**图 8-44　三、四等跨河水准测量路线布设**

### (二) 直接读尺法

1. 观测方法

每测回观测方法如下：

(1) 先在 $I_1$ 与 $b_1$ 的中间且与 $I_1$ 及 $b_1$ 等距的点上整平水准仪后，用同一根标尺按一般操作规程，测定 $I_1b_1$ 的高差 $h_{I_1b_1}$。

(2) 移仪器于 $I_1$ 点，精密整平仪器后，照准本岸 $b_1$ 点上的近标尺，按中丝读标尺基、辅分划一次。

(3) 将仪器转向照准对岸 $I_2$ 点上的远标尺，调焦后，即用胶布将调焦螺旋固定，按中丝读标尺基、辅分划各两次。

(4)在确保调焦螺旋不受触动的要求下，立即将仪器搬到对岸 $I_2$ 点上，同时 $b_1$ 点上的标尺也移置 $I_1$ 点上。待精密整平仪器后，首先照准对岸 $I_1$ 点上的远标尺，按(3)、(2)的反顺序及操作要求读数。

(5)将仪器搬到 $I_2$ 与 $b_2$ 中间且等距的点上，按一般操作方法，测定 $I_2$ 与 $b_2$ 的高差 $h_{I_2b_2}$。

以上(1)、(2)、(3)为上半测回观测，(4)、(5)为下半测回观测。

2. 计算方法

(1)先分别计算上、下半测回高差 $h_{b_1b_2}$ 和 $h_{b_2b_1}$

$$h_{b_1b_2} = h_{b_1I_2} + h_{I_2b_2} \tag{8-36}$$

$$h_{b_2b_1} = h_{b_2I_1} + h_{I_1b_1} \tag{8-37}$$

(2)计算跨河高差

$$H_{b_1b_2} = \frac{h_{b_1b_2} - h_{b_2b_1}}{2} \tag{8-38}$$

**(三)微动觇板法**

1. 觇板制作

觇板用铝或其他金属或有机玻璃制造，背面设有夹具，可沿标尺面滑动，并能用螺旋控制，使固定于标尺上任一位置。觇板中央开一小窗，小窗中央安一水平指标线(用马尾丝或细铜丝)。照准标志可绘成图 8-45 或其他易于观测的形式，标志中心线必须与觇板指标线精密重合。整块觇板的构造示意图如图 8-45 所示。

2. 观测和计算方法

此方法观测程序和计算方法均同直接读尺法，只是应将对远标尺分划照准读数改为对觇板分划照准读数，对辅助分划读数改为对觇板分划线第二次读数，照准读数时应由观测员按约定信号指挥对岸记录员将觇板沿标尺上下移动，直到觇板上的分划线同仪器水平视线切合时，通知对岸记录员读记觇板指标线在水准标尺上的读数。

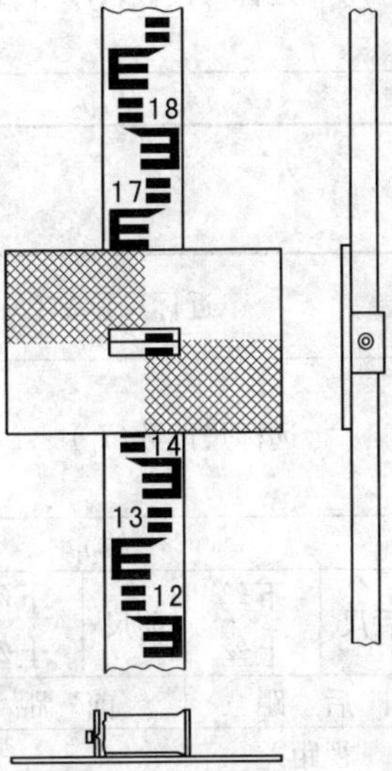

**图 8-45　三、四等跨河水准测量觇板**

**(四)跨河水准测量记录**

直接读尺法和微动觇板法的观测可直接在水准观测手簿中记录，记录格式示例见表 8-26。

算例的高差计算如下：

上半测回高差 $h_{b_1b_2} = h_{b_1I_2} + h_{I_2b_2} = 0.866 + 0.798 = 1.664$

下半测回高差 $h_{b_2b_1} = h_{b_2I_1} + h_{I_1b_1} = -0.805 + (-0.852) = -1.657$

一测回高差：

$$H_{b_1b_2} = \frac{h_{b_1b_2} - h_{b_2b_1}}{2} = \frac{1.664 - (-1.657)}{2} = 1.660(\text{m})$$

**表 8-26　马腾江四等跨河水准测量记录、计算**

（适用于直接读尺法、微动觇板法）

日期：1990 年 2 月 12 日　　　　　　　　　　　　　　　　　　　　仪器：HB－1№17092

时刻：始：14：10　末：16：05　　　　　　　　　　　　　　　　　　观测者：张云

成像：清晰　　　　　　　　　　　　　　　　　　　　　　　　　　　记录者：李风

**第一测回上半测回**

| 测站 | 后尺 下丝 / 上丝 | 前尺 下丝 / 上丝 | 尺号 | 标尺读数 | | K 加黑减红 | 高差中数 |
|---|---|---|---|---|---|---|---|
| | 后距 | 前距 | $I_2$ | 黑面 | 红面 | | |
| | 视距差 | | | | | | |
| $A_1$ | 1 885 | 1 030 | 后($b_1$) | 1 753 | 6 439 | 1 | 0.852 |
| | 1 620 | 0 772 | 前($I_1$) | 0 900 | 5 587 | 0 | |
| | 26.5 | 25.8 | 后—前 | 0 853 | 0 852 | | |
| | 0.7 | | $h_{b_1I_1}$ | 0 852 | | | |
| $I_1$ | 近标尺读数($b_1$) | | | 黑面 | 红面 | | 0.866 |
| | | | | 2 336 | 7 022 | 1 | |
| | 远标尺读数($I_2$) | | Ⅰ | 1 472 | | | |
| | | | Ⅱ | 1 467 | | | |
| | | | 中数 | 1 470 | | | |
| | $h_{b_1I_2}$ | | | 0 866 | | | |

**第一测回下半测回**

| 测站 | 后尺 下丝 / 上丝 | 前尺 下丝 / 上丝 | 尺号 | 标尺读数 | | K 加黑减红 | 高差中数 |
|---|---|---|---|---|---|---|---|
| $I_2$ | 近标尺读数($b_2$) | | | 黑面 | 红面 | | －0.805 |
| | | | | 0 672 | 5 358 | 1 | |
| | 远标尺读数($I_1$) | | Ⅰ | 1 477 | | | |
| | | | Ⅱ | 1 477 | | | |
| | | | 中数 | －0 805 | | | |
| | $h_{b_2I_1}$ | | | | | | |
| 测站 | 后尺 下丝 / 上丝 | 前尺 下丝 / 上丝 | 尺号 | 标尺读数 | | K 加黑减红 | 高差中数 |
| | 后距 | 前距 | | 黑面 | 红面 | | |
| | 视距差 | | | | | | |
| $A_2$ | 1 948 | 1 152 | 后($I_2$) | 1 792 | 6 478 | 1 | 0.798 |
| | 1 638 | 0 837 | 前($b_2$) | 0 994 | 5 680 | 1 | |
| | 31.0 | 31.5 | 后—前 | 0 798 | 0 798 | | |
| | －0.5 | | $h_{I_2b_2}$ | 0 798 | | | |

## 三、一、二等跨河水准测量

### （一）跨河场地的选定与布设

一、二等跨河水准最好用两架水准仪在两岸上作同时相对观测。仪器站和立尺点的布置可采用图 8-46 的平行四边形或等腰梯形。图 8-46 中 $I_1$、$I_2$ 是仪器站，$b_1$、$b_2$ 是立尺点。跨河视距 $I_1b_2$ 和 $I_2b_1$ 要相等。岸上视距 $I_1b_1$ 和 $I_2b_2$ 也应相等，而且要大于 10 m。

当跨河视距短于 500 m 时，可采用如三、四等跨河水准的 Z 字形布设（见图 8-44），以一架仪器先后在两岸观测。

为了传算高程和检查立尺点高程有无变化，应在距跨河地点 200～300 m 的水准路线上埋设普通水准标石。

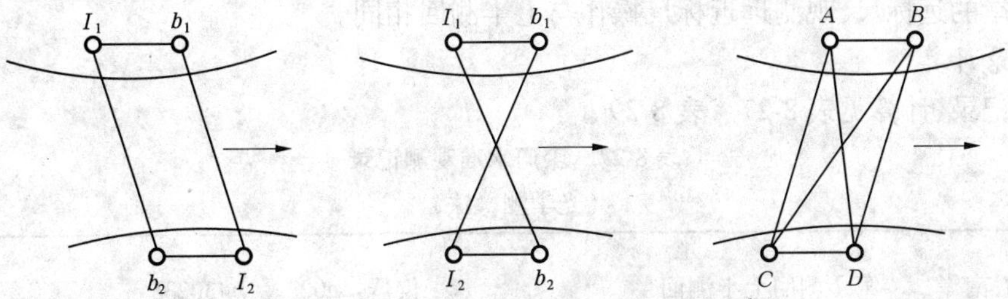


图 8-46　一、二等跨河水准测量路线布设

**（二）光学测微法**

1. 觇板制作

采用如图 8-47 的觇板式样。

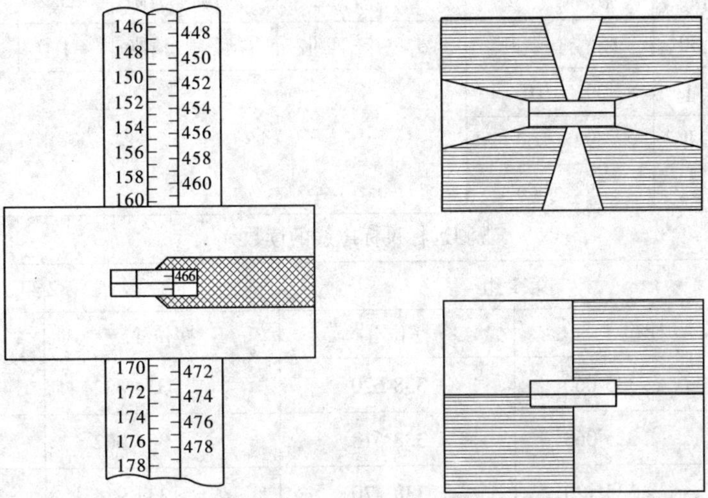


图 8-47　光学测微法觇板

2. 观测方法

在测站点上整平仪器后，按光学测微法对本岸近标尺，先后照准基本分划线两次并读、记之。将仪器转向对岸远标尺，旋进倾斜螺旋，使气泡精密符合，使测微器读数居于全程的中央位置，按约定信号指挥对岸扶尺员将觇板沿尺面上下移动，待指标线到望远镜楔形丝中央时，即通知扶尺员使觇板标志中心线精密对准标尺上最邻近的基本分划线固定之，并记下标志中心线在标尺上的读数，同时转告对岸记录员。

再按光学测微法转动测微器精密照准觇板上的标志线，并读、记测微器格值。同样重复照准、读数 5 次，即完成一组观测。

以后各组开始工作前，应将觇板较大地移动后，重新使标志中心线对准标尺基本分划线,并固定之。然后按相同的操作顺序,逐个完成其余各组的观测。

每组内对远标尺上觇板标志线的各次读数互差,不得超过 0.01 mm × $S$($S$ 为跨河视线长度,以 m 为单位)。以上组成一测回的上半测回。

上半测回结束后,立即将仪器及标尺搬到对岸,进行下半测回观测。下半测回的观测是先观测对岸的远标尺,观测远近标尺操作与上半测回相同。

3. 记录计算

观测记录、计算见表 8-27 ~ 表 8-29。

表 8-27 滦河水准观测记录

(光学测微法)

Ⅰ测站:南岸　　第Ⅰ测回上半测回　　　　　　仪器:№002　№430235

日期:1979 年 11 月 20 日　　　　　　　　　　标尺:(本岸)№50149

观测者:× × ×　　记录者:× × ×　　　　　　　(对岸)№50150

| 观测条件 | 项目 | 时间 | 天气 | 云量 | 风力 | 风向 | 太阳方向 | 成像 | 温度(℃) 仪器 | 温度(℃) 标尺 | 温度(℃) 水边 |
|---|---|---|---|---|---|---|---|---|---|---|---|
| | 始 | 7:56 | 晴 | 0 | 0 | 无 | 右后 | 清晰 | -3.2 | -2.0 | -2.8 |
| | 终 | 8:30 | 晴 | 1 | 1 | 西北 | 右后 | 清晰 | -1.0 | -1.6 | -1.0 |

| 近标尺读数 $b$ | | |
|---|---|---|
| | 摆Ⅰ | 391　910 |
| | 摆Ⅱ | 392　262 |
| | 中数 | 392　086 |

观测远标尺标志线的读数 $A_i$

| 次　数 | 第 1 组 | | 第 2 组 | |
|---|---|---|---|---|
| | 摆位Ⅰ | 摆位Ⅱ | 摆位Ⅰ | 摆位Ⅱ |
| 1 | 335 060 | 338 620 | 334 832 | 338 622 |
| 2 | 335 068 | 338 618 | 334 902 | 338 570 |
| 3 | 335 120 | 338 470 | 334 944 | 338 470 |
| 4 | 335 050 | 338 548 | 334 952 | 338 540 |
| 5 | 335 000 | 338 680 | 334 860 | 338 582 |
| | | | | |
| | | | | |
| 中数 | 335 060 | 338 587 | 334 898 | 338 557 |
| $b$ | 392 086 | | | |
| $A_i$ 的中数 $A$ | 336 776 | | | |
| $b-A$ | +55 310 | | | |

表 8-28 滦河跨河水准测量高差与中误差计算

| 测回 | 测站 | $h_{b_1b_2}$(m) | 测站 | $h_{b_2b_1}$(m) | 一测回高差 $H$(m) |
|---|---|---|---|---|---|
| | | $h_1+(b-A)$ | | $h_2+(b-A)$ | $(h_{b_1b_2}-h_{b_2b_1})/2$ |
| 1 | 1 | -0.012 33 | 2 | +0.011 27 | -0.011 80 |
| 2 | 1 | -0.011 24 | 2 | +0.011 14 | -0.011 19 |
| 3 | 1 | -0.009 16 | 2 | +0.014 02 | -0.011 59 |
| 4 | 1 | -0.011 34 | 2 | +0.013 87 | -0.012 60 |
| 5 | 1 | -0.010 16 | 2 | +0.011 44 | -0.010 80 |
| 6 | 1 | -0.011 43 | 2 | +0.011 74 | -0.011 58 |
| 7 | 1 | -0.011 18 | 2 | +0.012 14 | -0.011 66 |
| 8 | 1 | -0.011 68 | 2 | +0.011 72 | -0.011 70 |

高差中数 $H_0=-0.011\ 62$ m

每测回高差中误差 $m_H=\sqrt{[vv]/(N-1)}=\pm0.52$ mm

高差中数中误差 $m_{H_0}=m_H/\sqrt{N}=\pm0.18$ mm

注:此表中 $h_1=h_{I_2b_2}=-0.288\ 88$ m,$h_2=h_{I_1b_1}=-0.431\ 60$ m,$(b-A)$抄自观测记录。

表 8-29 滦河跨河水准测量成果

| 编号 | 距离(km) | 高差(m) | 抄自手簿 |
|---|---|---|---|
| $I_1\cdots b_1$ | | -0.431 60 | 0424 |
| $I_2\cdots b_2$ | | -0.288 88 | 0424 |
| $b_1\cdots b_2$ | 0.2 | -0.011 62 | 0423 |
| 昌滦 07…$b_1$ | 2.3 | +3.412 65 | 0424 |
| 昌滦 08…$b_2$ | 2.1 | -0.324 64 | 0424 |
| 昌滦 07…昌滦 08 | 4.6 | +3.725 67 | |

### (三)微倾螺旋法

此法只能使用具有微倾螺旋的水准仪进行。

1. 微倾螺旋法原理

采用如图 8-48 所示的觇牌。

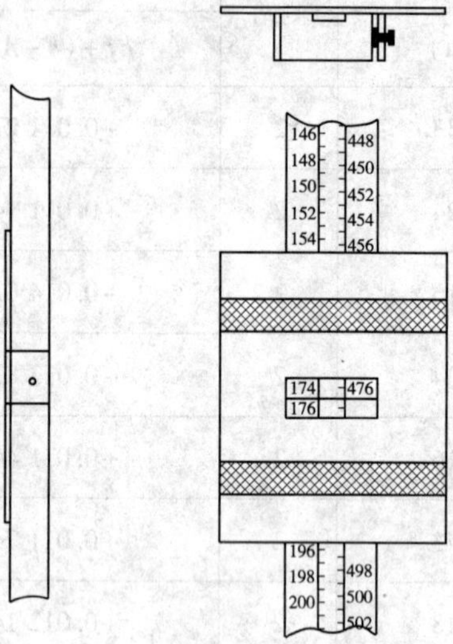


图 8-48　微倾螺旋法觇板式样

如图 8-49 所示,调整觇牌在水平视线上。利用微倾螺旋时望远镜俯仰，分别照准觇牌上下标志线。照准下标志线时,符合水准半气泡相对偏离的格值相应于角 $\alpha$,照准上标志线时的偏离格值相应于角 $\beta$。

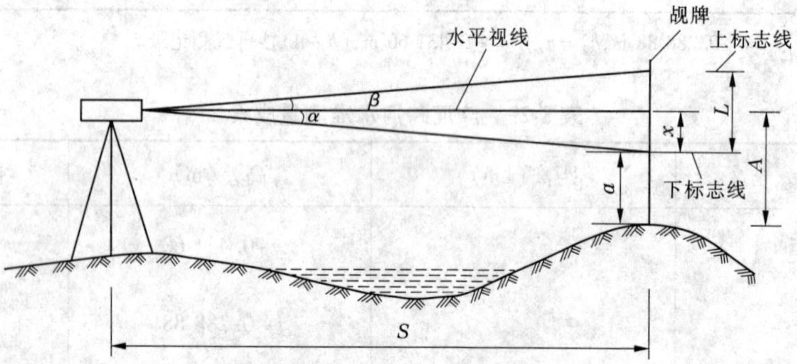


图 8-49　微倾螺旋法原理图

由

$$\frac{\alpha}{\alpha+\beta}=\frac{x}{L} \tag{8-39}$$

可知

$$x=L\frac{\alpha}{\alpha+\beta} \tag{8-40}$$

而远标尺水平视线读数为

$$A=a+x$$

若考虑近标尺用光学测微器读数,读数比视线高 2. 5 mm(半厘米标尺),远标尺读数亦应另加 2. 5 mm,因此上式改为

$$A = a + x + 2.5\ \text{mm} \tag{8-41}$$

$\alpha$ 和 $\beta$ 的相对大小也可由俯仰望远镜时微倾螺旋分划鼓的读数获得。

2. 觇牌制作

觇牌图见图 8-48。图中上下两个黑标志线的宽度 $a$、长度 $b$ 分别为

$$a = S/25$$

$$b = S/5$$

式中:$a$、$b$ 以 mm 为单位;$S$ 为跨河视线长,以 m 为单位。

两标志线间距(中心线之间的距离)$d$ 为

$$d = \frac{\gamma}{\rho''}S \tag{8-42}$$

式中:$\gamma = 60''$,$\rho'' = 206\ 265''$。

上下标志线的中心线至中间窗口标志线的距离应用线纹米尺精确量取。

3. 观测方法

观测前应将 $i$ 角校正至 6″以下,采用两台仪器时,要使两台仪器 $i$ 角之差小于 6″。还需测定符合水准器格值。测定方法见《国家一、二等水准测量规范》。

(1)观测近标尺:整平仪器后,按光学测微法连续照准基本分划两次,并读记。

(2)观测远标尺:转动测微器使平行玻璃板居于垂直位置,在一测回观测过程中,应确保不变。照准远标尺,旋转倾斜螺旋使视线降至最低标志线以下,再从下至上依次用望远镜的楔形丝照准标尺上的两条标志线,然后再以相反的次序由上至下照准各标志线,成为一个往返测。每次照准标志线后均应对倾斜螺旋分划鼓或符合水准器两端读数。同时在每个往返测过程中,当视线接近水平时,应按旋进倾斜螺旋方向,使符合水准器精密符合两次,每次均需待气泡稳定后,再对倾斜螺旋分划鼓读数,以上操作组成一观测组。以后各组的观测均按同法进行。

每一观测组中,照准同一标志线的往、返分划鼓(或符合水准器)的读数差,不得大于 2″;往返测中气泡四次符合的分划鼓读数差,不得大于 0.8″,超限时应立即全组重测。

各组测完后,应比较同一标志线分划鼓(或符合水准器)的各组读数,用倾斜螺旋分划鼓读数时,还应比较各组气泡符合时的分划鼓读数。若某组读数差异突出而过大,则可根据与天气情况进行比较,认为该组观测结果不可靠时,亦应重测。

以上观测组成一测回中的上半测回。两岸仪器同时对测各半测回,组成一测回。

(3)半测回结束后,立即将水准仪及标尺搬运到对岸,进行下半测回的观测。下半测回先观测远标尺,后观测近标尺。其操作与上半测回相同。两岸仪器同时对测的上、下各半测回,组成一双测回。

(4)每次安装觇板后,应在近处用水准仪精确测定觇板指标线在标尺上的读数,并求出各标志线在标尺上的相应读数。

4. 记录计算

记录计算示例见表 8-30 和表 8-31。该例的路线布设采用的是平行四边形。

## 表 8-30 飞龙江一等跨河水准测量记录

（微倾螺旋法之一——读定符合水准器分划）

1 测站:东岸　　第 1 测回上半测回　　　　　　　　仪器:Ni004　№105534

日期:　　1978 年 5 月 13 日　　　　　　　　　　　标尺:(本岸)№10799

观测者:×××　记录者:×××　　　　　　　　　　　(对岸)№10800

| | 项目 | 时间 | 天气 | 云量 | 风力 | 风向 | 成像 | 太阳方向 | 温度(℃) 仪器 | 温度(℃) 标尺 | 温度(℃) 水边 |
|---|---|---|---|---|---|---|---|---|---|---|---|
| 观测条件 | 始 | 9:10 | 晴 | 0 | 1 | 东 | 清晰 | 左 | −2.0 | −2.2 | −1.4 |
| | 终 | 9:30 | 晴 | 0 | 1 | 东 | 清晰 | 左 | −1.2 | −1.2 | −1.4 |

| | | | | | |
|---|---|---|---|---|---|
| 近标尺读数 | 第一次 | 33 222 | 对岸 | 标志在标尺上的读数 | $a' = 2.900\ 40$ m |
| | 第二次 | 33 221 | | | $a = 2.679\ 89$ m |
| | 中数 $b$ | 33 215 | | 两标志间距 | $L = 0.220\ 51$ m |

| 组别 | 往返测 | 标志1 左 $\tau$ | 标志1 右 $\tau$ | 标志2 左 $\tau$ | 标志2 右 $\tau$ | 备考 |
|---|---|---|---|---|---|---|
| 1 | 往 | 17.9 | 8.1 | 8.3 | 17.5 | $\tau'' = 4.53''(0.8\ \mathrm{mm})$ |
| | 返 | 17.8 | 8.1 | 8.1 | 17.7 | $l'' = 0.22\tau$ |
| 2 | 往 | 17.8 | 8.1 | 8.3 | 17.5 | 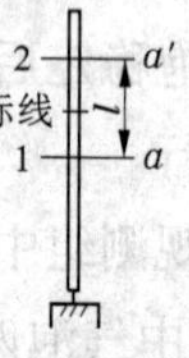 |
| | 返 | 17.9 | 8.0 | 8.1 | 17.7 | |
| 3 | 往 | 17.9 | 8.0 | 8.2 | 17.5 | |
| | 返 | 17.9 | 8.0 | 8.2 | 17.6 | |
| 4 | 往 | 17.8 | 8.0 | 8.2 | 17.5 | |
| | 返 | 17.6 | 8.2 | 8.2 | 17.5 | |
| 5 | 往 | 17.6 | 8.2 | 8.1 | 17.6 | |
| | 返 | 17.8 | 8.0 | 8.2 | 17.5 | |
| 6 | 往 | 18.0 | 7.8 | 8.3 | 17.5 | 远标尺上读数 $A$ |
| | 返 | 18.0 | 7.8 | 8.3 | 17.4 | $= a + \alpha L/(\alpha+\beta) + c$ |
| 中数 | | 17.83 | 8.02 | 8.21 | 17.54 | $A = 2.795\ 41$ m |
| 各标志的倾角(格数) $\alpha$　$\beta$ | | 4.90 | | 4.66 | | $b - A = 3\ 322.15/2 - 2\ 795.41 = -1\ 134.34$(mm) |

注:$c$ 为光学测微器在平行玻璃板垂直位置时读数,此处 $c = 0.002\ 5$ m。

表 8-31　飞龙江跨河水准测量高差与中误差的计算

1 测站:东岸　　$S_1=945$ m　　$d_1=23$ m

2 测站:西岸　　$S_2=945$ m　　$d_2=23$ m

(单位:mm)

| 测回 | 仪器:№105534 | | | 仪器:№105538 | | | 双测回高差 |
|---|---|---|---|---|---|---|---|
| | 测站 | $h_i=b-A$ | $H=(h_1-h_2)/2$ $h'$ | 测站 | $h_i=b-A$ | $H=(h_1-h_2)/2$ $h''$ | $H=(h'+h'')/2$ $H$ |
| 1 | 1 | −1 134.35 | −1 060.72 | 2 | +997.86 | −1 061.62 | −1 061.17 |
| | 2 | +987.10 | | 1 | −1 125.37 | | |
| 2 | 2 | +993.28 | −1 058.40 | 1 | −1 118.34 | −1 062.54 | −1 060.47 |
| | 1 | −1 123.53 | | 2 | +1 006.74 | | |
| 3 | 1 | −1 142.74 | −1 064.79 | 2 | +999.60 | −1 057.92 | −1 061.36 |
| | 2 | +986.84 | | 1 | −1 116.24 | | |
| 4 | 2 | +1 004.39 | −1 066.22 | 1 | +1 111.84 | −1 061.44 | −1 063.83 |
| | 1 | −1 128.04 | | 2 | +1 001.03 | | |
| 5 | 1 | −1 142.04 | −1 065.08 | 2 | +1 009.01 | −1 063.74 | −1 064.41 |
| | 2 | +988.12 | | 1 | −1 118.46 | | |
| 6 | 2 | +990.44 | −1 063.99 | 1 | −1 116.20 | −1 062.16 | −1 063.08 |
| | 1 | −1 137.54 | | 2 | +1 008.12 | | |
| 7 | 1 | −1 131.88 | −1 059.04 | 2 | +1 013.86 | −1 063.65 | −1 061.34 |
| | 2 | +986.20 | | 1 | −1 113.44 | | |
| 8 | 2 | +978.70 | −1 063.64 | 1 | −1 129.15 | −1 061.86 | −1 062.75 |
| | 1 | −1 148.57 | | 2 | +994.58 | | |
| 9 | 1 | −1 141.37 | −1 062.82 | 2 | +993.94 | −1 062.10 | −1 062.46 |
| | 2 | +984.26 | | 1 | −1 130.27 | | |
| 10 | 2 | +997.78 | −1 060.26 | 1 | −1 125.61 | −1 063.62 | −1 061.94 |
| | 1 | −1 142.74 | | 2 | +1 001.64 | | |
| 11 | 1 | −1 137.25 | −1 063.54 | 2 | +1 010.00 | −1 063.04 | −1 063.29 |
| | 2 | +989.84 | | 1 | −1 116.09 | | |
| 12 | 2 | +984.26 | −1 062.96 | 1 | −1 123.16 | −1 062.59 | −1 062.78 |
| | 1 | −1 141.66 | | 2 | +1 002.02 | | |

**注:**①高差中数 $H_0=-1\ 062.41$。

②每一“双测回”高差的中误差 $m_H=\pm\sqrt{\pm[vv]/(n-1)}=\pm\sqrt{15.264\ 2/(12-1)}=\pm1.18$(mm)。

③跨河高差中数的中误差 $M_H=m_H/\sqrt{n}=\pm1.18/3.46=\pm0.34$(mm)。

# 第十二节　电磁波测距高程导线测量

在进行几何水准测量确有困难的山岳地带以及沼泽、水网地区，四等水准路线或支线，可用电磁波测距高程导线（以下简称高程导线）进行测量。目前，也有试验性的采用 $T_3$ 经纬仪作高程导线，来代替三等水准。施测高程导线前，应沿路线选定测站，视线长度一般不大于700 m，最长不得超过1 km，视线垂直角不得超过15°，视线高度和离开障碍物的距离不得小于1.5 m。高程导线可布置为每一照准点安置仪器进行对向观测（以下简称每点设站）的路线；也可布置为每隔一照准点安置仪器（以下简称隔点设站）的路线。应在成像清晰、信号稳定时进行斜距和垂直角观测。斜距观测两测回（每测回照准一次，读数四次），各次读数互差和测回中数之间的互差为10 mm和15 mm，每站需量取气温、气压值，垂直角观测采用中丝法观测四个测回，测回差和指标差互差，均不得超过5″。仪器高、觇牌高应在测前测后用经过检验的量杆各量测一次，两次互差不得超过2 mm。由高程导线测定的水准点或"其他固定点"的高差，应加入正常水准面不平行改正，计算方法与四等水准测量相同。斜距应施以加常数和乘常数改正、气象改正。

## 一、隔点设站法

隔点设站法的示意图如图8-50所示。在 $J_1$、$J_2$ 设站，测得后视和前视的垂直角 $\alpha$ 及斜距 $S$，从而计算出各觇牌点 $a_1$、$a_2$ 及 $a_2$、$a_3$、…间的高程。规范要求隔点设站时，应采用单程双测法，即每站变换仪器高度或位置作两次观测。同时要求前后视线长度之差不得超过100 m。隔点设站时，相邻照准点间的高差 $h_{12}$ 按下式计算：

$$h_{12} = S_2\sin\alpha_2 - S_1\sin\alpha_1 + v_1 - v_2 + \frac{1}{2R}\cdot[(S_2\cos\alpha_2)^2 - (S_1\cos\alpha_1)^2] \qquad (8\text{-}43)$$

式中　脚标1,2——后视和前视标号；

$S$——经过各项改正后的斜距，m；

$\alpha$——观测垂直角；

$v_1$、$v_2$——各觇牌中心至地面点的高度，m；

$R$——地球平均曲率半径，采用6 369 000 m。

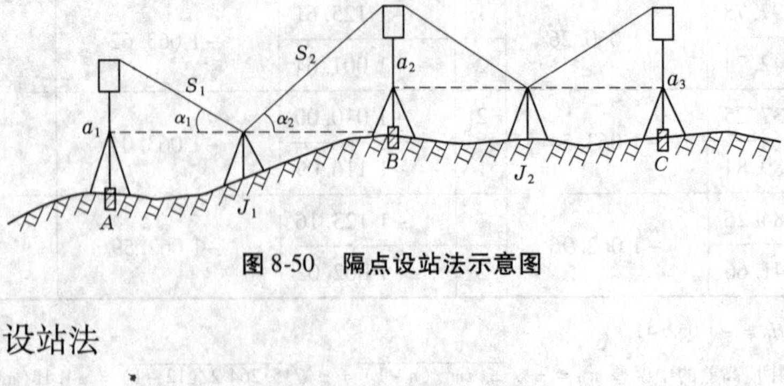


图8-50　隔点设站法示意图

## 二、每点设站法

每点设站法就是对向观测垂直角的三角高程测量。

相邻测站间单向观测高差 $h$ 按下式计算：

$$h = S\sin\alpha + \frac{1}{2R}(S\cos\alpha)^2 + i - v \tag{8-44}$$

式中：$i$ 为经纬仪高；其他符号含义同前。

相邻测站间对向观测的高差中数 $h_{中}$ 按下式计算：

$$h_{中} = (h_{往} - h_{返})/2 \tag{8-45}$$

式中：$h_{往}$、$h_{返}$ 为对向观测的单向高差。

## 三、高程导线的测量限差

高程导线的观测结果应不超过表 8-32 规定的各项限差。

**表 8-32　高程导线高差不符值及闭合差限差**

| 观测方法 | 两测站对向观测高差不符值(mm) | 两照准点间两次观测高差不符值(mm) | 附合路线或环线闭合差 | 检测已测测段的高差的差 |
|---|---|---|---|---|
| 每点设站 | $\pm 45\sqrt{D}$ | | 与四等水准测量限差相同 | |
| 隔点设站 | | $\pm 14\sqrt{D}$ | | |

注：表中 $D$ 为测站间或照准点间的观测水平距离，以 km 为单位。

# * 第九章　控制网平差计算

本章讲述控制测量的平差计算。高程网和平面控制网在完成外业计算后，应进行平差计算，以求得最后坐标和高程，并评定测量成果的精度。

控制网平差有条件平差和参数平差(间接平差)两种基本方法。两种方法计算结果是完全一致的。本章讲述了条件平差和参数平差的基本数学模型；根据现今工程控制测量的实际需要，具体地讲述了高程网条件平差、导线网条件平差、高程网参数平差、平面控制网参数平差和附有条件的参数平差，并给出了计算例。

顺便指出，由于参数平差规律性强，易于计算机编程，且易于进行精度评定，现今计算机平差程序大多采用参数平差模型。

## 第一节　测量平差基本数学模型和公式

设一平差问题有 $n$ 个误差独立的观测值，$t$ 个函数独立的未知数(必要观测数)，$n > t$，多余观测数为

$$r = n - t \tag{9-1}$$

在下面的叙述中，我们记

观测值

$$\underset{n\times 1}{L} = \begin{pmatrix} L_1 \\ L_2 \\ \vdots \\ L_n \end{pmatrix}$$

相应权阵

$$\underset{n\times n}{P} = \begin{pmatrix} P_1 & O & \cdots & O \\ O & P_2 & \cdots & O \\ \vdots & \vdots & & \vdots \\ O & O & \cdots & P_n \end{pmatrix}$$

改正数

$$\underset{n\times 1}{V} = \begin{pmatrix} v_1 \\ v_2 \\ \vdots \\ v_n \end{pmatrix}$$

平差值

$$\underset{n\times 1}{\hat{L}} = \begin{pmatrix} \hat{L}_1 \\ \hat{L}_2 \\ \vdots \\ \hat{L}_n \end{pmatrix}$$

当然

$$\hat{L} = L + V \tag{9-2}$$

下面分别给出条件平差和参数平差(间接平差)的有关数学模型和公式。

## 一、条件平差的数学模型和公式

### (一)平差值的计算

由于有 $r$ 个多余观测,平差值之间应满足 $r$ 个线性独立的平差值条件方程,记做

$$\underset{r\times 1}{F}(\hat{L}) = \underset{r\times 1}{O} \tag{9-3}$$

其纯量形式为

$$\begin{cases} F_a(\hat{L}_1,\hat{L}_2,\cdots,\hat{L}_n) = 0 \\ F_b(\hat{L}_1,\hat{L}_2,\cdots,\hat{L}_n) = 0 \\ \vdots \\ F_r(\hat{L}_1,\hat{L}_2,\cdots,\hat{L}_n) = 0 \end{cases} \tag{9-4}$$

将式(9-4)按泰勒公式展开至一次项得

$$\left.\frac{\partial F}{\partial \hat{L}}\right|_{\hat{L}=L} \cdot V + F(L) = 0 \tag{9-5}$$

其纯量形式为

$$\begin{cases} \dfrac{\partial F_a}{\partial \hat{L}_1}v_1 + \dfrac{\partial F_a}{\partial \hat{L}_2}v_2 + \cdots + \dfrac{\partial F_a}{\partial \hat{L}_n}v_n + F_a(L_1,L_2,\cdots,L_n) = 0 \\ \dfrac{\partial F_b}{\partial \hat{L}_1}v_1 + \dfrac{\partial F_b}{\partial \hat{L}_2}v_2 + \cdots + \dfrac{\partial F_b}{\partial \hat{L}_n}v_n + F_b(L_1,L_2,\cdots,L_n) = 0 \\ \qquad\vdots \\ \dfrac{\partial F_r}{\partial \hat{L}_1}v_1 + \dfrac{\partial F_r}{\partial \hat{L}_2}v_2 + \cdots + \dfrac{\partial F_r}{\partial \hat{L}_n}v_n + F_r(L_1,L_2,\cdots,L_n) = 0 \end{cases} \tag{9-6}$$

式中的偏导数应用观测值代入。若记

$$\underset{r\times n}{A} = \begin{pmatrix} a_1 & a_2 & \cdots & a_n \\ b_1 & b_2 & \cdots & b_n \\ \vdots & \vdots & & \vdots \\ r_1 & r_2 & \cdots & r_n \end{pmatrix} = \begin{pmatrix} \dfrac{\partial F_a}{\partial L_1} & \dfrac{\partial F_a}{\partial L_2} & \cdots & \dfrac{\partial F_a}{\partial L_n} \\ \dfrac{\partial F_b}{\partial L_1} & \dfrac{\partial F_b}{\partial L_2} & \cdots & \dfrac{\partial F_b}{\partial L_n} \\ \vdots & \vdots & & \vdots \\ \dfrac{\partial F_r}{\partial L_1} & \dfrac{\partial F_r}{\partial L_2} & \cdots & \dfrac{\partial F_r}{\partial L_n} \end{pmatrix}$$

$$\underset{r\times 1}{W} = \begin{pmatrix} W_a \\ W_b \\ \vdots \\ W_r \end{pmatrix} = \begin{pmatrix} F_a(L_1, L_2, \cdots, L_n) \\ F_b(L_1, L_2, \cdots, L_n) \\ \vdots \\ F_r(L_1, L_2, \cdots, L_n) \end{pmatrix}$$

则式(9-6)可写成

$$\underset{r\times n}{A}\ \underset{n\times 1}{V} + \underset{r\times 1}{W} = O \tag{9-7}$$

其纯量形式的一般表达式为

$$\begin{cases} a_1 v_1 + a_2 v_2 + \cdots + a_n v_n + W_a = 0 \\ b_1 v_1 + b_2 v_2 + \cdots + b_n v_n + W_b = 0 \\ \quad \vdots \\ r_1 v_1 + r_2 v_2 + \cdots + r_n v_n + W_r = 0 \end{cases} \tag{9-8}$$

上式称改正数条件方程。由平差值条件方程组式(9-4)变换至改正数条件方程组式(9-8)的工作叫条件方程的线性化。

条件方程的未知数个数 $n$ 大于方程的阶数 $r$,因而有无穷多组解。根据最小二乘平差原理,应取能使$[PVV] = V^{T}PV =$最小的一组 $V$ 值。按拉格朗日乘数法求极值,获得改正数方程

$$\underset{n\times 1}{V} = \underset{n\times n}{P^{-1}}\ \underset{n\times r}{A^{T}}\ \underset{r\times 1}{K} \tag{9-9}$$

式中的 $K$ 又称做联系数。

$$\underset{r\times 1}{K} = \begin{pmatrix} k_a \\ k_b \\ \vdots \\ k_r \end{pmatrix}$$

改正数方程的纯量形式为

$$\begin{cases} v_1 = \dfrac{1}{p_1}(a_1 k_a + b_1 k_b + \cdots + r_1 k_r) \\ v_2 = \dfrac{1}{p_2}(a_2 k_a + b_2 k_b + \cdots + r_2 k_r) \\ \quad \vdots \\ v_n = \dfrac{1}{p_n}(a_n k_a + b_n k_b + \cdots + r_n k_r) \end{cases} \tag{9-10}$$

联立式(9-7)、式(9-9)可解出 $r$ 个 $k$ 和 $n$ 个 $v$,此两方程称做条件平差的基础方程。将式(9-9)代入式(9-7),得

$$AP^{-1}A^{T}K + W = 0 \tag{9-11}$$

令

$$N = AP^{-1}A^{T}$$

则有

$$\underset{r\times r}{N}\ \underset{r\times 1}{K} + \underset{r\times 1}{W} = 0 \tag{9-12}$$

式(9-11)和式(9-12)称联系数法方程。法方程的阶数与条件方程相同,其常数项就是条件

方程的常数项。法方程的系数阵 $N$ 为对称矩阵。法方程的纯量形式为

$$\begin{cases}\left[\frac{aa}{p}\right]k_a+\left[\frac{ab}{p}\right]k_b+\cdots+\left[\frac{ar}{p}\right]k_r+W_a=0\\\left[\frac{ab}{p}\right]k_a+\left[\frac{bb}{p}\right]k_b+\cdots+\left[\frac{br}{p}\right]k_r+W_b=0\\\quad\vdots\\\left[\frac{ar}{p}\right]k_a+\left[\frac{br}{p}\right]k_b+\cdots+\left[\frac{rr}{p}\right]k_r+W_r=0\end{cases}\tag{9-13}$$

解法方程

$$K=-N^{-1}W\tag{9-14}$$

将 $K$ 代入式(9-9)、式(9-10)可算得改正数 $V$,进而由 $\hat{L}=L+V$ 算得平差值。

**(二)$[pvv]$ 和单位权中误差 $\mu$ 的计算**

$$[pvv]=p_1v_1^2+p_2v_2^2+\cdots+p_nv_n^2\tag{9-15}$$

$$\begin{aligned}[pvv]&=V^{\mathrm{T}}PV=-W^{\mathrm{T}}K\\&=-(W_ak_a+W_bk_b+\cdots+W_rk_r)\end{aligned}\tag{9-16a}$$

若采用高斯约化表格解算法方程,则还有

$$[pvv]=-(W)_{\text{红}}\times(W)_{\text{蓝}}\tag{9-16b}$$

$$\mu=\pm\sqrt{\frac{[pvv]}{n-t}}=\pm\sqrt{\frac{[pvv]}{r}}\tag{9-17}$$

**(三)平差值函数的方差因子(权倒数)和中误差**

设有平差值 $\hat{L}$ 的函数

$$Z=Z(\hat{L}_1,\hat{L}_2,\cdots,\hat{L}_n)\tag{9-18}$$

对上式求全微分,并按测量上的习惯以 $V_i$ 表示微分量,得到函数 $Z$ 的权函数式

$$V_Z=f_1v_1+f_2v_2+\cdots+f_nv_n\tag{9-19}$$

式中

$$f_i=\frac{\partial Z}{\partial\hat{L}_i}\bigg|_{\hat{L}=L}$$

记

$$F=\begin{pmatrix}f_1\\f_2\\\vdots\\f_n\end{pmatrix}$$

则函数 $Z$ 的方差因子(权倒数)为

$$q_Z=\frac{1}{p_Z}=F^{\mathrm{T}}P^{-1}F-(AP^{-1}F)^{\mathrm{T}}N^{-1}(AP^{-1}F)\tag{9-20}$$

若令

$$\underset{r\times1}{q}=-N^{-1}(AP^{-1}F)\tag{9-21}$$

将上式代入式(9-20),则有

$$q_Z=\frac{1}{p_Z}=F^{\mathrm{T}}P^{-1}F+(AP^{-1}F)^{\mathrm{T}}q\tag{9-22}$$

其纯量形式为

$$q_Z = \frac{1}{p_Z} = \left[\frac{ff}{p}\right] + \left[\frac{af}{p}\right]q_a + \left[\frac{bf}{p}\right]q_b + \cdots + \left[\frac{rf}{p}\right]q_r \tag{9-23a}$$

若采用高斯约化表格,则还有

$$q_Z = \frac{1}{p_Z} = \left[\frac{ff}{p}\right] + (F)_{红} \times (F)_{蓝} \tag{9-23b}$$

而函数 $Z$ 的中误差为

$$m_Z = \sqrt{q_Z} \cdot \mu = \sqrt{\frac{1}{p_Z}} \cdot \mu \tag{9-24}$$

顺便指出,由式(9-21)可得

$$Nq + AP^{-1}F = 0 \tag{9-25}$$

此式称做转换系数法方程。所以 $q$ 除可用式(9-21)直接计算之外,用其他方法从式(9-25)中解出 $q$ 也是可以的。

## 二、参数平差的数学模型和公式

### (一)平差值的计算

设 $x_1, x_2, \cdots, x_t$ 为该平差问题的一组函数独立的未知数(参数),记做 $\underset{t\times1}{X}$。实际工作中,这组未知数在高程平差中一般取未知点高程,在平面控制网中一般取未知点的 $x$、$y$ 坐标。将平差值表达成未知数的函数,可列出平差值方程

$$\underset{n\times1}{\hat{L}} = L + V = F(X) \tag{9-26}$$

其纯量形式为

$$\begin{cases} \hat{L}_1 = L_1 + v_1 = F_1(x_1, x_2, \cdots, x_t) \\ \hat{L}_2 = L_2 + v_2 = F_2(x_1, x_2, \cdots, x_t) \\ \quad\vdots \\ \hat{L}_n = L_n + v_n = F_n(x_1, x_2, \cdots, x_t) \end{cases} \tag{9-27}$$

式(9-26)可改写为误差方程

$$V = F(X) - L \tag{9-28}$$

将 $F(X)$ 在未知数的近似值 $\underset{t\times1}{X^0}$ 处展开至一次项

$$V = \left.\frac{\partial F}{\partial X}\right|_{X = X^0} \cdot \delta X + F(X^0) - L \tag{9-29}$$

式中

$$\underset{t\times1}{\delta X} = X - X^0$$

上式的纯量形式为

$$\begin{cases} v_1 = \frac{\partial F_1}{\partial x_1}\cdot\delta x_1 + \frac{\partial F_1}{\partial x_2}\cdot\delta x_2 + \cdots + \frac{\partial F_1}{\partial x_t}\cdot\delta x_t + F_1(x_1^0,x_2^0,\cdots,x_t^0) - L_1 \\ v_2 = \frac{\partial F_2}{\partial x_1}\cdot\delta x_1 + \frac{\partial F_2}{\partial x_2}\cdot\delta x_2 + \cdots + \frac{\partial F_2}{\partial x_t}\cdot\delta x_t + F_2(x_1^0,x_2^0,\cdots,x_t^0) - L_2 \\ \vdots \\ v_n = \frac{\partial F_n}{\partial x_1}\cdot\delta x_1 + \frac{\partial F_n}{\partial x_2}\cdot\delta x_2 + \cdots + \frac{\partial F_n}{\partial x_t}\cdot\delta x_t + F_n(x_1^0,x_2^0,\cdots,x_t^0) - L_n \end{cases} \tag{9-30}$$

式中的偏导数应用未知数的近似值 $x_i^0$ 代入。若记

$$\underset{n\times t}{B} = \begin{pmatrix} a_1 & b_1 & \cdots & t_1 \\ a_2 & b_2 & \cdots & t_2 \\ \vdots & \vdots & & \vdots \\ a_n & b_n & \cdots & t_n \end{pmatrix} = \begin{pmatrix} \frac{\partial F_1}{\partial x_1} & \frac{\partial F_1}{\partial x_2} & \cdots & \frac{\partial F_1}{\partial x_t} \\ \frac{\partial F_2}{\partial x_1} & \frac{\partial F_2}{\partial x_2} & \cdots & \frac{\partial F_2}{\partial x_t} \\ \vdots & \vdots & & \vdots \\ \frac{\partial F_n}{\partial x_1} & \frac{\partial F_n}{\partial x_2} & \cdots & \frac{\partial F_n}{\partial x_t} \end{pmatrix}$$

$$\underset{n\times 1}{l} = \begin{pmatrix} l_1 \\ l_2 \\ \vdots \\ l_n \end{pmatrix} = \begin{pmatrix} F_1(x_1^0,x_2^0,\cdots,x_t^0) - L_1 \\ F_2(x_1^0,x_2^0,\cdots,x_t^0) - L_2 \\ \vdots \\ F_n(x_1^0,x_2^0,\cdots,x_t^0) - L_n \end{pmatrix}$$

则式(9-30)可写为

$$\underset{n\times 1}{V} = \underset{n\times t}{B}\cdot\underset{t\times 1}{\delta X} + \underset{n\times 1}{l} \tag{9-31}$$

其纯量形式的一般表达式为

$$\begin{cases} v_1 = a_1\delta x_1 + b_1\delta x_2 + \cdots + t_1\delta x_t + l_1 \\ v_2 = a_2\delta x_1 + b_2\delta x_2 + \cdots + t_2\delta x_t + l_2 \\ \vdots \\ v_n = a_n\delta x_1 + b_n\delta x_2 + \cdots + t_n\delta x_t + l_n \end{cases} \tag{9-32}$$

式(9-31)和式(9-32)称线性化后的误差方程。

式(9-31)有无穷多组解，根据最小二乘平差原理，应取能使$[pvv] = V^{\mathrm{T}}PV =$最小的一组 $V$ 值。由求 $V^{\mathrm{T}}PV$ 的自由极值而推得，$V$ 必须满足

$$B^{\mathrm{T}}PV = 0 \tag{9-33}$$

联立式(9-31)和式(9-33)可解出 $t$ 个 $\delta x$ 和 $n$ 个 $v$。此两方程称做参数平差的基础方程。

将式(9-31)代入式(9-33)得法方程

$$B^{\mathrm{T}}PB\cdot\delta X + B^{\mathrm{T}}Pl = 0 \tag{9-34}$$

记

$$\underset{t\times t}{N} = B^{\mathrm{T}}PB$$

$$\underset{t\times 1}{U} = B^{\mathrm{T}}Pl$$

法方程变成

$$\underset{t\times t}{N}\cdot\underset{t\times 1}{\delta X}+\underset{t\times 1}{U}=0 \tag{9-35}$$

法方程的阶数为未知数个数 $t$,其系数矩阵 $N$ 为一对称矩阵,法方程的纯量形式为

$$\begin{cases}[paa]\delta x_1+[pab]\delta x_2+\cdots+[pat]\delta x_t+[pal]=0\\ [pab]\delta x_1+[pbb]\delta x_2+\cdots+[pbt]\delta x_t+[pbl]=0\\ \quad\vdots\\ [pat]\delta x_1+[pbt]\delta x_2+\cdots+[ptt]\delta x_t+[ptl]=0\end{cases} \tag{9-36}$$

解法方程式(9-35)得

$$\delta X=-N^{-1}U \tag{9-37}$$

将解出的 $\delta X$ 代入式(9-32)可算得各 $v$ 值,并进而算得各平差值 $\hat{L}$

当然,我们同时可获得未知参数

$$X=X^0+\delta X \tag{9-38}$$

**(二)$[pvv]$和单位权中误差 $\mu$ 的计算**

$$[pvv]=p_1v_1^2+p_2v_2^2+\cdots+p_nv_n^2 \tag{9-39}$$

$$[pvv]=[pll]+[pal]\delta x_1+[pbl]\delta x_2+\cdots+[ptl]\delta x_t \tag{9-40a}$$

若采用高斯约化表,则还有

$$[pvv]=[pll]+(l)_{红}\times(l)_{蓝} \tag{9-40b}$$

$$\mu=\sqrt{\frac{[pvv]}{n-t}} \tag{9-41}$$

**(三)未知数和未知数函数的中误差**

1. 未知数的协方差因数阵和中误差

对 $\delta X=-N^{-1}A^{\mathrm{T}}Pl$ 应用误差传播律,得

$$Q_{xx}=N^{-1}A^{\mathrm{T}}PP^{-1}PAN^{-1}=N^{-1} \tag{9-42}$$

即未知数 $X$ 的协因数阵即是法方程的逆。记

$$\underset{t\times t}{Q_{xx}}=\begin{pmatrix}q_{11}&q_{12}&\cdots&q_{1t}\\ q_{21}&q_{22}&\cdots&q_{2t}\\ \vdots&\vdots&&\vdots\\ q_{t1}&q_{t2}&\cdots&q_{tt}\end{pmatrix}$$

则任一未知数 $x_i$ 的中误差为

$$m_{xi}=\sqrt{q_{ii}}\cdot\mu\quad(i=1,2,\cdots,t) \tag{9-43}$$

2. 未知数函数的中误差

设有未知数的函数

$$Z=Z(x_1,x_2,\cdots,x_t)$$

对其全微分得

$$\delta_Z=f_1\delta x_1+f_2\delta x_2+\cdots+f_t\delta x_t \tag{9-44}$$

此式称做 $Z$ 的权函数式。若记

$$F = \begin{pmatrix} f_1 \\ f_2 \\ \vdots \\ f_t \end{pmatrix}$$

由误差传播律得

$$q_Z = \frac{1}{p_Z} = F^{\mathrm{T}} Q_{xx} F = F^{\mathrm{T}} N^{-1} F \tag{9-45}$$

此式的另一种写法是

令

$$\underset{t\times 1}{q} = N^{-1} F \tag{9-46}$$

则

$$q_Z = \frac{1}{p_Z} = F^{\mathrm{T}} q = f_1 q_1 + f_2 q_2 + \cdots + f_t q_t \tag{9-47a}$$

由式(9-46)可知,$q$ 是方程 $Nq = F$ 的解。

若采用高斯约化表格,则还有

$$q_Z = \frac{1}{p_Z} = -(f)_{红} \times (f)_{蓝} \tag{9-47b}$$

$Z$ 的中误差为

$$m_Z = \sqrt{q_Z} \cdot \mu = \sqrt{\frac{1}{p_Z}} \cdot \mu \tag{9-48}$$

# 第二节　高程网条件平差及算例

传统高程网包括水准网和三角高程网,两种网的平差计算除定权公式不同外,其他都一样。

## 一、条件方程的列立

### (一)条件方程数的确定

条件方程数即多余观测数 $r$。$r$ 与观测数 $n$ 和必要观测数 $t$ 之间的关系式为

$$r = n - t$$

高程网的必要观测数为网中的未知高程点数。若全网没有已知点,应指定一点为已知点。

### (二)条件方程式的列立

高程网条件方程分两类,附合路线条件和闭合环条件。

1. 附合路线条件的列法

附合路线条件的个数为:已知点数 -1。为了保证列立足数的条件,同时避免条件方程线性相关,可采取这种做法:在列出第一个附合路线条件之后,从第二个开始,每一个条件都必须出现一个,并且只能出现一个前面没有出现过的已知点。对于一般工程网,也可采取选择一个已知点作参考点,用这个点与其他已知点各列一条附合路线的办法。以图 9-1 为例,若选 $A$ 作参考点,可列出 $AB$、$AC$ 两条附合路线条件。一个附合路线条件的列法,以 $AB$ 线为

例：

平差值条件方程

$$H_A + \hat{h}_1 + \hat{h}_2 - \hat{h}_6 - H_B = 0$$

改正数条件方程

$$v_1 + v_2 - v_6 - W_a = 0$$

$$W_a = H_A + h_1 + h_2 - h_6 - H_B$$

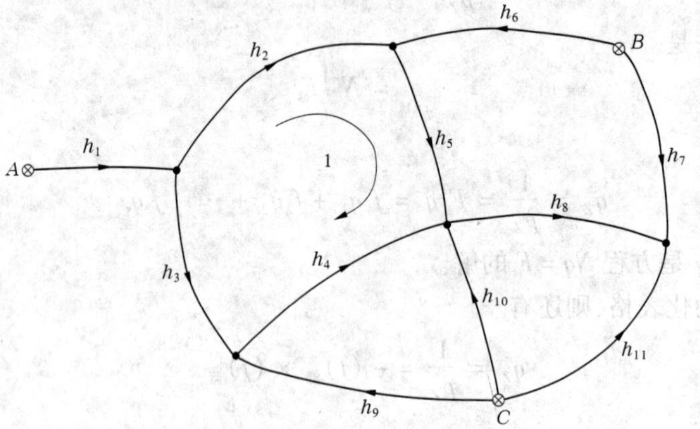


**图 9-1　水准网**

2. 闭合环条件的列法

为了保证条件方程足数和避免线性相关，列闭合环条件的原则是采用互不包含的独立闭合环。例如图 9-1 的水准网有 4 个独立闭合环。一个闭合环条件的具体列法，以图中 1 号闭合环为例：

平差值条件方程

$$\hat{h}_2 + \hat{h}_5 - \hat{h}_4 - \hat{h}_3 = 0$$

改正数条件方程

$$v_2 - v_3 - v_4 + v_5 + W_c = 0$$

$$W_c = h_2 + h_5 - h_4 - h_3$$

## 二、定权公式

### （一）水准测量定权公式

设 $C$ 千米水准路线高差观测为单位权观测，则 $S_i$ 千米水准路线高差观测值的权 $p_i$ 为

$$p_i = \frac{C}{S_i}$$

条件平差中取 $C = 1$ km 最方便，这时 $\frac{1}{p_i} = S_i$。

### （二）三角高程测量定权公式

设边长 $C$ 千米的三角高差观测为单位权观测，则边长为 $S_i$ 千米的三角高差观测值的权为

$$p_i = \frac{C^2}{S_i^2}$$

## 三、水准网条件平差算例

水准网如图 9-2 所示，$A$、$B$、$C$ 为已知点，已知高程见表 9-1 左半部分。表中的未知点平差高程是在平差后填上的。观测值见表 9-2，表中的改正数和平差值也是平差后才填上的。

**表 9-1　已知高程和平差高程**

| 已知点 | 已知高程 | 未知点 | 平差高程 |
|---|---|---|---|
| $A$ | 4 287.926 | 1 | 4 293.231 |
| $B$ | 4 291.921 | 2 | 4 307.374 |
| $C$ | 4 295.214 | 3 | 4 289.323 |
| | | 4 | 4 294.486 |

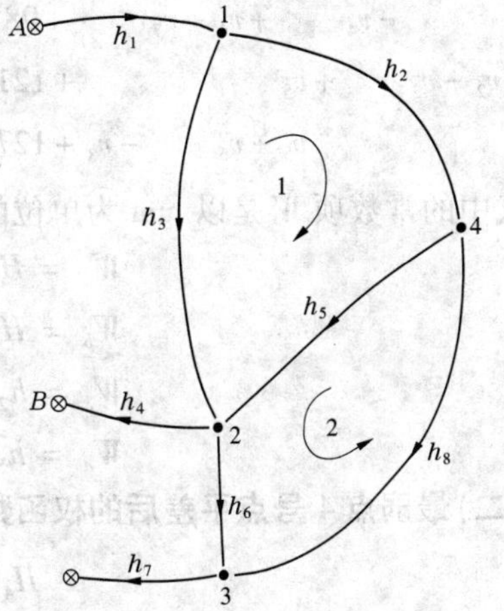

图 9-2

**表 9-2　高差观测值和平差值**

| 序号 | 路线长度（km） | 高差观测值（m） | 改正数（mm） | 高差平差值（m） |
|---|---|---|---|---|
| 1 | 112.6 | 5.371 | −66 | 5.305 |
| 2 | 220.2 | 1.344 | −89 | 1.255 |
| 3 | 322.7 | 14.202 | −59 | 14.143 |
| 4 | 147.9 | −15.449 | −4 | −15.453 |
| 5 | 229.8 | 12.979 | −91 | 12.888 |
| 6 | 74.3 | −18.011 | −40 | −18.051 |
| 7 | 110.1 | 5.953 | −62 | 5.891 |
| 8 | 265.5 | −5.159 | −4 | −5.163 |

**注**：为使平差后两闭合环完全闭合，$v_5$ 由 −90 改为 −91。

### （一）条件方程

$n=8, t=4, r=n-t=4$。

其中的附合路线条件数为：已知点数 $3-1=2$。

1. 平差值条件方程

$A \sim B$　　$H_A+\hat{h}_1+\hat{h}_3+\hat{h}_4-H_B=0$

$B \sim C$　　$H_B-\hat{h}_4+\hat{h}_6+\hat{h}_7-H_C=0$

1 号环　　$\hat{h}_2+\hat{h}_5-\hat{h}_3=0$

2 号环　　$\hat{h}_5+\hat{h}_6-\hat{h}_8=0$

2. 改正数条件方程

$$
\begin{array}{llllllll}
v_1 & +v_3+v_4 & & & & & +129=0 \\
 & -v_4 & & +v_6+v_7 & & & +98=0 \\
v_2-v_3 & & +v_5 & & & & +121=0 \\
 & & v_5+v_6 & & -v_8 & & +127=0
\end{array}
$$

式中的常数项 $W$ 是以 mm 为单位的。各 $W$ 的计算过程省略，计算公式如下

$$W_a = H_A + h_1 + h_3 + h_4 - H_B$$

$$W_b = H_B - h_4 + h_6 + h_7 - H_C$$

$$W_c = h_2 + h_5 - h_3$$

$$W_d = h_5 + h_6 - h_8$$

**（二）最弱点 4 号点平差后的权函数式**

$$H_4 = H_A + \hat{h}_1 + \hat{h}_2$$

$$V_{H_4} = v_1 + v_2$$

**（三）条件方程系数**

取 $C=100$ km，则 $p_i=100/S_i$，$\dfrac{1}{p_i}=\dfrac{S_i}{100}$。

条件方程系数见表 9-3。表中法方程未知数 $K$ 值是在法方程解出后才填进的，改正数 $v$ 一栏也是在 $K$ 值解出后才计算出的。

**表 9-3　条件方程系数**

| 序　号 | $\frac{1}{p}$ | $a$ | $b$ | $c$ | $d$ | $F$ | $S$ | $v$ |
|---|---|---|---|---|---|---|---|---|
| 1 | 1.13 | 1 | | | | 1 | 2 | −66.4 |
| 2 | 2.20 | | | 1 | | 1 | 2 | −89.3 |
| 3 | 3.23 | 1 | | −1 | | | · | −58.6 |
| 4 | 1.48 | 1 | −1 | | | | · | −4.0 |
| 5 | 2.30 | | | 1 | 1 | | 2 | −90.2 |
| 6 | 0.74 | | 1 | | 1 | | 2 | −40.4 |
| 7 | 1.10 | | 1 | | | | 1 | −61.6 |
| 8 | 2.66 | | | | −1 | | −1 | −3.7 |
| [　] | | 3 | 1 | 1 | 1 | 2 | 8 / 8 | |
| $W$ | | 129 | 98 | 121 | 127 | | | |
| $K$ | | −58.740 9 | −56.006 4 | −40.607 2 | 1.374 0 | [$WK$] = −17 805.18 | | |

**（四）法方程的组成和检核**

法方程的组成和检核见表 9-4。

表 9-4　法方程的组成和检核

| | *a* | *b* | *c* | *d* | *F*/*F*′ | *S* |
|---|---|---|---|---|---|---|
| *a* | 5. 84 | -1. 48 | -3. 23 | · | 1. 13 | 2. 26 |
| *b* | | 3. 32 | · | 0. 74 | · | 2. 58 |
| *c* | | | 7. 73 | 2. 30 | 2. 20 | 9. 00 |
| *d* | | | | 5. 70 | · | 8. 74 |
| *F* | | | | | 3. 33 | 6. 66 |

**(五)法方程解算**

法方程解算见表 9-5。

表 9-5　法方程解算

| | *a*/*ka* | *b*/*kb* | *c*/*kc* | *d*/*kd* | *W* | *F*′ | ∑ | *S* |
|---|---|---|---|---|---|---|---|---|
| *a* | 5. 84 | -1. 48 | -3. 23 | — | 129 | 1. 13 | 131. 26 | 131. 26 |
| *E* | -1 | 0. 253 4 | 0. 553 1 | — | -22. 089 0 | -0. 193 5 | -22. 476 | -22. 476 0 |
| *b* | | 3. 32 | — | 0. 74 | 98 | — | 100. 58 | 100. 58 |
| *b*·1 | | 2. 945 0 | -0. 818 5 | 0. 74 | 130. 688 6 | 0. 286 3 | 133. 841 4 | 133. 841 3 |
| *E*·1 | | -1 | 0. 277 9 | -0. 251 3 | -44. 376 4 | -0. 097 2 | -45. 447 | -45. 447 0 |
| *c* | | | 7. 73 | 2. 30 | 121 | 2. 20 | 130. 00 | 130. 00 |
| *c*·2 | | | 5. 716 0 | 2. 505 6 | 228. 668 3 | 2. 904 6 | 239. 794 5 | 239. 794 4 |
| *E*·2 | | | -1 | -0. 438 3 | -40. 005 0 | -0. 508 2 | -41. 951 5 | -41. 951 5 |
| *d* | | | | 5. 70 | 127 | — | 135. 74 | 135. 74 |
| *d*·3 | | | | 4. 415 8 | -6. 067 4 | -1. 345 0 | -2. 996 6 | -2. 996 3 |
| *E*·3 | | | | -1 | 1. 374 0 | 0. 304 6 | 0. 678 6 | 0. 678 6 |
| *W* | | | | | — | 3. 33 | | |
| *W*·4 | | | | | -17 805. 18 | 1. 197 7 | | |
| *K* | -58. 740 9 | -56. 006 4 | -40. 607 2 | 1. 374 0 | | | | |

**(六)改正数计算**

改正数计算见表 9-3。

**(七)平差值计算**

平差值计算见表 9-2。

**(八)平差值条件检验**

将平差值代入平差值条件方程,结果两闭合环各差 1 mm 未能完全闭合。这是由计算过程中的取位及舍入误差引起的。经分析,将 $v_5$ 由 -90 mm 调为 -91 mm。再代入,各闭合差全部为零。计算过程略。

**(九)未知点高程计算**

$$H_1 = H_A + \hat{h}_1 = 4\,287.926 + 5.305 = 4\,293.231$$

$$H_2 = H_B - \hat{h}_4 = 4\,291.921 - (-15.453) = 4\,307.374$$

$$H_3 = H_C - \hat{h}_7 = 4\,295.214 - 5.891 = 4\,289.323$$

$$H_4 = H_1 + \hat{h}_2 = 4\,293.231 + 1.255 = 4\,294.486$$

平差高程列于表 9-1。

**(十)精度评定**

单位权中误差 $\mu = \pm\sqrt{\frac{[pvv]}{r}} = \pm\sqrt{\frac{17\,805.18}{4}} = \pm 66.7(\text{mm})$

每千米水准高差观测中误差 $m_{\text{km}} = \pm\sqrt{\frac{1}{100}} \times 66.7 = \pm 6.7(\text{mm})$

最弱点 4 号点中误差 $m_4 = \pm\sqrt{1.20} \times 66.7 = \pm 73.1(\text{mm})$

# 第三节 导线网条件平差及算例

导线网条件平差有按角度条件平差和按方向条件平差之分。从理论上讲,按方向条件平差理论更加严密,这是因为角度乃方向值之差,在多方向的导线结点上,角度之间存在误差不独立的问题。对于单一附合导线和单一闭合导线,两种平差是一致的。对于复杂一些的导线网,计算结果则有差别。一般来说,导线网平差计算程序应采用按方向平差,单一导线的手工计算可按角度平差。本节对两种方法都作介绍。

## 一、按角度列条件方程

图 9-3 展示了导线平差中的两种基本图形:附合路线和闭合环。图中起点又作 1 号点,终点又作 $n$ 号点。这两种图形可列出统一形式的条件方程。

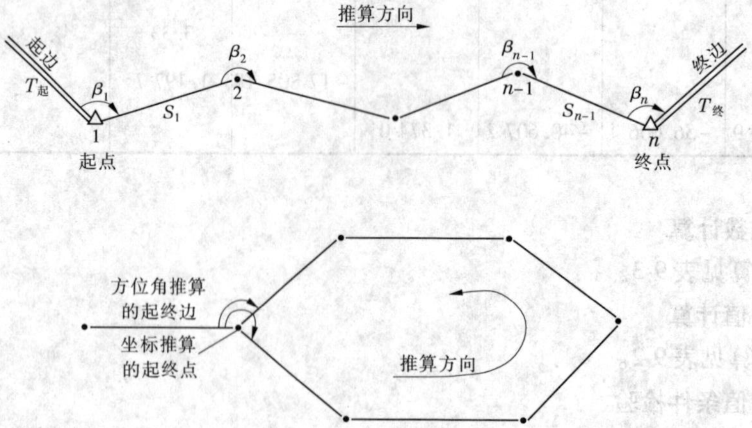


图 9-3 导线条件方程推导

**（一）平差值条件方程**

$$\begin{cases} T\text{ 条件} \quad T_{起} + \sum_{i=1}^{n}(\pm\hat{\beta}_i \mp 180°) - T_{终} = 0 \\ x\text{ 条件} \quad x_{起} + \sum_{i=1}^{n-1}\Delta\hat{x}_i - x_{终} = 0 \\ y\text{ 条件} \quad y_{起} + \sum_{i=1}^{n-1}\Delta\hat{y}_i - y_{终} = 0 \end{cases} \tag{9-49}$$

式中“±”和“∓”符号的取法，左折角取上面的符号，右折角取下面的符号。依据起、终方位角的指向，第一个角和最后一个角是否加或是否减 180°，还须进行取舍。式中

$$\Delta\hat{x}_i = \hat{S}_i \cdot \cos\hat{T}_i$$

$$\Delta\hat{y}_i = \hat{S}_i \cdot \sin\hat{T}_i$$

“^”表示平差值或由平差值推得之值，还要指出的是，对于附合路线，只要有一端没有联测已知方位角，就没有 $T$ 条件，只有 $x$、$y$ 两个条件。

**（二）改正数条件方程**

经线性化后的改正数条件方程为

$$\begin{cases} T\text{ 条件} \quad \sum_{i=1}^{n} \pm v_{\beta_i} + W_T = 0 \\ x\text{ 条件} \quad \sum_{i=1}^{n-1}\left(\pm\frac{y_i - y_{终}}{2\,062.65}v_{\beta_i} + \cos T_i v_{S_i}\right) + W_x = 0 \\ y\text{ 条件} \quad \sum_{i=1}^{n-1}\left(\pm\frac{x_{终} - x_i}{2\,062.65}v_{\beta_i} + \sin T_i v_{S_i}\right) + W_y = 0 \end{cases} \tag{9-50}$$

式中：

$$\begin{cases} W_T = T_{起} + \sum_{i=1}^{n}(\pm\beta_i \mp 180°) - T_{终} \\ W_x = x_{起} + \sum_{i=1}^{n-1}\Delta x_i - x_{终} \\ W_y = y_{起} + \sum_{i=1}^{n-1}\Delta y_i - y_{终} \end{cases} \tag{9-51}$$

而

$$\Delta x_i = S_i \cdot \cos T_i$$
$$\Delta y_i = S_i \cdot \sin T_i$$

改正数条件中的各值皆应以观测值代入计算。式(9-50)中 $W_x$、$W_y$、$v_S$ 以 cm 为单位，$W_T$、$v_\beta$ 以角秒为单位，$x$、$y$ 坐标以 m 为单位。

## 二、按方向列条件方程

式(9-50)是按角度 $\beta_i$ 列立的条件方程。下面再给出以方向 $L$ 为观测值列出的条件方程。

设 $\beta_i$ 的左方向和右方向的方向值分别为 $L_{i左}$ 和 $L_{i右}$，相应的改正数为 $v_{Li左}$ 和 $v_{Li右}$，则有

$$\begin{cases}\beta_i = L_{i右} - L_{i左} \\ v_{\beta_i} = v_{Li右} - v_{Li左}\end{cases} \tag{9-52}$$

将式(9-52)代入式(9-49)和式(9-50)便可得到按方向平差的条件方程。

值得注意的是,只有两个方向的导线点上的角度(取一个唯一角,左角或右角),可算作独立观测值,用这样的角作观测值参与平差,不影响平差意义上的独立。这样,严密的方向平差可以采取这种较简单的作法:只有两个观测方向的导线点上取角度 $\beta$ 作观测值,权为1;有3个和3个以上方向的导线点上取方向值 $L$ 作观测值,权为2。采用这种做法,在式(9-49)和式(9-50)中,只有少数导线点(方向数≥3的)上的角度需用式(9-52)代入,大大地节省了工作量。

## 三、角度、方向和边长观测值的权

取角度观测的权为1,先验测角中误差为 $m_\beta$,则各观测值的权和权倒数如表9-6所示。

**表9-6　角度、方向和边长之权**

| 观测值 | 先　验　中　误　差 | 权 | 权倒数 |
|---|---|---|---|
| 角　度 | $m_\beta$ | 1 | 1 |
| 方　向 | $m_\beta/\sqrt{2}$ | 2 | 0.5 |
| 边　长 | $m_S = a/10 + b \cdot S/10\ 000$ | $m_\beta^2/m_S^2$ | $m_S^2/m_\beta^2$ |

**注:** $a$ 为测距固定误差系数,以 mm 为单位;$b$ 为测距比例误差系数,以百万分之一(ppm)为单位;边长 $S$ 以 m 为单位;$m_S$ 以 cm 为单位。

## 四、未知点坐标的方差因子(权倒数)

未知点 $j$ 的坐标 $x_j$、$y_j$ 的权函数式为

$$\begin{cases}V_{x_j} = \sum_{i=1}^{j-1}\left(\pm \dfrac{y_i - y_j}{2\ 062.65}v_{\beta_i} + \cos T_i v_{S_i}\right) \\ V_{y_j} = \sum_{i=1}^{j-1}\left(\pm \dfrac{x_j - x_i}{2\ 062.65}v_{\beta_i} + \sin T_i v_{S_i}\right)\end{cases} \tag{9-53}$$

式中:$i$ 取自推算 $j$ 点坐标的路线。按方向平差时,方向数≥3的导线点应以 $v_{\beta_i} = v_{L_{i右}} - v_{L_{i左}}$ 代入,"±"号的取法,左折角取"+"号,右折角取"-"号。

## 五、导线网按方向条件平差算例

导线网如图9-4所示,$A$、$B$ 为已知点,$AC$ 为已知方位角。先验测角中误差 $m_\beta$ 为2.5″,先验测边中误差为5 mm + 10 × $10^{-6}$ · $S$。已知坐标和方位角见表9-7。观测值见表9-8。表中的改正数是在法方程解完后才算出并填入的。

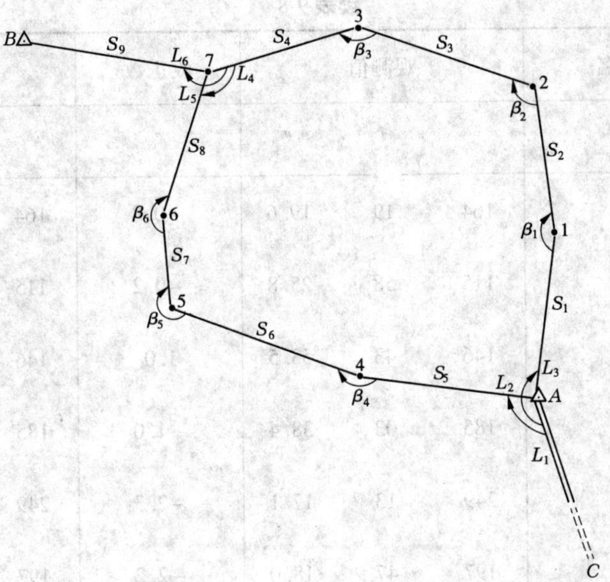


图 9-4 导线网

表 9-7 已知坐标和方位角

| 点 名 | $x$ | $y$ | 指 向 | 方 位 角 |
|---|---|---|---|---|
| $A$ | 59 953.812 | 91 875.942 | $C$ | 166°02′08.7″ |
| $B$ | 62 285.472 | 88 563.059 | | |

表 9-8 观测值和平差值

| 序号 | 观测值名 | 观测值 | | | 改正数 | 平差值 | | |
|---|---|---|---|---|---|---|---|---|
| | 方向值 | ° | ′ | ″ | ″ | ° | ′ | ″ |
| 1 | $L_1$ | 0 | 00 | 00.0 | 0.0 | 0 | 00 | 00.0 |
| 2 | $L_2$ | 115 | 49 | 52.7 | −0.2 | 115 | 49 | 52.5 |
| 3 | $L_3$ | 201 | 47 | 53.2 | −1.0 | 201 | 47 | 52.2 |
| 4 | $L_4$ | 0 | 00 | 00.0 | 0.0 | 0 | 00 | 00.0 |
| 5 | $L_5$ | 119 | 04 | 27.8 | 1.7 | 119 | 04 | 29.5 |
| 6 | $L_6$ | 207 | 10 | 15.1 | 1.0 | 207 | 10 | 16.1 |

续表 9-8

| 序号 | 观测值名 | 观测值 | | | 改正数 | 平差值 | | |
|---|---|---|---|---|---|---|---|---|
| | 角度值 | ° | ′ | ″ | ″ | ° | ′ | ″ |
| 7 | $\beta_1$ | 164 | 19 | 19.6 | −0.8 | 164 | 19 | 18.8 |
| 8 | $\beta_2$ | 115 | 58 | 25.8 | −0.2 | 115 | 58 | 25.6 |
| 9 | $\beta_3$ | 146 | 43 | 53.5 | 1.0 | 146 | 43 | 54.5 |
| 10 | $\beta_4$ | 185 | 03 | 38.4 | −1.0 | 185 | 03 | 37.4 |
| 11 | $\beta_5$ | 249 | 13 | 17.1 | −2.3 | 249 | 13 | 14.8 |
| 12 | $\beta_6$ | 197 | 47 | 18.0 | −2.2 | 197 | 47 | 15.8 |
| | 边　长 | m | | | m | m | | |
| 13 | $S_1$ | 1 023.194 | | | −0.007 | 1 023.187 | | |
| 14 | $S_2$ | 940.066 | | | −0.006 | 940.060 | | |
| 15 | $S_3$ | 1 174.918 | | | 0.002 | 1 174.920 | | |
| 16 | $S_4$ | 1 020.184 | | | 0.006 | 1 020.190 | | |
| 17 | $S_5$ | 1 147.307 | | | 0.006 | 1 147.313 | | |
| 18 | $S_6$ | 1 201.691 | | | 0.007 | 1 201.698 | | |
| 19 | $S_7$ | 570.748 | | | 0.005 | 570.753 | | |
| 20 | $S_8$ | 915.721 | | | 0.008 | 915.729 | | |
| 21 | $S_9$ | 1 250.111 | | | 0.010 | 1 250.121 | | |

**（一）计算近似坐标和条件方程闭合差**

本例有两组条件：一组为闭合环条件，包括 $T$、$x$、$y$ 3 个条件；另一组为从 $A$ 到 $B$ 的附合路线条件，包括 $x$、$y$ 2 个条件。合起来有 5 个条件。

手工计算时，为减少计算工作量，可将近似坐标计算和条件方程闭合差的计算结合起来进行。算例的近似坐标和闭合差的计算见表 9-9。

**表 9-9　近似坐标和条件方程闭合差计算**

| | 点名 | 角名 | 观测角（° ′ ″） | 方位角（° ′ ″） | 边号 | 边长（m） | x（m） | y（m） | 点名 |
|---|---|---|---|---|---|---|---|---|---|
| 闭合环计算 | C | | | | | | | | C |
| | | | | 346 02 08.7 | | | | | |
| | A | $L_3-L_1$ | 201 47 53.2 | | | | 59 953.812 | 91 875.942 | A |
| | | | | 7 50 01.9 | 1 | 1 023.194 | | | |
| | 1 | $\beta_1$ | 164 19 19.6 | | | | 60 967.457 | 92 015.404 | 1 |
| | | | | 352 09 21.5 | 2 | 940.066 | | | |
| | 2 | $\beta_2$ | 115 58 25.8 | | | | 61 898.727 | 91 887.107 | 2 |
| | | | | 288 07 47.3 | 3 | 1 174.918 | | | |
| | 3 | $\beta_3$ | 146 43 53.5 | | | | 62 264.327 | 90 770.519 | 3 |
| | | | | 254 51 40.8 | 4 | 1 020.184 | | | |
| | 7 | $L_5-L_4$ | 119 04 27.8 | | | | 61 997.900 | 89 785.739 | 7 |
| | | | | 193 56 08.6 | 8 | 915.721 | | | |
| | 6 | $\beta_6$ | −197 47 18.0 | | | | 61 109.132 | 89 565.203 | 6 |
| | | | | 176 08 50.6 | 7 | 570.748 | | | |
| | 5 | $\beta_5$ | −249 13 17.1 | | | | 60 539.674 | 89 603.552 | 5 |
| | | | | 106 55 33.5 | 6 | 1 201.691 | | | |
| | 4 | $\beta_4$ | −185 03 38.4 | | | | 60 189.819 | 90 753.188 | 4 |
| | | | | 101 51 55.1 | 5 | 1 147.307 | | | |
| | A | $L_2-L_1$ | −115 49 52.7 | | | | 59 953.919 | 91 875.981 | A |
| | | | | 166 02 02.4 | | | | | |
| | C | | | | | | | | C |
| | | | 已知值 | 166 02 08.7 | | | 59 953.812 | 91 875.942 | |
| | | | | $W_T=-6.3''$ | | | $W_x=+10.7$ cm | $W_y=+3.9$ cm | |
| 附合路线计算 | 3 | | | | | | | | 3 |
| | | | | 254 51 40.8 | | | | | |
| | 7 | $L_6-L_4$ | 207 10 15.1 | | | | 61 997.900 | 89 785.739 | 7 |
| | | | | 282 01 55.9 | 9 | 1 250.111 | | | |
| | B | | | | | | 62 258.500 | 88 563.092 | B |
| | | | | | | 已知值 | 62 258.472 | 88 563.059 | |
| | | | | | | | $W_x=+2.8$ cm | $W_y=+3.3$ cm | |

注：表中附合路线从 7 号点开始算，是因为在闭合环中已从 A 算至 7 号点。

## （二）条件方程和权函数式

1. 闭合环条件

$T_{(1)}$条件　$(v_{L_3}-v_{L_1})+v_{\beta_1}+v_{\beta_2}+v_{\beta_3}+(v_{L_5}-v_{L_4})-v_{\beta_6}-v_{\beta_5}-v_{\beta_4}-(v_{L_2}-v_{L_1})+W_{T(1)}=0$

$X_{(1)}$条件
$$\frac{y_A-y_A}{2\ 062.65}(v_{L_3}-v_{L_1})+\frac{y_1-y_A}{2\ 062.65}v_{\beta_1}+\frac{y_2-y_A}{2\ 062.65}v_{\beta_2}+\frac{y_3-y_A}{2\ 062.65}v_{\beta_3}+$$
$$\frac{y_7-y_A}{2\ 062.65}(v_{L_5}-v_{L_4})-\frac{y_6-y_A}{2\ 062.65}v_{\beta_6}-\frac{y_5-y_A}{2\ 062.65}v_{\beta_5}-\frac{y_4-y_A}{2\ 062.65}v_{\beta_4}+$$
$$\cos T_{A,1}v_{S_1}+\cos T_{1,2}v_{S_2}+\cos T_{2,3}v_{S_3}+\cos T_{3,7}v_{S_4}+\cos T_{7,6}v_{S_8}+\cos T_{6,5}v_{S_7}+$$
$$\cos T_{5,4}v_{S_6}+\cos T_{4,A}v_{S_5}+W_{x(1)}=0$$

$Y_{(1)}$条件 $\frac{x_A - x_A}{2\ 062.65}(v_{L_3} - v_{L_1}) + \frac{x_A - x_1}{2\ 062.65}v_{\beta_1} + \frac{x_A - x_2}{2\ 062.65}v_{\beta_2} + \frac{x_A - x_3}{2\ 062.65}v_{\beta_3} +$

$\frac{x_A - x_7}{2\ 062.65}(v_{L_5} - v_{L_4}) - \frac{x_A - x_6}{2\ 062.65}v_{\beta_6} - \frac{x_A - x_5}{2\ 062.65}v_{\beta_5} - \frac{x_A - x_4}{2\ 062.65}v_{\beta_4} +$

$\sin T_{A,1}v_{S_1} + \sin T_{1,2}v_{S_2} + \sin T_{2,3}v_{S_3} + \sin T_{3,7}v_{S_4} + \sin T_{7,6}v_{S_8} +$

$\sin T_{6,5}v_{S_7} + \sin T_{5,4}v_{S_6} + \sin T_{4,A}v_{S_5} + W_{y(1)} = 0$

代入有关数据,经计算整理后得

$T_{(1)}$条件 $-v_{L_2} + v_{L_3} - v_{L_4} + v_{L_5} + v_{\beta_1} + v_{\beta_2} + v_{\beta_3} - v_{\beta_4} - v_{\beta_5} - v_{\beta_6} - 6.3 = 0$

$X_{(1)}$条件 $1.013\ 4v_{L_4} - 1.013\ 4v_{L_5} + 0.067\ 6v_{\beta_1} + 0.005\ 4v_{\beta_2} - 0.535\ 9v_{\beta_3} + 0.544\ 3v_{\beta_4} +$

$1.101\ 7v_{\beta_5} + 1.120\ 3v_{\beta_6} + 0.990\ 7v_{S_1} + 0.990\ 6v_{S_2} + 0.311\ 2v_{S_3} - 0.261\ 2v_{S_4} -$

$0.205\ 6v_{S_5} - 0.291\ 1v_{S_6} - 0.997\ 7v_{S_7} - 0.970\ 6v_{S_8} + 10.7 = 0$

$Y_{(1)}$条件 $0.991\ 0v_{L_4} - 0.991\ 0v_{L_5} - 0.491\ 4v_{\beta_1} - 0.942\ 9v_{\beta_2} - 1.120\ 2v_{\beta_3} + 0.114\ 4v_{\beta_4} +$

$0.284\ 0v_{\beta_5} + 0.560\ 1v_{\beta_6} + 0.136\ 3v_{S_1} - 0.136\ 5v_{S_2} - 0.950\ 7v_{S_3} - 0.965\ 3v_{S_4} +$

$0.978\ 6v_{S_5} + 0.956\ 7v_{S_6} + 0.067\ 2v_{S_7} - 0.204\ 8v_{S_8} + 3.9 = 0$

2. 附合路线条件

$X_{(2)}$条件 $\frac{y_A - y_B}{2\ 062.65}(v_{L_3} - v_{L_1}) + \frac{y_1 - y_B}{2\ 062.65}v_{\beta_1} + \frac{y_2 - y_B}{2\ 062.65}v_{\beta_2} + \frac{y_3 - y_B}{2\ 062.65}v_{\beta_3} +$

$\frac{y_7 - y_B}{2\ 062.65}(v_{L_6} - v_{L_4}) + \cos T_{A,1}v_{S_1} + \cos T_{1,2}v_{S_2} + \cos T_{2,3}v_{S_3} + \cos T_{3,7}v_{S_4} +$

$\cos T_{7,B}v_{S_9} + W_{x(2)} = 0$

$Y_{(2)}$条件 $\frac{x_B - x_A}{2\ 062.65}(v_{L_3} - v_{L_1}) + \frac{x_B - x_1}{2\ 062.65}v_{\beta_1} + \frac{x_B - x_2}{2\ 062.65}v_{\beta_2} + \frac{x_B - x_3}{2\ 062.65}v_{\beta_3} +$

$\frac{x_B - x_7}{2\ 062.65}(v_{L_6} - v_{L_4}) + \sin T_{A,1}v_{S_1} + \sin T_{1,2}v_{S_2} + \sin T_{2,3}v_{S_3} + \sin T_{3,7}v_{S_4} +$

$\sin T_{7,B}v_{S_9} + W_{Y(2)} = 0$

代入有关数据,经计算整理后得

$X_{(2)}$条件 $-1.606\ 1v_{L_1} + 1.606\ 1v_{L_3} - 0.592\ 8v_{L_4} + 0.592\ 8v_{L_6} + 1.673\ 7v_{\beta_1} + 1.611\ 5v_{\beta_2} +$

$1.070\ 2v_{\beta_3} + 0.990\ 7v_{S_1} + 0.990\ 6v_{S_2} + 0.311\ 2v_{S_3} - 0.261\ 2v_{S_4} + 0.208\ 5v_{S_9} +$

$2.8 = 0$

$Y_{(2)}$条件 $-1.130\ 4v_{L_1} + 1.130\ 4v_{L_3} - 0.139\ 4v_{L_4} + 0.139\ 4v_{L_6} + 0.639\ 0v_{\beta_1} + 0.187\ 5v_{\beta_2} +$

$0.010\ 3v_{\beta_3} + 0.136\ 3v_{S_1} - 0.136\ 5v_{S_2} - 0.950\ 4v_{S_3} - 0.965\ 3v_{S_4} - 0.978\ 0v_{S_9} +$

$3.3 = 0$

3. 最弱点 2 号点的权函数式

$$v_{x_2}=\frac{y_A-y_2}{2\,062.65}(v_{L_3}-v_{L_1})+\frac{y_1-y_2}{2\,062.65}v_{\beta_1}+\cos T_{A,1}v_{S_1}+\cos T_{1,2}v_{S_2}$$

$$v_{y_2}=\frac{x_2-x_A}{2\,062.65}(v_{L_3}-v_{L_1})+\frac{x_2-x_1}{2\,062.65}v_{\beta_1}+\sin T_{A,1}v_{S_1}+\sin T_{1,2}v_{S_2}$$

代入有关数据后，经计算整理得到

$$v_{x_2}=0.005\,4v_{L_1}-0.005\,4v_{L_3}+0.062\,2v_{\beta_1}+0.990\,7v_{S_1}+0.990\,6v_{S_2}$$

$$v_{y_2}=-0.942\,9v_{L_1}+0.942\,9v_{L_3}+0.451\,5v_{\beta_1}+0.136\,3v_{S_1}-0.136\,5v_{S_2}$$

条件方程和权函数系数表见表 9-10。表中权倒数的计算公式见表 9-6。

表 9-10　条件方程及权函数系数

| 序号 | 观测名 | $\frac{1}{p}$ | $T_{(1)}$ | $x_{(1)}$ | $y_{(1)}$ | $x_{(2)}$ | $y_{(2)}$ | $F_{x2}$ | $F_{y2}$ | $v$ | $v$ 归零 |
|---|---|---|---|---|---|---|---|---|---|---|---|
| 1 | $L_1$ | 0.5 | | | | −1.606 1 | −1.130 4 | 0.005 4 | −0.942 9 | 0.41″ | 0.00″ |
| 2 | $L_2$ | 0.5 | −1 | | | | | | | 0.20 | −0.19 |
| 3 | $L_3$ | 0.5 | 1 | | | 1.606 1 | 1.130 4 | −0.005 4 | 0.942 9 | −0.61 | −1.02 |
| 4 | $L_4$ | 0.5 | −1 | 1.013 4 | 0.991 0 | −0.592 8 | −0.139 4 | | | −0.88 | 0.00 |
| 5 | $L_5$ | 0.5 | 1 | −1.013 4 | −0.991 0 | | | | | 0.77 | −1.65 |
| 6 | $L_6$ | 0.5 | | | | 0.592 8 | 0.139 4 | | | 0.11 | −0.99 |
| 7 | $\beta_1$ | 1 | 1 | 0.067 6 | −0.491 4 | 1.673 7 | 0.639 0 | 0.062 2 | 0.451 5 | −0.81 | |
| 8 | $\beta_2$ | 1 | 1 | 0.005 4 | −0.942 9 | 1.611 5 | 0.187 5 | | | −0.19 | |
| 9 | $\beta_3$ | 1 | 1 | −0.535 9 | −1.120 2 | 1.070 2 | 0.010 3 | | | 1.01 | |
| 10 | $\beta_4$ | 1 | −1 | 0.544 3 | 0.114 4 | | | | | −0.96 | |
| 11 | $\beta_5$ | 1 | −1 | 1.101 7 | 0.284 0 | | | | | −2.32 | |
| 12 | $\beta_6$ | 1 | −1 | 1.120 3 | 0.560 1 | | | | | −2.16 | |
| 13 | $S_1$ | 0.37 | | 0.990 7 | 0.136 3 | 0.990 7 | 0.136 3 | 0.990 7 | 0.136 3 | −0.74 cm | |
| 14 | $S_2$ | 0.33 | | 0.990 6 | −0.136 5 | 0.990 6 | −0.136 5 | 0.990 6 | −0.136 5 | −0.56 | |
| 15 | $S_3$ | 0.45 | | 0.311 2 | −0.950 4 | 0.311 2 | −0.950 4 | | | 0.21 | |
| 16 | $S_4$ | 0.37 | | −0.261 2 | −0.965 3 | −0.261 2 | −0.965 3 | | | 0.58 | |
| 17 | $S_5$ | 0.43 | | −0.205 6 | 0.978 6 | | | | | 0.56 | |
| 18 | $S_6$ | 0.46 | | −0.291 1 | 0.956 7 | | | | | 0.69 | |
| 19 | $S_7$ | 0.18 | | −0.997 7 | 0.067 2 | | | | | 0.49 | |
| 20 | $S_8$ | 0.32 | | −0.970 6 | −0.240 8 | | | | | 0.77 | |
| 21 | $S_9$ | 0.49 | | | | 0.208 5 | −0.978 0 | | | 0.98 | |
| | $W$ | | −6.3 | 10.7 | 3.9 | 2.8 | 3.3 | | | | |
| | $K$ | | −0.402 226 | −2.669 845 | 0.765 219 | 0.805 160 | −1.871 571 | | | | |

### (三)组成法方程

根据表 9-10 的数据,用计算机组成的法方程系数阵和用于评定精度的 $F'$ 列等数据见表 9-11。抄录时取至小数点后 6 位。

表 9-11　法方程系数和 $F'$ 列

| | $a$ | $b$ | $c$ | $d$ | $e$ | $F_{x2}/F'_{x2}$ | $F_{y2}/F'_{y2}$ |
|---|---|---|---|---|---|---|---|
| $a$ | 8 | -4.242 6 | -4.503 5 | 5.454 85 | 1.472 1 | 0.059 5 | 0.922 95 |
| $b$ | | 5.377 434 | 2.382 553 | 0.003 751 | -0.066 381 | 0.691 180 | 0.035 862 |
| $c$ | 对 | | 5.390 420 | -3.868 167 | 0.192 745 | -0.025 225 | -0.208 845 |
| $d$ | | | | 10.251 601 | 3.147 134 | 0.782 406 | 2.275 408 |
| $e$ | | | 称 | | 2.974 265 | 0.039 007 | 1.367 566 |
| $F$ | | | | | | 0.690 873 | 1.105 935 |

### (四)解联系数法方程和转换系数法方程

用计算机求得的法方程系数阵的逆如下

$$Q=\begin{pmatrix} 0.611\,148 & 0.427\,063 & 0.124\,550 & -0.275\,397 & -0.009\,621 \\ & 0.593\,022 & -0.153\,050 & -0.336\,840 & 0.168\,199 \\ \text{对} & & 0.556\,364 & 0.258\,831 & -0.374\,990 \\ & \text{称} & & 0.455\,416 & -0.369\,870 \\ & & & & 0.760\,402 \end{pmatrix}$$

三个法方程的矩阵符号形式分别为

$$NK+W=0$$
$$Nq_{x_2}+F'_{x_2}=0$$
$$Nq_{y_2}+F'_{y_2}=0$$

解的计算公式为

$$K=-QW$$
$$q_{x_2}=-QF'_{x_2}$$
$$q_{y_2}=-QF'_{y_2}$$

法方程的常数项(等号右边)和未知数的解见表 9-12。

表 9-12　法方程的常数项和未知数的解

| | $a$ | $b$ | $c$ | $d$ | $e$ | $\left[\frac{ff}{p}\right]$ | $[pvv]$或$\frac{1}{p_F}$ |
|---|---|---|---|---|---|---|---|
| $-W$ | 6.3 | -10.7 | -3.9 | -2.8 | -3.3 | | |
| $K$ | -0.402 226 | -2.669 845 | 0.765 219 | 0.805 160 | -1.871 571 | | 26.97 |
| $-F'_{x2}$ | -0.059 5 | -0.691 180 | +0.025 225 | -0.782 406 | -0.039 007 | 0.690 873 | |
| $q_{x2}$ | -0.112 551 | -0.182 170 | -0.075 475 | -0.086 160 | 0.134 585 | | 0.498 0 |
| $-F'_{y2}$ | -0.922 95 | -0.035 862 | +0.208 845 | -2.275 408 | -1.367 566 | 1.105 935 | |
| $q_{y2}$ | -0.086 436 | 0.089 038 | -0.069 392 | -0.210 123 | -0.273 761 | | 0.350 9 |

**(五)计算改正数和平差值**

改正数计算见表9-10。

平差值计算见表9-8。

**(六)平差坐标计算并检核平差值条件方程**

平差坐标计算并检核平差值条件方程见表9-13。

**(七)精度评定**

(1)验后单位权中误差

$$[pvv] = -W^{T}K = 26.97$$

其计算见表9-12。

$$\mu = \pm\sqrt{\frac{[pvv]}{r}} = \pm\sqrt{\frac{26.97}{5}} = \pm 2.32('')$$

(2)最弱点2号点精度

$$Q_{x_2} = \frac{1}{p_{x_2}} = \left[\frac{f_{x_2}f_{x_2}}{p}\right] + F'^{T}_{x_2}q_{x_2} = 0.4980$$

$$Q_{y_2} = \frac{1}{p_{y_2}} = \left[\frac{f_{y_2}f_{y_2}}{p}\right] + F'^{T}_{y_2}q_{y_2} = 0.3509$$

其计算见表9-12。

$$m_{x_2} = \mu\cdot\sqrt{Q_{x_2}} = \pm 2.32\sqrt{0.4980} = \pm 1.64(\text{cm})$$

$$m_{y_2} = \mu\cdot\sqrt{Q_{y_2}} = \pm 2.32\sqrt{0.3509} = \pm 1.37(\text{cm})$$

$$m_{p_2} = \sqrt{m_{x_2}^2 + m_{y_2}^2} = \pm 2.14(\text{cm})$$

**表9-13 平差坐标计算及闭合差验算**

| 点名 | 角号 | 转(°) | 折(′) | 角(″) | 方(°) | 位(′) | 角(″) | 边号 | 边长(m) | x(m) | y(m) | 点名 |
|---|---|---|---|---|---|---|---|---|---|---|---|---|
| C | | | | | | | | | | | | C |
| | | | | | 346 | 02 | 08.7 | | | | | |
| A | $L_3-L_1$ | 201 | 47 | 52.2 | | | | | | 59 953.812 | 91 875.942 | A |
| | | | | | 7 | 50 | 00.9 | 1 | 1 023.187 | | | |
| 1 | $\beta_1$ | 164 | 19 | 18.8 | | | | | | 60 967.451 | 92 015.399 | 1 |
| | | | | | 352 | 09 | 19.7 | 2 | 940.060 | | | |
| 2 | $\beta_2$ | 115 | 58 | 25.6 | | | | | | 61 898.714 | 91 887.094 | 2 |
| | | | | | 288 | 07 | 45.3 | 3 | 1 174.920 | | | |
| 3 | $\beta_3$ | 146 | 43 | 54.5 | | | | | | 62 264.304 | 90 770.501 | 3 |
| | | | | | 254 | 51 | 39.8 | 4 | 1 020.190 | | | |
| 7 | $L_6-L_4$ | 207 | 10 | 16.1 | | | | | | 61 997.870 | 89 785.716 | 7 |
| | | | | | 282 | 01 | 55.9 | 9 | 1 250.121 | | | |
| B | | | | | | | | | | 62 258.472 | 88 563.059 | B |
| | | | | | | | | | | $W_x=0$ | $W_y=0$ | |

续表 9-13

| 点名 | 角号 | 转折角 (° | ′ | ″) | 方位角 (° | ′ | ″) | 边号 | 边长 (m) | x (m) | y (m) | 点名 |
|---|---|---|---|---|---|---|---|---|---|---|---|---|
| $C$ | | | | | | | | | | | | C |
| | | | | | 346 | 02 | 08.7 | | | | | |
| $A$ | $L_2-L_1$ | 115 | 49 | 52.5 | | | | | | 59 953.812 | 91 875.942 | $A$ |
| | | | | | 281 | 52 | 01.2 | 5 | 1 147.313 | | | |
| 4 | $\beta_4$ | 185 | 03 | 37.4 | | | | | | 60 189.746 | 90 753.150 | 4 |
| | | | | | 286 | 55 | 38.6 | 6 | 1 201.698 | | | |
| 5 | $\beta_5$ | 249 | 13 | 14.8 | | | | | | 60 539.632 | 89 603.516 | 5 |
| | | | | | 356 | 08 | 53.4 | 7 | 570.753 | | | |
| 6 | $\beta_6$ | 197 | 47 | 15.8 | | | | | | 61 109.096 | 89 565.175 | 6 |
| | | | | | 13 | 56 | 09.2 | 8 | 915.729 | | | |
| 7 | $L_5-L_4$ | 119 | 04 | 29.5 | | | | | | 61 997.871 * | 89 785.715 * | 7 |
| | | | | | 74 | 51 | 39.7 | | | | | |
| | | | | | $W_T=0.1''$ | | | | | $W_x=1$ mm | $W_y=1$ mm | |

注：表中 * 上下两处的 7 号点坐标末位差 1，系由 4 舍 5 入造成，7 号点的平差坐标以上面的为准。

# 第四节　高程网参数平差及算例

本章第 2 节已讲述了高程网的条件平差法，本节再讲述高程网参数平差法，因为现今大多数计算机高程平差程序采用参数平差法。参数平差的数学模型前已给出，本节只略述误差方程的列立，然后给出一个三角高程网平差的算例。至于水准网参数平差，除观测值定权公式不同外，其他与三角高程平差同。

## 一、误差方程的列立

### （一）选定未知数（参数）和取定未知数的近似值

高程控制网参数平差一般选未知点高程为未知数，如图 9-5 的高程网，可选择未知点 1、2 的高程为未知数，记做 $H_1$、$H_2$。未知数的近似值可由已知高程和高差观测值推得，记作 $H_1^0$、$H_2^0$。必须注意，未知数的近似值一旦取定，则在整个平差过程中唯一。

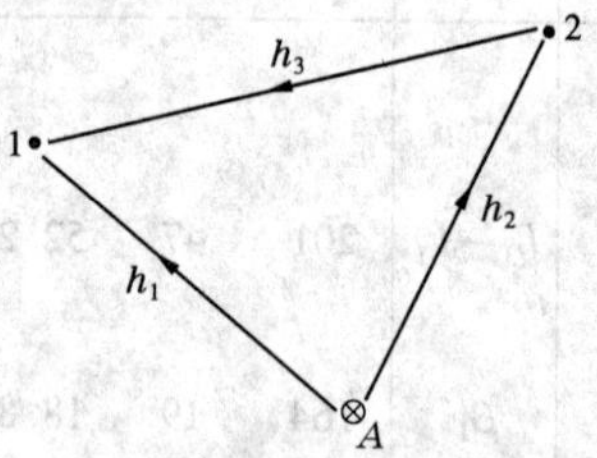

图 9-5

有关系式

$$H_i = H_i^0 + \delta H_i$$

式中 $\delta H_i$ 为取过近似值后的未知数，它作为法方程的未知数在组成法方程后才能被解得。

### （二）列立误差方程

由任一高差观测值 $h_i$ 的平差值 $\hat{h}_i$ 都是其两端点平差高程之差，可建立下面的平差值方程：

$$\begin{cases} \hat{h}_1 = H_1 - H_A \\ \hat{h}_2 = H_2 - H_A \\ \hat{h}_3 = H_1 - H_2 \end{cases}$$

将 $H_i = H_i^0 + \delta H_i$ 和 $\hat{h}_i = h_i + v_i$ 代入，得到

$$\begin{cases} v_1 = \delta H_1 + H_1^0 - H_A - h_1 \\ v_2 = \delta H_2 + H_2^0 - H_A - h_2 \\ v_3 = \delta H_1 - \delta H_2 + H_1^0 - H_2^0 - h_3 \end{cases}$$

再将已知高程、近似高程和观测值数值代入，即可得到下面的误差方程

$$\begin{cases} v_1 = \delta H_1 + l_1 & (l_1 = H_1^0 - H_A - h_1) \\ v_2 = \delta H_2 + l_2 & (l_2 = H_2^0 - H_A - h_2) \\ v_3 = \delta H_1 - \delta H_2 + l_3 & (l_3 = H_1^0 - H_2^0 - h_3) \end{cases}$$

高程平差有水准测量平差和三角高程测量平差之分，不同观测值的定权公式见本章第二节。

## 二、三角高程网参数平差算例

三角高程网如图 9-6 所示，$A$ 为已知点，1、2、3、4 为未知点，$H_A = 903.83$ m。高差观测值见表 9-14。

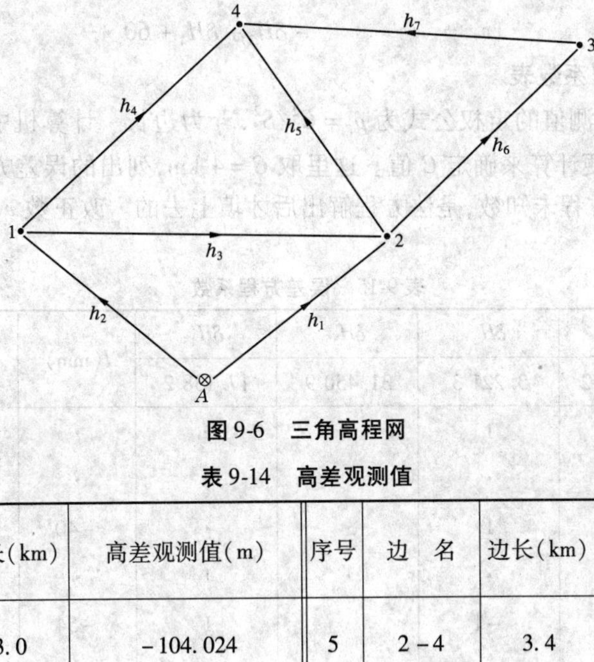


**图 9-6 三角高程网**

**表 9-14 高差观测值**

| 序号 | 边 名 | 边长(km) | 高差观测值(m) | 序号 | 边 名 | 边长(km) | 高差观测值(m) |
|---|---|---|---|---|---|---|---|
| 1 | $A-2$ | 3.0 | -104.024 | 5 | 2-4 | 3.4 | -133.020 |
| 2 | $A-1$ | 3.1 | -43.309 | 6 | 2-3 | 3.6 | -229.492 |
| 3 | 1-2 | 4.5 | -60.675 | 7 | 3-4 | 4.6 | 96.358 |
| 4 | 1-4 | 4.0 | -193.789 | | | | |

**(一)选未知数,计算未知数近似值**

选未知点1、2、3、4的高程为未知数,记为$H_1$、$H_2$、$H_3$、$H_4$。

计算各点高程近似值如下:

$$H_1^0 = H_A + h_2 = 903.83 - 43.309 = 860.521$$

$$H_2^0 = H_A + h_1 = 903.83 - 104.024 = 799.806$$

$$H_3^0 = H_2^0 + h_6 = 799.806 - 229.492 = 570.314$$

$$H_4^0 = H_1^0 + h_4 = 860.521 - 193.789 = 666.732$$

**(二)列误差方程**

列出的误差方程如下(常数项以mm为单位)

$$\begin{aligned}
v_1 &= \delta H_2 + 0\\
v_2 &= \delta H_1 + 0\\
v_3 &= -\delta H_1 + \delta H_2 - 40\\
v_4 &= -\delta H_1 + \delta H_4 + 0\\
v_5 &= -\delta H_2 + \delta H_4 - 54\\
v_6 &= -\delta H_2 + \delta H_3 + 0\\
v_7 &= -\delta H_3 + \delta H_4 + 60
\end{aligned}$$

**(三)列误差方程系数表**

三角高程高差观测值的定权公式为$p_i = C^2/S_i^2$,$S_i$为边长。计算机中一般取$C = 1$ km,手工计算时,则以方便计算来确定$C$值。这里取$C = 4$ km,列出的误差方程系数见表9-15。$\delta H$下一行的数为法方程未知数,是法方程解出后才填上去的。改正数$v$是法方程未知数解出后才算出的。

表9-15 误差方程系数

| 序号 | $P$ | $\delta H_1$ | $\delta H_2$ | $\delta H_3$ | $\delta H_4$ | $l$(mm) | $S$ | $v$(mm) |
|---|---|---|---|---|---|---|---|---|
| | | -3.454 2 | 3.221 3 | 31.450 9 | 17.138 2 | | | |
| 1 | 1.78 | · | 1 | · | · | · | 1 | 3.2 |
| 2 | 1.66 | 1 | · | · | · | · | 1 | -3.4 |
| 3 | 0.79 | -1 | 1 | · | · | -40 | -40 | -33.3 |
| 4 | 1.00 | -1 | · | · | 1 | · | 0 | 20.5 |
| 5 | 1.38 | · | -1 | · | 1 | -54 | -54 | -40.0 |
| 6 | 1.23 | · | -1 | 1 | · | · | 0 | 28.2 |
| 7 | 0.76 | · | · | -1 | 1 | 60 | 60 | 45.6 |
| [ ] | | -1 | 0 | 0 | 3 | -34 | -32 / -32 | |

**(四)组成法方程**

法方程的矩阵式为$N \cdot \delta H + U = 0$。法方程的系数和常数项见表9-16。

表 9-16　法方程

| | $\delta H_1$ | $\delta H_2$ | $\delta H_3$ | $\delta H_4$ | $U$ |
|---|---|---|---|---|---|
| 1 | 3.45 | -0.79 | · | -1 | 31.6 |
| 2 | | 5.18 | -1.23 | -1.38 | 42.92 |
| 3 | 对 | | 1.99 | -0.76 | -45.6 |
| 4 | | 称 | | 3.14 | -28.92 |
| $l$ | | | | $[pll]=$ | 8 024.08 |

## (五)解算法方程

用逆矩阵法解算法方程。公式为

$$\delta H = N^{-1} \cdot (-U) = Q \cdot (-U)$$

用计算机算得的逆矩阵 $Q$ 见表 9-17,表中下面两行为 $-U$ 和法方程的解 $\delta H$。

表 9-17　法方程系数阵的逆 $Q$ 阵和未知数的解

| | 1 | 2 | 3 | 4 |
|---|---|---|---|---|
| 1 | 0.407 208 | 0.182 042 | 0.212 218 | 0.261 055 |
| 2 | 0.182 042 | 0.392 028 | 0.363 887 | 0.318 342 |
| 3 | 0.212 218 | 0.363 887 | 0.897 255 | 0.444 680 |
| 4 | 0.261 055 | 0.318 342 | 0.444 680 | 0.649 148 |
| $-U$ | -31.6 | -42.92 | 45.6 | 28.92 |
| $\delta H$ | -3.454 2 | 3.221 3 | 31.450 9 | 17.138 2 |

## (六)计算平差高程

$$H_1 = H_1^0 + \delta H_1 = 860.521 - 0.003 = 860.518$$

$$H_2 = H_2^0 + \delta H_2 = 799.806 + 0.003 = 799.809$$

$$H_3 = H_3^0 + \delta H_3 = 570.314 + 0.031 = 570.345$$

$$H_4 = H_4^0 + \delta H_4 = 666.732 + 0.017 = 666.749$$

## (七)计算改正数

计算改正数见表 9-15。

## (八)精度评定

1. 单位权中误差

$[pvv] = [pll] + U \cdot \delta H = 8\ 024.08 - 1\ 900.69 = 6\ 123.39$

$\mu = \pm\sqrt{\dfrac{[pvv]}{n-t}} = \pm\sqrt{\dfrac{6\ 123.39}{7-4}} = \pm 45.2(\text{mm})$

$$m_{km}=\mu\sqrt{\frac{1}{p_{km}}}=\pm 45.2\times\sqrt{\frac{1}{16}}=\pm 11.3(\text{mm})$$

2. 未知点高程精度

$Q$ 阵中主对角线上的元素 $q_{ii}$ 即为未知数 $\delta H_i$ 的方差因子(权倒数)。

$$m_{H_1}=\mu\sqrt{q_{1,1}}=\pm 45.2\times\sqrt{0.4072}=\pm 29(\text{mm})$$
$$m_{H_2}=\mu\sqrt{q_{2,2}}=\pm 45.2\times\sqrt{0.3920}=\pm 28(\text{mm})$$
$$m_{H_3}=\mu\sqrt{q_{3,3}}=\pm 45.2\times\sqrt{0.8972}=\pm 43(\text{mm})$$
$$m_{H_4}=\mu\sqrt{q_{4,4}}=\pm 45.2\times\sqrt{0.6491}=\pm 36(\text{mm})$$

## 第五节　平面控制网参数平差——坐标平差

常规的平面控制网包括三角网、三边网、边角网和导线网。近年来,常规控制网以导线网应用最多。平面控制网的参数平差一般选择未知点的坐标 $x$、$y$ 为参数,因而又常称为坐标平差。对比条件平差,坐标平差有诸多优点:坐标平差首先直接获得未知点 $x$、$y$ 坐标值;坐标平差中的法方程系数矩阵的逆,恰好是未知数 $x$、$y$ 的协方差因数阵;坐标平差的操作计算规则性强,易于计算机编程,用坐标平差模型编程可以方便地将导线网、三角网、三边网、边角网统一在一个程序处理框架内,编出不论网型的统一的平差程序。由于这些优点,平面控制网的平差程序大多采用以未知点坐标 $x$、$y$ 为参数的参数平差。本节讲述平面控制网的参数平差模型 ,而在下一节再给出算例。

### 一、未知数的选定和未知数的近似值

平面控制网参数平差总是选择未知点的 $x$、$y$ 坐标为平差参数。平面控制网以方向为观测值平差时,每一有方向观测值的点上,还有一个定向角未知数 $z$。当有水平角观测值时,平面控制网参数平差一般是以方向值为观测元素,而不取角度为观测元素。这是因为角度乃方向值之差,同一测站上的各角之间,存在误差不独立的问题。当按方向平差时,定向角未知数 $z$ 可以被消掉,不出现在误差方程和法方程中。当然,在计算未知数总数 $t$ 时,还是要算上定向角未知数 $z$,即未知数总数 $t$ 由下式计算。

$$t = 未知点数\times 2 + 方向观测测站数$$

注意这里的方向观测测站数是包括所有设站观测方向值的测站,不论是已知点还是未知点。另外,这里称未知数总数 $t$,而不称必要观测数 $t$,是因为在某些特殊情况下两者并不等价,关于这一点,将在本章第七节中讲述,读者可暂不顾及。

平面控制网参数平差在误差方程线性化的时候要求取用未知数的近似值。这里主要是各点的近似坐标 $x^0$、$y^0$,按方向平差时,还有定向角近似值 $z^0$。参数平差的数学模型对参数的近似值有以下两个要求:

(1)参数近似值的唯一性。即 $x^0$、$y^0$、$z^0$ 一旦取定,就在一次平差的过程中保持唯一。平差中所使用的近似方位角 $\alpha^0$、近似边长 $S^0$,也都必须用取定的 $x^0$、$y^0$ 反算。

(2)参数近似值应尽量接近最后平差值,不可偏差太大。这是因为在误差方程线性化时,只将原非线性的函数用泰勒公式展开至一次项,近似值偏差太大很显然会造成误差。如

果近似坐标精度不够,可将第一次平差获得的坐标平差值作为新的坐标近似值,再迭代平差一次。

## 二、边长误差方程

导线网、测边网和边角网都有边长观测值,进行坐标平差时需列出边长观测值的误差方程。

如图9-7在$j$、$k$两点间观测了边长$S_i$,可列出平差值方程

$$S_i + v_{S_i} = \sqrt{(x_k - x_j)^2 + (y_k - y_j)^2}$$

引入近似坐标$x_j^0$、$y_j^0$、$x_k^0$、$y_k^0$,将上式右边用泰勒公式展开至一次项,得

$$S_i + v_{S_i} = S_{jk}^0 - \frac{\Delta x_{jk}^0}{S_{jk}^0}\delta x_j - \frac{\Delta y_{jk}^0}{S_{jk}^0}\delta y_j + \frac{\Delta x_{jk}^0}{S_{jk}^0}\delta x_k + \frac{\Delta y_{jk}^0}{S_{jk}^0}\delta y_k$$

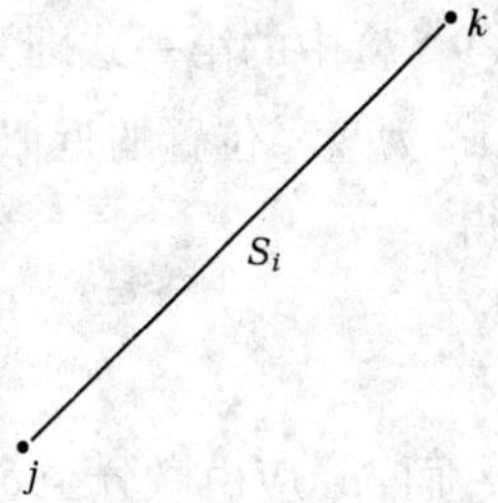


图9-7

式中带"0"上标的皆为由取定的近似坐标算得之值,其中

$$S_{jk}^0 = \sqrt{(x_k^0 - x_j^0)^2 + (y_k^0 - y_j^0)^2}$$

经移项变化后可得

$$\begin{cases} v_{S_i} = -\dfrac{\Delta x_{jk}^0}{S_{jk}^0}\delta x_j - \dfrac{\Delta y_{jk}^0}{S_{jk}^0}\delta y_j + \dfrac{\Delta x_{jk}^0}{S_{jk}^0}\delta x_k + \dfrac{\Delta y_{jk}^0}{S_{jk}^0}\delta y_k + l_{S_i} \\ v_{S_i} = -\cos\alpha_{jk}^0\delta x_j - \sin\alpha_{jk}^0\delta y_j + \cos\alpha_{jk}^0\delta x_k + \sin\alpha_{jk}^0\delta y_k + l_{S_i} \end{cases} \tag{9-54}$$

式中:$l_{S_i} = S_{jk}^0 - S_i$。

此两式即为边长误差方程的两种表达式。

在以上的边长误差方程的表达式中,若$j$点为已知点,则$\delta x_j = 0$,$\delta y_j = 0$,因而没有前两项;若$k$点为已知点,则$\delta x_k = 0$,$\delta y_k = 0$,因而没有第3、4两项。

另外,在平差中,习惯上$l_{S_i}$取cm为单位,这样,上式中的$\delta x$、$\delta y$、$v_S$皆以cm为单位。

## 三、方向误差方程

如图9-8所示,$j$为测站,$j_0$为测站$j$上的度盘零位置方向,$jj_0$方向的坐标方位角$z_j$称做测站$j$的定向角,是一个平差中的未知参数。设测站$j$上共有$n_j$个方向,$k(k=1,2,\cdots,n_j)$是其中任一方向,$jk$方向平差后的方位角为$\alpha_{jk}$,平差后的方向值为$\hat{L}_{jk}$。由图可知,有关系式

$$\hat{L}_{jk} = \alpha_{jk} - z_j \tag{9-55}$$

这里,$\alpha_{jk}$与点位坐标的关系式为

$$\alpha_{jk} = \arctan\frac{y_k - y_j}{x_k - x_j} \tag{9-56}$$

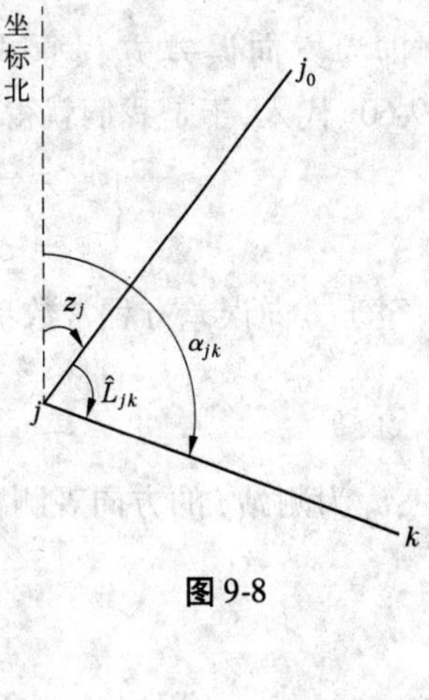


图9-8

所以式(9-55)即可认为是平差值方程的简写形式。下面的工作是要将其转化为误差方程。

现对式(9-55)中的三量分别引入近似值和改正数

$$L_{jk} + v_{jk} = (\alpha_{jk}^0 + \delta\alpha_{jk}) - (z_j^0 + \delta z_j)$$

移项得

$$v_{jk} = -\delta z_j + \delta\alpha_{jk} + \alpha_{jk}^0 - z_j^0 - L_{jk}$$

写成

$$\begin{cases} v_{jk} = -\delta z_j + \delta\alpha_{jk} + l_{jk} \\ l_{jk} = \alpha_{jk}^0 - z_j^0 - L_{jk} \end{cases} \tag{9-57}$$

式(9-57)中的第一式即为方向误差方程的简写形式。$l_{jk}$为误差方程常数项,$L_{jk}$为方向观测值,$z_j^0$ 为盘零位置的近似方位角;$\alpha_{jk}^0$为 $jk$ 方向的近似方位角,由取定的 $j$、$k$ 两点的近似坐标算得。

$$\alpha_{jk}^0 = \arctan\frac{y_k^0 - y_j^0}{x_k^0 - x_j^0} \tag{9-58}$$

而$\delta\alpha_{jk}$应由微分至 $\delta x$、$\delta y$ 的表达式代入,

由
$$\delta\alpha_{jk} = \delta(\arctan\frac{y_k - y_j}{x_k - x_j})$$

得

$$\delta\alpha_{jk} = \frac{\rho''\Delta y_{jk}^0}{(S_{jk}^0)^2}\delta x_j - \frac{\rho''\Delta x_{jk}^0}{(S_{jk}^0)^2}\delta y_j - \frac{\rho''\Delta y_{jk}^0}{(S_{jk}^0)^2}\delta x_k + \frac{\rho''\Delta x_{jk}^0}{(S_{jk}^0)^2}\delta y_k \tag{9-59}$$

式中各项乘以 $\rho''$是为了使 $\delta\alpha$ 以角秒为单位。在工程网平差中,坐标改正数常以 cm 为单位,这样,$\delta x$、$\delta y$ 的系数还需除以 100,若令

$$a_{jk} = \frac{2\,062.65\Delta y_{jk}^0}{(S_{jk}^0)^2}, \quad b_{jk} = -\frac{2\,062.65\Delta x_{jk}^0}{(S_{jk}^0)^2}$$

则方位角微分式可写成

$$\delta\alpha_{jk} = a_{jk}\delta x_j + b_{jk}\delta y_i - a_{jk}\delta x_k - b_{jk}\delta y_k \tag{9-60}$$

将式(9-59)代入式(9-57),得

$$v_{jk} = -\delta z_j + \frac{\rho''\Delta y_{jk}^0}{(S_{jk}^0)^2}\delta x_j - \frac{\rho''\Delta x_{jk}^0}{(S_{jk}^0)^2}\delta y_j - \frac{\rho''\Delta y_{jk}^0}{(S_{jk}^0)^2}\delta x_k - \frac{\rho''\Delta x_{jk}^0}{(S_{jk}^0)^2}\delta y_k + l_{jk} \tag{9-61}$$

此式即为方向误差方程原式。若考虑工程控制网中 $\delta x$、$\delta y$ 以 cm 为单位,则 $\delta\alpha_{jk}$ 改用式(9-60)代入,于是我们就得到了工程网平差中的实用方向误差方程表达式

$$\begin{cases} v_{jk} = -\delta z_j + a_{jk}\delta x_j + b_{jk}\delta y_j - a_{jk}\delta y_k - b_{jk}\delta y_k + l_{jk} \\ l_{jk} = \alpha_{jk}^0 - z_j^0 - L_{jk} \end{cases} \tag{9-62}$$

至于方向误差方程常数项 $l_{jk}$中含有的定向角未知数 $z_j^0$,手算时通常取

$$z_j^0 = \frac{1}{n_j}\sum_{k=1}^{n_j}(\alpha_{jk}^0 - L_{jk}) \tag{9-63}$$

式中:$n_j$ 为测站 $j$ 的方向观测数。这种做法的好处是,一个测站上方向误差方程常数项之和有

$$[l]_j = \sum_{k=1}^{n_j}(\alpha_{jk}^0 - L_{jk}) - n_j z_j^0 = 0 \tag{9-64}$$

便于检核。计算机编程时,$z_j^0$ 可直接取 1 号方向的近似方位角 $\alpha_{j1}^0$。

## 四、史赖伯消去定向角未知数法则

方向误差方程中,每一测站都有一个定向角造成的未知数 $\delta z$,这将使法方程未知数个数增加很多,增加了计算工作量。史赖伯提出了在组成法方程前消去定向角未知数的法则。

**(一)消去定向角未知数的原理**

为书写简单,以在测站 $j$ 上进行后交方会为例,讲述消去定向角未知数的原理。

设在未知点 $j$ 上观测了 $n_j$ 个方向,误差方程为

$$\begin{cases} v_{j1} = -\delta z_j + a_{j1}\delta x_j + b_{j1}\delta y_j + l_{j1} & \text{权 } 1 \\ v_{j2} = -\delta z_j + a_{j2}\delta x_j + b_{j2}\delta y_j + l_{j2} & \text{权 } 1 \\ \vdots & \vdots \\ v_{jn_j} = -\delta z_j + a_{jn_j}\delta x_j + b_{jn_j}\delta y_j + l_{jn_j} & \text{权 } 1 \end{cases} \tag{9-65}$$

现将以上的 $n_j$ 个误差方程改化成为下面的 $n_j+1$ 个虚拟的误差方程

$$\begin{cases} v'_{j1} = a_{j1}\delta x_j + b_{j1}\delta y_j + l_{j1} & \text{权 } 1 \\ v'_{j2} = a_{j2}\delta x_j + b_{j2}\delta y_j + l_{j2} & \text{权 } 1 \\ \vdots & \vdots \\ v'_{jn_j} = a_{jn_j}\delta x_j + b_{jn_j}\delta y_j + l_{jn_j} & \text{权 } 1 \\ v'_{j\Sigma} = [a]_j\delta x_j + [b]_j\delta y_j + [l]_j & \text{权 } -\dfrac{1}{n_j} \end{cases} \tag{9-66}$$

比较前后两组方程,可以看出有

$$v'_{jk} = v_{jk} + \delta z_j \quad (k = 1,2,\cdots,n_j) \tag{9-67}$$

即将前一组方程去掉定向角未知数 $\delta z_j$ 项之后便是后一组的前 $n_j$ 个方程。另外,将这样获得的 $n_j$ 个方程相加得到一个和方程 $v'_{j\Sigma}$,而其权为虚拟的 $-\dfrac{1}{n_j}$。后一组误差方程又称做约化误差方程。请看下面的推导。

由前一组误差方程组成的法方程为

$$\begin{pmatrix} n_j & -[a]_j & -[b]_j \\ -[a]_j & [aa]_j & [ab]_j \\ -[b]_j & [ab]_j & [bb]_j \end{pmatrix}\begin{pmatrix} \delta z_j \\ \delta x_j \\ \delta y_j \end{pmatrix} + \begin{pmatrix} -[l]_j \\ [al]_j \\ [bl]_j \end{pmatrix} = \begin{pmatrix} 0 \\ 0 \\ 0 \end{pmatrix} \tag{9-68}$$

由后一组误差方程组成的法方程为

$$\begin{pmatrix} [aa]_j - \dfrac{[a]_j[a]_j}{n_j} & [ab]_j - \dfrac{[a]_j[b]_j}{n_j} \\ [ab]_j - \dfrac{[a]_j[b]_j}{n_j} & [bb]_j - \dfrac{[b]_j[b]_j}{n_j} \end{pmatrix}\begin{pmatrix} \delta x_i \\ \delta y_j \end{pmatrix} + \begin{pmatrix} [al]_j - \dfrac{[a]_j[l]_j}{n_j} \\ [bl]_j - \dfrac{[b]_j[l]_j}{n_j} \end{pmatrix} = \begin{pmatrix} 0 \\ 0 \end{pmatrix} \tag{9-69}$$

可以看出,后一组法方程正是前一组法方程经一次约化而消去定向角未知数 $\delta z_j$ 后的方程。自然,这两组方程对于 $\delta x_j$、$\delta y_j$ 是等价的。所以,我们可以由约化误差方程(9-66)组成没有 $\delta z_j$ 的法方程而解得 $\delta x_j$、$\delta y_j$。至于 $\delta z_j$,由第一组法方程的第一式

$$n_j\delta z_j - [a]_j\delta x_j - [b]_j\delta y_j - [l]_j = 0$$

可知

$$\delta z_j = \frac{[a]_j\delta x_j + [b]_j\delta y_j + [l]_j}{n_j} \tag{9-70}$$

或者说

$$\delta z_j = \frac{v'_{j\Sigma}}{n_j} = \frac{v'_{j1} + v'_{j2} + \cdots + v'_{jn_j}}{n_j} \tag{9-71}$$

即 $\delta z_j$ 也可利用约化误差方程(9-66)算出。这样,理论方向值改正数便可由下式算得

$$v_{jk} = v'_{jk} - \delta z_j \quad (k = 1,2,\cdots,n_j) \tag{9-72}$$

**(二)消去定向角未知数的实际做法**

上述的推导虽然是以一个点的情况为例,实际上,可以证明,它适合于任何有方向观测值的控制网平差。实践中按史赖伯法则消去定向角未知数的做法如下。

(1)列出网中各测站的方向误差方程,各测站的自成一组,不必列出定向角未知数一项,各误差方程权为1。

(2)在每个测站的误差方程之后,增加一个该测站的和方程,其权为 $-\frac{1}{n_j}$,$n_j$ 为测站 $j$ 的观测方向数。

由(1)、(2)两步列出的误差方程称做约化误差方程。

(3)由全网的约化误差方程组成法方程,解算全部坐标未知数 $\delta x_j$、$\delta y_j$。

(4)由约化误差方程计算 $v'_{jk}(k=1,2,\cdots,n_j)$。

(5)计算各测站定向角未知数:

$$\delta z_j = \frac{v'_{j1} + v'_{j2} + \cdots + v'_{jn_j}}{n_j}$$

(6)计算 $v_{jk}=v'_{jk}-\delta z_j$。

此为理论上的方向改正数。这就是计算[$pvv$]中用的 $v$。不过,作为方向改正数,最后是应该“归零”的,即将各方向的改正数减去该站1方向的改正数,即有

$$v''_{jk}=v_{jk}-v_{j1}=v'_{jk}-v'_{j1} \quad (k=1,2,\cdots,n_j)$$

这才是最后改正方向值用的改正数。

**(三)消去定向角后的[$pvv$]计算等问题**

前已指出,直接计算[$pvv$]用的 $v$ 为前述第(6)步中计算出的 $v$。

若用公式

$$[pvv] = [pll] + [pal]\delta x_1 + [pbl]\delta x_2 + \cdots + [ptl]\delta x_t \tag{9-73}$$

计算[$pvv$],可照样用改化后的全套数据计算。即上式中的[$pll$],[$pal$],[$pbl$],…,[$ptl$]是由约化误差方程算出的(当然包括和方程),式中也不包括定向角未知数 $\delta z$。这种做法的依据如下:

由和方程 $v'_{j\Sigma}$ 的常数项 $[l]_j=0$ 可知:

(1)设原误差方程中 $\delta z_j$ 的未知数排列序号为 $h$,则有 $[phl]=-[l]_j=0$ 即有 $[phl]\cdot\delta z_j=0$,所以前面的[$pvv$]计算公式中,$\delta z_j$ 项不必要。

(2)没有了 $\delta z$ 的相关项之后,上式中的[$pll$],[$pal$],[$pbl$],…,[$ptl$]用改化前后的误差方程计算,结果是一样的。

事实上,不光当 $[l]_j=0$ 时有上述结论,当选取 $z_j^0=\alpha_{j1}^0$(1号方向的近似方位角)时,虽然

$[l]_j \neq 0$，仍然可以证明：

$$[pvv] = [p'l'l'] + [p'a'l']\delta x_1 + [p'b'l']\delta x_2 + \cdots + [p't'l']\delta x_t \tag{9-74}$$

此式中也没有定向角未知数 $\delta z$ 的位置，不过这里各项系数的计算包括和方程 $v'_{j\Sigma}$ 的贡献，因为这时有 $[l]_j \neq 0$。我们在式中加"'"号，仅仅是提醒注意这一点。限于篇幅，省去这一推论的证明。

当采用高斯约化表格时，仍然可以利用两列规则计算：

$$[pvv] = [pll] + \underset{\text{红}}{(l)} \times \underset{\text{蓝}}{(l)} \tag{9-75}$$

$[pvv]$ 算出后，验后单位权中误差仍由下式计算

$$\mu = \sqrt{\frac{[pvv]}{n - t}} \tag{9-76}$$

式中：$n$ 为观测值总数；$t$ 为必要观测数。一般情况下，$t$ 为未知数个数，即未知数 ×2 + 定向角未知数个数。当平差附有约束条件时，必要观测数等于未知数个数减去约束条件数。参见本章第七节。

顺便指出，上述消去定向角未知数的法则也称做史赖伯第一法则。以前的教科书上，还有有关方向平差的第二法则、第三法则。此两法则在计算手段先进的今天，已经没有什么意义，因而不再讲述。

## 五、角度误差方程

若平面控制网按角度平差，则要列出角度观测误差方程。

如图 9-9 所示，观测了角度 $L_i$，可列出角度平差值方程

$$L_i + v_{L_i} = \alpha_{jk} - \alpha_{jh}$$

引入近似值和改正数

$$L_i + v_{L_i} = \alpha_{jk}^0 + \delta\alpha_{jk} - (\alpha_{jh}^0 + \delta\alpha_{jh})$$

写成

$$v_{L_i} = \delta\alpha_{jk} - \delta\alpha_{jh} + l_i \tag{9-77}$$

式中

$$l_i = \alpha_{jk}^0 - \alpha_{jh}^0 - L_i \tag{9-78}$$

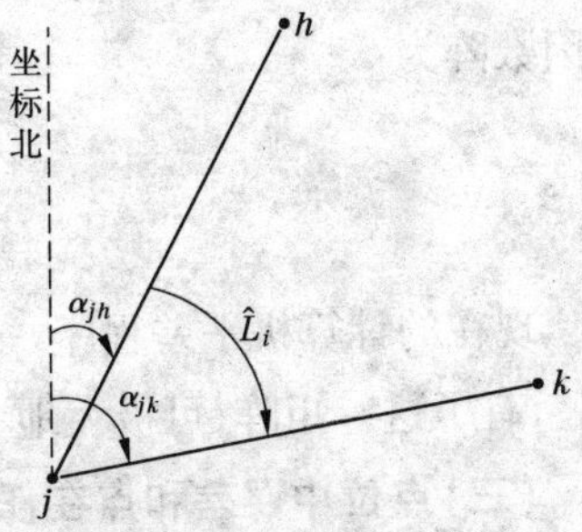

图 9-9

式(9-77)即为角度误差方程的简洁形式。

再套用式(9-59)，算出 $\delta\alpha_{jk}$ 和 $\delta\alpha_{jh}$ 的表达式，将它们代入式(9-77)，经合并同类项，便可获得最后形式的角度误差方程。

$$v_{L_i} = \left[\frac{\rho''\Delta y_{jk}^0}{(S_{jk}^0)^2} - \frac{\rho''\Delta y_{jh}}{(S_{jh}^0)^2}\right]\delta x_j - \left[\frac{\rho''\Delta x_{jk}^0}{(S_{jk}^0)^2} - \frac{\rho''\Delta x_{jh}}{(S_{jh}^0)^2}\right]\delta y_j - \frac{\rho''\Delta y_{jk}^0}{(S_{jk}^0)^2}\delta x_k + \frac{\rho''\Delta x_{jk}^0}{(S_{jk}^0)^2}\delta y_k + \frac{\rho''\Delta y_{jh}^0}{(S_{jh}^0)^2}\delta x_h - \frac{\rho''\Delta x_{jh}^0}{(S_{jh}^0)^2}\delta y_h + l_i \tag{9-79}$$

实际计算时，为了使 $\delta x$、$\delta y$ 以 cm 为单位，上式中各 $\delta x$、$\delta y$ 的系数还应除以 100。

还应当再次指出，角度平差在理论上不如方向平差严密。这也是现在平面控制网多采用方向平差的原因。

## 六、精度评定

**(一)[$pvv$]和验后单位权中误差 $\mu$ 的计算**

此两项计算按参数平差的有关公式进行。如果按史赖伯法消去了定向角未知数,请参见本节的第二部分中有关计算[$pvv$]和 $\mu$ 的内容。

**(二)未知点坐标的协方差因数阵**

平面控制网以未知点坐标 $x$、$y$ 为参数的参数平差的优点之一,就是法方程系数阵的逆矩阵即为未知点坐标的协方差因数阵,即

$$Q_{xx} = N^{-1} \tag{9-80}$$

式中:$N$ 为法方程系数矩阵。设网中未知点总数为 $n$,未知数的编序为 $x_1, y_1, x_2, y_2, \cdots, x_n, y_n$,则 $Q_{xx}$ 的形式为

$$Q_{xx} = \begin{pmatrix} q_{x_1x_1} & q_{x_1y_1} & \cdots & q_{x_1x_n} & q_{x_1y_n} \\ q_{y_1x_1} & q_{y_1y_1} & \cdots & q_{y_1x_n} & q_{y_1y_n} \\ \vdots & \vdots & & \vdots & \vdots \\ q_{x_nx_1} & q_{x_ny_1} & \cdots & q_{x_nx_n} & q_{x_ny_n} \\ q_{y_nx_1} & q_{y_ny_1} & \cdots & q_{y_nx_n} & q_{y_ny_n} \end{pmatrix} \tag{9-81}$$

当然,由于 $N$ 是对称矩阵,$Q_{xx}$ 也是对称矩阵。

从上面的协方差因数阵中,可取出某点纵横坐标的协因数阵,例如,第 $i$ 点坐标 $x_i, y_i$ 的协因数阵为

$$Q_{p_i} = \begin{pmatrix} q_{x_ix_i} & q_{x_iy_i} \\ q_{y_ix_i} & q_{y_iy_i} \end{pmatrix} \tag{9-82}$$

现在的计算机平差程序,一般都要对法方程系数阵求逆,从而获得未知点坐标协因数阵 $Q_{xx}$。有了这一矩阵,可极大地方便平差后的精度评定工作。

**(三)点位中误差和点在任意方向 $\varphi$ 上的位差**

第 $i$ 号未知点纵横坐标的中误差分别为

$$\begin{cases} m_{x_i} = \mu\sqrt{q_{x_ix_i}} \\ m_{y_i} = \mu\sqrt{q_{y_iy_i}} \end{cases} \tag{9-83}$$

可以看出根号内即为未知数协因数阵主对角线上的元素。

点位中误差 $m_{p_i}$ 为

$$m_{p_i} = \sqrt{m_{x_i}^2 + m_{y_i}^2} \tag{9-84}$$

点位在方位角为 $\varphi$ 的方向上的位差为

$$m_{i\varphi} = \mu\sqrt{q_{x_ix_i}\cos^2\varphi + 2q_{x_iy_i}\cos\varphi\sin\varphi + q_{y_iy_i}\sin^2\varphi} \tag{9-85}$$

**(四)点位误差椭圆**

误差椭圆的长半轴 $E$、短半轴 $F$ 分别为

$$
\begin{cases} E = \mu\sqrt{\dfrac{q_{x_ix_i} + q_{y_iy_i} + K}{2}} \\ F = \mu\sqrt{\dfrac{q_{x_ix_i} + q_{y_iy_i} - K}{2}} \end{cases} \tag{9-86}
$$

式中

$$
K = \sqrt{(q_{x_ix_i} - q_{y_iy_i})^2 + 4q_{x_iy_i}^2} \tag{9-87}
$$

误差椭圆长半轴 $E$ 的方向 $\varphi_E$ 以下式计算

$$
\varphi_E = \begin{cases} \dfrac{1}{2}(90° - \arctan\dfrac{q_{x_ix_i} - q_{y_iy_i}}{2q_{x_iy_i}}) & (q_{x_iy_i} > 0) \\ \dfrac{1}{2}(270° - \arctan\dfrac{q_{x_ix_i} - q_{y_iy_i}}{2q_{x_iy_i}}) & (q_{x_iy_i} < 0) \end{cases} \tag{9-88}
$$

短半轴 $F$ 的方向与 $E$ 的方向相差 90°。

**(五)相对点位误差和相对点位误差椭圆**

上面讨论的点位误差椭圆实际上是未知点相对于已知点的误差椭圆。实际工作中,常常要讨论任意两未知点间的相对点位误差及相对点位误差椭圆。设两未知点分别为 $p_j$、$p_k$,它们的纵横坐标差为

$$
\begin{aligned} \Delta x_{jk} &= x_k - x_j \\ \Delta y_{jk} &= y_k - y_j \end{aligned}
$$

写成矩阵式

$$
\Delta X_{p_jp_k} = KX_{p_jp_k}
$$

式中

$$
\Delta X_{p_jp_k} = \begin{pmatrix} \Delta x_{jk} \\ \Delta y_{jk} \end{pmatrix}, \quad K = \begin{pmatrix} -1 & 0 & 1 & 0 \\ 0 & -1 & 0 & 1 \end{pmatrix}, \quad X_{p_jp_k} = \begin{pmatrix} x_j \\ y_j \\ x_k \\ y_k \end{pmatrix}
$$

应用协因数传播律

$$
Q_{\Delta X} = KQ_{p_jp_k}K^{\mathrm{T}} \tag{9-89}
$$

式中 $Q_{p_jp_k}$ 为 $j$、$k$ 两点的坐标协因数阵,取自 $Q_{xx}$,

$$
Q_{p_jp_k} = \begin{pmatrix} q_{x_jx_j} & q_{x_jy_j} & q_{x_jx_k} & q_{x_jy_k} \\ q_{y_jx_j} & q_{y_jy_j} & q_{y_jx_k} & q_{y_jy_k} \\ q_{x_kx_j} & q_{x_ky_j} & q_{x_kx_k} & q_{x_ky_k} \\ q_{y_kx_j} & q_{y_ky_j} & q_{y_kx_k} & q_{y_ky_k} \end{pmatrix} \tag{9-90}
$$

$Q_{\Delta X}$ 为 $j$、$k$ 两点的坐标差协因数阵,

$$
Q_{\Delta X} = \begin{pmatrix} q_{\Delta x\Delta x} & q_{\Delta x\Delta y} \\ q_{\Delta y\Delta x} & q_{\Delta y\Delta y} \end{pmatrix} \tag{9-91}
$$

式中

$$q_{\Delta x\Delta x} = q_{x_jx_j} - 2q_{x_jx_k} + q_{x_kx_k}$$

$$q_{\Delta x\Delta y} = q_{\Delta y\Delta x} = q_{x_jy_j} - q_{x_jy_k} - q_{x_ky_j} + q_{x_ky_k}$$

$$q_{\Delta y\Delta y} = q_{y_jy_j} - 2q_{y_jy_k} + q_{y_ky_k}$$

这样,两未知点间的相对点位误差为

$$\begin{cases} m_{\Delta x} = \mu\sqrt{q_{\Delta x\Delta x}} \\ m_{\Delta y} = \mu\sqrt{q_{\Delta y\Delta y}} \\ m_{\Delta} = \sqrt{m_{\Delta x}^2 + m_{\Delta y}^2} \end{cases} \tag{9-92}$$

相对点位误差椭圆元素

$$\begin{cases} E = \mu\sqrt{\dfrac{q_{\Delta x\Delta x} + q_{\Delta y\Delta y} + K}{2}} \\ F = \mu\sqrt{\dfrac{q_{\Delta x\Delta x} + q_{\Delta y\Delta y} - K}{2}} \end{cases} \tag{9-93}$$

式中

$$K = \sqrt{(q_{\Delta x\Delta x} - q_{\Delta y\Delta y})^2 + 4q_{\Delta x\Delta y}^2} \tag{9-94}$$

误差椭圆长半轴 $E$ 的方向为

$$\varphi_E = \begin{cases} \dfrac{1}{2}(90^\circ - \arctan\dfrac{q_{\Delta x\Delta x} - q_{\Delta y\Delta y}}{2q_{\Delta x\Delta y}}) & (q_{\Delta x\Delta y} > 0) \\ \dfrac{1}{2}(270^\circ - \arctan\dfrac{q_{\Delta x\Delta x} - q_{\Delta y\Delta y}}{2q_{\Delta x\Delta y}}) & (q_{\Delta x\Delta y} < 0) \end{cases} \tag{9-95}$$

短半轴 $F$ 的方向与 $E$ 的方向相差 90°。

**(六)边长误差和边长相对中误差**

实践中经常要知道两点间边长的误差和边长相对中误差。

记两未知点 $p_j$、$p_k$ 间的边长为 $S_{jk}$。由 $S_{jk} = \sqrt{(x_k - x_j)^2 + (y_k - y_j)^2}$ 经全微分可得

$$\delta S_{jk} = -\cos\alpha_{jk}\delta x_j - \sin\alpha_{jk}\delta y_j + \cos\alpha_{jk}\delta x_k + \sin\alpha_{jk}\delta y_k \tag{9-96}$$

此式即为 $S_{jk}$ 的权函数式,令

$$F_{S_{jk}} = \begin{pmatrix} -\cos\alpha_{jk} \\ -\sin\alpha_{jk} \\ \cos\alpha_{jk} \\ \sin\alpha_{jk} \end{pmatrix} \tag{9-97}$$

则有

$$q_{S_{jk}} = F_{S_{jk}}^{\mathrm{T}} Q_{p_jp_k} F_{S_{jk}} \tag{9-98}$$

而边长 $S_{jk}$ 的中误差为

$$m_{S_{jk}} = \mu\sqrt{q_{S_{jk}}} \tag{9-99}$$

边长相对中误差为

$$r_{m_S} = \frac{m_{S_{jk}}}{S_{jk}} \tag{9-100}$$

### （七）方位角误差

方位角 $\alpha_{jk}$ 的权函数式为式(9-60)，抄写如下

$$\delta\alpha_{jk} = a_{jk}\delta x_j + b_{jk}\delta y_j - a_{jk}\delta x_k - b_{jk}\delta y_k \tag{9-101}$$

令

$$F_{\alpha_{jk}} = \begin{pmatrix} a_{jk} \\ b_{jk} \\ -a_{jk} \\ -b_{jk} \end{pmatrix} \tag{9-102}$$

则有

$$q_{\alpha_{jk}} = F_{\alpha_{jk}}^{\mathrm{T}} Q_{p_j p_k} F_{\alpha_{jk}} \tag{9-103}$$

这样，方位角 $\alpha_{jk}$ 的中误差为

$$m_{\alpha_{jk}} = \mu \sqrt{q_{\alpha_{jk}}} \tag{9-104}$$

## 第六节　边角网（导线网）按方向坐标平差算例

由于现在的常规平面控制测量以导线网形式为主，故我们这里给出一个导线网的坐标平差算例。又由于实践中有时因各种原因难以联测已知方向，这里特安排一个无定向附合导线网。

### 一、控制网略图和已知坐标、观测值

#### （一）控制网略图

控制网略图见图9-10。

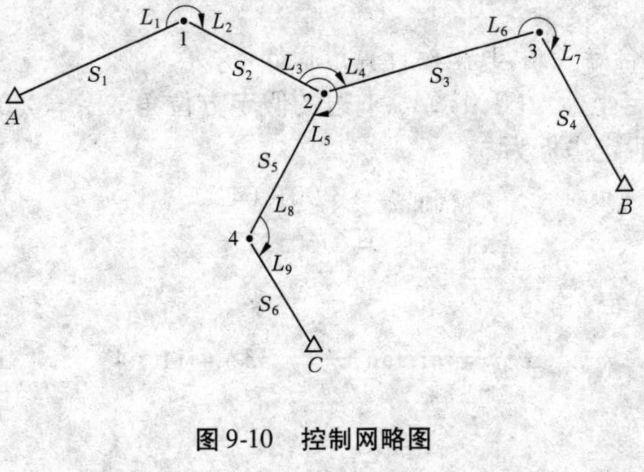


图9-10　控制网略图

#### （二）已知坐标

已知坐标见表9-18。

**表 9-18 已知坐标**

| 点名 | $x$ | $y$ |
|---|---|---|
| $A$ | 3 703 042. 901 | 582 124. 745 |
| $B$ | 3 702 174. 471 | 586 734. 702 |
| $C$ | 3 701 055. 001 | 584 365. 107 |

**(三)观测值**

测有 9 个方向观测值,先验测角中误差为 2. 5″;6 个边长观测值,先验测边中误差为 5 mm + $5 \times 10^{-6} \times S$。观测值见表 9-19。

**表 9-19 方向和边长观测值**

| 编号 | 测站 | 照准点 | 方向观测值 (° | ′ | ″) | 编号 | 边名 | 边长观测值 (m) |
|---|---|---|---|---|---|---|---|---|
| $L_1$ | 1 | $A$ | 0 | 00 | 00. 0 | $S_1$ | $A-1$ | 1 390. 691 |
| $L_2$ | | 2 | 232 | 50 | 01. 4 | $S_2$ | $1-2$ | 1 257. 086 |
| $L_3$ | 2 | 1 | 0 | 00 | 00. 0 | $S_3$ | $2-3$ | 1 635. 781 |
| $L_4$ | | 3 | 135 | 17 | 53. 5 | $S_4$ | $3-B$ | 1 378. 431 |
| $L_5$ | 3 | 4 | 269 | 16 | 16. 9 | $S_5$ | $2-4$ | 1 239. 814 |
| $L_6$ | | 2 | 0 | 00 | 00. 0 | $S_6$ | $4-C$ | 949. 928 |
| $L_7$ | 4 | $B$ | 256 | 23 | 26. 6 | | | |
| $L_8$ | | 2 | 0 | 00 | 00. 0 | | | |
| $L_9$ | | $C$ | 121 | 12 | 40. 3 | | | |

## 二、近似坐标计算

本例为无定向附合导线网,其坐标计算过程如下:

(1)以 $A$ 点的假定坐标为(0,0),$A-1$ 边的假定方位角 $\alpha'_{A1} = 0°00'00.0''$,开始向 $B$ 点推坐标,推得 $B$ 点的假定坐标为

$$x'_B = 3\ 901.042$$
$$y'_B = 2\ 605.276$$

(2)由假定坐标 $x'_B$、$y'_B$ 算得

$$\alpha'_{AB} = \arctan\frac{y'_B}{x'_B} = 33°44'11.64''$$

由已知坐标算得

$$\alpha_{AB} = \arctan\frac{y_B - y_A}{x_B - x_A} = 100°40'06.35''$$

(3)取

$$\alpha^0_{A1} = \alpha_{AB} - \alpha'_{AB} = 66°55'54.71''$$

重新推算网中各点近似坐标。具体推算过程从略，推出的近似坐标见表9-20，表中 $\delta x$、$\delta y$ 是解完法方程后才抄上的。

表9-20　近似坐标和平差坐标

| 点号 | 近似坐标 | | 改正数 | | 平差坐标 | |
|---|---|---|---|---|---|---|
| | $x^0$ | $y^0$ | $\delta x$ | $\delta y$ | $x$ | $y$ |
| 1 | 3 703 587.811 | 583 404.235 | −0.018 | 0.010 | 3 703 587.793 | 583 404.245 |
| 2 | 3 702 963.728 | 584 495.467 | −0.026 | 0.012 | 3 702 963.702 | 584 495.479 |
| 3 | 3 703 385.342 | 586 075.980 | −0.015 | 0.014 | 3 703 385.327 | 586 075.994 |
| 4 | 3 701 879.749 | 583 893.695 | −0.033 | 0.012 | 3 701 879.716 | 583 893.707 |

## 三、组成误差方程

### (一)用 $x^0$、$y^0$ 计算 $\Delta x^0$、$\Delta y^0$、$\alpha^0$、$S^0$

计算结果见表9-21。

表9-21　$\Delta x^0$、$\Delta y^0$、$\alpha^0$、$S^0$ 表

| 编号 | 边名 | $\Delta x^0$ (m) | $\Delta y^0$ (m) | $\alpha^0$ (° | ′ | ″) | $S^0$ (m) |
|---|---|---|---|---|---|---|---|
| 1 | $A-1$ | +544.910 | +1 279.490 | 66 | 55 | 54.49 | 1 390.691 |
| 2 | 1−2 | −624.083 | 1 091.232 | 119 | 45 | 55.89 | 1 257.086 |
| 3 | 2−3 | 421.614 | 1 580.513 | 75 | 03 | 49.39 | 1 635.781 |
| 4 | $3-B$ | −1 210.871 | 658.722 | 151 | 27 | 12.58 | 1 378.450 |
| 5 | 2−4 | −1 083.979 | −601.772 | 209 | 02 | 12.79 | 1 239.814 |
| 6 | $4-C$ | −824.748 | 471.412 | 150 | 14 | 54.44 | 949.968 |

### (二)计算各边的 $\delta\alpha$、$\delta S$ 表达式

$$\delta\alpha_{jk} = a\delta x_j + b\delta y_j - a\delta x_k - b\delta y_k$$

式中：$a = \dfrac{2\ 062.65\Delta y_{jk}^0}{(S_{jk}^0)^2}$，$b = -\dfrac{2\ 062.65\Delta x_{jk}^0}{(S_{jk}^0)^2}$。

$$\delta S_{jk} = a_S\delta x_j + b_S\delta y_j - a_S\delta x_k - b_S\delta y_k$$

式中：$a_S = -\dfrac{\Delta x_{jk}^0}{S_{jk}^0} = -\cos\alpha_{jk}^0$，$b_S = -\dfrac{\Delta y_{jk}^0}{S_{jk}^0} = -\sin\alpha_{jk}^0$。

计算出的 $\delta\alpha$、$\delta S$ 表达式的 $a$、$b$ 系数见表9-22。

表9-22　$\delta\alpha$、$\delta S$ 表达式的 $a$、$b$ 系数

| 边名 | $\delta\alpha$ 的 $a$、$b$ 系数 | | $\delta S$ 的 $a$、$b$ 系数 | |
|---|---|---|---|---|
| | $a$ | $b$ | $a_S$ | $b_S$ |
| $A-1$ | +1.364 6 | −0.581 2 | −0.391 8 | −0.920 0 |
| 1−2 | 1.424 3 | 0.814 6 | 0.496 5 | −0.868 1 |
| 2−3 | 1.218 4 | −0.325 0 | −0.257 7 | −0.966 2 |
| $3-B$ | 0.715 1 | 1.314 4 | 0.878 4 | −0.477 9 |
| 2−4 | −0.807 5 | 1.454 6 | 0.874 3 | 0.485 4 |
| $4-C$ | 1.077 5 | 1.885 1 | 0.868 2 | −0.496 2 |

列出的$\delta\alpha$、$\delta S$的表达式如下：

$\delta\alpha_{A,1}=-1.3646\delta x_1+0.5812\delta y_1$

$\delta\alpha_{1,2}=1.4243\delta x_1+0.8146\delta y_1-1.4243\delta x_2-0.8146\delta y_2$

$\delta\alpha_{2,3}=1.2184\delta x_2-0.3250\delta y_2-1.2184\delta x_3+0.3250\delta y_3$

$\delta\alpha_{3,B}=0.7151\delta x_3+1.3144\delta y_3$

$\delta\alpha_{2,4}=-0.8075\delta x_2+1.4546\delta y_2+0.8075\delta x_4-1.4546\delta y_4$

$\delta\alpha_{4,C}=1.0775\delta x_4+1.8851\delta y_4$

$\delta S_{A,1}=0.3918\delta x_1+0.9200\delta y_1$

$\delta S_{1,2}=0.4965\delta x_1-0.8681\delta y_1-0.4965\delta x_2+0.8681\delta y_2$

$\delta S_{2,3}=-0.2577\delta x_2-0.9662\delta y_2+0.2577\delta x_3+0.9662\delta y_3$

$\delta S_{3,B}=0.8784\delta x_3-0.4779\delta y_3$

$\delta S_{2,4}=0.8743\delta x_2+0.4854\delta y_2-0.8743\delta x_4-0.4854\delta y_4$

$\delta S_{4,C}=0.8682\delta x_4-0.4962\delta y_4$

**(三)方向误差方程常数项之计算**

方向误差方程常数项计算见表9-23。

**表9-23　方向误差方程常数项计算**

| 测站 | 照准点 | $\alpha^0$ (° | ′ | ″) | $L$ (° | ′ | ″) | $\alpha^0-L$ (° | ′ | ″) | $l=\alpha^0-L-z^0$ (″) |
|---|---|---|---|---|---|---|---|---|---|---|---|
| 1 | $A$ | 246 | 55 | 54.49 | 0 | | | 246 | 55 | 54.49 | 0 |
| | 2 | 119 | 45 | 55.89 | 232 | 50 | 01.4 | 246 | 55 | 54.49 | 0 |
| | | | | | | | $z^0=$ | 246 | 55 | 54.49 | $[l]=0$ |
| 2 | 1 | 299 | 45 | 55.89 | 0 | | | 299 | 45 | 55.89 | 0 |
| | 3 | 75 | 03 | 49.39 | 135 | 17 | 53.5 | 299 | 45 | 55.89 | 0 |
| | 4 | 209 | 02 | 12.79 | 269 | 16 | 16.9 | 299 | 45 | 55.89 | 0 |
| | | | | | | | $z^0=$ | 299 | 45 | 55.89 | $[l]=0$ |
| 3 | 2 | 255 | 03 | 49.39 | 0 | | | 255 | 03 | 49.39 | 1.705 |
| | $B$ | 151 | 27 | 12.58 | 256 | 23 | 26.6 | | | 45.98 | −1.705 |
| | | | | | | | $z^0=$ | 255 | 03 | 47.685 | $[l]=0$ |
| 4 | 2 | 29 | 02 | 12.79 | 0 | | | 29 | 02 | 12.79 | −0.675 |
| | $C$ | 150 | 14 | 54.44 | 121 | 12 | 40.3 | | | 14.14 | +0.675 |
| | | | | | | | $z^0=$ | 29 | 02 | 13.465 | $[l]=0$ |

**(四)填误差方程系数表**

1. 方向误差方程部分

以测站为单位先填出各方向的约化误差方程$v'_{jk}$

$$v'_{jk} = a\delta x_j + b\delta y_j - a\delta x_k - b\delta y_k + l_{jk}$$

再组成该站的和方程 $v'_{j\Sigma}$。

2. 边长误差方程部分

$$v_{S_i} = a_S\delta x_j + b_S\delta y_j - a_S\delta x_k - b_S\delta y_k + l_{S_i}$$

边误差方程常数项计算公式为

$$l_{S_i} = S_{jk}^0 - S_i$$

其中 $S_{jk}^0$ 为由取定的 $j$、$k$ 两点的近似坐标 $x_j^0$、$y_j^0$、$x_k^0$、$y_k^0$ 反算的边长，$S_i$ 为 $j$、$k$ 两点间的边长观测值。$l_{S_i}$ 应以 cm 为单位。

3. 各误差方程的权

各方向误差方程 $p=1$，和方程 $p=-1/n_j$，边长误差方程的权为

$$p_{S_i} = \frac{m_{方}^2}{m_{S_i}^2} = \frac{m_{角}^2/2}{m_{S_i}^2} = \frac{2.5^2/2}{(0.5 + 5 \cdot S_i/10\,000)^2}$$

其量纲为(角秒)$^2$/(厘米)$^2$。

填好的误差方程系数见表 9-24。

## 四、组成法方程

利用误差方程系数表组成法方程，见表 9-25。法方程系数阵为对称矩阵，表中按习惯只填写了上三角。

## 五、解算法方程

用求逆法解算法方程，即

$$\delta X = -N^{-1}B^{\mathrm{T}}Pl = -N^{-1}U$$

用计算机求得的法方程系数阵的逆矩阵 $Q$ 阵见表 9-26。此阵也即未知数的协方差因数阵。该表的最下两行为法方程常数项的负值和未知数的解。

## 六、平差值计算

### (一)平差坐标计算

平差坐标计算见表 9-20。

### (二)观测值改正数计算

观测值改正数计算见表 9-24。

## 七、精度评定

### (一)验后单位权中误差计算

$$[pvv] = [pll] + U \cdot \delta x = 67.30 - 58.20 = 9.10$$

$$\mu = \pm\sqrt{\frac{[pvv]}{n-t}} = \pm\sqrt{\frac{9.10}{15-(8+4)}} = \pm 1.74$$

顺便算出验后测角中误差为 $m_\beta = \mu\sqrt{2} = \pm 2.46''$。

表 9-24　误差方程系数

| 编号 | 测站 | 照准点 | $P$ | $\delta x_1$ | $\delta y_1$ | $\delta x_2$ | $\delta y_2$ | $\delta x_3$ | $\delta y_3$ | $\delta x_4$ | $\delta y_4$ | $l$ | $V'$ | $V$ | $V''$ |
|---|---|---|---|---|---|---|---|---|---|---|---|---|---|---|---|
| | | | | −1.785 8 | 0.984 3 | −2.619 8 | −1.185 6 | −1.496 4 | 1.414 0 | −3.320 8 | 1.213 0 | | | | |
| $L_1$ | 1 | $A$ | 1 | −1.364 6 | 0.581 2 | | | | | | | 0 | 3.009 | 0.992 | 0 |
| $L_2$ | | 2 | 1 | 1.424 3 | 0.814 6 | −1.424 3 | −0.814 6 | | | | | 0 | 1.024 | −0.993 | −1.99 |
| $\Sigma_1$ | | | −0.5 | 0.059 7 | 1.395 8 | −1.424 3 | −0.814 6 | | | | | 0 | | | |
| | | | | | | | | | | | | $\delta z_1$ = | 2.016 | | |
| $L_3$ | 2 | 1 | 1 | 1.424 3 | 0.814 6 | −1.424 3 | −0.814 6 | | | | | 0 | 1.024 | 1.316 | 0 |
| $L_4$ | | 3 | 1 | | | 1.218 4 | −0.325 0 | −1.218 4 | 0.325 0 | | | 0 | −1.295 | −1.003 | −2.32 |
| $L_5$ | | 4 | 1 | | | −0.807 5 | 1.454 6 | | | 0.807 5 | −1.454 6 | 0 | −0.606 | −0.314 | −1.63 |
| $\Sigma_2$ | | | −0.333 3 | 1.424 3 | 0.814 6 | −1.013 4 | 0.315 0 | −1.218 4 | 0.325 0 | 0.807 5 | −1.454 6 | 0 | | | |
| | | | | | | | | | | | | $\delta z_2$ = | −0.292 | | |
| $L_6$ | 3 | 2 | 1 | | | 1.218 4 | −0.325 0 | −1.218 4 | 0.325 0 | | | 1.705 | 0.410 | 0.664 | 0 |
| $L_7$ | | $B$ | 1 | | | | | 0.715 1 | 1.314 4 | | | −1.705 | −0.917 | −0.663 | −1.33 |
| $\Sigma_3$ | | | −0.5 | | | 1.218 4 | −0.325 0 | −0.503 3 | 1.639 4 | | | 0 | | | |
| | | | | | | | | | | | | $\delta z_3$ = | −0.254 | | |
| $L_8$ | 4 | 2 | 1 | | | −0.807 5 | 1.454 6 | | | 0.807 5 | −1.454 6 | −0.675 | −1.281 | −0.332 | 0 |
| $L_9$ | | $C$ | 1 | | | | | | | 1.077 5 | 1.885 1 | 0.675 | −0.617 | 0.332 | 0.66 |
| $\Sigma_4$ | | | −0.5 | | | −0.807 5 | 1.454 6 | | | 1.885 0 | 0.430 5 | 0 | | | |
| | | | | | | | | | | | | $\delta z_4$ = | −0.949 | | |
| $s_1$ | $A$ | 1 | 2.187 1 | 0.391 8 | 0.920 0 | | | | | | | 0 | | 0.21 | |
| $s_2$ | 1 | 2 | 2.453 7 | 0.496 5 | −0.868 1 | −0.496 5 | 0.868 1 | | | | | 0 | | 0.59 | |
| $s_3$ | 2 | 3 | 1.799 2 | | | −0.257 7 | −0.966 2 | 0.257 7 | 0.966 2 | | | 0 | | 0.51 | |
| $s_4$ | 3 | $B$ | 2.209 7 | | | | | 0.878 4 | −0.477 9 | | | 1.9 | | −0.09 | |
| $s_5$ | 2 | 4 | 2.491 6 | | | 0.874 3 | 0.485 4 | | | −0.874 3 | −0.485 4 | 0 | | 0.60 | |
| $s_6$ | 4 | $C$ | 3.287 6 | | | | | | | 0.868 2 | −0.496 2 | 4.0 | | 0.52 | |

$[pvv] = 9.13$

表 9-25　法方程

| | $1/\delta x_1$ | $2/\delta y_1$ | $3/\delta x_2$ | $4/\delta y_2$ | $5/\delta x_3$ | $6/\delta y_3$ | $7/\delta x_4$ | $8/\delta y_4$ | $l/U$ |
|---|---|---|---|---|---|---|---|---|---|
| 1 | 6.182 1 | 0.829 8 | -4.138 5 | -1.388 1 | 0.578 4 | -0.154 3 | -0.388 3 | 0.690 5 | 0 |
| 2 | | 4.169 9 | 0.006 3 | -2.693 3 | 0.330 8 | -0.088 2 | -0.219 2 | 0.394 9 | 0 |
| 3 | | | 8.534 4 | -0.061 3 | -3.193 4 | -0.545 0 | -2.174 9 | 0.974 3 | 2.622 4 |
| 4 | 对 | | | 8.410 3 | 0.390 1 | -1.658 6 | -0.164 0 | -4.979 2 | -1.536 0 |
| 5 | | | | | 4.683 4 | 0.212 9 | 0.327 9 | -0.590 7 | 0.391 3 |
| 6 | | | | | | 2.744 2 | -0.087 5 | 0.157 6 | -3.693 4 |
| 7 | | | | 称 | | | 4.853 9 | -0.691 1 | 11.599 4 |
| 8 | | | | | | | | 8.384 0 | -4.270 9 |
| $l$ | | | | | | | | | 67.303 9 |

表 9-26　法方程系数阵的逆 $Q_{xx}$

| | $\delta x_1$ | $\delta y_1$ | $\delta x_2$ | $\delta y_2$ | $\delta x_3$ | $\delta y_3$ | $\delta x_4$ | $\delta y_4$ |
|---|---|---|---|---|---|---|---|---|
| $\delta x_1$ | 0.353 1 | -0.022 0 | 0.255 6 | 0.074 8 | 0.111 7 | 0.110 6 | 0.139 0 | 0.003 9 |
| $\delta y_1$ | -0.022 0 | 0.379 1 | -0.024 9 | 0.211 3 | -0.053 3 | 0.132 6 | 0.032 8 | 0.108 8 |
| $\delta x_2$ | 0.255 6 | -0.024 9 | 0.367 7 | 0.046 7 | 0.199 0 | 0.105 4 | 0.172 6 | -0.008 6 |
| $\delta y_2$ | 0.074 8 | 0.211 3 | 0.046 7 | 0.362 9 | -0.014 2 | 0.232 1 | 0.081 6 | 0.195 4 |
| $\delta x_3$ | 0.111 7 | -0.053 3 | -0.199 0 | -0.014 2 | 0.333 7 | 0.012 5 | 0.071 5 | -0.009 1 |
| $\delta y_3$ | 0.110 6 | 0.132 6 | 0.105 4 | 0.232 1 | 0.012 5 | 0.531 9 | 0.094 0 | 0.108 9 |
| $\delta x_4$ | 0.139 0 | 0.032 8 | 0.172 6 | 0.081 6 | 0.071 5 | 0.094 0 | 0.301 6 | 0.043 5 |
| $\delta y_4$ | 0.003 9 | 0.108 8 | -0.008 6 | 0.195 4 | -0.009 1 | 0.108 9 | 0.043 5 | 0.231 8 |
| $-U$ | 0 | 0 | -2.622 4 | 1.536 0 | -0.391 3 | 3.693 4 | -11.599 4 | 4.270 9 |
| $\delta x$ | -1.785 8 | 0.984 3 | -2.619 8 | 1.185 6 | -1.496 4 | 1.414 0 | -3.320 8 | 1.213 0 |

**(二)未知点点位误差和点位误差椭圆**

这里只计算 2 号点的点位误差和误差椭圆以为例。

由 $Q_{xx}$ 阵(表 9-26)中抽取 2 号点的坐标协因数阵为

$$Q_{p_2} = \begin{pmatrix} q_{x_2x_2} & q_{x_2y_2} \\ q_{y_2x_2} & q_{y_2y_2} \end{pmatrix} = \begin{pmatrix} 0.367\ 7 & 0.046\ 7 \\ 0.046\ 7 & 0.362\ 9 \end{pmatrix}$$

$x$ 方向的中误差为

$$m_{x_2} = \mu\sqrt{q_{x_2x_2}} = \pm 1.74\sqrt{0.367\ 7} = \pm 1.06(\text{cm})$$

$y$ 方向的中误差为

$$m_{y_2} = \mu\sqrt{q_{y_2y_2}} = \pm 1.74\sqrt{0.362\ 9} = \pm 1.05(\text{cm})$$

点位中误差为

$$m_{p_2} = \pm\sqrt{m_{x_2}^2 + m_{y_2}^2} = \pm\sqrt{1.06^2 + 1.05^2} = \pm 1.49(\mathrm{cm})$$

误差椭圆计算中的

$$K = \sqrt{(q_{x_2x_2} - q_{y_2y_2})^2 + 4q_{x_2y_2}^2}$$
$$= \sqrt{(0.367\,7 - 0.362\,9)^2 + 4 \times 0.046\,7^2} = 0.093\,5$$

误差椭圆长半轴

$$E = \mu\sqrt{(q_{x_2x_2} + q_{y_2y_2} + K)/2}$$
$$= 1.74\sqrt{(0.367\,7 + 0.362\,9 + 0.093\,5)/2} = 1.12(\mathrm{cm})$$

误差椭圆短半轴

$$F = \mu\sqrt{(q_{x_2x_2} + q_{y_2y_2} - K)/2}$$
$$= 1.74\sqrt{(0.367\,7 + 0.362\,9 - 0.093\,5)/2} = 0.98(\mathrm{cm})$$

误差椭圆长半轴 $E$ 的方向,因 $q_{x_2y_2} > 0$,采用式(9-88)第一表达式计算,

$$\varphi_E = \frac{1}{2}(90° - \arctan\frac{q_{x_2x_2} - q_{y_2y_2}}{2q_{x_2y_2}})$$
$$= \frac{1}{2}(90° - \arctan\frac{0.367\,7 - 0.362\,9}{2 \times 0.046\,7}) = 43°32'$$

短半轴 $F$ 的方向为 $\varphi_F = 133°32'$。

**(三)计算任意两未知点间的边长和方位角中误差**

这里只计算1、4两点间的边长和方位角中误差。由 $Q_{xx}$ 中抽取 $Q_{p_1p_4}$

$$Q_{p_1p_4} = \begin{pmatrix} 0.353\,1 & -0.022\,0 & 0.139\,0 & 0.003\,9 \\ -0.022\,0 & 0.379\,1 & 0.032\,8 & 0.108\,8 \\ 0.139\,0 & 0.032\,8 & 0.301\,6 & 0.043\,5 \\ 0.003\,9 & 0.108\,8 & 0.043\,5 & 0.231\,8 \end{pmatrix}$$

边长 $S_{1,4}$ 的函数式为

$$S_{1,4} = \sqrt{(x_4 - x_1)^2 + (y_4 - y_1)^2}$$

经微分获得其权函数式为

$$\delta S_{1,4} = -\cos\alpha_{1,4}\delta x_1 - \sin\alpha_{1,4}\delta y_1 + \cos\alpha_{1,4}\delta x_4 + \sin\alpha_{1,4}\delta y_4$$

由1、4两点的坐标计算得

$$\Delta x_{1,4} = -1\,708.077$$
$$\Delta y_{1,4} = 489.450$$
$$S_{1,4} = 1\,776.820$$

$$F_{S_{1,4}} = \begin{pmatrix} -\cos\alpha_{1,4} \\ -\sin\alpha_{1,4} \\ \cos\alpha_{1,4} \\ \sin\alpha_{1,4} \end{pmatrix} = \begin{pmatrix} -\Delta x_{1,4}/S_{1,4} \\ -\Delta y_{1,4}/S_{1,4} \\ \Delta x_{1,4}/S_{1,4} \\ \Delta y_{1,4}/S_{1,4} \end{pmatrix} = \begin{pmatrix} 0.961\,3 \\ -0.275\,5 \\ -0.961\,3 \\ 0.275\,5 \end{pmatrix}$$

$$q_{S_{1,4}} = F_{S_{1,4}}^{\mathrm{T}} Q_{p_1p_4} F_{S_{1,4}} = 0.386\,0$$

由此得1、4两点的边长中误差为

$$m_{S_{1,4}} = \mu\sqrt{q_{S_{1,4}}} = \pm 1.74\sqrt{0.3860} = \pm 1.1(\text{cm})$$

边长相对中误差为

$$\frac{m_{S_{1,4}}}{S_{1,4}} = \frac{0.011}{1\,777} = \frac{1}{160\,000}$$

方位角 $\alpha_{1,4}$的函数式为

$$\alpha_{1,4} = \arctan\frac{y_4 - y_1}{x_4 - x_1}$$

经微分获得权函数式为

$$\delta\alpha_{1,4} = a_{1,4}\delta x_1 + b_{1,4}\delta y_1 - a_{1,4}\delta x_4 - b_{1,4}\delta y_4$$

$$a_{1,4} = \frac{2\,062.65\Delta y_{1,4}}{S_{1,4}^2} = 0.319\,8$$

$$b_{1,4} = -\frac{2\,062.65\Delta x_{1,4}}{S_{1,4}^2} = 1.116\,0$$

$$F_{\alpha_{1,4}} = \begin{pmatrix} a_{1,4} \\ b_{1,4} \\ -a_{1,4} \\ -b_{1,4} \end{pmatrix} = \begin{pmatrix} 0.319\,8 \\ 1.116\,0 \\ -0.319\,8 \\ -1.116\,0 \end{pmatrix}$$

$$q_{\alpha_{1,4}} = F_{\alpha_{1,4}}^{\mathrm{T}} Q_{p_1 p_4} F_{\alpha_{1,4}} = 5.175\,1$$

由此得 1、4 两点间的方位角中误差

$$m_{\alpha_{1,4}} = \mu\sqrt{q_{\alpha_{1,4}}} = \pm 1.74\sqrt{5.175\,1} = \pm 4.0''$$

## 第七节　带有约束条件的参数平差及算例

我们在前面讲述参数平差时，要求选择足数且互相独立的未知量作参数，但在某些情况下，按通常的做法选出的未知数却可能不满足互相独立的要求。这是因为有些平差问题附有一些特殊的约束条件，这些约束条件使得某些未知数之间具有函数或隐函数关系。这些函数关系在平差后是必须满足的，这就导致了未知数之间带有条件的参数平差问题。

本节以带有条件的平面控制网参数平差为例来讲述，但是其基本数字模型适合于任意带有条件的参数平差问题。

### 一、平面控制网参数平差中的约束条件

在如图 9-11 所示的三角网中，$A$、$B$ 为已知点，1、2、3、4 为未知点。在 2、3 两点间观测了高精度基线边 $b_{01}$，在 4、3 点间观测了高精度方位角 $\alpha_{01}$，它们在平差中是保持数值不变的，即在平差后应有

$$\sqrt{(x_3 - x_2)^2 + (y_3 - y_2)^2} = b_{01}$$

$$\arctan\frac{y_3 - y_4}{x_3 - x_4} = \alpha_{01}$$

这就是说，选定的平差未知数 $x_2$、$y_2$、$x_3$、$y_3$、$x_4$、$y_4$ 不是自由独立的，而是要满足上述的两个条件。

又如图 9-12 的独立导线网，$A$ 点为给定坐标点，$\alpha_{01}$ 为给定的坐标方位角。当选择 1～5 点的 $x$、$y$ 坐标为未知数时，平差后 1 号点的坐标 $x_1$、$y_1$ 就应满足以下条件

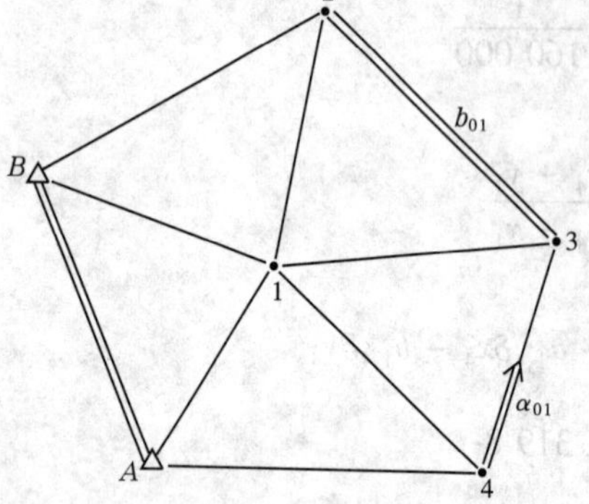


图 9-11

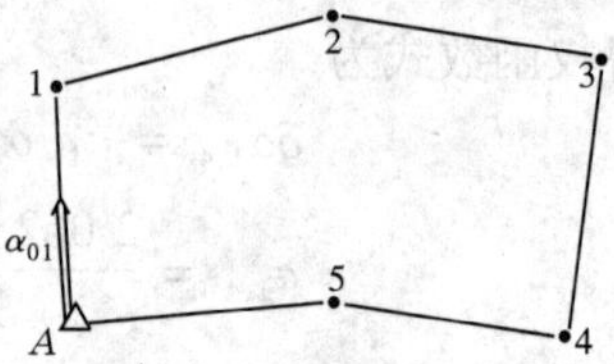


图 9-12

$$\arctan\frac{y_1 - y_A}{x_1 - x_A} = \alpha_{01}$$

以上以两个具体的例子说明了平面控制网参数平差中两类条件的产生，下面我们以一般符号给出两种条件的式子，并给出线性化后的条件。

**（一）边长约束条件的形式**

如图 9-13 在 $h$、$i$ 两点间观测了高精度边长（基线）$S_{hi}$，则平差值应满足条件

$$\sqrt{(x_i - x_h)^2 + (y_i - y_h)^2} = S_{hi} \qquad (9\text{-}105)$$

用泰勒公式将此式展开至一次项，可得线性化后的条件

$$a_{S_{hi}}\delta x_h + b_{S_{hi}}\delta y_h - a_{S_{hi}}\delta x_i - b_{S_{hi}}\delta y_i + W_{S_{hi}} = 0 \qquad (9\text{-}106)$$

式中

$$a_{S_{hi}} = -\frac{\Delta x_{hi}}{S_{hi}},\quad b_{S_{hi}} = -\frac{\Delta y_{hi}}{S_{hi}}$$

$$W_{S_{hi}} = S_{hi}^0 - S_{hi}$$

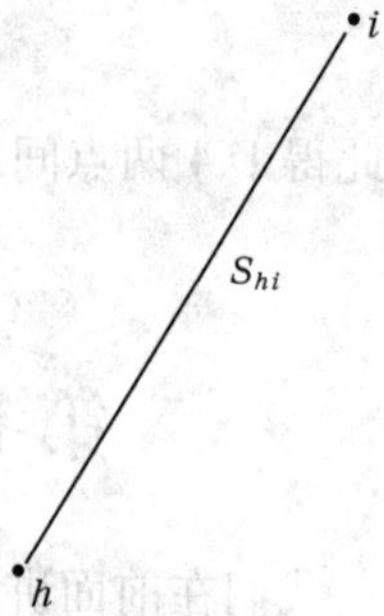


图 9-13

注意：$S_{hi}^0$ 为以 $h$、$i$ 两点的近似坐标 $x^0$、$y^0$ 反算的边长，$S_{hi}$ 为基线边长。工程控制网平差时，边长闭合差常以 cm 为单位。

在上述的边长固定条件式（9-106）中，若有一端点为已知点（不可能两端同为已知点），则相应的 $\delta x$、$\delta y$ 为零。

**（二）方位角约束条件的形式**

如图 9-14 在 $j$、$k$ 两点之间观测了高精度方位角（或给定了方位角）$\alpha_{jk}$，则平差后 $j$、$k$ 两点的坐标应满足

$$\arctan\frac{y_k - y_j}{x_k - x_j} = \alpha_{jk} \qquad (9\text{-}107)$$

用泰勒公式将其展开至一次项，可获得线性化后的条件

$$a_{jk}\delta x_j + b_{jk}\delta y_j - a_{jk}\delta x_k - b_{jk}\delta y_k + W\alpha_{jk} = 0 \qquad (9\text{-}108)$$

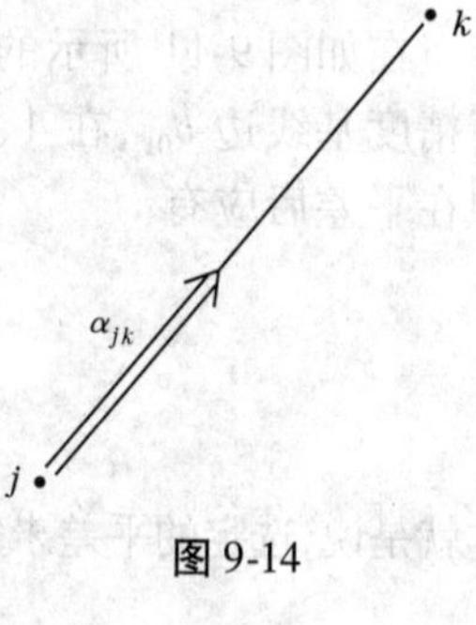


图 9-14

式中

$$W_{\alpha_{jk}} = \alpha_{jk}^{0} - \alpha_{jk}$$

$\alpha_{jk}^{0}$为用 $j$、$k$ 两点的近似坐标 $x^{0}$、$y^{0}$ 反算的方位角。在工程网平差时，由于 $\delta x$、$\delta y$ 常以 cm 为单位，则

$$a_{jk} = \frac{2\ 062.65\Delta y_{jk}}{(S_{jk}^{0})^{2}}, \quad b_{jk} = -\frac{2\ 062.65\Delta x_{jk}}{(S_{jk}^{0})^{2}}$$

在方位角固定条件式(9-108)中，当 $j$、$k$ 中有一点为已知点时（不可能同为已知点），相应的 $\delta x$、$\delta y$ 为零。

## 二、带有条件的参数平差的数学模型

从理论上讲，若参数平差中某些未知数之间存在函数关系（条件方程），可用解方程的方法将一些未知数表达成另一些未知数的显函数，例如由式(9-108)可得

$$\delta x_{j} = -\frac{1}{a_{jk}}(b_{jk}\delta y_{j} - a_{jk}\alpha x_{k} - b_{jk}\delta y_{k} + W\alpha_{jk})$$

然后将上式代入有 $\delta x_{j}$ 的各误差方程中，就消去了未知数 $\delta x_{j}$，从而使误差方程中的未知数满足互相独立的要求，使问题变成不带条件的普通参数平差问题。但是这种做法操作起来麻烦、不规范。更好的解决办法是，采用在 $[pvv]$ = 最小的原则下导出的带有条件的参数平差模型。

设某平差问题有 $n$ 个观测值，选定了 $t$ 个未知数，未知数之间有 $r_x$ 个约束条件。我们可列出 $N$ 个误差方程和 $r_x$ 个条件方程

$$\underset{n\times 1}{V} = B\cdot\delta X + l \tag{9-109}$$

$$\underset{r_x\times t}{A_x}\delta X + W = 0 \tag{9-110}$$

由 $V^{\mathrm{T}}PV$ 在满足 $A_x\delta X + W = 0$ 的条件下求极值，按拉格朗日乘数法可导出未知数方程

$$B^{\mathrm{T}}PV + A_x^{\mathrm{T}}K = 0 \tag{9-111}$$

式中：$K$ 为有 $r_x$ 个元素的联系数列向量。以上 3 式为带有条件的参数平差的基础方程。

将式(9-109)代入式(9-111)，联合式(9-110)即组成法方程

$$\begin{cases} B^{\mathrm{T}}PB\delta X + A_x^{\mathrm{T}}K + B^{\mathrm{T}}Pl = 0 \\ A_x\delta X \qquad\qquad + W = 0 \end{cases} \tag{9-112}$$

这里以 $t = 3$、$r_x = 1$ 为例写出一个法方程的常量形式

$$\begin{cases} [paa]\delta x_a + [pab]\delta x_b + [pac]\delta x_c + A_1K_A + [pal] = 0 \\ [pab]\delta x_a + [pbb]\delta x_b + [pbc]\delta x_c + A_2K_A + [pbl] = 0 \\ [pac]\delta x_a + [pbc]\delta x_b + [pcc]\delta x_c + A_3K_A + [pcl] = 0 \\ A_1\delta x_a \quad + \quad A_2\delta x_b \quad + \quad A_3\delta x_c \qquad\qquad + W_A = 0 \end{cases} \tag{9-113}$$

若记

$$B^{\mathrm{T}}PB = N, \quad B^{\mathrm{T}}Pl = U$$

$$N_Y = \begin{pmatrix} N & A_x^{\mathrm{T}} \\ A_x & O \end{pmatrix}, \quad Y = \begin{pmatrix} \delta X \\ K \end{pmatrix}, \quad U_Y = \begin{pmatrix} U \\ W \end{pmatrix}$$

则式(9-112)可写为

$$\begin{pmatrix} N & A_x^{\mathrm{T}} \\ A_x & O \end{pmatrix}\begin{pmatrix} \delta X \\ K \end{pmatrix} + \begin{pmatrix} U \\ W \end{pmatrix} = 0 \tag{9-114}$$

或

$$N_Y Y + U_Y = 0 \tag{9-115}$$

由式(9-114)或式(9-115)可解出 $t$ 个 $\delta x$ 和 $r_x$ 个 $k$,再代入式(9-109)可解出 $n$ 个 $v$。

精度评定时,$[pvv]$除直接计算外,还可由下式计算

$$[pvv] = [pll] + U_Y^{\mathrm{T}} Y \tag{9-116}$$

而验后单位权中误差 $\mu$ 的计算式为

$$\mu = \sqrt{\frac{V^{\mathrm{T}}PV}{n - t + r_x}} \tag{9-117}$$

式中:$n$ 为观测值个数;$t$ 为未知数个数;$r_x$ 为未知数间的约束条件个数。

再看未知数 $x$ 的协因数阵,法方程的逆可表示成

$$N_Y^{-1} = \begin{pmatrix} Q_{xx} & Q_{xk} \\ Q_{kx} & Q_{kk} \end{pmatrix} \tag{9-118}$$

其中 $t$ 行 $t$ 列的子矩阵 $Q_{xx}$ 即为 $X$ 的协因数阵。

设未知数的函数 $\Phi(x)$ 的权函数式(微分式)为

$$\mathrm{d}\Phi = F^{\mathrm{T}}\delta X$$

则其方差因子为

$$q_{\Phi} = F^{\mathrm{T}}Q_{xx}F \tag{9-119}$$

$\Phi$ 的中误差为

$$m_{\Phi} = \mu\sqrt{q_{\Phi}} \tag{9-120}$$

## 三、带有条件的参数平差算例

三角网如图 9-15 所示,$A$、$B$ 为已知点,1、2、3 为未知点。在 2、3 点间测有基线边 $S_{3,2}$,方位角 $\alpha_{3,2}$。已知数据见表 9-27,观测方向值见表 9-28。

**表 9-27　已知数据**

| 点名 | $x$ | $y$ |
|---|---|---|
| $A$ | 3 825 808.301 | 735 787.450 |
| $B$ | 3 826 078.614 | 731 531.099 |
| 边名 | 边长 | 方位角 |
| 3 – 2 | 6 046.650 | 42°09′03.14″ |

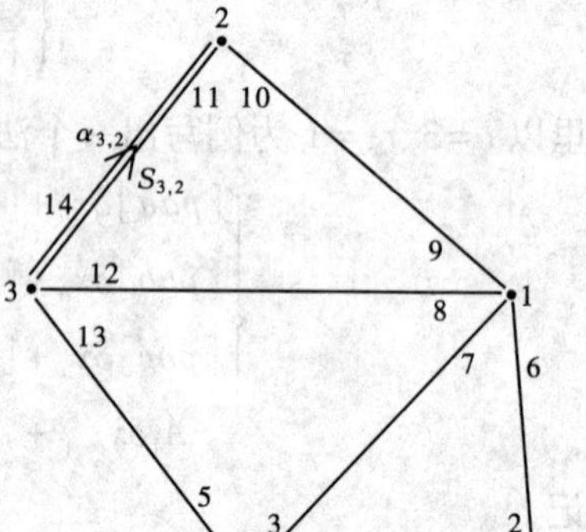


图 9-15

表 9-28　方向观测值

| 编号 | 测站 | 照准点 | 方向观测值 (° | ′ | ″) | 编号 | 测站 | 照准点 | 方向观 | | |
|---|---|---|---|---|---|---|---|---|---|---|---|
| 1 | *A* | *B* | 0 | | | 10 | 2 | 1 | 0 | | |
| 2 | | 1 | 75 | 46 | 42.6 | 11 | | 3 | 82 | 43 | 18.5 |
| 3 | *B* | 1 | 0 | | | 12 | 3 | 1 | 0 | | |
| 4 | | *A* | 59 | 34 | 54.3 | 13 | | *B* | 45 | 21 | 27.6 |
| 5 | | 3 | 282 | 42 | 16.0 | 14 | | 2 | 310 | 45 | 05.2 |
| 6 | 1 | *A* | 0 | | | | | | | | |
| 7 | | *B* | 44 | 38 | 18.9 | | | | | | |
| 8 | | 3 | 101 | 59 | 10.4 | | | | | | |
| 9 | | 2 | 150 | 00 | 59.4 | | | | | | |

本例的计算数值主要是采用作者所编《平面控制网平差程序 PPC》的计算结果，但有些地方则按手算示例。最后坐标为程序计算结果。由于手算时取位少，与机算结果会有偏差。读者复算时，可能与书上的数值稍有不符。

## (一) 近似坐标计算

按变形戎格公式计算未知点坐标，计算过程略，算得的近似坐标见表 9-29。表中的 $\delta x$、$\delta y$ 值是法方程解完后才抄入的。

表 9-29　近似坐标和平差坐标

| 点名 | $x^0$ | $y^0$ | $\delta x$ | $\delta y$ | $x$ | $y$ |
|---|---|---|---|---|---|---|
| *A* | | | | | 3 825 808.301 | 735 787.450 |
| *B* | | | | | 3 876 078.614 | 731 531.099 |
| 1 | 3 830 953.592 | 734 825.721 | 0.011 | 0.008 | 3 830 953.603 | 734 825.729 |
| 2 | 3 835 633.416 | 730 818.754 | 0.038 | 0.022 | 3 835 633.455 | 730 818.776 |
| 3 | 3 831 150.561 | 726 760.966 | 0.027 | −0.007 | 3 831 150.588 | 726 760.959 |

## (二) 组成误差方程

1. 用已知坐标和近似坐标计算 $\Delta x^0$、$\Delta y^0$、$\alpha^0$、$S^0$

$\Delta x^0$、$\Delta y^0$、$\alpha^0$、$S^0$ 计算见表 9-30。

表 9-30　$\Delta x^0$、$\Delta y^0$、$\alpha^0$、$S^0$ 计算

| 边　名 | $\Delta x^0$ | $\Delta y^0$ | $\alpha^0$ (° | ′ | ″) | $S^0$ |
|---|---|---|---|---|---|---|
| *A*−*B* | 270.313 | −4 256.351 | 273 | 38 | 01.93 | 4 264.926 |
| *A*−1 | 5 145.291 | −961.729 | 349 | 24 | 45.93 | 5 234.400 |
| *B*−1 | 4 874.978 | 3 294.622 | 34 | 03 | 06.23 | 5 883.871 |
| *B*−3 | 5 071.947 | −4 770.133 | 316 | 45 | 23.26 | 6 962.673 |
| 1−3 | 196.969 | −8 064.755 | 271 | 23 | 56.70 | 8 067.160 |
| 1−2 | 4 679.824 | −4 006.967 | 319 | 25 | 44.93 | 6 160.888 |
| 2−3 | −4 482.855 | −4 057.788 | 222 | 09 | 02.66 | 6 046.622 |

2. 计算各边 $\delta\alpha$ 的表达式

$$\delta\alpha_{jk} = a_{jk}\delta x_j + b_{jk}\delta y_j - a_{jk}\delta x_k - b_{jk}\delta y_k$$

$$a_{jk} = \frac{2\ 062.65\Delta y_{jk}}{(S_{jk}^0)^2}, \quad b_{jk} = -\frac{2\ 062.65\Delta x_{jk}}{(S_{jk}^0)^2}$$

计算结果见表 9-31。

**表 9-31　$\delta\alpha$ 的表达式**

| $j-k$ | $\delta x_j$ 系数 $a$ | $\delta y_j$ 系数 $b$ | $\delta x_k$ 系数($-a$) | $\delta y_k$ 系数($-b$) |
|---|---|---|---|---|
| $A-1$ | | | 0.072 4 | 0.387 3 |
| $B-1$ | | | -0.196 3 | 0.290 5 |
| $B-3$ | | | 0.203 0 | 0.215 8 |
| $1-3$ | -0.255 6 | -0.006 2 | 0.255 6 | 0.006 2 |
| $1-2$ | -0.217 7 | -0.254 3 | 0.217 7 | 0.254 3 |
| $2-3$ | -0.228 9 | 0.252 9 | 0.228 9 | -0.252 9 |

3. 方向误差方程常数项计算

方向误差方程常数项计算见表 9-32。

**表 9-32　方向误差方程常数项计算**

| 编号 | 测站 | 照准点 | $\alpha^0$ (°) | (′) | (″) | $L$ (°) | (′) | (″) | $\alpha^0-L$ (°) | (′) | (″) | $l=\alpha^0-L-z^0$ (″) |
|---|---|---|---|---|---|---|---|---|---|---|---|---|
| $L_1$ | $A$ | $B$ | 273 | 38 | 01.93 | 0 | | | 273 | 38 | 01.93 | -0.70 |
| $L_2$ | | 1 | 349 | 24 | 45.93 | 75 | 46 | 42.6 | | | 03.33 | 0.70 |
| | | | | | | | | $z^0=$ | 273 | 38 | 02.63 | [$l$]=0 |
| $L_3$ | $B$ | 1 | 34 | 03 | 06.23 | 0 | | | 34 | 03 | 06.23 | -0.81 |
| $L_4$ | | $A$ | 93 | 38 | 01.93 | 59 | 34 | 54.3 | | | 07.63 | 0.59 |
| $L_5$ | | 3 | 316 | 45 | 23.26 | 282 | 42 | 16.0 | | | 07.26 | 0.22 |
| | | | | | | | | $z^0=$ | 34 | 03 | 07.04 | [$l$]=0 |
| $L_6$ | 1 | $A$ | 169 | 24 | 45.93 | 0 | | | 169 | 24 | 45.93 | -0.34 |
| $L_7$ | | $B$ | 214 | 03 | 06.23 | 44 | 38 | 18.9 | | | 47.33 | 1.06 |
| $L_8$ | | 3 | 271 | 23 | 56.70 | 101 | 59 | 10.4 | | | 46.30 | 0.03 |
| $L_9$ | | 2 | 319 | 25 | 44.93 | 150 | 00 | 59.4 | | | 45.53 | -0.74 |
| | | | | | | | | $z^0=$ | 169 | 24 | 46.27 | [$l$]=0.01 |
| $L_{10}$ | 2 | 1 | 139 | 25 | 44.93 | 0 | | | 139 | 25 | 44.93 | 0.39 |
| $L_{11}$ | | 3 | 222 | 09 | 02.66 | 82 | 43 | 18.5 | | | 44.16 | -0.38 |
| | | | | | | | | $z^0=$ | 139 | 25 | 44.54 | [$l$]=0.01 |
| $L_{12}$ | 3 | 1 | 91 | 23 | 56.70 | 0 | | | 91 | 23 | 56.70 | 0.09 |
| $L_{13}$ | | $B$ | 136 | 45 | 23.26 | 45 | 21 | 27.6 | | | 55.66 | -0.95 |
| $L_{14}$ | | 2 | 42 | 09 | 02.66 | 310 | 45 | 05.2 | | | 57.46 | 0.85 |
| | | | | | | | | $z^0=$ | 91 | 23 | 56.61 | [$l$]=-0.01 |

4. 填写误差方程系数表

误差方程系数见表 9-33。

表 9-33　误差方程系数

| 编号 | 测站 | 照准点 | $P$ | $\delta x_1$ | $\delta y_1$ | $\delta x_2$ | $\delta y_2$ | $\delta x_3$ | $\delta y_3$ | $l$ | $V'$ | $V$ | $V''$ |
|---|---|---|---|---|---|---|---|---|---|---|---|---|---|
| | | | | 1. 135 7 | 0. 784 7 | 3. 841 5 | 2. 243 4 | 2. 693 8 | −0. 686 2 | | | | |
| $L_1$ | $A$ | $B$ | 1 | | | | | | | −0. 70 | −0. 70 | −0. 89 | 0 |
| $L_2$ | | 1 | 1 | 0. 072 4 | 0. 387 3 | | | | | 0. 70 | 1. 09 | 0. 90 | 1. 79 |
| $\Sigma_A$ | | | −0. 5 | 0. 072 4 | 0. 387 3 | | | | | 0 | | | |
| | | | | | | | | | | $\delta z$ = | 0. 19 | | |
| $L_3$ | $B$ | 1 | 1 | −0. 196 3 | 0. 290 5 | | | | | −0. 81 | −0. 80 | −0. 93 | 0 |
| $L_4$ | | $A$ | 1 | | | | | | | 0. 59 | 0. 59 | 0. 46 | 1. 39 |
| $L_5$ | | 3 | 1 | | | | | 0. 203 0 | 0. 215 8 | 0. 22 | 0. 62 | 0. 49 | 1. 42 |
| $\Sigma_B$ | | | −0. 333 3 | −0. 196 3 | 0. 290 5 | | | 0. 203 0 | 0. 215 8 | 0 | | | |
| | | | | | | | | | | $\delta z$ = | 0. 13 | | |
| $L_6$ | 1 | $A$ | 1 | 0. 072 4 | 0. 387 3 | | | | | −0. 34 | 0. 05 | −0. 39 | 0 |
| $L_7$ | | $B$ | 1 | −0. 196 3 | 0. 290 5 | | | | | 1. 06 | 1. 07 | 0. 63 | 1. 02 |
| $L_8$ | | 3 | 1 | −0. 255 6 | −0. 006 2 | | | 0. 255 6 | 0. 006 2 | 0. 03 | 0. 42 | −0. 02 | 0. 37 |
| $L_9$ | | 2 | 1 | −0. 217 7 | −0. 254 3 | 0. 217 7 | 0. 254 3 | | | −0. 74 | 0. 22 | −0. 22 | 0. 17 |
| $\Sigma_1$ | | | −0. 25 | −0. 597 2 | 0. 417 3 | 0. 217 7 | 0. 254 3 | 0. 255 6 | 0. 006 2 | 0. 01 | | | |
| | | | | | | | | | | $\delta z$ = | 0. 44 | | |
| $L_{10}$ | 2 | 1 | 1 | −0. 217 7 | −0. 254 3 | 0. 217 7 | 0. 254 3 | | | 0. 39 | 1. 35 | 0. 63 | 0 |
| $L_{11}$ | | 3 | 1 | | | −0. 228 9 | 0. 252 9 | 0. 228 9 | −0. 252 9 | −0. 38 | 0. 10 | −0. 62 | −1. 25 |
| $\Sigma_2$ | | | −0. 5 | −0. 217 7 | −0. 254 3 | −0. 011 2 | 0. 507 2 | 0. 228 9 | −0. 252 9 | 0. 01 | | | |
| | | | | | | | | | | $\delta z$ = | 0. 72 | | |
| $L_{12}$ | 3 | 1 | 1 | −0. 255 6 | −0. 006 2 | | | 0. 255 6 | 0. 006 2 | 0. 09 | 0. 48 | 0. 06 | 0 |
| $L_{13}$ | | $B$ | 1 | | | | | 0. 203 0 | 0. 215 8 | −0. 95 | −0. 55 | −0. 97 | −1. 03 |
| $L_{14}$ | | 2 | 1 | | | −0. 228 9 | 0. 252 9 | 0. 228 9 | −0. 252 9 | 0. 85 | 1. 33 | 0. 91 | 0. 85 |
| $\Sigma_3$ | | | −0. 333 3 | −0. 255 6 | −0. 006 2 | −0. 228 9 | 0. 252 9 | 0. 687 5 | −0. 030 9 | −0. 01 | | | |
| | | | | | | | | | | $\delta z$ = | 0. 42 | | |

$[pvv] = 6.068\ 2$

**(三)组成法方程**

由式(9-114)知,法方程系数阵的分块形式为

$$\begin{pmatrix} N & A_x^{\mathrm{T}} \\ A_x & O \end{pmatrix}$$

由误差方程系数表组成的是左上角的 $t\times t$ 阶(本题是 $6\times6$)子矩阵 $N$,其余部分则由条件方程的有关项来决定。

本例的条件方程包括边长固定条件和方位角固定条件,推导和计算如下。

1. 边长固定条件

由

$$\sqrt{(x_3-x_2)^2+(y_3-y_2)^2}=S_{2,3}$$

线性化为

$$-\frac{\Delta x_{2,3}^0}{S_{2,3}^0}\delta x_2-\frac{\Delta y_{2,3}^0}{S_{2,3}^0}\delta y_2+\frac{\Delta x_{2,3}^0}{S_{2,3}^0}\delta x_3+\frac{\Delta y_{2,3}^0}{S_{2,3}^0}\delta y_3^0+S_{2,3}^0-S_{2,3}=0$$

代入相应数值,得边条件

$$0.741\,4\delta x_2+0.671\,1\delta y_2-0.741\,4\delta x_3-0.671\,1\delta y_3-2.8=0$$

2. 方位角固定条件

由

$$\arctan\frac{y_2-y_3}{x_2-x_3}=\alpha_{3,2}$$

经线性化得

$$a_{3,2}\delta x_3+b_{3,2}\delta y_3-a_{3,2}\delta x_2-b_{3,2}\delta y_2+\alpha_{3,2}^0-\alpha_{3,2}=0$$

或写为

$$a_{2,3}\delta x_2+b_{2,3}\delta y_2-a_{2,3}\delta x_3-b_{2,3}\delta y_3+\alpha_{3,2}^0-\alpha_{3,2}=0$$

代入相应数值得方位角条件

$$-0.228\,9\delta x_2+0.252\,9\delta y_2+0.228\,9\delta x_3-0.252\,9\delta y_3-0.48=0$$

组成的法方程系数阵和常数项见表 9-34。

**表 9-34 法方程系数阵和常数项**

| | $1/\delta x_1$ | $2/\delta y_1$ | $3/\delta x_2$ | $4/\delta y_2$ | $5/\delta x_3$ | $6/\delta y_3$ | $7/k_S$ | $8/k_\alpha$ | $l/U$ |
|---|---|---|---|---|---|---|---|---|---|
| 1 | 0.162 9 | 0.095 1 | -0.083 0 | 0.004 0 | 0.004 3 | -0.018 3 | 0 | 0 | 0.026 3 |
| 2 | | 0.419 2 | -0.135 4 | -0.090 9 | -0.019 0 | -0.053 8 | 0 | 0 | 0.301 0 |
| 3 | | | 0.170 3 | 0.003 3 | -0.065 0 | 0.111 7 | 0.741 4 | -0.228 9 | -0.186 1 |
| 4 | 对 | | | 0.091 1 | -0.016 5 | -0.061 6 | 0.671 1 | 0.252 9 | 0.028 3 |
| 5 | | | | | 0.104 1 | -0.004 0 | -0.741 4 | 0.228 9 | -0.009 4 |
| 6 | | | | | | 0.173 3 | -0.671 1 | -0.252 9 | -0.274 6 |
| 7 | | | | 称 | | | 0 | 0 | -2.816 9 |
| 8 | | | | | | | | 0 | -0.478 2 |
| $l$ | | | | | | | | | 5.747 3 |

### (四)解算法方程

计算机求出的法方程系数阵的逆矩阵见表9-35。该表的下面两行则是法方程常数项的负值和法方程未知数的解。

表 9-35 法方程系数阵的逆矩阵及未知数的解

| | $\delta x_1$ | $\delta y_1$ | $\delta x_2$ | $\delta y_2$ | $\delta x_3$ | $\delta y_3$ | $k_S$ | $k_\alpha$ |
|---|---|---|---|---|---|---|---|---|
| $\delta x_1$ | 10.181 6 | -1.385 6 | 7.697 2 | -5.534 2 | 7.697 2 | -5.534 2 | 0.425 0 | -0.736 6 |
| $\delta y_1$ | -1.385 6 | 4.532 8 | 2.034 2 | 3.141 4 | 2.034 2 | 3.141 4 | 0.178 6 | 0.914 5 |
| $\delta x_2$ | 7.697 2 | 2.034 2 | 20.326 0 | -10.727 9 | 20.326 0 | -10.727 9 | 1.243 8 | -0.374 1 |
| $\delta y_2$ | -5.534 2 | 3.141 4 | -10.727 9 | 16.906 7 | -10.727 9 | 16.906 7 | -0.182 0 | 3.115 3 |
| $\delta x_3$ | 7.697 2 | 2.034 2 | 20.326 0 | -10.727 9 | 20.326 0 | -10.727 9 | 0.502 5 | 1.593 2 |
| $\delta y_3$ | -5.534 2 | 3.141 4 | -10.727 9 | 16.906 7 | -10.729 7 | 16.906 7 | -0.853 1 | 0.942 0 |
| $k_S$ | 0.425 0 | 0.178 6 | 1.243 8 | -0.182 0 | 0.502 5 | -0.853 1 | -0.029 1 | 0.009 4 |
| $k_\alpha$ | -0.736 6 | 0.914 5 | -0.374 1 | 3.115 3 | 1.593 2 | 0.942 0 | 0.009 4 | -0.469 7 |
| $-U$ | -0.026 3 | -0.301 0 | 0.186 1 | -0.028 3 | 0.009 4 | 0.274 6 | 2.816 9 | 0.478 2 |
| $Y$ | 1.135 7 | 0.784 7 | 3.841 5 | 2.243 4 | 2.693 8 | -0.686 2 | -0.135 4 | -0.338 2 |

### (五)平差值计算

1. 平差坐标计算

平差坐标计算见表9-29。

2. 观测值的改正数计算

观测值的改正数计算见表9-33。

### (六)精度评定

1. 验后单位权中误差

$$\mu = \pm\sqrt{\frac{[pvv]}{n-t+r_x}} = \pm\sqrt{\frac{6.068\ 2}{14-(6+5)+2}} = \pm 1.10(\text{角秒})$$

顺便算出测角中误差

$$m_\beta = \pm 1.10''\sqrt{2} = \pm 1.56''$$

2. 未知数 $\delta X$ 协因数阵

法方程系数阵的逆矩阵左上角 6×6 阶的子矩阵即为未知数 $\delta X$ 的协方差因数阵。

3. 点位精度

这里以 2 号点为例评定点位精度。从表9-35 中取出 2 号点的协因数阵为

$$Q_{p_2} = \begin{pmatrix} 20.326\ 0 & -10.727\ 9 \\ -10.727\ 9 & 16.906\ 7 \end{pmatrix}$$

$$m_{x_2} = \mu\sqrt{q_{x_2x_2}} = \pm 1.10\sqrt{20.326\ 0} = \pm 4.96(\text{cm})$$

$$m_{y_2} = \mu\sqrt{q_{y_2y_2}} = \pm 1.10\sqrt{16.906\ 7} = \pm 4.52(\text{cm})$$

$$m_{p_2} = \pm\sqrt{m_{x_2}^2 + m_{y_2}^2} = \pm\sqrt{4.96^2 + 4.52^2} = \pm 6.71(\text{cm})$$

误差椭圆计算中的

$$K = \sqrt{(q_{x_2x_2} - q_{y_2y_2})^2 + 4q_{x_2y_2}^2}$$

$$= \sqrt{(20.3260 - 16.9067)^2 + 4 \times (-10.7279)^2} = 21.7265$$

误差椭圆长半轴

$$E = \mu \sqrt{(q_{x_2x_2} + q_{y_2y_2} + K)/2}$$

$$= 1.10 \sqrt{(20.3260 + 16.9067 + 21.7265)/2} = 5.97(\text{cm})$$

误差椭圆短半轴

$$F = \mu \sqrt{(q_{x_2x_2} + q_{y_2y_2} - K)/2}$$

$$= 1.10 \sqrt{(20.3260 + 16.9067 - 21.7265)/2} = 3.06(\text{cm})$$

误差椭圆长半轴的方向，因 $q_{x_2y_2} < 0$，采用式(9-88)第二表达式计算

$$\varphi_E = \frac{1}{2}(270° - \arctan \frac{q_{x_2x_2} - q_{y_2y_2}}{2q_{x_2y_2}})$$

$$= \frac{1}{2}\left[270° - \arctan \frac{20.3260 - 16.9067}{2 \times (-10.7279)}\right] = 139°32'$$

短半轴 $F$ 的方向为 $\varphi_F = 49°32'$。

读者若取出 3 号点的协因数阵，便可看出它与 2 号点的完全一样。这是因为两点间既有边长固定条件，又有方位角固定条件，两点“被拴在了一起”。而 1 号点的误差情况就不会跟它们一样。

# 参考文献

[1] 孔祥元,梅是义.控制测量学[M].武汉:武汉测绘科技大学出版社,1996.
[2] 徐绍铨,吴祖仰.大地测量学[M].武汉:武汉测绘科技大学出版社,1996.
[3] 何保喜,等.全站仪测量技术[M].郑州:黄河水利出版社,2005.